· Lectures on Conditioned Reflexes ·

我不是个社会主义和共产主义者，也不相信你危险的社会试验。

——巴甫洛夫 1921 年 1 月致列宁的电报

人民委员会关于保证伊·巴甫洛夫院士及其助手从事科学工作的条件的决定

鉴于伊·巴甫洛夫院士在科学上作出了对全世界劳动者具有重大意义的十分杰出的贡献，人民委员会决定：

1. 根据彼得格勒苏维埃的呈请，建立一个由马·高尔基同志、主管彼得格勒高等学校的克里斯季同志和彼得格勒苏维埃管理局局务委员会成员卡普伦同志组成的具有广泛权限的专门委员会，责成该委员会在最短期间内为巴甫洛夫院士及其助手的科学工作创造最良好的条件。

2. 责成国家出版社在共和国最好的印刷厂印刷出版巴甫洛夫院士整理的总结他近 20 年来科学研究成果的科学著作精装本，并且规定该文集在国内外的版权归巴甫洛夫院士本人所有。

3. 责成工人供给委员会发给巴甫洛夫院士及其妻子特殊的口粮，其数量按热量计算应当等于两份院士的口粮。

4. 责成彼得格勒苏维埃保证巴甫洛夫教授及其妻子所居住的住宅归他们终生使用，并且为该住宅以及巴甫洛夫院士的实验室安装最好的设备。

人民委员会主席　弗·乌里扬诺夫(列宁)

1921 年 1 月 24 日于莫斯科克里姆林宫

——列宁全集第 2 版，第 40 卷，人民出版社，1986 年出版

本书列入"十三五"国家重点图书出版规划

科学元典丛书

The Series of the Great Classics in Science

主　　编　任定成

执行主编　周雁翎

策　　划　周雁翎

丛书主持　陈　静

　　科学元典是科学史和人类文明史上划时代的丰碑，是人类文化的优秀遗产，是历经时间考验的不朽之作。它们不仅是伟大的科学创造的结晶，而且是科学精神、科学思想和科学方法的载体，具有永恒的意义和价值。

科学元典丛书

条件反射

动物高级神经活动

Lectures on Conditioned Reflexes

［俄］巴甫洛夫 著 周先庚 荆其诚 李美格 译

北京大学出版社
PEKING UNIVERSITY PRESS

图书在版编目（CIP）数据

条件反射： 动物高级神经活动/（俄）巴甫洛夫著；周先庚，荆其诚，李美格译.—北京： 北京大学出版社，2010.1

（科学元典丛书）

ISBN 978-7-301-15948-4

Ⅰ.条…　Ⅱ.①巴…②周…③荆…④李…　Ⅲ.科学普及－高级神经活动学说　Ⅳ.Q427

中国版本图书馆 CIP 数据核字（2009）第 177020 号

LECTURES ON CONDITIONED REFLEXES

Twenty-five years of objective study of the higher nervous activity of animals

By Ivan Petrovich Pavlov

Translated and Edited by W. Horsley Gantt；

with the collaboration of G. Volborth,

and Introduction by Walter B. Cannon.

New York: Live Right Publishing，1928

书　　　名	条件反射： 动物高级神经活动 TIAOJIAN FANSHE： DONGWU GAOJI SHENJING HUODONG
著作责任者	［俄］巴甫洛夫　著　周先庚　荆其诚　李美格　译
丛 书 策 划	周雁翎
丛 书 主 持	陈　静
责 任 编 辑	陈　静
标 准 书 号	ISBN 978-7-301-15948-4
出 版 发 行	北京大学出版社
地　　　址	北京市海淀区成府路 205 号　　100871
网　　　址	http://www.pup.cn　　新浪微博：@北京大学出版社
微信公众号	科学与艺术之声（微信号：sartspku）
电 子 信 箱	zyl@ pup.pku.edu.cn
电　　　话	邮购部 010-62752015　发行部 010-62750672　编辑部 010-62707542
印 刷 者	北京中科印刷有限公司
经 销 者	新华书店
	787 毫米×1092 毫米　16 开本　26 印张　16 插页　456 千字
	2010 年 1 月第 1 版　2020 年 5 月第 4 次印刷
定　　　价	89.00 元

弁　言

　　这套丛书中收入的著作，是自古希腊以来，主要是自文艺复兴时期现代科学诞生以来，经过足够长的历史检验的科学经典。为了区别于时下被广泛使用的"经典"一词，我们称之为"科学元典"。

　　我们这里所说的"经典"，不同于歌迷们所说的"经典"，也不同于表演艺术家们朗诵的"科学经典名篇"。受歌迷欢迎的流行歌曲属于"当代经典"，实际上是时尚的东西，其含义与我们所说的代表传统的经典恰恰相反。表演艺术家们朗诵的"科学经典名篇"多是表现科学家们的情感和生活态度的散文，甚至反映科学家生活的话剧台词，它们可能脍炙人口，是否属于人文领域里的经典姑且不论，但基本上没有科学内容。并非著名科学大师的一切言论或者是广为流传的作品都是科学经典。

　　这里所谓的科学元典，是指科学经典中最基本、最重要的著作，是在人类智识史和人类文明史上划时代的丰碑，是理性精神的载体，具有永恒的价值。

一

科学元典或者是一场深刻的科学革命的丰碑，或者是一个严密的科学体系的构架，或者是一个生机勃勃的科学领域的基石，或者是一座传播科学文明的灯塔。它们既是昔日科学成就的创造性总结，又是未来科学探索的理性依托。

哥白尼的《天体运行论》是人类历史上最具革命性的震撼心灵的著作，它向统治西方思想千余年的地心说发出了挑战，动摇了"正统宗教"学说的天文学基础。伽利略《关于托勒密与哥白尼两大世界体系的对话》以确凿的证据进一步论证了哥白尼学说，更直接地动摇了教会所庇护的托勒密学说。哈维的《心血运动论》以对人类躯体和心灵的双重关怀，满怀真挚的宗教情感，阐述了血液循环理论，推翻了同样统治西方思想千余年、被"正统宗教"所庇护的盖伦学说。笛卡儿的《几何》不仅创立了为后来诞生的微积分提供了工具的解析几何，而且折射出影响万世的思想方法论。牛顿的《自然哲学之数学原理》标志着17世纪科学革命的顶点，为后来的工业革命奠定了科学基础。分别以惠更斯的《光论》与牛顿的《光学》为代表的波动说与微粒说之间展开了长达200余年的论战。拉瓦锡在《化学基础论》中详尽论述了氧化理论，推翻了统治化学百余年之久的燃素理论，这一智识壮举被公认为历史上最自觉的科学革命。道尔顿的《化学哲学新体系》奠定了物质结构理论的基础，开创了科学中的新时代，使19世纪的化学家们有计划地向未知领域前进。傅立叶的《热的解析理论》以其对热传导问题的精湛处理，突破了牛顿《原理》所规定的理论力学范围，开创了数学物理学的崭新领域。达尔文《物种起源》中的进化论思想不仅在生物学发展到分子水平的今天仍然是科学家们阐释的对象，而且100多年来几乎在科学、社会和人文的所有领域都在施展它有形和无形的影响。摩尔根的《基因论》揭示了孟德尔式遗传性状传递机理的物质基础，把生命科学推进到基因水平。爱因斯坦的《狭义与广义相对论浅说》和薛定谔的《关于波动力学的四次演讲》分别阐述了物质世界在高速和微观领域的运动规律，完全改变了自牛顿以来的世界观。魏格纳的《海陆的起源》提出了大陆漂移的猜想，为当代地球科学提供了新的发展基点。维纳的《控制论》揭示了控制系统的反馈过程，普里戈金的《从存在到演化》发现了系统可能从原来无序向新的有序态转化的机制，二者的思想在今天的影响已经远远超越了自然科学领域，影响到经济学、社会学、政治学等领域。

科学元典的永恒魅力令后人特别是后来的思想家为之倾倒。欧几里得的《几何原本》以手抄本形式流传了1800余年，又以印刷本用各种文字出了1000版以上。阿基米德写了大量的科学著作，达·芬奇把他当作偶像崇拜，热切搜求他的手稿。伽利略以他的继承人自居。莱布尼兹则说,了解他的人对后代杰出人物的成就就不会那么赞赏了。为捍卫《天体运行论》中的学说,布鲁诺被教会处以火刑。伽利略因为其《关于托勒密与哥白尼两大世界体系的对话》一书,遭教会的终身监禁,备受折磨。伽利略说吉尔伯特的《论磁》一书伟大得令人嫉妒。拉普拉斯说,牛顿的《自然哲学之数学原理》揭示了宇宙的最伟大定律,它将永远成为深邃智慧的纪念碑。拉瓦锡在他的《化学基础论》出版后5年被法国革命法庭处死,传说拉格朗日悲愤地说,砍掉这颗头颅只要一瞬间,再长出这样的头颅一百年也不够。《化学哲学新体系》的作者道尔顿应邀访法,当他走进法国科学院会议厅时,院长和全体院士起立致敬,得到拿破仑未曾享有的殊荣。傅立叶在《热的解析理论》中阐述的强有力的数学工具深深影响了整个现代物理学,推动数学分析的发展达一个多世纪,麦克斯韦称赞该书是"一首美妙的诗"。当人们咒骂《物种起源》是"魔鬼的经典""禽兽的哲学"的时候,赫胥黎甘做"达尔文的斗犬",挺身捍卫进化论,撰写了《进化论与伦理学》和《人类在自然界的位置》,阐发达尔文的学说。经过严复的译述,赫胥黎的著作成为维新领袖、辛亥精英、"五四"斗士改造中国的思想武器。爱因斯坦说法拉第在《电学实验研究》中论证的磁场和电场的思想是自牛顿以来物理学基础所经历的最深刻变化。

在科学元典里,有讲述不完的传奇故事,有颠覆思想的心智波涛,有激动人心的理性思考,有万世不竭的精神甘泉。

二

按照科学计量学先驱普赖斯等人的研究,现代科学文献在多数时间里呈指数增长趋势。现代科学界,相当多的科学文献发表之后,并没有任何人引用。就是一时被引用过的科学文献,很多没过多久就被新的文献所淹没了。科学注重的是创造出新的实在知识。从这个意义上说,科学是向前看的。但是,我们也可以看到,这么多文献被淹没,也表明划时代的科学文献数量是很少的。大多数科学元典不被现代科学文献所引用,那是因为其中的知识早已成为科学中无须证明的常识了。即使这样,科学经典也会因为其中思想的恒久意义,而像人文领域里的经典一样,具有永恒的阅读价值。于是,科学经典就被一编再编、一印再印。

早期诺贝尔奖得主奥斯特瓦尔德编的物理学和化学经典丛书"精密自然科学经典"从1889年开始出版,后来以"奥斯特瓦尔德经典著作"为名一直在编辑出版,有资料说目前已经出版了250余卷。祖德霍夫编辑的"医学经典"丛书从1910年就开始陆续出版了。也是这一年,蒸馏器俱乐部编辑出版了20卷"蒸馏器俱乐部再版本"丛书,丛书中全是化学经典,这个版本甚至被化学家在20世纪的科学刊物上发表的论文所引用。一般把 1789 年拉瓦锡的化学革命当作现代化学诞生的标志，把 1914 年爆发的第一次世界大战称为化学家之战。奈特把反映这个时期化学的重大进展的文章编成一卷，把这个时期的其他 9 部总结性化学著作各编为一卷，辑为 10 卷"1789—1914 年的化学发展"丛书，于 1998 年出版。像这样的某一科学领域的经典丛书还有很多很多。

科学领域里的经典，与人文领域里的经典一样，是经得起反复咀嚼的。两个领域里的经典一起，就可以勾勒出人类智识的发展轨迹。正因为如此，在发达国家出版的很多经典丛书中，就包含了这两个领域的重要著作。1924 年起，沃尔科特开始主编一套包括人文与科学两个领域的原始文献丛书。这个计划先后得到了美国哲学协会、美国科学促进会、美国科学史学会、美国人类学协会、美国数学协会、美国数学学会以及美国天文学学会的支持。1925 年，这套丛书中的《天文学原始文献》和《数学原始文献》出版，这两本书出版后的 25 年内市场情况一直很好。1950 年，他把这套丛书中的科学经典部分发展成为"科学史原始文献"丛书出版。其中有《希腊科学原始文献》《中世纪科学原始文献》和《20 世纪(1900—1950 年)科学原始文献》，文艺复兴至 19 世纪则按科学学科(天文学、数学、物理学、地质学、动物生物学以及化学诸卷)编辑出版。约翰逊、米利肯和威瑟斯庞三人主编的"大师杰作丛书"中，包括了小尼德勒编的 3 卷"科学大师杰作"，后者于 1947 年初版，后来多次重印。

在综合性的经典丛书中，影响最为广泛的当推哈钦斯和艾德勒 1943 年开始主持编译的"西方世界伟大著作丛书"。这套书耗资 200 万美元，于 1952 年完成。丛书根据独创性、文献价值、历史地位和现存意义等标准，选择出 74 位西方历史文化巨人的 443 部作品，加上丛书导言和综合索引，辑为 54 卷，篇幅 2 500 万单词，共 32 000 页。丛书中收入不少科学著作。购买丛书的不仅有"大款"和学者，而且还有屠夫、面包师和烛台匠。迄 1965 年，丛书已重印 30 次左右，此后还多次重印，任何国家稍微像样的大学图书馆都将其列入必藏图书之列。这套丛书是 20 世纪上半叶在美国大学兴起而后扩展到全社会的经典著作研读运动的产物。这个时期，美国一些大学的寓所、校园和酒吧里都能听到学生讨论古典佳作的声音。有的大学要求学生必须深研 100 多部名著，甚至在教学中不得使用最新的实验设备而是借助历史上的科学大师所使用的方法和仪器复制品去再现划时代的著名实验。至 20 世纪 40 年代末，美国举办古典名著学习班的城市达 300 个，学员约 50 000 余众。

相比之下，国人眼中的经典，往往多指人文而少有科学。一部公元前 300 年左右古希腊人写就的《几何原本》，从 1592 年到 1605 年的 13 年间先后 3 次汉译而未果，经 17 世纪初和 19 世纪 50 年代的两次努力才分别译刊出全书来。近几百年来移译的西学典籍中，成系统者甚多，但皆系人文领域。汉译科学著作，多为应景之需，所见典籍寥若晨星。借 20 世纪 70 年代末举国欢庆"科学春天"到来之良机，有好尚者发出组译出版"自然科学世界名著丛书"的呼声,但最终结果却是好尚者抱憾而终。20世纪90年代初出版的"科学名著文库",虽使科学元典的汉译初见系统,但以10卷之小的容量投放于偌大的中国读书界,与具有悠久文化传统的泱泱大国实不相称。

我们不得不问:一个民族只重视人文经典而忽视科学经典,何以自立于当代世界民族之林呢?

三

科学元典是科学进一步发展的灯塔和坐标。它们标识的重大突破,往往导致的是常规科学的快速发展。在常规科学时期,人们发现的多数现象和提出的多数理论,都要用科学元典中的思想来解释。而在常规科学中发现的旧范型中看似不能得到解释的现象,其重要性往往也要通过与科学元典中的思想的比较显示出来。

在常规科学时期,不仅有专注于狭窄领域常规研究的科学家,也有一些从事着常规研究但又关注着科学基础、科学思想以及科学划时代变化的科学家。随着科学发展中发现的新现象,这些科学家的头脑里自然而然地就会浮现历史上相应的划时代成就。他们会对科学元典中的相应思想,重新加以诠释,以期从中得出对新现象的说明,并有可能产生新的理念。百余年来,达尔文在《物种起源》中提出的思想,被不同的人解读出不同的信息。古脊椎动物学、古人类学、进化生物学、遗传学、动物行为学、社会生物学等领域的几乎所有重大发现,都要拿出来与《物种起源》中的思想进行比较和说明。玻尔在揭示氢原子光谱的结构时,提出的原子结构就类似于哥白尼等人的太阳系模型。现代量子力学揭示的微观物质的波粒二象性,就是对光的波粒二象性的拓展,而爱因斯坦揭示的光的波粒二象性就是在光的波动说和粒子说的基础上,针对光电效应,提出的全新理论。而正是与光的波动说和粒子说二者的困难的比较,我们才可以看出光的波粒二象性说的意义。可以说,科学元典是时读时新的。

除了具体的科学思想之外,科学元典还以其方法学上的创造性而彪炳史册。这些方法学思想,永远值得后人学习和研究。当代研究人的创造性的诸多前沿领域,如认知心理学、科学哲学、人工智能、认知科学等,都涉及对科学大师的研究方法的研究。一些科学史学家以科学元典为基点,把触角延伸到科学家的信件、实验室记录、所属机构的档案等原始材料中去,揭示出许多新的历史现象。近二十多年兴起的机器发现,首先就是对科学史学家提供的材料,编制程序,在机器中重新做出历史上的伟大发现。借助于人工智能手段,人们已经在机器上重新发现了波义耳定律、开普勒行星运动第三定律,提出了燃素理论。萨伽德甚至用机器研究科学理论的竞争与接受,系统研究了拉瓦锡氧化理论、达尔文进化学说、魏格纳大陆漂移说、哥白尼日心说、牛顿力学、爱因斯坦相对论、量子论以及心理学中的行为主义和认知主义形成的革命过程和接受过程。

除了这些对于科学元典标识的重大科学成就中的创造力的研究之外，人们还曾经大规模地把这些成就的创造过程运用于基础教育之中。美国兴起的发现法教学，就是几十年前在这方面的尝试。近二十多年来，兴起了基础教育改革的全球浪潮，其目标就是提高学生的科学素养，改变片面灌输科学知识的状况。其中的一个重要举措，就是在教学中加强科学探究过程的理解和训练。因为，单就科学本身而言，它不仅外化为工艺、流程、技术及其产物等器物形态、直接表现为概念、定律和理论等知识形态，更深蕴于其特有的思想、观念和方法等精神形态之中。没有人怀疑，我们通过阅读今天的教科书就可以方便地学到科学元典著作中的科学知识，而且由于科学的进步，我们从现代教科书上所学的知识甚至比经典著作中的更完善。但是，教科书所提供的只是结晶状态的凝固知识，而科学本是历史的、创造的、流动的，在这历史、创造和流动过程之中，一些东西蒸发了，另一些东西积淀了，只有科学思想、科学观念和科学方法保持着永恒的活力。

然而，遗憾的是，我们的基础教育课本和不少科普读物中讲的许多科学史故事都是误讹相传的东西。比如，把血液循环的发现归于哈维，指责道尔顿提出二元化合物的元素原子数最简比是当时的错误，讲伽利略在比萨斜塔上做过落体实验，宣称牛顿提出了牛顿定律的诸数学表达式，等等。好像科学史就像网络上传播的八卦那样简单和耸人听闻。为避免这样的误讹，我们不妨读一读科学元典，看看历史上的伟人当时到底是如何思考的。

现在，我们的大学正处在席卷全球的通识教育浪潮之中。就我的理解，通识教育固然要对理工农医专业的学生开设一些人文社会科学的导论性课程，要对人文社会科学专业的学生开设一些理工农医的导论性课程，但是，我们也可以考虑适当跳出专与博、文与理的关系的思考路数，对所有专业的学生开设一些真正通而识之的综合性课程，或者倡导这样的阅读活动、讨论活动、交流活动甚至跨学科的研究活动，发掘文化遗产、分享古典智慧、继承高雅传统，把经典与前沿、传统与现代、创造与继承、现实与永恒等事关全民素质、民族命运和世界使命的问题联合起来进行思索。

我们面对不朽的理性群碑，也就是面对永恒的科学灵魂。在这些灵魂面前，我们不是要顶礼膜拜，而是要认真研习解读，读出历史的价值，读出时代的精神，把握科学的灵魂。我们要不断吸取深蕴其中的科学精神、科学思想和科学方法，并使之成为推动我们前进的伟大精神力量。

任定成
2005 年 8 月 6 日
北京大学承泽园迪吉轩

巴甫洛夫（Ivan Petrovich Pavlov，1849—1936）

← **巴甫洛夫童年的家** 1849年9月26日，巴甫洛夫出生于俄国梁赞。图为巴甫洛夫童年时代在梁赞的家，位于靠近梁赞市中心的尼科尔斯卡娅大街上，这条大街满街都是榆树和白柳树，在生长季节亭亭如盖。他家的房屋是木制的两层楼房，共有11个房间，巴甫洛夫的卧室在2楼。

→ **梁赞市的克里姆林宫** 梁赞位于俄国中部奥卡河岸边，距离莫斯科约200英里。克里姆林宫是该城最古老的核心部分，建于11世纪末。

↓ **奥卡河** 梁赞自古就是俄罗斯中部富饶的谷仓，苍绿的林海和金黄的麦田覆盖着广袤的大地，蜿蜒的奥卡河静静地流过梁赞，为其带来繁荣与生机。

↑ **巴甫洛夫一家** 巴甫洛夫是家中5个孩子中的长子。

← **巴甫洛夫的父亲和母亲** 他的父亲是一位教士，母亲是一位牧师的女儿。

→ **彼得第一次抵达涅瓦河 油画**
300年前，圣彼得堡所在地还是一片荒无人烟的沼泽。涅瓦河入海口的这块三角洲，地势低洼，自然环境和气候条件相当恶劣。涅瓦河，在俄语中意为泥泞的河。彼得大帝锐意进取，他决定在这块沼泽泥潭地上建设一座新的城市，作为俄国的新都，使它成为通向欧洲的窗户，成为开辟俄国与西欧各国经济和文化交流的捷径。

← **圣彼得堡的彼得保罗要塞** 彼得大帝以其特有的勇气和魄力，在沼泽地上建成了美丽的城市。圣彼得堡是世界上最美的城市之一，俄罗斯人更是将"全国最美城市"的桂冠献给了它。这座从沼泽泥潭中崛起的城市，体现了人们对俄国未来的描绘和憧憬。巴甫洛夫一生大部分时间都是在圣彼得堡度过的，他非常热爱这座城市。

→ **铜骑士像** 彼得大帝以迁都圣彼得堡为契机，全面推行他的改革措施，彻底改变俄国的落后面貌，俄国一跃成为欧洲的强国。圣彼得堡是俄罗斯文化、科技和精神生活腾飞的象征。彼得大帝铜骑士像，矗立在圣彼得堡十二月党人广场上。

↑ **俄罗斯科学院** 彼得大帝十分重视文化教育事业，他认为，俄国长期落后，主要是教育不发达、科学文化落后所致。因此，他致力于兴办学校，培养人才，积极开展对外文化交流。彼得改革后的俄罗斯在短短的100多年内，在科学技术和文化艺术领域都出现了一批有世界影响的人物。俄罗斯科学院是彼得大帝于1724年下令成立的，是俄罗斯的第一个高级科研机构。

↑ **伏尔加河上的纤夫 俄罗斯画家列宾绘** 1869年，在俄罗斯崇尚科学的时代背景下，一直在神学学校接受正规学校教育的巴甫洛夫放弃了神学院最后一年的学习，转而准备报考圣彼得堡大学。《伏尔加河上的纤夫》反映了俄罗斯下层劳动人民贫穷痛苦的生活，巴甫洛夫决心要用科学的力量改善人们的生活，他说："我的信仰就是相信科学的进步会给人类带来幸福。我相信人的智慧及其最高的体现——科学，能使人类避免疾病、饥饿和敌对，减少人们生活中的痛苦。"

← **俄国沙皇亚历山大二世** 亚历山大二世1855年—1881年在位，他施行了大量改革，废除了俄国的农奴制，改革了俄国的司法和教育体制，同历届政府相比，亚历山大二世的政府提供了更多的资金用于发展科学。在那个时代，人们渴望新知识，探求新思想，一个学生这样描述道："科学突然被提升至最高的地位，她就好像是一位女神从天而降，每个人都将从她那里学到一些更有用的知识来完善自己，以提高整个人类的素质。"

↑ 1871年的巴甫洛夫　　　　↑ 1884年的巴甫洛夫

1875年，巴甫洛夫获圣彼得堡大学生理学学士学位；1883年，获军医学院博士学位。19世纪80年代巴甫洛夫处境艰难，家用入不敷出，长期过着寄人篱下的生活，两次申请教职都被拒绝了。

↑ 巴甫洛夫在办公室

↑ 消化腺机能讲义

↑ 1890年4月24日，41岁的巴甫洛夫成为圣彼得堡军事医学院药理学教授。1891年，兼任新成立的实验医学研究所生理研究室主任，组织与领导生理学的研究工作。巴甫洛夫有了自己的实验室和丰厚的薪金，家里的生活条件大为改善。1897年发表《消化腺机能讲义》，开始成为享誉世界的科学家，1904年荣获诺贝尔生理学和医学奖。

→ 巴甫洛夫夫妻照 巴甫洛夫和妻子谢拉菲玛相识于1879年，1881年完婚，相濡以沫几十载。巴甫洛夫是专心投入学术研究的典型学者，只专心研究，不注意衣食住行等生活细节，家庭事务都由妻子负责打理。

← **关于列宁在1917年的油画** 从1914年8月开始，俄国先后经历了四年的世界大战和三年的内战，遭受了极大的损失，经济濒于崩溃，这是巴甫洛夫处境最艰难的时代。他的一个儿子加入了白军，当红军获胜时，这个儿子被迫移居国外。他的另一个儿子维克多为了去姨妈家弄食物而身染伤寒死于途中。在困境中，巴甫洛夫给列宁发了一封电报："我不是个社会主义和共产主义者，我也不相信你危险的社会试验。"列宁没有批评报复他，反而通过苏维埃政府大大改善了他的生活条件和工作条件。

→ **巴甫洛夫生理研究所** 苏联科学院为他新建了一个以他的名字命名并做主任的生理学研究所，即巴甫洛夫生理研究所，这个研究所于1925年12月5日成立。

↓ **科尔图什科学村** 为了支持巴甫洛夫更好地工作，苏联政府在科尔图什为他建造了一个科学村。巴甫洛夫非常喜欢科尔图什的环境，那里有广阔的田野，森林环绕，还有湖泊。每年夏季，巴甫洛夫都要带着家人到这里住上一阵子。

巴甫洛夫精力充沛，对体育活动很着迷，擅长打击棒游戏，喜欢游泳。他组织了一个"医生体育爱好者和自行车旅行小组"，还被选为"医生体育锻炼爱好者协会"的名誉会员。他爱好园艺，喜欢亲自松土、施肥、培腐殖土、种花，他称体力劳动为"肌肉的快乐"。

↑ 巴甫洛夫在玩击棒游戏

↑ 巴甫洛夫在滑雪

↑ 巴甫洛夫在干园艺

↑ 图为巴甫洛夫位于瓦西里耶夫斯基岛上的住宅中的大厅，里面有一架巨大的钢琴，巴甫洛夫本人不弹钢琴，但是喜欢听音乐，与他关系密切的助手经常在周日来这里聚会演奏音乐。

← 巴甫洛夫喜欢收集邮票、草本植物、甲虫、蝴蝶。不仅自己捕捉蝴蝶，而且还从毛虫、蛹里培养蝴蝶，图中巴甫洛夫故居餐厅墙上的蝴蝶标本，是巴甫洛夫亲手制作的。

← 俄罗斯画家希施金的油画《林边的野花》 巴甫洛夫喜爱大自然，他喜欢采野果，采蘑菇，但从来不采摘花朵，也不喜欢别人采。看到花朵被摘下，他就说："这已经是垂死的大自然了。"

↓ 俄罗斯画家列维坦的油画《金色的晚秋》 巴甫洛夫喜欢欣赏绘画，他收集了很多名家的画，焦急地等待每一次画展的开幕，每次展览都要看好几回，《金色的晚秋》是他非常喜欢的一幅画。

↓ 俄罗斯画家涅斯捷罗夫为巴甫洛夫画的肖像画 此画绘于巴甫洛夫去世前一年。在画像时，为了使"这位非常好动的86岁高龄的老人安静地坐会儿"是非常困难的，只好安排他坐在桌子旁和助手谈话，桌子上的花正好把他们隔开。本来想摆上巴甫洛夫所喜爱的雪青色的紫罗兰，但这株花实在太高，挡住了他的脸，因此就放了一株较低矮的、洁白朴素的花。画家送给他这幅画像后，巴甫洛夫在给画家的信中写道：我在自己的科研工作中仍一直体验到一种永不枯竭的生活兴趣。

目　录

导　读

苏彦捷

（北京大学心理学系　教授）

· Introduction to Chinese Version ·

> 我说的只有科学真理，无论你愿不愿意，你都得听！

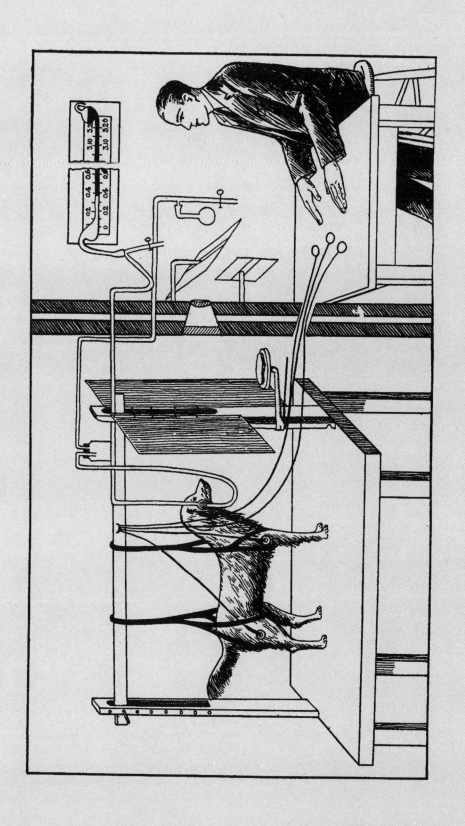

大概很少有科学家的研究对象和理论像巴甫洛夫的狗和条件反射那样深入我国的普通民众。虽然很多人都知道条件反射这一名词,对其中的含义和道理也能说出个一二,但认真读过巴甫洛夫原著的人就比较有限了。这本书原译自 20 世纪 50 年代,尽管已经过去了半个世纪,但现在读起来还是很亲切。

导读分为这样几个部分,首先是对巴甫洛夫的生平及其科学贡献的简单介绍,其次是国内心理学历史上对巴甫洛夫工作的介绍,最后就我自己的理解和所掌握的材料,简介本书的一些内容、影响及其在科学史上的地位等,希望可以让普通读者更好地理解本书的学术价值和历史意义。

1 生 平

有关巴甫洛夫的生平介绍很多,有兴趣的读者可以查阅心理学史、心理学以及有关学习方面的教材及相关网站获得更多详细的信息。

伊万·彼得洛维奇·巴甫洛夫(Ivan Petrovich Pavlov,1849—1936),俄国生理学家。1849 年 9 月 26 日出生于俄罗斯最古老的城市之一,距离莫斯科将近 200 公里的中部小城梁赞。父亲是收入微薄的牧师,母亲则常常给人帮佣贴补家用。巴甫洛夫是父母 5 个子女中的长子。家庭贫穷但有天赋的巴甫洛夫免费接受了小学和中学教育。

1860—1864 年巴甫洛夫就学于梁赞教会中学,毕业后进入了梁赞教会神学院。这种教育背景颇有些子承父业的意思。但是,俄罗斯生理学之父、著名生理学家谢切诺夫(Ivan Mikhailovich Sechenov, 1829—1905)1863 年出版了《脑的反射》一书。谢切诺夫在书中抨击了神学思想,在哲学上证明了物质、存在为第一性,意识、思维为第二性的唯物论的基本原理。加上俄罗斯政论家和启蒙者皮萨列夫(Dimitri Ivanovitch Pisarev, 1840—1868)的文章《动植物世界的进步》介绍了达尔文的进化论。这些使得巴甫洛夫对自然科学发生了浓厚的兴趣,遂放弃了神学,走进了自然科学领域(斯特罗乾诺夫等,1954)。

1870 年,巴甫洛夫进入谢切诺夫任生理学教授、门捷列夫任化学教授的圣彼得堡大学,在物理数学系生物学部学习动物生理学。大学期间,巴甫洛夫学习勤奋,一直获得奖学金,但开始还没有什么特别的表现和偏爱。到大学三年级时,他听了著名解剖学家伊法·齐昂(Ilya Cyon,1843—1912)教授关于生理学方面的一次演讲,激发起学习生理学的兴趣。他把动物生理学选为主要的专修科目,还多选了一门化学,并且开始担任齐昂教授的实验助手,投入生理学的研究和实验。1874 年,巴甫洛夫和同学阿法纳希耶夫(B. V. Afanasyev)在齐昂教授和著名组织学家奥夫骧尼夫的指导下,共同完成了第一篇科学论文《论支配胰腺的神经》,这篇论文得到老师们的赞赏。1875 年巴甫洛夫荣获学校颁发的研究金质奖章。

◀关于狗的实验的图示

1875 年，巴甫洛夫以优异的成绩从圣彼得堡大学数理系生物科学部毕业，获得生理学学士学位。齐昂教授早已看中这位才华出众的青年，聘请巴甫洛夫到圣彼得堡自己主持的外科医学院（Medical Surgery Academy，后改名为军事医学院）生理学研究室工作。1876 年巴甫洛夫在这个学院兽医学部生理实验室担任实验助理，并在乌斯齐莫维奇教授的领导下，开始进行血液循环生理学的研究。1878 年，巴甫洛夫接受了俄国著名临床医师波特金教授（Andre Botkin）的邀请，到其新成立的医学实验室主持生理实验工作，主要研究血液循环、消化生理、药理学方面的有关问题。自进入实验室以后巴甫洛夫就开始担任青年进修医师的指导老师，十多年富有成效的辛勤工作，为他奠定了成为一名卓越生理学家的基础。1879 年，他做了第一个著名的手术，在胰腺里装一个固定的瘘管。因科学研究成绩出色，巴甫洛夫又一次获得金质奖章，并于 1879 年在该院获硕士学位。

1879 年巴甫洛夫从医学院毕业，经过考试合格并获批四年的奖学金，得以继续深造。同年，他认识了在圣彼得堡教育学院念书的谢拉菲玛（Karchevskaya Serafima），两个人都热爱文学和莎士比亚戏剧。1881 年 5 月，巴甫洛夫和谢拉菲玛结婚，他们育有 4 个儿子和 1 个女儿，但长子出生仅数月就不幸夭折。

1883 年，巴甫洛夫完成了博士论文《论心脏的离心神经》（也译为《心脏的传出神经支配》《神经对心脏收缩的促进作用与实验》等），同年 5 月 21 日进行论文答辩，顺利通过并获得医学博士学位。因为没有要从医的想法，故而巴甫洛夫一直没有参加临床实习，而是开始担任生理学讲师，研究血液循环和神经系统对于心脏的影响。

心理学创始人冯特（Wilhelm Wundt，1832—1920）1879 年在德国莱比锡大学建立实验室五年后，巴甫洛夫来到这里学习生理学。具体来说，1884—1886 年期间，巴甫洛夫在德国莱比锡大学路德维希（Carl Ludwig）研究室和海登海因（Heidenhain）实验室进修，进行心血管和胃肠生理学的研究，继续研究心脏搏动的影响机制。这一期间，他提出心脏跳动节奏与加速跳动是由两种不同的肌肉在进行控制，而且是由两种不同的神经在控制。

1886 年，他自德国归来后重新回到大学的实验室，继续进行狗的"心脏分离手术"。大约从 1887 年开始，他逐渐将研究的方向转向人体的消化系统。1888—1890 年在圣彼得堡博特金实验室进行循环和消化生理学的研究。期间，他发明了新的实验方法，不是用被麻醉的动物做急性实验（每次实验结束，动物也就牺牲了），而是用健康的动物做慢性实验，从而能够长期观察动物的正常生理过程。

1888 年左右，他发现了调节胰腺分泌活动的神经，完成了著名的"假饲实验"。实验的过程是这样的：首先在颈部切断狗的食道，使被切断的食道两端分别在皮肤伤口处生长，露在外面，这样口腔就与胃腔隔离开了。然后进行狗安装胃瘘管手术。这样，任何时候都可以通过这个瘘管人工给狗喂食，但食物会从食道的上孔落出，实验者通过瘘管收集流出的胃液，观察消化液在胃里的作用。结果是，他将三个管子接在狗的食道和胃道，然后进行假饲，几分钟后无数细小的胃腺便分泌出胃液。一只狗一次可以分泌出一公斤的胃液，这些胃液经过加工，可对胃酸低的病人进行治疗。他还发现分布在胃壁上的第十对脑神经迷走神经与胃液的分泌有关。如果用同样的方法刺激胃液分泌的话，只要切断迷走神经，胃液就不再分泌。但如果不假饲，只刺激迷走神经，也能分泌胃液。是什么东西对迷走神经产生了刺激呢？原来味觉器官感受到了食物刺激,便会通过神经传给大脑,通过大脑传给迷走神经让胃分泌胃液。这就是后来著名的条件反射学说所说明的内容。

随后,为了保证研究期间狗胃能正常地消化,巴甫洛夫又进行了形成小胃或孤立胃的手术:由狗胃的下部区分出一孤立的小胃而保留其与胃及整个机体的一切神经联系。当食物进入大胃之后,大胃和小胃的腺体都分泌胃液,但只从小胃收集纯的胃液。由于这些成就,巴甫洛夫不仅在国内,而且在国外也开始享有声誉。1890 年 4 月 24 日,41 岁的巴甫洛夫成为圣彼得堡军事医学院药理学教授。1891 年,兼任新成立的实验医学研究所生理研究室主任,组织与领导生理学的研究工作。

巴甫洛夫从学生时代就开始从事心血管神经调节的研究,提出了心脏营养神经的概念。在消化生理研究过程中,他制成了保留神经支配的"巴甫洛夫小胃",并创造了一系列研究消化生理的慢性实验方法(如唾液瘘、食道瘘、胃瘘、胰腺瘘等),揭示了消化系统活动的一些基本规律,并把它们总结发表在《消化腺机能讲义》一书中。1897 年出版的《消化腺机能讲义》,是巴甫洛夫一生中重要的著作之一,先后被译成几国文字,成为生理学研究的指南。1901 年巴甫洛夫被选为俄国科学院通讯院士,1904 年荣获诺贝尔生理学和医学奖,他是世界上第一个获得诺贝尔奖的生理学家,也是第一个获得这个荣誉的俄国科学家。从 20 世纪初开始到逝世前的 30 余年,巴甫洛夫的研究重点转到高级神经活动方面,建立了条件反射学说,其代表作是《大脑两半球机能讲义》和《条件反射:动物高级神经活动》。

1906 年,巴普洛夫在狗脖子上插入管子来测量唾液分泌。在实验中发现,在给狗食物之前摇铃,一段时间之后不给食物,只摇铃,狗也会增加唾液分泌。这便是动物的条件反射机能,条件反射组成了动物行为的基础。巴甫洛夫将对动物的基础研究自然地延伸到了心理学领域,他认为人与动物类似,都是由环境因素操纵和控制的。之后,巴甫洛夫运用"条件反射"方法研究了动物的行为、心理活动,并提出了人有第一和第二两个信号系统的思想,认为人除了有第一信号系统——对外部世界的映象产生直接反映之外,还有第二信号系统,即引起人的高级神经活动发生重大变化的语言和符号反映功能。由此建立了高级神经活动的新学说。

1907 年巴甫洛夫当选为俄国科学院院士;后又被英、美、法、德等 22 个国家的科学院选为院士。他是 28 个国家(包括中国)生理学会的名誉会员和 11 个国家的名誉教授。

十月革命后,苏维埃政府在彼得格勒为巴甫洛夫建立了专门研究条件反射的实验站。1923 年,在列宁的直接关怀下,他出版了《条件反射:动物高级神经活动》专著。1924 年退休后,苏联科学院为他新建了一个以他的名字命名并由他担任所长的生理学研究所,即巴甫洛夫生理研究所。1927 年,他出版了《大脑两半球机能讲义》。1929 年,又在列宁格勒附近的科尔图什村为他建立了一个世界上独一无二的生理学研究中心——巴甫洛夫村,巴甫洛夫称它为"条件反射的首都"(尤果夫,1957)。

1935 年,在第十五届国际生理学家大会上,巴甫洛夫又被誉为"世界最杰出的生理学家"。1936 年 2 月 27 日,近 87 岁高龄的巴甫洛夫因患流感性肺炎逝于苏联列宁格勒。

这位伟大的生理学家在临终前，还时刻不忘观察和记录自己的病情，流露出对科学的忠诚与热爱。

2　主要研究及其贡献

巴甫洛夫在生理学领域中的研究十分广泛，涉及生理学的各个部分。他的研究工作大致可以分为三个阶段，基本对应着他的三个研究领域，这三个研究领域为血液循环生理学（心脏生理：心脏的神经功能）、消化系统生理学（消化生理：消化腺的生理机制）、高级神经活动生理学（大脑生理：条件反射研究）。下面就从这三个领域讨论巴甫洛夫的科学贡献。

2.1　血液循环生理学

巴甫洛夫从事血液循环生理学的研究是在他开始科学研究工作的最初 15 年中（1874—1888 年），当时他的兴趣主要集中在两个问题上：血液循环器官靠着反射作用而进行的自动调节以及离心神经对心脏所起的作用的性质。

在研究循环系统生理的工作中，巴甫洛夫探讨了调节血压的机制，还阐明了左右迷走神经对心脏活动的影响。通过实验，研究动物动脉的生理机能，调节血压的机制，以及食物、营养、大量饮水对动脉血压高低的影响，揭示出许多有关心脏、血管等血液循环器官活动的自动调节反射方面的新的重要规律。

他在实验中曾先将动物的迷走神经切断，数天后待通往心脏的阻抑纤维枯萎后，再用电刺激迷走神经，观察血管在神经作用下的适应活动和迷走神经对血压的调节作用。通过这些实验，证明了各血管的神经末梢能迅速而敏锐地感触到动脉血压较明显的增高或降低。由于这些感觉神经末梢信号器发出相应的冲动而产生反射，心脏的工作和血管通路的状况就起了变化，使动脉血压迅速恢复到原有水平。由此他得出结论：有机体内心脏、血管系统经常进行自动调节活动。这些重要规律的发现是对科学的极其宝贵的贡献。

他在《论心脏的离心神经》的博士论文中，第一次论证了神经对心脏功能的调节作用。他认为由两对彼此分立的四条神经调节着心脏的活动，相反地作用于心脏收缩律（延迟神经和加速神经）与心脏收缩力（弱化神经与强化神经），对心脏功能发挥阻止、加速、抑制和兴奋作用。这是以前人们没有发现的。以后巴甫洛夫对心脏离心神经仍不断地进行研究。1888 年，他发明了哺乳动物活动的离体心脏手术，用来研究各种药物对心脏所起作用的药理学和血液循环生理学上的一系列问题。他还发现这样一个事实：当血液流经肺部时，血液流动畅通；当血液不流经肺部时，血液很快凝固。他提出：当血液流经肺部时，就有某种抗凝物质混入血液。多年后，科学家从肺组织中分离出一种强烈的抗凝物质，进一步证实了巴甫洛夫的论断。以后，巴甫洛夫强调神经系统调节机体活动过程的思想，被学术界称为"神经论"，成为科学家建立神经系统营养性机能学说的基础。

巴甫洛夫对血液循环中神经调节问题的研究,大大推动了药物对心血管系统所发生影响的研究,从而在治疗各种心血管系统疾病方面起了巨大的作用。

在巴甫洛夫的研究工作中,与他的研究结果同样重要的是他的研究方法。在博特金临床病理实验室工作期间,他创造并应用了一种全新的生理学实验法,这种实验法称慢性实验法,以与传统的急性实验法相区别。

在当时,生理学家普遍以孤立的、静止的观点来研究动物一些器官的生理功能。他们利用物理和化学的方法,将某一个需要研究的器官从活着的或死去的动物身上迅速取下,置于实验室的人工环境下,设法在短时间内保持它的生理机能,对其进行观察研究和实验;或用麻醉剂、破坏大脑等方法使动物失去知觉和生存能力,再进行解剖,观察研究对象的机能,这种实验方法称为急性实验法,又称分析实验法。这样的方法有它的优点,如实验对象简单,取材方便,可很快地获得比较明确的实验结果等,但它忽视了动物的整体性,因为被麻醉的动物或一个离体的器官不是正常活动的动物或器官,不能如实地说明该器官在动物体内正常的生理机能,特别是不能消除麻醉使血液循环器官的神经系统反射活动所受的影响。

巴甫洛夫不太欣赏急性实验方法,认为这种实验方法破坏了动物的整体性,具有一定的局限性。巴甫洛夫提出了"综合生理学"的概念,在研究过程中,他亲自实践了在正常的健康的完整的动物机体上研究生理过程的方法。巴甫洛夫创造并应用了一种崭新的生理学实验法,即慢性实验法来弥补急性实验法的不足。所谓慢性实验法就是在正常的、未经麻醉的、健康的动物身上进行研究的方法。把活的动物完整地置于正常的环境下,通过长期观察和分析,立足整体,研究有关器官在动物体内正常的机能。巴甫洛夫耐心地训练动物,使它们能在实验台上安静地忍受复杂的实验手术,这样动物在完全清醒和正常的条件下被研究,整个中枢神经系统很正常,因此所得的结果能够比较好地反映出所研究的器官在机体内与各种系统保持复杂的相互关系时的活动情况。

2.2 消化系统生理学

大约从 1879 年开始,巴甫洛夫逐渐进入了第二个主题——消化系统的研究。他用了近 20 年的时间集中精力研究消化生理学,以后在 1906 年至 1911 年进一步加强了这方面的研究。他系统地研究了消化生理的诸多方面,除了采用前面提到的能够长期观察动物的正常生理过程的慢性实验法,还创造了多种外科手术,如在健康的动物身体上安装瘘管,包括胰腺瘘、唾液腺瘘、胆管末端瘘、食管瘘和胃瘘等导管,通过把外科手术引入整个消化系统研究领域,发现了主要消化腺的分泌规律,说明了神经系统在调节整个消化过程中的主导作用,奠定了现代消化生理学的基础。

举例来说,1889 年,巴甫洛夫对实验狗施行食管切断手术并安装胃瘘导管,应用著名的假饲法收集胃液并进而研究胃液分泌机制。这个实验非常成功,狗吃下去的食物自食管切断处落下,并没有进入胃,但假饲开始几分钟后,胃液开始分泌,并迅速增加,能持续几十分钟乃至几个小时之久。如果切断狗的迷走神经,假饲便不再引起胃液的分泌。通过实验,巴甫洛夫得出结论:食物引起味觉器官兴奋,这种兴奋通过味觉神经传至延髓,而后再由延髓通过迷走神经传至胃腺,也就是进行着从口腔到胃腺的反射。如将两条迷走神经切断,则反射不能完成,假饲时,胃腺便没有反应。1894 年,巴甫洛夫又成功地制成了分离小胃,以后被命名为"巴甫洛夫小胃",简称"巴氏小胃"。他在动物胃上实施一个小手术,将动物胃的基底部分分割出一个不大的袋囊(巴氏小胃)。巴氏小胃与胃体之间有共同的外壁,由共同的血液循环和神经支配,但它们彼此却由内部粘膜层缝合成的"隔壁"分开。进入大胃的食物和唾液并不进入小胃,然而小胃与大胃的反射活动完全相同。通过多次实验证明:被吸收的食物的数量、种类与胃液数量关系密切。这个实验获得了关于消化腺分泌全过程和消化液成分的基本材料,为搞清神经系统对整个消化过程的调节机制奠定了基础,对于营养学和医学有重要价值。

巴甫洛夫于 1897 年出版了《消化腺机能讲义》,作为他在消化方面工作的重要总结。这方面的工作使他荣获了 1904 年的诺贝尔奖。

2.3 高级神经活动生理学

从唾液腺的精神性兴奋出发,巴甫洛夫将自己的研究逐渐转向高级神经活动。从 1903 年起,一直到他生命的最后一刻,巴甫洛夫连续 30 余年致力于高级神经活动生理学和大脑生理学的研究,从而发现了大脑皮层和大脑两半球活动的规律,建立了高级神经活动学说,也称大脑皮层的条件反射学说。

巴甫洛夫认为动物的一切行为都属于反射的范畴。他把反射分为非条件反射和条件反射两类。所谓非条件反射是动物天生的功能,具有永久性,不因环境改变而丧失。例如,狗在进食时由于食物的结构和化学刺激,使口腔粘膜中的化学感受器兴奋,通过神经传导引起唾液腺分泌唾液,这种反射就是非条件反射。所谓条件反射是指后天形成的,经过多次强化,使本来无关的刺激也能引起反应的反射活动。例如,用与食物无关的条件如铃声来刺激狗,这时狗的唾液腺并不分泌唾液;但若把铃声和食物联系在一起,即每次给狗喂食前就响铃声,这样实验若干次后,只要单独用铃声就会使狗的唾液腺产生反应,分泌唾液,这就是条件反射。

巴甫洛夫发现了条件反射,即发现了动物界和我们人类本身基本的、同时也是最普遍的现象。研究表明,条件反射是建立在非条件反射基础上的一种暂时的联系,也就是在条件刺激的皮层兴奋灶与非条件刺激的皮层兴奋灶之间,由于多次结合强化,从而建立了暂时的神经联系。由此可知条件反射具有暂时性的特点。

巴甫洛夫关于高级神经活动的学说清楚地表述了条件反射活动在机体争取生存的斗争中所具有的生物学意义。条件反射能够使人类和动物机体与周围环境建立各种复杂的关系,根据对生命活动有利或不利的不同刺激信号,产生精确的反应,以适应于生存的环境,免遭淘汰。

巴甫洛夫在总结了动物高级神经活动基本规律的基础上进一步研究了人类高级神经活动的规律,提出第一信号系统和第二信号系统学说。信号活动是大脑皮层最基本的活动。信号从本质上可分为两类:一类是现实的具体信号,称为第一信号(如食物的外形和气味、声音、光等）；另一类是现实的抽象信号，称为第二信号（如语言、文字）。人和动物都具有第一信号系统，而第二信号系统是人所特有的。这也是人类高级神经活动和动物高级神经活动的本质区别。对人类来说，第一信号系统是感性认识的生理基础；第二信号系统是理性认识的生理基础，它们是人类高级神经活动发展过程中的两个阶段，也是人类认识中两个不可分割的阶段。

巴甫洛夫在逝世前一年，在为《大医学百科全书》所写的题为"条件反射"的论文中对高级神经活动本性及其规律进行了总结，并对兴奋和抑制两种过程及其相互诱导等进行了辩证的表述。指出暂时神经联系的生物学意义和高级神经活动客观研究对心理学和精神病学的科学价值。系统阐述了两种信号系统学说，指出第二信号系统是神经活动机构的特别附加物，而词构成人类特有的现实的第二信号系统，它是第一信号的信号。作者告诫人们：词组成无数刺激，使我们离开现实，一方面，不要由此曲解我们与现实的关系；另一方面，也正是词使我们成为人。

巴甫洛夫的科研工作虽然分别属于心脏生理、消化生理、大脑（高级神经活动）生理三个领域，但在高级神经活动生理领域的研究成果尤为丰硕，或者说与心理学关系最为密切。他证明了大脑和高级神经活动由无条件反射、条件反射双重反射形成；揭示了"精神活动"是大脑这一"物质肌肉"活动的产物，同样需要消耗能量。他提出：人类除了有第一信号系统即对外界直接影响的反应外，还有第二信号系统即引起人类高级神经活动发生重大变化的语言；正是这第二信号系统学说揭示了人类特有的思维生理基础。

巴甫洛夫对上述三个方面的贡献不是孤立的，而是彼此联系、相互呼应的。这反映了他研究作风上的鲜明特点之一：善于把研究集中在选定的一个方向上，循序渐进。（斯特罗乾诺夫等，1954，p12）

我们在小结他的工作时可以清晰地感受到巴甫洛夫的这种研究风格。在早年的研究中，他发现温血动物的心脏有特殊的营养性神经，能使心跳增强或减弱。在消化腺的研究中，他创造了多种外科手术，改进了实验方法，以慢性实验代替急性实验，从而能够长期地观察动物整体的正常生理过程。在研究消化生理的过程中，他形成了条件反射的概念，从而开辟了高级神经活动生理学的研究，他连续 30 余年，致力于这个新领域的研究。巴甫洛夫晚年转入精神病学的研究，并提出了两个信号系统学说。

巴甫洛夫学说的基本观点是，将有机体看成是一个统一的整体，而这个整体的各种机能、活动的协调统一是在神经系统的支配、调节下实现的。从心理学的角度来看，巴甫洛夫进行的经典性的条件反射实验，揭示了暂时联系形成的神经机制以及条件反射活动发展和消退的规律。除此之外，巴甫洛夫关于大脑的基本神经过程——兴奋、抑制、扩散、集中及其相互诱导规律的研究，对于神经系统的分析综合活动的研究，他所提出的两种信号系统的理论以及高级神经活动的类型学说，对医学、生理学、心理学乃至哲学都具有极为重要的意义。

巴甫洛夫从事生理学研究 60 余年，为人类作出了不可磨灭的贡献，有《巴甫洛夫全集》六卷传世。收入其中的主要著作有：《心脏的传出神经》（1883）；《消化腺机能讲义》（1897）；《消化腺作用》（1902）；《条件反射：动物高级神经活动》（1923）；《大脑两半球机能讲义》(1927)等。

3 与心理学的恩怨

3.1 巴甫洛夫对心理学的贡献

从心理学的角度讲,巴甫洛夫及其学说有非常重要的位置。他是对心理学发展影响最大的人物之一。

巴甫洛夫在心理学界享有盛名首先是由于他关于条件反射的研究,至于对以后心理学发展影响最大的,是经由他的条件反射研究所演变成的经典条件作用学习理论。而这种研究始于他的老本行——消化研究。条件反射是巴甫洛夫在研究狗的消化腺分泌时意外发现的,在研究中,他做了如下手术,在狗的腮部唾腺位置连接一导管,引出唾液,并用精密仪器记录唾液分泌的滴数。实验时给狗食物,并随时观察其唾液分泌的情形。在此实验过程中,巴甫洛夫意外地发现,除食物之外,在食物出现之前的其他刺激(如送食物来的人员或其脚步声等),也会引起狗的唾液分泌。巴甫诺夫条件反射理论的这个实验是心理学中最著名的实验之一。在每一本心理学入门教科书中,都会有这样的介绍。条件反射的经典程序是:在实验中先摇铃再给狗喂以食物,狗得到食物会分泌唾液。如此反复。反复次数少时,狗听到摇铃会产生一点唾液;经过多次重复后,单独的声音刺激可以使其产生很多唾液。在这里,食物是非条件刺激——即已有的一种反应诱因;分泌唾液是非条件反应——对非条件刺激的非条件反应。铃声是条件刺激——一种被动引起的非条件刺激的反应。在巴甫洛夫的实验中,重复食物和铃声之间的联系,最终导致狗将食物和铃声联系起来,并在听到铃声时分泌唾液,巴甫洛夫根据谢切诺夫《脑的反射》理论,将狗由食物之外的无关刺激引起的唾液分泌现象,称为条件反射。所谓条件反射,是指在某种条件下,非属食物的中性刺激也与食物刺激一样引起脑神经反射的现象。巴甫洛夫和后来的研究者继续采用其他事物跟食物配对来充当条件刺激:节拍器产生的滴答声、铃声、电子信号蜂鸣器、灯光,甚至视觉上呈现的圆圈或者卡片上的三角形,等等。

一只听到铃声就分泌唾液的狗在一段时间内既没有得到食物也没有听到铃声时,这种条件反射可以和以前保持得一样强烈,当然这"一段时间"不能太长。如果在三天内只有铃声没有食物或只有食物没有铃声,那么原来存在于铃声和食物间的联系将减弱。

与上述研究相关的四个关键术语如下:引起唾液分泌的刺激(指食物),称为无条件刺激(unconditioned stimulus, UCS);食物引起的唾液分泌,称为无条件反应(unconditioned response);食物之外的刺激,称为条件刺激(conditioned stimulus, CS);食物之外的刺激引起的反应,称为条件反应(conditioned response)。

对条件反应现象,巴甫洛夫从事过无数的实验,也提出了从生理到心理的详细解释。他认为这其间从生理到心理的历程,就是学习历程。巴甫洛夫的研究和理论,在心理学上称为经典条件作用(classical conditioning)。经典条件作用的学习原理,为之后美国行为学派的刺激-反应心理学思想提供了理论基础。条件反射理论被行为主义学派吸收，成为行为主义的最根本原则之一。

作为条件反射理论的建构者，巴甫洛夫是第一个用生理学实验方法来研究人和高等动物的大脑活动，即对动物和人的高级神经活动进行客观实验研究，并创立了大脑两半球生理学和条件反射学说的人。他发展了谢切诺夫关于心理活动反射本性的学说，用反射理论解释有机体与外部世界的相互作用，详细地研究了暂时神经联系形成的神经机制和条件反射活动发展与消退的规律，论述了基本的神经过程——兴奋和抑制现象的扩散和集中及其相互诱导的规律，提出了神经系统类型的学说和两种信号系统的概念。通过长时间的研究，他发现了大脑皮层机能的活动规律，建立了条件反射学说。巴甫洛夫创立的动物和人类高级神经活动的学说，在苏联被认为是对心理学问题进行辩证唯物主义深入研究的自然科学基础。他强调了心理与生理的统一，反对把二者割裂开来。他的研究有助于心理学摆脱唯心主义和内省主义的束缚，为创立科学的唯物主义心理学奠定了基础。晚年的巴甫洛夫转向精神病学的研究，认为人除了第一信号系统（即对外部世界直接影响的反应）外，还有第二信号系统，即引起人的高级神经活动发生重大变化的语言。巴甫洛夫的高级神经活动学说把人脑的"第二信号系统"看做是先天性大脑机能，揭示了人类所特有的思维生理基础。

虽然心理学领域一直认为巴甫洛夫的工作对动物行为的比较心理学研究有重要的影响；他提出的条件反应、强化、消退、自然恢复（条件反射在没有强化的条件下消退和消退后的自然恢复）、条件反射的泛化和以后的分化及高级条件反射，对心理学的学习理论也有很大影响，特别是条件反射实验的方法至今在研究动物学习神经机制的心理学实验室中仍被广为采用。但与其他心理学家不一样的是，巴甫洛夫并不愿意做一名心理学家，相反，作为一名严谨的自然科学家，巴甫洛夫十分反对当时的心理学，反对过分强调"心灵"、"意识"等看不见、摸不着的仅凭主观臆断推测而得的东西。他甚至威胁说，如果有谁胆敢在他的实验室里使用心理学术语，他将毫不留情地开枪将他击毙。然而，这样一个如此鄙视心理学的人，却在心理学研究方面作出了重大贡献——虽然那并不是他的初衷！

他自称是生理学家，也从不应用心理学的术语。20世纪初，巴甫洛夫在实验室对同事们有个要求：无论在什么时候，无论实验出了什么偏差，都不要从狗的心理上寻找原因（尤果夫，1957）。他禁止同事们使用一些流行的说法，比如"狗不愿意"、"狗不痛快"、"它厌恶了"、"它期待着"等。谁用禁语解释实验就要被罚款。巴甫洛夫自己也曾失言，向"罚款箱"交过钱（尤果夫，1957）。

正是狗的消化研究实验将他推向了心理学研究领域，虽然在这一过程中他的内心也充满了激烈的斗争，但严谨的治学态度终于还是使他冒着被同行责难的威胁，将生理学研究引向了当时并不那么光彩的心理学领域。20世纪初，心理学作为一门新的自然科学迅速发展壮大。巴甫洛夫把对动物及人脑功能的研究应用到心理学领域并取得巨大成就。他的人类高级神经活动学说对心理学的发展产生了深远影响。

巴甫洛夫对心理学的第二大贡献在于他对高级神经活动类型的划分，而这同样始于他对狗的研究。他发现，有些狗对条件反射任务的反应方式和其他狗不一样，因而他开始对狗进行分类,后来又按同样的规律将人划分为四种类型,并与古希腊人提出的人的四种气质类型对应起来,由此,他又向心理学领域迈进了一步。

我们知道,气质是一种心理特征,它与神经类型有密切关系,神经类型是气质的生理基础。巴甫洛夫根据兴奋与抑制这两个基本神经过程的强弱程度、均衡性和灵活性,将动物和人的神经类型分为四种基本类型,并试图与希波克拉底(Hippocrates)的气质的四种类型对应起来,见下表:

神经过程与气质类型的对应及其特点

神经类型(气质类型)	强度	均衡性	灵活性	行为特点
兴奋型(胆汁质)	强	不均衡		攻击性强,易兴奋,不易约束,不可抑制
活泼型(多血质)	强	均衡	灵活	活泼好动,反应灵活,好交际
安静型(黏液质)	强	均衡	不灵活	安静,坚定,迟缓,有节制,不好交际
抑制型(抑郁质)	弱	不均衡		胆小畏缩,消极防御的反应强

总之,巴甫洛夫对高级神经活动的研究,开辟了大脑皮层生理学的新领域,奠定了心理学的生理学基础,推动了生理学和心理学的发展。

其他方面,有的学者认为,就方法而论,巴甫洛夫对比较心理学的发展有一定贡献,但他主要是生理学家,他的大部分工作是用狗这一种动物做的,说不上是真正的比较心理学的研究,他的学说也是一般的神经生理学的理论,没有涉及系统发展的问题。

3.2 巴甫洛夫与心理学家的论战和交往

巴甫洛夫和许多心理学家都有过争论和论战,如心理学家拉什里(Karl Spencer Lashley,1890—1958),智力研究的代表人物斯皮尔曼(Charles Edward Spearman,1863—1945),研究灵长类智力的苛勒(Wolgang Köhlor,1887—1967)和耶克斯(R. M. Yerks,1876—1956)等。巴甫洛夫认为他在研究高级神经活动的时候,发现了纯生理现象的基本心理现象,即找到了心理想象的基本组成单位。他认为苛勒所谓的"格式塔"所认为的"高等动物的心理是不可分解的,……条件反射不能解释高等动物的心理和智慧"是"脱离真理的捣乱的趋向。"(尤果夫,1957,p263)

20世纪30年代,就关于记忆的定位问题,巴甫洛夫曾与美国心理学家拉什里进行过激烈的争论。1929年在美国举行的国际心理学会议上,拉什里提出,反射理论是对当时学科进步的阻碍(斯特罗乾诺夫,1954;本书第五十三章,p310),"条件反射,对心理学,对认识人的智慧活动来说,是一种'阻碍'"(尤果夫,1957,p286)。巴甫洛夫则为此写了《一个生理学家对心理学家的答复》一文(见本书的第五十三章)来反驳这些言论。

但他也有一些朋友,如《情绪的生理学》一书的作者坎农(Walter B. Cannon,1871—1945)。巴甫洛夫曾到坎农在波士顿的家里做客,而1935年8月,第十五届国际生理学会议在列宁格勒召开的时候,坎农也到苏联访问了一段时间(尤果夫,1957,p250—251)。巴甫洛夫逝世以后,坎农写了评价很高的唁电,"后代人将把他的名字和消化过程及脑的最复杂技能方面的革命性发现连在一起。所有知道巴甫洛夫的人都称颂并热爱他。他、这位最有天才的人,将长久地留在人们的记忆之中"(斯特罗乾诺夫等,1954,p15)。当然这可能是因为坎农也主要是一位生理学家。

到老年的时候,巴甫洛夫对心理学的态度有了松动,他认为,"只要心理学是为了探讨人的主观世界,自然就有理由存在下去",但这并不表明他愿意把自己当做一位心理学家。巴甫洛夫直到弥留之际都不愿意把自己当做一位心理学家,都念念不忘声称自己不是心理学家。尽管如此,鉴于他对心理学领域的重大贡献,人们还是违背了他的"遗愿",将他归入了心理学家的行列,并由于他对行为主义学派的重大影响而视其为行为主义学派的先驱。

4   巴甫洛夫的工作介绍到中国的过程

20 世纪初,中国早期的哲学心理学和科学心理学多是由留日、留德和留美的学者们介绍进来的。尽管 1904 年巴甫洛夫就获得了诺贝尔生理学和医学奖,但相对于西方心理学,在中国对于巴甫洛夫工作的介绍还是非常有限的。陆志韦(1894—1970)首次在国内介绍巴甫洛夫的学说。郭一岑(1894—1977)主张心理学的辩证唯物主义方法论,强调心理学应以具有特殊性的人类本身作为研究的对象。1934 年编译了巴甫洛夫、科尔尼洛夫和别赫捷列夫的论文,以《苏俄新兴心理学》为书名出版,这是中国介绍苏联心理学较早的一本译著。(见林崇德,杨治良,黄希庭,2003)

1949 年新中国成立后,随着经济建设和科学事业的发展,很快地设置了心理学研究机构,中国心理学进入了一个新的发展时期。受到政治和意识形态大背景的影响,全国各行各业学习苏联。鉴于巴甫洛夫在苏联的崇高地位,心理学自然也就主要学习巴甫洛夫学说了。重建的中国心理学会,将全国心理学工作者团结组织起来,主要是学习辩证唯物论哲学和巴甫洛夫学说以及苏联心理学,并试图改造西方的心理学,认为学习苏联心理学就可以建立起唯物主义的心理学。心理学界当时的口号就是"以马克思列宁主义为指导,在巴甫洛夫学说基础上改造旧心理学"。

首先,国内翻译出版了一批苏联心理学和巴甫洛夫的书籍。如孙晔(1927—1995)先后参加翻译了新旧版本的苏联大学心理学教科书(斯米尔诺夫主编的《心理学》和彼得罗夫斯基主编的《普通心理学》,人民教育出版社),主持编译了《巴甫洛夫学说与心理学的哲学问题》(科学出版社,1955)、《巴甫洛夫全集第五卷》(人民卫生出版社,1959)、《苏联心理科学》第一、二卷(科学出版社,1962、1963)、《高级神经活动生理学和心理学的哲学问题》(上海人民出版社,1966)等。肖孝嵘(1897—1963)曾致力于介绍苏联心理学和巴甫洛夫学说,并开展医学心理学的研究和教学工作。

其次,当时的心理学研究、教学以及国际交流等方面都带有明显的时代特点。在研究方面,我国心理学家向苏联专家学习,初步掌握了条件反射实验方法,建立了动物和人类条件反射实验室,验证巴甫洛夫学说的经典实验,并开展了一些基本理论问题的评论和试探性的研究。在基本理论方面,探讨了心理活动与高级神经活动的关系问题;应用辩证唯物主义观点对心理学的几个主要流派,如构造学派、实用主义心理学、行为主义、格式塔心理学等展开批判。在生理心理方面,研究了动物的辨别活动问题,对狗和猿猴进行了复杂运动链锁反射实验，开展了动物与儿童高级神经活动类型的研究，探讨了儿童两种信号系统的相互传递，以及动力定型的顺序反应等。实验心理方面，有运动知觉阈限和速度判断以及似动现象的研究。

举例来说，唐钺（1891—1987）在北京大学哲学系任教时，就坚决支持建立心理实验室和巴甫洛夫条件反射实验室。孙国华（1902—1958）领导北京大学心理专业师生从事巴甫洛夫学说的研究工作，成立了中国第一个条件反射实验室，后发展为生理心理实验室（含动物心理）。从事过生理心理学、比较心理学、教育心理学等领域研究的刘范（1918—1988），以及从事生理心理学和比较心理学的邵郊教授也在宣讲巴甫洛夫条件反射学说和参与创建巴甫洛夫条件反射实验室方面做过很多工作。

心理学教学和人才培养方面，早期的心理学机构很少。1951 年在中国科学院建立了心理研究所，1953 年改为心理研究室。1952 年全国高等学校院系调整，北京大学哲学系设心理专业，南京大学设心理系，各高等师范院校也先后设立了心理学教研室。虽然一些大学里设有心理学课程，但课程很少。从 1952 年开始，教育部先后聘请四位苏联心理学家来华讲学。1953 年夏，卫生部举办了巴甫洛夫学说学习会。教学基本上都是依据苏联的教本而抛开了西方心理学体系。我国政府也派出少量青年学生前往苏联学习心理学。例如北大心理学系的王苏先生和汪青先生就是从苏联学习回来的。

那个时期，中国心理学家也只与国际上很少的国家，如当时的苏联及东欧个别社会主义国家的心理学家有些联系与接触。1957 年我国派出潘菽、陈立、曹日昌、龙叔修等四位心理学家前往民主德国及苏联进行访问考察，参观了对方的一些心理学机构。他们回国后曾分别撰文作了介绍。这是这段时期唯一的一次中国心理学家前往国外进行学术交流活动。

总之，这个时期，学习马克思列宁主义理论、学习苏联心理学和巴甫洛夫高级神经活动学说成为当时我国心理学工作者的主要活动（见王苏，1997）。这一时期学习巴甫洛夫主要是全国上下学习苏联造成的。虽然过分倚重巴甫洛夫学说，对一切心理现象都用巴甫洛夫高级神经活动学说来加以解释，确实带来某种生物学化的偏向，但在中国科学院心理研究所和北京大学建立的动物与人类高级神经活动实验室中，很多研究者开展了人类与动物条件反射的研究（见匡培梓和管林初，1997）。尽管这个时期的大部分工作是验证巴甫洛夫学派的一些重要实验，但是对我国心理学研究的影响是深远的，它们奠定了我国心理学对动物与人类心理活动生理机制的研究基础。

5 本书部分内容简介

我的导师邵郊先生在 20 世纪 50 年代将巴甫洛夫条件反射学说引进中国并建立相关实验室的过程中做了很多工作。2009 年 6 月底在实验室与我的导师邵郊先生 86 岁生日聚餐的时候，我和邵老师谈起他当年介绍和普及巴甫洛夫学说的事情。他告诉我说，那时他用的就是一个西方研究者从俄文翻译成英文的书，他说细节已经记不太清了。但我想如果是英译本的话，大概就是这本了。

本书的俄文版 1923 年初版，到 1936 年出第 6 版（每版都有增补修改）。收集了作者研究高级神经活动条件反射学说的实验报告、论文、讲义、演讲等，目前的中文版本是从英文译本（translated and edited by W. Horsley Gantt；with the collaboration of G. Volborth；and introduction by Walter B. Cannon. 1928—1941）翻译过来的。从俄文版本到英文版本是巴甫洛夫的最后一个美国学生甘特（W. Horsley Gantt，1892—1980）翻译的，坎农作序。我们现在看到的这本文集所选文章时间跨度为 1903 年—1935 年，包括 57 篇文章、3 篇附录、1 篇俄文版第一版序，共 61 个篇章。实际上是作者和他的同事 30 多年研究成果的荟萃。全书反映了作者如何从研究消化腺，发展到提出条件反射学说的全部历史过程。

甘特 1955 年在约翰霍普金斯医学院（Johns Hopkins School of Medicine）成立了巴甫洛夫协会（Pavlovian Society）。会员遍布全世界，每年召开年会。有关协会的详细历史等情况可以参考 Furedy（2001）的介绍和相关网站。

这本文集中的很多内容我们在教科书或者一些文章和书籍中读到过，但那些都是二手转述，我们可以从这本文集中读到最初的原汁原味的表述，会觉得很亲切，有种追本溯源的快乐。下面我就以其中的三章为例，作为一个阅读的导引吧。

第三十五章"高级神经活动客观研究的最近成就"：

开始吸引我的是本章概要中第一句话——"动物心理学是不需要的"。动物心理学是我的专业，我自然要看看巴甫洛夫是怎么说的。

巴甫洛夫在这里提出，动物心理学所收集的资料是有价值的，但只要我们对于动物的内在世界没有确定的知识，它作为一门科学就没有存在的权利。所有这些材料必须归并在生理学中。这样看来，巴甫洛夫的说法是有条件的，即我们对于动物的内在世界，特别是动物的意识还只是空的假定的时候，"动物心理学"这个名词，就是一个错误。我们知道，这篇文章是 1923 年发表的，当时的心理学刚从哲学中脱胎出来，其方法有很多局限，资料和数据的积累也极其有限，想说服连心理学都不愿意承认的巴甫洛夫认可动物心理学确实有点勉为其难。

心理与行为及其生理机制应该是不同层次的，生理机制的分析是我们理解行为与心理的重要基础，还原的逻辑可以追溯到几乎无限层次，但这些生物学甚至化学反应反推回心理现象与行为反应，中间一定需要考虑环境以及认知（意识）因素。经过近百年的发展，今天的心理学已经成为相当活跃的学科，动物心理学（比较心理学）对动物的意识也有很多突破性的工作。如采用 1970 年盖洛普（George Horace Gallup，1901—1984）教授开创的镜像标记测验（mirror-mark test）进行的研究，已经表明几种大猿（如黑猩猩、黄猩猩、大猩猩）、大象、海豚都有一定的自我觉知能力。

巴甫洛夫不愿意假定内部心理过程，正如巴甫洛夫自己在这篇文章的最后所说，希望通过"我们最近实验结果的简短报告，我想，会说服大家：人类的行为，以及他对于世界所起的最复杂的反应，如何能够被生理学所包括、分析并解释。"（本书第 210 页）对一个挚爱并维护自己理论体系的研究者，我们可以理解其态度和取向，但也应该注意其中的局限。

第三十六章"兴奋与抑制间的关系及其局限作用；狗实验神经病"：

我留校任教第一次开"动物心理学"全校选修课的时候就讲过"狗的实验性神经症"，但是资料是源于其他书籍的描述，在这里看到巴甫洛夫自己的原始描述，很是兴奋。

这个实验的过程是训练狗建立对一圆形的条件性食物反射，然后训练圆形和椭圆形的分化作用，即圆形总是伴随饲喂，而椭圆形没有。最开始用的椭圆形和圆形有显著的不同（两轴的比例是 2∶1），到后来当椭圆形的形状渐渐接近于圆形的时候，还是会较快地得到愈发精细的分化作用。但是如果椭圆形两轴比例达到 9∶8 的，分化作用则出现了分化作用保持上的问题，即两三个星期里，不仅自己的这种分化消逝，还造成所有早先分化作用的消逝。同时，先前安静地站在台架子上的狗不断地动和叫，堕入兴奋状态。这种由实验的方法制造的异常反应或行为，就称为实验性神经症（experimental neurosis）。20 世纪 20 年代巴甫洛夫学派的条件反射研究开创了实验性神经症学说，这一章详细阐述了兴奋和抑制的分化机理。

巴甫洛夫及其同事在动物实验中观察到，引起实验性神经症的条件是：（1）弱的条件刺激急剧增强；（2）过分精细和困难的分化；（3）时间过度延迟的条件刺激；（4）痛苦或有害的刺激。巴甫洛夫认为神经症与动物的神经类型有关；产生神经症的机制是兴奋过程和抑制过程发生冲突，失去平衡。随后还有一些研究者继续了这方面的工作，如这本文集的英译者甘特 1932 年开始进行这方面的研究，很多研究者都强调各种因素引起的情绪紧张是引起实验性神经症的根本原因，实验性神经症是一种获得性行为，研究者认为用奖赏和条件刺激为主要手段的行为疗法可以医治这种神经症。这些研究对解释心身疾病的某些现象和进行心理治疗有较大影响。其实在 1925 年巴甫洛夫就在自己的实验室下开设了两个临床病院——神经病院和精神病院，应用其实验室获得的实验结果治疗各种神经病和精神病（斯特罗乾诺夫，1954）。

第五十三章"一个生理学家对心理学家的答复"：

这一章中涉及几个著名的心理学家拉什里、葛斯里（E. R. Guthrie，1886—1959）、斯皮尔曼和苛勒。

本章分为三个部分。第一部分针对葛斯里"条件作用是一个学习原理"一文。他不同意心理学家把条件作用当成学习的原理应用于每一件事情，并把学习的所有个别特点都当做同一个过程来解释。作为生理学家，他认为刚从哲学中分化出来的心理学家还习惯于纯粹逻辑演绎的哲学方法。他提出应该详细地进行分析，并在文中进一步讨论了实验事实（本书第 305—309 页）。

第二部分讨论了拉什里的文章"行为的基本神经机理"。在确定学习的心理机制时，基于大脑皮层切除的研究，拉什里提出了大脑皮层等势说：最重要的是大脑皮层被破坏的多少而不是被破坏的部位。在 1929 年 APA 和 ICP 的联席会议的演讲中（后来发表在《心理学评论》上，就是巴甫洛夫批评的这篇），拉什里思考了神经学和心理学的联系并重新检验了当时关于大脑如何控制行为的解释。他批评了刺激-反射的学习理论，巴甫洛夫详细分析了拉什里实验的结果并用拉什里所反对的反射说进行了解释。应该说，从分析的角度，巴甫洛夫占有一定优势，但就具体问题而言，如果对拉什里的结果和结论做一些条件限定的话，两者应该并不矛盾。

第三部分主要是用了巴甫洛夫自己的研究和苛勒的研究，来说明他所认为的心理学家对动物和人的行为所作的忽视生理学的解释。在此不再详细地复述巴甫洛夫的论证，而是提请读者注意一下其中的几个说法。在 320 页，他写道，"我是一个心理学实验家……"。我们看到的很多材料都说，巴甫洛夫一直不愿承认自己是心理学家，上述的表述不知是不是我们一直以来的误会？在 322 页，他写道，"我相信，坚持地实验下去，动物与人的行为中许多其他更为复杂的例子，也将会证明是可以用许多已建立的高级神经活动规律的观点来解释的"。这种论述让我们再次看到了一个研究者对自己理论的捍卫和执著。

这本文集中英译者做了很多的脚注，这些脚注可以帮助我们理解其中的一些问题和背景。

这本书早在 1954 年就已经由人民卫生出版社出版了。2008 年初，荆其诚院士让我和他一起写导读的时候，对当时的情况只说了个开头，当时我们说好我先回来查查相关资料，再和荆先生碰头，结果去年底荆先生突然去世，让我再也没有机会与他老人家讨论了。这样，当时中国科学院心理研究所集体翻译这本书的情况，我就不是很清楚了，不知道是否有其他老师能补充上这部分背景资料。

巴甫洛夫在这本书俄文第一版序言中说，"……这本文集的缺点，最主要的缺点就是多次的重复"。对此，我倒是有另外的理解，作为文集，它不会像教科书或专著那样系统、不重复，甚至阅读有严格的先后顺序。为了写这篇导读，翻阅这本文集的时候，恍惚觉得有点像自己高中时读邓拓的《燕山夜话》，每篇文章不长，但都娓娓道来，可以从任一个地方开始，也可以停在任何一个地方。这种读书的状态没有压力，真正是一种享受。

参 考 文 献

1. 阿·尤果夫著,孙晔译. 巴甫洛夫. 北京：中国青年出版社,1957

2. 匡培梓,管林初. 生理心理学研究. 见：王苏,林仲贤,荆其诚主编. 中国心理科学,长春：吉林教育出版社,1997：409—439

3. 林崇德,杨治良,黄希庭. 心理学大辞典. 上海：上教育出版社,2003

4. 斯特罗乾诺夫等著,孙晔等译. 巴甫洛夫的生平及其学说. 北京：科学出版社,1954

5. 王苏. 中华人民共和国成立 40 年来的心理学发展. 见：王苏,林仲贤,荆其诚主编. 中国心理科学,长春：吉林教育出版社,1997：1—18

6. Furedy, J. J. An epistemologically arrogant community of contending scholars: A pre-Socratic perspective on the past, present, and future of the Pavlovian Society. Integrative Physiological & Behavioral Science, 2001, 36：5—14

巴甫洛夫的肖像

英译本译者前言

张 航 译 傅小兰 校

本书是巴甫洛夫教授在他 80 多年的人生中撰写的三本书之一。这是其中第一本，涵盖了他对消化腺功用的研究，1897 年用俄文出版，随后译成德文、法文和英文。我们有关消化系统的生理学知识，很大一部分来自于巴甫洛夫。

四分之一多个世纪以前，巴甫洛夫在"深思熟虑之后"，开始用生理学方法研究高级脑活动，主要研究途径是他所发现的条件反射。本书展示了这个主题从开创到迄今为止的发展过程，包含了巴甫洛夫关于这个主题的大部分重大发现。这个主题既新又难，欢迎读者以各种方式继续对其进行研究。

因为书中描述的事实和方法涵括了巴甫洛夫的大部分工作，我们觉得把该书从俄文翻译成英文很有价值。我们从未觉得这项翻译工作是一件苦差事，反而感受到了很多乐趣，甚至觉得是一种荣耀，因为我们所翻译的，是作者在非同寻常的一生中对科学真理的热烈而孜孜不倦的追求的结晶，我们通过帮助作者传播这些真理来向作者致敬。

因为觉得本书非常重要，所以我们尽其所能地传达作者的原意。十分遗憾的是，我们并未能传达出闪耀在原著中的热情——寻求科学真理的热情。

本书目前包括了俄文第三版的译本出版后作者新增的五章内容。我们译者又加入了斜体的说明、脚注、简短的传记，希望这些附加的说明能有助于使本书的读者群更加广泛。传记试图大致描绘出这位伟大人物的一生，尽管我们不敢奢望描绘得有多么好。我们没有征得作者同意，就擅自做主在书中放进了传记，因为我们担心作者会认为这是无用而肤浅的画蛇添足。

在翻译本书所描述的这些划时代的研究中，我们曾期盼经验丰富的生理学家能够协助我们。事实后来证明，我们的选择是明智的，我们有非常愉快的合作。

G.Volborth 博士是本书德文版的译者，同时也是巴甫洛夫多年来的主要合作者之一，他承担了本书的审校工作。他的帮助始终是不可或缺的。他不辞劳苦地审阅翻译初稿，补充了许多脚注。

Cannon 博士无私地奉献了许多精力来修正本书中的生理学名词、用法和格式，字斟句酌。他的修正是本书不可分割的一部分。

还有许多人也为本书的出版付出了宝贵的时间：Spirov 博士为本书的翻译提供了无价的帮助；我的秘书 Kiryanova 女士准备了草稿；Babkin 博士对照俄文原文校对了译文；俄国文学评论家 K. Chukovsky 和 P. S. Kupalov 向我提供了建议。最后，我们译者和读者都要感谢 A. H. Easley 为翻译工作提供了资助，使本书的英文版得以出版。许多朋友都因本书的这一版而汇集到了一起，我们感谢其中的每一个人。另外，我们还要感谢出版者事无巨细的耐心和关注，因为他们需要克服因与译者远隔重洋而产生的种种困难，所以这些耐心和关注显得尤为珍贵。

W. 霍斯利·甘特

1928 年 9 月 1 日于列宁格勒

英译本简介

张　航　译　傅小兰　校

　　本书汇集了进展报告。在约 25 年的时间里，巴甫洛夫教授对他的那些关于脑的高级功能的非常有趣而重要的实验没有作过综述；他只在讲演中零散地展示过他的结果。这样的展示有优点也有缺点。主要的缺点是重复。在连续的讲演中，同样的现象要一再定义。而这些共同的现象常常是描述新进展的基础；当进展变得越来越复杂时，不时地提一提研究的基本特性可以让新发现更容易理解。

　　作为进展报告的一个系列，本书具有重要意义，既可以作为历史记录，又可以作为对逐步发展的方法的揭示和对生理学大师的诠释。我们由此得知关于发现脑皮层功能的最早的线索和对其探索的最初的尝试，它们之后发展成为了一个由事实和概念组成的高度发达的系统；我们有机会看到从简单的开端是怎样一步步建构成这个系统的。作为巴甫洛夫自己的皮层的行为模式带给我们的启示，本书不但对于专业的科学研究者很有价值，而且对于所有对人类天性感兴趣的人也很有价值。它揭示了巴甫洛夫是如何直率大胆地将反射的概念应用于各种形式的行为的。还有谁可以简单直白地论述"自由反射"和"奴隶反射"呢？这表明他在设计实验时富有独创性，正是这些新颖而重要的实验向我们揭示了脑的神经冲动的运动和关系。这很好地展示了科学研究的更高策略。本书也展现了一个伟大的研究者如何让他的想象遨游于事实之间，让它们变得有意义。

　　听说过"行为主义"的读者会发现，这里的用词跟支持用"行为主义"那种方式来看待动物的反应的主要科学研究者的用词是类似的。重点在于对这些反应的客观研究。它们来自于肌肉的收缩；肌肉收缩是由脑释放的神经冲动导致；反过来，脑会受到表面受体释放的神经冲动的扰动；这些受体或"感觉器官"被环境的变化所激发。这些事件在生理学层面上环环嵌套地发生。强调对环境的复杂反应的生理学方面让我们从新的视角去看待高级神经中心的加工之间的关系。这样，就得到了行为的规律和这些加工之间的相互影响，而这些知识很可能对于行为控制具有非常重要的意义。如果认识到科学带给了我们多么惊人的益处，我们就会完全认同巴甫洛夫教授的信念，用科学的方法去分析错综复杂的行为。

　　巴甫洛夫教授说得很谦虚。他认识到，他所发现的新领域非常广阔，里面充满了有趣的可能，而且很难开拓。要征服这个领域，需要许多研究者付出多年的辛勤劳动。第一位开拓者在他漫长的一生中给我们树立了勤奋和献身科学的光辉榜样，这将激励着所有的后继者向着未知的世界进发。

瓦尔特·B.坎农
1928 年 9 月于波士顿哈佛医学院

英译本作者前言

张　航　译　傅小兰　校

这本书的内容是用严格客观的条件反射方法对脑皮层所做的生理学研究。这是在进行这些研究的 25 年里比较受欢迎的文章、报告、讲稿、演讲的汇总,代表了我们的研究的历史发展。这些讲稿以文献为依据,并且做了详细阐述。

当前本书能译成英文,要感谢甘特博士的提议。其他的译者都是曾与我一起完成这些实验的非常可敬的合作者,他们是哈尔科夫大学的 G. V. 沃尔波斯(Volborth)和达尔豪西大学哈利法克斯分校的 B. P. 巴布金(Babkin),他们既熟悉俄文,也熟悉英文。与此同时,我在哈佛大学的朋友坎农博士好意承担了润色英译本的任务。我要向所有这些人特别是甘特博士由衷而诚恳地表示感谢。

伊万·P. 巴甫洛夫
科学院院士
1928 年 8 月于列宁格勒

俄文第一版序言

条件反射工作的开始——采取生理学观点和放弃心理学的主观方法——美国心理学家桑戴克、华生和其他人同时开始用客观实验方法——他们的工作与巴甫洛夫的工作之区别——白克台雷夫——真实科学的目标与理想——条件反射——完成这本书的理由，它的内容与缺点

20多年以前，我开始独立地做这些实验，从我先前的生理学工作转入这部分工作。我在一个强烈的实验室印象的影响之下进入了这个领域。过去多年，我曾在消化腺方面进行工作。我曾小心并详细地研究了它们活动的一切条件。自然我不能不考虑到唾液腺的所谓心理性兴奋而把它们丢开，就是说不能不考虑到饥饿的动物或人在见到食物或者谈到它时，或甚至在想到它时的唾液流出。再者，我自己曾表证了胃液腺的一种心理性兴奋①。

我和我的合作者吴尔夫逊（Walfson）和斯拿斯基（Snarsky）两位博士开始研究心理分泌这个问题。吴尔夫逊为这个问题收集了新而重要的事实；斯拿斯基，在另一方面，从主观观点来分析这种兴奋的内在机构，就是说，他假设狗的内在世界——它的思想、情感

---

① 在 1897 年《消化腺机能讲义》一书中，巴甫洛夫教授述说，在吃食（假喂饲）时开始的胃液腺兴奋，不但依靠来自口腔的刺激，而且狗必须对食物起一种积极的动作反应（食物反射）。这个因素，必须加入到来自口部的刺激以便可以激起胃液分泌，巴甫洛夫认为它是心理的，他在《消化腺机能讲义》中描写如下：

因此，在假喂饲时，胃液腺神经因咀嚼和吞咽过程而起的兴奋作用，主要是依靠着一种心理因素，而这个因素在这里已经发展成为一种生理因素，换句话说，就是在这些情况之下，同任何其他生理结果一样，它会自然发生，而且出现得一样地很规则。从纯粹生理方面看来，这个过程可以说是一个复杂的反射动作。它的复杂性就是在于它能够由许多不同的机体机能互相合作，而达到最后的目的。要消化的物质——食物——只可以在机体以外的周围世界中找到。它的获得不单独是由于肌肉紧张的运用，而且还是由于高级机能，例如，判断、意志、愿望的参与。因此，各种不同的感官，视觉、听觉、嗅觉、与味觉的同时兴奋，是（很像在唾液腺的情况之下一样）引起胃液腺活动的第一个和最强烈的冲动。这个事实在后面两种感官中更是如此，因为它们只是在食物很靠近或已进入机体时才被激动。通过感应这个媒介，机敏而不误的大自然，已经把寻找和探求食物与消化的开始联系起来了。分泌的这种起始，应当与人类生活中的一个日常现象，就是食欲，有最密切的关系，这是容易想象得到的。因此食欲，对于人生既然如此重要，对于科学又是如此神秘，最后在这里就成为一个实际存在的事实，并且由一种主观感觉，一下子蜕变成一种具体因素，可以被包括在生理研究之内了。

所以我们有理由说：食欲是胃分泌神经的第一个和最有效的激动者，一种因素，它本身含着某种东西，可以迫使狗的空胃在假餐时，分泌出大量最强烈的液汁。在进食时有好的食欲，立刻使其活动的液汁强烈地分泌出来；没有食欲，这个液汁就没有了。恢复一个人的食欲，意思就是使他有大量胃液，以便开始一餐饭的消化。

进一步的研究与思索使他假设在这种情况下，我们所处理的只是机体由于食物所引起的一种特殊兴奋性，而这种特殊兴奋性，可以说是神经系统生理学的一种现象，无需求助于心理的概念。更完善的讨论见第十三章。因为"心理的分泌"是一个很广泛应用的名词，巴甫洛夫为了简明起见，在这里用它，虽然他的愿望是想把生理学与心理学的和主观的词句完全分开。——英译者

与欲望——是和我们的相类似①。我们当时面临着在我们实验室中向无前例的一种情况。对于这个内在世界的解释,我们采取了两条完全相反的道路。新的实验并没有使我们意见一致,也没有产生决定性的结果,虽然按通常实验室的习惯,经过共同同意所从事的新实验,一般都解决了所有的分歧意见和争论。斯拿斯基不放松他对于这些现象的主观解释,但是我,抛开幻想,而认识到这样一个解决办法的科学空洞性,开始从这个困难处境寻求另一条出路。经过长久的考虑,经过相当的思想斗争,我最后决定,对于所谓心理性兴奋,我保留在纯粹生理学者的立场上,就是说,作为一个客观的外在观察者与实验者,只涉及外在现象与它们的关系。我同一位新的同事,陀罗青诺夫(Tolochinov)博士,开始研究这个问题,并且从这个开端以后,与我非常敬仰的同事们进行了一系列的研究,一直继续了20多年。

当我和陀罗青诺夫开始我们的研究时,我仅知道在把生理研究扩展到全动物世界(用比较生理学的形式),就是除了实验室中常用的动物(狗、猫、兔、蛙)以外,还要处理别种动物时,生理学家有必要抛弃主观观点,致力于采取客观方法,并且尝试用一种适当的术语(甲葵斯·刘步(Jacques Loeb)的趋向性学说,比耳(Baer)比脱(Bethe)和雨克斯库尔(Uxküll)的客观术语的计划)。诚然,谈及一个变形虫或纤毛虫的思想和愿望恐怕是很困难而不自然的。但是我们的研究是关于狗,从史前期以来与人类就最亲近和最忠诚的同伴。我认为,这样决定的最重要的动机,虽然当时未意识到,却是由于在我的年青时代,俄国生理学之父,谢切诺夫在1863年出版的专著——《脑的反射》所给我的印象而产生的。这种思想,由于其新奇性与真实性,特别对于青年人,是影响得深刻而永久,虽然这影响也常是隐藏着的,但在当时是非常杰出的(当然,只是理论上,作为一个生理提纲)。这本书里有一个光辉的尝试,要把我们的主观世界用纯粹生理的观点表明出来。谢契诺夫在当时作了一个重要的生理发现(关于中枢性抑制作用),它给予欧洲的生理学家们深刻的印象,而且也是俄罗斯智力对于自然科学的这一重要分支的第一个贡献。这一分支,以前刚刚通过德国与法国生理学家们的成就而有了惊人的进展。

这个发现所要求的巨大努力,以及它所带来的愉快,或许掺杂着个人情绪,产生了谢契诺夫所表明的观念,他的观念的确是属于一位天才的。后来,很有趣的是,他从未采取像他最初那样坚决的方式来论及这个问题②。

---

① 根据我们现在的关于神经过程的精确知识,和管制唾液反应的一些规律,我们可以解释分泌的变化,因此,斯拿斯基在这方面的说明,好像是近于滑稽的。他写道:"在不可食物品的影响之下,我们可以看见,唾液的数量是不符合于那些物品的愉快程度;例如,对于细砂或甘油,比对于苦楝溶液,就是说,比对于一种非常苦的溶液,有更多的唾液流出,虽然在后一种情况,厌恶表情是强烈些……。在遇到细砂后,狗强烈地舔润它的嘴唇,而且吮嘴作声,很清楚,厌恶的表情不及清洗口腔的愿望来得剧烈。"(A. T. 斯拿斯基:《狗的唾液腺工作的分析》,圣彼得堡,1901 年)

斯拿斯基描写厌恶表情的各阶段,写道:"我们必须提到一个实验对于狗不是在习惯的时间做的,而是过了六点钟以后,就是在狗通常被喂时间之后。这个时间的改变对于狗很明显是不舒服的:它很激动,它咆哮,比平常分泌出更多的唾液,实验继续愈久,愈甚……"

"很明显,狗并不是被所用的酸溶液的浓度所激动,而是被整个实验本身,被那个反常喂饲时间的扰乱所激动"(同上,第 28 页)。把这些描写与现在的描写相比较,我们现在对于这个现象所持的概念是简单多了,这不是很清楚吗?我们的解释是,在日间较晚的时候,或将要到平时喂饲的时候,中枢神经系统的兴奋性增加了(见第十三章)。——英译者

② 请与第二十章末段所表达的意思相比较。——英译者

在我们用新方法开始工作几年之后，我得知在美国有差不多相似的动物实验已经被做过，并且不是由生理学家而是由心理学家进行的。于是我更仔细地研究了美国方面的出版物，现在我必须承认，在这条途径上走第一步的荣誉是属于桑戴克（E. L. Thorndike）[1]。他的实验先于我们的实验两三年，并且他的书无论是在对于一个艰巨工作的勇敢展望上，还是在他的结果的准确性上，都必须被认为是经典的。自从桑戴克时期起，关于我们这个问题美国方面的工作（耶克斯、巴克（Parker）、华生（Watson，1878—1958）等人）愈发增多了。从每一方面看来它都是纯美国的——无论是工作者、设备、实验室与出版物，都是如此。由桑戴克的书看来，美国人以一个与我们很不同的方式在这条新研究的途径上出发。从桑戴克书中的一段话，我们可以推测，在日常生活中重实际的美国人觉得熟悉人类的精确外在行为，比起猜测关于他的内在状态及其所有的组合与变化更是要紧些。抱有对于人的这种看法，美国心理学家们于是进行他们实验室中的动物实验。从这研究的性质来看，直到现在，我们感到方法与问题，都是起源于人类的兴趣。

我和我的同事们采取另一种立场。我们所有的工作是从生理学发展出来的，而且它迅速地在那条道路上继续着。我们的实验方法和布置以及各别问题的方案，结果的处理，和最后它们的系统化——所有这些都保留在中枢神经系统生理学的事实、概念和术语的范围之内。自然，对于我们的问题从心理学与生理两方面的这种探索，扩大了正在研究中的现象的范围。我深以为憾，我对于过去四五年中，美国方面在这个问题上所做的工作毫无所知；直到现在，我们在这里还不可能得到关于这个问题美国方面的刊物，并且去年我请求到美国去考察近期的工作亦未获批准[2]。

我们开始几年之后，白克台雷夫（Bechterev）在此处以及卡力西尔（Kalischer）[3]在德国也进行了这个问题的研究。在我们的工作中，我们采用一个先天的反射，基于它来形成所有的高级神经活动，就是采用食物反射和抵抗酸性物而起的防御反射，我们观察了它们的分泌部分。白克台雷夫用的是抵抗皮肤破坏性（疼痛的）刺激，以运动反应为形式的防御反射。卡力西尔也和我们一样，用的是食物反射，不过注意力集中在动物反应。白克台雷夫把我们称为"条件的"这些新反射叫做"联合的"，而卡力西尔把整个方法称做"训练方法"（Dressurmethode）。现在如果从我今春（1923年）在赫尔新福斯逗留五周时于生理学文献中所看到的来判断，可以看出动物行为的客观研究已经吸引了欧洲许多生理实验室的注意——在维也纳、阿姆斯特丹等地。

关于我自己，我愿补充如下。在我们工作开始时，而且以后很久时间，我们感到有一种习惯迫使我们要用心理学的解释说明我们的问题。每当客观研究遇到一个障碍，或者当它被问题的复杂性所阻碍，很自然地对于我们的新方法的正确性就产生了疑虑。但是随着我们研究的进展逐渐地这些怀疑发生得较少了，而且现在我深深不可动摇地相信，循沿着这条途径，会获得人类智慧战胜其最终与至上的问题的最后胜利——就是人类本性的结构和规律的知识。只有这样才能获得完满的、真实的与永久的快乐。虽然人的智

---

① 桑戴克：《动物智慧——动物联想过程的实验研究》，1898年。——英译者

② 在写完这篇序言之后，巴甫洛夫教授得到苏维埃政府的批准和经费，可以出国，他在1923年，在法国、英国和美国度夏。——英译者

③ 关于谁最先做这种研究的争执，对于任何一个即使稍微熟悉这个问题的人来说，自然完全是暂时的。

慧征服周围自然界由一个胜利达到另一个胜利。虽然人的智慧为人类的生活与活动,不仅征服地球表面,而且还征服从海底深处到大气外围界线之间的一切,虽然很容易地把巨大能量从地面的一隅带到另一隅而为其各种目的服务,虽然他为传达他的思想、语言而消灭空间——但是这同一人物,为黑暗魔力所引导,诱致战争与革命及其恐怖,为其本身造成了不可估计的物质损失与难以形容的痛苦而且回归到野兽的状况。只有最新的科学,关于人类本性本身的精确科学,以及借助于万能的科学方法对它最可靠的探讨,才能把人类从他现在的黑暗中拯救出来,并且把当代的人与人之间的关系上的耻辱洗涤干净①。

这个问题的新颖性,以及方才所表示的希望,将鼓励在这个新领域内所有的工作者们。工作是沿着一个广阔的阵线进展,自从桑戴克开始以后的 25 年间,已经做了许多许多。

我的实验室在这个进展上有了不少的贡献。我们的研究没有间断地继续到现在。在 1919 到 1920 年由于特殊的困难(寒冷、黑暗、实验动物的饥饿,等等),工作曾松懈下来。自从 1921 年,情况好转了,现在已经近乎正常,不过缺乏仪器和书籍而已②。

我们的材料在增加,我们研究的纲要在扩大,并且这个新领域中——高级神经活动的器官,大脑两半球的生理学中——现象的一般系统在我们面前逐渐显现出来③。

这些是我们现在工作的主要特点。我们对于动物生来具有的基本行为,对于此前通常叫做本能的先天反射,渐渐地更为熟悉了。我们观察并有意参与着在这个基本行为上建立新反应,即日益增加着而且变得更复杂与精细的所谓习惯与联想。依照我们的分析,这些也是反射,不过是条件反射。我们逐步地接近这些反射的内在机构,更确切地得知关于它们活动所在的神经质块的普通特性,以及管理它们的严格而紧密的规律。在我们面前出现了神经系统的几种个别类型,它们都是非常富有特性,很强地表明出神经活动的个别方面,这些个别方面的综合即建立了动物的整个复杂行为。而且更甚于此! 动物实验的结果是属于这种性质,以至于有时它们可以帮助解释我们自己内在世界发生的暂时不明白的现象。

这就是我所理解的情况。在过去 20 年间我之所以没有把我们的结果作一番系统叙述的理由如下:这是一个完全新的园地,并且工作是经常在进展着的。当每天新的实验与观察带给我们更多重要的事实,我怎能停下来寻找任何概括的观念,来把我们的结果系统化起来呢?

五年以前,我因为腿部遭到严重折伤而卧床数月之久,当时我把所有我们的研究准备作一次一般的叙述。但是恰巧这时革命爆发了。这当然分散了我的注意。并且,我习惯于把写好的文稿放置一边,以便忘记它,好使我重读的时候,能够更好地注意到它的缺

---

① 对科学工作抱有这种理想观念,即科学作为建立人类未来快乐的工具,是巴甫洛夫教授的特征。在 1926 年当看见一架飞机时,他对一位译者说,这种景象常激起他譬喻式地想,人类的智慧总会有一天像飞行员高升到地面之上一样地高翔而脱离目前的困惑。——英译者

② 苏维埃政府在过去几年中大量地增加了科学工作经费;在 1926 年 12 月巴甫洛夫教授告诉一位译者说,他的实验室得到了他们所需要的全部金钱。——英译者

③ 这个大纲在第三十一章中有更详细的描述。——英译者

点。因此我预备的材料始终未出版。而经过半年到一年无间断的工作，它又已成为过时而不适宜于发表的了，需要一番彻底的修订。但是生活在俄罗斯目前的艰苦条件之下，要很快地和适当地完成这样一项工作是很困难的，的确我可以说，简直是不可能的。并且连我自己都不准确知道我什么时候能够完成这个重要任务，来把这样长的一段时期中所搜集的科学资料加以最后的系统化。要从所有我的同事们所发表的文献中来研究这个材料，将会是一个非常艰难的工作，仅有寥寥几人能够办到。

根据这个理由，我允许多人，特别是我最亲近的同事们的多次反复的请求和愿望，才敢于在本书中发表这 20 年以来我关于我们的题材，在俄罗斯及国外所讲述过的一切，包括论文、报告、课堂演讲和演说。这本书虽然不完全，但是希望它对于那些正在致力于使自己熟悉这个问题，或者准备在本领域内工作的人们来说，可以代替本材料系统的叙述。自然，我很清楚地看到这本文集的缺点。最主要的缺点就是多次的重复。它们的发生是由于一个很可理解的原因。这个题材是新的——它只是一点一点地在生理学者们的思想中发展起来的。所以为了要了解它，要更好地掌握它，要得到关于它的概念，自然就会有一种愿望来发挥和解释每一个变化，无论这种变化是多么的微小。

但是要选择、摘要和组织这些材料，对于我现在会是一个困难而无益的工作。或许这些重复和微小的改变对于读者不是完全无用的，特别是这些论文是按照年代次序组织的，所以在他面前展开的是我们努力的全部历史。他可以看到事实怎样一点一点地扩展而被证实，它们怎样形成我们对于这个问题各方面的概念；并且最后高级神经机能的远景如何在我们的面前出现。然而，我应该建议那些既非生理学家又非生物学家的读者们，其实，建议每一位对于我的书不吝赐教的读者，开始按照时间顺序阅读我在马德里、斯德哥尔摩、伦敦所发表的演说，在莫斯科的三篇，和在格罗宁根与赫尔新福斯的两篇报告[①]。只有在读完这些之后再转看这个问题的其他特殊方面的专门论述，读者才可以把我们的工作的基础和一般倾向弄清楚，而且细节就会在这个背景上更加明确地显示出来。

为愿意熟知我的同事们的原始论文的读者，我在本书的末尾附了一份目录[②]。

巴甫洛夫

1923 年于彼得格勒

---

① 第一，三，四，十，十一，二十，二十一，三十一章。——英译者
② 中译本省略。——中译者

巴甫洛夫在军事医学院上课

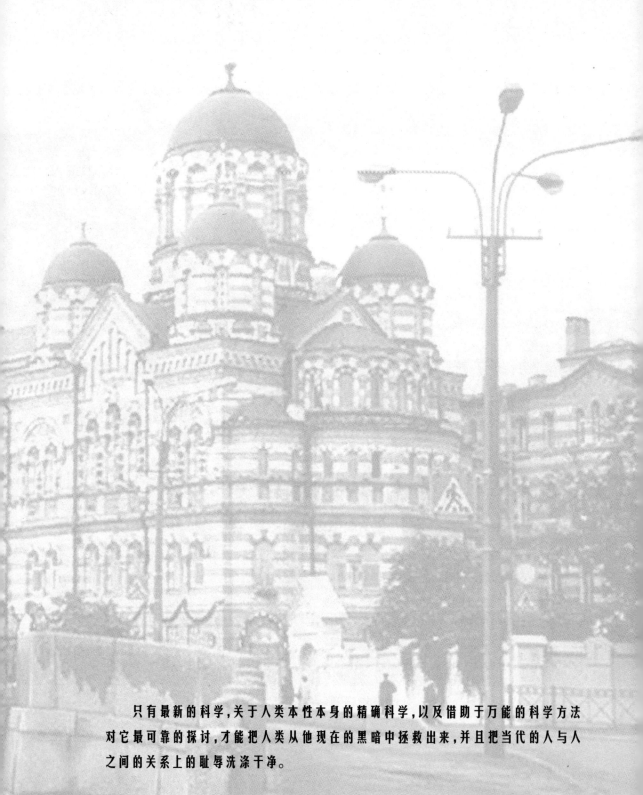

只有最新的科学，关于人类本性本身的精确科学，以及借助于万能的科学方法对它最可靠的探讨，才能把人类从他现在的黑暗中拯救出来，并且把当代的人与人之间的关系上的耻辱洗涤干净。

第一章　动物实验心理学与精神病理学

（在国际医学会上宣读，马德里，1903 年 4 月）

生理学观点的实验基础——心理事实生理研究的开始，首先应用唾液腺——这些腺看来具有智慧的正常机能——这种智慧的生理分析——在一定距离的物品（"心理的"）与在口内的（"化学的"）物品同样地引起唾液腺的活动——所谓"心理"反应在性质上仅是反射的证明——在一定距离的、非主要的特质成为信号——反应随着动物的情况而改变——"心理反应"（条件反射）是可适应的而又是易变的——愿望——暂时联系——兴奋过程的变异——条件反射法和在条件反射研究上利用唾液腺的优点——适应性——科学的希望和理想——泛灵论和生机论

如果认为事实的语言是最有力的雄辩，我请求诸位对我的实验材料加以注意，这些材料使我有权利来讲述今天的题目。

首先要谈的是生理学家如何把他的注意力由纯粹生理问题转移到所谓心理问题的历史。虽然这种转移是未曾预料到的，但是它却是来得很自然的，而且这个转变的发生，并未改变生理学的方法论阵地，对科学来说，我认为这一点是很重要的。

多年来我研究消化腺的正常活动，并且分析消化腺活动的经常条件时，我发觉一些心理性质的事实（别人也曾观察到的），这些事实是不容忽略的，因为它们经常地并显著地参与生理过程的[①]正常机构中。如果我要把自己的题材作尽可能全面的研究的话，我就不得不考虑这些事实。但是问题发生了：如何进行研究呢？下面的说明可以说是这个问题的答案。

我将从我们所有的材料中仅选择关于唾液腺的实验——唾液腺这类器官的生理作用显然是很不重要的；虽然如此，我确信它们将在这种新型的研究中成为经典的对象。这种新型的研究就是我今天很荣幸地向大家讲解的一些实验，其中一部分是已经完成了的，一部分是计划着的。

当观察这些唾液腺的正常活动时，我们不可能不感到它们对其工作具有高度的适应性。以干硬的食物给予动物，唾液就大量地流出，而对水分多的食物，则唾液的分泌就大大地减少。现在我们知道，为了食物的化验，为了食物的混合，并且使其成为一种便于吞咽的丸球，水分是必要的。这些水分是由唾液腺来供给的。对任何种食物，都会由黏液

---

① "心理的"这个词，对于巴甫洛夫教授，只是一系列现象的标志。因为这些现象是可以重复产生的，所以他开始研究它们出现或消失的情况。——英译者

性唾液腺分泌出含有多量黏液素的唾液。这样可以帮助食物易于通过食道。对于一切具有强烈刺激性的化学物质，如酸类与盐类等，唾液腺也分泌唾液，这种唾液分泌的目的是在于冲淡或中和刺激，并清洗口腔，且其分量在某种程度上是视刺激的强度而异的。这是我们从日常经验中能够见识到的。这种唾液含有多量水分和少量黏液素，事实上黏液素在这种情况下是没有什么用处的。

如果你把一些干净的、不溶化的石子放入狗的口中，狗会在它口中将它们转来转去，并且会尝试去咀嚼它们，但是最后它会把它们吐出。在这种情况下并无唾液分泌，或最多仅分泌一两滴。的确，唾液在这种情形下又有什么用处呢？石子是很容易地被吐出，而口中便没有什么东西遗留着。但是，你如果将细砂（即先前干净的石子，只是被磨成粉屑）置于狗的口中，唾液便会大量地流出。不难看出：如果没有唾液，即没有液体流入口中，细砂既不易被吐出，也不易被咽下。这里我们所看到的一些事实都是明确的和恒常的，并且它们看来好像含有某种智慧①。这种智慧的整个机构是明晰的。一方面生理学早已知道通到唾液腺的离心神经可以引起水分或有机物流入唾液中去。另一方面，口腔里的某些部位具有感受器的作用，能感受机械的、化学的和温度的刺激。这些刺激可以进一步地加以分类：例如，化学的刺激可以分为盐、酸等。机械的刺激也可以依同理进行分类。特殊的向心神经就是起源于口腔中的这些具有特殊感受性的部位。

所有这些适应的反应系依靠着一种简单的反射动作。这种反射动作的开端系依赖于某些外部的条件，而这些外部的条件只对某些向心神经末梢发生影响。兴奋作用由这里开始，通过某种神经通路，达到中枢，再经过一定通路传导至唾液腺，唤起该腺的特殊机能。

换言之，这就是特殊外界影响唤起生命体内的特殊反应。同时这也是"适应性"与"适宜性"的一个典型例子。让我们再深入地去考虑这些事实，它们在近代的生理学思潮中占有那么重要的地位。什么是适应呢？如我们所已看到的，它不是别的，而只是一个复杂系统各部分间，以及这些部分复合体与外界环境间的准确联系。

然而在任何无生物的系统中也可以看到完全同样的情形。例如，一个复杂的化学物质，它之所以能够存在，只因为它的个别的原子与原子团保持平衡状态，并且它的整体复合体和周围的环境也保持平衡状态。

同样地，极度复杂的高级与低级动物之所以能够以整体的形式存在，只因为它们所有的细微精确的构成部分彼此间保持平衡，并且和周围世界也保持平衡②。

这个系统的平衡状态的分析，作为一个纯粹客观的研究，乃是生理学研究的主要目的。对于这一点，几乎不可能有分歧意见。遗憾的是直到现在我们还没有一个科学的名词来表示有机体的这个基本原则——机体内部的与外部的平衡的原则。现在所采用的"适应性"和"适宜性"这两个名词仍带有一些主观性（虽然达尔文已经进行过科学的分

---

① 下面的叙述显示智慧这个模糊的名词与生理学家所很成功地进行的分析之间的不同。——英译者

② 这大概是对于有生命的机体最客观最自然的看法，是所有生命现象的客观研究。这种看法使得巴甫洛夫甚至把暂时的或习得的反应，也看做是与外在世界保持平衡的一种机理，随时而且随着各个体而变化。显而易见，照一个生理学家看来，高等动物的这些新反应的机理只能是一种神经的机理。——英译者

析），它们引致两种方向相反的误解。物理机械论的真诚拥护者在这两个名词中看出一种反科学的倾向——由纯客观主义退却至玄想与目的论。在另一方面，倾向于哲学的生物学者们把每一种有关适应性或适宜性的事实视为生机力量存在的明证，或者视为，像我们越来越常听到的称法，一种神灵力量存在的明证（好像生机论让位给泛灵论了），而这种神灵力量能决定它的目的，选择它的方法，以及使它自己有所适应，等等。

在上面所谈及的生理实验中，我们仍是停留在自然现象问题的范围之内。现在我们将进入一些好似属于另一个范畴的其他事实中去。

所有前面所谈到的，放入口中就会特殊地影响唾液腺分泌的各种物质，如果放在距狗相当距离的地方，对于这些，唾液腺也会发生同样的作用，最低限度在质的方面会发生同样的作用。干燥的食物，甚至离开狗有相当的距离，也能引起很多唾液的分泌；潮湿的食物，只引起很少的唾液分泌。对放在一定距离的食物的刺激，黏液腺分泌出润滑的唾液到口中。不适宜吃食的物体也会唤起所有腺体的分泌，但是黏液腺的分泌是水质的，并且只含有少量的黏液素。当狗看到石子的时候，石子对于它的腺体并不起作用，而细砂则引起大量唾液的流出。以上的种种事实，一部分是吴尔夫逊博士在我的实验室内所发现的，一部分是由他系统起来的。当狗看到、听到与嗅到这些物体，它便将注意力转向这些物体，并且如果这些物体是可食的或可口的，狗就扑向它们。但是如果这些物体对狗是不可口的或不喜欢的，狗将躲避它们，使它们不能进入其口。任何人都会说这种事实是动物的心理反应，是唾液腺的心理兴奋。

生理学者将如何去处理这些事实呢？他如何去描述与分析它们呢？与生理事实相比，它们占什么地位呢？它们的共同性与个别性又是什么呢？

为了了解这些现象，我们是否必须探索动物的内心状态，并根据我们的臆想去推测动物的感情与愿望呢？

对自然科学家来说，我相信对上述的最后一个问题只有一个答案——绝对的"不"。即使动物是像狗那么高度发展了的，我们有没有一个无可争辩的标准可以用来和我们的内部状态相比较而去判断和理解呢？并且，人生的永久的苦恼还不是人类不能彼此相互了解，一个人不能深入他人的内心状态吗？哪里有那么一种知识能够使我们正确地理解他人的内心状态呢？在我们关于唾液腺的"心理"实验中（我们将暂时采用"心理"这个词），起初我们确曾企图从猜测动物的主观情况去解释我们所获得的结果。但是除了一些不成功的争辩与个人间的不协调的意见外，我们一无所获。我们没有第二条路可走，只能在纯粹客观的基础上去进行研究。那么，摆在我们面前的，首先和最重要的任务便是完全地放弃这种自然的倾向，以我们自己的主观情况去臆测被实验的动物的反应机构，并代之以我们的全部注意集中在探讨外界现象与机体反应之间的关系，在我们的研究中，就是唾液腺的分泌。事实必会决定朝着这个方向去钻研这些新现象，是否可能。我敢说下面的讨论会使诸位信服，正如同我之被说服一般，即在这种情形下，在我们面前将会开辟对于神经系统生理学第二广大部分成功研究的无限境界，这种神经系统乃是建立机体与周围世界关系的系统，而不是像已往我们所研究的在机体个别部分间建立关系的系统。不幸得很，直到现在，环境对神经系统的影响大部分都是被主观地加以研究的。现代感官生理学的整个内容便是如此。

在我们的心理实验中，摆在我们面前的是确定的外界物体，这些物体使动物兴奋并且引起它发生一定的反应——唾液腺的分泌。实验已揭示出，这些对象所产生的效果基本上相同于生理实验中动物在吃东西时物体和口腔接触所产生的效果。这并非其他，而只是一种进一步的适应，即是说，虽然物体仅是接近口腔，但它照样影响唾液腺的分泌。

与以前的生理现象相比较，这些新现象具有何种特征呢？初步看来二者的差异似在于如下的事实，在生理实验中，物品是与机体直接接触的；而在心理实验中，物品是从一定的距离发生作用的。如果我们仔细地加以考虑，我们便会发现这两种实验之间并不存在基本的差别。其差别仅在于如下的事实，在心理实验中，物品能够影响身体表面的其他特殊部分——鼻、眼、耳——而这种影响之成为可能，乃是由于机体与刺激物品同浸溺于其中的周围环境媒介物（空气、以太）使然的。有多少简单的生理反射都是从鼻、眼、耳开始的，因此也就是从一定的距离产生出来的呵！这些新现象与纯粹生理现象之间的基本区别是不易在这里被找到的。

我们必须更深入地去探求这种差别，并且我认为必须从下面的事实中去寻求这种差别。在生理方面，唾液腺的活动是与唾液的效果所指向的物品的那些特质有关。唾液能够使所要吞咽的食物潮湿和润滑，并且能够中和化学物质的作用。而且正是这些特性构成口中特殊表面部位的特殊刺激。因此，在生理实验中，动物是被物品的根本的、无条件的特质所激动，也就是说，它是被那些与唾液的生理作用有密切联系的特质所激动。

在心理实验中，动物是被那些对于唾液腺的工作无关紧要的外界物体的特质所激动，或甚至它是被偶然的和不重要的特质所激动。如果将物体的种种视觉的、听觉的或纯嗅觉的特质本身施于其他物体上去，则对唾液腺不会有任何影响；因为它们与这些特质是没有任何关系的。在我们的心理实验中，唾液腺的刺激不仅包括对腺体的活动无关紧要的各种物体的特质（形状、声音、气味等），而且实际上还包括这些物体刺激狗时的整个环境或关连到的情景。譬如，盛食物的碟子，放食物的家具、房间，经常把食物带来的人，他所发出的声音——他的说话声，甚至于他的脚步声——虽然在当时他并未被狗看见。因此，在心理实验中，激动唾液腺分泌的各种物体的联系就渐渐地距离更远并且越发细致了。无疑地，我们在这里看到一个最高度适应的例子。我们可以承认，在这个特殊的例子中，这么一种遥远而细致的联系，如唾液腺与常喂动物的人的脚步声的联系，除了它的细微辨别性之外，是没有什么生理重要性的。但是我们只要记起在某些动物的唾液内含有防御毒素的这种情形，那么我们就不难理解，当敌人逼近时，预先分泌防御毒素，对于生活是有何等重大的意义。物体的遥远标志（信号）的重要性可以容易地从动物的动作反应辨认出来。利用这种物体的遥远的甚至偶然的特性，动物可以寻找食物，逃避敌人等。

假若这是对的话，那么，我们问题的重心就在于：这些似乎复杂的关系能否纳入于一定范围内呢？能否使这些现象恒常化，并发现支配它们的机构和规律呢？我想我现在将要提出的一些实例会给我以权利来明确地对这些问题回答："是。"并且在我们的全部心理实验的基础上，作为共同的机构，总是找到这个同样的特殊反射。诚然，我们的生理实验——假设所有的非常的条件都被摈除——永远产生同样的结果；这就是一种无条件反射。心理实验的主要特征是它的结果的缺乏恒常性，它表面上的变化无常。但是心理实验的各种结果的反复发生仍然是或多或少带有恒常性的，否则，我们便不能称它为一个科学的实验。所以，问题就在于心理实验必需考虑到较多的条件。因此所得到的反射是条件的①。

现在我将要报告一些事实，来证明我们的心理材料是遵循某些规律的。这些资料是陀罗青诺夫博士在我的实验室中得来的。

我们并不难认识，在起初的一些心理实验中，某些重要的条件可以保证实验的成功，也就是，担保得到恒常的结果。你在一定的距离用食物刺激一个动物（即刺激它的唾液腺）；实验的成功完全依靠动物是否预先已经饿了一段时间。用一只饿狗，我们可以得到正的结果，但是，相反，假若动物刚刚吃饱，即使它是最贪食不厌的动物，我们也不能引起它对于在一定距离之外的食物的反应。用生理学的想法，我们可以说，我们找到唾液中枢的一种不同的兴奋性，即在前一种情形中，兴奋性大大地增加，而在后一种情形中，它大大地减少②。我们可以正确地假设，正如血液中的碳酸可以决定呼吸中枢活动的能量一样，饥饿的或饱食的动物的血液成分，同样也可以节制唾液中枢兴奋性的阈限，这一点已在我们的实验中被观察到。从主观的观点看来，兴奋性上的这种变化可以称为注意③。动物的胃部空的时候，看见食物能使口内"流水"；一个动物若是吃饱了，这个反应就很微弱，或者可能完全没有。

让我们再进一步探索下去。假如你只是把食物或一些狗不想要的物品给狗看，这样重复多次后，每一次的重复所得到的结果会比以前更微弱一些，而在最后会任何反应都得不到。但是有一个可靠的方法，可以恢复这失去的反应，那就是给狗一点食物，或是把停止刺激作用的物品再放入它的口中。这自然就引起通常的强烈反射，并且物品在一定的距离之外又再度地发生作用了。无论是给予食物，或是把狗不想要的物品放进它的口中，这对我们的结果是不关重要的。例如，曾经多次呈现在狗面前的肉粉如果不能引起它流出唾液的话，我们可以将肉粉给狗吃食（在给它看过以后），或者把一种狗不喜欢要的物品，如酸液，放进它的口中，就可以使肉粉或不喜欢要的物品再度发生作用。由于直接反射的关系，唾液中枢的受激动性增加了，于是弱的刺激——在一定距离的物体——便增加起来，可以发挥效力了。我们不也常遇到这种类似的情形吗？当我们没有食欲的时候，或刚刚经验过某种不愉快的情绪（如愤怒等）的时候，我们吃不下东西，但在我们开始吃东西以后，食欲是会来的。

下面是另一些常见的事实。物体不但把它的一切特质作为一个复合体而在一定的距离影响唾液腺，并且它的每个个别的特质也可以产生这种影响。如果你伸出你的带有肉粉气味的手靠近狗的身旁，便足以引起它流出唾液。同样地，在更远的距离看到食物，因而就仅仅是食物的视觉效果，也能够引起唾液腺的反应。但是所有这些特质的联合作用经常会立刻产生更大和更显著的效果，也就是说，各种刺激的总和比个别刺激的作用

①　这是第一次我们遇到"条件反射"这个名词。从上面的话看来，我们必会看到巴甫洛夫为什么用这样的词来称呼这种新现象。本书很多地方解释了这一点。——英译者

②　这是第十三章所讨论的理论的要义。——英译者

③　这里我们可以看到巴甫洛夫企图找主观世界中与产生条件反射的神经现象相关之物。——英译者

会更强大。

一定距离的物体不仅通过它的种种固有特质，并且还通过和物体相伴随的偶然性质而对唾液腺发生作用。例如，假若我们把酸液染成黑色，则加入黑颜色的水亦可以在一定距离影响唾液腺。但是物品的这些偶然特质，只有在具有新特质的物体至少曾有一次被放入狗的口中的时候，才能够具有在一定的距离刺激唾液腺的性质。黑颜色的水只有在黑颜色的酸液曾经被放入口中的情形下才能够作用于唾液腺，嗅觉神经的刺激也是属于这一类条件化的特质。在我们的实验室中，斯拿斯基的实验曾指出刺激鼻腔能引起唾液腺的一些简单的生理反射，并且这些反射只是通过三叉神经内的感觉纤维来完成的。例如，阿摩尼亚、芥末油等，对于曾用美洲毒箭处理过的动物也经常地产生一种准确的作用。但是当三叉神经被切断时，这种作用便失去了。各种没有局部激刺效果的气味对于唾液腺是没有影响的。如果你第一次将大茴香子油呈现在一只有唾液瘘管的狗的面前，是没有唾液分泌的。假若与呈现大茴香子的气味同时你将这种强烈的局部刺激剂接触狗的口腔，则其后仅仅大茴香子油的气味就足以引起唾液的分泌。

如果你将食物与狗不想要的物体混合在一起，或甚至你将食物与这种物体的一些性质混合在一起——例如，假若你将用酸液浸湿过的肉给狗看——虽然狗仍是走向这块肉，但你也可以看到耳下腺的分泌（对于纯粹的肉，耳下腺是没有分泌的），这就是对于一种不想要的物体所起的反应。并且，假若在一定距离内不想要的物体，由于再三重复，致其效果减弱，则将这个物体与能吸引动物的食物相混合，反应就会增强。

如上所述，干燥食物引起大量的唾液，而湿润的食物则引起很微弱的唾液分泌，或甚至无分泌。假若你将两种作用相反的物品如干燥的面包和潮湿的肉呈现于狗之前，其唾液反应的结果完全视哪种物品刺激狗较强烈而定。如果像平时常发生的一样，肉对狗刺激作用强烈些，则你将仅看到对于肉的特殊反应，即不会有唾液流出。在这种情形下，面包虽然放在动物的眼前，却毫不发生作用。你可以将肉或香肠的气味沾染到面包上，然后将肉与香肠拿走，仅遗留其气味；这样，干燥的面包只能对眼睛发生作用，但是反应仍然是由于对香肠或肉的反应而来的。也就是说，对于肉的种种特质之一的反应，即对于肉的气味的反应，正像对于肉的所有特质的反应，即对于真正的肉的反应一样。

在一定距离的物体的影响可以用别种方法来加以抑制。如果另一只狗在一只贪食而又易受激动的狗的面前被喂以干面包，那么，原来一只狗的唾液腺便会停止分泌，虽然它在以前见到面包时反应很强烈。当一只狗第一次被带到架子上时，它看到干面包，可是不受丝毫的影响，虽然当它站在地板上的时候干面包是能引起很多唾液的流出。

我很容易地而又准确地报告了一些可以重复产生的事实。很明显，许多令人惊奇的动物训练的实例和我们所研究的一些现象是属于同一个范畴的，并且这些实例早就证明动物的心理表现具有恒常的规律性。可惜的是科学如此长久地忽视了这些事实。

直到这里，在我的报告中，我始终未提到那些相当于我们主观境界中所谓的愿望的表现。事实上我们并没有遇到这样的现象。我们的经常重复着的基本事实如下：对于干面包狗是不愿理睬的，但是仍然在一见到它的时候，便引起很多唾液的流出；对于肉狗是想要挣扎离开架子，并使牙齿作响地直奔过去抢夺它，但是肉在一定距离之外反而对于唾液腺毫无作用。由此我们可以说，在主观境界内我们所谓的愿望，在动物方面只是以一种运动反应表现出来,然而这个愿望却不在唾液分泌上表现出来。所以,热烈的欲望激动唾液腺或胃液腺的这种说法,是与事实不相符合的。这种把显然不同的事件混为一谈的错误,我承认在早年的论著中是可能犯过的。诚然,在我们的实验中,我们必须明晰地区分机体的分泌反应与动作反应;而就腺的工作来说,如果我们要在我们的种种结果与主观世界中的种种现象之间找出其联系,则我们必须强调实验成功的主要条件不是狗的愿望,而是它的注意力。动物的唾液反应可以视为主观世界中单纯而基本的表象和思想的基层。

所有上述的事实,在一方面,可以引出有关中枢神经系统过程的重要而有兴趣的结论,并且,在另一方面,展开一个更仔细、更成功的分析的可能性。让我们现在从生理方面讨论我们的一些事实,首先从基本的开始。假若将一种物体——食物或化学品——放进口内,使之与特殊的口腔表面相接触,而由唾液腺的工作所特别指向的那些特质去刺激口腔表面,那么在同时,物体的其他对于这些腺体活动无关紧要的特质①,或物体所自出现的周围环境,也会同时刺激身体上其他感觉表面。这些后边所谈到的刺激明显地与唾液腺的神经中枢发生联系,而物体的主要特质的刺激作用,也是通过一个固定的向心神经通路,而传导到这个神经中枢。在这种情况下我们可以假设,唾液中枢在中枢神经系统中所起的作用是它作为一个吸引中心以集中来自身体其他感觉表面部位的冲动。因此,由身体其他被激动的部位,也开辟了神经通路可以通达唾液中枢。但是唾液中枢与这些偶然的通路所发生的联系是很不稳固的,很可能自行消失的。为了保存这个联系的力量,我们必须时常重复以物体的主要特质去刺激动物,同时也必须以它的非主要特质去刺激动物。这样,在某一个器官的活动与外界物体之间便建立了一种暂时的关系。这种暂时的关系以及它的规律(重复则增强,若不重复则减弱),对于机体的福利和完整有重大的作用;由于这种关系及其规律,机体活动与环境之间的适应的精密性就更加完善了。这个规律的两部分具有同等的价值。如果使机体对于某种物体形成更多的暂时关系的话,那么,只要当这些关系与现实不相符合时,它们就必须被放弃才成。否则,动物的各种关系,不但不能细致地适应,反而会形成混乱状态。

让我们再讨论另一件事。我们将如何从生理学方面去解释下面的事实:看见肉就会摧毁在看见面包时已形成的耳下腺的反应,即是说,在以前当看见面包时有唾液流出,经过肉的同时刺激后,为何唾液分泌便消灭了?我们可以设想,对于肉的强烈运动反应相当于某个动作中枢的强烈激动,因此,依照上述的规律来说,这种刺激作用是从中枢神经系统的其他部分,特别是从唾液中枢,转移开了。亦就是说,中枢神经系统的其他部分,特别是唾液中枢的兴奋性降低了。这种解释是被另一个实验所证明,即看见面包时的唾液分泌,能够被见到别个正在进食的狗所抑制。在这里对于面包的动作反应是被大大地加强了。更令人信服的是如下的实验,如果我们能找到一只狗,它喜欢干燥的食物而不喜欢潮湿的食物,它对干燥的食物表现出较强烈的动作反应。这只动物在上述的条件下,如果对干燥面包的唾液分泌停止或比普通的狗的唾液分泌较少,那么,我们这样解释

---

① 我们可以看到,这里指出了经过实验证明的(第34页,注①),并且直到现在还未改变的条件反射的起源的一种规式。——英译者

我们的实验便应当是完全正确的。众所周知，时常一个很强烈的欲望可以抑制某些特殊的反射。

在以上所提到的许多事实中，有些到现在还很难用生理学的观点去加以解释。例如，为什么一个条件反射，假若重复多次，就失掉它的活动呢？我们自然会想到疲劳，但这不是那么一回事，因为我们在这里所用的乃是一个微弱的刺激。无条件反射的强烈刺激的重复恰恰并不会这般早便产生疲劳。很可能这里的刺激有着完全特殊的关系，它是沿着暂时的向心通路而传导的。

从以上所有事实看来，很明显，我们的新题材是完全可以加以客观研究的，并且它主要是一种生理学的题材。我们不容怀疑，从外部世界影响神经系统的这类刺激的分析，将会显示给我们以神经活动的规律，并且将会揭露神经活动的一些方面的机构，而这些在过去关于内部机体的神经现象的研究中是完全没有被接触过的，或只是被提起过的。

虽然这些新现象有相当的复杂性，我们的方法却是具有某些优点的。在近代神经系统机构的研究中，第一，实验是以一个被施过手术而且受了伤的动物为被试；第二，更坏的是刺激是直接地施诸于神经干上的，也就是说，兴奋作用在相同的时候以同样的方式扩散到许多很不相同的神经纤维上。这样的联合在实际情况中绝不会发生。因此，由于我们的不自然的刺激，我们就把神经系统的正常活动投入于杂乱状态中，而我们要想发现它的规律就会受到很大的阻碍。在常态条件下，即如我们的新实验中所具有的，各种刺激是被孤立出来的，而它们的强度也是加以节制的。

一般来说，所有心理实验都有这个优点，但是在我们唾液腺研究中所观察到的心理现象，还具有另一个特殊的好处。为了成功地探讨这么一个复杂的问题，那么，把问题简化是很重要的。应用我们的方法，这种简化是可能的。唾液腺的功用是很简单的，因此它们与机体的关系必定也是简单而易于研究和解释的。然而我们不能这样想，在这里所说的机能，把唾液腺的所有生理作用都包括了。绝不如此，例如，我们经常地看到动物用唾液去舔伤口以加速伤口的痊愈。这说明了我们为什么可以刺激数个感受的向心神经而得出各种不同的唾液。但是唾液腺反应的复杂性要比骨骼肌肉反应的复杂性简单得多。由于骨骼肌肉反应，机体可以与外部世界不断地发生无数种方式的联系。再进一步来讲，把腺体（特别是唾液腺）反应与动作反应同时比较，一方面我们可能区别特殊情形与普通情形，在另一方面，可能铲除我们所积累起来的惯常的拟人论的概念与解释，这些概念与解释混乱了我们对动物的动作反应的理解。

对我们的现象确立了分析与系统化的可能性之后，我们达到了下面这一阶段的工作——系统地切断与破坏中枢神经系统，以观察早先建立的关系如何改变。这样，对于这些关系的机构可以做到解剖学的分析了。我相信这将构成正在来临中的实验精神病理学的远景。

即使是为了这个目标，把唾液腺当做研究的对象也是有价值的。与运动有关的神经系统，其发展非常复杂，并且在脑中很占优势，所以，往往只需一点轻微的创伤，就会产生一种不合适的而又极端复杂的结果。因为唾液腺的生理重要性是很小的，我们可以设想，它们的神经机构只占脑髓中的一小部分，并且其分布范围是如此之小，甚至它部分和孤立的破坏不足以产生像破坏动作器官时那样的困难。诚然，最初期的生理学者们曾割除中枢神经系统的不同部分,去观察经过手术而活着的动物。这样的时候就是精神病理学实验的开始。过去的二三十年已给予我们一些重要的事实。我们已经知道,大脑两半球的全部或部分被割毁的动物,它的适应能力是受到显著的限制。但是这个问题的研究尚未布置就绪,以便毫无间断地按照确定的计划去进行。我想原因可能在于如下的事实:研究者们至今还未能掌握动物与其周围环境的正常关系的任何相当详细的知识,而有了这种知识的帮助,他们才可以将动物在施行手术前后的状态作一番准确而客观的比较。

只有沿着客观研究的途径前进,我们才可能逐步达到在一切方面对构成这个地球上的生命的无限适应性作全面分析的地步。植物向光的运动和以数理分析去追求真理——这些不都是属于同一范畴的现象吗?它们不就是在生物中到处皆可找到的一个几乎无尽头的适应之链的最后几个环节吗?

我们能够用客观事实去分析最简单形式的适应力。在研究高等动物的适应力的时候,我们有什么理由要改变这种方法呢!

这方面的工作是从生命的不同领域中开展的,并且不为困难所阻碍而达到了辉煌的进展。不论有生命的物质的客观研究也好,低级的有生命的物体方向性的初步研究也好,甚至就是研究达到了动物机体的最高表现,就是达到了高级动物的所谓心理现象时,它们都是能够并且必须保持如一的。

以各种外在表现的相似性或相同性为指针,科学会迟早把所获得的客观结果带到我们的主观世界来,并且会立刻照耀我们的神秘性质,和解释那永远占据着人类心理的东西的机构及其主要意义——它的意识,和它的痛苦。这说明了为什么在我的报告中我允许了几个矛盾的名词。在我的演讲的题目上以及在我的全部的叙述中,我曾用了"心理的"这个名词,但是在同时我所讲述的却仅是客观的研究,完全忽视了任何主观的东西。所谓"心理现象",虽然在动物中被客观地观察到,但是与纯粹生理现象是有分别的,不过仅是复杂程度的不同而已。只要我们一旦承认自然现象的研究者的任务仅仅是从客观方面来研究现象,不考虑现象的本质问题,那么怎样给它们命名——"心理的"或"复杂神经的"——以与简单的生理现象相区分,那又有什么重要呢!

近代的生机论,也就是泛灵论,把自然现象研究者与哲学家的不同观点混为一谈,这还不够明白吗?前者所获得的惊人成功是建立在客观事实的研究与比较的基础上,在原则上是不管本质与最后原因的问题的。哲学家本身代表着追求综合的人类最高企望,力求对有关人类的每一件事作出一个答案,虽然这种综合直到现今还是幻想的,但是哲学家现在必须从客观与主观中创造出整体来了。在一个自然现象的研究者看来,一切在于方法,在于求得一个不变的、永存的真理的机遇,并且完全从这个观点看来(这个观点对于他是义不容辞的),灵魂如果作为一个自然现象的原理,不但对他是不必要的,而且对他的工作是有害的,徒然地限制他的勇气和他的分析的深度而已。

第二章　唾液腺的心理分泌

（唾液腺活动的复杂神经现象）[1]

（《国际生理学专刊》，1904 年）

唾液的任务；放在口内和放在一定距离的各种物品所引起的分泌量——条件反射的消失与恢复——饥饿的影响——主要与非主要特性——主观与客观方法——条件反射消失的实验——恢复的实验——客观方法的优点，以实例示范——条件反射与无条件反射的关系——条件反射对于大脑两半球的依赖——条件反射的特性——恢复的解释——抛弃心理学方法的必要

最近唾液腺的生理学，把唾液腺活动的特殊现象发扬得更显著了。这种现象普通称为心理的现象。

葛林斯基，吴尔夫逊，亨利与马罗艾崔尔，以及鲍瑞锁夫[2]关于唾液腺工作最近的研究，证实了这些腺体对于外界刺激之巧妙的适应，这也是克劳德·伯纳德早就预见到的。受了放进口中的坚硬干燥食物的影响，唾液腺分泌大量唾液，因此被溶化的食物的化学特性便可能表现出来，同时也帮助食物易于机械地混合，有助于食物由食道咽入胃中。另一方面，当食物含有大量水分时，唾液的产生量就会很少，水分越多，唾液越少。诚然，对于乳汁，唾液就大量分泌，但是我们必须知道，黏液性唾液加到乳汁中，形成薄的黏液层，可以阻止乳汁在胃中凝结成块；所以唾液是帮助胃液对于乳汁起消化作用的。对于水或生理盐溶液，则一滴唾液也不流出；因为在这种情况之下，唾液是毫无用处的。对于所有放进口中的强烈的化学刺激物，唾液就严格地按照这些物品的刺激的强度分泌出定量的唾液来。在这种情况下，唾液可以把这些物品冲淡，并且漱清口腔。遇到可食的物品，黏液唾液腺就分泌出一种富于黏液和含有大量淀粉酶的唾液。遇到不可食的物品，或化学物品，则相反流出一种清淡的水状唾液，内含极少量的黏液质，或不包含黏液质。在第一种情形之下，唾液是一种润滑剂，使食物容易进入胃中，并且协助消化作用；在第二种情形之下，唾液只是一种清洗剂。将纯洁的海沙或河沙放进狗的口中，能引起唾液分泌；这是因为只有用流出的唾液才能将沙清洗出去。口中吐出清洁石子时唾液不分泌，因为清除石子是不需要唾液的，换句话说，此时唾液成为无用的了。

在一切上述情况中都存在有特殊反射，这些特殊反射可以使腺体对各种刺激的反应产生不同的活动，这是因为口内向心神经的末梢具有特殊的兴奋性（即由于各种机械的

---

[1]　此章内容是与上一章相同，但是各种过程是以实验为例证的。——英译者

[2]　葛林斯基：《俄罗斯医学会年刊》，圣彼得堡，1895 年。吴尔夫逊：学位论文，圣彼得堡，1898 年。亨利与马罗艾崔尔：《生物学会报告》，巴黎，1902 年。鲍瑞锁夫：《俄罗斯医师》，1903 年，869 页。

和化学的兴奋性)所致。

在上述刺激物还没有与狗的口相接触,刺激物离开狗还有相当距离的时候,它们只需要引起动物的注意,这些刺激与唾液活动之间也可以发生与上面所述情况同样的关系。

现在有一个很重要的问题发生:我们能够用什么方法来研究上面这些关系?试验过许多种方法之后,我们决定坚持用客观方法去研究它们。这就是说,实验者应完全不顾动物想象的与主观的心境,而必须集中注意于那些可能影响唾液腺的具体外在条件。

这个研究的出发点的意思是:所谓心理的唾液分泌,基本上是一种特殊反射,它与口腔中刺激所引起的分泌是相同的,不过仅有这么一个区别,就是心理的反射是由作用于其他感受表面的刺激所产生的,并且是一种暂时的和条件的反射①。因此,进一步研究的目的,便是探讨这些特殊反射所以产生的条件。在我们的实验室中,这一类的最早的实验,是陀罗青诺夫博士所做的②。

我觉得他的实验充分地证明,我们的问题实际上是可以从这些方面去研究而得到成功的。下面这些固定的关系是已经确定了。以上所提到的反射,就是用食物,以及用狗所拒绝的物品,在与狗相隔一定距离之外,可以激动狗的唾液腺的分泌,但是假若实验在很短时间之内重复多次,这些反射便会完全消失。然而在下列条件之下,它们的作用会很容易地重新恢复起来。例如,假若将肉粉摆在狗的面前而不给它吃,并且在相隔很短的时间内这样重复多次,那么,这种从一定距离来的刺激的作用就会渐渐减少,最后完全消灭。但是只需把一些肉粉给狗吃,便可以恢复肉粉在一定距离之外所起的作用。假若不用肉粉喂狗,而将酸液放入狗的口中,我们可以得到同样的结果。

当酸液因为经过几次重复而失去由一定距离外引起唾液的能力时,除了应用与上述方法相类似的方法(把酸液放入口内,或喂食肉粉)以外,还可以用下面的方法来恢复这个隔一定距离的反射;此法就是把浸湿了酸液的肉示给狗看。这里应当指出,肉是一种含水的食物,所以它仅能使耳下腺产生很微弱的分泌,而且时常一点分泌也不产生。

可食的物品,从一定距离所发生的效力显著地受动物饥饿或饱餐情况的影响。动物吃饱时,反应比饿时小得多,而且在一定距离的食物经过反复刺激时,反应消失得也更快。一种物品的个别特质分别从一定距离发生影响时,其中如果有一个特质单独发生影响,其效果比这种物品一切的特质一同发生影响时,要微弱得多。例如,仅仅嗅一下肉粉,要比肉粉不仅只刺激动物的鼻腔而且也同时刺激眼的时候会引起较少的唾液分泌。当重复实验物品在一定距离的作用时,我们看到同样的情形——物体个别特质的孤立作用,比它本身全部属性所发生的作用消失得快得多。

条件反射(隔一定距离的反射)可以由于某种方法很快地被消灭。假若刚刚在产生强烈的唾液分泌(用干面包在一定距离引起的唾液分泌)之后,给狗看见生肉,那么,分泌就会立刻被制止。如果将干面包给饥饿的狗看见,而同时将面包给邻近另一只狗吃,则

---

① 这里,条件反射是第一次被称为暂时联系。——英译者

② Comptes rendus du congres des naturalistes et médecins du nord á Helsingfors, 1902(北方自然学家与医师会议报告,赫尔新福斯,1902 年)。——英译者

第一只狗已经引起的唾液分泌可能立刻停止。一个站立在室内地板上，而从来没被实验过的狗，对于面包会引起反应，但是只要把动物移置到桌面的架子上，它的反应就会停止。任何在一定距离能起作用的物品，都可以产生相同的现象。

假若把用黑墨水染黑了的酸液，多次放入狗的口中，那么，只要把同样染了色的水给狗看，就可以产生完全相同的效果。但是若把染黑了的水反复放入狗的口中，这种由于染色液体与唾液分泌的联结关系便可以消失。而只要在狗的口中反复放入染了色的酸液，这个联结即可以恢复。

如果某种气味对于鼻腔黏膜没有局部的刺激作用，并且这种气味，是从这只狗从来没有遇到过的物品所发放出来的，则此种气味对于唾液腺就完全不生效。但是这个物品只要曾有一次被放入狗的口中，并且产生了唾液分泌，则其后仅有物品的气味本身，也将足以引起分泌。

在上一章中，我试将所发表的关于唾液腺工作的新型反射中的一切研究报告，作科学性的一般结论，从纯粹生理学的观点，把事实系统化。

从这个观点看来，为了彻底了解唾液腺活动的生理研究之新方面的基础起见，在影响生活机体的外在世界的物体中，必须区分出两类特质：主要特质，完全决定个别器官的某种反应；与非主要特质，仅是暂时而且有条件地发生作用。例如，酸的溶液。它的作用，犹如某种特定的化学物品对于口腔所发生的作用一样，除了其他的表现之外，是经常以唾液分泌表现的。唾液把酸液中和、冲淡和清除，这对于机体的安全是至关重要的。这个溶液的其他特质，它的外观（形状）、颜色与气味，对于唾液毫无内在关系，或者反过来说，唾液对于它们也是毫无内在关系的。但是有一种对于生活机体有重大意义的事实，使我们不可能不去注意——一种物品的非主要特质若成为某个器官（在我们的情形中是唾液腺）的刺激，必须当这些特质对机体感受表面的作用，与它们的主要特质的作用同时发生。假若，相反地，非主要特质反复地单独发生作用（而无主要特质的干预），并且这样继续相当久，或者总是这样，那么，非主要特质不是失掉它们对于某个器官的意义，就是它永远不能得到这种意义。这个关系的生理机构可以作如下的解释：譬如说，使唾液分泌的物体的主要特质在口腔中的作用，也就是，对于下级唾液中枢的刺激作用，若与物体的非主要特质对于其感受表面的作用同时发生，或与外在世界许多现象的影响（眼、鼻等的刺激作用）同时发生；这样一来，大脑高级部分相关中枢的刺激作用，必须选择无数不同的通路，或者，选择那些通到活动着的反射唾液中枢的通路。我们不得不设想，这个中枢在高度的兴奋状态下，会以某些方式从别的激动较微弱的中枢吸引兴奋。这可能是我们已观察到的所有唾液腺心理兴奋现象的一般机构。

当一只狗看见另外一只狗被喂饲时，那么对于在一定距离以外出现的面包所发生的唾液反应，其强度就降低。这个事实可以如此解释：兴奋作用转移到其他中枢去了，在这种情形下转移到运动中枢去，因为由动物运动的力量极端增加来判断，可知动作中枢很强烈地被兴奋了。

饥饿或饱的状态，对于一定距离以外的食物的作用之影响，可以用唾液中枢兴奋性的变化来解释，这种变化由饿或饱时，血液里化学成分的不同所致。

从这个观点来讨论这些现象，生理学者很不喜欢给它们附以"心理的"这个形容词；

但是为了与直到现在已经过生理学分析的神经现象有所区别,则可以把它们列为"复杂的神经现象"。

总结上述事实与结果,读者可能认为这里所叙述的"复杂的神经现象",是可以从主观观点理解的,而且这些事实的生理描述并无任何新东西。这个说法是有一点真理的。但是生理学的原则为的是要给这个研究的新途径中新事实的搜集和说明打下一个基础。

在上一章中,我曾表示,希望将所列举的事实可以完全成功地作进一步的研究。我这个希望,由于在我的实验室中进一步地研究,已经圆满地实现了。

白布金博士在新反射的消失[①]与恢复上,已经为我们增加了许多知识。这里我举出一个典型实验:

第　一　表

时　间	刺　激	刺激时间	唾液分泌量(c.c.)
2:46	看见肉粉	1分钟	0.7
2:49	看见肉粉	1分钟	0.3
2:52	看见肉粉	1分钟	0.2
2:55	看见肉粉	1分钟	0.1
2:58	看见肉粉	1分钟	0.05
3:01	看见肉粉	1分钟	0.05
3:04	看见肉粉	1分钟	0.0

反射消退,是由于重复的结果,只有在各种条件绝对保持同样时,这种消退才能准确地按时发生。就是说,当刺激是用同一个方法,由同一个人执行,上面这个人所作的动作是同一的,而且所用的物品也是同一物品(就是,用同一器皿,装盛同一内容的时候)的时候,消退才会准确按时地发生。因此这些条件的同一性,是特别指和吃食动作相连的事物有关系的,或者与在狗的口中放进不可食的物品有关系的;其他条件的变化,假若不引起动物的任何外加反应,则是无关紧要的。

由于重复的结果使反射消失,它的速度显然是与连续刺激作用的间隙长短有关联的。间隙越短,反射消失越快;反之亦然。这里有一个例子:刺激还是准时每隔一分钟将肉粉给狗看一次。如果每间隔两分钟给一次刺激,反射在15分钟以后便会消失。假如用四分钟的间隙重复重现肉粉,反射在20分钟后便消失。用8分钟的间隙,反射在54分钟以后消失。若用16分钟的间隙,反射甚至在两小时后还不消失。如果再每隔两分钟给一次刺激,反射便会在18分钟以后消逝。

如果刺激作用一旦自动消失,那么除非应用特殊步骤,否则,它的恢复常是不能早于两小时的。

条件刺激的每个细微变化,会立刻加强或恢复唾液反应。假若狗是被拿在手中的肉粉所刺激,并在给予刺激时将手不断上下移动,只要停止手的移动,那么本来由于刺激的反复已减少或完全停止的唾液分泌,又可以显著增加起来。如果一个刺激由某一人执

---

① 巴甫洛夫教授有意在此用一个仅仅描写事实的用语,而不提出对它的解释。这个现象后来叫做条件反射的"消退",在以下各章中,读者会遇到这个名词的。——英译者

行，因重复而停止生效时，若换另外一个人来执行，就会立刻再度开始活动起来。

根据这个事实来推论，我们可以预见，如果某个条件反射因重复而暂时停止发生作用，这并不阻碍其他条件反射的表现。下面的例子可以说明这一点。

第 二 表

时 间	刺激种类（应用一分钟）	唾液分泌量（c.c.）
1:10	看见一杯苦楝精	0.8
1:13	看见一杯苦楝精	0.3
1:16	看见一杯苦楝精	0.15
1:19	看见一杯苦楝精	0.0
1:22	看见一杯苦楝精	0.03
1:25	看见一杯苦楝精	0.0
1:28	看见肉粉	0.7
1:31	看见肉粉	0.3
1:34	看见肉粉	0.1
1:37	看见肉粉	0.05
1:40	看见肉粉	0.0

如陀罗青诺夫博士所表明，因重复而消失的条件反射随时都可以恢复。假若一个条件反射，例如，对一定距离外的肉粉的反射，因重复而失去效用，那么，只需应用同一肉粉或其他食物的无条件反射，便可以恢复失去的条件反射，即是，恢复对于在一定距离外肉粉所起的反射。更进一层，甚至其他的条件反射，只要它们伴有显著的效果，在一个因重复而失效的条件反射之后应用时，也可以恢复后者。

这些插入反射（无条件的与条件的）所引起的唾液分泌越多，则它们（即插入反射）的恢复效用越大、越确定。这里有一个实验说明此点：

第 三 表

时 间	刺激种类（应用一分钟）	唾液分泌量（c.c.）
11:34	看见肉粉	0.7
11:37	看见肉粉	0.4
11:40	看见肉粉	0.2
11:43	看见肉粉	0.05
11:46	看见肉粉	0.0
	总计	1.35

到 11 时 49 分，在一定距离的酸液刺激（条件反射），作用一分钟的时间，产生 1.2 c.c. 的唾液。然后立刻继续用肉粉做实验：

第 四 表

时 间	刺激种类（应用一分钟）	唾液分泌量（c.c.）
11:52	看见肉粉	0.1
11:55	看见肉粉	0.0
	总计	0.1

到 11 时 58 分,把酸液放入狗的口中(无条件反射),于是产生 3.5 c.c. 唾液,用肉粉的实验又继续如下:

第 五 表

时 间	刺激种类(应用一分钟)	唾液分泌量(c.c.)
12:02	看见肉粉	0.4
12:05	看见肉粉	0.3
12:08	看见肉粉	0.1
12:11	看见肉粉	0.0
	总计	0.8

到 12 时 14 分,把较强烈的酸溶液放入狗的口中。产生 8.0 c.c. 的唾液。其后继续肉粉的实验。

第 六 表

时 间	刺激种类(应用一分钟)	唾液分泌量(c.c.)
12:20	看见肉粉	0.7
12:23	看见肉粉	0.4
12:26	看见肉粉	0.2
12:29	看见肉粉	0.15
12:32	看见肉粉	0.05
12:35	看见肉粉	0.0
12:38	看见肉粉	0.0
	总计	1.5

在插入反射立刻应用之后,其恢复效果是最强的。插入反射与第一次试验条件反射中的间隔越大,则恢复效果也越弱。

同样的无条件反射,如果时常重复,其恢复效果就会越来越小,最后消失无踪。在这种情形下,用一个无条件反射代替另一个无条件反射,其结果是这个新无条件反射又重新恢复条件反射。在下例中可以看出这个关系:喂狗以肉粉吃,总计得到 4.0 c.c. 的唾液。

第 七 表

时 间	刺激种类(应用一分钟)	唾液分泌量(c.c.)
11:48	看见肉粉	0.8
11:51	看见肉粉	0.7
11:54	看见肉粉	0.5
11:57	看见肉粉	0.3
12:00	看见肉粉	0.2
12:03	看见肉粉	0.1
12:06	看见肉粉	0.0
12:09	看见肉粉	0.0
	总计	2.6

到 12 时 10 分，喂狗以肉粉，得到 3.4 c.c. 的唾液，然后条件反射的实验继续下去：

第 八 表

时 间	刺激种类(应用一分钟)	唾液分泌量(c.c.)
12:14	看见肉粉	0.6
12:17	看见肉粉	0.4
12:20	看见肉粉	0.1
12:23	看见肉粉	0.0
12:26	看见肉粉	0.05
12:29	看见肉粉	0.0
	总计	1.15

到 12 时 30 分，再以肉粉喂狗，总共得到 3.6 c.c. 的唾液，实验继续下去：

第 九 表

时 间	刺激种类(应用一分钟)	唾液分泌量(c.c.)
12:34	看见肉粉	0.3
12:37	看见肉粉	0.2
12:40	看见肉粉	0.0
12:43	看见肉粉	0.0
	总计	0.5

到 12 时 44 分，以肉粉喂狗，有 4.0 c.c. 的唾液分泌出来；实验进行如下：

第 十 表

时 间	刺激种类(应用一分钟)	唾液分泌量(c.c.)
12:48	看见肉粉	0.0
12:51	看见肉粉	0.0
	总计	0.0

到 12 时 52 分，把酸液放入狗的口中，有 4.9 c.c. 的唾液分泌出来，实验继续如下：

第十一表

时 间	刺激种类(应用一分钟)	唾液分泌量(c.c.)
12:56	看见肉粉	0.7
12:59	看见肉粉	0.4
1:02	看见肉粉	0.2
1:05	看见肉粉	0.1
1:08	看见肉粉	0.05
1:11	看见肉粉	0.0
	总计	1.45

但是反复地用一个新的无条件反射来恢复因重复而失去的条件反射，这种方法是有

它的限度的;到一定时期,无条件反射的继续变化,就不能够恢复消逝了的条件反射了。

以上所报告的材料仅是白布金博士所研究的结果的一部分;我们还应该感谢他,因为他还做了一些条件反射会迅速消失的实验。在以前,陀罗青诺夫的实验证明,在狗受着很大的运动兴奋时,条件反射会渐渐变弱,或完全消失。在白布金的实验中,强烈的眼部或耳部激刺(大声敲击狗所在的实验室的门,或在本来黑暗的室中突然闪一亮光),或某种新的、不平常的刺激(开留声机),产生狗的一种普遍运动兴奋状态。例如,我们使用对肉粉的条件反射。它表现出十足的力量。现在我们在狗身上试一试上述刺激的效力。刚刚在这些刺激作用之后,条件反射是不生效果的(在以前的和现在的试验中,我们将条件反射伴随以无条件反射,就是说,在呈现肉粉之后,便立刻给狗吃一点食,以免削弱条件反射)。在这些强烈刺激之后的第二次试验中,当呈现条件刺激时,有一些唾液分泌,但是很少。只有再继续试验,它才开始增多而渐渐达到正常的分量。

在这一范畴中,我们必须提到下面奇特的事实。特别贪食的狗,见到肉粉即有强烈的动作反应,而耳下腺却时常不流出唾液。但是不太贪食和较安静的狗,唾液就会流出。前一种狗,在肉粉的呈现开始起刺激作用后,唾液可能开始分泌,但到动作反应发生以及增加后,唾液活动就停止了。

这个材料中的事实不是孤立而不连贯的,它们是我们所感兴趣的新而复杂的现象,系统研究与解释的开端。这个新题材很复杂,并且它们的问题一个个堆积得很多;但是这种复杂性并不妨碍精确而逐渐深入的研究。这些实验很容易系统化。一个工作者所得到的实验结果,由其他研究者用不同的狗很方便地证实了。很显然地,复杂神经现象的研究所采取的道路是一个适当的道路。到处我们都感到客观方法的好处。精确事实收集的敏捷,了解它们的容易,与主观方法所得到的不确定而无定论的事实相比,形成显著的对照。为了要把这个区别弄得更清楚,让我们举几个例子。

用一定距离外的肉粉作刺激而不随之以喂食,反复刺激之后,反射不久就会消逝。这是为什么呢?照主观想法,可能这样回答:狗开始相信,它想极力获得肉粉的这种努力是无效的,所以就停止注意它。但是让我们看看白布金博士以下的实验。当一定距离外的肉粉,因重复而失去它的效力时,再给狗以水喝。狗喝水,但是如上所述,唾液不流出。从主观观点来看,我们对于消逝了的对肉粉的条件反射能有什么了解呢?很可能认为狗既然从实验者得到水,它可能会想到接着一定会得到肉粉,因此便集中注意力于这个期望。但是事实上,对肉粉的反应仍是一点也没有。将酸液拿到狗的面前,酸液引起了唾液分泌,并且以后在一定距离的肉粉,又会重新发挥效力。对这些事实将作怎样的解释呢?

从主观立场来看,解释的确是很困难的。

仅仅呈现酸液给狗看,是很难引起它要求肉的希望。客观观察者满意于确认他观察的现象之间真实与具体的关系。因此,没有特别的困难他就会认识到,无论什么东西只要能够或多或少地产生唾液分泌,便是形成恢复已消逝了的反射的主要条件。

还有另一个例子。因重复而消失的条件反射,只要经过相当长时间以后,就能自己恢复。这是为什么呢?从主观观点来看,我们可以说,在这个时间之内,狗接受了很多无关的刺激,因此它忘记了曾经受骗。但是,在间隔的期间,我们可以给狗很多故意的刺激,而恢复已失去的条件反射所需的时间并不缩短。但只要用一种可以引起唾液分泌的刺激来影响狗，它便会立刻忘记那个欺骗了。

这样一来，通常称为心理的那种动物的现象的客观研究，成为对生活机体的生理实验研究的直接延续与扩大；并且必须绝对从生理学观点去处理这些所收集的并系统化了的事实，以便把它们作为我们对于神经系统不同部分间的特质与关系之概念的基础。由于把神经系统的这一部分或另外一部分——有时中枢的，有时周围的——除掉，来变化并重复实验的结果，这个概念与真实便会越来越接近。

关于最后的实验方法，我要举一个例子。根据上述事实，需要承认，每一个条件反射的发生都是因为有一个无条件反射存在。条件刺激与无条件刺激也可以只在一次同时起作用，条件反射就能形成，但是若隔好久它们不再同时出现，条件反射便会消逝。去证实建立好条件反射的这种关系是很有趣味的，这就是崔尔海姆博士[1]在我的实验室中所做的研究题目。斯拿斯基博士[2]在以前已经做过这类实验，但是未经充分分析。在崔尔海姆的实验中，先用一只正常的狗，建立起对食品与非食品的一系列条件反射与无条件反射。然后将两边舌神经与舌咽神经割断。当动物完全复原后，再重复所有训练好了的反射。在头几次试验中，似乎与正常状态没有区别；不管是从一定距离呈现对象，还是把它们直接放入狗的口中，唾液反应之力量与以前差不多。但是重复这些实验时，我们注意到，对某些物品的反射渐渐变弱，例如，对苦楝精与糖精，又如，对盐酸与氯化钠的稀释液。因为无条件反射的特点是它重复时的固定性，所以我们必须下结论说，对于某些刺激的无条件反射消逝了；在施行手术后所保留的效力是依靠条件反射的。尤其在现在的情况下更是这样，因为不管刺激是在一定的距离应用的还是放入狗的口中，引起唾液分泌的效力差不多相等。两周后重复这些实验，对于苦味物品的两种形式的反射（一定距离的，与在口中的效力），完全消逝。但是对于糖精、酸液和盐液的反应，虽然它们都是弱得多了，却还保持着。很明显，后面提的这些物品，不但兴奋被切断的特殊接受化学刺激的神经纤维，而且同时也兴奋担任传达剩下来的无条件反射的向心神经。

下面一个问题是很有趣味的：食物的无条件刺激是什么呢？现在所收集的事实是不足以解决这个问题的。海门博士在我的实验室中所做的急性实验证明，被中毒而立刻动手术的动物，放进其口中食品的化学特质，对于唾液分泌完全没有影响。若将急性实验作为一种实验方法而论，在这些实验中发现比任何其他急性实验中有更多的缺点，因此海门博士的工作必需重复并加以校验。在上述崔尔海姆博士用永久唾液瘘管所做的实验中，他看不出在切断舌神经和舌咽神经之后，喂饲动物时所引起的唾液分泌有什么不同。

现在已经阐述了关于唾液腺神经支配的这些新材料，如果我回到这些现象的生理意义中最重要的一点，我想不会是多余的。这些现象当然比起我们在这里所描写的是要复杂得多。但是由于我们的新的方案，使我们可能进而对我们的题材作客观研究，这就是

---

[1]　崔尔海姆：学位论文，圣彼得堡，1904 年。
[2]　斯拿斯基：学位论文，圣彼得堡，1902 年。

我们的计划的意义和理由。

我们用"反射"一词来给这些"复杂神经现象"命名是完全合乎逻辑的。这些现象总是各种向心神经的末梢受兴奋作用的结果。并且这种兴奋沿着离心神经直传到唾液腺。

这些反射，像所有自然反射一样，是很特殊的（所以与时常在实验室中用人工刺激作用所产生的人工反应有所不同），并且它们是机体，或它的某个器官，对于某种刺激所发生的确定反应的表现。

这些新反射是动物神经系统最高构造的机能，这是必须在下列根据上来肯定的。首先，因为它们是神经机能中最复杂的现象，当然它们必定与神经系统的最高部分相关连。其次，根据动物各种中毒的实验，或全部或部分割除大脑两半球的实验，我们可以说，条件反射的形成是需要大脑两半球参与的。

这些反射是暂时的和有条件的，这是它们的主要性质，并把它们与生理学过去所研究的那些老的、简单的反射区别开来。它们的暂时特性以两种方法表现：它们过去未存在而现在能形成，并且它们又可以永久消逝；不仅如此，就是当它们存在，也是常常在程度上起伏变化的，甚至于暂时消灭。我们已经看到，它们的形成和消灭决定于（一次或数次）管理某些工作器官的低级反射中枢的兴奋，与通过相对应的向心神经所引起的大脑两半球不同部位的兴奋的同时发生。如这两个中枢的刺激作用同时发生数次，则高级通到低级中枢的通路就越来越便于通行，并且兴奋作用沿着这些通路的传导也越来越容易。当这些同时刺激的作用发生越少时，或完全停止发生时，这些通路就又变成不易通过，或到最后简直不能通过了。

当一个条件反射，未曾得到它所自形成的无条件刺激的强化，而被很快地以短期间隔多次单独重复时，它就很快无疑问地一定消逝，虽然这个消逝是暂时的。有什么生理解释可以说明这种现象呢？我想某些事实指出这个现象可以属于疲竭现象的范畴。第一，消逝了的条件反射，如果不再去理会它，实验者不再施以刺激作用，过些时候是会再度出现的。第二，条件反射因重复而起的消逝，重复的间隔越短，消逝得越快；反之，重复的间隔越长，消逝亦越慢。这一种解释是与普通公认的意见一致，就是说，高级神经中枢的迅速疲竭是由于单调刺激作用的重复所致。

一个因重复而消逝的条件反射，由于加了相关的无条件反射，或其他有足够力量的条件反射，而有可能恢复，是可以这样解释的：高级神经中枢虽然多少有一点疲竭，但是从通到这个中枢的通路由于新近而特别强烈的刺激作用，变为特别可通的时候起，它的兴奋作用还可深入到下部唾液中枢。与这个解释一致的就是上面我们所提到的那些实验：利用重复喂饲，可以恢复已经消逝了的条件反射，但是这些喂饲在最后还是会失去它们的效用的。

在实验的末尾，我们发现一个事实，说明这个过程的机构是很复杂的。当重复喂饲已经失去恢复反射的功能时，把酸液放进狗的口中，以助于使反射恢复是有积极效果的。所以我们必须在我们的解释里加入新的要素。假若这些实验继续做下去，最后到一个时期，不管无条件反射有无变化，这些刺激会全无效力。只有经过很长时间的间隔，这些条件反射才可以自身恢复起来。

很明显，为了对这些提出的问题作一个圆满的解决，继续研究是必要的。

　　总结起来说，我们必须承认下列不可争辩的事实，关于高级动物中枢神经系统最高部分的生理学，除非我们完全放弃心理学的不确定的概念，站到纯粹客观立场上来，是不能研究成功的。例如，一些著者所说的，割除了大脑两半球的某些部分之后，动物或较为凶猛，或较为驯服，智能减低，等等，而且这些词句本身就是很复杂的概念，尚需精确的科学分析，这种说法对于生理分析能引起什么兴趣呢？

第三章　新研究途径上最初稳固的步骤[①]

（著者在接受诺贝尔奖典礼上宣读，1904 年）

食欲的影响——某些"心理"事实的生理解释——反应固定性的例证——条件反射与无条件反射的差别——信号——我们的心理内容仍然是一个谜

在研究胃腺工作的时候，我已经越来越相信，胃口不但是对腺体的一般性的刺激，而且还依据引起胃口的对象，以不同强弱的程度刺激腺体。就唾液腺而言，我们得出这样一个规律，就是在生理实验中它们一切活动的变化，在一个心理刺激的实验中是完全一模一样地重现出来。用心理刺激作用的实验是指刺激不放到口中与黏膜直接接触，而是从相当距离引起动物注意的一些实验而言。下面有几个这类的例子。看见干面包比看见肉引起较强的唾液分泌，虽然根据动物的动作可以判断，肉能引起它更活跃的兴趣。以肉或别的食物逗引狗，颌下腺就分泌出一种浓厚的、富于黏液（滑润唾液）的唾液；反之，在看见一件不喜欢吃的物品时，可以使同一腺体产生很淡的、差不多一点黏液都没有的唾液分泌（洗刷唾液）。简言之，心理刺激的实验，就是以同样物品为生理刺激作用的实验的全面的缩影。

所以，心理学，就唾液腺工作的关系而言，是占有与生理学并列的地位。并且还有一层！骤然看来，唾液腺活动的心理学解释，似乎比生理学解释还少有争辩的余地。当任何在一定距离以外的物体，引起狗的注意而使唾液流出时，我们就有理由假设这是一种心理的，而不是一种生理的现象。但是当狗吃过东西，或是我们将东西强制放入它的口中而使唾液流出时，就有必要证明这个现象确实有个生理原因，而不仅是一个在特殊情况下或许是加强了的纯粹的心理原因。从下面的实验可以看出，这个概念是与现实非常符合的。大多数物品，当喂狗时，或强迫放进狗嘴时，能引起唾液分泌。而在割断所有舌的感觉神经之后，同样步骤所产生的分泌仍和在施行手术之前所产生的一样。我们必须采取更彻底的办法，例如，使动物中毒，或是割除中枢神经系统的高级部分，才能使我们相信，刺激口腔的物品与唾液之间，不仅有一个心理的，而且还有一个纯粹生理的联系。所以我们有两个系列似乎完全不同的现象。生理学家应该如何处理这些心理现象呢？我们不能忽略这些现象，因为它们与纯粹生理现象紧密联系着，并且决定着器官的整体性工作。如果生理学家决定研究它们，就必须回答这个问题：如何去研究？

遵照研究动物界最低级代表的前例，并且，自然，我们也不想从生理学者转变为心理学者——特别是当这个方向的尝试完全不成功之后——我们决定在研究所谓动物心理

[①] 1904 年巴甫洛夫教授，由于他在消化腺方面的研究，获得了诺贝尔奖。在斯德哥尔摩接受诺贝尔奖的典礼中，他发表了这篇演讲，总结说明他的主要新成就。——英译者

现象的实验中，也采取一个纯粹客观的立场。首先，我们力求严格训练在这方面的想法和术语①，以便不涉及动物的想象的心理状态；我们将自己的工作只限于精确地观察与描写在一定距离起作用的物体，对于唾液腺分泌所产生的效果。所得的结果与我们的期望相符合——外界现象和唾液腺工作的变化之间的关系，是很有规律地发生的，并且犹如通常生理现象一样可以随意使之多次重复发生，还可以确切地使之系统化。我们很高兴，可以相信我们已经走上一个引到成功目标的道路。我可以举几个例子，说明由于这个新研究方法的帮助所建立起的有规律的关系。

假如狗看见在一定距离的物品而产生唾液分泌，再屡次重复刺激，在每次受到刺激作用后唾液腺反应都逐渐变弱，到最后达到零②。刺激作用的间隙越短，反应达到零也越快；反之，则越慢。这些规律，只有当实验条件不变时，才可以完全表现出来。但是这条件的同一性只须是相对的，它可以仅限于与进食动作或强制喂食相联系的外界环境中的现象；其他条件的改变可能不发生任何影响。实验者很容易获得这种相对的同一性；所以，从一定距离之外重复地应用一个刺激，这刺激便渐渐失去效力，这个实验可以很容易在讲堂中表演出来。假若一件物品，由于反复被用做一定距离的刺激物而失去效用，在这种情况之下其他刺激物品所具有的影响并不因此也被消除：如牛奶在一定的距离停止刺激唾液腺，面包在一定距离所起的作用还是明显有效的。面包由于重复多次而失去它的影响之后，把酸液给狗看，酸液的刺激对于唾液腺又可以产生全部效果。这些关系可以解释上述实验条件同一性的真实意义；四周物体的每一细节都如同是一个新刺激。当某个刺激因重复而失去它的效能时，那么，过了几分钟或几小时之后，它的作用就一定又可能恢复起来。

但是暂时失掉的效用，可以随时用特殊方法恢复起来。假若因为将面包反复给狗看以至于失去刺激唾液腺的作用，那么，只要把面包给狗吃，就可以使在一定距离的面包立即恢复充分刺激唾液腺的作用。给狗吃其他食物，也可以得到同样的效果。还有一层，当某些产生唾液腺分泌的物品，例如酸液，被强迫放入狗的口腔时，面包本来在一定距离已经失掉的效力，现在又能够完全表现出来。一般而论，所有能刺激唾液腺的任何物体，都可以把已失掉的反应恢复起来，刺激力越大，恢复得越完全。

某些影响可以使我们的反应同样有规律地被抑制；例如，可以用一个产生确定的动作反应的任何刺激，作用于狗的眼睛或耳朵。

因时间关系，我只能报告以上这些事实。现在来讨论这些实验的理论部分。我们所引的事实可以很方便地归入生理学思想的体系之内。由一定距离之外对唾液腺所产生的作用，完全有权力被称为反射。如果仔细注意，就不可能看不到：只要有唾液腺活动的发生，它总是由于外界现象所兴奋而起的；就是说，犹如通常的生理反射一样，它总是由于一个外在刺激所产生的。其区别主要在于通常的反射是决定于口腔内的刺激，而新反射是由于眼、耳等部分的刺激而引起的。旧反射与新反射的另一个重要区别是：旧反射

---

① 现在我们每一个人应该明白，对于所有这些被观察到的现象，采取一套新名词，以便避免旧的心理的暗示及其联想，而应用一个纯生理的概念来解释所有的事实，是如何重要。——英译者

② 作为这个现象的一个实例，参看第二章中第一个实验的记录。——英译者

是固定的,并且是无条件的;而新反射是起伏变化的,是依靠许多条件的。所以新反射被命名为"条件的"是恰当的[①]。

进一步讨论这个现象,我们不能不承认在这两类反射之间有下列的区别:在无条件反射中,起刺激作用的是唾液对之起生理适应作用的物品的某些特性,例如,坚硬、干燥、一定的化学成分等;另一方面,在条件反射中,起刺激作用的是与唾液生理任务没有直接关系的那些特性,例如,颜色、形状等等。后面那些特质的信号[②],就是说,是主要特质的信号。从它们的刺激作用我们不能不进一步看到唾液腺对于外在世界的一种更精密的适应。这可以由下面的例子看出。我们准备将酸液放入狗的口中,狗是看见的。为了保护口部黏膜的完整,在酸液入口之前,应当有一些唾液产生:一方面,可以防止酸液与黏膜直接接触;另一方面,可以帮助冲淡酸液,以减少其伤害影响。事实上,信号当然只能有一种条件的意义,它们很容易被改变,例如,当信号物体不与黏膜发生接触的时候。所以,精密的适应作用是下列这样的:作为信号的物品特质,有时有刺激作用(即,产生反射),有时失掉它们的刺激作用。实际情况就是如此。假如物体对黏膜的刺激作用,曾一次或多次与身体其他适当的感受表面的刺激同时发生,那么,任何现象都可以成为刺激唾液腺的物体的暂时信号。我们在实验室中正在很成功地试用许多这类联合,有的是很奇怪的联合。

在另一方面,关系密切而本已固定的信号,如果不把有关的物体与口腔黏膜相接触而被时常重复时,便可以失去它们的刺激作用。如果把任何食物给狗看数天或数周,而不给它吃食,食物在最后便完全失掉在距离之外对于唾液腺的刺激作用。由于物体的信号特质而形成的对唾液腺的刺激作用的机构,即是,"条件刺激作用"的机构,若从生理学观点来看,它作为神经系统的机能是很容易理解的。正像我们已说过的,在每一种条件反射,也就是,通过一个物体的信号特质而形成的刺激作用的基础上,都存在一个无条件反射,也就是由物体的主要属性而形成的一种刺激作用。于是我们必须假设,在无条件反射发生时,中枢神经系统受到强烈刺激的部位,会将此系统中其他部位同时从内部或外部所来的较弱的神经冲动吸引过来,就是说,因为有了无条件反射,所以为所有这些刺激作用开辟了一条暂时通路,通到该反应的部位。在大脑中,影响这条通路的开闭的情况就是物体的信号特质起作用或不起作用的内在机构。并且它们代表着生命物质的精细反应的生理基础,也就是代表着动物机体对外在世界最精密的适应作用[③]。

我愿意表示我很强的信心,生理研究若按照我所概括提示的方向去走是一定会很有成就的,并且也一定会得到很大的进展。

人生只有一件事是对于我们有实际兴趣的——我们的心理经验。但是它的结构仍

---

① 巴甫洛夫教授的术语是 conditional(俄文 условный),而不是 conditioned,但是 conditioned reflex 在英文中已代替了 conditional reflex 而通行,所以我们经常用 conditioned 这个术语。法文与德文译名仍保持巴甫洛夫教授的原来的术语 conditional。——英译者

② 引起条件反射的条件刺激,在这里第一次被描写为引起唾液分泌的特性的信号。——英译者

③ 这种条件反射的描写,是与第一章所说的差不多一样(第 9 页,注①)。条件刺激被承认由于那个重要的无条件刺激与那个不重要的条件刺激同时产生兴奋作用而起的信号。这个建议的下一步逻辑的考验就是它的实验证明。在前一章中,巴甫洛夫教授谈到这些实验已经成功地完成了。这些实验的详细描述在下一讲中可以见到,下一讲的宣读,比这一讲大约晚两年。参看第 29 页,注①。——英译者

是处于深奥的神秘之中。一切人类的智慧——艺术、宗教、文学、哲学、历史科学——所有这些联合起来使这个神秘的黑暗得到一线光明。人们还有一个强有力的同盟军——自然科学研究和它严格的客观方法。我们已见到并知道，这种研究每天都有很大的进展。我在本讲最后所举的事实与概念，就是许多尝试中的典型，尝试系统地应用一种纯粹自然科学的思想方法来研究动物界很早就与人接近和友爱的代表——狗的最高级生命表现的机构①。

---

① 此处我们注意到巴甫洛夫教授想把研究一个高级动物——狗的这个复杂过程的机理，当做了解我们心理经验的一种实验基础。——英译者

第四章　高等动物的所谓心理活动的自然科学研究[①]

（为纪念托马斯·赫胥黎，在伦敦查林·克罗斯

医学院宣读，1906 年 10 月 1 日）

研究者的态度——无条件唾液反射——新条件反射——条件唾液反射实验研究的结果——警号和信号反应——条件反射的基本性质——其形成之必要条件——条件反射的大小依赖于刺激的强度——复杂条件刺激——条件反射是遵循规律的，它们是能够客观地研究的——医学与生理学

为纪念托马斯·赫胥黎，自然科学的一个有名的代表人物，最伟大的生物学说（进化论）的最活跃的捍卫者，今天我讲一篇论文，题目是：高等动物的所谓心理活动的自然科学研究。

我从几年前在我的实验室中所发生的一个实例说起。在我的实验室同事中，有一个青年医生，他有很活泼的头脑，很能够欣赏研究的乐趣与成功。但是，当这位忠实于科学的朋友听到我们的计划，要在同一实验室中，利用我们正在用来解决生理问题的同一方法，研究狗的心理活动的时候，他表现得十分不安，他这种态度使我大吃一惊。我们所有的辩论都无效；他所预料并且期望的只是失败。尽我们所能了解的去推测，这个原因是在于他的见解：人类与高等动物的心理生活是个人的、崇高的，它不但不能被有效地研究，而且我们粗糙的生理学方法还会污辱了它。诸位先生，这虽然可能是一个个别的、略微夸大的例子，但是我相信它是具有代表性的，而且是典型的。我们绝不可忽视下面这种事实：把自然科学的系统推广到生命的最后界限时，不可能避免反对者们的误解与反抗，因为他们是惯于从另外一个观点来看这些现象，并且还确信这种观点是不可侵犯的。

因此我感到有责任，第一，先把我对于高等动物心理活动的观点，准确而清楚地解释一下；第二，从速地由前言转到本题。我故意地加用"所谓"一词来谈心理活动。当自然科学家把高等动物的活动做一个完整的分析时，他不可能也没有权利谈及这些动物的心理活动，如果不放弃自然科学的原则的话。自然科学——这是人类智慧的工作应用到自然，不借助于自然本身以外的任何解释和概念来研究自然。如果研究者谈到高等动物的心理活动时，他是把他自己内心世界里的观念移到自然，重蹈他前人的覆辙。在人类开始观察自然时，他们曾惯于把自己的思想、愿望和感觉应用到自然界无机物现象上面去

---

① 从"所谓心理活动"这个短语的表示，读者可以看出著者已经采取了一个新的立场。现在我把他所有的结果都当做是纯粹生理的。并且他明确地拒绝研究主观状态的进一步的可能性。他开始提出大量证据来维护他的资料的纯粹生理学性质。本章所讨论的人工条件反射加强了他这种观点，并且为彻底的实验工作开辟了新的可能性。——英译者

的。彻底的自然科学家对于高等动物也必须认为只有一个事实：动物对于外在世界的现象的这个或那个外在反应，纵然这个反应与低级动物的反应比较，可能是极端复杂，与任何无机物体的反应比较，更是无限的复杂，但是事情的本质却是相同的。

严格的自然科学的责任是决定自然现象和机体对于它们的反应活动之间所存在的精确依赖关系；或者，换句话说，确定一个生命机体如何保持自己与环境的平衡。这个论述是不容争辩的，并且为下列的事实所支持，在动物阶梯的低级和中级部分的研究中，它是日益被普遍接受的。问题仅在于这个论述现在是否还适用于研究高等动物的高级机能。我认为，在这方面认真的探讨是这个问题唯一合理的答复。我与我的许多实验室同事，在许多年以前就开始了这项工作，最近又差不多把我们的全副精力都放在这上面了。我请求诸位对下列的报道赐予注意：第一，请注意这个探讨最重要的结果，我认为是很有意义的；第二，从这个探讨中所得出的结论①。

我们的实验完全是用狗来做的，所用的特殊反应是一个不重要的生理活动——唾液分泌。实验者总是用一个完全正常的动物来做工作，就是，在实验时不受任何异常影响的一个动物。对于唾液腺工作的准备观察随时都可以用一个简单的方法做到。这是我们大家都知道的，当拿一些东西给狗吃或强迫放入它的嘴中时，唾液就流出。唾液的性质与分量，在这种条件之下，完全随着放进狗嘴的物品的性质和分量而定。摆在我们面前的是最熟知的生理现象———一个反射。作为神经系统的一种特殊单纯机能的反射概念，是生理学的一个古老的确切的成就。它是机体对于外在世界的反应，是经过神经系统而产生出来的，并且一个外在刺激就化成一种神经过程，在一个长远的线路中被传导着（从向心神经的末梢，沿着它的纤维，达到中枢神经系统，再沿着离心通路而出，最后达到某个器官，激动起它的活动）。这个反射是特殊的并且是永久的。它的特殊性表现于自然现象与生理效果之间的精密一些的联系，并且是基于有关神经链锁中周围神经末梢的特殊感受性。这些特殊的反射关系在正常生活过程中，或者更准确一点说，在没有非常情况的生命条件下，是固定不变的。

唾液腺对于外在影响的反应，并不只限于上述的普通反射。我们大家都知道不但适当物品的刺激接触口腔内表面时，唾液开始分泌，就是在其他感受表面，包括眼与耳，被刺激时，它亦常常开始分泌。但是最后所提到的那些作用，普通生理学上是不讨论的，并且它们被称做心理兴奋。

我们将采取另一途径，并且设法恢复生理学所应当保有的东西。这些特殊表现无疑与普通反射作用有很多相同之处。每次这种唾液流出的开始，是因为在外界有这一种或那一种刺激发生。观察者在很仔细注意之下，可以看到唾液自动流出的次数很快地下降，因此非常可能，那些很少见的唾液流出，最初看起来好像没有什么特别原因，但是事实上是观察者所看不到的某些刺激的结果。由此可见，向心通路总是在先被刺激，而离心通路在后被刺激，中枢神经系统自然也就在二者中间被刺激。这些都是一个反射的各

---

① 第一章末段的前一段所提到的希望，照本章末尾第二段所指出的，还远在将来。

现在著者怀疑心理学是否有权力处理那些容易地而且成功地被生理研究的事实。至于他自己的工作与心理学的关系，他的观点在第二十三章之首表示得很简楚。——英译者

部分,所唯一缺乏的部分便是关于刺激在中枢神经系统中活动的精确的资料。可是我们对于普通反射的这个最后机理就熟知了吗? 所以一般说来,我们的现象就是反射,但是这些新认识的反射和那些早已知道了的反射之间的差别是非常之大的,它们被划入完全不同的科学部门中去了。所以生理学的问题在于用实验来明确这个区别,并且提出那些新反射的主要特质。

第一,它们是由所有的身体外部感受表面产生的,甚至包括眼与耳的区域,在这些区域却从来没有过一个普通的反射作用影响唾液腺。必须提到,普通的唾液反射不但可以从口腔产生,并且可以从皮肤和鼻腔产生;不过皮肤只是在当它受到了损伤,例如,刀割或受酸性腐蚀的时候,它才会产生这个效果,同时鼻腔只是通过蒸汽或气体的接触,如阿莫尼亚,造成局部刺激,它才产生这个效果,而绝不是通过真正气味的媒介。第二,这些反射的显著特点是它们有最高度的不固定性。所有对狗的口腔的刺激,都会万无一失地得到唾液分泌的积极结果,但是将同样物体呈现到眼、耳等处,便可能有时生效,有时无效。从前就根据这一点,我们才把新反射叫做"条件反射",并且为了易于区别,我们称旧有的反射为"无条件反射"。

下面的问题很自然地便发生:决定"条件反射"存在的条件是否可以研究? 如果知道这些条件,是否可能使这些反射变成固定性的呢? 我以为这个问题必须认为已经被肯定地答复了。我将要告诉诸位由我们实验室中所发表的一些定律。每个条件刺激,经过重复,便完全变为无效[①]。条件反射每次重复的间隔越短,这个反射就消灭得越快。一个条件反射的消灭并不影响其他条件反射的活动。消灭了的条件反射,除非隔了一两点钟或更久之后,是不会自动恢复的;但是有一个方法可以使反射立刻恢复起来,所必须做的事只是把无条件反射重复一遍。例如,灌入一种稀淡的酸液到狗的口中,然后再给它看,或给它闻。作用本来已经消失了的刺激,现在会又恢复起它的全部效果来。下列的事实可以经常观察到:如果长时期,如几天或几个星期,继续不断地把某种食物呈现给动物,而不给它吃,那么,这个食物就失去它从一定距离的刺激作用[②],就是,它失去对于眼、鼻等处的作用。从上述的事实中可以明白,物品在口中刺激唾液分泌的特质的作用和同样物品刺激身体其他感受表面的特质的作用之间有密切联系。这个材料给我们以根据来假设条件反射之所以产生是因为有无条件反射的存在。同时我们可以看出产生条件反射的主要机理。当一个物品被放入狗的口中,它的一些特质激动唾液腺的简单反射器;为了要产生条件反射,这个作用必须与影响身体其他感受部位,把兴奋作用传播到中枢神经系统其他部分的同一物品的其他特质的作用同时出现。正因为一个放在口中的物体之某种特质所起的刺激性效用(无条件反射),可以与别的物体所发生的许多刺激同时发生,所以所有这些多种多样的刺激,因为常常重复,就变成唾液腺的条件刺激。这种刺激可以由喂狗的人,或强迫放东西入狗口中的人而产生。或者刺激的来源可能是发生这件事的一般环境。因此,条件反射定律的上述的实验的执行,是需要一个训练纯熟的实验者的,他能够真正研究仅只指定的条件刺激或是一定数目的这种刺激的作用,而不在每

---

① 作为这个现象的一个实例,参看第二章第一个实验的记录。——英译者
② 陀罗青诺夫与白布金所做的实验。

一次重复时无意识地加入新的刺激。假若这个最后条件不能实现，这里所谈的定律自然要不分明了。我们需要切记着，喂一只狗，或强迫放东西入狗的口中时，每一个动作或一个动作的每一变化，它本身就可以代表一种特殊的条件刺激。假如是如此的话，假如我们对于条件反射来源的假设是正确的话，那么，我们所选择的任何自然现象都可以变成一个条件刺激。这在事实上已经被证实了。任何视觉刺激，任何愿意用的声音，任何气味，和皮肤上任何部分的刺激作用，不管是用机械的方法还是应用热或冷，虽然在以前它们全都对于这个目的是没有效力的，但在我们手中使它们刺激唾液腺却从来没有失败过。这是由于在唾液腺作用的同时，施用刺激而完成的，唾液腺的活动是由于喂饲某种食物，或强制放物品于狗的口中所引起的。这些人工的条件反射①，是我们训练成的，它与前面所描写的自然条件反射表现完全相同的特质。至于它们的消灭与恢复，也主要遵从自然条件反射同样的规律②。因此我们有根据说，我们对于条件反射来源的分析是被事实所证明了的③。

现在这个题目已经发挥得很多了，我们可以比开始时更进一步地去理解条件反射了。直到目前，在用严格的自然科学方法对神经的研究中，我们处理了固定的、为数不多的刺激。在它们的影响下，一定的生理活动与一定的外界现象发生了联系（旧的特殊反射）。现在在神经系统另一较复杂的部分，我们遇到了一个新现象，就是条件刺激。一方面，神经系统由之而变成最容易起反应的器官，就是说，它可以感受外在各式各样的刺激，但是另一方面，这些刺激所起的作用是不固定的，并不与某些生理效果发生一成不变的确定联系。在任何时候，我们看到只有少数情况适宜于这些刺激在机体中或长久或暂时地活动，唤起这一种或那一种生理的后果。

我认为，把条件刺激这个观念介绍到生理学中来是有很多理由的。第一，它符合于那些所援引的事实，因为它代表着从那些事实中所直接引申出来的结论。第二，它与自然科学的一般的机械性的假设相符合。在许多种器械与机器之中，即使是构造简单的，也一定要在适当的时候有必要的条件存在，才能发挥它们的力量。第三，它完全可以为疏通作用（Bahnung）和抑制作用这两个观念所包括，这两个观念在最近的生理学文献中曾被充分地发挥过。最后，从普通生物学观点看来，在这些条件刺激中有一个最完善的适应的机理，换句话说，一个与周围自然界保持平衡的很精密的机理。机体对于与它有

---

① 建立这些人工条件反射的可能性，是有重大意义的。第一，它证明：引起条件反射的情况，如第25页，注①所提到的，是可以用所提出的理论来做适当解释的。此外，条件反射的有意形成，使得有可能进行更彻底更有意识的实验。——英译者

② 巴甫洛夫教授在《大脑两半球机能讲义》（俄文版，第49页）中说："从前我们区别'自然的'与'人工的'条件反射；'自然的'反射是由于，例如，食物的视觉、气味，和进食本身；或者，酸液或某种被拒绝的物品之放入口中的步骤，与酸液或被拒绝物品的本身之自然联系的结果而自动形成的；'人工的'反射是可以由于通常与食物或所拒绝的物品毫无关系的刺激，与食物或所拒绝的物品之人工联系的结果而形成的。但是现在我们知道，所有这些反射之间在特质上毫无区别。我在这里提到这个事实，因为我们早期工作中有许多实验是用'自然的'条件反射做的，在这个演讲里，我将要从这些实验中举出很多例子。在我们的实验中，现在每天所用的所有那些人工刺激，对于我们在进行那些实验的时候是重要的，因为它们是很容易控制的、是精确的，并且可以按期重复应用，又因为它们可以用来校正我们关于自然条件反射形成的机理的概念是否正确。现在人工刺激的重要性占优势，因为它们已经为我们展开了很大的研究园地，又因为它们最后会供给我们最重要的材料来做研究。"——英译者

③ 鲍地瑞夫、卡西林尼诺瓦和富斯可波尼可瓦-葛兰士描姆所做的实验。

重要意义的外在世界的现象能极敏感地反应，因为所有外在世界的其他现象，即使是极无意义的或只是暂时与那些有意义的现象同时发生的，也可以成为它们的标志，或者可以说，成为它们的信号刺激。反应的精密性可以由条件刺激而产生，也可以由它不再是一个适当信号的时候，在消逝中表现出来。我们必须假设这里存在着神经系统进一步分化作用的一种主要机理。从以上事实看来，我想可以把条件刺激这个观念当做生物学家已往劳动的成果，并且把我现在所报告的作为对一个最复杂的问题，研究工作结果的说明。在目前对于这个新开展的广大领域，去尝试决定它的限度以及去划分它是轻率的。下面的叙述必须仅仅当做，已收集的材料的暂时组织，和在解释时不可缺少的几点。

我们有理由把条件反射看做是一种单纯的过程，包括无数无足轻重的外在刺激中的任何一个刺激，与中枢神经系统中某部位的一点的兴奋状态的同时发生，而这个刺激与所述点之间现在就建立了一条通路。支援这个假设的第一个论证是事实的普遍性：条件反射可以在所有的狗身上得到，并且可以用各种可能想象到的刺激产生。第二点是它的出现的确定性；在一定条件之下，它必然重复产生。因此我们可以看到这个过程并没有被任何其他的条件所复杂化。这里可以提出，早已发挥效力的各种条件刺激，现在是在一定的距离应用，例如，从另一房间内应用；在通常情况下实验者为了要获得条件反射，须给狗东西吃，或把某种物品放入狗的口中，而现在实验者虽不与狗相接近，但是刺激所得的结果仍然是一样的。

前面已经提过，外在世界中每种可能想象到的现象，只要是它能作用于身体的一个特殊感受表面，都可以转变成一个条件刺激。条件反射从眼、耳、鼻和皮肤得到以后，一件知道起来颇有趣的事是口腔内部与整个问题有何关系，一个条件反射是否也起源于口腔。这个问题的答案不可能是简单的，因为在这里，不但条件反射与无条件反射的刺激的感受表面被混在一起，而且刺激本身都被混合在一起了。但是我认为细心地观察，即使在这种情况下也可能把条件刺激与无条件刺激分别出来。当将不可吃食的、带有刺激性的物品连续多次地强制放入狗的口中时，我们可以经常显著地观察到下列事实：

例如，假若将定量的酸液连续多次灌入狗的口中，那么每次重新重复这个步骤时，经常就会有较多量的唾液流出；这样相继地重复数日，直到唾液流出达到最高量为止，以后在一个相当期间之内分泌就保持固定不变。如果实验停止了几天，唾液分泌量便又大大减少。这个事实可以很简单地解释如下：在第一次应用酸液时，唾液的分泌主要是，或者完全是，依靠酸液所引起的无条件反射，而后来所发生的分泌的增加，表明在同一酸液影响之下所渐渐形成的条件反射，并且这个条件反射的感受表面仍是口腔的内部[①]。

我们现在讨论形成条件反射的条件。这个问题若概括来谈自然是一个很广泛的问题。下面的报告，仅可认为对于这个广大问题所包含的一切的一点微小暗示。

虽然建立起一个条件反射所需要的时间差别很大，但是某些关系在目前也是很清楚的。从我们的实验看来，刺激的强度很明显是最重要的。我们有些狗，它们皮肤上某一固定部位的加冷或加温被当做为唾液腺的条件刺激。零或 1℃ 的温度在实验中重复 20 次或 30 次产生唾液的流出，而 4℃ 或 5℃ 的温度在另一实验中重复 100 次，竟毫无效果。

---

①　崔尔海姆和鲍地瑞夫所做的实验。

用高温度时亦发生同样的情形。用 45℃ 的热作为条件刺激，即使重复 100 次以后，亦同样不发生作用；而以 50℃ 的温度，应用 20 次至 30 次之后[1]，就产生唾液的分泌。另一方面，我们必须指出声音的刺激与此恰巧相反。很强的声音，如强烈的铃声，倒不如较弱的刺激能很快地建立起一个条件反射。我们可以假设强烈的声音刺激引起机体上某些其他显明的反应（例如，动作反应），因而阻碍了唾液反应的形成。

还有另外一类有关现象应该提及。当一个不能自然激动唾液反射的气味——例如，樟脑的气味——用一种特殊器具将其喷散，这个喷散的气味再与无条件刺激的作用同时发生，例如使气味与灌入狗的口中的酸液同时发生作用，这样须经过 10 次或 20 次才能成功。但是如将一些带有这种气味的物质加入到酸液，这个新气味经过一两次试用以后便已经可以作为条件刺激了。自然，还应该搞清楚，这个实验的关键是否在于条件反射的准确同时性，还是在于其他别的原因[2]。

为简略起见，我将完全不谈技术细节问题，例如用什么方法形成条件反射最快；用食物或是用非食物；在一天内实验可以重复多少次；间隔多么长，等等。一个重要的问题是：被狗的神经系统作为外在世界的个别性而区别开的是什么？或者，换句话说，刺激的元素有哪些？关于这一点，已经存在很多证据了。如果在皮肤的某一固定范围上（一个五厘米到六厘米直径的圆圈）加冷，可以作为唾液腺的条件刺激，那么加冷到皮肤的任何其他部分，也可以立刻使唾液分泌。这表示出冷的刺激作用已经普遍化到相当大部分的皮肤上，或许到全部的皮肤上。但是皮肤的加冷是与加热或机械的刺激作用完全区别开的。这些刺激的每一种必须分别地被做成条件刺激。与加冷同样情形，以热作为条件刺激加诸于皮肤上，也会自己普遍化起来。这就是说，加刺激在皮肤的某一部位，做成了条件刺激以后，加刺激在另外的皮肤部位，也可以产生唾液的分泌。皮肤上的机械刺激作用，如以粗糙的刷子（用一种特殊器械）梳刷皮肤，则产生完全不同的结果。当将这种机械过程应用到皮肤的某一部位，而成为一种条件刺激时，再将同样的过程应用到皮肤的其他部位，可以完全无效。其他方式的机械刺激作用，如以尖头或钝头的物体在皮肤上施压力，效果是较小的。很明显，第一种机械刺激不过是形成了后者的一小部分[3]。

以音响为刺激，去决定狗的神经系统的辨别或分析官能，是非常方便的。在这一方面，我们得到的反射的精确度很大。如果一件乐器的某一音被作为条件刺激，常常不但所有邻近的音不起效果，就是与它只有四分之一音之差，都不能产生任何效果[4]。音色（音质）等也可以同样或甚至更精确地被辨认出来[5]。一个外在的动因，不但在它出现时能做成条件刺激，并且在它消逝时，亦能做成条件刺激。当然，要解释这后一种刺激的性质，必须另作特殊分析[6]。

---

[1] 鲍地瑞夫、卡西林尼诺瓦和富斯可波尼可瓦-葛兰士揣姆所做的实验。

[2] 瓦坦诺夫所做的实验。

[3] 鲍地瑞夫、卡西林尼诺瓦和富斯可波尼可瓦-葛兰士揣姆所做的实验。

[4] 崔力翁尼所做的实验。

[5] 在以下数章中，读者会在"分化作用"的名词下读到这些现象。第十六章专讨论此题，并且包括对各种刺激分化作用机理的分析。——英译者

[6] 同前。

到此为止，我们已经讨论了神经系统的分析能力，正像它所表现给我们的，可以说是一个完成的状态。但是我们现在所聚积的材料证明，如果实验者继续再去区分和变化条件刺激，这个神经系统的分析能力可以继续并且大大地增加。这里又是一个广阔的新园地。

在各种条件刺激的实验材料中，从不少情形中可以看出刺激强度与其效果间的明显联系。当 50℃ 的温度开始引起唾液流出，就会发现 30℃ 也有同样效果，只不过小些罢了。在机械的刺激方面也可以看到类似的结果。刷子梳刷的速率减小时（从每分钟 25 次至 30 次减少为 5 次），会比平常梳刷速率引起较少的唾液来。而加快梳刷（到每分钟 60 次），唾液就流得多了。

此外，也进行过关于同类刺激的组合和异类刺激组合的试验。最简单的例子就是各种乐音的组合，例如，三个乐音相混合而成的谐音。当它被作为条件刺激时，谐音中的双音合奏，和每一单音独奏，都产生一种效果，但是双音合奏时比起三音一起合奏时产生较少的唾液，每一单音独奏时，又比双音合奏时产生更少的唾液[①]。当我们应用不同种类的刺激的组合，就是说，用影响于不同感受表面的不同刺激的组合作为条件刺激时，情形就更复杂了。现时只有几种这样的组合被实验过。在这些情形之下，刺激组合中仅有一个刺激通常被做成条件刺激。摩擦与冷相组合在一起时，主要是摩擦被做成条件刺激，至于冷本身所产生的效果几乎观察不到。但是假若把比较弱的刺激单独地转变为条件刺激，那么它不久就会引起强烈的作用。现在如果一同应用这两种刺激，我们会得出由于两个刺激相加所产生的一种增大的效果。

下列问题需要解释：当一个新刺激加入时，一个形成了的条件刺激起什么变化？在我们已经讨论过的例子当中，我们看到，当一个同类的新刺激加进来的时候，先前所形成的条件刺激的作用便被抑制了。一个新的相似的气味能够抑制已经成为条件刺激的别的气味的作用；同理，一个新的乐音阻止了另一个作为条件刺激的乐音所引起的作用。我认为必须指出，开始这些实验还具有另外的用意。我们想用一个已经形成的条件反射的帮助去形成另一个新的条件反射。我们先用同类刺激的组合，后来又用不同类的刺激的组合来做实验。这一方面的研究进展得很快。我们必须分别几种情形。可以举出几个例子。假设用抓痒或刷子梳刷做成了稳定的条件刺激。当我们把节拍器的音加入其中，抓痒便立刻失去它的刺激功效（第一期）；这个现象可以延续几天。其后即使加入了节拍器的音它也会再恢复回来（第二期），现在这个双重刺激与单独抓痒有差不多相同的效力；最后，当抓痒与节拍器同时应用时，抓痒又停止了作用，这时这个双重刺激的作用便长期终止了（第三期）。当将一个普通电灯光加入到作为条件刺激的抓痒时[②]，在起初产生如同未加灯光时完全同样的效果，但是后来抓痒与光亮刺激的组合便停止发生作用了[③]。很明显，用别的机械刺激去做实验，来代替已经成为一种条件刺激的抓痒，也可以

---

① 崔力翁尼所做的实验。

② 瓦西里叶夫所做的实验。

③ 因为在这两种情形之下，这个新动因的制止条件动因的活动之作用，是必须由条件刺激与这个新动因（在上例中，节拍器与光），以及与缺乏活动同时发生而建立的，就是说，向条件刺激相反的方向建立的，这个新动因被称为条件抑制者，而相应的过程则称为条件抑制。这种条件抑制的建立，将在第八章更明确地讨论。——英译者

观察到一种同样的现象。最初，尖头或钝头的物体的压触产生唾液分泌，但是比抓痒所得到的分泌较少；而经过重复以后，压触刺激的效果逐渐减小，直到几乎完全消逝。

我们可以假设，尖头或钝头物体的一部分刺激作用是与抓痒相同的，并且这一部分负责这些物体在第一次应用时所发生的作用。但是还有另外特殊的一部分；它会渐渐引向相同部分之作用的消失。在这些抑制作用的现象中，我们遇到下面的现象，它们是常常在这类实验中重复出现的。当一个条件刺激与另外一个抑制它的作用的条件刺激同时应用之后，第一个刺激单独应用时的效力就大大减弱，并且有时完全停止。这可能是附加的抑制刺激的效果的延续，也可能是条件反射的消退，因为在附加刺激的实验中，条件反射自然没有被无条件反射加强。

条件反射的消退现象也可以在相反的例子中看到。如果你用一组复合条件刺激，如以上所说的，其中之一的本身又几乎不产生效果，那么，常常单独重复那个起强烈作用的刺激，而没有另外的一个，就会显著地引起其作用的抑制，差不多达到它灭绝的地步。所有这些兴奋和抑制现象的大小是准确地依靠着产生它们的那些条件。

下面是这些特别有趣现象中的一个例子。我们假设用抓痒的刺激以下列程序形成条件反射开头，单独施用抓痒刺激 15 秒钟，然后把酸液灌入狗的口中，继续抓痒到一分钟的末尾为止。最后，条件反射形成了。如果你现在单施用一整分钟的抓痒，你可得到大量的唾液分泌。你加强这个反射，就是说，再继续抓痒一分钟，同时把酸液灌入狗的口中。但是如果连续这样做几次之后，第一分钟内抓痒的效果会很快地减少，并且到最后完全停止。为了使抓痒在第一分钟内恢复它的效能，必须长期重复这个实验才能成功；而现在，它的效果比在先前的实验中还要大些。

我们在抑制作用的精确测量中，也观察到相类似的情形。

最后所要提到的是，我们尝试过从条件与无条件刺激的最后残余或后作用的遗迹[①]去形成条件反射。这是如下法做到的，或者刚刚在无条件反射之前，乃至于在它三分钟以前，让一个条件刺激单独发挥效力一分钟。或者只在无条件刺激停止之后才让条件刺激发生影响[②]。在所有这些情况之下都发生了条件反射。但是在有些情况之下，即条件刺激是在无条件刺激三分钟之前使用，而与后者相隔有两分钟的休止，我们就得到一种虽然是料想不到的，又是极奇怪的，却是经常出现的结果。此时，不仅在实验中所运用的动因有刺激作用，就是其他的也同样有作用。例如当皮肤某一点上的抓痒被作为条件刺激时，在它起作用以后，我们发现抓任何其他部分也可以产生效果。使用在皮肤上的冷或热，新的乐音，视觉刺激与气味——所有这些都产生与条件刺激相同的效果。动物特别大量的唾液分泌和它极端富于表情的动作吸引了我们的注意。在条件刺激起作用的时候，狗表现出了完全与它在无条件刺激的酸液被灌入口中时同样的行为[③]。

---

① 遗迹反射是中枢神经系统中兴奋的残余。兴奋的遗迹是被假定为发生动作的信号。照上文所提，这些条件遗迹反射，有颇奇特的物质。读者可以在这些演讲中的许多地方遇见提到它们之处。这个现象的机理的可能解释，见第七章最末的第二段。——英译者

② 这是按俄文译出的，英译有改动，因为后来证明条件刺激发生于无条件反射之后是很难形成条件反射的。——中译者

③ 皮米诺夫的实验。

看来很可能这个现象是和以前我们所遇到的不同,是另属一类的。事实是在早期的实验中,条件刺激与无条件刺激至少亦必须有一次是同时发生的;但是在这些实验中,作为条件刺激的却是从来没有与无条件反射同时发生过的一些现象。在这里很自然地暴露出一个无疑问的差别来,但是同时也可以看到,在这些现象中有一个主要特质,是与从前的相同的,就是说,中枢神经系统中有一个特别兴奋的地点存在,由于它这种情况,使外在世界落到大脑最高部分感受细胞的所有主要刺激都立刻朝向这一点集中。

我现在要结束关于我在这个新研究的园地内所得到的材料所做的粗略而很不完整的摘要。这个问题有三个特点给予研究者很深的印象。第一点,这些现象是很容易被精确研究的,在这方面看来,它一点不亚于普通的生理现象。我是指它们的易于重复——它们在相似实验条件下的一致性,和它们对于实验分析的适合性而言。第二点,这个题目是有客观讨论的可能性。为了易于比较,我们时常引用了一些主观的设想,现在经过进一步回想,这些主观设想的作用好像是对严肃思考的一种侮辱。第三点,这个题目牵涉到大量的对于研究者有刺激意义的问题。

这个材料应该放到什么部分中去呢?它相当于生理学的哪一部分呢?这个问题的答案是没有困难的。它一部分相当于昔日的所谓感官生理学,一部分相当于中枢神经系统生理学。

直到现在,眼、耳及其他感受器官的生理学几乎完全由主观方面的材料组成;这样做是有一些长处的,但是同时当然也就限制了探讨的范围。用条件刺激的方法在高级动物方面做研究可以避免这种限制;而且在这个研究领域中有许多重要的问题,能够立刻以生理学家手中的动物实验的大量知识去帮助加以检验。为时间所限,不可能对于这些问题举例。条件反射的研究对于中枢神经系统最高部分的生理学,有更大的重要性。到现在,这一部分的生理学在它的大部分内容中都充满了外来的借自心理学的观念,但是现在它有了从这些有害的依赖中解放出来的可能性。条件反射把动物在自然界中确定方位,决定反应的广阔领域展开在我们的面前;这是一个必须客观处理的领域。生理学家能够并且必须分析这些判定方位和决定反应的机能。逐步地与系统地进行割除中枢神经系统的各部分,以便最后可以得到这个机能的规律。在这里便立刻发生一些急迫而实际的问题。

还有一点,心理学的资料与刚才所描写过的心理事实之间有什么关系呢?它们之间有些什么相应点呢?谁来负起研究这些关系的责任呢?并且在什么时候?这个关系即使在现在也可能是很有兴趣的,但是必须承认生理学在现在尚没有重要的理由去讨论它。生理学当前的问题是收集与分析那些呈现出的无限量的客观材料。但是很明显,生理学将来主要的任务是彻底解决前此纠缠烦扰人类的一些问题。当科学研究者能够把人,就像他分析任何自然的东西,同样地加以外在分析,当人类的智慧能够从外而不是从内去思考自己的时候,那么,人类才会得到不可估计的益处,和对自己的非常控制力。

我感觉极端愉快,能够在荣幸地纪念一位称生理学为"活着的机理的机动学"的大自然科学家时,献出一些观念与事实;来从这个唯一成功的观点说明这个机理的最高和最复杂的部分。我是完全被说服了,而且我大胆表示我的信心:这个新研究方法一定会得到最后的胜利，而且由于托马斯·赫胥黎我更无惧怕地如此宣言，赫胥黎是我们所有人们的榜样，他非常勇敢地为科学观点的自由与正义而斗争。

我是不是需要谈几句关于医学与我所讲演的题目之间所存在的关系呢？生理学与医学基本上是不可分的。如果医生在他实际行医中，或更重要的在他的理想中，是人类机体的机械师的话，那么，无可讳言的，生理学中的每件新鲜发现，迟早总会增加他对于这个异于寻常的机器的掌握能力，和增加他保持并修理这个机器的能力。

第五章　破坏大脑两半球各部分后的狗的条件反射[①]

（在圣彼得堡俄国医师学会宣读，发表于《俄国医师学会会报》，

75 卷，148—156 页，1907—1908 年）

巴甫洛夫的控制实验，不能证实白克台雷夫实验室的实验

这个报告的目的是初步总结我的共同工作者们和我自己所做的关于条件反射与大脑两半球关系的实验。我们考虑白立茨基博士的主张，他说，条件唾液反射的存在是依赖大脑皮质一定部分的存在，两半球这一部分割除后，所有的条件反射就随之消逝。梯合米柔夫博士在他的学位论文中所描写的实验，和我们现在要报道的奥尔贝利的实验，完全反证了白立茨基的结果。一方面，我指给大家看，狗脑两半球的割除部分（包括白立茨基所虚构的中枢），另一方面，奥尔贝利博士示范给大家看，一只曾被除去这些中枢的狗，但是，照我们所看到的，它仍能够对压碎干面包的声音起一种迅速而强烈的唾液反射。奥尔贝利在另一只同样的狗身上，重做同样的实验，并得到同样的结果。

在核验白立茨基实验得到了反面结果之后，梯合米柔夫重复了类似葛尔维博士所做的胃液腺条件反射的实验，也得到了反面的结果。我自己又第二次做了这些实验，并见到与梯合米柔夫同样的结果。从我的狗的脑子和我的记录中可以看到，虽然被割除的皮质部分，至少比葛尔维所除去的要大四倍，但是在两侧除去葛尔维博士所虚构的中枢以后的第六天，胃液腺的条件反射仍旧是存在的，并且这些反射还保持到以后好多天。我们实验的发现，无疑地说明，葛尔维被一个错误所束缚，情形就是，他的狗在手术后有了病，并且因此而失去了食欲。

在我的实验室中，差不多大脑两半球所有各部分，都会有步骤地被除去，而且条件唾液反射屡次地被试验过。根据这些实验，我必须肯定地说，一般而论，条件唾液反射的存在并不依赖两半球中的任何特殊部分。

但是这并不否定两半球的不同部分与条件唾液反射之间所保持的特殊关系。梯合米柔夫博士证明，各种条件反射之反射弧的某些部分，是位于大脑两半球中。如果相当于所谓运动区的皮质部分被除掉，从皮肤所产生的唾液腺的人工条件反射便完全消逝，并且也不能再度被形成了。同理，除去脑后叶，对于唾液腺的自然视觉反射就消逝了。同时其他的条件唾液反射则维持不变，甚至于新的还可以形成。除去梯合米柔夫的论文

[①]　在第一章接近末尾，巴甫洛夫说："对我们的现象确立了分析与系统化的可能性之后，我们达到了下面这一阶段的工作：系统地切断与破坏中枢神经系统，以观察早先建立的关系如何改变。"巴甫洛夫教授原想为了这个目的，利用白克台雷夫实验室中的研究。但是在这里他是完全失望了，因为所有这些工作，巴甫洛夫的实验都未能证实。所以他只好重新研究这些问题。这些实验的头几个是奥尔贝利和梯合米柔夫做的，将要在第五章与第六章中被叙述到。它们的目的是为证实白克台雷夫实验室的研究（白立茨基、葛尔维与高施可夫）。——英译者

中所描写的那些关系之外，在我们实验室中其他的狗身上，也能看到如上所述同样的关系。根据我们的实验，我们知道，为了建立条件反射，从各种特殊感受器——从眼睛、耳朵、鼻子、皮肤所发生的某种大脑皮质的联结是必要的。我们有理由假设，所有其他的条件反射也是有同样情形的。因此，我们有权利说：大脑两半球是条件反射的器官。

最后，我们可以补充一点，就是在我们的材料中，并没有任何根据去相信，在大脑两半球中，是有特殊负责建立条件反射的部位存在着（除非是包括来自特殊感受表面的各个通路的一定部位），也就是说，相当于所谓福列克西哥氏的联合中枢的中枢是不存在的。只有在除去确定区域之后，一个确定的条件反射才永久消逝，这个区域必须是与从它的特殊感受器官而来的皮质传导通路相关连的，而不是任何其他区域。

第六章　论高施可夫博士的皮层味觉中枢

（一篇演讲摘要，在俄国医师学会宣读，发表于
《俄国医师学会会报》，75 卷，262 页，1907—1908 年）

在 1901 年高施可夫博士发表论文，根据自己实验作出如下结论：味觉中枢是位于大脑的 gg. sylviatici 和 ectosylvii 的前部。据高施可夫博士报告，把狗脑两侧这些回转部的皮层都除去后，这个动物就会安静地吃被食盐、柠檬酸或金鸡纳霜所撒盖的肉，或安静地吃用下列溶液所浸透的肉：32％盐液，9.5％酸液或 5％金鸡纳霜液。梯合米柔夫博士为了分析唾液条件反射需要用这些结果，因而重复这些实验，但不能得到同样的结果。我也曾把一只狗脑的两侧，按高施可夫所除去的同样部分割掉，但是看不出有任何味觉的损失。显而易见，高施可夫博士是根据施行过手术两三天以后就死去的狗而作的结论，并且在他将狗脑的一侧施行手术之实验中，狗就"安静地用与舌头相对的一侧吃"带有上述物品的肉，这表示他是在彻头彻尾地幻想着。

第七章　可以用条件反射研究说明的中枢神经系统最高部分的机理①

（在俄国医师学会宣读，发表于《俄国医师学会会报》，
76卷，134—137页，1908—1909年）

> 无条件反射与条件反射的差别——条件联系的暂时性及其无限数量的可能性——狗的色盲——无关刺激的集中——扩散

　　六七年前，我与我的同事们，第一次尝试把高级动物（狗）的全部神经活动，加以一种客观研究，这些研究绝对拒绝根据与我们的内在世界作比较，来对实验动物的活动作任何猜度。从我们的观点看来，动物的所有神经活动，可以归纳为一种具有两种形式的反射活动——普通的反射，这种反射是已经数十年来被研究过了的，我们把它称做无条件的反射，尚有第二种，新的反射，包括其余的全部神经活动，我们把它称做条件的反射。

　　在目前，我们有把握说，我们的尝试完全为所得到的事实所印证；因为用我们的方法所收集的科学材料，不断地在增长，并且很自然地形成一个系统。这些事实在一方面准许我们把高级神经活动的过程加以某种程度的系统化，而在另一方面，把这个活动的机理中普遍而真实的一些要点加以阐明。

　　在我们的实验中，我们是以唾液腺作为用外在世界不同的影响来引起活动的器官的。一组固定的外在刺激动因，从口腔或鼻腔或皮肤起作用，沿图中的实现径路把兴奋传向延脑引起唾液腺的平常反射活动——我们称这种活动为无条件反射。从这些同样的感受器官，以及从眼睛和耳朵发出的所有外在刺激，首先进入大脑皮质感受中枢，然后从这里再到延脑（沿图中的虚线径路），于是引起另一种反射——条件反射。第一类兴奋作用的通路，是在生活的某种条件之下所形成的通路；在其他的条件之下，它们是关着而不通行的；因此，后面提到的这些通路，是一时开着，一时关闭着的。因此在这第二类中，我们必须涉及不同的传达通路的一种暂时结合或联系，而这个暂时联系，我们必须当做是中枢神经系统最高部分的一种基本特性，当做是它的机理的第一个要点。

　　根据我们的实验，任何外在刺激，只要能够在狗的身体表面转变为一种神经过程，它就可以被大脑较高部分传导到唾液腺而成为其刺激。在这个事实中存在着它们的机理的第二要点——中枢神经系统较高部门中可能发生的联系的普遍性。与这个通则似乎相矛盾的唯一事实，就是一直到现在我们还没有能够用不同折光的光线（颜色）来形成唾液条件反射。但是我们有很好的理由认为这并不是一种传导作用。准确地证实以后，这

---

　　① 要注意，在这个研究阶段，巴甫洛夫从面临着他的许多事实中，只提出四种关于大脑两半球工作的最普遍的特点。它们是在本章讨论的，并且这个普遍方案，直到现在还是不变的。——英译者

个事实仅表明对于狗的一般公认的见解,即狗对于不同波长的光能起反应,或主观地说,狗能分辨颜色,并不是根据实验所得来的,却是狗与人作肤浅类比所发生的一种成见。

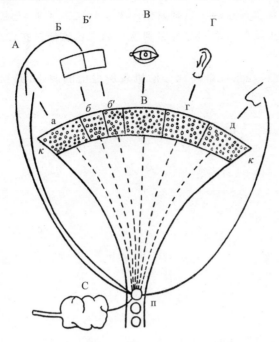

　　A＝舌;Б＝皮肤(触觉刺激)Б′＝皮肤(温度刺激);B＝眼;Г＝耳;Д＝鼻;KK＝大脑皮质,皮质感受中枢。a＝舌的;б＝皮肤触觉刺激的;б′＝皮肤温觉刺激的;в＝眼的;г＝耳的;Д＝鼻的;П＝延脑;C＝唾液腺。

　　我们所分析过的机理的第三个要点是表现在形成条件反射的方法上。要把作用于狗的感受表面的任何自然现象作成唾液腺的一种刺激,则此现象对于狗的作用,必须与唾液腺的无条件反射同时出现,而唾液腺的无条件反射,是由于放进动物的口中一些食物,或一些不可吃的刺激物品所引起的。这个事实可以明显地告诉我们,如果在神经系统中有很强烈的兴奋焦点产生(在所列举的情况中,是在唾液反射中枢),则外在世界中原来无关的刺激,作用于感受器官并因此而兴奋大脑皮质的感受中枢,便向这些受强烈兴奋的焦点传达;这样,冲动就集中,并且向这些焦点开辟一条通路。这个事实可以被称为无关刺激定向的或集中作用的机理。

　　最后,这个机理的第四个要点,这可以由与特别一组的条件反射有关的事实中看到。它们已经在我们的实验室中被皮米诺夫博士研究过。如果我们想用某些外在现象作为唾液腺的条件刺激,但是这些现象不是与无条件唾液反射恰恰同时发生,而总是在它之前发生,并且假若在它作用的终了与无条件反射的开始之间有间隔(在皮米诺夫的实验中,有两分钟的间隔),那么,下列事实就会发生了。当条件反射已经如此被建立之后,还有许多其他外在现象,也可起刺激作用,不过这些外在现象所起的刺激作用只是渐渐地按照一定次序发展的。假若,在这种条件之下,某一部分皮肤的机械刺激被作为唾液腺的刺激时,那么,别的皮肤部分的机械刺激作用,也就开始引起唾液反射,这是与通常的皮肤条件反射的机械刺激作用的特殊性规律相冲突的。在后来,温度的皮肤刺激作用便表现这种效果。最后,身体别的表面,例如鼻、眼与耳,受到刺激也表现这种效果。这个事实的内在机理可以如此了解：进入大脑皮质的刺激作用，如不向某一活动着的神经点集中，它就自己开始蔓延和扩散到大脑全面。假若稍后，有一个强烈的兴奋地点兴起，这一个地点不但把原来刺激地点的皮质刺激作用吸引到这方面来，并且把刺激作用所逐渐散布到的所有各点的皮质刺激作用都吸引到这方面来。这便是扩散的定律，大脑皮质中刺激的散布作用定律①。

很明显，关于中枢神经系统最高部分的机理所提出的四点，必须在许多方面认为是暂时性的。

---

① 关于"扩散"和"集中"这些过程的一个较精细的研究，参看第四章。——英译者

巴甫洛夫的一组相片

　　要记住，科学需要你整个的生命。纵使你再有两个生命贡献出来，仍然是不够用的。科学要求人的努力与至高的热情。

第八章　复杂神经现象客观分析的进展及其与这些现象主观理解的对比[①]

（根据 Π. Η. 倪可雷叶夫博士的实验，在俄罗斯医师学会宣读，发表于

《俄罗斯医师学会会报》，77 卷，124—139 页，1909—1910 年）

所有的神经活动是利用无条件与条件反射对于外在世界的一种反应——一个条件反射实验的细节——第二级的反射与复杂条件刺激——抑制——实验的细节——从实验所得的推论——假设的实验证明——抑制的抑制——复杂刺激各部分的讨论——实验事实主观与客观分析的比较——生理学与心理学

这个报告是关于所谓条件反射——即关于狗的中枢神经系统的活动之客观研究。请诸位注意一下本研究的一些基本事实。从客观研究的观点来看，我们主张狗的一切神经活动，毫无例外，都是一种反射活动，都是动物经过神经系统对于外在世界所发生的一种反应。在这个反应中，我们可以分别出两种反射。熟知的简单反射，我们叫做"无条件的"，是经过中枢神经系统里面一种固定不变的联系，而使外在世界某种现象与机体的一定反应相联系的一种反射。例如，假如一个机械性物体侵入一个动物的眼睛里，眼睑总是随即起一种防卫动作，或每逢一个异体进入并刺激喉头时，结果就产生咳嗽。从这些老的反射，我们可以区别出一类新反射，而这类新反射中，外在现象与机体回答反应间的联系只具有暂时性质。这个联系仅仅在某些条件之下形成，仅仅在某些条件出现时才继续下去，并且在确定条件下消逝。因此我们可以区分出固定的反射和暂时的反射。这样，我们才可以了解并且懂得，狗与外在世界的许多复杂关系都是些暂时反射。

现在，从已经叙述过的很多报告中可以看出，我们关于条件反射的知识是以大量事实为根据的，这些事实我们可以毫不夸张地说，是在日益增长着。此外，总括并联合这些

---

① 在这个研究阶段，巴甫洛夫已经感到，在这种关于两半球的精细工作上，我们必须考虑到每个不同神经系统的个别特性。在第三十五与三十八章中，我们会找到关于这一点的更多事实。这个问题已在巴甫洛夫的《大脑两半球机能讲义》第十七章中系统地讨论到。

在特殊实验中，可以证明属实，某种刺激若是与两半球某点的抑制状态，常常同时发生，那么，这种刺激再次应用时，就能够产生这种抑制作用状态。

条件反射的消灭，被认为是由一种抑制过程而产生的。这种抑制过程的产生，是由于附加于消灭了的条件反射上的每一个非常的或新的动因的阻碍；所以，由于缺乏抑制，条件反射又成为有效的了。这种过程被视如停车器（抑制作用）的拉起，称为"抑制解除"。在描写第一种大脑机理的第十章中和在第十章中有抑制解除者的实例。——英译者

大量事实的规律和定律的出现，保证了我们的研究能够不断地进展。

　　这里我们愿意举一个关于狗的复杂神经活动的例子，以便大家参考。我们认为在这个例子中分析是相当深入的，同时这是一个非常有趣的事，而它在这样深入的程度上，还能保持着很大的准确性。为了使得我所要讲的一切都完全清楚而明白起见，我将要报告关于我们做过实验的一只狗的具体实例，并从头去追溯所得的结果。必须向诸位说明：在报告中，从这只狗所得到的一些事实，也在许多只其他的狗身上得到过；在我将要报告的材料中的最末一些事实，是本报告中的新材料，它也是用第二只狗重复做过，而得到完全同样的结果的。因此，本讲演中的事实不能说是偶然的。首先请大家注意第一表。

第　一　表

CB＝条件刺激

CB＋T＝条件抑制

CB＋T＋M

　　一个灯光（CB），利用食物反射而被造成为唾液腺的一个条件刺激。这是按照下列手续完成的。将狗放在暗室中，在某一个时候开放一个明亮的电灯。等待半分钟之后，再给狗以食物，并允许它吃半分钟之久。此过程被重复若干次。这灯光在起初是这个动物毫不关心的一件东西，并且与唾液腺的机能毫无关系，最后由于重复地与进食活动同时发生，这个灯光就变成赋有刺激唾液腺的一种特殊刺激特质了。每当电灯光出现，就有唾液分泌出来。现在我们可以说，灯光已经成为唾液腺的一个条件刺激了。在此例中，唾液腺的活动是动物对于外在世界反应的一个简单的标志。这个反射逐渐增长，直至最后达到某种限度为止。在现在的实例中，这个最大的限度是半分钟内分泌十滴唾液。我们现在将一个固定的乐音（每秒钟约 426 振次）加到光的刺激上；二者同时发生作用，如第一表所示，是用 CB＋T 来代表。光与乐音的组合延续半分钟。这个刺激的组合不以喂食随伴。头几次应用这个组合的时候（三次、四次、五次），光的原有效用并没有变化，即是说，光加乐音所产生的唾液分泌，与光单独所产生的唾液分泌量是相同的（半分钟内 10 滴），虽然这个组合并未以食物伴随。但是，我们要向自己提出下列的问题：虽然外表上是没有变化，但是，是不是可能在这个过程中有些内在的改变发生呢？是不是我们与光配在一起的，而从前与唾液腺没有关系的那个乐音，现在成为什么别的东西了呢？在这个组合（无喂饲）经过四次或五次应用之后，乐音便获得了作为唾液分泌刺激的特质了。诚然，它的效果是很小的，只有一两滴。但是这又代表什么呢？为什么乐音会变成一种刺激呢？为什么那个从未以喂饲伴随过的乐音，反竟获得了一种刺激的特性呢？很明显，因为乐音与光同时应用，所以才获得它的兴奋效果，并且像光（由于与进食相联系）获得对于唾液分泌起刺激效用的过程一样，乐音实际上也经过了同样的过程。在乐音的作用上，我们看到一种新的条件反射作用，在所列举的情形中，乐音的效果是由于它与一个条件刺激（光）同时发生所致，而不是因为与一个无条件刺激（食物）同时发生而成。这个新的刺激（乐音），可以称为二级的条件刺激，而新的反射可以称为二级反射。

必须指出,这个效果在大多数的情况中都是很弱的,唾液分泌仅仅一两滴,很暂时,并且不固定。这就是说如果实验继续做到若干时间,这个乐音就会失去它的作用。这个时期是乐音效果在组合中所经过的不同变化的第一时期。分泌作用本身是如此之小,并且需要极严格的条件才能出现,甚至我们有时还会疑惑它究竟是否存在。但是有一种情况是可以大大地便利于这个实验的控制。在被实验的狗之中可以找到一些特殊的神经系统类型,即弱的神经系统的狗,在它们身上这种现象非常突出和顽强。在这类狗身上,二级反射可以保持几个星期之久,并且简直难以消除它们。

所以永远不以进食伴随的组合(乐音加光)的第一个结果就是这样;乐音也变成为一个条件刺激了。重复这种双重刺激作用10次到20次而永不以喂食伴随,最后就达到第二个时期。假若这个组合在最初四次到五次应用的时候,产生和单只用光所产生的效果一样,那么,后来这个组合的作用就开始减少,不再是10滴,而是8、5、4、3滴,到最后一滴也没有。所以单独用光(CB)产生10滴,而光加乐音(CB+T),则成0滴。这最后的状态保持稳定;重复这个双重刺激任凭多少次,却始终看不出变化。这意味着什么呢?是不是有某些内在的机理在发生作用?若是有的话,它能被发现吗?又用什么方法去发现呢?显然,我们必须试验这个双重刺激作用的复合成分。无须去试验光,因为我们知道它总是产生10滴。所以只需去单独试验乐音。我们看到乐音在第一时期产生一滴到两滴,但是如果我们现在去试它,它的效果是0。我们怎样去解释这个0呢?有两种可能的解释:它可能是一个真的0,就是说,它没有任何丝毫的效果;或者它也可能是一个负值,就是说,它不仅是漠然的动因,而且还是一个抑制。这个问题必须解决,但是怎样解决呢?我们有一系列的实验可以对于这个问题作最后而绝对的决定:在组合(双重刺激)之中的乐音并不是0;它是一个负值,它是一个抑制。

这可以证明如下。除条件光刺激之外,我们用另外的条件食物反射,例如,梳刷皮肤的机械刺激,也能引起唾液分泌。现在让我们把这个梳刷(皮肤刺激)与这个乐音结合起来。我们看到乐音把梳刷的效果消灭了。由此可见,乐音的效用并不是零,而是一个负数。它成为一个抑制了。因此很明显,如果乐音被结合到其他的条件刺激上,这个刺激的作用就被消灭了。

根据这些事实我们相信,这复杂的条件反射必有确定的内在机理作基础。这个机理如下:假若我们把任何别的无关的刺激与一个条件反射联系起来,而不用无条件反射(食物)来伴随这个双重刺激,这个新的动因便须要经过两个时期的活动。在开始的短时间内,新的动因是一个主动刺激,但是后来,在第二时期中,它扮演着另一个角色——起着一种抑制的作用。

以上的陈述是在很久以前我们所证实的。现在我将要转到完全新的事实。我的同事倪可雷叶夫博士,刚刚完成关于这个问题的工作,这些事实是由他做出来的。我现在将这些事实介绍给大家,并分析之。请大家注意第一表的第三行,在光和乐音的双重刺激作用上,我们再加上第三种,一个节拍器(表CB+T+M)。这个三重刺激作用(CB+T+M)总是继以食物,并且我们遵守相同的时间条件,就是说,单独施用这个三重刺激半分钟,然后再伴以进食半分钟。由此便得出一系列很长而有趣的现象。我们今天的报告主要就是这个结果的分析,见第二表。

第二表　三重刺激之效力 CB＋T＋M

唾液流出滴数	同样结果重复次数
0	2 次
0	
2	1 次
4	16 次
6—9	5 次
10	16 次
10	22 次

这个表表示出三重刺激（CB＋T＋M）的刺激效力、其发生作用的个别时期，及唾液的滴数。在表中出现过两次 0。意思是说，在起初，三重刺激的影响，是和二重刺激的影响一样的，就是，0。但是只在头两个实验中得到这个结果。在第三实验中，就发生变化了。三重刺激引起的不是 0 滴，而是 2 滴，不过仅有一次；然后它开始产生 4 滴，这个 4 滴发生过 16 次。这第一个较长的时期延续了 16 天。可见这三重刺激在第五次试验时产生一定的唾液分泌，就是 4 滴。现在我们能够发问，这有什么意义呢？它的内在机理是什么？为什么我们恰恰得到 4 滴，不多也不少呢？我们的问题现在是复杂了，因为我们有三个动因，而每一个动因又有各种不同的意义。为了解释这三个动因的共同作用，显而易见，我们必须单独试验它们的作用，同时也要在各种组合之下去做试验。

由于这些研究的结果，我们得到了一些事实，这些事实可以引致我们作一定的结论。我们有三个动因，从这三个动因可以做出七种组合。光、乐音与节拍器，每个单独使用，光加乐音、光加节拍器、乐音加节拍器、最后还有光加乐音加节拍器。现在我们必须试验所有这些组合，其结果可以供给我们一些答案。这七种组合中的三种我们是已经很熟悉了。单独用光得到 10 滴；光加乐音得到 0 滴；光加乐音加节拍器得到 4 滴。

第 三 表

CB＝10 滴	
CB＋T＝0 滴	
CB＋T＋M＝4 滴	
T＝0 滴	
M＝0 滴	
T＋M＝0 滴	
CB＋M＝6 滴	

必须着重提出，所有这些组合每天都在被重复，它们的效力也经常得到证实。现在我们必须去试验其他的四种组合，这些组合是不常应用的，但是为了分析的目的，我们也偶尔地去试用。单独用节拍器不产生任何效果，单独用乐音也不产生效果，乐音加节拍器也没有效果，我们所找到唯一有效果的组合便是光加节拍器。但是我们从开始就注意到某种奇怪的事情：光加节拍器产生 6 滴，但是单独用光则产生 10 滴。这个事实只能解释如下：节拍器成为一个抑制的动因；因为光与节拍器的组合之下，效力要比单独用光的时候小些。所以我们得到这样的结论，在施用三重刺激的第一期，节拍器已经获得抑制

的效能,因为光与节拍器相组合时,比单独用光的时候产生较少的唾液分泌。

现在发生两个问题:第一,在三重组合中,节拍器怎样获得它的抑制作用? 第二,节拍器既然是抑制性的,如何会在三重刺激中产生 4 滴唾液分泌呢? 我们只能假设地去回答第一个问题,因为对于它我们还没有适当的实验。我们的假设如下:把光加乐音再加上节拍器,让这个三重组合起作用半分钟,再继之以半分钟的喂饲,那么,在节拍器与光加乐音共同发生的初期,在动物的神经细胞中就有一种抑制性的过程存在。在这种情形中,节拍器的作用与神经细胞中的抑制过程同时发生,因此很自然地,它应获得抑制的特性——或是说,染上了它所常常遇到的过程的色彩。

在这里有一个与上面所提到的相似的现象发生,在解释双重刺激作用(CB+T)的机理时,我们注意到,乐音加入到光的时候,乐音就从光借到光的刺激作用;所以同样,这里神经细胞中占优势的过程,把自己的色彩给和它同时发生的动因染上了。因此节拍器的抑制作用应这样解释:节拍器由于与一种抑制过程发生了联系,所以自己就成为一个抑制刺激了,任何其他的解释是没有的。

我愿重复地指出:这个解释有最大的可能性,但是可能性是一回事,事实是另一回事。所以我们决定去进行一系列新的实验,以便证实我们这个假设。现在我们必须解决第二个问题:节拍器既然在三重刺激之中起抑制作用,那么,三重刺激怎样产生 4 滴唾液的呢? 它怎样又变成了刺激作用的呢?

假如我们对于好多年来几乎每天所分析的某种神经过程没有精确资料的话,这个效果对于我们会是完全无法了解的。这便是所谓抑制的抑制。它如下所述:假如有某种条件刺激,再将任何其他对于狗有某种效果的动因(例如,假若狗转向这个动因),加到这个条件刺激上,则此动因就会抑制这个条件刺激。抑制的过程是中枢神经系统生理学里常见的与熟知的现象。但是也可以观察到下列的事实:如果在神经系统的一个抑制过程中,附加某种新的额外的动因,它会使被抑制的活动表现出来。这个事实可以作如下的理解:抑制作用抑制了抑制作用,结果先前被抑制的作用便被释放,也就是说它产生正的效果了。如果我们用光作为条件刺激,然后用一个额外的动因,例如啸声,与之相结合,光的效果便会被抑制掉。但是假若因为屡次重复而无喂饲,以致消灭了光的效果,那么,如果把某个额外动因与这个停止活动的光相结合,光就又会表现它早先的刺激效果。这便是抑制的抑制现象。正像兴奋和抑制一样,抑制的抑制也时常在中枢神经系统活动中出现。

如果这是真实的话,则我们的三重刺激产生 4 滴唾液(CB+T+M=4 滴)必须作如下的了解:节拍器得到一种抑制效力之后,影响于处在抑制过程中的神经细胞,就是说,节拍器抑制了乐音的作用,这样便从它的抑制影响中把光的一部分效用释放出来。根据节拍器是一个动因这个事实,并且考虑到神经系统中已知的确定的过程,我们就能够解释我们的刺激组合产生 4 滴作用这个时期,在这个时期中,新加入的刺激(节拍器)落在抑制的区域上,于是便仅仅抑制了抑制作用,而从它的影响下释放了条件刺激(光)。

现在请大家再注意第二表。你们都看到,用三重刺激作用所做的 16 个实验都得到同样的结果。接着我们又看见在试到第二十次时,发生了一种变化,而且这个过程就从第一时期转入到下列情况：三重刺激的效果增加到6、7、8、9滴，而且在第二十四次实验后到10滴。由此可见，三重刺激的效力达到相当于单独用光时的作用。

第 四 表

CB＝10 滴

CB＋T＝ 0

CB＋T＋M＝10

T＝ 0

M＝ 4

T＋M＝ 4

CB＋M＝10

在这第四表中，我们进入这个过程的第二期。现在我们必须解释由于什么情况使得三重刺激的效果在先前产生4滴而现在却改为产生10滴，还必须解释产生这个效果的各种动因的意义。

让我们试着把这个问题做一个分析，就是说，让我们来测验一下所有可能的组合的意义。下面是我们已经知道的三种组合：光的效力是10滴，CB＋T是0滴，CB＋T＋M是10滴。再进一步，已经证明了乐音仍维持0，节拍器现在有4滴的效力，乐音加节拍器也得4滴；节拍器与光相结合不能变更后者的作用，因此节拍器已经失去它原先的抑制作用了。这样，节拍器在第二期里面，从一个抑制者的地位转变到一个中等力量的刺激者的地位。它本身产生4滴，与乐音在一起时也产生4滴，在它与光相结合时，产生与单独用光时同样的效力。

这里我须要注明一下，当活动的条件刺激被组合起来时，组合的作用永远不会是个别作用的总和。即是，如果有几种条件刺激，它们的作用力量有程度上的不同，则其组合所引起的唾液量相当于其中最强烈刺激的效用。在我们的例中，光产生最大量的唾液，所以它与节拍器相组合时，这个双重刺激所产生的效力，与单独用光所产生的效力完全一样。

因此，在三重刺激中，我们看到一种类似于在二重刺激中所观察到的过程。不过只有这点差别，就是，这个过程发生的顺序是相反的。在二重刺激中我们观察到两个连续的时期：在第一个时期中，一个新加入的抑制动因获得了条件刺激的特性；在第二个时期中，这个新的动因因为从来未曾以食物伴随，所以又被变成抑制。在三重刺激的情况中我们也观察到相类似的过程：我们看到节拍器这个新刺激在应用三重刺激的第一期中，已经成为一个抑制刺激，这是因为受了当时在神经细胞中占优势的过程的影响。继续应用三重刺激时，因为以进食伴随，所以节拍器就获得了一种刺激作用。因此在这里又重现了这两个时期的规律。

现在发生一个有趣的问题：就是关于其他组合的意义的问题。你们看到单独应用乐音时结果总是保持0；虽然乐音在三重刺激中是以进食伴随着，但是它并没有获得任何刺激作用。这意思是说，乐音在三重刺激中存在时并没有成为一种刺激。但是在另一方面，当它在三重刺激中却也不是一个抑制性的刺激；因为单独用节拍器，和节拍器与乐音相组合，都同样地引起4滴唾液分泌。

所以大家会看到，乐音具有一种非常有趣而奇特的作用。在不同条件之下，乐音有不同的效果；在双重刺激中，它呈现为抑制作用，而在三重刺激中，它不发生效果。

假如我们考虑所有上述的事实，便会得到这样的结论，我们面前摆着的是某些并列的规律。换句话说，我们看到不同动因的综合作用，这些动因在一定条件之下是具有一定的正或负效果的，由此就在它们之中达到某种平衡状态。这意味着，我们必须讨论神经过程的某种尚未能明确解说的平衡。我们的数字是准确而固定的，因此每个动因都有一种特殊而确定的意义。假若这些现象是偶然的话，那么，我们的数字必定是很容易变动而混乱的。但是我们的事实完全不是这种性质的。这是第一个合乎逻辑的解释，证明我们这里所处理的确实是一种平衡。

另外一个比较直接的证明，见于倪可雷叶夫博士的工作中。他所得出的数字的比较揭露出一个确定的关系，一种彼此之间的数学的关系。在第五表中，可以看出从未以食物相伴随的双重刺激（CB＋T）坚定了它产生 0 的作用，在另一方面，总是伴以进食的三重刺激（CB＋T＋M）坚定了它作为兴奋者的作用。这个表说明什么呢？它说明为了使这些作用不紊乱——双重刺激永远产生 0 滴，三重刺激永远产生 10 滴——这些组合的重复之间必须有确定的数字关系。即是，不伴随进食的双重刺激，必须应用比三重刺激恰恰多一倍的次数才行，因为三重刺激被重复得次数多些的时候，双重刺激就失掉了它产生零的作用，而变成正的了。

第 五 表

日期	唾液	试验次数	试验次数	比例
	CB＋T	CB＋T	CB＋T＋M	$\dfrac{CB＋T}{CB＋T＋M}$
1 月 21 日	0	28	14	＝2∶1
1 月 31 日	0	32	16	＝2∶1
2 月 3 日	2	35	18	＜2∶1
2 月 5 日	0	45	19	＞2∶1
2 月 12 日	0	63	26	＞2∶1
2 月 16 日	0	74	32	＞2∶1
2 月 26 日	0	85	40	＞2∶1
3 月 2 日	2	92	47	＜2∶1
3 月 4 日	0	100	50	＝2∶1
3 月 5 日	5	103	52	＞2∶1
3 月 10 日	0	122	56	＝2∶1
3 月 13 日	0	120	60	＝2∶1
3 月 17 日	0	126	63	＝2∶1

从上表可以明确地看出，每当双重刺激比三重刺激被重复多至一倍时，双重刺激的作用总是 0 滴。只有在这种条件之下，抑制才表现出它的效果。但是当三重刺激比双重

刺激被重复的次数多些时[①]，这种关系就破坏了，乐音的抑制性作用转弱，双重刺激就开始获得正的效果，正如在2月3日、3月2日和3月5日的实验中所示。

这里大家会看到，为了使这些组合保持其确定的意义，它们的数学关系必须被保存着，就是说，双重刺激的重复次数必须比三重刺激恰恰多一倍。

这就是我们要请大家注意的一些事实。我们分析了三个动因的作用，并且看到这些动因的作用是依照某种规律而发展的。同时也发现了新加入的动因作用的定律，这个动因须要经过两个时期，最后在神经系统中发现了一种神经平衡的无可置疑的事实，就是有动因的正或负影响的相互作用。

在得到这些有益的事实之后，我们愿意知道，若用主观分析的方法研究同样的神经现象，是否也能做到这样精确的程度？为了这个目的，我自己曾去熟悉这方面所需要的条件——我参考过关于这个问题的书籍，我从书中没有找到所要寻找的，这可能是因为在很短的时间之内很难成为一个专家。于是我把下列的问题直接请问于专家们：我们的事实相当于主观心理分析方面的何种事实呢？而且它们将如何被分析？不幸得很，这次，和从前许多次一样，我的尝试都未能成功。有些答案是收到了，但是从那里不可能抽出任何积极的东西来。这是很容易了解的。复杂神经现象的客观分析所得到的结果，与主观研究的结果相比较，遇到非常大的困难。主要的困难有两种。第一种困难情况是：我们所有的推理都是关于以严格客观方法所求得的一些事实，并且这些事实具有一种特殊的特性；它们是以空间与时间的概念而得出的，就是说，它们是纯粹的科学事实。心理事实仅是以时间概念来意想的，我们可以理解由于这种思想方法的差异，不可能不产生两种思想方法之间的不可比拟性。

另一种情况是，我们的现象的复杂性和心理现象的复杂性是不可能相比的。显而易见，人类神经系统活动的复杂性，远超过狗的神经系统活动的复杂性。以致使得心理学家很窘于承认我们的分析是相当于实验心理学中的哪一种现象。我从心理学家那里获得的声明是他们不做这样的分析，所以我认为，就是因为上述困难，我们长期地与心理学家们采取不同的途径前进。我们生理学家对于这一点并不感觉遗憾。我们绝不会因此而被放在一个困难的地位。我们了解神经活动的方案要比心理学家的简单些；我们只建立基础；他们建立上层建筑；简单的和基本的，没有复杂变化的，总是可以了解的，但是复杂的，若没有基本的，就不能够被了解了。所以我们的地位是比较好些，因为我们的研究和我们的成功，丝毫不依赖他们的研究。反之，我相信我们的研究会对于心理学家们有重大意义，因为我们的研究在将来必定会替心理学知识打好根基。须要知道，心理学知识和心理研究是很难的，它们涉及非常复杂的材料；除此之外，它们还具有一种极端不利的条件，这种条件是我们工作中所没有的，并且也不会使我们为难。心理研究中这种很不利的条件便是它的研究不是处理一系列继续而不断的现象。心理学须处理意识现象；而我们都很知道心理生活是意识与无意识成分的混合组成。依我看来，心理学家在研究中的处境，就好像一个人手里提着一盏小灯，在黑暗中摸索徬徨，但这个灯的灯光却只能照明道路的一小部分。大家可以了解用这么小的一盏灯来研究全部领域是不可能

---

① 应该是"比双重刺激重复次数的1/2多些时"。——中译者

的。每一位亲身经历过这种情况的人,都会很清楚地知道,在这种情况之下所看到的与在明亮的太阳光之下所看到的绝对没有相似之处。因此我们生理学家是处于更有利的情况。当你们考虑了所有这些事实之后,就会知道,客观的研究与心理的研究的机会是如何的不同了。我们的研究还是很有限的,并且仅仅是在几个小实验室里进行的;的确,我们可以说它们仅仅处于开始阶段。虽然如此,我们却做了认真的实验分析,这个分析的各部分都是很深刻的,并且是很精确的。然而,假若一个人要想知道心理现象的定律,他必须承认他是处于混乱状态,不知从何找起。人们一直在探讨心理现象,探讨关于他自己精神生活的事实,不知已经进行了几千年了! 不但心理学家在努力进行这个工作,而且所有的艺术与所有的文学都在寻求去代表人类精神生活的机制。为了要描写人类的内在世界,上百万页的著作曾被完成,但是结果是怎样呢? 直到现在,我们并没有人类心理生活的定律。"另外一个人的灵魂是一个谜",这句老话直到现在还是真确的。

高级动物的复杂神经现象的客观研究,给予了我们一个合理的希望,就是人的内在世界所表现给我们的可怕的复杂性的基本定律,是可以由生理学家发现的,并且就在不久的将来可以实现。

第九章　关于大脑中枢的一些普通事实

（在俄罗斯医师学会宣读，发表于《俄罗斯医师学会会报》，
77 卷，192—197 页，1909—1910 年）

反射通路——感觉（感受）与运动（执行）部分——分析器——运动中枢也是感
受器的证明

脑的确是一个广大的课题。它的结构和机能无疑地要吸引和占据若干世代的研究
工作者。今天乃至很久以后来讲大脑的任何明确组织或机能类型是过早的。因此现在
我们需把自己限制在收集事实的阶段。但是，无论在任何时候，我们都必须对一个问题
有一个普遍概念，这样才可能有一个安排事实的轮廓，才会有往上建筑的某些东西，并且
才会有一个能供将来研究的假设。在科学工作中，这样的概念和假设是不可缺少的[①]。

几十年来我一直在研究神经系统；谈到专门研究中枢神经系统也已经十年了，而最
近五年则是在研究割除大脑的各部分以解释其机能。因此，我已经收集了大量的材料，
并且我觉得这些材料有引申到某些普通概念的必要。这些概念中的一个在我的思想中
已经形成，现在我荣幸地将它供献给大家，作为随后要叙述之事实资料的前言。

对于中枢神经系统机能的概念，我们的基本观念就是某种神经通路中的反射活动。
落于中枢神经系统上的一个外在刺激，沿着这种神经通路到达这一个或那一个活动器
官。事实上，这是一个旧的概念；也是唯一的严格自然科学的概念。但是现在已经到了
应该从这种原始形式的概念进一步过渡到比较复杂的概念的时期了。旧的假设明显地
已经不能概括现在所收集到一起的所有事实了。我拟用很简短的话来补充它。

最重要的，也是必须强调的和特别需要解释的一点，便是关于这个神经通路的中央
部分。我们已经知道，反射通路包括向心神经、中枢器官和离心神经。我们需要特别注
意神经通路的中央部分。许多年来便已知道中枢器官必须被视为一种双重系统，也就
是，按照旧的术语的说法，它包括感觉部分和执行或离心部分。一般的想法是，刺激作用
沿着向心神经传入神经系统的感觉细胞，由这里传入离心神经的细胞中，由此而到达它
所产生某种反应的器官。中枢神经系统的这种双重机能未曾被足够地重视过。在许多
书籍和论文中，人们可以读到关于中枢神经系统，但是却找不到关于这个通路的中央部
分的适当说明，它由哪些细胞组成，等等；在这一个问题上还是很混乱并且不够明确。当

---

① 在这里，我们应当注意巴甫洛夫的观点。在他的演讲中，他的兴趣并不在于发表他的结果，而是要把他自己
脑中的观念发展出来。他觉得同旁人讨论他的实验及设计，对于他是一个大的帮助，可以进一步发展他的思想和计
划。参看第十八章的结论。巴甫洛夫曾说，当他在听众面前时，他很兴奋，甚至可以比平时更好地批评自己的观
念。——英译者

我重温我所收集的材料时，便很明显地看出，恰好在这里才不应该模糊不清。我们必须把这一点放在头等重要的地位，而且可以这样说，神经通路的中央段落一定要经常包括这两部分。因此，在一切情况下我们都必须对它如此了解，即刺激作用最先沿着向心纤维到达以前所谓的感觉细胞，或更好一些把它叫做感受细胞；然后刺激作用经过一个联系部分，最后进入离心神经细胞——反应或执行细胞。我重复说，所有这些事实在大脑的构造体系中并不是新的；而是经常被提到过的，只是未曾被系统地重视过罢了。要想进一步研究各种不同的神经现象，这是必须牢记的最主要的要点。神经活动的一切成就和完善都是在感受细胞中实现的，就是说，在这被忽视的地方实现的。机能的所有极端的微妙性，和机体的一切复杂完善性，很明显地是位于中枢器官的这一部分，而不是在离心部分。后者总是比较简单些，固定些，而且比向心部分改变少些。

　　从今天的报告中很清楚地了解到，工作的中枢，即是反应中枢，是一个简单的中枢，并且很长时间不变，但是传出冲动到反应中枢的感受中枢是很复杂的，而其位置也是散布得很广的。假若我们由中枢神经系统的下部开始向上升来看，我们便会相信，在它的构造上的确是感受中枢的部分越来越占优势。外在的及内在的一切刺激作用，都传入这个感受中枢，并且这个中枢还负责分析进入中枢神经系统的所有一切冲动。因此我想，整个反射弧必须分为三个主要部分。第一部分开始于向心神经的每个天然的终末端，终止于中枢器官的感受细胞。我想把这反射弧的这一部分称做分析器①，因为它的任务是直接去分解从外边来到机体的全部刺激影响，而且越是高级动物，这个分解作用亦越精细。上面便是第一部分。第二部分的任务是连接这个分析器的大脑末端和反应器官。这部分可以叫做配合、联系或链锁器官。最后，第三部分，可以叫做反应或工作器官。这样，我把旧反射弧的神经通路想做是一种三环的锁链——分析器、联系或链锁、反应器或工作器官。

　　从这个观点，我再转向讨论大脑两半球的中枢。我愿意做这样的假设，就是说大脑主要是，也许全部是，代表分析器的脑髓末端（后者仅是一种推想）。因此，按照旧的术语来讲，大脑两半球是包括感觉中枢；或按照我所建议的术语，它是包括感受中枢；也就是说它包括分析器的大脑末端。这种看法是有充分理由的。很清楚，大脑两半球的相当大部分都是由这些分析器所组成的；枕叶区和颞叶区是眼和耳的中枢。争论最多的部分是所谓的运动区，就是大脑较前的部分。关于这些区域，根据我所看到的及所考虑到的一切，我倾向于它们的结构情况是和两半球的其他部分没有差别的主张。两者都有感受中枢。这种概念绝不是我自己的主张。而是在 1870 年福利契和赫齐葛的辉煌发现成功时所创始的。

---

　　① 巴甫洛夫用"分析器"这个名词来代表一个机能单位，包括从外在世界接受刺激作用的身体表皮（感官），传送冲动到中枢神经系统的神经，以及这个过程所流到的中枢神经系统中的细胞。虽然对外在世界的现象作物理分析的最重要的部分是属于分析器的周围结构，但是具有最大生理兴趣的，还是在于分析器中央部分的细胞，特别是脑的最高级部分。这部分是被假设为与此过程有密切关系的；在这里条件反射所依赖的联系，暂时造成而又破坏。关于分析器作为一个生理单位的描述，将在下一章第二部分及第二十一章第一部分中提及。比较新近的研究指出分析器这个词的定义，并不包括这个生理器官的所有机能；因为它不但把外在世界分解成它的单纯而细致的现象，并且它也具有把许多单纯现象联合成为一个复合刺激的能力，即是，它做分析，也做综合。——英译者

40年来，这种见解曾为许多生理学家所拥护，我个人也是赞成的。从这个观点看来，所有以前所谓的运动区应该视为如枕叶区与听觉区一样的一种感受中枢，只有如下的差别，它们是与另外一种和运动有特殊关系感受表面的中枢联系。所以难怪所有的生理学家们都同意皮肤和运动器官的感受中枢是与运动区相合的。这几个区域是彼此互相穿插的。当然，现在，在事实方面还有许多矛盾存在着。这是一个可争辩的题目，特别是在临床观察方面这个争论发生得最多，而且特别复杂。如果丢开一切可怀疑的事情，而只根据生理实验所得来的事实去加以判断，那么就不会有矛盾存在了。假若我们接受这个看法，认为大脑两半球的动作区域也是感受中枢的所在地，就如同枕叶区域是眼的感受中枢所在地、颞叶区域是耳的感受中枢所在地一样的情形，这样矛盾就不会存在了。

一直到现在还没有人能够成功地做到用割除所谓运动区的办法来产生真正的麻痹，像用破坏脊髓的方法所产生的麻痹那样。在实验的动物中，例如狗，这种麻痹没有出现过；进行的手术虽然很深，但是一旦手术结束，动物从麻醉状态中清醒后，它便开始进行所有肢体的运动——它的所有肌肉都在活动，并没有一根是麻痹的。我们只注意到狗的动作缺乏秩序和协调。在高等动物（灵长类）中，施行这种手术后，我们可以看到麻痹的现象；在人类，时常能够临床观察到麻痹现象。但是这个情况并不能使我转变我的看法。一种麻痹，即某些肢体不能运动，如手或足的不能动作；在猿类或人类的身上，不足以代表真正麻痹的存在。我们必须考虑到下列的事实：第一，越是高等动物，它的动作越复杂；第二，这些动作并不是在动物出生时就已经预先存在，而是必须通过练习才养成的，也就是说是学会的。我们现在称为条件动作反射的那些反应，就是逐渐形成的一些动作反应——动物或人类个体生活经历中在大脑内所发展而形成的通路。所以很清楚，倘若实现这种或那种运动所依赖的大量外在刺激作用忽然消失，结果动物或人就不能做任何特殊运动了。我们时常遇到一个或另一个肌肉好像是不能运动的现象；仿佛是一种动作麻痹，其实这是分析器的麻痹。

假若我们主张大脑的构造是有一致性的话，并且假若我们仔细考虑在割除所谓动作区后所观察到的事实，我相信将会没有无可争辩的证据去说明大脑两半球中真正动作中枢的存在。

这些简单的讨论代表了我们所收集的所有事实的一般概念。它们将要在分别的报告中被提到，以说明并支持我的观点。

第十章　自然科学和大脑

（在莫斯科自然科学家与医师联合年会宣读，1909 年 12 月）

科学面临着它的创造者，人类大脑的研究，不应抛弃它客观的态度——大脑科学的开始——两个机理，暂时联系的机理与分析器的机理——无条件反射与条件反射——食物反射与它的信号——向兴奋焦点的集中——三种外抑制——内抑制——分析器，其解剖部分及其机能（分析）——基于抑制的分化作用——客观研究在进展——动物的动作是与外在世界的一系列平衡作用——巴甫洛夫对于科学与精神现象的态度

我们可以正确地说，自从伽利略时代以来自然科学无阻挡的进军，在大脑高级部分的研究面前，在这个动物适应外在世界最复杂关系的器官面前，第一次停顿了下来。看来，这不是偶然的，这是自然科学真正的危机时期；因为脑髓发展的最高形态——人类的大脑——曾创造了自然科学，并且在继续创造着自然科学，它本身却又成了这门科学的对象。

但是让我们更接近一些来看这个问题。生理学家按照自然科学思想的严格规律，坚持而有系统地从事研究动物机体，已经有很多年了。他观察了在时间上或空间上呈现在他眼前的生命现象，并且力图用实验的方法来确定它们存在和进行的固定而基本的条件。他对于生命现象的预见和统治力经常在增强，犹如科学能够对无机自然界的控制增强一样。假若生理学家要研究神经系统的基本机能：刺激作用和传导作用这两种过程的时候，虽然这些现象的性质还是不清楚，他还是保持着他的自然研究的方法，逐步地研究各种外在事物对于这个共同的神经过程的影响。并且还有一层！假若生理学家研究中枢神经系统的低级部分，假若他问及机体怎样利用这部分来对这个或那个外在条件起反应，就是说，假若他研究有生命物质在这个或那个外在动因影响下的变化；那么，他仍旧还是同样的自然科学家。由中枢神经系统的低级部分的帮助而实现的动物机体对于外在世界的固定反应，在生理学中叫做反射。如我们所应料想的，这个反射从生物学观点来看是非常特殊的——某种外在现象仅引起机体中某一种确定的变化。

但是现在生理学家的注意转向到中枢神经系统的最高部分，研究的性质忽然间完全改变了。他停止集中注意外在现象与机体反应间的联系；而且他不去依据实际关系，却根据自己的主观状态对动物的内在状态加以猜测。直到现在他所用的是普通的科学概念。现在他变更了阵线，而用了许多外来的概念，这些概念与他先前所用的毫无关系，他用了心理学的概念；简单地说，他从可以测量的世界一跃而入不可测量的世界中去[1]。这

---

[1]　这个观念在第十七章末段被发挥。——英译者

是非常重要的一步。由于什么才引起这一步的呢？有什么根深蒂固的理由迫使生理学家们这样做呢？在这一步之前有些什么样的矛盾意见呢？对于这些问题我们只可给一个料想不到的回答：在这非常的一步之前，科学界中没有发生过。由研究中枢神经系统的最高部分的生理学家所代表的自然科学，已经无意识地、不知不觉地采取了平常世俗的习惯——就是比照自己来思考动物的复杂活动，认为动物的复杂活动是和他自己的情感与思想相类似的。

因此生理学家在这里便放弃了他的严格科学立场。这样做他得到了什么利益呢？他是从有关人类智慧的那门知识中借到的概念，那门学问虽然很古老，但是就连这门学问的工作者自己也承认，他们没有权利称它本身为一门科学。心理学作为人类内在世界的一门知识，关于它的主要方法这方面还是处在汪洋大海之中。生理学家反而接受这个吃力不讨好的工作，去猜测动物的内在世界。

所以，我们可以了解，为什么高级动物最复杂的神经活动的研究，虽然已经有了差不多一百年的历史，却没有任何显著的进展。自 1870 年，神经系统最高部分的工作好像是得到了一种前进的动力，但是，这并没有把这些研究引到科学大道上去。在头几年中有些基本事实曾被发现，但是后来这个研究的进行又停顿下来了。虽然这是一个重大的问题，30 多年来同样的老题目反复地被研究，但几乎没有任何新的概念。今日的客观生理学家必须承认大脑的生理学还是不确定的。因此，可以看到，心理学作为生理学的同盟者，还没有能证明它与自己的地位相当。

在这种情况之下，正确的思想要求生理学回到自然科学的道路，并且顺着自然科学的道路前进。但是，在这种场合应该做些什么呢？在研究中枢神经系统高级部分，它必须仍然采取在研究低级部分时所用的方法，就是，它必须精确地叙述外在世界的变化和动物机体相应的变化，而且发现这些关系的规律。但是这些关系既然很明显地是惊人的复杂，把它们做一个客观的记录是否可能呢？对于这个重要问题只能提出一个郑重的答案——勤苦而坚定地向这个目标努力奋斗。这样，现在有许多工作者纯客观地应用着各种动物，正在研究外在世界的变化与机体中相应反应的关系。

我很荣幸能得到大家的注意来听我讲述关于高级动物——狗的最复杂活动的试验研究。再者，本讲述是以我的实验室中 10 年的工作为根据，有许多青年工作者也加入了我的工作，一同向这条新路线努力，为了他们真正体会到了新道路的幸福。这 10 年的努力，一时为折磨人们的疑虑所迷惑，一时（比较多些）为我们的斗争不会落空的坚定而自信的感觉所激奋——我现在相信这个工作已经渡过第一个犹疑时期，而对上述问题能提供出某种积极的答案了。

依我们的观点来看，像我们所发现的，中枢神经系统高级部分的全部活动，是以两种主要神经机理的形式表现出来的：第一，是一种暂时联系的机理，就是，外在世界现象与动物机体回答反应间的传导通路中一种新联系的建立；第二，是分析器的机理。

让我们分别地讨论这些机理。如上面我已谈过，中枢神经系统低级部分的生理学在多年以前就已经确立了所谓反射的机理，就是，利用神经系统把外在世界中某些现象与机体相应的确定反应相联系成一种固定的联系的机理。因为这是一种固定的简单的联系，所以便很自然地把它叫做无条件反射。根据我们的事实以及由它引申出的结论，我们断言,在中枢神经系统高级部分内,实现着一种暂时联系的机理。由于这部分神经系统,外在世界的现象便一时激动机体发生活动,一时就好像它们不存在似的,不能唤起反应。所以,这些暂时联系,这些新反射,叫做条件反射。机体从这个暂时联系的机理得到什么好处呢? 这个暂时联系,即条件反射,什么时候出现呢?

让我们从一个实例出发。动物机体与环境间的最主要联系,是由于某些化学物品长期不断地进入一个机体的组成,就是,经过食物的联系。在低级动物中,食物与机体的直接接触引起同化作用。在较高等动物,气味、声音和图形在广阔的外界环境内亦能吸引动物奔向食物。在最高级动物中,言语的声音,见到写出或印出的文字,使人类散布在地球的全部面积以寻找他们每日的食粮。

这样无数不同的无关的外在动因,都可以当做食物的信号。这些信号支配高级动物攫取食物,促使他们实现自己与外在世界的食物联系。与此相应发生了一种改变,就是由外在世界与机体间的暂时联系代替了固定联系:第一,因为远隔联系基本上是暂时性的、可改变的;第二,由于它们的种类和数量,所以即使是最完善的体系也不能以固定联系的形式把它们包括在内。

某一个食物对象可以一时在这个地方,一时又在另一个地方,它有时可以与某些现象相伴,另一个时候又与另一些不同现象相伴,也可以是外在世界中这一个或那一个确定体系的一部分。所以机体对于这个对象物体的运动反应必定是由一个暂时联系来实现,一时与这个外在现象相联系,一时又与那个外在现象相联系。

为了使第二个论点更易于了解——就是说远隔的联系是不可能固定的——让我来做一个比喻。假如我们不要电话总局替我们接通的暂时联系,而把它改为一个不可变更的联系,因此所有的用户都被如此永久地互相联系着。这样做会是浪费的,笨拙的,并且完全不可能的。在这个实例中,由于联系的某种条件性(一户不能与所有的其他各户都随时相联系)而发生的一切损失是可以由可能联系的广阔度丰富地补偿起来。

这种暂时联系是怎样建立起来的呢? 条件反射是怎样形成的呢? 为了这个目的,新的无关的外在动因,必须和另一个与机体已经有联系的动因的影响同时发生一次或多次才行,就是说,它必须和一个能够引起动物某种活动的动因同时发生一次或多次。假若这个同时发生的条件是被满足了,新的动因就和旧的动因一样,也进入同样的联系,用同样的活动表现自己。一个新条件反射,由于老条件反射的帮助,就这样地形成了。条件反射形成的过程在高级神经系统中发生的详细程序如下:如果一个新的与原来无关的刺激进入大脑,这时在神经系统中遇到一个强烈兴奋作用的焦点,那么,这个新到的刺激作用便开始向之集中,并开辟出一条到这个焦点的通路,然后经过这个焦点前进到达相当的器官,这样它便成为那个器官的刺激者了。在相反的情形中,就是,如果没有这种兴奋作用的焦点存在,新的刺激就散布到大脑的全体而并不发生任何显著的效果。这就是中枢神经系统最高级部分的基本规律。

现在我简略地用事实来说明刚才所报告的关于条件反射形成的机理。

我们全部的工作,直到现在,是完全用一个在生理学上不重要的器官进行的,就是唾液腺。这个选择虽然在当初是偶然的,但在我们进一步的工作中却证明了这是很有用的,而且是幸运的。第一,它满足了科学思想中的一个基本要求,就是,从简单的情况开始；并且，第二，在这个器官上很容易区别神经活动的简单和复杂形式，所以可以很方便地使它们彼此对照。这已引致对于这个问题的了解。许多年来生理学便已知道当食物或一些其他刺激物品被放入口中时，唾液就开始流出，而且这种关系是由某些神经建立起来的。这些神经接受进入口中物品的机械和化学特质所发生的刺激作用，先把它们传导到中枢神经系统，然后再到腺，在那里就促使唾液产生。这是老的反射，依照我们的名词说是无条件的——一种固定的神经联系，一种简单的神经活动，没有大脑高级部分的动物也同样产生它。而同时不仅是生理学家，就是每一个人都知道，唾液腺对于外在世界有很复杂的关系，例如：一个饥饿的动物或饥饿的人，看见食物，甚至于仅仅是有了食物的思想，就可以引起唾液流出。根据旧的名词来讲，唾液分泌是受心理激动的。对于这一种复杂的神经活动，是需要大脑的最高部分的。

关于这一点我们的分析已经直接指出，在唾液腺这个复杂神经活动的基础上，即在对外在世界的这个复杂关系上，存在着暂时联系的结构——条件反射，这我在前面已经一般地讲过了。我们的实验作出清楚与无可争辩的事实。外在世界的每一项事件，每一个声音、图形和气味，或任何东西，倘若它是与无条件反射，与物品在口中所引起的唾液分泌同时发生的话，它们都可以与唾液腺发生暂时联系，可以成为唾液分泌的一种刺激物。简单说来，我们可以在唾液腺上形成我们所期望的任何数量和任何种类的条件反射。

现在，条件反射这个题目，仅仅基于我们实验室的工作，已经可以充实成一章内容广泛的论文，包括大量的事实和一些联系这些事实的精确规律。下面仅是一个最概括的大纲，仅是这一章的标题而已。

首先是与条件反射形成的速度有关的许多细节。其次就是条件反射的各种类型，和它们的普遍性质。因为条件反射是位于中枢神经系统的最高部分，其中有无数从外在世界来的影响经常在冲突着，所以我们可以了解，在这些不同的条件反射之中每一瞬间都不断地发生着斗争或选择。因此在这些反射之中经常发生着抑制作用的情况。

有三种抑制作用现在已经被建立起来：简单抑制、消退抑制和条件抑制。总起来它们合成一组外抑制[1]，因为它们是根据在条件刺激上另外再加入一个外在动因而形成的。在另一方面，一个既已形成的条件反射，单单因为它的内在关系的效果，是经常不断起伏变化的，甚至竟会暂时完全消逝，就是说，它从内部被抑制了，这便是内抑制。例如：假若，即使是一个很老而强烈的条件反射，不伴以促其形成的无条件反射，而被重复数次，它就立刻开始失去它的力量，或快或慢地逐渐落到 0；就是说，假若作为无条件反射的信号的条件反射不准确地起信号作用时，前者便即将渐次失去它的刺激作用[2]。条件反射之效力的这种失掉，不是由于它的破坏而是由它的内抑制所造成的；因为一个曾被这样消灭了的条件反射，过些时候又自己恢复起来。此外还有其他抑制的情形。在进一步的实验中，本问题的新而重要的一方面已经被澄清了。已经证明，除了兴奋和兴奋的抑制

---

① 在这个阶段的实验工作里，这些种类抑制的分类基础是一种外在刺激的出现或缺乏。所有外在动因所产生的抑制，都是放在外抑制作用这一类中。进一步工作引起这个分类法的某些改变——例如："条件抑制"证明应属于内抑制这一类中。为了了解现在的抑制过程的分类，读者可以参看第十九章的第一部分。——英译者

② 读者可以回忆，这种过程叫做条件反射的消退作用。——英译者

之外,还常见有一种抑制的抑制,换句话说,就是"抑制解除"①。

我们不可能说这三种作用中哪一种是最重要的。我们只可以说所有的最高级神经活动,如它本身在条件反射中所表现的,是由这三种基本过程——兴奋、抑制与抑制解除——的经常互换所构成的。更确切地说是由于它们的平衡所组成。

我现在转向讨论第二种上述的基本机理——分析器的机理。

如前面所述,当动物对于外在世界的关系变为复杂时,暂时联系就显得必要了。但是这个关系的非常复杂性的先决条件是假设机体有能力把外在世界分成许多个别的部分。事实上,每种高等动物都具有多样而精细的分析器官。这些就是直到现在所谓的感觉器官。生理学在感觉器官方面的知识,正如这些器官的名称所示,大部分是主观的材料,就是说,是对于人类的感觉和表象所做的观察与实验得来的,因之它缺乏如动物实验所供给的客观科学特殊方法的应用与便利。的确,幸亏一些有才能的研究者,对这一部分发生兴趣并积极参加工作,才使生理学的这一部分在许多方面都成为生理学中最丰富的一支,并且包括很多重大科学意义的资料。但是这些苦心的研究主要是关于感官中现象的物理方面,例如,他们研究网膜上形成清晰形象的情况。在纯粹生理部分,某一个感觉器官神经末梢的激动性的条件与种类的研究方面却存在大量未解决的问题。在心理部分,即是,在关于感官受刺激作用所产生的感觉与表象的那门知识中,虽然研究者很机敏,观察亦很精确,但是却只建立了一些简单的事实。显然,天才的赫尔摩浩斯所提及的"无意识的结论"正相当于条件反射的机理。例如,当生理学家说,若要形成对一个物体的实际大小的概念,网膜上必须投射有一个一定长短的影像,和眼球的内肌与外肌的一定动作,这里生理学家述说的正是条件反射的机理。从网膜和眼球肌肉所产生的一定刺激组合与一定大小物体的触觉刺激同时发生数次以后,这个刺激组合便起一种信号的功用,而成为这个物体真实大小的条件刺激。从这个无可争辩的观点看来,生理光学的心理学部分的基本事实,从生理学观点看来,不过是一系列的条件反射而已,就是说,是一系列眼分析器复杂活动的基本事实。现在,生理学在这部分,和生理学在其他各部分一样,不知道的事实是远超过已知道的。

分析器是一种复杂的神经机理,它开始于外在感受器官,终止于脑髓,有时终止在它的低级部分,有时终止在它的高级部分;而在后面这种情形下是较为复杂的。分析器的生理学所根据的基本事实就是每个末梢器官是一个特殊的转换器,它把某种一定的外在能力转化为神经过程。接着便是一长系列完全未决定的或仅初步涉及的问题。在最后的部分内这个转换是以何种过程进行的呢? 这个分析是依靠着什么呢? 分析器活动的哪一部分是属于末梢器官中的结构与过程,哪一部分又是属于分析器大脑末梢中的结构与过程呢? 这个分析,从它最简单的开始一直到它的最高阶段,表示些什么连续的时期呢? 最后,有些什么普遍规律完成这种分析呢? 在现在,所有这些问题已经在动物身上用条件反射方法进行了纯粹客观的实验。

由于某个自然现象与机体间一种暂时联系的建立,可以很容易地决定动物的有关分

---

① 英文前置字 dis 好像是与巴甫洛夫教授用在抑制前的字、俄文前置字 pac 最相当,巴甫洛夫教授用的名词是 растормаживание,照字义翻译,是松轧(unbraking)。——英译者

析器可能分解外在世界的程度。例如，我们无需特殊困难就可以证明，狗的耳分析器可以区别复音中最细密的音色和复音中的各别部分。不仅它能区别而且还能保持这个分化作用（在人类叫做"绝对音高"）；还可以证明，狗区别高调声音的能力，比人类这种能力要强得多；它能鉴别每秒钟 70 000 到 80 000 次的震动的音，而人类耳的阈限只不过是40 000—50 000 震次。

除此之外，在客观研究中还呈现了进行这个分析所依据的普遍规律。其中最重要的就是分析的渐进性。因此在条件反射中，在暂时联系中，分析器起初是以其比较普遍而粗糙的活动参加的，只是在后来，由于条件刺激的逐渐被区化，它的活动才变得更精密而细致。例如，如果一个明亮的图形呈现在动物的面前，那么，在起初，每次照明的增强都起普遍刺激的作用，只有在后来才可能由图形的大小、形状、强度等，建立起一种特殊的条件刺激来①。

再进一步，在用条件反射对动物进行的这种实验中，所得出的事实是，分化作用的出现是由于抑制过程的结果，这可能是由于分析器除了有关的部分外，所有其余的部分都被抑制住了。逐步的分析是依靠着这个抑制过程的逐渐发展。许多实验可以证明这是正确的。我举一个明显的例子。假若我们给予动物一种刺激物，如咖啡精，来破坏兴奋与抑制过程间的平衡，而使前者占优势，那么，一个精熟的分化作用就会立刻而严重地遭到破坏，并且在许多情况之下竟完全消逝，虽然是暂时的。

分析器的客观研究在两半球的部分割除实验中也表现了优点，这些实验暴露了一个重要而精确的事实：一个分析器的大脑末端损坏愈大，它的工作亦愈不精细。它如先前一样，仍继续维持一种条件联系，但是这个联系只通过它的较普遍的活动。例如，眼分析器的大脑末端被显著地损坏以后，这一个或另一个强度的光很容易被做成为一个条件刺激，但是单独的物体、光亮与阴影的组合，则失去它们的特殊刺激作用。

在结束这个新问题的一些事实报告的时候，我觉得有必要提及这一领域里的工作的某些特点。研究者常感觉他自己是站在肥美而坚固的土地上。问题从各方面包围着他，他的任务就是将它们简化成合乎逻辑与自然的程序。研究的速度即使不快，进展却是有把握的。这些关系若从心理学观点看来好像是难解的，因此一位没有亲身证实这些事实的人，会难以相信这些关系是时常可以清楚而成功地被客观地进行生理学的分析，是可以很容易地用适当的实验来逐步验证的。这方面的工作者屡次感觉到在这个复杂现象的新园地中，客观研究有不可思议的威力。我深深感觉，在这方面的每一位工作者，对于研究必然非常兴奋与特别爱好。

因此，复杂神经活动的规律，可以在一种纯粹客观科学的基础上被制订出来，并且其隐蔽的机理的秘密也可以逐渐地揭露出来。如果断言利用上述的两种机理就可以把高级动物所有的高级神经活动，一次而永远地解决无遗，这是一个不正确的假想。但是这并不重要。科学研究的未来总是朦胧的和充满惊奇的。主要的一点是，在纯粹科学的基础上，在纯粹科学概念的指导下，立即展开一个研究的无限领域。

---

① 只有与无条件反射同时发生的那个动因，才具有刺激的效能，所有邻近的刺激，都失去了这种效能，这个过程叫做分化作用。见第 30 页，注①和相关连的一段。——英译者

　　动物机体复杂神经活动的这种概念,以最普通的叙述去说明它是完全可以的。每一个动物机体,作为自然界的一部分,都代表着一个很复杂与单独的系统,只要是这个系统是如此存在着的,其内在的力量在任何时间总是与它所处环境的外在力量保持着平衡。机体愈复杂,它的平衡要素就愈细腻与多样。分析器和固定或暂时联系的机理就是为此而设的,它在环境中最小的元素与动物机体最精细的反应之间建立起最精确的关系。这样说来,所有的生命,从最简单的到最复杂的机体,包括人在内,都是一长系列与外在世界所保持的愈来愈复杂的平衡作用。总会有一天,即使是很远的将来,以自然科学为基础的数理分析将会以宏伟壮观的方程式把所有这些平衡作用包括在内,最后还要把数理分析本身也包括在内。

　　我说这话时,我应预料,我的观点可能为这些话所误解。我并不否认心理学是关于人类内在世界的一门知识。我更不否定任何与人类精神最深欲望有关联的一切。此地此时,我仅是在捍卫并肯定自然科学思想在各方面的绝对无疑的权力,一直到它能够随时随地表现自己的力量为止。而谁又知道它的可能性要到什么地方才停止呢?

　　在终结时,让我说几句关于研究者在这个新领域中所应有的配备。

　　凡是想加入这个新领域的人,想记录环境对于动物所有的影响的人,需要一套特殊设备。他必须把所有的外在影响掌握在手中。因之这个研究者必须有一个特殊而新型的实验室:第一,实验室里面要没有偶然的声音,没有突然的光照变化,没有意外的空气对流,等等。简言之,他在实验室里可以尽可能管制所有的外在条件的固定性;第二,在实验室内,研究者可以自由运用机器所发出的各种能量的供给,并且这些能量可以用相当的分析与测量仪器来变化。这里继起的是,物理仪器的现代技术,与动物分析器的完善性相互间的竞争。在这里生理学与物理学之间将要成立一个紧密的同盟,从这个同盟中,我想,就是物理学也会获益不小的。

　　在我们现在的实验室条件之下,不但我们所谈的工作,常常违反我们的愿望而受限制,并且它对于实验者差不多是经常有困难的。他可能用几个星期来预备一个实验,而正在紧要关头,当他正在不安地等待答案时,房子意外的震动,或从街上来的一个声音,等等,便会毁坏他的希望,因此所期望的答案必须做无定期的延长。

　　为了这个研究,一个适当的实验室是有重大科学意义的,所以我的希望是在这个国家中,这种研究既然已经打下了基础,应该可能建立起第一个适当的实验室,以便使这个极端重要的科学工作为我们自己所有,并且成为我们的功绩。

　　我骄傲地宣布,我的祖国已经及时地批准了我的新型实验室的请求。李顿措夫学会如此热烈地反应,以致实验医学研究所现在已经开始建造这样的一个实验室了[①]。

---

　　① 这个实验室的建造工作因为战争与革命而停顿了。在最困苦的一年中,虽然巴甫洛夫教授还是像遵守军纪一样地准时工作,即使有时要踏过冰雪,但是因为缺乏灯光、燃料和食物,很少能够做出来成功的实验。饿着的动物必须拿来喂活着的,这些活着的狗,研究者常常带到家中,分食研究者的少量口粮,并且防止它们受冻。巴甫洛夫在第一版序言中提到这些困难。1918 年以后,所有的实验室都由政府支持了。自从 1923 年之后,更多的经费已经拨与巴甫洛夫实验室,所以他们现在有极好的设备,供应也极优良。——英译者

第十一章　研究高级动物中枢神经系统最高部分正常活动的实验室的任务及设备

（在李顿措夫促进实验科学及其应用学会宣读，莫斯科，1910 年）

条件反射的机能，其兴起与衰退——睡眠的实验产生——睡眠反射；普遍抑制——方向反射——消退抑制——简单抑制——内抑制——条件抑制者——抑制解除——实验困难——分析器——分析；时间作为条件刺激——耳分析器——建筑和设备一个实验室的条件——对于李顿措夫学会表示的谢意

在今天有特殊目的之简短报告里，若想把动物生理学完全新辟的一章介绍出来，并且把最复杂生命现象的分析所得到的成就在其特殊点上表证出来，那是不可能的。但是我们在这演讲中所涉及的一些事实，我想可以足够证实，由于这种实验研究，关于动物机体的实证的准确知识，得到如何的开展。

我以为，一个正常的高等动物之外表显著活动的一大部分，主要都是一系列无数的条件反射——即跟食物导入机体和产除损害性影响等有关的骨骼肌的活动，与这个活动所指向的最复杂和细致的外界因素间的暂时联系。然而我不预备讨论这一部分最复杂的生命活动，就是说，条件反射形成的条件、形式及其特质，我要直接来讨论这个活动的另一部分。外在世界一方面永久不断地唤起条件反射，另一方面，也继续不断地压制它们，通过其他生命现象的作用而使它们埋没。条件反射的这种兴起与沉没随时都在反应生命基本规律的要求——与周围自然环境保持平衡作用。这是通过条件反射的各种抑制作用所调节及完成的。今天我们所要谈到的也正是这些抑制作用。

我们所研究的固定题目便是条件反射，即各种外在动因与唾液腺活动的暂时联系——唾液腺是位于动物机体食道的入口处的一个器官，它与外在世界的关系与骨骼肌肉是一样的，但是它的作用以及它与机体的联系是简单得多了。所以拿它来做研究是有许多便利的。各种外在动因，各种声音、光亮与图形，各种气味和种种皮肤感受器官的机械与温度刺激——所有这些原先对于腺体不发生作用（就是说，仍使其保持在静止状态中）的动因，可以转变为暂时的刺激，转变为能够使其发生正常分泌的动因。这是由于把一个无关的动因对于动物所起的作用与该器官正常生理刺激的作用准确同时结合数次后而做到的；这些生理刺激就是放入狗的口中的各种食物或强迫放入口中的不可食的物品。现在我们要问，在什么样的外在条件之下或在动物的何种内在状态之下，条件反射才丧失它的通常有效作用呢？这些条件虽然都还没有完全被发现，然而它们的数量一定是很大的。我只能讨论一些已经多少确定了的事实。

多少年来，我的合作者们中间时常有人埋怨在他们的条件反射工作中，感到实验动物容易睡眠。这种状态使所研究的现象不能继续进行，理由简单，就是因为那些现象消

灭了。当我们应用皮肤上的温度激刺为条件刺激时——45℃的热或约0℃的冷,这种困难更是特别显著。用0℃的温度刺激时,实验被醑睡所终止,并且动物的复杂神经活动完全停止。实验室中甚至于产生一种偏见反对应用温度动因作为刺激。但是只能暂时地不管这个困难,因为它本身的性质是直接与我们的问题有关系的。

当我们集中注意这些现象,最后便发现了它们的机理。在实验之前有些狗非常有生气和活泼,而在实验开始不久它们便很快发生瞌睡和睡眠,许多年以前,我们曾为这种对比所惊奇。很清楚,在实验进行之中一定有某些原因造成这种睡眠状态。但是实验的内容是很简单,仅包括以很短的间隔,反复用少量的食物喂饲狗或以淡弱的酸液放进狗的口中,这时候用温度刺激皮肤来伴随它们。既然食物和酸液都不能产生瞌睡,那么,只可能在温度动因的作用中去寻找缘故。经过各种方式实验所得的结果,证明了一个同样的热或冷的程度的动因,作用在同一块皮肤上——如果这些动因短时间地起作用但是时常被重复;或者更好一些,它们继续起一较长时间的作用——会把原来活泼的一只狗,迟早引入瞌睡状态,有时竟至醑睡。由此可见,外在世界中一个固定的动因必定可以产生动物的休息状态,并且压制它的高级神经活动,犹如其他的动因相反地可以引起其复杂神经机能的这种或那种表现。换言之,在各种不同的主动反射之外,还有一个被动的睡眠反射。

外在世界有时强迫动物做各种活动,因而损伤了身体的生命物质,但是又有些时候,因为在当时的条件之下活动是多余的,外在世界也同样地强迫动物休息,因而便能恢复在活动时所损伤的生命物质。只有这样,机体中永恒变化的物理化学系统才可以保持完整,并维持它的原状。睡眠既是高级神经活动的抑制作用,它不但可以由活动产物的累积而引起,并且也可由某种反射刺激而引起。我们的其他实验也证明这一点,在那些实验中其他形态的、不可置疑的抑制作用十分令人惊奇地转入瞌睡和睡眠。我相信在这种研究的途径上,而不是在堆积如山的阻碍中,我们才可以解决催睡及其有关状态的至今不明白的现象[①]。如果普通睡眠是大脑高级部分全部活动的抑制,那么,催眠必定是其不同部位的部分抑制。这个睡眠反射的出现是用客观方法研究时所遇到的许多例证之一——这个方法把外在世界对于机体一切的影响都考虑在内,不管它们是如何的微细和易变——这个方法的研究,逐渐部分地包括了机体的活动,而在最后会完全包括机体的活动。

睡眠反射仅是条件反射的一种抑制。睡眠反射所引起的抑制我们称它为普遍抑制,因为它不但抑制这里所涉及的神经现象,还抑制其他的复杂神经现象。在我们的实验中时时都表现出另外一种完全相反性质的事实,就是动物对于环境的变化起一种积极的主动反应。每一个声音,无论它是多么小,只要在狗四周围习惯的声音中发生,这些固定声音的减弱和加强,房间光照强度的每次变化(太阳被云遮住,阳光忽然射入,电灯的突然明暗,窗外掠过的阴影),室内一种新气味的出现,空气中的热流或冷流,一些物品触到狗的皮肤,如一只苍蝇或屋顶棚掉下来的灰片——这些以及其他无数类似的情况,都必然可以使动物的一块或另一块骨骼肌肉开始活动,如眼睑、眼睛、耳朵、鼻孔,头或躯干,或

---

① 这被证明是真实的,巴甫洛夫关于催眠研究的结果见第三十章。——英译者

身体的其他部分便会转动而采取一个新的位置；并且这些动作或是重复与加强，或是不然，动物就保持着一定的固定姿势。

在我们面前又有机体的一种特殊反应，一种简单的反射，我们称它为方向或注意反射。假如在动物的四周出现了某种新动因（我的意思是包括前此已发生作用的动因强度的变化），那么，就会使机体相当多的感受表面朝向它，以便更好地接受该刺激。这个注意作用是由中枢神经系统中各点的活动所完成的。这些受刺激的各点，遵照已经在中枢神经系统的下级部分所建立起的神经中枢交互作用的普通定律，相继地也就抑制了我们的条件反射。机体的一切临时的活动必定要屈服于这些外在环境的特殊需要。

在我们现在的实验室中，这是扰乱我们的基本现象，即条件反射之最讨厌与最难克服的原因。自然，必须仔细地研究这个现象本身，并且它现在已经被如是研究着；但是在另一方面，它也是对我们主要现象的其他各方面考查上的一个大障碍。它使这个考查更加困难或甚至于不可能。

现在周围所发生的每个新因素，如果以短期间隔被重复，而不伴以对动物任何更直接的影响，它会渐渐变成无关系的。它所产生的方向反射变弱，最后消失，并且对条件反射的抑制性作用亦随之消失。所以我们称这种抑制为消退抑制。以这个消退作用为基础的事实是，周围环境的固定组成对于动物没有显著的效果。在某类实验中，我们有意地去重复刺激，使产生消退抑制，以便把这些动因变成无关的。但是很明显，它们不能以这种方法而被完全与永久地消除，它们是不可胜数的，并且过了一段时间如果不再重复，它们又恢复起来了。

外在世界中有许多动因的效果是与机体保有一种特殊关系的，这些动因的效用是与消退抑制属于同一类别的，它们就是固定的、先天的一些反射，或其他的一些条件反射。所有极端强烈的刺激，强烈的光、突然的声音，等等，都引起特殊反应，例如，动物的发抖或战栗，逃脱的反应，试想从实验架上挣脱，或是相反的僵直状态；在另一方面，与实验动物发生某种关系的人们的声音和外形，或者别的熟悉动物的声音和外形或其他各种类此的东西，都可以引起动物以前所获得的每个反应。所有这些反应必定是与中枢神经系统一定部分的活动相关联着的，而且这个活动，按照上述定律，会抑制我们正在研究的活动。

上述这些反应，比起简单的方向反射时常是较为强烈、较为固定，虽然它们由于重复也失掉抑制的作用；所以它们必须被视为一种消退抑制。为了不受这一小类消退抑制所扰乱，必须经常避免它们；因为若通过重复来渐渐减弱它们的效力，是需要很长时间的。

但是在这里还有重要的一点；我们常常不能立刻了解到一种刺激对于动物的真实意义。对于狗来到实验室之前，它与外在世界所形成的一切偶然联系，我们都可能了解吗？再进一层，我们不可能在任何参考书中找到关于狗的先天反应的全面叙述。在大多数情况下会产生这个问题：这种反应是先天的还是习得的呢？

此外，还有许多外在影响对于机体或多或少有些破坏作用。假如当动物被固定在架子上时，它身体任何部分受到很强烈的压力，或者假如附贴在皮肤上的温度或机械器具损伤了皮肤的完整（轻微刮破或烫伤），假如把某种刺激品放入口中而伤害了黏膜，即使伤害是很轻微的；在所有这些以及与此相类似的情况下，我们的条件反射将受到损失，最后完全消失无踪。很明显,任何对于机体的损害威胁,在动物方面都会引起防御反应,其方式是以一种或另一种动作去消除这个破坏性的动因;所以,按照神经中枢交互作用的普遍规律来说,这种威胁破坏就抑制我们的特殊复杂神经活动,抑制我们的条件唾液反射。这种抑制作用,我们叫做简单抑制,因为它是随着原因的出现而立刻产生,而且它保持固定不变,并且随着原因的不存在而消失的。属于这类抑制的还可以举出某些内部生理现象,在某一个时期对于机体具有主要意义,例如,膀胱过满刺激了控制它的神经器官。

这类抑制中研究得最彻底的部分就是作用于我们所经常研究的器官的生理因素,即唾液腺的生理因素。这个腺的功用是对食物给以物理和化学的加工,并且对口中不能吃与有害的物品给以清洗。腺的活动在这两种情形之下是不同的,它们都是在相当刺激的影响之下,由于特殊神经中枢的兴奋所引起。在这两个中枢之间也具有如其他中枢一样的对抗性。不可食的物品的无条件反射抑制食物的条件反射,反之,食物的条件反射也可抑制不可食物品的无条件反射。这个抑制作用随其原因的发生而立刻出现,并且随着原因的存在而保持固定不变。

从这个简单叙述中我们可以看到,一连串外在与内在影响是与正在研究着的复杂神经活动——条件反射,发生缠绕的。但是为了充分估计上述各因素对于这种活动的意义,还必须详细考查与条件反射紧密关联的别种现象。

若外在现象与机体的相当的反应之间暂时联系的形成是表示动物机体的完善,是机体与外在世界更精确的平衡的表现,那么,这个暂时联系通过神经系统的内在机理所发生的变化,更是表现得完美无缺了。

某种动因,我们的条件刺激,代替和标志着食物,并且引起机体相当的反应——在我的例子中就是唾液分泌——假若它与现实相矛盾,就是说,假若它数次不与进食同时发生,便要渐渐失去它的刺激作用。这个结果不是因为唾液反射受到破坏而产生的,而是由于一种特殊的内在过程,造成它的暂时抑制而产生的。同理,假若一个条件刺激与一个无条件刺激(前者从无条件刺激处得到它的刺激效果),仅当后者存在的某一个时期内同时发生,它的刺激作用也就被抑制到这个时期到来的时候为止。这个道理的生理意义是很简单的:假设在某种情况之下一种活动是不必要的话,它何必发生呢?这种暂时联系,即条件反射的抑制作用,为了别于那些我们所描写过的外在的抑制作用,我们称它为内抑制。

我们必须讨论,内抑制之所以产生的一种特殊条件。假设某种绝对无关的动因数次与一个条件刺激同时发生,而后者恰好不与使其形成的无条件反射相伴随,那么内抑制便发生了,就是说,所举的组合渐渐失去了条件刺激所具有的刺激作用。这种附加的,前此无关的动因,由于它能使条件刺激在组合中渐渐失去它的刺激效力,我们叫它为条件抑制物,或抑制者。这个动因现在真正是一个抑制者;因为当它与任何别的基于同一无条件刺激的条件刺激相组合时,第一次试验时这个动因便把它抑制了。我们可想象,条件抑制动因在某种程度内是内抑制过程的刺激者,并且条件抑制作用的全部机理在某种意义上可以说是一种消极条件反射的机理。我们最近的实验已经证明这一点是真实的;因为无关的动因与内抑制过程屡次同时发生,所以这个无关的动因就变成条件抑制的了。

我们在工作中经常确认到，内抑制在中枢神经系统最复杂的活动的表现中占有很重要的地位。例如，它经常伴随着神经系统的鉴别活动。

究竟这个内抑制是什么，仍然是模糊不清的；但是这个谜并不能作为充足的理由去怀疑其详细研究的可能性。在这里，与在自然科学中任何方面一样，研究是从描述事实本身开始的，并且把各种不同条件下所发生的各种变化加以系统化。这种步骤在后来会供给我们以材料作为其机理的真正概念的基础。因此我们现在知道，内抑制的过程是比兴奋作用的过程更不稳定。甚至关于这两个过程强度间的数量关系我们也已经有了一些知识。

正如条件刺激作用的过程一样，这个内抑制的过程也可以本身被抑制住。因此我们便有抑制的抑制作用，换句话说，即是抑制解除，也就是条件反射抑制过程的释放。内抑制过程的抑制者（抑制解除者），看来可以成为以前我所描写为条件刺激的抑制者的一切所有动因。

我担忧"抑制"这个名词，时常重复及时常被复杂化，会造成一种不好的印象，并且还会模糊事情的真相。所以让我们举一个具体的例子来说明这一点。我们用每秒钟振动1 000次的一个风琴乐音作为条件刺激，经过与动物的喂饲多次同时发生，这个乐音本身现在就可以引起唾液流出了；它是腺体的一个条件刺激。现在重复它数次但并不伴随以喂饲。正如我说过的那样，它渐渐就失去了它的刺激作用，而变得对于腺漠然无关了。内抑制的机理使它失去了效力，它是内在地被抑制住了。最后，我在已被造成失去效力的乐音上加入一个新动因，例如，在狗的眼前闪一个电灯。这个刺激在过去对于腺的分泌作用向来是毫无关系的。这时我立刻可以看到，消灭了的条件刺激又重新恢复了它的效力；唾液流出，而这只狗，在乐音发响的时候是漠不关心的，或者甚至于从实验者身上把目光转过去，而现在它却转过头来朝向实验者，并且它的舌头舔着，正像在喂饲之前习惯的那样。我们只可以这样了解这个事实：电灯的闪亮抑制住了内抑制，因此就完成了抑制的释放和恢复了条件反射。在别种抑制作用中抑制解除也是完全如此产生的。作为内抑制之一的条件抑制也可以这样去掉抑制。

但是这里可能发生一些误解：如果，照我所声明的，反射和它的抑制者都可以被抑制住，抑制解除的结果是什么呢？就是说，如果我们的抑制性刺激抑制了反射的本身，那么，什么东西还能被释放出来呢？

这个问题的简单解答是这样的：正如我所说过的，内抑制的过程比起刺激作用的过程较为易变些（不稳定）；所以总可以找到刚刚足够抑制内抑制的那种强度的新的外抑制性动因，但是它的强度又不足以压制条件兴奋作用的较为稳固的过程。于是在这种情况之下，只是抑制解除发生作用。换句话说，抑制作用的强度有一系列等级的区别——一种无效力的，一种抑制解除的和一种抑制的。

在这里我不能做仔细的讨论，但是让我声明，在研究复杂神经现象时发现它们的规律变化完全依赖刺激的力量，在这一点上产生了在我的科学生涯中经验到的一些最深刻的印象。我只是在这些实验中参加协助，它是由我的活泼的青年合作者之一，И. В. 查瓦茨基博士所做的。

因为所有以上所说的条件反射的抑制动因,在某种强度之下,也是内抑制的抑制,即是,解除的抑制,所以它们在动物复杂神经活动研究上的重要性更加倍了。为了全面地掌握研究,为了避免时时依赖偶然机遇,我们必须把这些抑制动因经常放在自己的控制之下。

这里我们必须考虑到消退抑制;因为它们可以偶然发生,并且完全不依赖我们的愿望。虽然用极大的细心进行观察,但是在对动物起作用的大量刺激之中,要找出那个有抑制效力的新动因总是困难的。毫无疑义在动物方面感受器的过程比人类的更细微些、精确些,并且更广阔些;因为与知觉材料的加工有关的人类高级神经活动压制了只管简单感受外在刺激的低级神经过程。

虽说我们发现了这个新发生的动因,但是它常常影响条件反射或它的内抑制,因而破坏了实验的进程。如果仅是一个个别的孤立的事实被牵涉在内,损失还不算大。你可以下一次重复做这个实验,希望不会再遇到困难。但是假若你做一个较长的实验,包括连续的阶段,那么,损失就可观了。一系列的现象必须按照一定的次序形成,因此必须要一个很长的时间去准备重复实验。但是这并不是最恶劣的情形。时常为了一个实验我们预备了几个星期几个月,忽然在紧要关头,正当我们期待着决定性的事实时,一个偶然抑制遮掩了实验的结果。只有等候几个礼拜,重新再做实验,用新的条件反射才能挽回这个损失。我们所研究的神经现象的特征便是它们的易变性;每一瞬间并且随着每个条件它们都有新的转变。因此很可能这个所考查的新组合,在第一次试验被扰乱后,经过好几个星期的等待以后,当实验被重复时便不以同样的原始状态发生了。所有我们刚才所讨论的这些全属于我所要描写的事实的同一类别中。

现在我请大家注意分析器的工作。它们是神经机构,其责任在于把外在世界的复杂事实分解为元素,并以这种方式分别去接受这些元素以及其所有的可能组合。我将以耳分析器为例,因它是我们研究得最多的一个器官。在以前的一个讲演里,我曾提到这个分析器能够很容易辨别乐音的微小差别,我也提到狗的辨别范围(每秒 70 000—80 000 振动次数)要比人类的辨别范围大得多。

特别显著的是辨别声音不同强度的能力。用同一音的每种强度去建立许多条件刺激并不困难;例如,每一个乐音的微弱强度被做成为条件刺激,那么强度大些的同一音就丝毫没有效果。这些强度的变化可能是很微小的,以至于当它们间隔很短重复时,人类的耳朵几乎不能分辨出它们的不同,或者完全不能辨别它们;但是狗的分析器还是可以分辨出来,即使它们是间隔几点钟相继出现。

不幸,物理仪器欠精确限制了这类的实验。应用我们欠精确的器械,我们不能确定只是乐音的强度变化了呢,还是它的音高与性质也变化了;还有,我们不能控制声音的绝对强度。其实,如我们上面已经说过的那样,这一点对于耳分析器是有很大重要性的。

很显然,强度的分析,外在动因力量的测量,是最单纯的分析;并且我们从神经的普通生理学知道,最单纯的神经成分——神经纤维至少有一部分,也是具有这种功能的。我们可以设想动物对于强度的分析是建立在动物时间测量的基础上。我们可以作如下的想象:一个强度均匀而固定的外在动因是否在作用于动物的一定的分析器呢?或者已停止了的刺激作用的残余或痕迹在神经细胞中是否在渐渐消灭呢?细胞在受刺激的状态中的每种强度，不管在任何个别时候，都是一种特殊因素，有别于在它以前的所有等级的强度，也有别于在它以后的所有等级的强度。用这些元素作单位，时间可以被测量出来，并且每一个个别分段的时间都可以在神经系统中起信号作用。而且时间的本身必须被研究，因为在我们的实验中，经常要用它做一种条件刺激的。

时间间隙的分化，就是区别个别声音刺激之间的空隙时间，也是很精细的。节拍器的拍奏（每分钟 100 次）可以作为条件刺激。经过一些训练，狗的耳分析器甚至于过了 24 小时之后，还可以区别出一个 104 拍与另一个 96 拍的节拍器声，就是它能区别 1/43 秒钟时间的间隙。人类的耳朵即使是刚过一分钟间隔以后，若不数的话，也不能分别这两种节拍器。

狗的耳分析器的研究还有进一步的变化；分化作用可以于同一乐音的不同连续次序而建立起来，还可以在同一音之间与在不同音之间加入长短不同的间隙而建立起来。我将要对第一种情形加以简略的解释。一串四个渐高次序的乐音被做成狗的一种条件刺激。在另一串渐低排列（音高）的同样乐音与这一串乐音间建立成一种分化作用。我们知道，由 4 个乐音可以组成 24 种排列。一个有趣的问题就发生了：耳分析器如何对这些乐音的其他 22 种排列起反应呢？经证明狗的分析器把它们恰恰分为相等的两组：对于一组，神经系统起如同对一个刺激所起的反应，对于另一组，它就毫无反应；第一组是指渐高的一组乐音而言，后一组是指渐低的一组而言。检查这些排列中的乐音证明在一组中，那些渐高的乐音占多数，在另一组中，渐低的乐音是占多数的。

然而，这仅仅是分析器研究的开始！作为最后的理想是，对于耳分析器上外在世界所有这些无数的表现都必须加以研究并系统化（机体利用耳分析器对它的环境发生最细致的适应关系）；对于动物的其他分析器也必须进行同样的研究。

我已经把解决我们的问题所需要的事实叙述完了。所发生的问题是：研究者若欲顺这个新途径进行研究，不受到严重挫折而获得成功的机会，他手边必须具有什么样的器材与设备呢？我这样选择了我的事实，所以根据这些事实来得出答案是不会有困难的。第一个并且主要的条件便是一个完全新型的实验室。首先，又是最主要的，这座房屋必须与外在声音相隔绝，与街道及邻室相隔绝。房子各部分之间需要有许多联系，这一点却是必须做到的。我不知道它在技术上的可能性能达到什么程度，但是这房屋的理想条件，或最低限度其中的一些房间的理想条件，是要把所有的外在声音完全避开[1]。就是只能够接近这些理想条件，已足以大大地减少研究者的困难。这个房子的其他先决条件并不成为太大的障碍。它应该有均匀的照明。这可以用固定与相等的人工照明来做到，或者调节天然光线以适应天气的条件，使得它能与人工照明相一致。最后，在实验进行中，不能有带有气味的、冷的或温的空气流动。

只有这样一座房子才可以使研究者安心，而不常常忧虑到会有什么偶然或料想不到的刺激来破坏他计划中的实验；只有在这样一座房子里才可以省去许多不必要的时间损失以及许多困难和烦恼，而实验者可以得到精确研究问题的可能。

第二个要求是实验室里要有各种各样精确的仪器设备，可以用各种方式来刺激动物

---

[1] 比较兹瓦德麦克尔有名的无声室（camera silenta）。

的感受表面。这些仪器应该可以调节条件刺激的强度、久暂与次数。它们是电气的、机械的与温度的。这些仪器是放在实验室中一间特备的室内，或是放在实验室邻近的一座特备的房子里。部分仪器必须放在实验室中，如各种声音、灯光、图形、气味、温度影响等。简单说来，实验者必须能够在狗面前重现出外在的世界及其多样的变化。如果要想在理想条件下工作这便是必须从事的一个艰巨的技术工作。但是如果它被完成了，一定会在将来的结果中带来报偿的。

第三个要求是简单的，并且容易做到，并不是必要的。所有以上的条件都具备了以后，就是说，当每个最微小的声音，每一光照的变化都被控制了之后，很明显若要达到进一步的成功，必须照料到实验动物的健康与正常状态。在现时的工作条件下它们时常得到一种或另一种疾病。假若我们以全副精力去注意避免外来刺激，但是反而忽略了动物状况的本身；例如，狗可能患着皮肤病或风湿痛，这样就存在一种显著的矛盾。我们很惋惜，有时不得不放弃一个已经具有许多熟练反射的动物（这些反射的养成往往需要数月或数年的时间与工作），只是因为它居处不佳或被照料不周。为了我们实验的成功，动物必须有一座大的、明亮的、温暖的、干燥的与清洁的房子，而在生理实验室中这现在都是不存在的。

如果大家承认我们新园地的科学权利，而我认为已经得到的事实，已足够做这样的要求，那么，上面所描写的实验室便是实验科学在其最高界线上推进的迫切需要。至少这是我的信仰，一个多年来不断考虑和思索此事的人的信仰。我很荣幸能在本学会作报告，当我的信仰、希望与科学努力在这个学会中得到如此热烈的反应，我是非常地快乐和深深地感激。

一个为科学研究及其实际应用已经花费许多金钱的学会，一个因为它的物质基础而使其前途发展处于有利地位的学会，一个具有重大计划与实际方法的学会，一个活动都是由理论方面和技术方面知名代表者所主持的学会——我以为这样一个学会是俄罗斯生活中一个很重大的因素。俄罗斯广大的领土与它无限的资源及天然力量呼唤着对于自然界进行一番热烈的而且被充分支持的实验研究，并且把这个实验活动的结果应用到对人类福利的促进上。这个学会必须在这种工作中成为一个强有力的枢纽。

人类对于由特殊活动方法——实验——武装起来的智慧越来越有主动的信心了。有一种新冲动，前所未有过的最高冲动，在这个学会中表现出来；它是普遍人类兴趣中最高的冲动（而且不只是一个柏拉图式的），是一个贯穿全文化世界的冲动——对于实验科学及其应用的兴趣。请回想这个兴趣在美国、在斯德哥尔摩、在巴黎，以及在柏林大学 50 年纪念中的热烈表现吧。我相信在将来莫斯科会有理由为它的"促进实验科学及其应用学会"以及其创始人，克利斯特佛·李顿措夫而骄傲的。

第十二章 研究高等动物中枢神经系统活动的一个实验室

（用李顿措夫学会捐助的基金，依照 I. P. 巴甫洛夫

与 E. A. 韩尼克的设计建造的）

新实验室图形的描写

这个实验室是列宁格勒实验医学研究所的一部分。图一为它的正面。图二显示它的三层楼的剖面。第一层与第三层楼是作为动物实验用的，其平面如图三所示。一共有八个工作室（"a"代表实验室，"b"代表放置电学与其他仪器的走廊）。中层或第二层的设计是同样的，只不过房间没有那么高，并且没有那放狗的四个角落房间。它是用来放置水力仪器和其他仪器的。

下列各种设施是用来防止震动，和防止声音传布到正在用狗工作的房间内的。

1. 一个沟壕环绕着整个的房屋，沟壕的上部装满了干草。底层地面下填满泥土。

2. 第一层和第三层的八间工作室被中间一层楼和十字形走廊相互分隔开。

3. 房屋的墙基，就是房屋的梁柱，埋置于装盛沙土的穴内。

4. 工作室的窗户很小，由一整块最厚的铸成玻璃构成。这些房间通到楼梯的门是双层的、铁的、严紧封闭的，并且还有不透音的特殊隔层①。

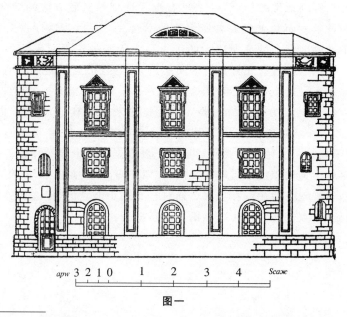

apw 3 2 1 0   1   2   3   4   *Scaж*

图一

---

① 战争与革命迟延了这座新实验室的装备，直到 1925 年，机械记录唾液反射的工作，才在这座房屋内按照巴甫洛夫的计划大规模开始。——英译者

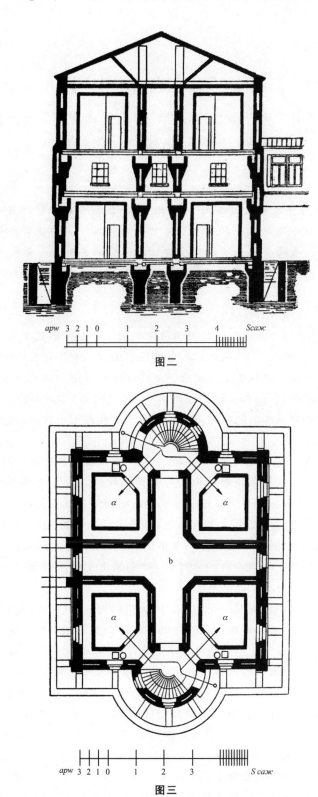

图二

图三

第十三章 食物中枢

（在俄罗斯医师学会宣读，发表于《俄罗斯医师学会会报》，
78卷，31—43页，1910—1911年）

食物中枢与呼吸中枢之类比——"绝食"血液对食物中枢的自动刺激——延搁
条件反射与食物中枢的不同状态所引起的抑制解除——潜伏兴奋作用——中枢间
的相互作用——食物中枢的活动产生食欲与饥饿的感觉——食欲与药剂的生理根
据——食物中枢实验和生活中的反射抑制作用——反射弧与食物中枢——食物中
枢的定位

在这个房间里，条件唾液反射已经被讲过许多次了。在我们关于条件反射的知识里
边，有一点到现在还是模糊不清，虽然它与条件反射的知识有不可分离的关系，而且没有
它时连一个条件反射也不能发生。虽然这一点在任何教科书中都很少被描写到，它有关
中枢神经系统的一部分，它的真实性如同呼吸中枢一样，而它和呼吸中枢也是完全相类
似的。当你遇到一些有兴趣的问题时，很奇怪，它不能在新书中找到，反而可以在旧书中
找到。

这一点是什么呢？它是关于食物中枢的学说。根据我们处理条件反射的材料而论，
食物中枢存在的确实性就如同呼吸中枢的存在是一样的。我方才已经谈过它是和呼吸
中枢相类似的，因此我必须在开始时先把呼吸中枢略微解释几句。这个中枢的活动是表
现在胸部某些骨骼肌肉的运动上。大家知道，呼吸的第一个冲动，是从血液的化学特质
而来的，血液中充满了碳酸和其他氧化不全的新陈代谢的产物，随后这个中枢的活动是
由各种末梢器官而来的反射刺激作用产生的，特别是由于呼吸的器官——从肺部来的。
关于食物中枢我们有一种相类似的事实。

食物中枢的活动是怎样表现的呢？当它使动物的身体朝向营养物的时候，它是由整
个骨骼肌肉的动作表现的，而把食物从外在世界输送到消化道时也是由这一部分的骨骼
肌肉的活动来表现的。食物中枢刺激骨骼肌肉的某些运动，同时也激起消化管的较高分
泌部分的活动，特别是唾液与胃液腺。分泌的与肌肉的，这两种不同的机能，是由食物中
枢以平行方式而兴奋起来的，所以实验者由于观察任何一种机能的活动就可以判断食物
中枢的活动。因此，从条件反射研究中看到的唾液腺的工作，是与食物中枢之活动的表
现有密切联系的。把我们的观察限制于分泌活动，我们并不损失任何东西，但是在另一
方面，我们更加获得准确性与明确性；因为骨骼肌，除了服务食物中枢之外，还服务于其
他的中枢，所以它们的现象是很复杂的。胃腺位于身体的深处，并且它们的活动并不直
接和完全依靠这个中枢，还受一些其他的内在刺激作用的影响。所以只有唾液腺才可以
充任食物中枢活动的特别代表者。

关于这个活动我们知道些什么呢？它是被什么所刺激的、变化的与控制的呢？显然，食物中枢活动的第一个冲动——由于它动物才产生动作，趋向食物，吃食物，分泌出唾液和胃液——是从数小时未进食的动物血液的化学成分而得来的。在这样一个动物的身体内，血液具有"饥饿"的特质。这是与呼吸中枢相类似的。正如呼吸中枢调节氧气的吸入，那么，食物中枢也同样控制固体与液体的食品的进入机体。如果承认呼吸中枢的主要刺激者是一个内在的自动刺激，那么，关于食物中枢我们也必须采取同样的解释。除了上述类比之外，还有许多事实可以支持这个观点。

一般而论，每一个中枢都可以是自动地被刺激，或者被不同末梢器官中作用于向心神经的外在刺激所刺激。直到现在，虽然这个问题曾经被彻底地研究过，却还没有一个证据可以告诉我们说，食物中枢的活动的出现绝对需要一种反射刺激。虽然把从胃肠道出来的各种神经割断，但没有一个人看见过：动物对于食物积极运动反应的消灭，或者用通常的名词来说，动物失去了食欲。我也曾做过许多这样的实验：我割断过内脏神经、迷走神经和舌的两对感受神经，而动物仍然很安适，活得很长久，并且照常进食。我们在这里看到与呼吸情况同样的结果，割断了所有的向心神经之后，中枢的活动却依然如故。

所以，一个饥饿动物的血液化学成分就是食物中枢的一种刺激。这种内在的自动刺激作用，在起初是以潜伏形式存在的，在后来才开始由动物的奔向食物的运动，唾液分泌等，表现出来。我将要花费一些时间来讨论这种潜伏的、自动的刺激作用，因为它在我们的唾液反射中曾经出现过多次。Π. M. 倪基弗罗夫斯基博士的一些实验可以解说这一点。

一个唾液条件反射在狗身上建立起来，用一个灯光作为条件刺激，这就是在一间黑暗的房屋中闪示给它一个明亮的灯光，然后在动物口中放进酸液。这种组合重复多次之后，每次灯光的闪亮便产生唾液分泌。现在将实验改变为灯光闪亮以后延迟三分钟再给酸液。在这个情况之下，形成了所谓延搁条件反射，就是说，在第一分钟与第二分钟的时候没有唾液流出，只有到第三分钟，恰好在放入酸液之前，唾液才出现。

这个现象的分析告诉我们，唾液反射的延搁之发生，是由于内抑制。因为在头两分钟之内，亮光的作用是被抑制住了，是为某种内在的条件所延搁了。

可以很容易证明这确实是如此。内抑制本身可以被麻痹或被抑制住；换句话说，这个反射可以从抑制释放出来。外在世界的每一个不平常的刺激都可能是这个抑制的一种麻痹动因，就是说，一种抑制解除的动因。因此，如果在灯光的闪亮与第三分钟之间，有任何刺激出现，它就会抑制这个抑制，而产生唾液分泌。

现在，既然讨论过这种延搁唾液反射的性质，我要叙述一个在这只狗身上常观察到的事实。我们的狗照例是在下午五点钟喂饲的。如果灯光闪亮的实验是在上午十点钟开始，再试验延搁反射，那么，在灯光闪亮之后的第三分钟唾液才开始分泌。如果同样的实验是在下午三点钟到四点钟之间做的，便几乎经常看不到这种延搁时期——光一出现，唾液就分泌出来。但是除此之外，动物的行为方面并没有任何与平常不同的现象，它还是像早晨一样的行动。对于我们，这很清楚，食物中枢的潜伏刺激作用，作用于与酸液反射有关系的那个中枢。我们知道，不同中枢之间有交互影响存在，一个中枢可以抑制另一个中枢。如在我们的情况之下，当在第一分钟与第二分钟之内，酸液中枢中有一种抑制性的过程，而饮食中枢的潜伏兴奋作用之增强麻痹了这种抑制作用，正如同任何新刺激能够麻痹它一样；这个增强着的潜伏刺激在头两分钟内从抑制释放了酸液反射。

其次，我要报告许多事实，以证实食物中枢有这种潜伏兴奋存在。问题是，什么是这个潜伏刺激的基础？我们可能想到，这个刺激还没有达到足够产生效果的强度。这确实可能是并且必然是真实的，但是它并没有完全解决我们的问题。那里显然也有一种内抑制，它不到一定的时间就不允许食物中枢活动，正如在唾液分泌中所表现出的那样。几个事实可以证实这一点。

我们面前有一只狗；它没有食物中枢活动的表现，这只狗不做任何趋向食物的运动，也不分泌出唾液来。我把酸液放入它的口中。酸液自然不是食物，的确狗所产生的动作反应是与食物反应大不相同。但当酸液的反应终结了以后，狗便开始作出显著的动作反应，它趋向食物，开始嗅空气和用脚在桌子上敲击，一句话，它不安起来；并且附近若有任何条件食物刺激，这只狗就转向着它，甚至去舔它，等等。这里我们看到食物中枢活动的积极表现。

我只能这样来了解这个问题，兴奋了的酸液中枢作用于食物中枢，并且根据中枢的相互作用的普通定律，抑制食物中枢。既然食物中枢是在某种程度的抑制状态之下，酸液的抑制性效力便加诸于这个食物中枢的抑制上而抑制它；这样刺激便被释放，而得到了反应。这就是我们所时常遇到的抑制解除的现象；它是一个明显的现实，我们日益相信事情是如此。

这里还有另一个例子，是取自顾德林博士的工作。我们有一只狗，它的大脑两半球的后部被割除。在它的许多反常状态中，其一就表现在抑制过程的减弱，这是大脑在任何较大手术后常见的结果。假若用一只正常的狗，在实验的当天不给它喂食而开始试验，给它少量肉粉，便有唾液流出。在这以后，就有某种兴奋发生，这种兴奋我到以后再谈及。此兴奋约需五分钟便消失，于是狗转安静，唾液分泌停止，有些狗甚至于进入睡眠。在我们已经施行过手术并且抑制已经减弱的狗身上我们看见下列事实：只要不给动物吃食物，它就保持安静，但是一旦喂它，它就大大地激动起来；这种伴有唾液分泌的兴奋状态，延续得很久，有时到一个半小时或更久，才慢慢地消逝。这时可以看出，唾液分泌是不规律的、波浪式的，一时较弱、一时较强。我们从生理学中知道如果有波浪式的现象，那就说明有对抗过程的存在；例如，加压器官和减压器官的相互作用。假如把这个概念转移到我们的例子上来，那么，我们必须假设，当食物中枢是在潜伏兴奋状态时，它也具有抑制的成分。

为要把我所讨论的应用到人类生活上，我要作下列的补充：很显明，食物中枢的活动除表现于骨骼肌肉和消化道第一部分的分泌腺的活动外，还有另外一种表现，是我们作为观察自己的动物机体所熟悉的——就是食欲和饥饿的感觉。当我们谈到人时，这种感觉是一个无可争辩的事实，但是当我们指动物界而言时，为了不陷入幻想起见，我们必须限制自己，仅记录和比较可见到的现象。

这样食物中枢的活动就也在我们的感觉中表现出来了。食物中枢的活动可以在抑制解除时暂时地表现出来，关于这点在上面已经谈过了，但这种事实在人类生活中也可以观察到；它是医疗术的基础。如果食欲欠佳，为了要引起食欲，往往不用食物，而是用不可食的物品去刺激它;给病人一些苦的、酸的物品等作为药剂,其结果与在狗身上所得到的相同,刺激酸液中枢可以使在抑制中的食物中枢起抑制,由此而从抑制把它释放,造成它强有力的活动。

作用于兴奋中枢的,除了自动的刺激以外,还有不同的反射刺激。假若把两个迷走神经全都割断(它由肺把冲动传达到呼吸中枢),那么,呼吸就发生显著而持久的变化。在食物中枢的活动中也是如此,感觉的向心神经占很重要的地位,特别是味觉神经,即口腔中化学感受器的神经。

这里有几个实验说明此点。你在一只狗身上试验自然条件食物反射,就是说,让狗看见或嗅到少许食物,使刺激对于狗起一定时间的作用,譬如说,作用半分钟,你就会看到一定的效果发生——3 至 5 滴的唾液。分泌的数量可以作为食物中枢激动性的一种测量。在这之后让狗吃食物,当它吃完时你就会看到一种前所没有过的兴奋作用的开始;狗以舌舔嘴,用鼻闻嗅,用脚敲击,并开始吠叫。假如所有这些刚刚过去之后,狗转得安静,再重复这个实验,给狗看食物,你将得到不是 3 至 5 滴的唾液,而是 10 至 15 滴。在第一次喂食时,你把反射冲动送入食物中枢,使这个中枢活动大为增加,因而这同一刺激产生了更多的分泌。

在我们日常生活中这个现象是常见的。可能在进餐的时候我们没有食欲,不想吃,但是只要吃一口便足以刺激味觉神经,食欲立刻就来了。即通常所说的,只要一吃,食欲即来(L'appetit vient en mangeant)。这显然是由末梢反射刺激所引起的食物中枢的兴奋。

但是食物中枢和呼吸中枢一样,不仅为这些末梢刺激作用(例如,来自口部的刺激作用)所兴奋,而且是正地和负地被反射地调节着。每天我们都可以在实验中看到这种现象。下面便是一个例子:照我前面所说的,在实验开始时我应用了自然条件反射,就是说,把食物给狗看,得到了 3 至 5 滴唾液,然后再喂饲动物。在第二次实验时,效力较前增强,有 10 至 15 滴唾液流出,这是来自口部的刺激与食物中枢的内在兴奋结合的结果。当我第三次重复这个实验时,我得到的不是 10 至 15 滴,而是 8 滴;在第四次重复的时候,得到的唾液更少,大约有 5 滴;到第五次实验时,仅有 2 至 3 滴。在我们面前条件反射逐渐地消逝了。虽然每次我都给予狗少量的食物,但抑制食物中枢的条件仍然产生了。

这是为什么? 是什么意思呢? 这个作用无疑是从胃发生的,或是由于它与食物相接触,或是由于它分泌的初期状况所引起的,一般而论,是因为食物进入胃内所致。所以,在这种情况之下,有食物中枢的反射抑制。它的解释是清楚的。当食物入胃以后,食物中枢必须暂时停止它的工作,直到进去的食物消化完毕。怎样去证实这真正是从胃来的反射呢? 鲍地瑞夫博士的实验给了一个答案。他的狗有一个食道瘘管,以致咽下的食物不进入胃里,在这种情况之下,上述的条件反射的抑制就不发生,并且多次重复这个条件反射,总是得到同样数量的唾液。

我们大家谁会不熟悉我们日常生活中下列的事实呢! 在一天的某个时候你感觉到一阵子好食欲,假若你仅吃很少量的食物,食欲短时间内就更加敏锐了,但是过了 5 到 10 分钟以后它就完全消逝。每一个母亲都知道这个使她发愁的事实。孩子们不耐烦地等候吃饭时间到来,要求在饭前能吃些东西,即使是吃一点点,但是母亲用这句话规劝他们

"你会败坏你胃口的"。事实是如此，假若孩子先吃点东西，他们到吃饭的时候便不吃了；食物中枢发展出一种反射抑制。

这好像是机体的一个缺陷，但是我们知道很多这类的情形。于是又发生这样的问题，这些确实是动物机器中的不完善之处吗？小量食物进入胃中就会暂时停止，或者至少减弱食物中枢的活动。这不会有多大的妨碍的。假如机体非常缺乏食物，那么吃入的小量食物就会很快地被消化掉，而食欲不久又恢复了。若只是在动物充满了液体和固体食物的时候，食物中枢的兴奋性才开始减弱，那么情况可能更坏，要造成吃得过多和不适当的胃脏过满的现象了。

由此我们看到呼吸与食物中枢是完全相类似的。照我所描写的看来，这些类似性好像并不多，但是我们每天在实验室中都遇到这些事实，并且我们经常被驱使去相信食物中枢就正如同呼吸中枢一样，是一部永恒发生作用的机器。

现在所发生的问题是，如何想象这个食物中枢呢？它的组合成分是什么呢？它的活动是什么呢？我们可以确定它必须被算为神经系统的一部分，其功用是调节身体的化学平衡。食物在这里必须加以广义的了解；假若一个孩子折断一节粉笔而带有快感地把它吃下去，这也是食物中枢的活动。

我们必须认为这个中枢是很复杂的，并且包含好几部分。几个月以前我表示过意见，认为在反射弧的中央部分中，总是可以区分出两半来。这个事实常被忽略。在生理学书中关于中枢方面写得很多，但是关于它们包含些什么部分，这些细胞是属于向心神经还是属于离心神经却解释得很少。在这一点上，有一个奇怪的倒退现象发生。就是在脊髓的研究中，我们获得了反射弧的知识的时候，其见解很清楚地显示出，在弧的中央部分应分为感觉神经的中央末端和运动神经的开端，并且这是根据关于背角和胸角细胞组织学方面而发现的。当研究向前进展，当我们越深入神经系统，我们也就离开这个原始的和正确的概念越来越远了，到最后观察不出所研究的中枢究竟是什么细胞所组合成的。过去被叫做"感觉的"细胞，根据现在所用的名词，我将称之为感受细胞。

我相信神经活动的主要据点是位于中央站的感受部分；在这点上我们可以找到中枢神经系统由大脑两半球实现的发展基础，它们是体现在高等动物机体上，与外在世界最完善的平衡的基本器官。反射通路的离心部分纯粹是担任执行的部分，同一肌肉可以用于千种不同的目的，而这些目的都决定于感受器的活动。感受器决定这一个或另一个运动神经的细胞将参加于哪种机能组合中。

我再回到食物中枢。它是由什么细胞所组成的？我肯定地说它是由感受细胞所组成的；因为它们接受不同的刺激，有内在刺激也有反射刺激。但是，表现食物中枢活动的器官的神经中枢是非常简化的。在条件反射的情况中，我们可以由无数种类的刺激去激起食物反射，而唾液分泌总是从同一中枢产生出来，即是从唾液中枢产生出来。

既然食物中枢是一个感受中枢，我们可以理解它必定是极端复杂的；像每个接受中枢一样，它能进行最多种多样的反应；它迫使肌肉系统去动作，一时对酸液刺激起反应，一时对肉，一时对面包，一时对粉笔起反应，等等；中枢接受刺激，并将它作为冲动传达到执行器官。简言之，它是和视神经或听神经的皮质中枢同样的复杂。

这个中枢是位于什么地方呢？生理学家比病理学家对于这个位置问题的考虑更为

不重视些。对于生理学家来说,中枢的活动与机能的问题是更为重要些。对一个中枢的精确定位的决定不是一件容易的事,这可以从呼吸中枢的例子看到。最初有人以为这个中枢是在延脑,大小像一个针头。现今的看法是把它的范围扩大了,它上至大脑,下至脊髓内,没有一个人可以精确地指明它的范围。同理,我们也必须承认这个事实:食物中枢是散布得很广的。要精确地划出它的范围来,在现在是不可能的。现在我们只有几个无可争辩的事实可资利用于这个问题的解答。

我们必须承认食物中枢是位于中枢神经系统中不止一个部位。让我们回想一下,割除大脑两半球以后的鸽子,它几个钟头保持静止不动,虽然四周围谷粒堆积如山,它却不能移动一粒到它的嘴里。然而,这样一只鸽子的食物中枢的活动却是很清楚地表现出来。将谷粒放进它的口中去喂食,过了五至七小时以后,它就开始行走,喂食后时间越久,行走得越有力。显然这是因为食物中枢的活动引起了骨骼肌肉的工作。这是事实,可以如此证明,再以谷粒装满鸟的嗉囊,因此它便又安静下来而且毫无动态。由此可知,食物中枢的一部分是位于两半球之下。另一方面,也很明显,一部分是位于两半球中,在那里可能以味觉中枢的形式而存在着。我们的口味,不论它是愉快的,或是厌恶的,毫无疑义地代表着反映在我们意识中的一种神经刺激。自然,这一种现象只能归属于大脑两半球。食物中枢必定包含不同的、分散的细胞组,并且在两半球中必定有特别大的一组这种细胞。为了解决这个问题,我们手边有一些材料,但是并不完全够用。至于呼吸中枢,情况并不比食物中枢更好。

在我向诸位叙述了一切之后,很清楚食物中枢是调节对于生命的化学过程所必需的固体和液体物质吸取的一个神经器官。它是和呼吸的中枢一样的真实,并且一样不停地工作着。

第十四章　大脑两半球工作的一些基本规律

（根据 H. И. 克勒斯诺哥斯基和 H. A. 罗祥斯基的实验，在俄罗斯医师学会宣读，发表于《俄罗斯医师学会会报》，78 卷，175—187 页，1910—1919 年）

抑制的发现——扩散的规律——痕迹反射——集中的规律——睡眠反射——睡眠可以由实验兴奋作用而产生——条件抑制——以周围环境作为条件抑制的实验——一个过程在大脑中扩散的速度的实验——集中——现在的事实证明根据理论基础所采取的客观立场——心理学思考的谬误

神经活动一般包括兴奋和抑制这两种现象。这些可以说是一个神经活动的两个半面。假若我把这两种现象比喻为正电和负电我想是不会有太大错误的。

神经系统中最初的抑制的概念是韦伯兄弟所创始的，是关于末梢神经系统的。在1863 年，在韦伯兄弟发现了末梢抑制作用 24 年之后，抑制被证明是中枢神经系统活动中的一个固定现象。那是谢切诺夫的工作，是俄罗斯在生理学上的第一个贡献。由于反射活动中抑制中枢的辉煌发现，他奠定了俄罗斯生理学的基石。从那时候起，中枢抑制引起了很大的兴趣，并且愈益吸引多数的研究工作者。这种抑制已经在很多种神经活动中建立起来，并且现在可以肯定地说抑制过程和兴奋过程同样常见和同样重要。

我现在的报告正是要讨论抑制，以及它如何在像大脑这样高的机体部位中表现出来。

你们大多数人都知道，两半球的活动现在被我们用客观的方法研究着，就是说，在分析现象时不应用任何心理学的概念，而只是把外在的事实加以比较。换言之，就是把外在世界的现象与动物的反应加以比较。我们所应用的反应是唾液腺的反应。在神经系统活动的这种客观研究中条件反射的概念是一个中心的概念。我们的条件反射代表外在现象与机体活动间的一种暂时联系，在我们的情况中是与唾液活动的暂时联系；在另一方面普通的反射代表着恒定的联系。我们不仅可以容易地观察到这个暂时联系的来源，而且我们还可以留意到它是一个高度敏感和经常起伏变化的反应，一时强些，一时弱些，一时消灭，所以用客观方法研究神经活动便缩小到了影响条件反射的所有条件的研究。在我们的实例中条件唾液反射是由某些无关的现象与动物的喂饲的同时发生，或与放置一种刺激性物品到它口中的同时发生而形成的。我现在要补充些关于条件反射生理学的事实。

我将要把大脑两半球活动中所发生的抑制做一个描写。在以前的论文中我已经提到过大脑中的兴奋过程。这一部分神经活动的主要特点便是当刺激作用在两半球内发生时它必定散布而且扩散到大脑全部。我们把这叫做兴奋的第一规律。

有大量的事实可以证明这一点。例如，你若用节拍器的滴答声形成一个条件反射，然后再试用其他的声音,你会发现这些其他的声音在起初也会引起唾液的流出。因此,某一组细胞所产生的刺激作用便扩散到大脑两半球的整个听区,所以每一种其他的听觉刺激也可以引起唾液分泌。假若把振动 1,000 次的乐音做成条件刺激,然后再试用其他各种振动次数的乐音,它们都会有效力的。其他的条件刺激也是同样情形。假若你把皮肤的机械刺激(戳刺)与喂饲屡次结合,最后这个戳刺每次都引起唾液的分泌。现在若使皮肤的其他部分也受同样的戳刺,它们全部产生唾液分泌。这是因为刺激作用散布到两半球,使得脑髓皮肤区域的所有各点都像被兴奋起来的第一点那样起作用。还有一种实验是我们不把唾液腺的活动与现在的刺激相联系,而是与它的残余或痕迹相联系,就是说,我们先给刺激,刺激停止后稍等一些时候,再把酸液放进狗的口中,或是喂饲它。在痕迹反射中,兴奋作用散布得更远。痕迹反射与所给的刺激相联系以后,你将看到对于许多种不同的刺激,都可以起反应而流出唾液来。

除了扩散规律之外,还有另一种规律,即兴奋的集中的规律,就是说,扩散开的兴奋聚集在某些线上或者聚向某些焦点。这是在实验室中每天都看到的一种事实。假如你对节拍器声形成了一个条件反射并且重复多次,其他的声音就渐渐失去效用,到最后只有节拍器声才能引起兴奋作用。而且兴奋的这种集中作用更进一步地发展:假如把刺激作用与节拍器声重复到足够长的时间,最后只有经常应用的摆率的那个节拍器声才有效力;狗可以对每分钟摆 100 次的刺激作用起反应,而对 96 次的不起反应。假如你用另外一只狗在它皮肤上同一部位多次重复机械刺激,偶尔刺激别的部位,你会发现这些别的部位的作用就越来越少,最后便消逝,而先前散开的皮肤刺激作用现在成为集中的了。假如你用某种强度的一个乐音建立起一个条件反射,那么只有这一个乐音,并且在这一定强度之下,才有效力;强度大些或小些的乐音不起作用。在这些兴奋作用高度集中的情况之下,除了重复一定的刺激之外,重复其他邻近而有关的刺激也是重要的,但是不要伴随以喂饲(即是,不要伴随有关的无条件反射)。

现在我将转到神经活动的另一半的研究,就是抑制过程。诸位可以从实验中看到,应用于兴奋的规律在这里也是适用的;抑制也同样地扩散和集中。我先谈睡眠,因为在抑制的实验中,这种状态占一个重要的地位。

许多年以来我们注意到我们的狗在某些条件下欲睡;这阻碍我们的工作,因为条件反射被减弱而且消逝。我们特别注意到当应用温度刺激时,当温度刺激与唾液腺的刺激相联系时,就发生睡眠。这证明温度刺激是睡眠的特殊产生者,也就是,它们造成并且引起睡眠,恰如其他刺激引起动物的其他活动一样。很有趣的是,为了要产生睡眠我们用热或冷的刺激皆可,但是必须把它们施用于皮肤的同一部位,并且其温度保持固定不变。如果将刺激的部位或温度变换,睡眠就很轻而不能达到顶点。根据这些实验我们有权利提出睡眠反射;并且我们了解到睡眠状态是两半球活动的一种抑制作用。为什么我们说它是抑制作用呢? 因为这种瞌睡状态,这种睡眠反射,它像熟知的抑制完全一样地作用于我们的其他条件反射,在所有的细节上正像一般的抑制作用;它们的作用是完全相类似的。我将要给大家提出一些进一步的事实,表明其他无可怀疑的抑制情况也逐渐转入到睡眠,很明显是根据它们的相互关系。

现在我们讨论抑制的其他现象。我在狗的皮肤上一定的地方抓痒一分钟,等候一分钟，然后把酸放入狗的口中，我就这样来建立一个痕迹反射。因此，我是以抓痒刺激的痕迹，即是以它在神经系统中所遗留的东西，来建立起一个条件反射。多次重复之后，我发现正抓痒时得不到效果，但是我停止抓痒之后，再等候到一分钟终了，唾液就开始分泌了；因此，我从神经系统中机械刺激的残余建立了一个痕迹反射。但是当实验继续更久一些，下列有趣的现象就发生了：当抓痒时，狗愈来愈安静和困倦，到最后熟睡了。假如一直到抓痒之前它是醒着的，那么当你开始抓痒时，它便立刻现出瞌睡征候。后来睡眠愈来愈深，并且维持一个较长的时期。最后我们必得放弃我们的实验，因为狗在架子上总是熟睡着。看来这是一件无法解释并且料想不到的过程：你重复地给狗酸液，酸应当很强烈地刺激他，但是它却反而睡觉，就是说，酸液成了睡眠的产生者。然而同一狗同样的酸反射，若不是作为痕迹反射出现的话，即是说，假若条件刺激是与无条件的同时给予，酸反射就不产生丝毫的睡眠。

这怎样理解呢？在抓痒时我们永不把酸液放入狗的嘴内，因此在这时候抑制作用必定是发展的。这样对于神经系统来了一个奇特而困难的处境。刺激出现时必须以抑制性的过程与之相联系，但是刺激的痕迹又必须像酸液那样起兴奋作用。因为抑制是与一个强烈刺激相联系的，而兴奋过程是与一个微弱刺激（痕迹刺激作用）相联系的，抑制最后获得优势了，于是便开始这个抑制效用的扩大散布，直到进入瞌睡和睡眠状态。随着这些现象的出现，条件反射本身便消逝了。

假如你多次观察这些实验，并且仔细考虑结果，对于这个奇怪的关系你找不到其他更自然的解释。诸位先生，最初这个解释好像是不真实的，但是在将来你们结识到其他的事实以后，你们便能相信它的真实性了[①]。

在下一例中关系比较简单些。你已经形成了一些条件反射，如节拍器滴答声的条件反射，这个刺激产生固定的唾液反应。现在我把一种气味，例如樟脑，加入节拍器声中，并且在这时我不强化节拍器声，就是说，当节拍器声与气味同时呈现的时候我不喂饲狗。最初虽然有气味的作用，节拍器却引起唾液流出。但是假若我们这样重复数次，这种组合就失去效用。节拍器随同樟脑气味不产生唾液流出。这种状态我们叫做条件抑制，引起这种作用所加进去的动因，我们称它为一种条件抑制物。

条件抑制有一些有趣的细节。我试用节拍器声为刺激来开始我的试验，它引起不少于 10 滴的唾液来。然后我试用节拍器与樟脑的组合，但得不到效果。如果我引用条件抑制物之后 1—3 分钟，我再单独试用节拍器，它只引出 1 或 2 滴唾液。这是什么意思呢？它说明当我应用樟脑与节拍器时，在中枢神经系统中所发展出的抑制，散布到巨大的两半球中，并且维持着这种扩散状态；必定要过些时间它才消逝。所以，假若我在组合之后 10—30 分钟，再试用节拍器，它便与平时一样地起作用了。

这个条件抑制的事实替我们解释了困扰了我们好久不能与我们的结果相协调的一点。当遇到活泼而有生气的实验的动物时，我们满以为可以用它很快而顺利地工作，但是在实际应用的时候我们发现它们只是使我们失望；它们在实验架子上继续不断地睡觉，我们得不到任何条件反射。这是什么原因呢？你有一条活泼的狗，时时刻刻都在玩

[①]　说明睡眠是一种抑制状态的大量证据，见第三十二章。——英译者

耍,跳跃,用舌舔一切所看到的人和东西。你把这样一个动物放在架子上,轻松地绑上它;最初它的行为是和在地上一样的,后来它就想要挣脱,拉扯与挣扎不休。你征服它的这种奋力,捆起它的足掌,更紧地绑它的头,等等,最后你如愿以偿——狗安静下来了,但是它同时开始困倦,最后进入了深睡。这表示什么呢? 用激烈的方法你压制了、抑制了这个动物对于外在周围的正常反应。在狗的神经系统中发生了抑制,它渐增强,于是从运动区散布到两个半球,而成睡眠状态。所有的周围环境都变成了条件抑制性刺激。

这可以下述情况来证明:你可以逐渐减少周围环境的因素,你便会看到与此同时抑制也渐渐地变少。下面的表是取自罗祥斯基的工作,是他的一个实验的结果。

1912 年 2 月 22 日的实验(狗"卡毕尔")

时　间	刺　激	耳下腺漏管在 30 秒内所流出的唾液滴数	说　明
3:50	节拍器	1/2	在架上绑着皮带
4:00	同	2	在架上未绑皮带
4:12	同	4	在另一桌上
4:25	同	7	在地上
4:35	同	3	在另一新桌上
4:47	同	0	在架上未绑皮带
4:56	同	0	在架上绑着皮带

你把狗放在地板上,给一个条件刺激,得到 7 滴唾液。假若把这只狗再放回桌子上,而没有用架子和绑带,得到 3 滴。狗若在架子上,得到 0 滴。

诸位先生,在大家面前的例子中,你们可以看到这个事实。由于安置狗的手续起了条件抑制者[①]的作用,引起了一种对外在世界的肌肉反应的抑制。但是抑制了肌肉反应,你就也失去了条件唾液反射。在这里你有了一种不被限在肌肉中的抑制;此抑制散布得很广,它以神经系统的普遍休息状态而表现出来。这些例子告诉我们在固定地点所引起的一个神经抑制并不停留在这个地点,而是向外散布的——向外扩散的。

假若这还不够说服大家,最后我们还可以报告一些事实,而使大家毫无疑惑之余地,并作为我所要说的规律的最好的说明。以下的实验是克勒斯诺哥斯基所做的。有一种戳刺皮肤的仪器分绑在左后腿下部的三处;第一处在脚掌,第二处在离此 3 cm 的上方,第三处再向上 22 cm。最下一处是无效力的,因为它向来未曾以进食伴随过,因此它停止起刺激作用。其他两处总是有喂饲相伴随,因此它们是阳性的条件刺激。根据过去的实验我们知道皮肤上各点的区化作用是以这些地方的抑制的发生为基础的。如果戳刺最低的一点不能有效地引起唾液流出,这是因为抑制已经在这个地方发展起来,阻止了刺激。你可以清楚地看到抑制过程如何扩散到一定的距离,而且,你可以精确地追踪着它,并测知其距离。当你应用了最下面的刺激(抑制性刺激)而得到 0 滴时,现在你在中间的一点试用刺激,另一时间再在最上面的一点试用,你会看到很大的差别。假若在应用无效刺激之后稍过一些时候,你再应用与它邻近的一个刺激,后者就被抑制了,这表示这个抑制

---

① 这个名词是用来表示一种抑制动因。巴甫洛夫教授用 Topmoз 这个字,意思是"停车器"(brake)。——英译者

过程已经散布到这个地方了。假若在相同时间之后，与在同样的条件之下，你再应用最上面的一个刺激，你会发现那里没有抑制。

这样你便可以用肉眼追踪着这个神经过程，和抑制波浪的动向，并且你看到达到一定限度之后它就不再继续前进了。

现在还可以找出，这个抑制的波浪在神经系统中以何种速度散布，并且它走得多么远。无效刺激之所以无效是基于抑制在这一点上发展起来，假如在应用这个无效刺激一分半钟之后，你再试验其他刺激的效力，你会看到在 3 cm 处抑制明显地是存在的，但是在 22 cm 处它是不存在的。所以在应用无效刺激一分半钟之后，在相当于最上面的刺激仪器的那一点上，抑制过程是不存在的。但是假如不是在无效用的刺激的一分半钟之后，而是在四分之一分钟之后，再试验这个最上面的刺激的效力，你会发现抑制是存在的；由此你可以清楚地看到抑制的波浪如何地在神经系统中扩散开去，又如何地收缩回来。依我看来这个事实是抑制扩散规律的一个毫无疑义的实例；不可能有另外的解释。

总结起来，我们应当说，抑制是与兴奋同样在大脑两半球散布的。

我们还有许多事实证明抑制如同兴奋同样地是可以集中的。

例如，我们有一个条件反射（节拍器）和一个条件抑制物（樟脑）。假如后者作为抑制物仅被应用一个短的时期，又假如你在用樟脑 5—10 分钟之后，再试用节拍器，节拍器就不产生效力。但是你若进一步地继续实验，就是说，假如你时常用无条件刺激强化节拍器，而不强化节拍器与樟脑的组合，你就会看到抑制过程如何愈来愈集中起来。假如现在在组合之后 5—10 分钟单独试用节拍器，它的作用是与过去完全一样的，得出完整的反应。在下面事实中可以观察到一个显然相似的现象。如果你有一个 1,000 振次的乐音，而想分化一个与它仅相差八分之一音的乐音，就是说，将 1,000 振次的乐音以喂饲相伴随，但是与它相差八分之一音的乐音并不以喂饲相伴随——最后这两个乐音便被区分开；一个有效力，另一个无效力。这种分化作用是依靠抑制过程的。假如在试用分化了的八分之一的乐音之后，你很快就去试验 1,000 振次的乐音，后者就被抑制住了。假若在分化作用成立之后经过较长的时间，则抑制就集中；就是说，在很短时间之后试验被分化了的（阴性的）乐音对于有效的（阳性的）乐音（1,000 振次）就不再有抑制性效力了。

在我们所进行工作的别的狗身上也偶然观察到相似的事实。我们尚不能把这些事实加以规划，我们只是观察者，但是很显然，它们是与抑制的扩散与集中规律有关的。

这里有一组狗，你注意到，其中的一只已经发展了瞌睡的状态，而影响大脑所有的活动。还有另外一种类型的狗[①]，它在实验架上并不睡觉。所以抑制并没有达到它的顶点，表现自己是在两半球的普遍无活动状态下。在这只狗身上，抑制表现于肌肉的无活动状态；动物好像是一个塑像站在那里。抑制不限在肌肉系统，而且蔓延到唾液反射。现在最后一种类型的狗：只要它是在地板上它总是活泼的。在架子上它并不睡觉，但是有一种肌肉的休息状态；站在那里好像是木刻的一般；然而抑制只限于肌肉系统而不影响到唾液反射，唾液腺是在强烈地被兴奋着。在各种不同的狗身上，抑制有不同程度的扩散和某种固定的集中，因为我们四周围的抑制性影响是同一不变的。最后的一只狗具有一

---

① 各种类型的狗，参看巴甫洛夫的书《大脑两半球机能讲义》第十七章和本书的第三十九章。——英译者

个理想的经加工的神经系统；它的抑制保留在我们所希望它在的地方，使狗能得到肌肉休息，但是并不超越此范围以外，唾液反射不受影响而且完整未动。

虽然最后所提到的这些事实只是观察到的材料，但是它们的意义是毫无疑义的；在同一时间内你看到条件抑制的现象，及这个抑制的一定限制的现象。我想上面的事实给我们以理由说，抑制，如讲到它的基本规律是和兴奋一样的。正如兴奋在起初扩散然后集中，抑制也是如此。

这些事实有具体理由使我们相信兴奋和抑制是同一个过程的两个不同方面，两种表现。

诸位先生，这就是我们所要表证与传达给大家的全部事实。在结尾我想大家还有兴趣听我讲一些更进一步更密切一些的事实，这些事实也是在我们研究中用这个新方法收集起来的，并且这些事实被彻底阐明还是不久以前才做到的。

在 10 年或 11 年以前，我们开始应用客观方法研究狗的神经活动时，我们的处境是困难的。我们像别人一样习惯于说，狗是有意志的和有思想的。那时我们刚运用客观的观点，好像这样能得到成功不大可信。但是我们在理论上是坚决的，并开始进行客观的工作，虽然在一方面，研究的界域好像是无穷尽的，而在另一方面，几乎没有普遍的事实可以用来开始工作。我们的处境是艰难的，因为我们没有事实，没有根据来证明我们的决定是正确的。我们只希望能找到一些什么，但是同时又有怀疑，我们的工作是否会被承认配称为科学。后来各次的成功，给了我们勇气。

多年来我们收集了许多事实。我们的信心开始增加。然而我仍须承认怀疑也增加了，并且一直到最近不久以前才脱离我，虽然我没有提及它们。好多次我问自己这个问题：我是否站对了立场，仅从外在方面去考虑事实，或者是不是我退回到老观点较为好些呢？这种困扰时常重复出现并且充满我的思想，但是最后事情清楚了。每一次都出现一系列新的事实——它们都是困难的事实，从我们的观点看来几乎是不可理解的——这时候怀疑就加大了。这是为什么呢？这是怎么一回事呢？那是很清楚的。因为在这些新事实中我们还没有找到任何因果关系，我们在那时还不能解释，这些现象之间存在着什么样的联系，它们是被什么所造成的。但是当我们解释了这些联系，当我们看到由于某种原因便引出这一个或那一个结果的时候，我们就感到平静与满足。

从前我们为什么像懦夫一样退回到老旧的主观方法呢？这个秘密是简单的：因为主观方法是不考虑真实原因的思想方法，因为心理的思考是无定论的思考，它们只承认现象，却不知从哪里来亦不知往哪里去。我说，"狗思考过"，"狗在愿望"，而对于这种解释感到满足。但是这是杜撰。这不是现象的原因。那么，对心理学解释的满足也是空幻而没有根据的。我们的客观解释才是真正科学的，永远是根据事实的，永远是在追求着原因的。

第十五章　皮肤分析器的破坏

（在俄罗斯医师学会宣读，发表在《俄罗斯医师学会会报》，

78 卷，202—208 页，1910—1911 年）

没有大脑运动区的狗的实验；这种手术后的条件反射可以是正常的，但是缺乏适应力，因为皮肤分析器受破坏了——移位动作的活动是一连串反射——运动分析器——所举案例的心理分析只能引致混乱

我们今天报告的内容，主要是表演一系列实验，这些实验是根据 H. M. 赛都诺夫博士的观察。首先请注意并考虑以下的现象：你面前的狗是放在地板上的，而且，如你所看到的，它长时间保持同样姿势，好像它的腿是冻结住了似的。这样过去 1、5、10 或 20 分钟，它不改变这种姿态。你看见狗摇动它的头，但它的腿却不动，或很少动。这里必定存在着特殊原因。下一个征候：我轻轻地触摸这个动物，它吠叫并咆哮。我可以继续这样做到一小时或更多的时间，于是它便经常产生了吠叫式的恐吓性反应。这样反复进行可达数月之久。当狗还在正常状态时，给它建立了一系列的条件反射；两种皮肤反射（温度的和机械的），以后又建立了声音反射。对皮肤的机械刺激是这些条件反射中最老的；于是每次对皮肤施以戳刺，唾液都要流出。其后，我们割除了皮层所谓运动区的某些部分，于是现在所呈现出的这种状态便逐渐出现了。

现在我们已经描写，而且你们也看见了这只狗的行为，我们再来探讨它的条件反射的状况。首先，让我们先试验我们的皮肤机械条件反射，这种反射，我们已经说过，在施行手术之前已存在一年多了，并且其作用经常是精确与万无一失的。赛都诺夫博士是以这个动物做工作的，并将要在大家面前表演这个实验。

现在当皮肤受到了戳刺，诸位注意到这只狗并没有表现出与吃食有关联的动作，并且一滴唾液也不出现。这是由于施行手术所得的结果；皮肤条件反射消逝了，虽然这些反射是我们最老的条件反射，并且在手术之后，皮肤的机械刺激与进食已经组合过五百多次了。因此皮肤条件反射对于这个动物是不可能的。这件事实很明显是符合于上面所描写关于我们所看到在地上的狗的行为。根据我们在这只狗身上所看到的，我们会想到它的高级神经活动已完全被破坏了。现在我们看一看它的其他特征，然后你们就会知道它们是很不同于我们所想象的。

在施行手术之前，一个铃的声音和唾液腺的活动联系起来，是它们的条件刺激。在施行手术后，这个反射很快地就恢复了——在铃声与进食组合六次之后。我们对 300 振动次数的乐音还建立了一个新的声音反射；在第二十次组合时唾液出现了，并且试用到第五十次时，这个反应便已经固定了。因此，新的听觉条件反射很容易形成，并且老的（在手术前形成的）也很快地恢复。这里有一个实验表证这件事实。你们看这只狗现在

是安静的，而且唾液并不自动流出。铃声开始响了。这只狗移动，寻找食物，并且流出 9 滴唾液——这显然是一个正常的反应。这个铃声显然是一个条件刺激。这个表演是如此地显而易见，所以无须显示给大家其他声音反射了。

也很容易在手术之后对于樟脑气味建立一种条件反射。这个气味本身并不引起唾液，就是说，它并不是唾液腺的一种无条件刺激。当它与分泌发生暂时联系时它才发生作用。樟脑与喂饲组合到第十二次时，狗就发生动作（食物反应），到第二十二次时，便观察到唾液反应。现在我们表演这个实验。在这个封闭了的瓶子里面装有樟脑。在实验的时候，我们打开封口，用一个橡皮球把气味散布到狗的鼻子下边。我们开始实验。狗安静地站着，唾液并不流出。现在我们放出樟脑的气体。狗起了一种积极动作反应（食物），并且流出 5 滴唾液。很明显，樟脑气味作为条件与唾液反射联系起来了。

这些就是我们今天所要给大家看的事实。大家可以看到，它们是极其精确而很清楚的现象。让我们更详细地去考虑它们。

在一方面你们可看到动物的一种奇怪行为，这只狗不自动离开原地方，但是每当触到它，它就表现出一种受胁迫的反应，就是说，它狺狺、咆哮和凶恶地露出它的牙齿。如果你仅看到它的这些行为，你会以为它是残废了或是怎么样特殊的。但是，在另一方面，当我们把它放在桌子上，而以精细的方法去试验它的复杂神经活动时，我们发现它是完全正常的。这应该被如何理解呢？什么事情发生了呢？这个问题的分析却是很简单的。

将你面前所有的事实加以比较，你会毫无困难地得到一个解释。奇怪的行为必须被认为是，正常从皮肤而来的信号没有了。如果你更仔细地去观察这个动物，你便会看到，当狗被迫走过可以碰到它的硬物体时，它对于四周环境缺乏适应能力了。皮肤分析器的正常活动已被破坏。

从我们的条件反射学说，或高级神经活动的客观研究方法的观点看来，我们理解两种机理：第一，暂时联系的机理；第二，分析器的机理，就是，那个有职责把外在世界的全部复杂性分解为它的元素的神经器官。由此我们便有耳分析器、眼分析器等。这只狗的皮肤分析器是被破坏了，即是，它在中枢神经系统最高部分的中央端，已经被割除，所以这个分析器官与外在世界的细致、精确、调节的联系便不存在。抚摸狗在平常可以引起它一种满意的反应，但对于我们这没有皮肤分析器上端的狗，就引起一种相反的反应——一种防御反应，它是从低级中枢发出的。这在实际上是如此，可以用手术之后皮肤反射的消逝，以及因此通过皮肤分析器与外在世界的精细联系的失掉来证明。只有下级中枢的皮肤反射还保留着，并且这些反射几个月来，在各种情况之下都是固定不变的。我们已经重复这些实验几百次了，也许有一千次了，所得的效果永远是一样的。

在报告开始我请大家注意的第一个病征，就是那只狗的姿势保持相当时间不变，我们要把它设想为是基于同样的原因。有许多材料可以指明，全部移位动作活动是一连串的反射，其中一个反射的终点就是下一个反射的起点；这个连串从脚掌触地的正常刺激作用起始，等等。我们可以很自然地设想，在这只狗身上，作为行走的原始刺激的那些刺激是缺乏的，所以它僵立不动。

所以，这个动物的行为可以这样解释：运动的主要刺激和调节器之一的皮肤，由于施行手术的结果很大地限制了它的感受器作用，所以只影响低级中枢；因此，运动较复杂的联系就缺乏了，只剩粗大而不纯熟的动作保留下来。通过别的分析器而引起的活动依然未受扰乱；因为这些分析器是完整的。从鼻与耳你可以产生一个正常反应，并且它们的分化作用能力也没有受伤。例如，铃声有效力，但是另外一种声音（节拍器）就没有效力（分化作用），因为后者没有以食物伴随过。气味与声音不仅产生唾液反应，并且还产生与它相应的运动反应。假如这只狗是照常站在地板上不动，而现在你开始用铃声或气味刺激它，并把这些刺激移动到各种不同的地点，这只狗便走动起来，追随着它们（作为食物的信号），像一个正常的动物一样。

除了上述的事实之外，还有一点也是有趣的。虽然这只狗已经失掉皮肤分析器的中央部分，因而有显著的缺陷，但它并没有表现出运动失调症的病征；它行走得很方便，很有劲地抓痒，甚至于可以用后腿抓它的耳后，并且可以把自己从困难的处境中解脱出来；即使有运动失调症，也是很轻微的。

如果这些是事实，那么，我们很幸运地遇到这样的一个情况：皮肤分析器的机能遭到损伤，而运动分析器的机能未受损伤。我们必须在通常所指的如眼、耳、皮肤、鼻子和口这些分析器以外，再加上运动分析器，这个分析器处理从动作器官——从肌肉、骨等而来的向心刺激作用。因此，在这五种外部分析器之外，还有第六种分析器，是运动器官的精细内部分析器，它必须在神经系统中，把参与某动作的所有个别合作部分在同时间的位置和紧张程度随时表明出来。这个分析器在大脑中有一个特殊地点——皮质的运动区。我们的狗引起我们的兴趣，因为它代表这样的一个实例，即是皮肤分析器单独残缺而运动分析器未受损伤。更进一步的研究必须向这个方向进行，就是必须检查这两个分析器的个别特性。我想这个研究将会指导我们了解大脑前叶部分被损坏的狗所表现的那些特性。

现在请诸位注意下列的事实：每一个实验，像今天所显示的，使我们有可能性做一种测验，来比较关于这些观察到的现象的心理学和客观观点。假如你从心理学方面去考虑这个动物，你便会极端地迷乱。当你仅看见狗在地上的时候，你必断定它是愚蠢而死板的。尽管你触摸这只狗，而不伤害它（我们并不伤害它——我们只是喂饲它），但是动物的反应总好像是想要攻击你。把它放在桌子上，同一动物又变成聪明而正常的，这可以由它对于周围世界现象的多种和精密的联系看出来。一个声音在数次与喂饲重复相伴随之后，就变成食物的信号，樟脑的气味也是同样的情形。这里是一个显著的矛盾：这只狗一时是愚蠢的，一时是聪明的。如果我比较狗的头部和脚部的动作，我也得到同样的结论。头经常是在动作，并且做着习以为常的朝向运动，但是腿是不动的——这又是一种矛盾：从它的头和颈看来，这个动物是正常的活动着，但是从它的腿看来，它好像是麻痹了似的。但从客观观点来看事情，那么一切就都很清楚，动物的活动是由相应的刺激来决定的。在动物的刺激器官保持完整的那些部分，我们就看到正常而复杂的关系；在其相应刺激信号已经受损伤的那些部分，常常缺乏一些正常活动①。从鼻子和耳朵可以有复杂的反射，但是从皮肤，则只有低级脑髓中枢的反射保留。

这是可以理解的，因为位于大脑两半球皮肤发信号器官的中央部分已经被破坏了。

---

① 这是有利于生理观点的极有力的证据。——英译者

头和脚的奇特运动现象也可以被了解。动作活动的冲动,脚的运动的冲动,是缺乏的,但是颈与头的运动的冲动是存在的;因为在施行手术时,与身体下部相称的脑的上部被损坏,但是与身体上部的头和颈相称的动作区域的下部没有被损坏。

以我看来是很明显的,从心理学观点来考虑,这样一个动物的行为所发生的混乱与疑难,经过生理学的分析之后便消逝了。最后,我们总可以精确地指出,在这个动物身上究竟丧失了什么,还保存着什么。

巴甫洛夫的生活照

巴甫洛夫在实验室

我最好的课题、最深刻的问题都是在做实验的过程中，也就是在工作中产生的。

第十六章　大脑两半球中刺激的分化过程

（根据 B. B. 贝利亚可夫博士的实验，在俄罗斯医师学会宣读，

发表在《俄罗斯医师学会会报》，79 卷，12—26 页，1911—1912 年）

中枢神经系统的活动机理是基于暂时联系和分析器——分析器与分析——分化作用基于抑制作用——表明抑制解除作用和分化作用的实验——分化作用中抑制作用的所在部位——这些实验的生理和心理解释比较起来，后者是不适当的——分析器的生理；中枢的定位

动物高级神经活动的客观研究，条件反射的学说获得了关于中枢神经系统的两个主要机理的概念，即，暂时联系的机理和分析器①的机理。这篇报告是关于分析器机理的生理功用和它的活动。

我提醒大家，关于分析器我们的意思是指一种神经器官，它包括下列部分：某一个周围末端（眼、耳等，通常称为"感觉器官"），与它相关的神经，及最后，此神经的大脑末端，就是，这个神经终止处的一组细胞。我们要讨论的是关于这个神经的最高末端，它位于大脑两半球内。这个器官被称做分析器是很恰当的，因为它的机能就是去分解复杂的外在世界成为它可能最小的要素。它的活动可以分做几部分来研究：一方面规定分析的界限，另一方面去研究分析的机理。今天我们讨论这个问题的第二部分，就是，讨论它的机理。

为了向诸位解释我们如何表明这分析器的机理，我将要举出一个详细的实验。我们拿作用于这个或那个分析器的一些外在世界的动因，声音、气味、皮肤的机械刺激，等等，试把它和某一种生理活动发生暂时联系。在我们的实验中是经常与唾液腺的活动相联系的。把某一种动因与这个器官的正常生理刺激相结合，我们便可以把此动因引到我们所愿望的联系中去。

经过一些重复之后，我们得到所希望的结果：从前对这个器官没有效用的动因，现在与它的活动发生关系，并且很快地就成为它的刺激了。每当它起作用时，它就引起该器官的活动，在我们的情形，就是引起唾液的分泌。假如于这种联系已形成时，我们试用其他刺激于身体同一感受表面，它们也会起作用，虽然在以前这些刺激绝未曾与这个器官的活动发生过联系。例如，假如我把一定的乐音与唾液腺的活动联系起来，然后再试用别种乐音或声音，它们也同样是有效的。但是这只是一个阶段，是一个一定的时期。我

---

① "分析器"的定义见第 55 页注①。——英译者

们注意到，如果把所选择的动因重复多次，我们的刺激，在起初虽似乎具有一种普遍的特性，渐渐就变成为特殊的了。以前，各种各样的乐音和噪音都有效力，后来这些中有许多变为无效，到最后，能起刺激作用的声音越来越少，就只剩下与我们选择的乐音有临近关系的那些乐音了。我们相信，这种从一个分散的兴奋转变到一种特殊的限度狭小的兴奋，这种分化作用的发生，是因为在神经系统中的某一点上发展了一种抑制性的过程。

我们这种确信的根据是什么呢？它是根据一些如下经常重见的事实：

例如，我选择一个 1000 振次的乐音；这个乐音已经成为唾液腺的一种刺激，经过许多次重复之后，我达到了可以使 1000 次的振动发生刺激，而与它相近的 1012 振次的乐音却不能发生刺激的情况。因此，刺激声音的范围缩小了，一个仅仅相差 12 振次的乐音，即是，与原来乐音仅差八分之一音的乐音，便不能发生刺激。如我所说过的，刺激的这种分化作用是通过一种抑制过程的发展而形成的，其证明如下：我用 1000 振动次数的乐音，它引起唾液流出；然后再应用 1012 振次的乐音，就不流出唾液；这两个乐音间的完全分化作用便发生了。如果在 1012 振次的乐音之后，我立刻应用原来的乐音是没有效力的，即使有也是很弱的，必须等候几分钟才会再发生。

这个事实仅可以作如下的解释：当应用分化了的乐音时，在神经系统中就产生一种抑制过程，假如在这个时期我再应用原来有效的那个乐音，它的作用就被抑制过程所压抑。必须经过一些时间以后，这个抑制过程在神经系统中才会消逝，原来的乐音才会有效，这里有抑制的发生是毫无疑义的。

于是，分化的过程，分析刺激的过程必须这样来说明：假如把我们所选择的特殊动因最初与某种生理机能相联系，那么，这个动因所产生的刺激，当达到皮层中某一点的时候，就向着与它相关的感受中枢扩散或散布；这样，不但某个分析器脑末端的一点进入了一定的联系，就是整个的分析器，或是它的大部分或小部分，都会发生一定的联系。只有在后来，由于抑制过程的对抗，刺激影响的区域才变小，直到最后获得一种孤立的作用为止。这便是前面的实验所解释的重要事实。

显然，这仅仅是问题的开端，还有许多疑问发生。其中一些问题已被贝利亚可夫的实验所解决。我将要报告他的记录。第一个实验如下：如果分化作用基于抑制的说法是正确的话，那么我们应当可能用损毁抑制的方法去随时损毁分化。这是为什么呢？因为在复杂神经活动的研究中，我们经常碰到抑制解除①的过程。如果分化作用的确是基于先前有效的所有邻近刺激的抑制，那么，应当有可能从抑制下去释放它们，而使它们再度发挥效力。我们可以在附列的记录中表示出这一个事实。

---

① 读者会记得在第 45 页注①和第十一章中关于抑制解除所谈到的。所有的内抑制的过程可以用额外刺激来释放抑制，分化作用的过程既然是基于内抑制，则分化了的（阴性）刺激也能被释放抑制，就是说，遇到额外刺激时它们就会表现出一种兴奋的作用，而不是那种平时的抑制的作用。——英译者

第一表　狗"稻刚亚衣"，1911 年 5 月 9 日[①]

时　间	条件刺激	唾液分泌滴数			
		头 1/2 分钟	第二 1/2 分钟	第三 1/2 分钟	总　计
10：58	喇叭声	狗叫声	狗叫着，很激动，发抖		
10：58.39	1/8 乐音	6	3	2	11
11：03.—	同	3	1	1	5
11：07.—	同	1	1	1	3
11：11.—	同	$1\frac{1}{2}$	$1\frac{1}{2}$	—	3
11：15.—	同	微量	—	—	微量
11：20.—	同	1/2			1/2
11：24.—	原乐音	1	喂饲肉粉	喂饲食粉	—

　　这是我们用一只名为"稻刚亚衣"的狗的实验的结果。经过 9 个月的训练，我们建立了并经常练习了一个与原乐音差别 1/8 音的乐音的准确分化。即是，分化了的乐音没有引起分泌的效力，而原来的乐音很迅速地可以刺激唾液的流出。现在我们用另外一种乐器的声音来刺激狗——一个包含许多陪音的尖锐喇叭声。它在动物身上产生了很显著的效力，狗开始吠叫，在架子上挣扎，并且发抖。当喇叭声停止，它安静下来的时候，我们试用分化了的（阴性的）1/8 乐音，这时连分化作用的痕迹也没有了。起初，在 30 秒钟之内得到了 6 滴，与原来的乐音（1,000 振动次数）所得到的完全一样，在以后相继的两个半分钟期间之内各得到了 3 滴和 2 滴，总计 11 滴。在 5 分钟之后我们又重复应用同一乐音，它发生了作用，在一分钟之内得到了 4 滴。而再过 4 分钟之后它的作用还没有完全停止。假如我们查看表中最后一栏，可以看到由于多次重复分化乐音所得的唾液分泌的总量是很大的。被分化了的乐音好像是起着通常刺激的作用；因为被重复时，它的效力就渐渐消灭了。这个抑制解除作用维持了 10 到 15 分钟，而没有分化作用的痕迹。我们有许多类似的实验。这里我们举出一个，它明显表示出被分化了的乐音就如同一个很熟练了的老的条件反射一样地被消灭。

　　再有，如果抑制是分化作用过程的基础，那么我们应当可以加强、累积并综合这个抑制。怎样做呢？连续重复被分化了的刺激多次。第二表描写这样的一个实验。

---

　　①　喇叭是当做一种非平常而强烈的刺激（额外刺激）应用的；1/8 乐音的意思是比用做条件刺激的原来的乐音高 1/8 音。1/8 乐音是阴性的或分化了的乐音。

第二表　狗"克拉萨维兹",1911 年 6 月 11 日[①]

时　间	刺　激	每 1/2 分钟内所流出的唾液滴数	
		耳下腺	颚下腺
1：45	阳性乐音	9	10
1：53 ⎫ 1 分钟 1：54 ⎭	阴性乐音	0	0
	阳性乐音	8	7
2：10	阳性乐音	8	7
2：25	阴性乐音	0	0
2：28	阴性乐音	0	0
2：31 ⎫ 1 分钟 2：32 ⎭	阴性乐音	0	0
	阳性乐音	5	3
2：55	阳性乐音	10	8

对于"克拉萨维兹",某一个乐音已经被用作一个条件刺激。第二表中的第一行的数目字表示条件反射的平常数量——耳下腺得 9 滴,颚下腺得 10 滴。现在我们试用大约低 1/2 音的被分化了的乐音。它没有作用。我们应用它一次,一分钟之后再重复原来的(阳性)乐音。我们看到,这里若是有抑制的话,也是很小的——我们得不到 9 滴而是 8 滴和 7 滴。现在我们把这个同一被分化了(阴性)[②]的乐音连续重复三次,就是说我们把抑制作用累积起来,我们看到,在试用被分化了的(阴性)乐音的同样间隔之后,再应用平常的(阳性)乐音(像从前一样),这个平常的乐音的效果就锐减,不给出 8 滴和 7 滴,而给出 5 滴和 3 滴。如果我们给予一段时间使这个抑制分散开,然后再试用阳性的乐音,我们便看到它会恢复它的通常效力——10 滴和 8 滴。由此我们可以说,抑制是分化的基础,它可以由重复分化了的(阴性)刺激而被综合起来。

以下是另一个事实。假若抑制是分化的基础,那么,分化作用的任务越艰巨,分化作用越精致,抑制作用也就越大。很明显,分别两个相差仅 1/8 音的乐音,是要比分别两个相差一全音的乐音难些。我们可以设想抑制作用的强度也是会不同的。分化作用越是精细,抑制作用也就越强,反过来也是如此。下面是一个实验。

在常态条件之下,我们从狗"稻刚亚衣"用阳性乐音(1,000 振动次数)得到 4 滴唾液。然后我们试用阴性乐音(1,012),它不产生唾液。连续试验了两次,它都给出 0 滴。10 分钟以后我们再试用阳性乐音,于是它被抑制住了。被分化了的乐音的抑制作用持续了一些时候,表现在阳性乐音的效力的减低。让我们把这个实验与第二个实验(见第三表下半,1911 年 7 月 6 日的实验)相比较。我们在第一行中看到条件反射的正常数量——5 滴。然后我们试用一个分化了的乐音,但是这个乐音是很容易区别的,就是说,是一个比阳性乐音相差两个全音符的乐音。这个阴性乐音被重复两次。10 分钟以后,我们试用阳性乐音。它丝毫没有变动;它给 4 滴到 5 滴。如此我们看到一个精细的分化作用(区别出相差 1/8 音的阴性乐音),造成一个强烈的抑制作用,然而一个粗糙的分化作用(区别

---

① 阳性乐音＝伴以喂饲的乐音。
　　阴性乐音＝未伴以喂饲的乐音。

② 把这两个乐音叫做阳性和阴性似乎是很便利的,阳性的意思是伴以喂饲而又可使唾液流出的刺激,阴性的意思是较后试用的刺激,并不伴以喂饲,而且通常也不使唾液流出(被分化了的乐音)。——英译者

相差两个音符的阴性乐音），并没有引起任何显著的抑制效力。

第三表　狗"稻刚亚衣"[①]

日　期	时　间	条件刺激	每 1/2 分钟内所流出的唾液滴数
1911 年 6 月 11 日	11:25	阳性乐音	4
	11:40	1/8 阴性乐音	0
	11:44 }10 分钟	1/8 阴性乐音	0
	11:54	阳性乐音	1
	12:15	阳性乐音	3
1911 年 7 月 6 日	1:20	阳性乐音	5
	1:40	阴性乐音	0
	1:44 }10 分钟	阴性乐音	0
	1:54	阳性乐音	4
	2:10	阳性乐音	4

这里发生了一个有趣的问题：这个作为分化作用基础的抑制是在什么地方发生的呢？很自然地我们会想到它是在相应的分析器中发展出来的，就是说，在刺激作用被分析的那个地方。但是这自然需要证明。现在我将要举出一个实验，可以引致抑制作用正是在抑制性刺激所隶属的那个分析器中发生的这个结论。我们试用了来自不同分析器的各种刺激，去试行把这个分化作用解除抑制，得到在第四表所表示的结果。

第四表　狗"克拉萨维兹"[②]

日　期	时　间	条件刺激	每 1/2 分钟内所流出的唾液滴数	
			耳下腺	颚下腺
1911 年 6 月 24 日	1:20	阳性乐音	9	11
	1:40	低 1/2 阴性乐音加上留声机	3＋2	5＋3
	1:55	阴性乐音	10	12
	2:05	阳性乐音	12	14
1911 年 6 月 25 日	2:35	阳性乐音	8	10
	2:45	阳性乐音	12	13
	3:00	低 1/2 阴性乐音加上光	1/2	微量
	3:20	阳性乐音	10	13
1911 年 6 月 28 日	3:25	阳性乐音	12	13
	3:45	低 1/2 阴性乐音加上樟脑气味	微量	0
	4:00	阳性乐音	10	12

表中第一横行表示对于阳性乐音的平时正常分泌量，9 滴和 11 滴。然后，与阴性乐音的同时，再应用可以产生动物方向反应的一个新刺激，即留声机的音乐声。它产生了很大的抑制解除。被分化了的乐音和留声机声共同产生的不是 0，而从耳下腺给出 3 滴

---

① 阴性乐音与阳性乐音相差两度。

② 阴性乐音比阳性乐音低 1/2 音。

和 2 滴（每 15 秒钟），从颚下腺给出 5 滴和 3 滴。因此，留声机声解除阴性乐音的抑制。在下一个实验中（第四表中部，1911 年 6 月 25 日），我们应用一个光的刺激作为解除抑制者；它几乎没有效果。分化作用仍旧保留着。光的刺激并没有发生解除抑制的效用——它并没有破坏分化作用。最后，在第三个实验中（第四表下部，6 月 28 日），我们施用了樟脑的气味作为解除抑制者。这也没有效力。因此，我们用三种不同的刺激：用光亮、留声机和樟脑分别刺激眼、耳和鼻分析器。我们的分化了的（阴性）乐音影响耳分析器，而留声机也影响同一分析器，于是呈现一个强烈的抑制解除；但是落在眼和鼻分析器上的刺激是没有效力的。虽说光亮只是一个微弱的刺激，但是正如大家所看到的，气味并没有释放我们的阴性乐音的抑制。

我们还有其他的实验可以直接证明抑制是在分化了的刺激的分析器中发生的。第五表中列举出这样的一个实验。

第五表　狗"稻刚亚衣"①

日　期	时　间	条件反射	每 1/2 分钟唾液分量
1911 年 6 月 2 日	11:05 ⎫ 　　　⎬10 分钟 11:15 ⎭ 11:25	1/2 阴性乐音 Ⅰ 旋转器 旋转器	0 2 2
1911 年 6 月 4 日	11:10 ⎫ 　　　⎬10 分钟 11:20 ⎭ 11:40	1/2 阴性乐音 Ⅰ 阳性乐音 阳性乐音	0 $1\frac{1}{2}$ 4
1911 年 6 月 14 日	10:40 10:44 ⎫ 　　　⎬1 分钟 10:45 ⎭ 11:10	1/8 阴性乐音 Ⅱ 1/8 阴性乐音 Ⅱ 旋转器 旋转器	0 0 1/2 3
1911 年 6 月 15 日	10:55 10:59 ⎫ 　　　⎬1 分钟 11:00 ⎭ 11:40	1/8 阴性乐音 Ⅱ 1/8 阴性乐音 Ⅱ 阳性乐音 阳性乐音	0 0 微量 4

在这里，我们比较两个条件反射，一个是对于一个乐音，另一个是对于一个旋转物体（旋转器）所起的条件反射。应用阴性乐音之后，在中枢神经系统中就保留有抑制性痕迹，这个抑制性痕迹的作用，可以用测量对于一个阳性刺激，一个乐音（是与阴性刺激同一个分析器，即是耳分析器）的反射的大小，与测量对于另外一个分析器（眼分析器）的阳性刺激（旋转器）的反射的大小来比较。在起初，试了一种粗糙的分化作用（半音）。"稻刚亚衣"对于这个分化作用产生了微弱的抑制作用；因为在它的身上，我们已经建立了一种更精细的分化作用，它能分辨出相差 1/8 音的乐音。我们用这种分化作用所产生的抑制性痕迹的效力去试验眼分析器的反射，即对于旋转器的反射。这个反射并不因应用阴性乐音而被抑制，它给出与当天前一次试验中所得的同样数量的滴数，就是 2 滴。所以，

---

①　阴性乐音＝不伴以喂饲的乐音。
　　阴性乐音Ⅰ＝与阳性乐音相差 1/2 音。
　　阴性乐音Ⅱ＝与阳性乐音相差 1/8 音。

在当时的（时间的）条件之下，耳分析器中的微弱分化作用（就是，一个不重要的抑制过程）对于另一个分析器（眼）的兴奋过程是没有效用的。同样的分化作用（1/2 音），就是说，有同样强度并在同样条件之下的抑制性过程，对于同一分析器（耳）的一个条件反射，给以显著的抑制性效果。在当天，对于阳性乐音所起的唾液分泌是 4 滴。试验粗糙的分化作用（1/2 音）所产生的效果是 0。10 分钟以后，应用阳性乐音，不得 4 滴，而产生 $1\frac{1}{2}$ 滴的唾液分泌。因此，可以证明出，同一分化作用，同一分析器的抑制性过程，对于同一分析器的反射具有一种抑制性效果；但是对于其他分析器的反射，便不具有抑制的作用。所以，由于分化作用所引起的抑制，其位置是在被分化了的（阴性）刺激所作用的同一分析器中[①]。

由已往的报告大家还能记得，中枢神经系统的最高部分的神经过程是经常在流动着，扩散着和集中着。这个理由使我们相信，来自某一分析器的抑制过程可以散布到整个两半球中。为了证明这一点，我们不能再用简单的分化作用（它只要求一种微弱的抑制过程），而必须应用一个较高级的分化作用，或累积分化了的抑制作用；因为抑制性波浪不仅限于所涉及的分析器，而且包括了邻近的和遥远的分析器。

在同一只狗"稻刚亚衣"的身上，我们现在试用一种较高的分化作用，用相差 1/8 的乐音并重复它。你们可以清楚地看到，它的作用并不只限于同一分析器，而散布到另外的分析器。第五表（6 月 14 日）有一个实验表示耳分析器中所引起的分化了的抑制作用对于眼分析器反射的影响——对于旋转器所发生的反射的影响。在施用阴性乐音之后旋转器只产生了半滴；但是若等候 25 分钟以后，使抑制作用的波浪能有充分时间去消失，那么它就显出十足的效果——不是半滴而是 3 滴。显然，当两种反射是在同一分析器中时，即是，在耳分析器中时，也发生同样的情形；因此，假若反复施用（阴性的）1/8 的乐音之后，再试用阳性乐音，后者便没有效果（见第五表，1911 年 6 月 15 日）。假若抑制过程在遥远的分析器中达到某种力量，很明显，它应当在原先产生它的分析器中有更大的效力。

这就是我们与贝利亚可夫博士所建立的一些事实。显然我们由这些事实去深入，就是说，我们可以提出关于这个机理的很深入而奥妙的问题，并且可能得到确定的答案。我们不仅能够建立分化了的抑制作用的事实，而且实际上我们能够用实验方法把它引导到某些路线中去，加强或减弱它，并且找出它是从什么地方发源的，等等。

我们在回顾这些结果中，很有兴趣地对于我们的客观观点提出一个比较性的判断，这个客观观点是不难于维持的。你们看到我并不只是在想象着，而是经常站在事实的基础上。我用实验来检验我所有的命题，因此，我的观念总是靠事实来决定的。为了要正视这个客观的生理学观点的力量，我希望诸位先生们试从心理学观点来理解并解释上述的事实。你们会看出很显著的区别。让我们看一两个例子。我把一定的乐音做成一个条件刺激。我们可以想象并且说这狗很熟记这个声音就是进食的信号，在它之后必定有

[①] 就是说，假若对声音的分化作用已经被建立了，那么阴性声音所形成的抑制作用并不影响所有的阳性条件刺激，而主要地影响那些声音分析器的条件刺激；假若来自跟分析器的刺激已经建立了分化作用，那么，阴性光觉刺激所形成的抑制作用主要地影响跟分析器的阳性条件刺激，而不影响，例如，声音刺激。

食品吃，为了这个期望，狗便分泌唾液。现在在这个乐音之后，我试用一个仅相差 1/8 音的乐音，狗不能立即分辨它们，而将它们弄混，结果就分泌唾液。它记忆得不好。此后我把平常（阳性）的乐音和非平常（阴性）的乐音重复多次，使狗熟记阳性乐音是伴随进食，而阴性乐音是不伴随进食的。当我应用阳性乐音的时候，狗分泌唾液，并且预备吃食，但是当应用阴性乐音的时候，它安静而不期待食物。现在在阴性乐音之后立刻施用阳性乐音，它没有效果。这是为什么呢？狗是很熟知这些乐音的；它能记得哪一个乐音是进食的信号，哪一个不是进食的信号。为什么它现在听见阳性的乐音反而不分泌唾液呢？这将如何解释呢？还有一层，我第二次又重复阴性乐音，仍无唾液。这是说狗记住了，这个乐音是不会随以进食的。我第三次重复阴性乐音，仍旧得到同样的结果，这证明狗已经记得很准确。但是为什么它单单忘记了阳性的乐音呢？从心理学的观点看来这是不可能被了解的。如实验中所示，在阴性乐音 15 分钟以后，它又能回忆起阳性乐音，这更是不可能理解的。但是若从我们的生理学观点看来，问题是很简单的。如果分化作用是一种抑制作用，又假定分化作用的重复是一种综合，是抑制作用的累积，那么，我们必须等候一段时间让抑制作用消失，然后常态关系才可以恢复。

去检查所有的心理学概念，并且去与我们的客观材料相比较，指出它们是粗糙的、经验的和空想的，并且在分析高级神经活动的最微细现象中，这些心理概念的特质是不可克服的阻碍——这种高级神经活动的分析就是摆在我们面前的任务。

现在我再回到分析器的问题。我们已经收集了关于分析器的活动的事实并将它们加以系统化。再者，我们还有材料说明在某些条件之下它们的活动如何变化。根据上述事实看来，如果我们破坏大脑两半球代表分析器组合的某些部分，这个破坏所表现的方式应当是我们所预料到的。如果我们把一个分析器的一部分损毁，这便立刻在它的机能上反映出来。机能损伤的程度是被大脑损坏的大小及从施手术到观察时所经过时间的长短所决定的。正如我们所知道的，这些扰乱在这种程度上是可以逐渐地被补偿，但是永不会完全平复的。

还有，在分析器机能的扰乱中，必须解释哪些扰乱是由于损伤，及哪些扰乱是由于其部分的割除。的确这是一个远大的问题，而且我不知道到何时才可以解决，但是我应当说明在我们已经做过的实验中，能有答案的某些线索。例如，我们有证据说明分化作用中的扰乱是依赖于抑制过程的正常进程的某种歪曲和中断。

所以诸位可以看到，神经系统的最高级活动，大脑两半球的活动的分析机能，可以加以严格的生理学的探讨，而绝对不需要心理学概念的帮助。而且这个分析的机能就是大脑两半球的主要任务。

关于事实和一些片断知识的这个报告，虽然很贫乏，我想可能给予我们一些指示，以解决关于分析器的生理活动的深奥秘密。在我们面前使我们非常迷乱的现象之一，便是大脑两半球相当大部分被割除后，过了一些时候，在神经系统的活动中不一定常能发现任何缺陷。看来好像你是在研讨一个珍贵而又特别重要的机理，但是在另一方面，你破坏并损毁它的一大部分，所以你看不出有任何后果。我愿意着重地指出，大脑惊人的补偿能力是很值得注意的。因此你看到，差不多 100 年以前关于大脑两半球整体的说法，在后来虽然曾遭到否定，但是现在从它的个别部分的关系看来，这个说法是一个活现的事实。大脑生理学是从法国学派的观察开始的，此学派曾有条理地指明，在两半球中并没有定位，并且两半球受损坏时，如果只有一部分还保留着，状况便会复原于常态。

到 1870 年，当福利契和赫齐葛做了他们有名的实验，这些看法便被完全放弃了。他们的实验奠定了中枢定位学说的基础。在当时早先的看法好像是一个极大错误；然而现在当我们把分析器进行了详细的研究后，这个被抛弃了的观念又重获光明了。当割除了大脑两半球的大部分时，起初看来好像分析器是被消灭了；它的作用几乎毫无表现。但是经过几个星期或几个月之后，这些损伤已经被补偿得使我们很难看出这个动物究竟在哪一方面是不正常。

大脑半球的大部分存在有定位是毫无疑义的事实。但是脑的个别区域中的定位是怎样的——这是生理学所面临的困难而艰巨的工作。一个结构可以被破坏和毁灭，而我们看不出这个损伤的结果，这怎样解释呢？显然，在个别分析器中我们必须承认一个无疑的事实，就是机能中存在有某种代替作用和补偿作用。这将如何被了解，我们采取什么推测呢？我们的概念当然一定是机械论的。

关于这个问题，显然已经有了一些希望和一些进展。我今天在开始时所叙述的话很可能是具有重要意义的。我们指出的事实是当条件反射刚刚被形成，它便转为普遍化了。由此看来，很显明分析器的脑末端代表着一种共同的物质基础，其中的各部分都紧密地联系着，并且其一部分可以代替另一部分。我们可以假设，在分析器的周围这一端，对于刺激因素有一种严格的分化作用，每一部分都是个别的并且与其他部分彼此分别开，同时在分析器的脑末端，有联系可以通达大脑全部，以至于所有的周围刺激作用可以传达到脑髓的每一点。因此，有可能性以分析器的小部分来代替分析器的大部分。

我所说的话不够作为一个建议，而是这些极端复杂而重要的问题，怎样才可以得到解决的一种预感。最后，我愿意表示出我的想法，我们距离大脑两半球机理的任何真正概念还差得很远呢！

第十七章 由条件反射研究所阐明的关于中枢神经系统活动的几个原则；中枢的相互作用

（为纪念谢切诺夫，在俄罗斯医师学会宣读，发表于
《俄罗斯医师学会会报》，79 卷，170 页，1911—1912 年）

白质与灰质——谢切诺夫的抑制作用——高尔兹的实验——条件反射——破坏性（痛）刺激——能量和神经冲动从弱（痛）中枢向强（食物）中枢流动——集中与扩散的定律——痛与食物中枢在生存竞争中的地位——实验所显示的"温"和"冷"中枢及它们与酸性物中枢的关系——根据扩散和集中所发生的中枢间的关系——实验所显示的肉和糖中枢间的相互关系；它对于饮食学的应用——生理的概念是时间与空间的概念

我们对于神经系统的两个主要部分的知识范围是很不同的。这两个部分，一方面，是它的周围部分，即神经纤维，另一方面，是它的中央部分，灰质，主要是由神经细胞所组成。我们已经熟知，在周围神经系统的生理学中，已经建立了很多关于兴奋性和传导性的精确规律。神经过程本身的确还是一个神秘的秘密；然而中枢神经系统也同样处于这种情况，因为二者的过程完全是同样的。但是像你们所知道的，这个过程正在被多少科学家的智慧有力地钻研着，他们的努力或许不会是无结果的。

关于中枢神经系统，灰质及细胞彼此间的组合与联结，我们的主要知识是局限于局部解剖学的材料。许多研究和定论都是关于这个或那个中枢的定位。然而，关于他们的机能这个主要问题，却是研究得很贫乏。我们知道，中枢神经系统的主要机能，是通过所谓反射活动而完成的，所谓反射活动就是刺激作用由向心通路传达到离心通路。我们的知识的确是太单纯了，太笼统了。我们很了解，在这些一般论述之后，重要的问题随即发生，如传达刺激作用的特殊通路是什么及管制这个传达的规律又是什么。所以关于中枢神经系统的活动，我们的知识是很有限的，我们可以说，这个问题是刚刚才被开始研究。过去 10 年到 20 年之间，这一类问题在中枢神经系统低级部分，即脊髓，曾经被系统地研究过[①]。这类关于中枢神经系统最高部分的活动的探讨是在我的实验室中第一次开始的，所用的是生理学的方法，而不是心理学的方法。

在起初可能有怀疑，当这类方法从中枢神经系统的低级部分被引用到高级部分时，它们是否真正有益处，能否解决这种问题。假若低级部分是复杂的话，那么高级部分更是无限地复杂了！虽然有这种障碍，但是脑的研究仍是具有某些有利情况的，最有利的情况如下：当我们在脊髓中遇到复杂的反射活动时，它已经是完整而固定的了。因此，在

---

① 巴甫洛夫指的是谢灵顿和他的合作者们所做的研究。——英译者

这些预先形成的联系之中我们没有方法可以看到它们是怎样建立的。中枢神经系统高级部分的生理学是处在另外一种情况下的。在这里我们可以看到反射活动的形成过程，并且有可能观察到形成反射活动的基本特质和单纯过程。

为了解释此事，让我进行一些比喻。拿一个从原料制成成品的工厂来说，假若你只知道所用的原料和最后的产品，那么，便需要很大的智慧去猜度厂中所进行的工作，以便通晓这些产品在制作中所经过的过程。这样的一个问题在很多情况之下可能永远得不到解决。当你进入这个工厂，并且看到这些物品是如何加工的，以及它们是怎样组合成的，和它们怎样从一个部门转到另一个部门，那又是另外一回事。你会多多少少比较容易了解问题的本质。中枢神经系统的最高部分的生理学也有同样的情形。这里一个反射活动在我们的眼前形成了。它们的机理赤裸裸地摆在我们面前。

本学会会员和来宾都很知道，我们现在已经累积了关于中枢神经系统高级部分正常活动的生理学的大量材料，这些材料不仅包括个别事实，而且也是可以被概括与系统化的。今天我将要努力对我们先前的结论加入新的事实，或者，更精确地说，去加入新材料，以便可以概括另外一系列的事实，这些事实不仅是由中枢神经系统高级部分的研究得到的，而且也是从研究它的低级部分，即是，由研究脊髓而得到的。

中枢神经系统活动的主要事实之一就是特殊抑制作用，我现在将要更详细地去讨论它。我们公认谢切诺夫是这个概念的创始者和推进者，今天的会议也就是为纪念他而举行的。他的名著《抑制性反射中枢》恰好是 50 年以前发表的。这个作品及其事实可以算做生理学领域中俄罗斯思想的第一个胜利，是对于该科学的第一个独立原始贡献。

抑制作用的事实可以由下列的实验显示出来。反射动作的速度是用这个方法决定的。把青蛙的后腿浸入一定强度的酸液中，然后测量从开始浸入时到开始发生回答反应，即发生收缩时（所谓的吐尔克方法）之间所需的时间。这些青蛙的两半球曾被割掉，并且在暴露的部分，即在视叶上放氯化钠晶体。在这个化学刺激影响之下反射便大为减弱，这可以由浸入酸液到发生收缩的时间较长而看出。

后一种现象可能作以下的解释：反射的发生是由中枢神经系统的低级部分，即脊髓部分发生的，此时这部分的兴奋性很显著地降低，因此必须经过较长的间隙时间之后刺激作用才能达到产生效果的力量，而把腿从酸液中缩回。这个观察必须被认为是收集有关中枢神经系统的大量其他事实的起点。

约在同时，高尔兹的所谓《阁阁实验》（Quakversuch）的早期报告发表了，内容是轻微地触摸一个割除大脑的青蛙的背部，使它发出咯咯的叫声。这个反射可以机械般地有规律性被重复着。假如我们同时刺激另一点，例如，压它的脚，这个咯咯声的反射就被抑制了。

现在我们有一系列类似的事实。我将举高尔兹的另一个实验作为例子。在用胸部与腰部脊椎间的脊髓被切断的狗所做的实验中，他证明了肌肉和生殖泌尿系统的许多反射，原来是机械般精确发生的，但是若同时刺激动物后半身的某些部位，并且刺激作用足够产生另外一个反射的话，那么这些先前的反射便立刻停止。后者的反射抑制了前者的反射。这些事实已经被反复地证实了，并且系统地被研究出来。下面是一个例子。

将一只青蛙的第七、第八、第九和第十条脊髓神经的后根暴露出来，再记录腓肠肌肉的收缩。当第九条神经受刺激时，这个肌肉便收缩。但假若同时刺激其他的向心神经根，即刺激第七或第八条神经而引起别的肌肉收缩，腓肠肌的收缩就减弱或完全消失。

总而言之，如果与某一个反射的同时产生另外一个反射，前者的力量便被削弱或完全消灭。在条件反射的生理学中，就是，在那些与唾液腺活动发生暂时联系的刺激的影响中，我们看到一些这类的事实，表明起源于不同点的两个刺激的相互作用。假如正当条件刺激被试用的时候，另外一个刺激也发生作用——例如，某种新乐音，看见新图形，一种气味的作用，或皮肤的温度刺激作用，等等，或者，其实任何可以引起新反射的物品——则条件反射就减弱并且可能消失。

这是我们在研究中枢神经系统的机能中所遇到的最普通的事实之一。现在我用一些时间来讨论这个现象的机理。如何解释它呢？这个事实给我们指出什么，什么特质或什么基本过程呢？它给我们带来什么概念？我愿意着重指出下面的情况。我们来看某一个反射，就是说，中枢神经系统中的某一点发生了兴奋作用，如果在同时产生出另一个反射，中枢神经系统中的另一点就被刺激了，第一个反射便减弱并且可能消逝。我们可以设想，第二个反射的活动把第一个反射中枢的某些能量吸引到自己的中枢去；结果第一个反射中枢所保留的能量就较少，它的表现也就弱些，或者，能量的转换如果是很大的话，它便会完全没有表现。还可以提出其他的解释，但是这一个是不能反驳的，因为它是很符合于实际事实的。

如果上述的事实是照这样理解的，那么，中枢神经系统活动的另一个现象也具有同一内在的机理。这个现象就是所谓条件反射，就是，一个一定的外在刺激和某个器官间的暂时联系。

我们称为条件反射的这种现象是如何形成的呢？在我们的实验中我们喂狗或把酸性物放进它的口中，因此刺激的若不是食物中枢便是酸感受器的中枢。由这些中枢，兴奋作用就传导到相关的器官的中枢；在应用食物时，就从食物中枢传达到与摄取食物有关的运动中枢和分泌反应中枢；或者，假如是关于酸性物中枢的话，兴奋作用就传达到防御运动中枢（动物由此自己解脱了酸液的影响），而且也传达到唾液分泌中枢。这也就是说，在这里我们在中枢神经系统中有某一种焦点——一个强烈活动的焦点。当这些情况确立的时候，所有同时进入中枢神经系统的其他刺激，便被吸引并传导到这个活动的焦点上来，而变成无作用的了。假若某种刺激常被重复，而没有对于机体产生更重要效果的刺激来伴随，那么，这个刺激就变成中性而毫无关系。我们是被四周大量的声音、视觉对象等所包围，但是假若它们不在某些活动方面引起任何特别重要的刺激作用，那么，我们对于它们的反应，就好像它们是不存在似的。假如现在这些中性刺激，许多次与我们中枢的活动同时发生，那么，它们就不复像当没有被吸引到一个特别兴奋的焦点时那样散布并扩散到两半球；相反，它们开辟了一条持久的狭窄通路通到活动的中枢，与它相联系，因此，先前的中性刺激现在变为该中枢的确定刺激物。

假如我们接受这种解释，就可以从同一观点去考虑两类重要的事实。在两种情况之下，兴奋作用都是从一个地方流入到另一个地方。叶罗费叶娃博士的实验证明了这不是空想，而是事实。今天我将从一个新观点去考虑她的结果，并且我想很明显，我们的看法由于她的结果特别被加强了。

我们的事实是什么呢？我们用一只带有长期唾液瘘管的狗——做这种实验用的通

常实验动物——以强烈的电流刺激它的皮肤。根据主观的词汇来讲，这是一种痛觉刺激；但是按照客观名词讲，是一种破坏性刺激。显然地，对于这种刺激物的回应是一个通常的反射，动物的防御反应；它用全力来保护自己以避免这个刺激。它想从绑架上挣脱，它咬刺激仪器，等等。可见刺激作用传达到防御反应中枢；它是以防御运动表达出来的。假如你连续数日重复地做这个实验，动物的激动性随着每次的重复而增加，并且防御反射也增强了。现在让我们用另一种方式去做这个实验。若在破坏性刺激起作用的时候给狗以食物吃（如果它不吃，就把食物强迫地放入它的嘴中，以刺激味觉细胞），你便会看到防御反应愈来愈弱，终归可能消灭。这即是说，在你们面前的是属于第一类范畴的事实，就是一种抑制作用。食物中枢的刺激作用引起痛觉反射的中枢的抑制作用。

假如喂饲时常与痛觉刺激同时重复，最后不但防御反应没有了，而且相反，应用电流刺激时，狗便发生食物反应；它转身向着你，向拿来食物的地方看，并流出唾液。进入防御反应中枢的刺激作用，现在转入到食物中枢了，就是转入与食物有关的运动和分泌的中枢去了。这是第二类反射的一个示例，它是一个条件反射。

从这个例子，你可以目睹到，一个现象如何无疑地转移到另一个现象；并且因之它们的关系也就很清楚地建立起来。首先，正像大家所看到的，痛觉中枢被抑制了，然后刺激作用便迁移到食物中枢。因此，一个合乎逻辑的结论是这些过程基本上是同样的，只不过是从一个中枢到另一个中枢之间的一种转移，一种方向的改变，或是一种能量的吸引。而且，正如所举的案例一样，如果新中枢较强，则先一个中枢的所有能量转移到这个较强的中枢，先前活动的中枢就完全变为静止了。

让我们再进一步。一个中枢的能量可以传导到另一中枢，这是什么意思呢？这件事的发生可以和我以前所提到的许多事实有关系。一年以前在本学会周年纪念会上，我曾论及兴奋过程的扩散与集中的规律。集中作用的规律，即是兴奋作用被聚集起来而被导向神经系统中的某些点。这个规律是以下面的观察奠定的。用前面所叙述的方法，你用某种乐音建立了一个条件反射；就是说，你总以喂饲或放酸于狗的口中与乐音重复而相伴随，最后你便会得到相应的反射和相应的分泌。假设我们是用每秒 800 振次的乐音建立起这个反射的，并且这个乐音经常引起它的条件反应。现在我们试验其他乐音。虽然这些乐音相差得很远，例如，100 和 200 振次，或 20 000 到 30 000 振次的音高，结果它们却全都有效力，甚至在初期所有的音响都能有效力。这个事实——就是，把食物中枢仅仅与单独一个刺激结合起来，而兴奋作用就变成普遍化了——给予主张扩散规律的直接根据，并且也使我们有理由想象：到达两半球某些细胞的兴奋作用并不是绝对停留在原来所进入的那些细胞中，而沿连接的细胞扩散。

实验的第二部分如后。当你重复那个对 800 振次的反射，并用喂饲来支持它，它就愈来愈特殊化，有效乐音的范围愈来愈狭窄，并且如果你在一段较长时期内应用这固定的乐音，你会达到一种高度的特殊性①。对一个 812 振次的乐音可能没有反射。起初散

---

①　后来的工作证明，不但需要重复条件刺激然后伴以无条件的，并且还要施用近似的刺激而不伴以无条件反射，以便引起对比。见本书第三十一章第十段末，和巴甫洛夫《大脑两半球机能讲义》一书中的第七章的最后一部分，这些地方讨论到分化作用。——英译者

布开的、扩散了的兴奋作用，现在集中起来而聚集到一点。

这个事实使我们有理由提出那个集中的规律。很明显，我在先前所提到的那些事实是与这个集中规律完全一致的，并且在条件反射的形成与抑制的实验中，发现兴奋的集中规律，就是把兴奋聚集在某一焦点。

这些是我们的事实，就是我们所已经做过的。必须了解这仅是一个普通陈述，只是开始。再有，在这些规律中每一个——扩散和集中——还必定有许多较细致的特殊性质的地点。这些细致的地方应当构成将来研究的任务。我的实验室发现了许多这样的点，并在对之进行研究，我现在将要向你们指出其中某一些。

在叶罗费叶娃博士的实验中，我们找到事实证明了在特殊的情况之下集中作用的规律可以有不同的方式来表示，就是说，在不同的情形之下，它以个别的形式出现。像我所示出的，防御运动中枢的兴奋作用可以转入食物中枢。这个实验可以很容易地在所有动物身上做到。但是，如果你试将这个兴奋作用导入酸中枢，就是说，你若想使电的刺激成为酸中枢的条件刺激，你会失败的。所以就有集中规律的补充：刺激作用的方向是以相互作用着的中枢的相对力量决定的。食物中枢明显地是一个强有力的生理中枢，它是个体生存的保护者。很显然，与食物中枢比较起来，防御中枢是较次要的。你们知道在争夺食物的时候，身体的各部分并没有什么特别的防御；在动物中间常有为食物而起的凶猛的争夺和斗争，以至于创伤和严重损害产生。因此，身体各别部分的损坏，是生命最重要的需要、为猎得并夺取食物所付出的牺牲。很明显，食物中枢必须被认为是最强有力的生理中枢，所以我们有清楚的理由说明，为什么这个中枢可以从其他中枢吸引兴奋作用。酸中枢绝没有这种重要性，它的活动是特殊的；显而易见，与它相比较，防御中枢是更为重要的；因此，一个兴奋作用不能从防御中枢被引导到酸中枢。这在事实上是如此的。

最后，我可以举出实验，很好地说明扩散作用的规律。瓦西里叶夫博士在我们的实验中已经做过了皮肤温度刺激作用的实验，观察到下列未曾预料到的事实。在我们的研究开始以后，已经获得温度刺激的条件反射。温或冷都可以做成食物中枢或酸中枢的条件刺激。在这方面温度刺激与其他刺激并无差别。但是在以下一点上就有很大的区别：用冷和温的刺激作用很难同时得到各种条件反应。例如，假若你把作用于皮肤某一部位的一个温刺激，作为酸中枢的条件刺激，就是说，你得到相应的运动与分泌，并且如果这个条件反射发展得良好，你可以肯定，即使不再继续应用这个条件刺激，该条件反射可以数周或数月保持完整不变，依据你对它发展与增强的良好程度与时间的长短而定。以同样的方法，你可以用冷化皮肤的某一部分，同时喂饲动物，来形成一个条件反射。这样的一个条件反射也可以稳固而数周或数月保持完整不变。但是如果你想在同一实验中同时应用这些刺激，那么你就会遇到不可克服的困难。让我们开始做冷反射的实验，并且设想冷的刺激是与食物中枢相联系的。你见到相关的食物反应，狗转向你，寻觅食物，而唾液开始流出。你这样重复一次、两次或三次，每一次你都看到一样的反射。假如，在这之后，你试用与酸性中枢相联系的温觉的刺激，那么你得不到动作—酸反应和它的相应的唾液分泌，你看到的是同样的冷觉反射，就是，食物反应。换言之，狗将温觉-酸反射与冷觉-食物反射相混。假使你以颠倒的次序进行实验，你会得到相类似的结果，就是说，如果你用温觉-酸反射开始实验,则冷觉-食物刺激就与温觉-酸刺激相混。

这个现象仅可以作一种解释。即假定从温觉中枢到冷觉中枢是容易发生扩散作用的,从冷觉中枢到温觉中枢,也是如此。例如,你把冷的刺激重复数次,温度的神经细胞(冷的与温的)就变为普遍化了;刺激作用泛滥并且同等地散布到两个中枢,如果现在你再转到另外那个温度刺激,反应是同第一个温度刺激所得的反应一样的。依我看来,没有其他的解释可取。这需要承认两个温度中枢是非常靠近的,它们是密切缠绵着,正如皮肤上的温点与冷点一样,因此扩散作用的现象见得特别清楚;扩散作用很自如地从一个中枢转到另一个中枢,并且想把它们分开是一件很困难的事。要知道这种分离需要多快便能成功,倒是一件很有趣的事。无论如何,我们在这里看到了扩散作用的一个鲜明的例子。

进一步的问题是,扩散和集中的规律之间的关系如何? 显然,这些规律的性质是相反的。在前一个情况下我们所处理的是一种泛滥,是脑中兴奋的散布;在后一情况下,是兴奋在个别点内的聚集。

因此我们看到,这两个主要规律相互关系的问题,对于中枢神经系统的整个机理有最大的重要性。的确这个问题的解答仍是很遥远的,但是虽然如此,有价值的材料仍是可以收集的。在我的实验室中有两个研究给我们提示了解答的线索。一年以前,我们完成了一些实验,证明不同的反射(食物)可以相互比较(叶哥柔夫)。直到那时,只把条件酸反射与条件食物反射形成对立,只把酸中枢或与食物中枢相联系的刺激形成了对立。在这个研究中,初步的尝试是想求出各种食物反射彼此之间的相互影响。检查的方法是这样进行的:将某些无关的刺激与各种食物相组合起来,一个刺激与干酪组合,另一个与牛乳,第三个与面包,第四个与肉,等等。我们曾看到这些反射之一对于其余反射的影响。在这些实验中,会发现这样的事实,各种食物的刺激作用时常伴随有一种非常持久的后效。

在条件反射的生理学中有很多实例显示出一种痕迹方式的刺激作用,在它的原因被移去,而且见到它的效果停止之后,还可以在中枢神经系统中出现很久。以前我们所见到的是经过 10 分钟间隔以后的痕迹,我们尚没有遇到过维持更长久的痕迹。在叶哥柔夫的实验中,痕迹(后效)更为持久,不仅在数小时内持续,而且可以持续数天。这与实际生活的经验相符合,例如,一些味道,特别是不愉快的味道,可以记忆很久的时间。

我现在所要谈的事实的特点,一部分可能是因为这个痕迹(后效)能保持很长时间所致。所做的实验如下。我们有一个条件反射,也就是有一个与喂饲相联系的某种刺激,譬如说,与肉粉相联系。条件刺激产生或多或少固定的效果。后来从另外一个刺激建立起另外一个条件反射,例如,从吃糖的刺激建立起条件反射。为了简单起见,我们可以称这些为"肉反射"和"糖反射"。假如我在一种反射的痕迹时期让另一种反射发生作用,结果是什么呢? 从叶哥柔夫博士的实验得到下列的答案。如果你有一个某种程度(以刺激食物中枢的效果之一,唾液滴数来计算)的"肉反射",譬如说,10 滴唾液,而你现在试用"糖反射",不久以后,再试用"肉反射",后者便会很显著地减少。"糖中枢"(为简便而应用这个名词)的刺激作用抑制了"肉中枢",就是说,糖刺激从周围器官经过它们的相应纤维刺激了一组神经细胞,就抑制了肉所刺激的一组细胞。

假如这个实验被重复许多次，而且所有的细节都被注意到，就可以观察到下面极有趣的事实。若在应用条件糖反射之后不久（5 至 10 分钟），你应用条件肉反射，你现在就会得到一个相当大的反射反应，7 至 8 滴，或甚至于到 10 滴，就是说，如在糖反射之前所得到的数量差不多相同。只有在下一次试验时肉反射才完全被抑制住。在第三次与第四次重复时它就慢慢地恢复它的力量。在第二天，肉反射可能仍是有些被抑制着，只有到第三天才完全恢复。

一个味觉反射对于另外一个味觉反射有长久效用的存在，在实际生活中是很熟知的。你们知道一个做母亲的烦恼：她的孩子们在吃饭以前，吃一些甜东西后，就不想再吃他们的通常饭食了。显然他们现在对于其他食物不喜欢了。

我请求诸位特别注意这个现象的演变。我再重复一次，糖反射无疑地抑制了肉反射，不仅是数小时而且是数天，并且这个抑制作用不是立刻出现而是在过一段时期之后出现。立刻在糖反射之后肉反射产生差不多正常的效果，只是在第二次和第三次重复时它才抑制住。这个出乎意料的情况，我想只有一个方法可以解释。我们必须假设当糖反射——一个强有力的反射——被应用时，它的影响并不只限于糖中枢的细胞，而是散布和泛滥到食物中枢的一大部分，就是说，这个反射发生的兴奋作用可以在食物中枢和味觉中枢的其他部分中出现。假如你在糖反射不久之后施用肉反射，后者是有效的，因为在肉中枢里，还存在着从糖中枢所散布出来的兴奋作用。但是，如果在糖反射之后过一段时间，按照集中的规律，兴奋作用便在糖中枢开始聚集；这时肉中枢的兴奋作用就被吸引到这个强烈的中枢，而从肉中枢发生的反射就被抑制住了。

在上述的实验中，我们可以看到根据这两个规律而活动的中枢之间的相互影响及其工作的某种交换。在第一个阶段有扩散作用；刺激作用泛滥，散布到一个人的区域，这就是肉反射在起初不受影响，虽然有糖反射而它仍能存在的道理。过一些时候糖中枢的这种刺激作用聚集，集中，而肉反射长时期变弱。A. A. 赛维支博士的实验证明事实便是如此。假如你在应用糖反射 25 分钟之后试用肉反射，后者多少是有效力的；但是你若在糖反射之后，等待 30 到 40 分钟，肉反射就显著地减弱，因为在这期间，扩散作用的波浪已经缩小，而集中到糖中枢了。因此，肉中枢的能量也被转移到糖中枢了。

这样，这些实验指出了一个新的广阔的研究领域。在我们面前的问题是关系到基本的一点，就是，中枢神经系统两个基本规律，扩散定律和集中定律间的相互关系。

当你看到一系列这样的事实，我相信你会达到我所认为唯一真实的概念。所有呈现的实验都证明，中枢神经系统活动所根据的反射机理的研究，在这里在本质上被缩小到空间关系的研究，确定兴奋作用起初散布然后集中的路线的研究。假若这是如此的话，那么我们可以理解，只有具有空间意义的概念，才有全面掌握这门学问的确实可能性。这便是为什么必须完全搞清楚，用心理学的概念不可能深入了解这些相互联系的机理的理由，因为心理学的概念本质上不是空间的概念。意思是说，你必须能够用手指出，兴奋过程在指定时期是在什么地方，并且它又到何处去。如果你从现实上去理解这些关系，那么你便会明白我们所拥护和发展的那门科学——条件反射的科学——的真理和力量。它把心理学的概念完全从它的领域中排除出去，而总是仅仅处理客观的事实——存在于时间和空间中的事实。

第十八章　割除大脑两半球各部分的结果概述

（在俄罗斯医师学会宣读，发表于《俄罗斯医师学会会报》，
80卷，28—44页，1912—1913年）

观点——条件反射依赖于大脑两半球——两半球是分析器中央端的所在地——运动分析器与皮肤分析器——"运动"细胞是感觉的——孟克的实验；"心理"盲——巴甫洛夫对此的分析——用受了伤的耳分析器所做的实验——分析器的部位与机能——后叶与前叶的机能——施行脑手术的实验困难

当我考虑要决定一个题目来作今天的报告的时候，我自己想，怎么办呢？挑选课题中的一小部分，仅讨论一系列实验的结果呢，还是回顾我们的全部工作？我决定选择后者，因为我认为这样不但对于我的听众有益，而且对于我们自己也不是完全无用的。来讨论我们多年来辛苦所得到的成就，来从这些成就中获得一些结论，来权衡这些结果，来推敲它们，来更好地认清我们的观点，并且来确定我们将来的目标和任务，这样做对于我们会有很大的价值。

七年以来，在我的实验室中，我们曾从事于两半球的全部割除，以及其个别部分割除的工作；为了这个目的我们曾使用过数十只狗，它们给予我们许多有意义的资料，来作为现在总览的基础。

许多年以前，我们叙述过关于高等动物所表现的高级神经活动的特殊观点。在这个活动的研究中，我们拒绝了主观的心理学的观点，而选择了外在的、客观的、生理学的观点，就是，自然科学家在他的各门科学中所采用的观点。从这个观点来看，以前被认为是心理的全部复杂神经活动，我们以两种机理来表现：第一，外在世界动因与机体活动之间形成暂时联系的机理，就是，条件反射的机理；第二，分析器的机理，就是，一个器官，它的目的是为了分析外在世界的复杂性，把它分解成为各别的部分和元素。所有我们的结果到现在为止都很适合于这些概念。这自然不排斥关于这个问题的概念的进一步发展与扩大的可能性。

虽然我们关于复杂神经活动的研究是在生理重要性小的器官上，在唾液腺上做的，但是大脑两半球中发生作用的两个机理是很清楚地表现在这些腺体的活动中。

我不预备按年月的次序来报告我的材料，就是，不按照我们获得这些事实的先后顺序，而是按照逻辑顺序来清理并把这些资料归类，以使大家明了问题的本质。

这里我们必须决定的第一个问题，就是大脑与上述机理关系的问题——大脑与条件反射形成的机理以及与分析器机理的关系。对于我们许多共同工作者，在很多狗身上所经常表现的基本事实是这样的：大脑两半球是条件反射的所在地，而且它们的主要机能之一，便是这些临时的联系的形成。我们有很多证据证明这点，但新的证据总是会有用

处的。割除大脑两半球全部或一部分的研究者们，观察到所有条件反射都消失，还是它的某些特殊组别的消失，要看两半球的全部被移去还是一部分被移去来决定。在这个工作中，为了获得最精确的事实，曾经应用了各种各样的方法，而所得的结果总是一样的。在某些条件之下，经常有全部条件反射或仅一部分的条件反射遭到损失。在这个研究中曾用了很大的耐心；有许多次，为了恢复一个失去了的条件反射，我们试验了好几年，然后才敢于下结论说它不能再被重建起来。有一只狗，我们不但在实验室中试验建立条件食物反射，甚至于将它的每次喂饲都伴以某一种乐音，以便探知这样是不是可能再形成条件反射。但是某种条件反射的器官若一旦被毁灭（例如被割除），条件反射就永远不出现了。在这些经常重现的事实之后，必须承认，两半球真正是暂时联系的器官，是条件反射形成的灶源。的确我们可以肯定地问及，这些暂时的条件联系是否也可以在两半球之外形成，但是依我看来，并没有理由使我们来考虑这样的一个问题。我们现在所有的知识无疑地引导我们得到这样一个结论，暂时联系的形成是由大脑两半球实现的，并且它们随两半球的割除而消灭。但是我们可以理解有时在特殊条件之下，条件反射可以在两半球之外形成，在脑的其他部分内形成。关于这一层我们不能太肯定，因为我们所有的分类和定律多多少少是有条件的，并且仅在指定的时间，在指定的方法的情况之下，而且在指定的材料的限度之内才有意义。在我们大家心目中不久以前还存在一个熟知的例子——化学元素的不可分性，很久以来被公认为科学的公理。

因此我重复指出，许多工作者在各种实验中经常遇到下面的事实，就是，暂时的联系仅仅当两半球的全体或一部分存在的时候才出现。所以，我们可以无疑义地接受这个说法，两半球的最主要机能之一便是条件反射的建立，正如神经系统低级部分的主要工作是关于简单的，或者照我们的术语来讲，是关于无条件反射的一样。

属于大脑两半球的第二个机理，就是所谓的分析器的机理。在这方面我们从老而熟知的事实开始，只不过把它们的概念略微加以改变而已。被我们称为分析器的是那种器官，其机能是把外在世界的复杂性分解到它的各别元素；例如，眼分析器包括网膜、视神经和该神经终止处的脑细胞。所有这些部分的联合成为一个有机能的机理，就叫做分析器，这是恰当的，因为生理学现在还没有材料把整个分析器的工作加以精确的划分。我们不能断言其机能的某一部分是由周围部分担任，而某一部分又是由中枢部分担任的。

因此，依据我们对此事的了解，大脑两半球是由分析器集合而成，如眼、耳、皮肤、鼻和口的分析器。对这些分析器的研究使我们得出结论，认为它们的数量还必须增加，除了上述对于外在现象、对于外在世界有关系的分析器之外，必须承认在大脑中还有特殊分析器。其目的在于分解在机体本身内所产生的内在现象的巨大综合。的确，不但外在世界的分析对于机体是重要的，而且机体本身内所发生的一切事故的向上传递信号与分析也是有同等的价值。总之，除了外在分析器之外，还必须有内在分析器。这些内外分析器之中的最重要的就是运动的分析器。我们知道从运动器官的所有部分，从关节囊、关节面、腱、韧带，等等，都有向心神经发源，随时报告着关于运动活动的精确细节。所有这些神经到上边两半球的细胞就联系起来，这些神经的各式各样的周围末梢，和这些神经本身，以及它们在大脑两半球中的终点细胞，形成一种特殊分析器，可以把具有极端复杂性的动作，分解成大量的最细微的部分，由此我们的骨骼运动才获得多种多样性与精确性。

对于脑生理学的兴趣的增加是与这种分析器的概念有关联的。如你们所知道，在1870年福利契和赫齐葛指证了用电流刺激两半球前半皮层部的某一确定部分，就引起某组肌肉的收缩。这个发现为承认在这些地方有特殊的运动中枢的说法提供了根据。但是当时问题就立刻发生了：怎样去想象大脑两半球的这些部分呢？它们是真正名副其实的运动中枢吗？就是说，是直接发出冲动到肌肉的细胞吗？或者仅是周围刺激作用所导向的感觉细胞，而由这里又传送到能动的运动中枢，即是，运动神经由此直接通到肌肉的那些中枢？这个争辩开始于谢夫，现在还没有结束。

我们也被迫参与对这个问题的解决，而达到下列的结论。我们很久前便已经倾向于假定，由于刺激作用能产生某种运动的那些皮层部分是感觉细胞的聚合处，即是，从运动器官引出的向心神经的大脑末端。但是怎样去证实这种看法是正确的呢？除去先前被此看法的拥护者所运用的资料之外，我们成功地找到了一个新证据，一个我们看起来特别可以深信的证据。

如果所谓运动区真的是运动器官的分析器，并且与其他的分析器（耳、眼、皮肤等）完全相类似，那么，来到这个分析器的刺激作用可以转移到任何的离心通路中去，就是说，这个刺激作用可以与我们所期望的任何活动相联系；换言之，可以从一个动作建立起一个条件反射。这我们已经成功地做到了。克勒斯诺哥斯基博士一方面用我们通常的刺激之一，酸液，而另一方面屈曲某一关节，在屈曲与唾液腺的工作之间形成了一种暂时联系。这个确定的运动引起了唾液分泌就如同从耳、眼等而来的刺激所引起的一样。这时问题立刻发生：对于所讨论的现象的这个说明的真实性有多大呢？这事实上是从屈曲动作而来的反射呢，还是从皮肤来的反射呢？

为了回答这个问题，克勒斯诺哥斯基博士成功地给了一个证明，这个证明可以说几乎是无可争辩的。他在一只腿上形成一个皮肤反射，而在另一只腿上形成一个屈肌反射，然后割除大脑两半球的各部分，证明如果S状回被割除，屈肌反射就失掉，但是皮肤反射仍继续维持着。相反地，当冠状回与外斯氏回被除去时，皮肤反射就消逝而屈肌反射仍存在。没有余地来怀疑皮肤分析器和运动分析器并不是同一的，并且后项分析器的位置是在大脑的运动区内。

有了这些实验，我想我们可以像提到眼与耳分析器一样，也以同样的科学论证具体地谈及运动分析器。

还需要我们解释的是：为什么用电流刺激两半球的某些部分，即有些著者所称有运动中枢存在的部分，就产生运动。依据我们的见解，动作分析器的感觉细胞是位于此处，而且因此，在正常生活中刺激作用由这里就流向一定的动作中枢；由此我们可以想象到有了这种久经踏旧了的通路，用电流去刺激这些地方，就引起通常的结果，就是，冲动由这里发出，沿着通常的道路到达肌肉。

因此，依据所有的实验，我们可以说大脑两半球是所有分析器的总和，一方面，有用来分析外在世界的分析器，像眼与耳分析器，另一方面，有用来分析内在现象的分析器，像运动分析器。然而，显而易见，由于其余一切内在分析器而发生的其他一切内在现象的分析知识，我们知道得是更为有限的。除了运动分析器外，我们没有用过条件反射的方法研究过任何其他这类的分析器。但是，无疑地，这类现象终归要进入条件反射生理学的范围之内的。

现在让我们转入讨论分析器的详细活动。它们做什么？由它们的名称可以看出，它们的目的是把复杂现象分解成为个别的元素。但是我们关于它们的用途又特别知道些什么呢？用条件反射的方法在这方面所进行的实验又教导了我们什么呢？在这里，我想，客观观点完善地为我们服务了。关于分析器的普遍事实在好多年以前就被观察到。费瑞尔与孟克发现了许多关于分析器工作的细微事实。但是这些事实是从一个含混而非科学的观点解释的。当孟克割除枕叶与颞叶时，他注意到被动手术的狗发生了某种视觉和听觉的变态。动物对于外在世界的这种特异行为，他称之为"心理盲"和"心理聋"。这是什么意思呢？让我们考虑一下"心理盲"吧！意思是大脑的枕叶部分被除去之后，动物并没有失去看的能力。它避开阻碍道路的物体，分辨光亮与黑暗，但是同时它却不认识它的主人和它以前熟知的人们。这只狗对于他们不起反应；若他们对于这只狗来说是存在的话，则他们仅是普通的视觉刺激。然而孟克和一些其他的人认为狗"看见"但是不"了解"。可是它"了解"，"它不了解"——这是什么意思呢？这些话并不表示该过程的任何确定意义，而且它本身也尚需要解释和说明。

条件反射的方法，在拒绝了所有的心理学概念之后，已经把这个问题的研究放在一个坚固的基础上，并给这件事情以完全的明朗性。从客观观点来看，大脑两半球这个部分或那个部分被割除是相当于这个或那个分析器的全部或部分的损坏。假如指定的分析器保持完整，假如它的大脑末端没有被伤害，那么，这只狗就利用这个分析器区别了各别的单纯的现象以及它们的组合，就是说，这只狗在这方面是正常的。但是假若一个分析器或多或少地被损伤或毁坏了，那么，这只狗就不能细密地辨别这些外在世界的现象。而且这种分析的欠缺是与分析器的破坏成正比例的。假若分析器完全被破坏，便没有分析的踪迹了，即使是最单纯的现象的分析。假若分析器还有残余部分保留着，假若它的一部分还是完整的，那么，机体与环境的联系还是存在的，不过保持最普通的形式而已。再者，分析器从被破坏中保留得愈多，它的分析能力也就愈好而且愈细密。简单说来，假如我们把分析器的伤害当做一个机理的伤害看待，那么，很显然，这个分析器官毁坏得愈多，它的工作就愈不好。这样一个概念把这个问题完全弄清楚了，并且为进一步研究打下了一个基础；但心理观点却面临着一个不可解决的问题，而且这些语句，如"这只狗了解"、"这只狗不了解"，并没有丝毫的贡献。

现在从我们的观点来检查孟克的实验。我们损坏两半球的枕叶部分，就是，损坏眼分析器的脑末端。如果在这个手术之后，只有分析器的最小部分没有被损伤，这个动物仅能进行粗糙的分析，辨别光亮与黑暗。在这样一个动物身上，对于物体的形状不能建立起条件反射，也不能对于物体运动的视觉建立起条件反射，但是对于光亮和黑暗的刺激则很容易建立起条件反射。例如，假若在喂饲一只狗之前用一个强烈的光亮反复地刺激它，以后，每当这个光亮在狗面前出现时，唾液分泌便开始，这就是分析器在施行手术之后所遗留下来的那部分的工作。这就是孟克的狗之所以没有与道路中物体相撞的缘故。它分辨出黑暗与光亮，而绕过物体行走。在这样一个有限制的情况之下，眼分析器很顺利地起了作用。但是在需要一种细密分析的地方，需要辨别光亮与阴影组合、形状，等等的地方，分析的能力就不够了，因为受损伤的分析器不起作用。很明显地这就是为什么这样一只狗不能认识它的主人的原因——因为它不能辨别物体。这件事并没有神秘之处。与其说这只狗不能再"了解"，我们不如说分析器毁坏了，而且它失去了对于比较细致而复杂的视觉刺激形成条件反射的能力。现在我们就着手这个巨大工作，来一步一步地研究这个分析器，以便看它在完整和在良好的情况之下怎样活动，并且在我们毁坏它的这一部分或那一部分的时候，从它的能力中渐渐消失哪些部分。

对于这个问题，我们已经有了精确而清楚的资料。假若在我们施行手术之后，只剩下眼分析器的很小一部分，这个动物就只能对于光亮的强度形成条件反射。如果分析器损毁较少，那么，你可以对于运动着的物体的视觉建立起一个条件反射，以后也可以对于它们的形状等建立起条件反射，一直到正常活动的地步，这些建立条件反射的不同阶段是依据分析器受伤程度而决定的。

耳分析器也是同样的情形。假使毁坏得严重，或者如果它的活动暂时被抑制，那么，这个动物仅能辨别安静与声音。对于这样一只狗，各种声音之间是没有差别的。所有的声音，噪音和乐音，不论高的或是低的，对于它都是一样的。动物仅仅对于声音的强度起反应；声音的细微特性是不存在的。假如分析器的破坏较少，你可以用噪音和乐音形成独立的反射，表示仍有一些质的方面的分析存在。假如损伤是更少的话，那么，对于各别乐音可形成条件反射，同时在这里出现下列的变型：分析器受伤害愈少，乐音的分析就愈好。若有很大的破坏，动物就仅仅能辨别音高相差很大的音节，例如，辨别八度音间的音节；如果损伤是中等，它能辨别各乐音，最后能分辨一个乐音的片断（1/2 乐音，1/4 乐音）。我们得到了从分析器的完全没有能力到它的正常活动之间的各等级。

我现在向诸位报告白布金博士的极为有趣的实验。他所用的那只狗，在除去大脑后部之后，继续活了三年，因此我们可以认为情况是已经稳固了。这只狗不但很容易辨别出噪音与声音，而且也能分辨不同音高的乐音。对于一个乐音起一种积极的条件反射，对于另一个乐音，没有反射，所以从这方面看来狗是完全正常的。但它有一个不可补救的缺陷；它不能区别出困难的组合。例如你把一系列上升的乐音"多"、"来"、"米"、"发"，作成条件刺激。过一些时候，就得到了相应的条件反射。现在再把这些乐音的次序颠倒过来"发"、"米"、"来"、"多"，一只正常的狗能够辨别这些组合，但是这只狗不能做到如此精确的分析；无论我们怎样试验，我们总是得不到分化作用。它的耳分析器所受的损伤，使它不能执行这种任务。与这个最后现象密切相联系的是一个古老而熟知的事实，也是用它"了解"、"它不能了解"这些语句来形容的；这种狗不能了解它们自己的名字。在这个实验中的狗的名字是叫做"鲁斯兰"，但处在施行手术之后，它的名字虽然被重复叫了一千次，却不发生丝毫效果。它的耳分析器处在不能辨别声音组合的一种状态之下。假如这只狗不能分辨出"多"、"来"、"米"、"发"这一组乐音和另一组不同排列的同样乐音"发"—"米"—"来"—"多"，那么，它当然不能辨别它的名字——因为"鲁斯兰"是一个比较更复杂的组合。这样的分析是超出它损毁的耳分析器的能力范围之外的。

我重复一遍，在分析器的机能研究中，条件反射的方法——客观的方法，是有巨大功勋的。这个方法把我们问题的神秘性完全解除了，否定了所有无意义的语句，如"它了解"，"它不了解"，而代之以一个清晰而有创造性的计划来研究分析器。

在研究者面前的问题便是去精密确定分析器官的工作，并且在它的不同部分被破坏的案例中去追寻它们活动中的一切变化。由这样得来的大量事实，我们可以尝试重建分析器的结构，并且决定它包括哪些部分，以及这些部分如何相互影响。

分析器的工作讨论到此为止。至于它们的局部解剖和它们的布置，我们必须说明，若采取依据早先事实所提出的准确定位说，现在是不合适的。关于这一点即在过去已经有很多异议了。我们的实验指出已往所确立的分析器的界限是不正确的。它们的限度是更宽广的；它们并不是如此截然分开的，而是彼此相互交错与混杂着的。要精确地指出分析器在大脑中如何分配，彼此如何并且为何相互联系起来，这确是一件困难的事。

从条件反射的观点看来，大脑两半球好像是分析器的综合体，它的机能是：把内在世界和外在世界的错杂性分解成为它们的各别元素和成分，并且进一步把所有这些元素和成分与机体的多样活动相联系起来。

下一个问题是与条件唾液反射的方法有密切关系的，而且没有这个方法，这个问题不能解决，或甚至于不能确切地提出。这就是：两半球的活动仅仅限于形成暂时联系的机理和分析器的机理呢？ 或者，还必须承认，有我们还不知道如何称呼的更高的机理存在呢？ 这个问题不是根据幻想，而是从实验中产生的。假如你在 S 状回之后，沿着斯氏裂（fissura sylvia）把两半球所有的后部切去，你会有一个似乎正常的动物。由于它的鼻子和皮肤，它会认识你和食物以及所有遇到的物件。当你抚摸它的时候它会摇动尾巴，当它用鼻子闻嗅而认出你的时候，它会表示高兴，等等。但是假若你离开它一段距离，它便不对你起反应，因为它不是依正常方式使用它的眼睛。如果你呼唤它的名字，它也不会过来。你一定会下结论说，这只狗很少用它的眼睛和耳朵，虽然在其他方面它是完全正常的。

但是，假若你沿着上述手术同样的那条线把大脑前部割除，你会得到一只完全反常的动物。它对于你，或对于其他的狗，对于它的食物，或是对于它环境的任何部分，是没有正确关系的。它是一个完全痴呆了的动物，它显然丝毫没有目的性行为的表现。因此，这两个动物之间有很大的差别——一个没有了它的大脑两半球的后半部，另一个没有了它的前半部。关于第一只狗，你可以说它是瞎了和聋了，但是在其他方面是正常的；关于后一只，它是一个残废并且是一个无能力的白痴。

这就是我们的事实。而一个重要而适当的问题就发生了，脑的前部比起它的后部段落，是否有些特别，是否有些较高的机能呢？大脑两半球的主要机能是否集中在这里呢？

条件唾液反射的方法对于这个问题给了一个清楚而确切的答案。任何其他研究方法都不能够给出这样的答案。一个动物没有了两半球的前半部就不能表现出正常动物所特有的高级神经活动，在实际上是如此吗？假如你拘泥于前述的方法，假如你只观察骨骼肌肉的活动，那么你会倾向于作肯定的回答。但是假若你转向唾液腺以及它们的条件反射，情况就好像是另外一回事了。这里我们的方法的价值不仅在于条件反射的运用，而且也在于用唾液腺来做这种反射。如果你在这样一个施行了手术的、初看起来好像是失常的狗的身上观察唾液腺所做的工作，你会惊奇地发现这些腺体的复杂神经关系保存到什么样的程度。在这个腺的机能上你找不到丝毫扰乱。在这样一只狗（两半球的前部被除去的）你可以形成暂时联系，抑制它们，和解除抑制。就是，唾液腺表现出一个正常动物身上所观察到的各种关系的全部复杂性。你清楚地看到唾液腺的活动与骨骼肌肉的活动之间存在一种预料不到的差异。肌肉的动作是反常而混乱的,唾液腺的功能却是完整无缺的。

这都表示了什么呢？第一,无疑是很清楚的,在前叶中,没有任何机理是对全部大脑占优势的。假如这种机理存在于那里的话,那么,为什么摘除脑的这部分不损毁到唾液腺所有的细致而复杂的机能呢？为什么这些腺的一切都照常进行呢？显而易见,我们必须承认在这只狗身上我们所观察到的一切特点都是关于骨骼肌肉的现象。我们的任务因此就缩减到找出为什么骨骼肌肉的动作会这样被扰乱。我们没有根据可以假定在前叶中有一种普遍的机理存在。在这些脑叶中不可能有任何重要的器官可以造成神经活动最高度的完善。

对于骨骼肌肉的工作全部受了扰乱的一个简单解释是这样的——骨骼肌肉的活动在每一时间都依靠着皮肤分析器与动作分析器。由于这些分析器,动物的运动继续不断地协调着并适应着四周围的环境。在这只没有前叶的狗身上,皮肤和运动分析器两者都被损毁了,因之很自然的,骨骼肌肉的普遍活动便遭受损失。所以,我们破坏前叶,仅仅出现部分的缺陷(例如,类似于眼分析器的受伤),但是并不像脑前叶中某种假想的高级机理被除去时所可能造成的那种普遍失调。

由于这个问题的重要性,我与德米多夫、赛都诺夫和库勒叶夫博士们合作进行了一系列的实验,实验的进行是把整个前叶,包括嗅叶部分都割除。在这样一只狗身上,条件唾液反射仅可以从口腔部位建立起来,就是所谓水反射;假如把酸溶液作为无条件刺激注入狗的口中,则其后把水灌入即产生分泌,表示产生了条件反射,虽然水本身对于唾液腺是没有效用的,并且在以往也不与它们发生关系。但是这个水反射可能还不足以说服大家,还必须证明在这只狗身上有其他反射存在。因此,赛都诺夫割除前叶而把嗅叶部分保留下来。在这只狗身上施行手术后可以从嗅神经建立起一个条件反射。

经过这些实验我们必须承认这个问题已经被澄清了,达到最后的结论,一只没有大脑两半球前部的狗仅失去某些特殊的机理,就是说,失去它的某些分析器,而不是失去一种普遍的或是更高级的机理。

当用条件反射的方法来这样检查脑的活动时,我们得到一个绝对确切的答案。以我们的精确事实为基础,我们可以说大脑两半球代表着分析器的一种聚集,把外在世界的活动分解为它的各别元素和成分,然后把这样分析出来的现象与机体的特殊活动相联系起来。

我们对于所获得的结果能表示满意吗？无疑我们是可以满意的,因为我们的实验给这个问题进一步成功的研究开辟了康庄大道。同时也很清楚,这个研究刚刚开始,它的广阔性与复杂性深入到很远的将来。如果我们考虑到这个问题研究的继续发展,则必须首先对于现在的方法加以最大的注意。它把所研究的器官(就是两半球)拆散成为其组成部分。这是一个在根本上具有无限困难的方法！我们割除脑子的实验做得愈多,我们就愈怀疑以前的研究者们从这个方法所得的结果。由于割除手术我们从来没有得到一种固定的情况,它经常变化。将你的手放到脑子上,用你笨重的手触碰到它;你伤害了它,移掉了它的某些部分。这个损伤刺激了脑子,并且这个损伤的作用继续到无限期并且散布到不确定的范围。你不知道什么时候这个有害的效果才会终止。然而许多熟知的实验已经证明了这种有害的效果是存在的，这是无须再谈的了。最后，当创伤所造成的刺激停止时我们所期望的时期才到来。但是现在又出现了一个新刺激——伤疤。所以只有在几天的时间之内，对所有观察到的变化，可以有几分确信它们是因为两半球缺少了被割除部分的关系所致。然后就有下面的事件发生：在起初出现有沉郁的现象，这是由于伤疤的影响。这样的情况继续几天，然后就出现痉挛发作。在痉挛之后，在刺激之后，可能出现相继的沉郁期，或者到一个完全特殊的状态。在痉挛之后你不能认出这只狗就是你从前的那只狗了；它现在比刚刚施行手术之后更被损毁了。显然那个伤疤不但刺激了组织，并且还压迫了、拉紧以及扭伤了它，也就是说，更把它损坏了。

我必须补充，伤疤的这种效果永远不消失，至少我没有看见它的效果终止过。这种情况有时继续几个月或几年。痉挛通常是在一个月或一个半月之后开始，然后它们又重现。我们曾在数十只狗身上施行过手术，我可以肯定说没有一只狗逃脱了痉挛，如果它们没有再现，只是因为在第一次发作的时候动物就死去了。

你是否想在这些使人失望的情况下，去成功地分析像大脑两半球活动这样复杂的一个活动呢？无疑现在的大脑研究者最重要的是应该谨慎考虑，怎样可以把他的手术适应于这个器官。这是一个最重要的问题，因为在现今的情况下，人类大量的精力和很多动物都被牺牲了。有人已经在设法去减少这种耗费。一个德国试验者春德兰堡试验了脑的局部冻结，在我们的实验室中奥尔贝利博士也正在试用同样的方法。不久的将来我们就可以看到这种方法将会达到什么样有用的程度，并且会给我们带来什么好处①。

这些就是我们的结果，我们的诉苦，我们的希望。

---

① 两半球在施行手术后所遇到的困难和复杂性，使巴甫洛夫对于用这种方法当做生理研究的一种工具差不多到失望的地步。并且直到现在他并没有系统地用它来研究脑的生理机理，仅仅偶尔才用到它。在他的另一本书《大脑两半球机能讲义》中，这个观点竟在讨论两半球的破坏的实验各章标题中表明出来：第十九章至二十一章的标题是"病理的扰乱"，等等。——英译者

第十九章 作为大脑两半球的一种机能的内抑制

（在查利士·雷税教授纪念刊中发表的论文，巴黎，1912 年）

两半球两个主要机理的评述——条件反射形成的讨论——各种内抑制作用：消退作用；延搁作用；分化作用；条件抑制作用——扩散和集中的规律——抑制的分化作用——抑制解除——抑制总是继随着兴奋

自从我决定研究高等动物（狗）对于外在世界的复杂神经关系以来，已经有十余年了。这些关系通常是根据我们主观世界的类似性来了解和分析的，因此这些关系被称为心理的现象。我就如同生理学家研究机体的别的机能一样，开始对于它们进行客观的外在的研究。十余年来，我和我的同事们以全副精力献身于这个问题的研究。我们在这个问题上已经收集了相当多的材料，但是它们只是用俄文作为博士论文或是作为科学学会的报告发表的。我避免用外国文字发表，因为我准备把我们的研究深入并且系统化，以便提出合理而可接受的生理学的结论。所以我迟延了把所获得的结果作一番完整而系统的评述的时间，而只准许发表关于我们研究的短篇一般性的报道。但是在目前因为要想对于一位现代生理学的创始者之一表示敬意起见，我请大家注意一类现象，这类现象可以构成条件反射题目中独立的一章。

如我 1909 年于莫斯科在我的报告[①]中所解释的，我们研究了并且认为狗的高级神经活动主要是两种神经机理的工作：一种是外在动因与机体的某些活动的暂时联系的机理，就是，暂时反射的机理；我们把这称为条件反射，以便与那些被称为无条件的比较熟知而公认的反射相对照。另一种便是分析器的机理，它的机能就是把周围世界的复杂性分解成它的元素。依照我们的体系看来，分析器包括有一种感受表面（例如，网膜、柯尔替器官等），相应的神经（例如，视神经、听神经等），以及这些神经位于中枢神经系统各层级的脑髓末端，包括位于两半球内的末端。这两种机理的工作包罗了动物对于外在世界无数简单的和复杂的神经关系。

1910 年[②]，我曾试将上述两种机理工作中所出现的抑制现象加以系统化。我们首先考虑到一组易于下定义与定出特征的抑制作用，我们称它为外抑制。很明显这个抑制作用的机理如下所述：假如中枢神经系统的另外某一点通过相应的外在或内在刺激而引起了活动，这就使得我们的条件反射中枢的兴奋性立刻减小或者完全消逝——条件反射转弱或消失。

除了外抑制，还有另外一组抑制现象，其机理是很不相同的。

---

① 见本书第十章。——英译者
② 见本书第十一章。——英译者

条件反射是某些外在的本来无关的动因与机体的某种机能的暂时联系，它的发生是因为这个无关的动因对于动物的感受表面所起的作用，在时间上屡次与一个或另一个活动的已经存在的反射刺激共同发生。由于这种同时发生，无关的动因本身就变成同一活动的刺激。我们所有的实验都是用唾液腺做的，大家都知道，这个腺对于旧词汇所谓心理刺激作用是也起反应的，所以它是和外在世界保持着复杂的关系。食物和其他的刺激性物品进入动物的口中时便产生无条件反射；但是一个条件反射可以被外在世界的任何动因所引起，如果这个动因可以影响机体的任何感受表面的话。很明显一个已成的反射必须先存在，以作为这个新反射形成的基础。现在假若条件刺激单独起一些时期的作用，而不伴随以促使其形成的无条件刺激，那么，条件刺激的作用就变弱，或换言之，就被抑制住了。

抑制性作用的第一个明显例子就是我们称为条件反射的消退现象。如果一个建立得牢固而稳定的条件刺激，以数分的间隔单独地被重复应用，而不跟随以无条件刺激，那么，它就开始减小并逐渐转变为无效。这并不是条件反射的完全破坏，而仅是一种暂时的停止。这确实是如此，因为这个反射过一段时间又自动恢复起来，在这个时间内，为了使它恢复不需要加入任何刺激。条件反射的这个消灭作用并不是疲劳的缘故，因为它无须有无条件刺激的协助，它立刻会恢复起来。这种重现是如何发生的，将要在本文的后部提到。

这种消退作用是我们所研究的各种抑制作用的第一种例证。但是在这一种例证之外，我们还遇到一些其他的例子。

假如我们在某种无关动因开始作用之后不久（例如三到五秒钟）给一种无条件刺激（例如食物）建立起一个条件反射，那么，这个无关的动因就要成为一个条件刺激，并很快地表现出它的效力：现在如果这个条件刺激被单独使用，唾液在几秒钟之后就流出。但是让我们略微变换一下实验的关系。在条件刺激开始三分钟之后，我们把无条件刺激和条件刺激有系统地连接起来，在这种情况下，条件刺激不久就变弱了，并且消逝一段时期，然后下面的状况就发生：在第一分钟，或一分半到两分钟之内，看不到条件刺激的效果；它的作用只是在第二分钟之末才出现，起初很弱，然后力量增强，到与无条件刺激相联系的时候便达到它的最高峰。这样的一种条件反射是迟延了的，我们称这个现象本身为延搁作用。这是什么现象呢？这个本来有效的条件刺激在应用的初期是没有作用的。这个事实的分析告诉我们，在迟延反射的情况中是有抑制作用发生的，因为由于特殊的扰乱可以立刻使这种抑制消失，于是条件刺激在一开始就如它被应用到三分钟之末一样地能起作用。

第三种抑制作用是在刺激的分化作用进行时表现出来的。让我们用某种乐器的800振次的一个乐音来建立起一个条件刺激；最后，我们得到一种稳定而相当大的作用。现在让我们第一次试用最邻近的乐音；我们立刻得到一种效果，它是与这第二个乐音和原先作为条件刺激的乐音之间的距离差不多成正比例的。但是假如你经常地并系统地用无条件刺激（例如，食物）伴随800振次的原来乐音，就是，像我们所惯说的，强化你的条件反射，并且假若重复其他邻近的乐音时不伴以无条件刺激，那么，这些邻近的乐音就会逐渐变为无效了。

很清楚地可以看出,这些乐音的分化作用是由于邻近乐音所促成的一种抑制性过程的发展而造成的。为要证明这一点,你试用 800 振次的乐音来开始做实验。它表现出通常的显著效果。你用无条件反射来加强它。在建立了条件反射之后,你可以确知继续重复这个实验会产生一致的结果。你现在不进行照例的实验,而在第一次试验(就是当天的第一次)800 振次的乐音之后不久,试用一个已经区别得很好的 812 振次的乐音,在它之后绝不给予食物;后者便毫无效用了。但是现在你在阴性乐音(812)之后,立刻再试用你的 800 乐音,你就会发现这次它是没有效用,或者只是有很少的效用。假若你不在阴性条件刺激之后立刻应用阳性的条件刺激,而在 15 到 20 分钟之后施用它,那么它会有它照例的效果,就是说,产生同样的唾液流出。所以,为了取消邻近乐音的作用,必须有抑制作用兴起,并且这个抑制作用只是很慢地才从两半球中消逝。

最后,最末一种类型的抑制作用。我们以某种对动物没有显著效果的无关动因,把它加到一个建立得很好的条件刺激上,而这两个动因的组合并不伴以无条件刺激(食物);无关的动因就会渐渐变成条件刺激的抑制物,就是说,条件刺激与无关动因的组合总是无效的,虽然单独应用条件刺激还是和从前一样地有效。这个现象我们叫做条件抑制。这里我们也有一种抑制作用的后效,就像我们在刺激的分化作用的情况下描写的一样。

所有这些类型的抑制作用我们总名为内抑制。这个总括是很自然的,因为其中所有的类型都有共同的明显的特征。

1870 年,福利契和赫齐葛的实验奠定了一个精确而成功的脑生理学基础,并且生理学家熟悉了这个很重要而未被充分赏识的事实,就是两半球某一点的刺激作用总是趋向于很快地扩散:在继续或强烈的刺激的影响下,某组确定的肌肉的初期收缩转入到整个身体的抽搐性痉挛。这是大脑两半球的一种特征,也就是中枢神经系统最易于反应和最易变的部分的特征。

一个在所有的动因作用时都可以观察到的很熟知的事实,就是当它们刚刚成为条件刺激时,它们的作用在头几天是很普遍的,就是说,所有与已建立的条件刺激相近或相似的动因,现在都起条件刺激的作用(引起如原来刺激的同样效果)。只有渐渐地在一定的条件下,条件刺激才变成特殊化(特殊的)。就是说,所有这些不与条件反射相符合的附带刺激的作用,便被抑制过程铲除,而只有条件刺激仍继续有效。现在便很自然地能把前一种效果理解为扩散作用所产生的一种现象。

这些考虑再加上我们的其他资料,使我们有权利承认到达两半球的冲动的扩散和集中的规律;这些兴奋作用在起初是散布着,并且蔓延到大脑的全部,到后来它们才聚集到某些确定的地点。

这个扩散作用和集中作用的规律在内抑制过程中比在兴奋过程中表现得更为清楚。这里有一些可以引证的事实。假设有几个条件刺激与同一无条件刺激相联系,依照上述的方法,让我们消退这些条件反射之中的一个。在这以后,我们可以立即看到所有其他条件刺激的部分或全部的消退,甚至包括属于其他分析器的条件刺激在内。假如你现在变更这个实验,使得条件刺激之一被消退以后,不是立刻,而是在几分钟以后,再试用其他的条件刺激,这时你会看到后者产生全效,但是已经消退的那个条件刺激会保持很长时期的抑制状态。从这些消退作用的例子中，可以假设，抑制作用是从被消退了的刺激所隶属的那个分析器起源的，它从这里扩散到别的分析器；而后来在发源点上集中，于是抑制就在这些别的分析器中消逝了（浩恩的实验）。

在抑制作用的分化作用中也观察到类似的关系。我们把一个确定的乐音形成一种条件刺激，并且把别的乐音与它加以区别。假设阳性乐音是一个800振次的乐音，而一个812振次的乐音是无效的（阴性的）。此外，我们还用影响于别的分析器的动因，准备了几个条件刺激，强化所用的刺激是与800振次的乐音相联系的同一无条件刺激。为要得到强烈的抑制作用，曾经建立了一个精细的分化作用，因此在应用了这个分化了（阴性）的乐音之后，800振次的阳性乐音以及别的分析器的阳性刺激，都变为无效。分化作用若不是这样的细微（如果所用的阴性乐音是高两个或三个全音，或者低两个或三个全音），因而仅仅发展出微弱的抑制作用，那么在应用这个阴性乐音之后，只有阳性乐音刺激被直接抑制住，而别的分析器的阳性刺激仍是有效的（贝利亚可夫的实验）。

在皮肤分析器的实验中，同样的关系也被明显地证实了（克勒斯诺哥斯基的工作）。我们应用皮肤的机械刺激作为条件刺激。为此目的，我们在狗的后腿上，从大腿的上部起，安置了一排彼此间隔一定距离的四个刺激仪器，我们看到刺激这些点时产生一种规则而一律的效果。现在我们从这些刺激，分化出位于腿最下部的第五个仪器的作用，这个刺激作用总是不伴以食物，就是说，它是一个阴性刺激。照我以上所说，我们所有刺激的效力，都是以唾液的滴数来测量。假如说，我们在30秒钟之内，从上面四个（阳性的）条件刺激的每一个都得到10滴。现在我们施用最低的第五个仪器，而得不到效果——完全的分化作用。30秒钟以后，我们试用上面四个仪器（阳性的）的作用，我们发现它们全是无效的。如果现在在阴性条件刺激作用一分钟之后做同样的试验，我们得到全然另一样结果。以这些仪器的顺序，从上往下各得到下列各滴数（最后的数字是靠近于不起效用的仪器的）：5，3，1，0；等待两分钟以后：10，8，5，2；三到四分钟之后：10，10，10，4；五到六分钟之后，所有四个起积极作用的仪器都给出正常而同等大小的反射。自然，所有这些实验必须在相同条件之下进行，经过几天的过程，等等。

从这个实验可以清楚地看出，最低的那个仪器所产生的抑制作用，先扩散到皮肤分析器的大部区域，然后渐渐环绕着它的起源点集中。

这组内抑制作用有下列很特殊的特性。为完全清楚起见，我将举一个具体例子。假设我们有一个延搁条件反射，就是说，引起这个反射的条件刺激不是即刻发生效力，而只是在它开始的一分到两分钟之后，在它起作用的第三分钟才发挥效力。假若现在在条件刺激的第一期，即无效期，有某种中等强度的动因，例如，引起轻微方向反射的动因，作用于动物身上，并产生内抑制，唾液就立刻开始流出；条件刺激现在提早有效用了。当然这个附加的动因本身是与唾液腺无关的，不能产生唾液分泌。

既然这个动因在第二期，即活动的时期，对同一条件刺激有抑制效用，那么，我们可以肯定说在第一期，即不活动时期，它由于抑制了内抑制才有效用，因此便释放了刺激作用（查瓦德斯基的实验）。这种抑制解除作用在内抑制的其他案例中也会遇到的。

假若我们使一个条件刺激消退到某一种程度，或者甚至到0，那么我们把外抑制组中的一个动因与它相结合，便可以立刻在或多或少的程度上恢复它的作用（查瓦德斯基的实验）。这样，我们还可以使各种分化作用的抑制作用消逝（贝利亚可夫的实验），也可以使条件抑制作用消逝（倪可雷叶夫的实验）。

我在从前的著作中已经说过抑制解除作用只是在某些一定的条件之下表现出来，就是说，如果这个抑制解除的动因是中等强度（不太强，也不太弱），才表现出来。假若这个动因的强度太大，它便抑制条件刺激本身，因之，便没有任何东西可以从内抑制中释放出来。这个动因必定要有一定的强度；不能太强，以免它抑制刺激，也不能太弱，以免它不能抑制内抑制。只有在这些条件之下才能有完全的抑制解除作用。如果我们对事实的解释是被接受了，则我们必定得出结论说，内抑制过程要比兴奋过程较为不稳定。我并不否认对于我们称做"内抑制"的其他解释的可能性，而我却看不出我们对这个现象的了解有任何严重不能同意的地方。我们必须承认，在现阶段对于内抑制的真正性质还是一无所知。

假若你试用一个已经存在的内抑制过程，便可由此得到一个新的阴性的抑制性条件反射，就如同你可以借助于建立得很好的条件反射，而得到一个新的阳性的条件反射一样（傅尔波兹的实验）。这是以下列方法做到的：我们应用一个已经建立得很好的条件反射，并用上述方法，使它完全消退。我们把一个动因加到消退的刺激上，此动因的无关程度必须达到不致影响消退的刺激，就是，它不应该解除抑制后者。重复这种组合多次，因之无关的动因便获得条件抑制的作用，就是说，假若现在把它加入到一个发出全效的活的条件刺激上，它便减弱这个条件刺激的效力；这个效力的减弱可能是相当大的，而且可能使它的作用全部消逝。所以，那个原先无关的动因，与内抑制过程同时发生过许多次，于是与抑制作用相联结起来，因此施用它就引起这个过程。

我们必须注意，内抑制的上述三个特征，也是兴奋性过程的质。这很符合于生理学中愈发占据重要地位的一个看法，即抑制永随着兴奋，在某种意义上它是兴奋的反面。

显然，必须收集更多的材料，以便最后对中枢神经系统机理近乎正确的了解奠定稳固的基础。

许多年前，当我开始集中精力来客观研究中枢神经系统的最高部分时，我曾经不断地惊奇于存在的关系的无限复杂性[①]，并时常获得极深刻的印象。但是我也感到把神经活动的高级范围与中枢神经系统的低级部分相比较，给予实验者很多的方便。在脊髓中已经具有预先形成的联系，我们既不能看见也不能有助于它们的建立，因此我们无法知道，中枢神经系统所表现出来的哪些单纯性，以及哪些最普遍而简单的规律，是在它们的形成中起一定的作用。在高级部分就不然了。在这里我们观察的现象是完整不断的，而且我们继续看到新关系的建立和刺激的分析，因此我们有可能性去窥视这些现象如何发展，以及它们是建筑在什么要素上面。

---

① 　见第 161 页，注②。——英译者

第二十章　动物高级神经活动的客观研究

（在莫斯科科学研究所学会宣读，1913 年 3 月）

行为与美国心理学——心理反应是条件反射——感官与分析器——清醒与睡眠状况——睡眠抑制；外抑制；内抑制——防御反应被食物反应所克服，但不被酸性反应所克服——由实验所表证的兴奋的扩散——攻击反射——情绪——条件刺激必须先于无条件刺激——中枢间的相互作用——意识

今天适值俄罗斯科学荣庆佳节，允许我引大家注意到俄罗斯研究者在现代研究中最有兴趣的领域之一所做的工作。我所报告的题目是动物高级神经系统的客观研究。

查理·达尔文必须被正确地估价为动物高级生命现象的现代比较研究的激发者和推动者；每位受过教育的人都知道，由于他对于进化观念的天才说明，他孕育了人类的整个智慧活动，尤其是在生物学的领域中。人从动物起源的这个假设，给予动物生命高级现象的研究一个很大的推动力。这个研究应该如何去进行的问题，及这个研究本身，已经成为达尔文以后时代的课题了。

自从 1880 年以后，动物对于周围环境影响的运动反应的研究，或按照美国的说法，即对于"动物行为的研究"愈来愈多了。起初生物学者的注意力转移到了低级动物身上。除了对于动物外在反应的一种纯粹物理化学的解释，例如，向性与向动学说以外，同时还尝试把构成动物行为的事实加以客观的、现实的描述和系统化，以及使这些现象能得到心理的了解（后者是更少做到的）。这些研究断续在推广，并且包括动物学分类阶梯中数量永远增加着的动物。在目前这些研究的大部分是属于科学的新家乡，北美洲。然而依我的意见看来，美国对于高级动物行为的研究有很大的缺点，足以阻碍工作的成功，但是我毫不怀疑，这迟早是会消除的。我所指的是把心理学的概念和分类应用到动物行为的这个根本客观的研究。它们的复杂研究方法之所以具有偶然性与条件性，其结果的零碎性与无系统性，而且没有建立在计划得很好的基础之上的原因，便在于此。

12 年前，我和我的同事们决定严格客观地去研究狗的高级神经活动，在分析我们的材料时，绝对排除心理学的概念。我在这里对于我的同事们，致以友谊与感激的敬礼。

现在的报告，虽然很简略，却将包括我们工作和结论的全面述评。我将叙述我们的主要事实，看它们即使在目前怎样可以被系统化起来，并且从它们可以得出什么结论来。

高等动物对于外在世界某些影响所发生的一定的、恒常的和先天的反应，即通过神经系统所发生的反应，成为严格自然科学研究的对象已经很久了，并且被命名为反射。我们称这些反射为无条件反射。高等机体对于外在世界无数与恒常变化着的影响所起的显然无止境复杂的、似乎混乱的（在个体生命中形成与消灭），并且经常游移不定的反应——简单说来，通常所谓的心理活动，我们也认为是反射，就是说，也是对于外在世界

有规律的反应。只是因为这些反应是依赖着众多的条件，所以我们把它叫做条件反射是完全合适的。

外在世界的众多和无限细微的现象，只有在一个基本条件下才能成为机体各种机能的刺激：它们的作用必须与能够引起机体活动的其他外在动因的作用一次或数次共同发生，然后这些新动因本身就开始激起这种活动。食物是动物即活的机体与周围世界间的主要联系，它（通过它的气味，和它对于口部表面的机械和化学作用）引起机体的食物反应——就是，动物进取食物，把它吃入口中，唾液流出，等等。假如在食物对于动物起作用的同时有任何无关的动因多次共同呈现，那么，后者便也会引起食物反应。同样情形也发生在机体的其余活动中，如防御活动，生殖活动，等等。这些机能是在固定的以及暂时的刺激影响之下开始的。因此，这些暂时刺激就变成信号——固定刺激的代替者——于是它们使得动物对于它环境的关系更加复杂与微妙了。

但是很清楚这个机体必须具有能够把环境分解成为它的元素的机理。这些机理在机体上通常是以感官的形式存在的，在我们对生命的客观分析中，它们是相当于分析器这个科学名词。

形成暂时联系或条件反射的机理的工作，和分析器的更细致的工作，构成高级神经活动的基础，它是位于大脑两半球中；较粗糙的分析和无条件反射是中枢神经系统低级部分的机能。很清楚，动物机体对于外在世界所发生的这些复杂而微妙的关系是经常动摇与变化的。我们已经熟悉了三种不同的抑制作用，它们可以引起条件反射的减弱或完全消逝。

瞌睡和睡眠，或照我们的称呼，睡眠抑制，把机体的生活划分成两个时期：醒觉状态和睡眠状态，或外在主动的状态和外在被动的状态。在内在原因的影响之下，也在某些外在刺激之下，瞌睡和睡眠就发生，此时，中枢神经系统高级部分的活动，不是减弱了就是被消灭了，这可以由条件反射的表现而看出。由于这种抑制作用，保持机体与外在世界有直接关系的哪些部分的一种平衡作用，保持一种在各器官的工作和休息状态中，所储备的原料的破坏和恢复过程之间的平衡作用①。

第二种抑制作用我们叫做外抑制。这是不同的外部以及内部的刺激，在机体存在的每一个刹那一致对于机体中的主要影响发生竞争的一种表现。这种抑制作用我们在中枢神经系统的较低级和较高级部分，同样地时常遇到。每一个新动因，在它对中枢神经系统刚起作用的时候，便与已经在那里活动着的别的动因起一种斗争；有时它减弱后者的效力，或者完全击败后者，又有时它退却而让位给原先存在的动因，而本身完全消失。换用神经学的术语来说，我们可以说在所列举的案例中，中枢神经系统受了很强烈兴奋的一点，减低了所有周围各点的兴奋性。

条件反射的第三种抑制作用，我们称为内抑制。这是当条件刺激不再是无条件刺激的真实而准确的信号与代替者的时候，其积极作用迅速地消失。然而这并不是条件反射的破坏，而只是暂时的停止。

---

①　这里睡眠被认为是一种特殊抑制作用。再进一步地研究证明睡眠可以说是广泛扩散的内抑制。在"抑制与睡眠——同一过程"章中包含支持这个观点的全部证据。——英译者

　　虽然外在世界的一些动因可以造成上述各种抑制作用，但是反过来，另外的动因也可以除掉一个已经存在着的抑制作用。我们因此便有抑制解除的现象——从抑制作用的影响中把刺激作用释放出来。

　　在条件反射的奇异与仿佛不规则、又不可捉摸的变换中所表现的千变万化的情况，实际上是被精确地决定了的，就是，由神经过程在大脑两半球中运动的力量、久暂和方向所决定了的。我现在从实际实验中举出实例来说明这一点。在你面前有两种外在动因：一方面有各种可食的与不可食的物品，放进狗的嘴中就引起相应的反应（某些运动，某些分泌）；另一方面，有一个电流接触到皮肤的这一点或另一点上，当然也唤起动物的一种相应反应——防御反应。假若你让两种动因同时起作用，那么，在中枢神经系统内就开始发生一种斗争。假如电流是仅仅限定于皮肤上面，同时把食物放进狗的嘴中，那么，斗争便终结，食物的动因就得胜，无论电流是多么强，它也会成为食物的信号代替者，即食物中枢的一种条件刺激。电流刺激现在所引起的并不是一种防御反应，而是一种食物反应：动物转向实验者，做舔嘴的动作，等等，就如同在进食以前所做的一样。代替电流的作用，在皮肤上造成烧伤和创伤时，也可以观察到同样的情况。换句话说，你把神经过程从防御中枢的通路，转移到食物中枢的通路中去了。

　　但是假如你用另一种组合——同样的电流和把酸放进到口中——无论这种组合被重复多少次，你绝对不能从电流刺激形成酸的条件反射。口中酸所引起的神经过程是不够强的，不足以胜过电流作用在皮肤上所引起的神经过程。让我们再进一步。假若你应用电流到身体的某些部位，以致深入到骨骼，那么，虽然你的耐性甚大，用某种强度的电流，你绝不会从这个电流得到一种条件反射，即使你是拿食物作为无条件刺激。这时从电流刺激作用所产生的神经过程，是比食物所产生的神经过程要强烈些。我们在主观上知道，骨骼对于痛觉是比皮肤敏感些。神经过程于是就这样传向刺激作用最强烈的方向。这个实验所提出的关系的实际意义是不难表明的：例如，我们常常看到动物为食物而斗争，牺牲了皮肤的完整。在这种情况中，对于机体生存的危险性是不太大的，因此动物宁愿遭受获得食物所牵涉的危险，而不顾及到保持皮肤的安全。但是假若骨骼被折断，动物为了保存自己免受全部破坏，必须暂时忽略营养的需要。

　　所以神经过程的相对强度对于神经冲动的方向以及各种动因与机体各种活动的联系起决定性作用。这些强度的关系在条件反射的生理学中构成一大章；各种刺激动因的作用所引起的神经过程，这些过程的比较强度的准确界说，形成了现在所研究的大脑两半球活动的最重要点。

　　在任何时间，先行刺激作用的潜伏后效对于两半球的活动都具有重大意义。因此，必须对于这种潜伏效力的久暂进行仔细的研究。在这方面，条件反射的生理学也供给了丰富的材料。例如，一个节拍器的滴答声是无关的，因为它没有和机体的任何活动发生过联系，但是在它停止以后，便对于条件反射起几秒钟，或者竟至一分钟的作用。把酸放入狗的口中，以后就改变了条件食物反射 10 到 15 分钟。吃糖可以改变肉和干面包粉的条件反射到数天之久。要计算过去加诸于动物身上的刺激所遗留的痕迹是一种艰巨的工作，然而这却是完全可能的。

　　为兴奋作用以及抑制作用神经过程在大脑两半球中的运动建立起一个普遍规律也

是重要的。40 年前,关于两半球最初的精确实验中,曾注意到,刺激脑皮肤上的某一点,假若时间很短的话,就只引起某组肌肉的收缩。但是假若刺激继续相当长的时间,它就散布到别的肌肉,最后传到全体骨骼肌肉,因而发生痉挛。显然地,生理学家所面对的事实代表大脑两半球作为中枢神经系统一部分的一种特性,就是,兴奋作用很容易从它的发源点,散布到大脑皮层的大块区域去的事实,神经过程扩散到许多组神经细胞中去的事实。这种兴奋的扩散在条件反射的生理学中是经常遇到的。

如果你把某种特殊乐音做成食物反射的条件刺激,那么,不仅一切乐音,而且一般所有的乐音,都能够引起如同特殊乐音所产生的同样的条件反射。或者假如你由于摩擦或触压皮肤某个确定地点而形成一种条件反射,那么,在你工作的早期阶段,同样刺激皮肤所有其余各点,也能够引起条件反射。这是一个普通事实。我们必须假设,在所有这些情况之下,到达大脑两半球某一点的兴奋作用,就散布并扩散到脑内的相应部分。只有这样,所有一定范畴的刺激才能够与机体的某种确定的活动联系起来。

在内抑制情况中,神经过程扩散作用的事实是更为突出而显著的。下面便是一个非常使人信服的实验。你在狗的腿上(从大腿开始到脚趾为止)安置一系列皮肤机械刺激作用的仪器。上方四个仪器的作用是伴随以喂饲的。经过几次重复之后,这四点的机械刺激作用产生食物反应,动物转向试验者,做舔嘴动作,分泌唾液,等等。由于扩散作用的关系,第五个而且是最低的仪器,虽然它的作用从未以喂饲伴随过,却在第一次试用时也能引起唾液流出。但是假若你不伴随以喂饲而重复使用它,最后你将达到一个不产生可见的效果的地步(阴性条件刺激)。这是怎样发生的呢?这是因为在中枢神经系统的相应地点内发展了抑制性过程的缘故。这个事实的证据是存在的。假若你现在试验第五个(阴性条件刺激)仪器,那么,所有上面的(阳性条件刺激)仪器在以后的一些时间就没有效力了。抑制性过程已经从它的起源点扩散到大脑两半球的邻近区域了①。

因此,神经过程的扩散作用,构成脑皮层活动的基本现象之一。与这个过程相关联的是它的相对过程——神经过程在某一点的集中和聚集。为了节省时间起见,我将用这个同一实验来证实这个新现象。你试用很久最低的仪器的效用(阴性条件刺激)。假如你停息片刻再试验上方的仪器,它们也会是无效力的。试验最低的(阴性条件刺激)和试验上方的四个仪器(阳性条件刺激)之间,相隔的时间愈久,抑制作用被解除得也愈多,并且是严格地从上往下的顺序,直到间隔的时间足够长久的时候,试验四个之中最低的仪器②,也没有抑制作用了。抑制作用的波浪在你们眼前收缩,并且回复到它的起点,换句话说,它集中了。在无效的刺激被重复多少次之后,抑制作用就愈来愈快地集中起来,先是在几分钟之内然后在几秒钟之内,到最后在一个几乎难以辨认的短时间之内。这样大脑两半球神经活动的个别现象,是由两个普遍规律支配的(或者可以说它们是一个定律)——神经过程的扩散和集中的规律。

由此可以看出,脑活动的科学研究的枢纽点就在于划分神经过程散布和集中的路

---

①　这个实验的描述,见前章。——英译者

②　起初,所有四个皮肤点都无效果,然后经过较长间隔,最上面的起作用,但其余三个不起作用(被抑制住了);过了一会儿,上面两个起作用,下面两个被抑制住;然后只有四个中较下的那个被抑制住,最后它们全被解放了。——英译者

线——一个空间关系的问题。这就是为什么从严格科学观点看来，我以为心理学作为主观状态的科学，它的地位是完全没有希望的。的确这些状态对于我们是一个第一级的现实，它们给予我们日常生活的方向，它们促成人类社会的进展，但是依照主观状态去生活是一回事，而纯粹科学地去分析它们的机构，却完全又是一回事。我们愈研究条件反射，愈感到心理学家把主观世界分解成为它的元素以及它们的组合，与生理学家用空间关系来思想对于神经现象的分析和分类，是如何迥然不同的。

一部分是为了给这个事实举例子，一部分是为了表示我们的研究范围是如何地广阔，以及它们包括些什么，我还要说明几个实验。

我们实验用的动物是一只看守的狗，并且是一只神经质的狗。站在架子上，实验者紧靠着它坐着，它对于每一个走进房间的人都起攻击性的反应。假若闯入的人做出威吓的姿势，或者如果他打这只狗，这种好斗性就变得更为显著。在中枢神经系统的客观研究中，这代表一种特殊反射，攻击反射。这只狗的神经活动的内部机理，可以在下面的实验中表明。闯入的人——动物的持续不断而有力的攻击反应的原因——坐在实验者所坐的地方，并且使一个原先建立好的食物反射的条件刺激发生作用。与预料相反，这个刺激现在引起很大的效果，比平时实验者在安静的动物身上做的实验所能得到的效果要大得多。这只狗分泌出比先前任何实验中所分泌的更多的唾液来，并且从刚才它还很凶猛地攻击过的人的手中贪婪地抢食食物，且在喂饲之后，它还要攻击他。这如何解释呢？

在回答这个问题之前，我还要提及其他奇特的事实。这只狗仇视的对象——新来客——仍然坐在经常实验者的座位上，他的行动毫无差错，不做丝毫的动作，即使是最无关的动作，他的行动只限于重复条件刺激，并给狗伴随喂饲。渐渐地这个动物较为安静下来，它仍旧吠着，但是不很凶，过些时候便完全沉静下来了，虽然它的目光永不离开新实验者。攻击反应显然变弱了。一个最惊奇的情况啊！当条件刺激开始重新起作用时，一滴唾液也不流出，而只是在给狗食物 5 到 10 秒钟之后，它才吃食物，并且慢慢地冷淡地吃着它。但如果新实验者站立起来，并且行动得更自由些，攻击的反应便又重现，而且同时食物反射也加强了，这些现象是怎样被了解呢？

从我们已知事实的观点看来，这些奇异现象的机理并不是一个谜。当最明显的攻击反射表现出来的时候，兴奋作用就从大脑两半球的某一点流向一大部分区域，可能流到整个两半球，包括许多中枢，其中有食物中枢。所有这些造成了两半球的一种普遍的、极端增强了的活动。这就是食物刺激之所以能产生这种非常效果的原因。假设说，这就是我们主观称谓的"情感"的神经机理；我们在狗身上所看见的，用心理学名词表示应是怒的情感状态。外在刺激（陌生人的动作）减弱，反射便渐渐减退，而且神经过程就收缩与集中在大脑两半球的某一部分。当这个集中作用达到某种程度时，攻击反射中枢就形成孤立状态，并且依照上述的中枢间斗争的规律看来，所有其余中枢的兴奋性，也因此而减低，也包括食物中枢在内。我想这是兴奋作用的扩散规律和集中规律在它们交互作用中的一个美妙的例证。

最后，我要报告我们实验室中一个最近的事实。我们总是用下列方法来形成条件反射的。我们使一个为了造成条件反射而选择的新动因起作用；在 5 到 10 秒钟或更长的时间以后才喂饲狗，在喂饲中间仍继续给予新动因。这些组合出现数次之后，动因本身便能够引起动物的食物反应,因之就成为一个条件刺激。但是若把这个方法略微变动,一个料想不到的结果就突然出现。假若我们以喂饲开始,然后在 5 到 10 秒钟之后再加入一个新动因,虽然经过多次的组合,我们却不能获得任何反射。

在这种情况下,究竟是否可能形成一种条件反射是一个尚待继续研究的问题。但是它的形成非常困难是一个无可争辩的事实。这是什么意思呢? 再根据我们已知的事实去判断,这个问题的答案也并不复杂。当狗吃食的时候,食物中枢是处于兴奋状态之中(这是很强烈的兴奋),并且依照中枢间斗争的规律,大脑两半球所有的其余部分便处于兴奋性大量降低的状态中,所以进入的刺激作用便没有效果。

让我借此机会用几句话谈一谈,我们所谓"意识"和"意识的"如何从生理学去表明。当然我不会从哲学观点来讨论这个问题的,就是说,我不牵涉到脑质如何创造主观现象的问题,等等。我只是对下面问题推测地提出回答:当我们说我们是有"意识的"以及谈到我们的"有意识"的活动时,在脑两半球中进行着哪类生理现象,哪种神经过程。

从这个观点看来,意识好像是大脑两半球某一部分的一种神经活动,在当时固定的时间,在现有情况之下,具有某种最优的(可能是中等的)兴奋性。而同时两半球所有的其余部分是处于兴奋性或多或少地降低状态中。在脑的兴奋性最优的区域内,新条件反射易于被形成;并且分化作用是成功地发展出来。那个地区在当时的固定时期是两半球的创造部分。周围兴奋性降低的部分是不能有这种成就的,而且它们的机能最好也不过是与以前所建立起的反射有关系而已,这些反射在相应刺激出现时刻板式发生出来。这些地区的活动是被主观地称为无意识的、自动的。适当活动的地区当然不是固定的;相反,它依据不同中枢之间所存在的关系以及外界刺激的影响,永久地在两半球的全部中移动着。兴奋性降低的区域的边界显然是依附着兴奋作用地区的边界而变化的。

假如我们可以看穿颅骨,而观察一个正在有意识地思想着的人的脑,又假如适当兴奋的地点是可以发光的话,那么,我们可以看到,在大脑表面上有一个光点在活跃着,它的边缘是奇幻的、波状的,它的大小与形状经常在变化着,而四周围都是或深或浅的黑影,布满了两半球的其余部分。

让我们回到最后的实验。假若一个强度适中的外在刺激,在还没有确定而范围明晰的兴奋焦点的时候,作用在狗的脑上这个刺激造成两半球中一个激动性增强了的区域的出现。假若后来,在同一两半球中,一个更强大的刺激发生作用——例如,食品所引起的刺激——而创立了一个新的与更有力的兴奋的焦点,那么,这两个焦点之间,就发生某种联系。我们已经看到,神经过程是从兴奋作用较少的地区转向兴奋作用较大的地区的。但是假若这个过程是由强烈的刺激作用而开始的,例如,由于喂饲所引起的,则大脑两半球中所造成的某一点兴奋性的增强是非常强烈而巨大的,所以在当时,落在这些部分上的所有冲动,就不能再与机体的任何活动开辟通路或者建立新的联系。

我不认为应该无条件地接受最后的这些假设;但它们应表明,中枢神经系统高级部分的客观研究,如何渐渐地进入到最复杂的神经活动的境界中去,并且我们的主观状态与条件反射生理学的事实作暂时的比较,来讨论这一点到达如何程度。

我已经完成了我的报告,但是我想补充我认为是很重要的一点。整整半个世纪以前,在 1863 年,有一篇用俄文出版名为"脑的反射"的论文,它曾把我们现在所研究出来的基本观念，以清楚的、精确的和美丽的方式讲解出来。在当时所存在的关于神经活动的生理学知识下，需要多么大的创造性思想能力才能够创造出这种观念啊！这种观念诞生之后，它成长与成熟了，直到我们的时代，它已经成为指导当代大脑研究伟大的力量了。请允许我在"脑的反射"的这个 50 周年纪念日，请大家对于著者伊凡·米海依洛维奇·谢切诺夫，俄罗斯思想的光荣和俄罗斯生理学之父，起立致敬。

第二十一章　高级神经活动的研究

（在荷兰格罗宁根国际生理学者会议宣读，1913 年）

　　　　1870 年运动区的发现——心理概念对于客观研究是无用的　　新反射——神
经活动是对内在和外在世界的一种分析——两个机理——破坏性（疼痛）刺激平时
引起防御，可以做成食物反应的条件刺激——兴奋作用向最强的中枢流动——条件
反射可以由条件刺激的偶然部分形成——三种形式的抑制作用（睡眠，外在的和内
在的）——内抑制的形式（消退作用、延搁作用、条件抑制作用、分化作用、抑制解除
作用）——证实集中作用和扩散作用的实验——催眠与睡眠——时间作为一个刺
激——后抑制——用皮肤分析器做实验——两半球和分析器后半的破坏——水反
射——心理学的失败

　　由于福利契和赫齐葛的研究，1870 年成为中枢神经系统生理学一个有名的年份。这
些著者的研究成为大脑两半球大量重要生理实验的起点。这个工作的结果已经被惊人
地应用到与大脑病症有关的疾病的诊断和治疗。这是为什么呢？我想是因为事实都是
属于纯粹生理学的事实——它们包括在生理概念界限之内。这个情况必须加以强调，并
且它将成为脑生理学将来探讨的标准而这种研究在现在是刚刚开始的。
　　如果说两半球的所谓"运动区"的研究算做科学的胜利的话，那么，它仅代表脑生理
学中的一件枝节事件。所谓感觉中枢的实验结果是不太精确的。无疑地，大脑两半球的
研究是摆在生理学家面前的一件巨大的工作。迟早我们必须从纯粹生理学观点完全理
解并分析中枢神经系统这一部分的。除去福利契和赫齐葛所发现的事实，以及关于感觉
中枢的一些提示之外，这个系统的活动就是在现在还被认为是"心理的"，而心理现象是
属于与生理科学距离相当远的一门科学。或许这就是为什么高级神经活动的生理学，不
能按我们的预料那样与它所给予我们的极有趣味和丰富的材料而相应进展的理由。
　　生理学是否接受比生理学本身更精确的科学知识，这是一回事；而从另外一门还未
达到精确科学水平的学术借用新观念则完全是另外一回事，也就是说，从一门科学，它的
代表者们还在相互争论着这门学说的普遍假设、它的共同问题和它的无疑而有效果的方
法，从这样的学说中借用观念是完全另外一回事。所以生理学家在决定研究脑的活动时
面临着一个进退两难的处境。或者他必须等待心理学把它们的现象分解到元素并将之
分类，就是说，直到它成为一门精确的科学，而只有到那个时候生理学才可以应用心理学
的知识去研究脑的高度复杂的机能。我不能了解心理学现在的概念，既然与空间无关
系，如何能够适合于像大脑这样的一个物质结构。要不然——两难的另一解决——生理
学家必须试走一条对心理学完全独立的道路，而探求动物高级神经活动的基本机理，并
逐渐把它们系统化；简言之，他必须坚持做一个纯粹的生理学者。依我看来这样的一个

选择是不会有很大疑义的。如果他接受心理学方法，意思就是说他必须无限期地拒绝动物机体极有兴趣的一部分的研究。因此，剩下来给他的只有第二条路。并且我敢于认为，他之所以应当采取这条路一定有严正而迫切的理由，而且这样做不但是有前途的，它的成功也是被保证了的。

我们都知道，生理学精通了神经系统机能的第一个基本概念，即所谓反射的概念之后，对神经现象获得了何等的控制力，以及获得多么无穷尽的一个知识宝藏。根据这个观点，我们从一个一向神秘的领域里获得了广大科学研究的境界。这个概念在动物机体对自己内在状态的现象以及它环境现象的大量反应中建立了规律性。

诸位先生，时候已经到了，应该对这个反射的老观念加以一些补充，去承认，与神经系统这个重复预先形成反射的基本机能相平行的，还存在着另外一种基本机能——新反射的形成。假若在人类双手所造成的机器中具备某些条件，可以使机件产生出新的与适当的组合，那么，我们为什么要否认神经系统——所有最复杂构造物中的最完善的调节者，也具有这种单纯特质呢？理由不是因为缺乏科学事实，或是缺乏一个公式——这二者早已被知晓了——而所欠缺的是这个公式在神经系统高级部分的研究中没有被普遍地接受及系统地应用。我们所考虑的现象是完全清楚的：这是生物对外在世界适应的特质，或者，照我所喜欢的说法，持续不断地与外在世界保持平衡的特质，就是说，为这种生物系统的完整和福利起见，与新情况保持联系——换句话说，对于原来无关的动因用一种确定的活动起反应。

在高等动物中，机体与某种外在现象新联系的这种结合已经很清楚地展开在我们面前了。个体的生命就是这些组合永恒不断地形成和训练的历史。自然现象的细节与部分，对于机体的活动可能没有任何意义，但在一个短时间之内可以变成最重要机能的有力刺激。我和我的合作者们，在喂饲狗时，或在它的口中灌入酸液时，同时伴随以各种附加动因的作用，结果由可能想象到的最杂乱的刺激物，都能万无一失地引起唾液分泌来，以作为动物对于食物（食饵反射）或酸（防御反射）所起的普遍反应（伴有运动）的一部分。这是什么呢？它无疑是对于外在世界现象的一种回答，通过神经系统而产生的一种回答；它是一个反射，不是一种刻板式的，而是一种就在你眼前形成的新反射。假若你在"反射"这个名词中不仅包括机体对于通过神经系统为媒介的刺激作用的反应，而且还包括这个反应的严格规律性概念在内，那么你必须只承认——生物学者是有义务这样做的——在你眼前形成的新联系（条件反射）不是偶然的，而是严格合规律地出现，并且必须承认"反射"这个词是适合的。

为新发生的反射开列一个纯粹生理的公式可能有什么困难呢？我以为困难如下：由于与我们自己内在世界无意识地或有意识地类比，我们就怀疑这个事实（新形成的反射）的单纯性，所以在新反射的形成上不能接受一种完全的决定论。我们凭自己的主观状态判断，而臆想着为要形成新联系，必定有很复杂的过程，以及甚至于很奇特的力量在起作用的。但是我们有权利这样猜测吗？

在低等动物也同在高等动物中一样，我们有大量的例证，可以清楚地表示，这些反射的新条件刺激是像老的（无条件的）刺激一样直接起作用的。在我们用眼分析器的一种刺激来对食物或酸形成这些新反射的实验中，我们看到由条件刺激产生如同食物或酸所产生的同样的反射。无论如何,这些新反射的假定的不可控制的复杂性并未被证实出来。但是与之相反的倒是事实。在确定条件下这些反射总是出现的,从这个事实我们必须断定它们的形成是一种单纯而可理解的过程。这个新形成的反射中的关系是另外一回事。就是在动物中,这些关系也是很复杂的。大量的各种刺激不断地影响这个反射。所以新形成的反射的复杂性,并不在于它形成的机理,因为这是单纯的,而是在于这个反射是特别依赖着机体内在状况的现象,以及四周围外在世界的现象。

我现在转到中枢神经系统最高级部分的第二个基本机理。每一个生物,都用它的活动去对它外在和内在世界的一定现象起反应,分解它们,并且选择出特殊现象。动物在动物学分类阶梯中占的地位愈高,世界所呈现给它的就愈是各别的东西,并且引起它普通活动的各别现象的数量也愈大。一个低级机体整个是一个分析器,并且是一种比较简单的分析器。在较高等动物中,它们发展得很好的神经系统的一个主要部分,是担任着特殊分析器的任务,表现出许多可以与我们实验室里的物理和化学分析器相比的机能。最细致的分析是神经系统最高部分的基本机能……

分析器的活动是与新反射的形成机理有密切关系的,这种机理可能只把分析器所能分离出来的组成部分,与机体的活动联系起来。而且相反,无疑每一种现象,甚至是最不重要的,一旦被某一个动物的分析器分离出来以后,迟早能够并且必定在相当条件之下变为这个动物的这个或那个活动的一种特殊刺激物。

因此,新反射的形成机理,对于研究分析器的活动给予一种完全可能性。在高级动物中,这个活动正像新反射的形成过程一样是不断进行着的。从这个活动的目前还不完全的知识看来,我们很难猜度它在动物生活中的深远意义,并且我们所认为很复杂的过程不过是最细微而精确的分析而已。真正的需要是分析器活动的系统研究。首先,我们必须说明某个动物的分析器把什么东西作为外在世界的单元分离出来。我的意思是刺激所有的性质,它们所有的强度,它们的限度,和它们的组合。然后,我们必须研究管制这个分析的那些基本规律。分析器的大脑末端或周围末端部分地破坏,应当使我们渐渐对于分析器的各别细微之处熟悉起来;但只有从这些部分的组合活动中,才可以最后看清楚分析器在动物身上所执行的所有机能。

我们12年的坚定研究都是致力于下列两种机理的作用上的:新反射形成的机理和分析器的机理。根据我们最近的结果,我现在再把我们的事实尝试加以系统化。显然我只能讲一个大纲,然后再花一点时间讨论那些仅仅是主要的结果。

首先,我想先说两句前言。这种新起源的反射我称为"条件的"以与那个通常的我称为"无条件的"反射相区别。我希望以这些形容词来强调一种客观的特点——它们依赖着众多的条件。但是问题的本质自然不在于它们的名称。其他相似的名称还是可以使用的——暂时的与固定的,习得的与天生的。

我和我的同事们,差不多只是在唾液腺上研究了条件反射。这样做的理由简单说来就是,它的活动是直接朝向着外在世界的(放入口中的食物或别的物品),它有比较少的内在联系,而且它单独地活动,不像每一条骨骼肌肉那样只在一种复杂系统中才能工作。

现在谈到我们的事实系统。我们已经说过,形成条件唾液反射的主要条件,是把食物或把酸放入它的口中与某种无关刺激的作用相组合。经过几次这样的重复之后,单独应用原先无关的刺激，就引起唾液流出。一个新反射已经形成了。原先无关系的刺激开辟了通达到中枢神经系统某一部分的一条通路。兴奋的过程与一个新地点有了一种结合或连锁。

不但可以从一个无关的刺激造成一种条件反射，而且从一个与某一中枢紧密联系着的刺激也可以造成条件反射，虽然这个联系是先天的。破坏性刺激，或者，照心理学名词说，痛刺激，便是这方面的一个显著的实例。它们的通常结果，它们的固定反射是防御，是肌肉系统对刺激动因对抗的斗争，把刺激物消灭。可是系统地重复喂狗，就是，激动它的食物中枢，与一种皮肤的电流刺激作用组合起来，虽然皮肤是受伤了，而无须太大困难便造成防御反应的完全停止，而被食物反射所代替，就是，被那些与食物反射相应的运动，唾液分泌，等等，所代替。现在你可以用刀割、烧烫，或用任何方法去毁坏皮肤，但是代替了防御反应你仅仅看到食物反射的形迹，或者，主观地说，仅仅看到狗的强烈食欲的形迹——狗转向实验者，做舔嘴的动作，唾液就流出。这个事实已经时常在我的实验室中被表证了。所以它可以无疑问地被大家承认。它的意义是什么呢？

它只能被解释为，一个在脑中原先沿着一条通路的神经兴奋现在移到另外一条路上去了，因此就达到了另一区域。不这样解释还能有什么别的解释呢？因此神经冲动从一个轨迹转移到另一个轨迹中去了。在我们面前的是一个明显的事实，在中枢神经系统最高级部分内，一个传来的兴奋作用，要看条件，有时被转移到一个方向，有时又被传向另一个方向。这个事实可能构成中枢神经系统最高级部分的一个主要机能。

显然，在对一切无关动因形成条件反射时，也出现这个过程。一种肯定情况的出现（在一个无条件反射或一个建立好了的条件反射的据点内，存在有同时的活动），使得本来会无限制散布到脑体中去的无关刺激作用，被吸引到某一据点，因而开辟了一条通到这里的道路。现在发生的有兴趣的问题是：什么在决定着兴奋作用采取这条或那条路线呢？依据我们现在的结果来判断，决定性的因素是在于这些中枢的相对生理强度，或是它们的激动性的强度。

下面的事实可以这样解释。如上所述，把破坏性的皮肤刺激做成食物反应的条件刺激物是不会有困难的。然而，虽然我们持久地试验着，我们却从来没有成功地用电流刺激直接位于骨头上面的皮肤部分，就是，以破坏性刺激作用应用到紧靠着骨头的地方，形成过一个显明的条件刺激。同样地，我们没有能够把皮肤的任何破坏性刺激，做成酸反应（0.5％盐酸溶液放在嘴里）的一种条件刺激。一般我们可以说，骨头的破坏性刺激作用的中枢，比起食物刺激作用的中枢，是较为强些，并且食物刺激作用的中枢是比酸刺激作用的中枢较强。假若这是如此，那么便可以说刺激作用是被导向着较强的中枢。

其次，还有些别的情况可以影响条件反射的形成。这些情况中最重要的事实就是，条件刺激至少必须在用以形成它的无条件刺激两秒或三秒钟之前出现。假如你以喂饲或把酸放到嘴中开始试验，并且只是在这之后试用那个你想做成条件刺激的动因，虽然距离开始喂饲时只不过经过了三秒到五秒钟的时间，但是你用这种步骤却造成了建立条件反射的一个大障碍。如何了解这种关系呢？

我想下面对于这个关系的机理的看法，是与中枢神经系统所公认的特质完全相符合的。无条件刺激在大脑两半球的某一部分产生一个强烈兴奋作用的焦点，因而使别的部分的激动性显著减少。所以到达脑这些部分的一个新冲动是在刺激作用阈限之下，或者是遇到了一种阻碍制止它散布到两半球。可以说，只有两半球在自由而无关的状态之下，新刺激才能有效力，而且才有可能与两半球内继续而强烈受刺激的地方形成联系。

用以形成条件反射的那些刺激的严格孤立显然是最重要的。假若在你所选择的动因的同时，又有好像无关紧要的刺激出现，而你甚至于没有注意到它，但是它可能绝对地或相对地比你的原来动因的生理力量要大些。那么，这个条件反射不会对你的动因形成起来，而会对你所未考虑到的那个附带刺激形成起来。许多实验者都发现，在研究的开始或者竟在整个研究中，条件反射只能对实验者本人形成起来，对他在喂饲或注入酸之前他所做的动作或声音形成起来。这就是在我的老实验室中，一些合作研究者们之所以从实验室之外进行所有的观察和施予动物以刺激的理由。在我新的、专门的实验室中动物不但与实验者隔离，并且与外边所有的振动、景色和声音隔离。

我不论影响条件反射形成速度的别种次要情况，也不讨论这些反射的不同种类以及它们的特质，我现在要讨论条件反射生理学的另一大分野。

前面已经说过，建立好了的条件反射是非常敏感的，所以在日常生活条件下它们在程度上不断地在变化并且甚至于减低到零。我在这里所能看到的只是我们的研究方法有很确切的正确性。条件反射虽然敏感到这种地步，但是实验者现在仍然同样地能控制它。条件反射大小的变化是向着两个方向进行的。我们已经对于条件反射的负的（减弱的）变化做了一番特别而彻底的研究，我们认为这种现象是属于公认的生理学的抑制作用概念的。事实迫使我们承认三种不同的抑制作用——睡眠、内在的和外在的[①]。

第一，当动物进入瞌睡或睡眠时，所有的条件反射就减弱并且完全消灭。关于这一层有许多有兴趣的细节，我却不预备讨论了。

我们称第二种抑制作用为外在的。它是和我们在脊髓生理学中所早已知道的完全相类似。它是由于外在世界或是机体的内在境况的各种引起别种条件反射或是别种神经活动的刺激而产生的[②]。

第三种，而且是特别有趣的一种形式，便是内抑制作用。这种抑制作用是由于条件刺激与造成条件反射的无条件刺激之间的特殊关系而发生的。抑制作用总当一个早已发展得很好而活动着的条件刺激暂时或经常地（然而只是在某些条件之下才是经常地）不继之以它的无条件刺激时才发展出来。我们已经研究过好几类这种抑制作用：消退作用，当条件反射不以它的无条件刺激伴随，或者照我们的说法，没有被加强，而以短期间隔（2—5—10 分钟）被重复许多次时发生；延搁作用，就是在条件反射建立期间，条件刺激起作用的开始与无条件刺激起作用的开始之间，有一段时间的间隔（1—3 分钟）时所发生；条件抑制作用，就是当建立了的条件刺激与别种无关动因相组合，而系统地不继之以无条件刺激时所发生；最后，分化抑制作用，我们的意思是指与条件刺激相近而且过去产生与条件刺激相似的效果的动因，当它们不伴以无条件刺激（例如，喂饲）而重复，而条件刺激本身总是与无条件刺激相伴时，它们便不起作用了。在所有这些情况中，确实曾有

---

① 见第 123 页，注①。——英译者
② 见前章。——英译者

一个抑制过程产生出来是可以这样证明的，我们总是可能立刻除去这个抑制作用，而得到条件刺激或多或少的效果。可以引起动物方向反应（观看、倾听，等等）的任何附加的中等强度的动因，以及某些别的刺激，都可以产生这个可能性。这个奇特的现象——一个容易再度产生的精确的事实——我们叫做条件反射的抑制解除作用。

为要能够控制上述的现象，我们必须考虑到刺激作用的潜伏后效。关于这些后效的久暂，有许多问题发生。我们只需说，我们用各种刺激在各种不同条件下所做的实验中（但在每一实验中完全确定），后效可以维持几秒钟到几天之久。我们可以断言，这类问题是可以用我们的实验方法加以精确研究的。

现在我回到大脑两半球实质中神经过程的运动。神经兴奋进入两半球就被吸引到这个或那个方向，与这个事实相关联的就是神经过程散布并泛滥到两半球的各个方向的这个现象。我将用下列例子来说明这一点。在我们面前有一个动物，它可能从前是一只看守的狗，因为它攻击生人，此外它还是神经质而且是易激动的。假若一个通常用它做实验的人坐在房间里，它就保持安静。在这个实验者面前条件反射和抑制作用可以很容易形成。但是假若一个生人来到实验室中，狗就开始吠叫，假若这个人再做一种威胁的姿势或是打这只狗，这个动物的攻击反应就达到了一个很高的程度……①。

有关各种不同食物反射相互间效果的类似的实验，冷和暖觉反射的相互作用的实验，有关别种观察，以及有关自 1870 年以后就熟知的这个事实，持续以电流刺激两半球运动区的个别地点就产生普遍癫痫痉挛，——有关所有的这些事实，我们的实验证实了兴奋作用是从它的原始地点扩散，并且这是两半球活动的一个基本现象。同时，我们在我们的实验中也看到全然相反的现象——兴奋作用围绕着它的原始地点聚会，集中，这作为全部过程的第二个阶段。

这个关系在我们所谓内抑制作用的神经过程中用一种特别可以表证的而又可信的方式来表达出来。虽然这个事实在最近的一本法文刊物中（见第十九章）已经描写过，我将简单地重述一下，以便把它纳入我们的系统之中。我们在一只狗的后腿上安装一排仪器，以便机械地刺激皮肤，而我们就把这些刺激做成食物反应的条件刺激，但是我们把这些仪器最低的一个区别开来，而把它做成一个阴性条件刺激，它起作用时不伴以喂饲，在这种情况下，我们可以看见较低的仪器的作用所引起的抑制性过程起初怎样扩展到所有的较高的仪器（就是，到相应的脑地区），然后渐渐围绕起源点集中。

在我们研究条件反射的过程中，催眠与睡眠的问题发生了，起初仅在散见的案例中遇到，但是现在更常出现了，在进行条件反射的研究中，我们能够在所有我们的狗身上观察如下列料想不到的事实。假若条件刺激总是在无条件刺激加入之前半分钟或几分钟（从 1—3 分钟）开始，那么，照前面所说的，条件反射的效果就发生出一种延迟，就是说，条件反射的出现渐渐离开条件刺激开始的时刻愈来愈远，而移向无条件刺激被应用的时刻。条件刺激没有效力的这个时期，就是，从条件刺激的开始到它发挥效力的开始这个段落，可以说，是充满了内抑制作用的过程。

但是事情并不就此停止。条件刺激的效力原来是愈来愈延迟的，最后在它孤立应用

---

① 这个实验的详细描写，见第十章和第二十五章。——英译者

的时候便完全消逝了。但是假如无条件刺激稍微再延迟一些时候加入的话,它的效力是可以重行表现的;然后你就可以在最后补加的几秒钟内,看到条件刺激的作用。但是最后条件刺激变成完全没有效力了。同时,在动物身上就发展出来一种僵直状态(它表现出对于外在刺激漠不关心,并且固定在某种活动着的姿势中),或者,更常发生,不可拒绝的睡眠接着来临,骨骼肌肉完全松懈。上述现象的发展速度与强度是依靠着某些条件的——依靠着条件刺激的绝对力量和性质,依靠着条件刺激开始与无条件刺激开始之间的时间间隔,以及延搁条件反射的被重复次数。动物的个性对比是有很大的影响的。假如无条件刺激紧跟着条件刺激(3—5秒钟),睡眠与僵直状态便会消逝。我们几乎不能忽略这些现象是与催眠和自然睡眠的性质有密切关联的。以后当我谈到大脑两半球各部分割除的实验时,我会提及这些现象。

在总结条件反射这方面的讨论时,我应当提醒大家,时间本身已经证实了也是一个刺激;我们可以把它做成一种条件刺激,而研究关于它的分化作用、抑制作用和抑制解除作用[①]。我相信,占据了哲学家们无数代时间的问题,直接在这个精确实验的途径中就可以求得解决了。

我现在将要简略谈及我们研究分析器活动中所累积的资料;因为我们已经把我们早先发现的事实发扬并且加以补充。我们正在继续进一步研究动物各种分析器所能分离的刺激的那些特质和强度。我们还收集了愈来愈多的事实,以便证实我们进行分析所根据的基本规律的普遍性,即是,在试用作为条件刺激的动因时,最初分析器的一大部分和比较不特殊的部分进入条件联系,仅仅在后来,由于准确的条件刺激的重复,总是继随以无条件刺激时,条件刺激才愈来愈特殊化,就是说,它才与分析器最微小的部分相称。在断定分析器工作的限度和精确的程度方面,我们受了仪器不完善的阻碍。

我们已经把可以引起某个刺激的分化作用的抑制过程做了一番特别详细的研究,就是说,与被选择的刺激邻近的和类似的刺激,在最初起被选择的刺激同样的作用,但是后来渐渐就变成无效了。研究者可以很容易以后抑制作用的方式获得这种分化抑制作用的过程,后抑制作用就是试用区别了的无效刺激之后,在神经系统中所保留的那种抑制作用。分化作用的程度愈大,后继的抑制作用也愈强。一个新的分化作用比较一个完全建立好了的分化作用抑制得更强些。分化作用建立得愈好,后继的抑制作用的持续就愈短。假若在同样的实验进程中,区别了的无效动因被连续地重复数次,它的抑制性后效可以被加强并综合起来。抑制解除作用可能在区别了的刺激情况下生效,等等。

现在我们已经知道了最高级神经机能,主要的是两种机理的工作——条件反射形成的机理和分析器的机理——我们想知道,把假定为决定高级神经活动的结构,部分或全部除掉,对于这些机能会有什么影响。因为时间的限制,我只能举几个例子。

---

　　①　这些实验是用两种方式进行的。一只狗在实验室中按一定时间间隔喂饲,譬如说每隔30分钟一次。假如现在有一次喂饲是延迟了,便可以注意到,到了第30分钟或者有时稍晚一点,食物反应就开始。在这里,自从上一次喂饲以后,时间本身是条件刺激。在另一个形式,时间只是条件刺激总和的一个组成部分;例如,假若一个条件反射是由某一种刺激所形成,譬如说是由一个节拍器,而且在所有连续喂饲之间恰好用同样长的间隔,可以看到新条件反射,以这个间隔来试验,总是比用别的间隔来试验时要强烈。时间在这里被假定是条件刺激的一部分。这些现象给予我们权利来说一段时间也可以当做一个条件刺激。——英译者

特别显著的是我用皮肤分析器所做的实验的结果。假若你把皮肤表面各点的机械刺激做成条件刺激——这是很容易办到的，因为在最初每一个条件刺激都是普遍化的——假若你然后再割除大脑两半球前叶某些部分(冠状回与外斯氏回)皮肤表面一定的段落，在严格限定了的范围之内，条件反射就消逝；皮肤别的部分的条件反射仍保持正常。很有趣，当机械刺激这些无效皮肤区域时，皮肤有效区域的条件反射产生很强烈的抑制作用，因此一只原来清醒的狗，现在很快陷于瞌睡和睡眠之中。当失去了的条件反射随着时间的经过而恢复的时候，我们看到，这些地方的刺激的分化作用就受到了一定的扰乱；若不是一种确定的分析没有了，就是分化作用表现出许多特点。下面这个关系值得特别提出，因为它持续并且稳定了好几年。在这些地方，条件反射只能差不多和无条件刺激共同出现时才能够存在。只要条件刺激系统地在无条件刺激一个短时间之前出现，先于 10 秒到 15 秒钟，条件反射就开始很快地消逝，而瞌睡就发生。在皮肤别的邻近区域条件反射还是照常进行的。如此，我想与催眠及睡眠有密切关系的上述实验现象，在除去相当于这些刺激的皮肤区域的脑部分之后，是可以更清楚地被表证出来的。我确信，皮肤分析器由于有它明显的优点，会成为大脑两半球活动研究中的主要研究对象。

还有一层。条件反射可以由骨骼肌肉而来的刺激而形成，例如，当运动反射已经从纯粹皮肤刺激分化出来时，从腿上某一个关节的弯曲而来的刺激可以形成条件反射。这种分化作用真正可以得到的最后证明就是把前叶割除掉这一部分或那一部分时，结果有时皮肤反射消逝，而运动反射保存；有时运动反射失去，而皮肤反射保存。

更进一层！有一只狗的两半球后半部完全被除掉，而后来很健康地活了好几年，对它做了下列的实验。对于各种强度的光照所起的条件反射是容易形成的，但是对于任何确定的物品，则不能产生一种条件反射。用这同一只狗，我们很方便地可以建立声音条件反射，并且甚至于可以形成个别乐音间的分化作用。但是这只狗的耳分析器与一只正常动物的耳分析器有着显著的差异。虽然后者的耳朵可以无困难地区别出同一系列乐音，不管它是向上顺序或是向下顺序奏出的。但是这只狗却不能够这样区别；分析器既然受了那样的损伤，这明显是不可能的。

由于这些事实可以看出耳与眼分析器在脑中的范围一定是相当宽阔的，这些分析器的脑末端经过部分损坏，分析能力就表现出一种确定的限制。作为研究两半球的一个理想，我建议要有一个情况，能有许多分化作用，以致两半球即或是受了最小的伤害，也可以从这个区别系统中的某些可辨识的缺陷而立刻发现它。

我提一个我以为对于我们的研究特别有意义的事实来结束这个报告。在我们面前有一只狗，它的两半球前半已经被除去。所有从前建立好了的条件反射都已消逝了。在所有重要方面，它完全无能为力，它已经失去了对于外在世界所有的正常关系；它不能吃那放在它旁边的食物，它不能辨别无生命的东西、人和动物；走路的时候它碰到东西，并且陷入最不适意的情况中。诸位先生，你们想这是怎么一回事！在这么一个动物身上，我们可以找到一个完全正常而复杂的神经活动的途径。用这只狗的唾液腺可以形成所谓的条件性的"水反射"。当一只正常的狗喝水或把水注入它嘴里的时候，唾液是不流的，或最多只流出一两滴。假若以前曾经把某种刺激唾液分泌的物品放进嘴中，例如酸液，那么放进水也引起大量唾液流出。显然，构成放入液体到嘴里的全部动作的各种刺激作用，及伴随着酸液反射效力的各种刺激作用，它们成了酸液反应的一种条件刺激；这些刺激作用在灌入水时表现出来。这个唾液分泌具有条件反射一切的各种特质。在我所描写的这只狗身上，我们可以立刻借酸反射的帮助，来形成对水的条件反射，具有条件反射一切的普通特质。这个结果，是用另一只两半球前半被除去，但是嗅觉叶还是完整的狗来证实了的。这只狗在各细节方面都是和前一只相似的，但是它不但能够形成水反射，并且能形成气味反射。尸体解剖证明，两只狗的两半球后部都萎缩了。所以，除去前部时，通到后部的传导通路就受到了破坏。用心理术语讲，根据它们的动作来判断，我们的动物成了白痴；但是根据唾液腺的活动来判断，它们同时却是聪明的。

我想提请大家注意从最后的实验所得到的两个结论。应用唾液腺而不用骨骼肌肉的反应来作为动物高级神经关系的一种标志，其优点是明显的。我们若是用肌肉系统来判断的话，那么，在动物两半球前半被除去之后，它的复杂神经机能还继续存在的这个重要事实，就会完全隐藏住了。上面实验的结果给予了主观现象的心理分类一个重要的打击；因此我们的案例，从心理观点看来，会是一个不可解决的矛盾，又是一串不可理解的事件。我们和别的工作者们，在一个完全没有两半球的动物身上，向来没能形成过条件反射。

因此大脑两半球是刺激作用的分析器官，并且是创造新反射和新联系的器官。它们是动物机体的这样一个器官，就是特别可以适应于继续产生并维持机体与外在世界的平衡；它们是可以对于外在世界现象最多种的组合和变化，起恰当而迅速的反应的一种器官；并且在某种程度上，它们是动物机体永恒进一步发展的一种特殊器官。

我们可能假设，有些条件的暂时联系，可以后来因遗传而变成无条件反射。

在结尾，我可以用十足客观的理由来保证，我们所有的事实都是很调和的，并且很容易被重新产生的。在我两次系统的关于条件反射的演讲里，以及在我向科学学会所做的一些报告中，还有在我的实验室里，当着许多本国和外国同事们的面，我和我所要表示诚恳感谢的合作者们已经完全成功地表演了这些实验。

在我们许多年的工作中我们绝没有一次应用心理概念或应用根据这些概念所产生的解释。我必须承认早先当我寻找实际的因果关系时，我是曾遇到过困难的，我有时，一部分因为习惯，一部分因为某些焦虑，采取了那些早已被认为是合法的心理解释。但是不久我了解到它们是坏的仆役。当我在现象之间看不出自然关系时，对于我便有困难发生了。心理学的援助只是口头上的（动物已经"记忆了"，动物"愿望"，动物"想了"）；只是不确定的思想的帮助，没有事实的根据。

心理学所发起的研究动物高级神经活动的方法——迷宫学习，各种灵机的开启，等等——的确可以引向收集有用的科学资料，但是只是孤立片断的材料，它们不能引导我们更接近神经现象的基本及它的要素，因为这个材料本身尚待分析和解释。为精确而系统地研究中枢神经系统高级部分的机能上绝对重要的就是把基础放在纯粹生理概念上。用我所概述的这些规律是可以成功地工作的。别的研究者们手中所得到的事实，会表示它们是多么精确，并且是多么充足。

我向我们可敬的主席致以衷心的谢意，因为他给我这个机会，在这么多同事们相聚的面前来讲占据了我的整个科学生涯三分之一的一个题目；对于你们，诸位先生，对于你们的注意我表示谢意，关于你们的注意我已浪费许久了。

第二十二章　内抑制在条件反射中的不稳定性(变动性)

（登载于《柏林临床周刊》厄尔利希纪念号，1914 年）

内抑制的种类——实验

条件反射的研究可以分为几部分，一部分是关于抑制作用的。我们区分有三种抑制作用：睡眠所造成的抑制作用、内抑制作用和外抑制作用。这篇报告的题材是内抑制作用的一般特征。

每当一个生理活动建立好了的条件刺激暂时或经常（后者要在确定的条件之下）被重复，而不继之以助其形式的无条件刺激，内抑制便发生。这个内抑制作用，照我们的研究所证实的，有不同的种类：我们区分出消退作用、延搁作用、条件抑制作用和分化抑制作用。

当我们数次重复一个早先建立好了的条件刺激，而不附加以无条件刺激时，它渐渐地就失去它平时的效力，这不是因为它被毁灭了，而是因为它暂时被抑制了。这个现象是我们最早观察到的现象中的一个，我们称它为条件反射的消退。假若无条件刺激被系统地加到一个先前形成的条件刺激上去，不是在后者开始后立刻给予，而是在数十秒钟或几分钟之后，则条件刺激的作用，即条件反射，便在几十秒钟或竟至几分钟的一段潜伏时期之后发生；因此条件刺激的效力是被延迟，直到平常试用无条件刺激的时候。这也是抑制作用的一种现象，我们把它叫做条件反射的延搁。当一个建立得很好的条件刺激与某种无关的动因相组合时，而假若这种组合，是经常地不伴随以它的无条件刺激，条件刺激就渐渐地在这个组合中失去它的刺激作用。这也是由内抑制作用所造成的，我们在这种情况下把它叫做条件抑制作用。当任何确定的动因被建立成为一个条件刺激时，那么，所有相似而又有关系的刺激也有差不多同样的效力。但是当所选择的刺激被重复多次时，这些相似的刺激就渐渐变成无效了。这也是一种抑制，我们称它为分化抑制。

所有这些形式的抑制都可以很容易地被除去，也可以说本身受到抑制。这是在周围环境所发生的新刺激，例如唤起动物方向反应的刺激的影响下产生的。结果是原先被抑制了的反射便恢复了。我们把这样一种现象称做抑制解除作用。

我们进行条件反射的实验愈多，我们累集的事实亦愈多，我们就有更多的证据指出内抑制的过程是比条件兴奋的过程更不稳定，就是说，在外来刺激的影响之下，内抑制的过程比条件兴奋的过程更容易，并且更快地被压制。这是在条件反射的研究中经常重现的事实。

假如当我的合作者们正在作条件反射工作的时候，我进入房间，那么，条件抑制作用（消退作用、延搁作用，等等）的过程就显著地受到破坏了。但是假若在这个时候试验的是条件刺激作用，它就丝毫不受损失，即或是受损失的话，也只是很轻微的。在我的老实验室房间里，很少有可能观察到条件反射的一种完全正确发展着的消退作用。它时常因已消退了的刺激效力的回复而受阻碍，通常这是由于附加的动因，主要是声音，在动物身上起了作用。

　　下面未曾预料到的事实以突出的方式干扰进来。我已决定在广大新的听众面前，做两个关于条件反射的主要现象的报告，而且用实验证实我的话。第一个报告是关于条件反射形成的机理，那些以许多不同动因所建立起来的条件反射，曾被我成功地表演出来。第二个报告是关于神经系统高级部分的分析活动，我们自然也希望表演分化作用的例子。为了这个目的，我们选择了精确而发展得很好的分化作用，但是它们不能被证实出来。后来发现在实验室中已经被区分了的（抑制了的）而且是绝对无效力的（阴性的）那些刺激，现在有了十足阳性的效力。落到狗身上的新刺激，（由于它在一个拥挤的圆形剧场中的不寻常的环境，等等）是不足以抑制条件反射的，但是这些同样的刺激，第二次起了作用。虽然它们的力量减少了，但已经足以完全压抑邻近刺激的分化作用所依据的内抑制的过程。

　　在应用于皮肤上的强烈感应电震被做成食物反应的条件刺激的实验中，以延搁作用方式出现的内抑制作用的过程，达到了高度的敏感性（叶罗费叶娃的实验）。在这些实验中，动物的喂饲总是在电流刺激作用开始之后 30 秒钟才进行的。在条件反射形成后很久的时间内，条件作用的效力是相当大的（以 30 秒钟之内所流出的唾液来测量），并且很快就开始表现。但是过些时候唾液的分泌就愈来愈少，并且离开条件刺激开始的时候愈来愈远，而移向进食的时候，这就是说，条件反射的延搁作用开始了。在实验的这个阶段可以观察到所有附加的刺激，主要是声音，在喂饲前 30 秒钟之内，对于条件反射的大小的显著影响，就是说，通过这些刺激条件反射的延搁作用被铲除了，而它的本来大小几乎完全恢复了。若在这个阶段把四周境况所有的声音，做一个无间断的留声机记录，以便建立声音震动现象和抑制解除作用现象之间的平行关系，这会是很有趣的一件事。

　　这些观察加强了我们的信心，我们是逐渐地走向详细记录环境对于动物机体通过中枢神经系统最高级部分所实现的无间断的全部影响，并且我们这样才愈接近生物的整个活动的科学的决定，在这里也有理由包括人类本身的高级活动。

第二十三章　脑的纯粹生理学

（为 1914 年 8 月在瑞士召开的精神病学家、神经学家和
心理学家大会而准备，但因欧战暴发而延期）

无条件和条件反射——高级与低级分析——破坏性刺激做成的条件刺激——外
和内抑制——力和空间关系的定律（数学）——实验证实的扩散作用与集中作
用——为什么心理学概念是受制约的——心理学家不能解释所举的实验——生理
学的前途

我接到我们大会组织委员会主席的邀请，来在心理学组宣读一篇基于我的实验室工
作有关大脑活动的报告。

我们崇高的会长几年前这样写道："当生理学家能够创造一个脱离心理学而独立的
脑生理学的时候——我的意思是说一个纯粹的生理学，而不是在这个名称下出现的片断
心理事实，一个能够不受心理学逐句授意便能为自己声辩的生理学——那时我们才会看
到拒绝人类心理学并且因之也拒绝比较心理学是否有好处。但是我们还没有达到这一
点。"我们不能否认这个批评的正确性；并且它对于问题的界说是很有益处的。

根据我与百余位同事们多年的工作，以及在别的实验室中所获得的事实的支持，我
敢于绝对有信心地宣布：大脑两半球的生理学（确然，即克拉拍勒德教授所意味的"纯粹
生理学"）已经产生了，并且正在很快地发展着。这个生理学在研究高级动物两半球的正
常和病态的活动中，只应用生理学概念，并且永远没有感到有必要借助于心理学的名词
或观念。正像其他自然科学的研究一样，我们的研究是建立在坚固的事实基础之上，并
且根据这种情况，我们的科学正在收集大量的精确材料，而为实验者开辟了一个愈发广
阔的眼界。我只能在这里把这个脑的新生理学与基本概念与事实作最一般性的描述，以
便把其中可供我们这第一次会议讨论的特别有趣和有价值的几点做一番较详细的描写。

中枢神经系统高级部分的基本活动是：第一，某种外在现象与各个器官间新的暂时
联系的连锁；第二，把外在世界的全部复杂性分解成它的单元——简单说就是连锁器官
的活动和分析器官的活动。通过这两种活动就建立了动物机体对于外在世界精确而细
致的适应，或者，换句话说，就是建立了组成动物机体的能量和物质的系统与环境的能量
和物质的系统之间的整个平衡。

某种现象与器官的活动之间恒常的联系，这老早便被看做是中枢神经系统低级部分
的机能，生理学家称之为反射。中枢神经系统高级部分的任务便是形成新的暂时反射，
这意思是说，神经系统不仅是一个传导器官，并且还是一架创造新联系的机器。因此，摆
在现代生理学家面前的有两种反射，固定的与暂时的，先天的与获得的，类族的反射和个
体的反射。为实际区别起见，我们把第一种反射叫做无条件的，把第二种反射叫做条件
的。很可能（关于此事现在已经有部分的事实材料）新形成的反射经过连续几代的时期，

在生活的条件保持一致的情形之下，会转变成为固定的反射。所以，这必定是动物机体进化中经常起作用的机理之一。

相应，原始分析属于中枢神经系统的低级部分，并且已经被研究得很久了。例如，当一只割去头部的蛙能对各种不同性质和地位的皮肤刺激产生不同生理效应时，我们便看到低级分析器官的工作了。而在中枢神经系统的最高级部分，我们有最细致而且最多种多样的分析器的末端，它们可以把外在世界分离成最小单元，并且经常使这些单元与机体发生新联系，即形成条件反射。相反，在中枢神经系统的低级部分，外在世界中数目较少的、较为粗糙的动因经过固定的反射，而与机体发生联系。

神经冲动所走的全部路程，如众所熟知，是叫做反射弧或反射通路。在低级神经系统中这个弧被公认有三部分：感受器（接受器官）、传导器（传导器官）和反应器（执行特殊活动的器官）。在"感受器"上加"分析器"（分解器官）这个字，在"传导器"上加"联系器"（连锁器官）这个字；现在你就会得到相当于中枢神经系统高级部分的两种基本活动的解剖基础的表征。

正如许多研究者所指明的，在少数确定情况之下，条件反射是可以万无一失地形成的，因此并无根据认为它的创立是特别复杂的。总是当某种无关刺激与能够产生确定反射的某种别的刺激的作用共同发生时，经过一次或多次这样的重复，原先无关的刺激就会单独引起同样的反射。

在我们用狗做的实验中，我们总是用两种无条件反射之中的一种来建立条件反射——对于食物的反射和对于酸液注入口中的反射。我们所观察的反应是一种能够精确测量的反应——唾液腺的分泌。动作反应，对于食物的积极运动，对于酸的消极运动，只是附带地加以观察。就是以这种方法也可以从一个老条件反射建立起新的条件反射。一个条件反射甚至可以由一个已经和某种反射动作巩固联系起来的刺激而形成——确是这样一种刺激能作为完全不同的一种活动的条件刺激。我们在下列的破坏性刺激（照一般说法便是痛觉刺激）的案例中能够看到这种事情。假如一只狗的皮肤被足够力量的电流所刺激，它自然会引起防御反应。把对狗的喂饲与这些刺激时常结合起来，我们可以使同样的电流，或者甚至于一个较强的电流，以及任何破坏性的机械或温度的作用（戳刺、捏夹、烧烫）——我们可以使所有这些破坏性的刺激按时地产生食物反射（就是，狗转向食物的来源，开始分泌唾液），而不带有任何防御的迹象。

形成条件反射时的一个很重要的细节，便是刺激必定不能和无条件刺激完全同时出现，它必须是在后者之前几秒钟出现。

我将省略关于条件反射的形成、系统化和一般特性的许多细节。

关于分析器的活动，首先看到的事实如下。所有的现象在起初是作为普遍的刺激被连锁到条件联系中去的，只是到后来它们才变成特殊化，就是说，以致只有确定的现象才引起条件反应。例如，假若你由某个乐音做成一个条件刺激，那么，在起初不仅你所用的乐音，而且别的乐音，甚至于噪音，等等，也引起同样的反射。到后来，当你所用的乐音被重复许多次之后，起作用的声音的数目就愈来愈少，到最后只有被选择的乐音才产生条件反射。以这种方法，分析器的活动限度就被划分出来。有些动物能够做到不可想象的精密的分化作用，并且呈现出广大发展的可能性。我必须省略关于这些事实的大量详细情节。

条件反射以及分析活动在正常的生命过程中，是持续不断地在起伏变化着的。除开我所不去讨论的慢性变化之外，我们可以看到两个方向的迅速变化，就是说，条件反射和分析活动很快地变强或变弱。我们特别研究了条件反射活动的减弱方面。我们用普通的生理学名词抑制来代表这个减弱过程，并且我们区分出三种：外、内，和睡眠抑制[1]。

外抑制是与中枢神经系统低级部分很久以前便被公认的那个抑制作用完全相类似的，在中枢神经系统低级部分中一个新进入的反射，抑制一个已经存在而活动的反射。很明显，这是各种外在与内在刺激作用之间的不断竞争的表现，这种竞争决定哪一种刺激作用将在当时对于机体有重要的意义。外抑制也可以被分类，并且每类还可以再细分。

内抑制立足于新的（条件的）反射和形成条件反射的老的（无条件的）反射之间的相互关系上。这种类型的抑制作用总是当条件刺激暂时或经常（但若是经常的，则只是在一定的新条件下）不伴随以建立它的无条件刺激时才发生。现在我们已经熟悉了四种这样的抑制作用。为节省时间起见，我仅报告在研究中最先发现的被我们称为消退作用的这种抑制作用。假如一个建立好了的条件刺激，不以助它形成的那个老的（无条件的）刺激相伴从，而以短期间隔（二、三、四或更多分钟）被重复，它就逐渐减弱，并且最后变成无效。这并不是条件反射的破坏，而仅是一种暂时停顿，一种暂时抑制作用；因为过一些时候它会自动地完全恢复起来。我们还将要再度地提到这一点，因为它是与今天报告中的最重要一点有关的。

所有内抑制本身，可以在它们的进程中受到扰乱或被解除，或者说它们本身受到抑制。这便是被抑制的反射从抑制作用中释放出来，因此它们以全效出现。当中等力量的外抑制动因作用于动物身上的时候，这种情形便发生。所以内抑制现象的研究要求一个特殊的实验室设备；如果没有它的话，所有经常加诸于动物身上的附带刺激，主要是声音，就时常阻断我们实验的进程。

最后，最末一类的抑制作用——睡眠抑制——它调节着整个机体的、特别是神经系统的不断的化学新陈代谢。它是以常态睡眠方式或以催眠状态出现的。

在描写神经活动时，要考虑到各种刺激作用的绝对和相对力量，以及刺激作用的潜伏痕迹的久暂——潜伏的刺激作用痕迹，或后效，这是甚为重要的。两种现象（刺激的力量，及其潜伏痕迹的久暂）的影响很清楚地在我们的实验中表现出来，而且可以无困难地被研究与衡量。还有一层！我们在这里发现物质与能量定律的一种惊人和奇异的优势，因而我们不由自主地产生这种思想：数学这门关于数字关系的学问是整个地完全地由人类大脑所产生的，这不是没有理由的。

在我们各种实验中，动物神经系统的个别特征很清晰地表现出来，并且可以用精确的数字表示出来。举一个这种例子于下：

在我们研究两种主要大脑机能的过程中，在我们面前渐渐展开了脑实质的特性。这些特性之一，就是在这个实质中的神经过程的一种奇特的移动。根据我们的实验，我可

① 关于睡眠是扩散的抑制的新概念，见第三十二章。——英译者

以把高级神经活动的基本定律用显著的方式表明给大家。这就是神经过程的扩散和集中的规律。这个规律适用于兴奋作用也适用于抑制作用的过程。它是在内抑制现象中时常被我们所研究的。请允许我来提请大家对这些实验注意。

我们有一只狗，借助于无条件反射（口中酸液的效用），皮肤上20余处的机械刺激都被做成酸反应的条件刺激——就是说，每次用一种适当的器具将机械刺激应用到这些点之中的一点时，一种特殊的动作反应和唾液分泌就开始。刺激皮肤上这些部位的任何一处所得到的分泌都是相等的，就是说，所有这些部位都有相等程度的效果。现在谈一谈实验本身。让我们选择皮肤上这些点中的一点，而施以相当时期的机械刺激，譬如说，30秒钟。我们看到某些可以测量的唾液反射，可以用单位表示出来。现在让我们不在条件刺激之后把酸放入狗的口中——像我们先前形成条件反射时把它们组合在一起那样——而以两分钟的间隔重复皮肤的机械刺激作用。平常的条件反射（唾液分泌）出现，但是减低了。我们继续重复这个条件刺激（机械激刺），不给无条件刺激（口中放酸），直到条件反射（唾液的分泌）无表现。这就是我们所谓条件反射的消退作用，是内抑制作用的一种。我们用这样的方法已经在皮肤分析器的脑末端的某一点上，也就是在大脑半球与皮肤相联系的那个部分上，激起内抑制作用的过程。让我们来追踪这个过程的移动。在我们不用无条件刺激支持，而重复刺激皮肤的单独一点，刚好在产生零效果之后（初级消退作用），我们毫不间歇地，立即刺激21个皮肤点之中的距离第一点20到30厘米的另一点（我们的狗是中等身材的）。我们得到一个正常反应，在我们的刻度量管上计有30度。过了一天或两天之后我们以如下的方式重复这个实验：我们刺激一个新皮肤点，不是像上一个实验似的立刻在第一点的反射消灭之后，而是在从消退的条件刺激得到零的效果之后5秒钟。现在唾液分泌不是像在上一次实验中那样正常，而是减少，譬如说20度（次级消退作用）。在这个实验下一次重复时，刺激不在5秒，而是在15秒钟的间断以后。这时分泌的作用便减少到5度，而不再是20度了。假若我们在消退了的反射的皮肤点的刺激作用与新点的刺激作用之间，用20秒钟的间断，我们便得到更进一步的减少——不是5度而是0度。

让我们更进一步地继续做这个实验。把刺激两个皮肤点之间的间隔，加到30秒钟之后，我们得不到零的效果，而是3到5度。在40秒的间隔时，我们又得到15到20度；在50秒钟的间隔时，20到25度；在60秒钟的间隔时，我们得到通常30度的十足效果。在这60秒的整个期间之内，或者甚至于更长的时期之内，刺激初级消退作用的地点仍保持为0。为了比较初级和次级消退作用，我们可以选择20个皮肤点中的任何两点（各点都建立同等强度的条件反射），而我们总是得到同样系列的数字，只要皮肤各点间的距离在各种情形之下是相同的。假若被刺激的各点间的距离被减少，则差别仅在于——次级消退的皮肤点效力的减低和零效果更快地到来，零的效果持续得更久一些，并且较晚地回复到正常效力。如果加以一定的注意，这些实验以惊人的精确度进行，正如在我们两位工作者于一年之中用5只狗所得出的结果所显示的。这些实验的重复得出如此定形的结果，以至于我可以毫不夸张地说，我曾有一些时期不能够相信自己的眼睛。

假若我们把这些事实与别的相类似的事实相比较，而避免额外的假设，我们达到下列最自然而简单的概念。如果我们认为皮肤是大脑某一区域的投射，则必须假设从这个区域确定的一点所发生的内抑制过程,起初散布并扩散到整个区域,然后开始密集,集中于它的发源点。很有趣地看到这个过程如何慢慢地向每一个方向移动。特别值得注意的是,这个速度,对于不同的狗是很不同的(我们看到我们的动物之间可以有 5 倍的关系),而对于任何个别的狗则显著地保持均一;甚至可以说它是一个不变的常数。

神经过程的扩散作用和集中作用的这个规律,像诸位所能看到的,是有异常意义的。它能把许多看来完全不相似的现象联系起来;例如,开始变为条件刺激时,刺激所具有的普遍化特性;或者外抑制的机理;的确连条件反射的形成本身,也可以被了解为刺激作用的集中现象。对于这个规律的重要性我不进入细节的解释,可是我将要为了另外的特殊目的来利用前述的实验例证。

在我们 13 年的条件反射工作过程中,我一直有这样一个印象,认为心理学概念和心理学家对于主观现象的系统化,必定与对于高级神经机能的生理学的陈述和分类在基本上是不相同的;神经过程在主观世界中的再现是独特的,并且像它那样是多次曲折的印象,所以整个说来神经活动的心理学概念在很大程度上是因袭陈说的,而且只是近似的。

从这个观点看来,上述实验值得特别注意。当我们首次建立条件反射的消退作用规律时,常有人向我们说:"这有什么新奇呢? 这个解释起来是简单的;狗注意到信号与实际不相符合,所以就愈来愈弱地起反应,而最后完全不起反应了。"我想在诸位之中有许多相信动物心理学的科学真实性的人也会说同样的话。就这样吧。但是,诸位先生,大家都有义务去把上述实验的所有阶段和细节作心理学的解释。我曾时常向科学界(生物学、社会学,等等)中的许多有知识的人提议过这一点,其结果是明晰易解的。每一个人根据他对于动物的一连串内在状态的想象给予了他自己的解释,但是不可能把一个解释和另一个解释相协调。我所问及的动物心理学家们以各种不同的组合谈到,动物具有辨别能力、记忆能力、下结论的能力,还谈到它有困惑和失望,等等,但是实际上在神经实质中只有扩散作用和相继的集中作用发生,并且这个过程的知识使得对于这种现象的精确预测(用数字)成为可能!

你们回答什么呢? 各位先生! 我以很大的兴趣等待诸位的答案。

这里我结束我的报告的事实部分。让我再作一些补充。动物高级神经活动的所有各部分都逐渐地被纳入在我们的条件反射研究的轮廓中。我们可以从所观察到的事实与主观现象的心理分类,如意识、意志、思维、感情等作粗略比较而看到这一点。其中有些事实的意义已经在我们破坏狗脑两半球的实验中被解释了。最后,在我们面前脑的活动状态与休息状态的一般条件被揭露得愈来愈清楚了。

展开在我们面前的整个研究领域,现在是完全地、虽然是暂时地被包括在我们对于大脑的两个主要活动的概念之中——配合,组合,或综合的机能,与分析或分解的机能——以及在大脑实质的几个基本特性之中。未来事实会告诉我们这个解释是否适当;因为,当然,我们对于脑的机能和特征的普遍观念将要扩展和加深的。

因此,你们看到高级神经活动严格客观研究的远景是持续不断地在扩展着。为什么生理学应该设法钻入动物的假想和幻想的内在世界中去呢? 在我们的 13 年研究中,我未曾一次应用任何心理学概念而得到成功。脑生理学不应当有片刻离开自然科学的基地,自然科学每一天都在证实着它的坚实性和创造性。我们可以确信,在脑的严格生理学已经出现的这条道路上，有惊人的发现正在等待着我们，并且结果我们会获得这种控制高级神经机能的能力，无论在什么方面都不会亚于自然科学的其他成就。

我认识到古代和现代心理学家工作中所作的思想努力，而且我向他们表示敬意。然而在我看来，并且我相信这个说法几乎不能怀疑，他们的研究是在极端无效能的方式下进行的；而且我十分相信，动物大脑的纯粹生理学不仅能够将那些把自己委身于研究人类主观状态的人的巨大任务减轻，而且将能使他们的努力荣获成功。

巴甫洛夫在做实验

科尔图什科学村的工作人员与狗在一起

不管鸟翼是多么完美，如果不藉空气的支持，就不能使鸟体飞起来。事实是科学家的空气，没有事实，你再也不能翱翔。没有事实，你的"理论"就是徒劳。

第二十四章　关于睡眠生理的一些事实

（在彼得格勒生物学会宣读，与 Л. H. 傅斯克瑞森斯基教授
合作，1915 年）

在两组条件下发生睡眠——周围环境的催眠效力——实验——入睡和觉醒显示相反次序的同样位相——睡眠散布到两半球

在我们的条件反射研究中我们时常遇到睡眠现象。因为睡眠现象使我们的实验复杂化了，并且使它们脱离其正常的进程，所以我们被迫对睡眠现象本身进行研究。

除开零碎的成就之外，我们有两位合作者对于这个问题曾作了系统的研究——即 H. A. 罗祥斯基博士和玛利亚·K. 彼得罗娃博士的研究。罗祥斯基研究的睡眠形态显然是由于单调的与无关的刺激的影响而成的，例如，当实验的动物被迁移到一个隔离的环境（一个隔离的实验室）时。当动物被关在这样一间隔离间而被绑在架子上时，它渐渐堕入瞌睡状态，最后进入深睡。睡眠也会发生在建立起强烈条件刺激的某些确定起作用的刺激影响之下。所有的狗，特别是某些类型的狗，遇到这种刺激容易进入瞌睡与催眠的状态。

最近 Л. H. 傅斯克瑞森斯基博士遇到一个完全预料不到的睡眠案例，因为这个狗早先就被 A. M. 巴甫洛娃博士实验过很久了，而从未表现过显著的睡眠状态。但是现在，在傅斯克瑞森斯基的研究中睡眠总是发生，条件反射的实验不断地受到阻碍；有时通常的现象完全不存在，有时它们仅被歪曲着。这是怎样发生的呢？起初我们不能确定这个情况是否真正是睡眠，我们把这种状态归源于其他原因，但是仔细注意和反复试验排斥了所有其他的假想。我们被迫得出结论认为在这只狗身上已经发展了一种睡眠状态。

但是它是从何而来的呢？当我们钻研了实验的细节，好像睡眠可能由下列方式而引起，在巴甫洛娃先前的研究中，把狗带进房间并且放在架子上之后便立刻开始实验——特殊条件刺激的效力被试用，然后继以食物（无条件刺激）。睡眠在这些情况之下并未出现。然而，现在，狗是被留在房里一些时候，它必须在架子上等待实验的开始。继续起作用的、单调的周围环境渐渐开始引起睡眠状态。这样解释现象似乎是完全合理的。

我们决定仔细地去研究这个情况。首先，好像整个环境是以惊人准确的数量关系在起作用；因为，如果在所必需的准备（把玻璃漏斗安置在狗的腮上，安装仪器，等等）之后便立即用平常的刺激开始做实验，睡眠并没出现。在实验的准备工作终了到刺激作用开始之间，只要经过几分钟（1 或 2），睡眠的第一阶段便表现出来。假若经过 10 分钟，睡眠

的下一阶段就来临。因此产生睡眠的周围环境可以按某种剂量来使用。在这种情况之下有可能研究睡眠状态的进度。这里就是我们探讨的结果。在我们的实验中通常可以观察到动物有两种反应：一种是分泌反应（唾液的流出）；另一种是运动反应（当食物给狗时，它获取食物）；换句话说，这些便是分泌与运动反射。从下表你们可以看到在催眠环境的数量影响和所观察到的现象间的关系中具有严格有规律的进程。

第 一 表

狗的状态	睡眠阶段	反 射		附 注
		分泌	运动反射	
清醒		＋	＋	
睡着	Ⅰ	－	＋	
	Ⅱ	＋	－	
	Ⅲ	－	－	深 睡
	Ⅱ	＋	－	
	Ⅰ	－	＋	
清醒		＋	＋	

　　在清醒状态中分泌和运动反射两样都存在（＋）。在条件刺激开始之后唾液立刻流出；并且刚刚在给它食物之后，狗就将食物吞下。因此两种反射都是有效的。我们做如下的实验：我们把狗至少在周围环境的影响之下放两分钟，就是在预备终了之后到条件刺激开始之间，有两分钟的间隔。睡眠的第一位相开始了。它是这样表现的：分泌反射消失（－）。你的条件刺激对反应的分泌部分不起作用；但是假如你把食物呈现给狗，它接受并吃它，意思是说，反射的动作成分是存在的（＋）。现在你加强环境的影响，使狗对实验等待 10 分钟，而不是两分钟；那么睡眠就加深了，你得到了另外一种反应，说起夹奇怪，是前一个的倒置——睡眠状态的第二位相；狗分泌唾液但是不吃食物，并且甚至于转身而离开它。因此在睡眠的第一位相时所不存在的唾液反应，在第二位相是存在的；并且在第一位相所存在的运动反应，在第二位相消逝了，或者竟转入一种消极反应；因为狗不只不吃食物而且还主动地拒绝它。现在假若在开始实验之前，狗被留在可以产生睡眠的周围环境中半小时到一小时之久，它便堕入完全而深沉的睡眠，运动和分泌两种反射都失去了（睡眠的第三位相）。

　　现在让我们把这只狗从深睡中逐渐唤醒，并且追踪事件的过程。仅施用一个强烈声音刺激，例如大声敲击仪器等，便可以立刻办到。正常的清醒状态便立刻到来。但也可以使用一个不甚强烈的刺激；我们习用的这种方法之一便是以反复的喂饲来逐渐地驱逐睡眠。这时你可以观察到上面所描写过的同样的位相，可是次序是相反的。深睡之后，分泌反射存在，但是狗并不吃食物。再往后分泌不出现，但是狗吃食物，表现出运动反应。重复喂饲数遍之后，反射最后都出现了。

　　现在我请大家注意一些实际数字。狗刚在架子上绑好，我们立刻就应用一定的条件刺激，并得到一个唾液分泌——照我们的量表是 37 度。这是正常反应。为得到精确的结果，必须遵从某种注意事项。房间本身对于狗具有一种催眠效果；因为虽然动物是清醒而且活泼的，但是一进入房间的门槛，甚至于它还未被放到架子上，它已完全改变了；

到架子上后瞌睡状态当然更显著与增强。为了要确定从清醒状态过渡到睡眠状态的一定时间，当狗被放在架子上并且开始实验的准备工作时，我们立刻以呼唤它，触摸它，拍它，等等，设法阻止它睡眠。当一切都准备好了之后，我们很快地离开房间，立即开始实验。这样我们才能够得到上述的 37 度的正常分泌反应，还有运动反射。在下一个实验中，把狗准备好之后，在条件刺激作用开始之前，我们让周围环境起作用两分钟。当我们应用我们的条件刺激时，结果是零滴唾液，但是狗立即吃食物。下一次我们使周围环境起作用 4 分钟，我们得到 20 度唾液，但是狗只在试用条件刺激之后 45 秒钟才开始吃食，而且必须将食物接触狗嘴的时候它才吃。假若让周围环境起作用半小时至一小时，则所有的反射都消失了。

我们试变更程序以便在同样的实验中看到不同位相的睡眠。因此狗被留在房内 75 秒钟。分泌反应是零，并且食物立即被吃了。然后我们过一小时，让狗独自留在那里。单单一次喂饲所产生的刺激作用中和了周围环境的催眠效果到一定程度，且只有睡眠的第二位相表现出来：唾液分泌是 22，狗吃了食物，但是只在食物与嘴相接触后 20 到 30 秒钟的时候。我再举一个例子说明睡眠如何被驱逐。我们的狗在睡觉，为了扰醒它，我们施用一个微弱的刺激——有人走进狗在架子上的这个房间里来。进房的声音，或许是来人的气味倾向于阻止狗沉入睡眠。现在假如我们施用条件刺激，我们得到 24 度唾液，但是狗仍然只在 50 秒钟以后才进食，并且不是自然的；这次需要把食物放进嘴里。然后我们喂饲狗一次或两次，如此以食物刺激它，我们便看到睡眠状态被驱除，并且转移到下一位相：分泌效果减少了，只有 10 度唾液，而且狗在 20 秒钟以后吃食。在前例中，它在过 50 秒钟以后才进食，并且只是从手中吃，但是现在它自愿地吃食物了。20 分钟以后试用一个新刺激，分泌反射是零，而狗几乎立刻吃食物。最后，用下一个条件刺激，有 35 度唾液分泌出来，狗毫不迟延地吃食物，而我们有一只完全觉醒的动物。因此我们必须承认，入睡及从这个状态解脱出来（醒来）的过程，对于我们的两种反射（运动的和唾液的）是具有一种特有的影响，这是一个充分建立了的事实。

我们看到一个有实际重要性的有趣事实，它给我们能力去控制动物，并且铲除对于我们实验的障碍。只需喂狗两次或三次，或者在开始实验之前不让有任何时间的空隙，我们便成为情况的主人；我们的条件反射实验就不会被睡眠所中断。

现在我们必须说明这个现象。这的确是一个困难的问题，现在对于这个问题只能给予推测的答复。我们的合作者们，罗祥斯基博士和彼得罗娃博士，从自己的实验中得出结论认为他们所观察到的两种睡眠状态都代表抑制作用过程，并且这个抑制作用，在一种情况，从许多不同地点散布到两半球（罗祥斯基的案例），而在另一种情况，只是从一个确定地点散布（彼得罗娃夫人的案例）。我们认为我们在上面所描写的事实证实了他们的结论——因为我们确实能够在我们的实验中看到沉睡状态在两半球实质中的一种定位和一种移动。

睡眠抑制作用的运动如何可以在大脑中追溯出来呢？我们已经对于另一种抑制作用，内抑制作用，所涉及的同样问题提出了一个多少可以接受的答案。这给予我们理由去期望，对于睡眠抑制作用也可以同样地去做。最简单的方法大概是在两半球某一个限定的区域内追溯睡眠抑制作用的运动；因为，照我们关于内抑制作用散布到整个两半球的实验所显示，在这种情形之下遇到很复杂的情况。这个复杂性的许多因素可能是两半球不同区域的边疆，刺激作用各种程度的能量，等等。

在我们的实验室中，我们现在正在实验着睡眠状态。在两半球相当于皮肤的部分，即皮肤在脑中的投射区，去追踪睡眠抑制作用的运动是更为便利的。除此之外，皮肤的条件刺激作用很容易产生睡眠状态。如果我们假定睡眠状态是确切地在被刺激的一点上发生，那么我们可能希望看到抑制作用如何从这个地点移动和散布到脑中整个皮肤的投射区，并且能够决定这个过程运行得多么远与多么快。但是现在这仅仅是一个希望而已。

第二十五章　狗的某些复杂反射的分析及几个中枢的相对力量与紧张度

（由 M. K. 彼得罗娃博士协助，取自 K. A. 狄米里亚则夫纪念刊，1916 年）

　　防御反应的产生——反射与本能基本上是相同的—— 表明食物反射与防御反射相互作用的实验——中枢的相对力量及暂时紧张是决定因素——文献中一个明显的心理学谬误的实例

　　在我们实验室内许多做过条件反射实验的狗之中，有两只狗表现了某些特点。虽然大多数狗当生人走进条件反射实验室时，除了有轻微的朝向运动之外，通常并不产生特殊反应，但是上面所提到的两只狗却不然，在实验的进行中，这样一种行动引起了它们的攻击和敌对的行为。不仅不能触碰狗，甚至和它的实验者握手时，在动物方面也会引起强烈的攻击性动作。很明显，这些狗表现了一种特殊的防御反应。有见于这个反应的特点和它的明显性以及它在实验室中所造成的扰乱，我们决定把它作为更详细研究的题目。

　　整个的防御反应是以下列方式表现出来的：对进入实验室的生人大声吠叫和进行一种攻击动作，而且当生人走近，特别是如果他碰着实验者，攻击行为就加强。没有一个人可以避免狗对他的这种反应，就是每天带它们到架子上来的工友也毫无例外，甚至于刚刚一个多月以前用这些狗中的一只完成了两年工作的实验者们也不能例外。相反，对于现在实验者所表现的，则呈一种正好相反的行为：狗随他任意摆布，把仪器安置在身上，甚至于配置到口中，如果必要，就是责骂或打它都可以。

　　第一必须确定产生和发展防御反射的外在条件和刺激。这个工作并不是特别艰巨的。反应的主要刺激是不会被错认的。主要的条件是关闭而隔离的房间与所习见的实验者。只要动物一离开这个房间，它对于生人和对于它的主人的行为就完全改变了。攻击反应一点痕迹都没有了，相反，狗对于生人是友善的。但是在同时它对待它的主人（实验者）则漠然而无情，并且现在你不仅能够靠近主人，而且可以打他，而这只狗并不加以干涉。

　　第二个条件是由于把狗绑在它的绑带上以限制狗动作的自由。只要动物是自由地在实验室的地板上，它能忍受闯入者。但是工友或主人一旦把它放到架子上并把它绑起来，则对于每一个人，除了它的主人（实验者）之外，攻击反应就开始了。

　　第三个条件就是在所处的周围环境之下，实验者对于狗的具有积极性和消极性的命令的、权威性的、各种不同的行为和动作。其中有一只狗两年来都是由一位实验者所掌管的，这位实验者是特别沉默而谨慎的，尤其是在他的动作方面；在这只狗身上虽然有防御反应存在，但是并没有达到它的最高度发展。工友可以把这只狗带进房来并把它绑在架子上。陌生人可以走进房来并且逗留，只要他们离狗远些，不突然动作或动作幅度过大。然而，当这只狗转换成为我们的另一位合作者的实验动物时，防御反应的第三个条件就发生了一种重大的变化，一部分是由于前一位和这位新实验者性情上的差别，一部分是由于一种有意地致力于加强这个因素。因此防御反应便相当地增强。最终结果是，这只狗在进入实验室之前，必得转移给它的主人。陌生人虽然仅仅在房门口出现，已足以引起动物的激烈愤怒。

总结而论，我们必须指出，在这个条件反射的实验中，曾经进行过多次喂饲狗的过程，对于防御反应的发展是丝毫没有作用的；因为这个反应，不论无条件刺激是喂饲，还是注入酸到口中，始终保持完全一样。

因此三个条件是在防御反应的发展中起作用的。当反应还是很微弱的时候，所有这些条件必须都存在才能使它表现出来。假如主人离开实验室，虽然狗是绑在架子上却对于生人没有攻击性反应。如果狗被释放，把它放在地上，虽然有主人在，也不会有攻击性反应。假使防御反应由于所有这三个条件的重复作用而已经被增强，那么只需要有两个条件便可以把它引出来。但是，当防御反应已经达到它的最高紧张度时，则单单看见实验者和听到他的语音也不足以使反应表现出来。在另一个房间内，不在架子上，这只狗就不保卫它的主人了。

因此，关于我们的狗所描写的反应虽然是很复杂的，但却是外在刺激确定综合的恒久而精确的结果。

通常这种反应被叫做"防御本能"。我们赞成用反射这个名词。从生理学观点看来，名为反射和名为本能的这两种现象之间是没有基本差别的。动作的错杂性不能算做是一种区别。如最近研究所指明，多数反射也都是极端复杂的，例如，呕吐反射以及许多行动反射。这个过程的连锁性的，从简单的成分组合成为复杂的效果，前一个作用的终结是另一个作用的激起者，这些属于许多本能的特质，也是许多反射的特质。在血管运动和行动的神经支配中可以找到许多这些例子。至于说本能是依靠机体的某种状态，特别是其中的特殊条件，并不是本能与反射之间的一种区别。反射在它们重复的时候也不是永远不变的，并且是依靠着许多条件的，例如，依靠其他同时起作用的反射[①]。

当我们考虑到任何指定的反射，作为对于某种外在刺激的反应，不仅是被其他同时的反射动作所管制与调节，而且它也被大量的内在反射以及被很多内在刺激的存在所管制与调节，如化学的、温度的等刺激，它们在中枢神经系统的不同部分，或者竟直接在工作部分（运动的或分泌的）中起着作用，那么，这样一种概念会把所有回答反应的整个复杂性都包括在反射之内，没有剩下的东西来划分出特殊一组叫做本能的现象。

因此在前面这些狗的情况中我们必须当做是防御反射。它是什么样的反射——是先天的（无条件的）还是习得的（条件的）呢？——我们不能确定，因为我们没有在狗的整个一生中观察它。但是，在实验室的条件之下，经过数年的观察，这个反射的固执不变性，它的力量和猛烈性，使我们倾向于第一种看法，特别是有一个动物是一只典型的看家犬。天生的防御反射的历史是不会成为解释这种反应所有特点的任何特别的障碍。为了要尽它防御的职责，狗必须守在某一个地方；而且还有，如果它是一个仅在最近才被驯

---

① 关于本能和反射，见第 166 页注①。——英译者

服的凶猛动物，它必须被系住。明显地，一个主要的条件就是某一个有统治力的人的力量，他捉到这个动物，驯服了它，把它系住，喂饲它，并且如果有必要时，鞭打它，这样基于无条件反射，就形成与他自己、主人有关的一种积极反应，而对于其他的每一个人，就起一种消极反应。在引起防御反射的刺激的确定组成之内，除了这第三个基本要素，还有头两个附带的也一样的重要，因为实际上它们三个全是一齐发生的。

鉴于我们的狗的防御反射的很大强度以及其完全刻板式的性质，我们把这个反射和食物反射进行了一番比较，以便解释某些问题。为了这个目的，我们之中有一位（M. K. 彼得罗娃）继续用条件反射做实验，因此同时也练习了、并且加强了防御反射；同时另一位（И. П. 巴甫洛夫）用他自己本人作为条件刺激，建立了一个复杂的食物反射。这个初步时期持续了两个月。在大厅里用我自己（И. П. 巴甫洛夫）手中的香肠来喂饲狗，同时我重复地说"香肠，乌萨志"（我们动物的名称——一只牧羊狗）。食物总是用手给予的，以便把人的气味带入条件刺激组合中去。巴甫洛夫时常站在别人之中，以使狗可以更精确地区别他的形象和外貌；常常他走到实验室中的另一房间去，而以各种不同强度的声音唤出平常用的话"香肠，乌萨志"以便增加条件刺激的声音组成部分。香肠通常是带在衣袋里一个小玻璃杯内。一喊出"香肠，乌萨志"，手就伸进袋里，拿出盛装香肠的杯子来，将一小块用手拿给狗，或者甩到地板上给它。

对另外一只狗"卡里姆"（一只家犬），重复同样的程序，不过有这样的不同，狗在接到香肠之前必须在听到"坐下，伸出你的脚来"的命令时坐下而且伸出它的脚。这样一来，食物反射被增强到如此的程度，在最后使 И. П. 巴甫洛夫对于这个动物显然有了很大的控制能力。当复杂的食物反射好像已经达到了它最大的力量，于是我们同时施用我们的反射。曾经使狗对他自己本人形成了食物反射的巴甫洛夫进入狗和另一位实验者（M. K. 彼得罗娃）所在的房间。其效果是完全和一个生人进来一样，就是，一种凶猛的进攻。我们必须供认，这个结果在起初曾使我们惊讶而困惑。对于机体有基本价值的强有力的食物反射，怎么会被无论如何必须算做是次要的另一种反射压倒了呢？而这另一种反射，是人工形成的一种反射，并且对于动物不是直接重要的。

我们实验的进一步进程圆满地解决了我们的问题。从实验的开始起，我们就注意到这两只狗之间的差异。当巴甫洛夫出现在门口时，虽然"卡里姆"表现出一种显著的进攻反应，而"乌萨志"却只是专心地注视着巴甫洛夫，并且只有在稍微接近的时候它才开始吠叫。我们可以假设"乌萨志"的防御反射已经在某种程度上被抑制了。在下一个实验中，除掉看见巴甫洛夫的形象，或者嗅到他的气味而外，还为"卡里姆"加上习常的字句，"坐下，伸出你的脚"，以及为"乌萨志"加上"香肠，乌萨志"。效果是很显著的。"卡里姆"停止吠叫了，"乌萨志"也让巴甫洛夫接近了。但是为了更接近一些，只说话是不够的，在巴甫洛夫能够走近动物之前，他必须把手放进口袋好像是要拿出香肠，这样才可以制止进攻反应。把空玻璃杯子呈现出来也可以使巴甫洛夫更进一步走近动物。但是接近并且触碰到另外的实验者（M. K. 彼得罗娃），又引起了攻击性反应。下一次的实验得到完全同样的结果。但是因为这一次香肠是放在玻璃杯中，在呈示香肠时我就能够接近另一位实验者（M. K. 彼得罗娃）；最后，我用一只手拿香肠给狗，我还可以用一只手向另外的实验者做威胁的姿势，或甚至于轻微地打她，而并不引起防御反射。因此食物反射完全战胜了防御反射。这曾被重复过许多次，结果完全是一致的。

在这些实验中，非常清楚，反射可以很长时间精确地互相平衡着，以文辞形容之，就像天秤两边的秤盘一样。你只需增加对于一个反射的刺激数目，就是在天秤的一边盘上加了重量，这边就下沉——一个反射压倒了另一个。相反，你向另一个反射添加刺激，你放额外重量到另一个秤盘，这一个盘便占优势。

因此在反射平衡作用的情形中，食物反射的复杂条件刺激的要素如下：实验者（巴甫洛夫）的形象，他的外貌、他的气味，所说的话"香肠，乌萨志"，等等，手去取玻璃杯的动作，看见玻璃杯，香肠的外貌和气味，以及香肠本身。在防御反射的情况中，复杂刺激的要素是：逐渐地接近狗，接近它的实验者（彼得罗娃），以及接触到她。显而易见，对于"卡里姆"，巴甫洛夫的形象和外貌经证明是不足以抑制防御反射的，而这个同样的刺激，即使当它强度很弱时，这就是说，如果在闯入者与狗之间有一个很大的距离时，就已把"乌萨志"的防御反射抑制到某种程度。

刺激的综合使一个反射比另一个反射占优势的影响（以及组成部分的数目和力量的重要意义）的这个事实，时常在动物高级神经活动的客观研究中遇到。无疑地，假如有某种单位可以测量各种不同刺激的力量，并且假若它们可以被详细地加以分析，则这个不同刺激的综合影响的这种事实在将来会形成脑活动的严格科学研究的基础。

我们怎样从生理学方面考虑上面所提到的现象呢？我们还可以停留在中枢神经系统所谓中枢的这些早先的概念范围之内。我们只须在早年单纯解剖学的概念上加入生理学的观点，并且承认，为了实现一定的反射动作，并且由于有某些已经形成得很好的联系通路，中枢神经系统的特殊部分有机能联合的存在。假若我们承认这一点，则上面所提及的实验结果就可以这样讲解：在我们的狗身上，两个中枢（防御和食物）的相对力量是显著的不同，食物中枢是更为有力。然而，为了要充分表现这些力量，以至，为了正确地比较这些反射的强度，那必须将这些中枢完全负荷起来。否则，最歪曲的关系会被观察到。如果强的中枢负荷得少，而弱的中枢负荷得重，那么后者时常会占优势。

当我们观察到这些实验所发现的这种事实，我们就不得不惊奇为什么有人蒙昧到竟会认真地谈及关于能够思考和推理的马和狗。

依我看来，我不能理解一个严肃的心理学杂志（《心理学专刊》，日内瓦出版，第Ⅻ卷，1913 年，312—375 页）怎么可以费这么多的篇幅来论述一只狗的故事，说它在儿童们念书的同一房间内，把算术学得这么好，以至于它经常地帮助学生们演算他们的难习题；并且由于它对于宗教的知识，这只狗使探望它的牧师惊奇，等等。这不是现代心理学知识有极大的缺陷，以至于不能提供一个多少满意的标准来区分真实与无稽的一个明显的证据吗？

我们感到快乐，能够通过这个小小的贡献来对 K. A. 狄米里亚则夫教授表示我们深厚的敬意，他是祖国科学的一位有力的倡导者，而且是生物学领域中真正科学分析的不倦的战士；因为这个领域中有许多研究者已经走入歧途了。

→ **梅子** 早在约两千年前，曹操在军事行动中就曾经用过"望梅止渴"的办法，是运用条件反射的一个成功的例子。但是对条件反射学说做出系统阐述的是巴甫洛夫。

← **谢切诺夫** 谢切诺夫被誉为俄国生理学之父，他于1866年出版的《脑的反射》是巴甫洛夫关于高级神经活动学说的创作起点。巴甫洛夫说过：我把我们研究的起源归之于1863年末，即当谢切诺夫的有名的《脑的反射》问世的时候。

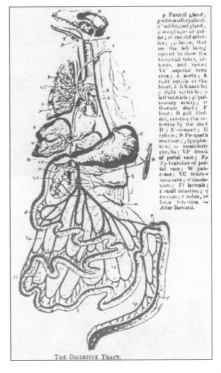

↑ **桑戴克** 巴甫洛夫把在研究条件反射这条途径上走第一步的荣誉归于桑戴克，他的实验先于巴甫洛夫的实验两三年。但是桑戴克与巴甫洛夫是从两条不同的途径出发的，桑戴克走的是心理学道路，而巴甫洛夫走的是生理学道路。

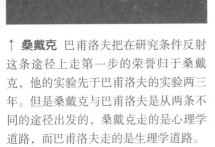

↑ **《日常生活中的生理学》中的插图** 巴甫洛夫很小的时候读过乔治·路易斯（G. H. Lewes，1817—1878）的《日常生活中的生理学》这本著作，书中的这幅插图迷住了巴甫洛夫，"这个复杂的系统是如何工作的呢"，巴甫洛夫一生都在试图找到这个问题的答案。

← **圣彼得堡大学** 巴甫洛夫在1870年考入圣彼得堡大学物理数学系的自然科学部。他在大学里同时选修了两门专业——生理学和化学。在当时闻名于世的活体解剖学家齐昂和有名的组织学家兼生物学家奥夫骧尼可夫的领导下，在生理学方面完成了初步的科学工作。巴甫洛夫以其特有的热情研究着生理学并完全掌握了外科技术。这就帮助了他以后在生理学中建立起新的方法学——生理外科学。

→ **军事医学院主楼** 巴甫洛夫在圣彼得堡大学毕业后，进入圣彼得堡军事医学院学习，1883年获得医学博士学位。因为没有要从医的想法，故而巴甫洛夫一直没有参加临床实习，而是开始担任生理学讲师，研究血液循环和神经系统对于心脏的影响。

← **莱比锡大学** 1884—1886年期间，巴甫洛夫赴德国莱比锡大学路德维希研究室进修，对于这段在外国的学习经历，巴甫洛夫写下了如下感想：这一段国外的生活对于我的可贵之处主要是使我认识了像海登海因和路德维希这样的科学家，他们把一生的欢乐和痛苦都寄托在科学研究上，没有任何别的希求。

→ 巴甫洛夫在波特金实验室
1888—1890年，巴甫洛夫在圣彼得堡波特金实验室进行循环和消化生理学的研究。这个实验室非常简陋，实验装置可以说没有，只有一个用沙丁鱼的空罐头盒做的恒温器，此外还有一个自制的架子和一盏小煤油灯，一个房间是给狗作手术用的，另一间屋里放着正在恢复的动物的笼子。就是在这间简陋的实验室里做的实验即将为巴甫洛夫赢得世界性声誉。

↑ 诺贝尔生理学奖章正反面和诺贝尔奖证书　1904年，因为在消化生理方面的杰出贡献，巴甫洛夫获诺贝尔生理学奖，在诺贝尔奖的颁奖演讲中，巴甫洛夫没有谈他在消化系统方面的发现，而大部分时间却在讲述自己近期对另一个课题——条件反射的研究。他说："人生只有一件事是对于我们有实际兴趣的——我们的心理经验。但是它的结构仍是处于深奥的神秘之中。一切人类的智慧——艺术、宗教、文学、哲学、历史科学——所有这些联合起来使这个神秘的黑暗得到一线光明。人们还有一个强有力的同盟军——自然科学研究和它严格的客观方法。"

← 九级浪 油画 俄罗斯画家艾伊瓦佐夫斯基绘
诺贝尔奖的颁奖演讲，意味着巴甫洛夫的研究方向从消化系统的生理学闯入到神经心理学这个根本还不存在的研究领域。巴甫洛夫遇到了极大的阻力，那些科学上的同行，纷纷嘲讽他用唾液的分泌来研究心灵，是痴人做梦。但巴甫洛夫坚定地对持怀疑态度的人们说："这方面的工作够咱们干100年的。不、不，消化系统的事结束了。我要专心致力于另外一个新领域。"这幅油画通过表现大自然的力量，传达了一种大无畏的英雄主义精神。在科学探索的道路上，巴甫洛夫是一个勇毅的求知者，并最终挖掘到了科学的宝藏。

← **两面神** 巴甫洛夫认为外部世界一方面永无止境地在动物身上引起条件反射，另一方面却不停地通过抑制作用来压抑它们。他经常把神经系统比做罗马的两面神，他有背靠背的两张脸。一张脸代表兴奋，表示的是刺激产生神经冲动并导致身体某部位的运动。另一张脸代表抑制，表示的是刺激产生神经冲动并阻止某部位的运动。高级动物的生存依赖于兴奋和抑制这两者之间的动态关系。

→ **松林的早晨** 巴甫洛夫认为，动物身上有无条件反射和条件反射两类反射，回答了动物如何在一个变化的环境中生存和适应的问题。动物的无条件反射机能，用来帮助动物迎接生命所受到的接连不断的挑战。动物的条件反射机能，使动物得以适应周围的环境。在此画中，早晨的大森林，朝雾弥漫，阳光刚从树梢射进密林，空气湿润，青苔郁郁，在老树上，几只小熊和母熊聚在一起，母熊看着小熊嬉戏顽耍。用巴甫洛夫的理论，我们能更好地理解它们为什么能适应变化的环境，在世界上生生不息。

← **巴甫洛夫的一只做实验的狗** 为了研究条件反射，巴甫洛夫把狗的唾液腺作为观察其大脑活动的窗口。他发现，唾液腺对心智的反应非常敏感。巴甫洛夫认为，通过计算狗在不同情况下产生的唾液的量，就能够对动物把所看到的、嗅到的、听到的和触摸到的事物转化为关于环境的重要信息这些复杂且看不见的过程进行分析。

↑ **巴甫洛夫与狗在一起的雕像** 巴甫洛夫为什么选择狗作为实验对象呢？他认为狗的反射能力和人很相像，在慢性实验中，当动物从手术中恢复并接受长期的观察时，狗是其他动物无法替代的，此外，它的理解力和可驯服性十分有助于研究取得成功。巴甫洛夫逝世后，在科尔图什科学村里，给巴甫洛夫立了纪念碑，在这里他和狗仍然形影不离。

← **静塔** 巴甫洛夫发现，即使是十分微妙的外界干扰，都会对狗的条件反射产生影响，为了将狗彻底地与其他事物隔离开，他设计了一个被称为"静塔"的实验室，这座建筑物拥有厚实的混凝土墙壁，三层正方形楼层的四周有深深的壕沟，为的是使房屋的墙不受"来往的车马、汽车"引起地面震动的影响；进行实验的房屋都建在水上以抵消外界的震动。

↑ **狗的纪念碑** 根据巴甫洛夫的愿望，1935年在实验医学研究院的大楼前建立了一个狗的纪念碑，纪念碑台座上的题词是：自史前时代起狗便是人类的助手和朋友，它为科学做出了牺牲，但我们的自尊要求我们在这样做时永远必须不使它们遭受不必要的痛苦。——伊·彼·巴甫洛夫

← **科尔图什科学村** 科尔图什位于圣彼得堡郊区，清静，远离人烟，没有车声隆隆，没有城市的喧闹。1924年巴甫洛夫第一次去科尔图什就产生了一个念头，要在那里建个实验室，科尔图什将成为一个巨大的"静塔"，狗会在那里度过它们完整的一生——从生到死。苏联政府满足了他的这个要求，很快在这里建起了一座科学村，科尔图什后来被称为"世界条件反射之都"。

→ **科尔图什生物站** 主楼屋顶下的三角形墙壁上写着"高级神经遗传学实验室"，在旁边的塔楼上写着"观察再观察"。

← 俄罗斯画家涅斯捷罗夫于1930年为巴甫洛夫绘制的画像。

→ 巴甫洛夫与同事一起做实验 巴甫洛夫称自己是彻头彻尾的实验主义者，他的左右手都很灵活，手术做得快而精确。当他对助手笨手笨脚看不顺眼时，就自己拿起解剖刀走上手术台，三下两下就完事，有时当周围的人们还认为刚进行准备工作时，巴甫洛夫已经摘下手术用的手套，洗手去了。

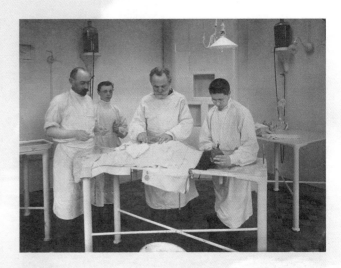

← 巴甫洛夫与他的工作团队在一起 在巴甫洛夫的实验室里，有许多助手和他一起工作，巴甫洛夫称这些助手为他的"娴熟的手"，他自己通常提供"头脑"，指导这些"娴熟的手"进行工作。

→ 甘特收藏的一张照片 巴甫洛夫就座于中间，坐在他左边的是甘特，甘特被巴甫洛夫所吸引，一直跟随巴甫洛夫学习了七年，他后来在美国的约翰·霍普金斯大学创建了一所以巴甫洛夫的名字命名的实验室。

← 剑桥大学送的玩具狗 1912年剑桥大学授予巴甫洛夫博士称号，剑桥的学生们送给他一只白色玩具狗作为礼物，小狗神气地翘着尾巴，身上插着管子和瘘管。（以前也是在同一个地方，达尔文接受了学生们送的别致的玩具猿猴。）

← **巴甫洛夫国立医科大学** 始建于1897年，1936年以巴甫洛夫的名字命名，是欧洲公认的十所顶尖的医科大学之一，1994年更名为圣彼得堡国立医科大学。

↓ 邮票、钱币和奖章上的巴甫洛夫

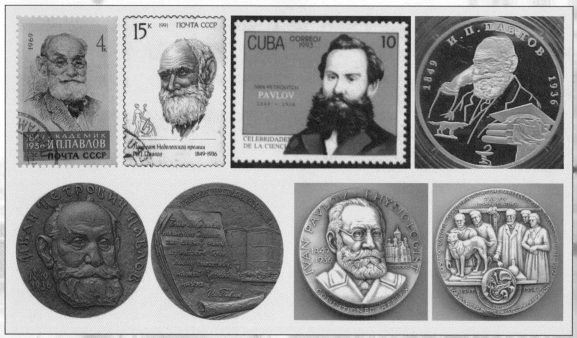

→ **星空** 在巴甫洛夫科尔图什住宅的塔楼上安装了一台望远镜，通过望远镜远眺星空是巴甫洛夫一生中最后的爱好。面对辽远神秘的浩瀚星空，人们会不自觉地变得谦虚。巴甫洛夫的一生取得了伟大的科学发现，但是他说："我们发现的越多，不知道的也就越多，产生的疑问也就越多。通往知识的道路是永无止尽的。"

第二十六章 动物高级神经活动研究中的生理学与心理学

（在彼得格勒哲学会宣读，1916 年 11 月 24 日）

狗在历史中的地位——客观方法的选择——食物种类与其所产生的唾液流出之间的调节基础——在一定距离的食物"心理"刺激作用与在嘴里的食物有同样的生理机理——这个研究开始时的困难——"心理的"和反射的刺激作用之间的三个主要相似点——条件刺激形成的解释——神经系统的两个主要特质是传导和联系的能力——小狗和人的自然条件食物反射的形成——无条件和条件反射——一个动物的中枢神经系统是分析器的汇集——特化作用和分化作用在分析器中发生——两类高级神经活动（新联系的形成和高级分析）——无活动状态的产生——表证条件反射的简单实验的描写——这个实验的心理学和生理学解释；前者不适当，因人而异，而后者，既然牵涉空间关系，是严格科学的

　　首先，我感到向哲学会致谢是我的责任，因为学会通过它的主席，表示愿意听我的报告。我很难猜想诸位会员们会对于我的题目发生多么大的兴趣。但是我有一个特定的目的，这是在我报告完了时就会明白的。

　　我要告诉诸位一个进行多年广泛研究的结果，这个研究是我和数十位合作者所共同做的，他们经常用了他们的头脑，也用了他们的手来参与这个工作。假若没有他们，恐怕连现在十分之一的结果都不会达到。当我用"我"字的时候，你们必须了解它不是指狭义的一位著者，而可以这样说，它的意思是一位指导者。我主要是指导了这个工作，并且把它全都确证了。

　　现在我将进行讨论。

　　我们以某种高级动物，以狗为例吧。虽然它不是站在动物阶梯中的顶端（猴子比它还高些），但它是与人最接近的；因为没有其他动物是从史前就已陪伴着人的。我听到已故的动物学家毛得斯特·波格达诺夫，在讨论前人和他的同伴，主要是狗的时候，用了下面的话："公理迫使我们承认，是狗帮助了人从野蛮中脱出的。"他如此地称赞狗！所以这种动物并不是普通的动物。请想这只狗——它是一个警哨，一个猎者，一个家庭宠物，一个服役者——在一切这些活动中的高级表现，你们会看到正如美国人所爱称的行为。假若我想研究狗的这种高级活动，就是说，把它的生活现象系统化，并发现这些现象所以发生的规律和法则，那么在我面前就产生了问题：我怎样着手，选择哪一条途径呢？

　　一般说来，有两条路。第一是每一个人所走的普通的道路。采取这一条途径，我们必须把我们的内在世界加到动物身上，这就要假设它好像和我们一样会有思想，有情感，有愿望，等等，所以我们可以猜想狗的内部所发生的事情，而来试行了解它的行为。或者，还有第二条完全不同的道路。这就是以一位自然学家的观点，从纯粹外在的方面来

看现象,看事实。自然科学的注意力仅仅集中在下面的问题上：外在世界有什么动因起作用;狗对于这些动因有什么可见的反应;它做些什么? 问题在于:哪一条路是更可取些,哪一条途径更合理些,使我们更接近于我们知识的目的?

让我来回答这个非常重要的问题,把我们的事实按时间先后次序叙述出来。

几十年前我的实验室作了一个消化作用的研究,特别研究了消化腺的活动,它们分泌消化液,使食物发生变化,使食物能继续进入机体深处,然后从那里再进入生命的化学过程中去。我们的问题是研究这些腺的工作之所以进行的一切条件。这个研究的大部分是关于这些腺中的第一个,唾液腺。这些器官的详细而系统的研究表明了它们的工作是极细致的,并且,很能适应进入口中的任何物品;唾液的数量和它的性质,严格地依随着进入口中的物品而变化。吃干燥的食物,有很多的唾液流出,因为食物必须被浸湿;给以有水分的食物,唾液的量就少些。假如有食物必须好好送入胃内,则分泌出的唾液就含有黏液,以润滑该物品,使它易于被咽下;假如物品是必须被吐出的,便有一种淡薄的、含有水分的唾液流出,以帮助从口中洗出这些物品。这里我们看到:在这些腺体的活动与被分泌的唾液之间的一些微妙的相互关系。

随着发生了下一个问题:这么一种细致的相互关系的基础是什么,它的机构是什么? 对于这一点,生理学家——这就是我的专行——已经预备好了一个答案。食物的特质作用于神经末梢,刺激它们。这些神经兴奋被传入中枢神经系统,到达特殊的地点,由那里再转入通到唾液腺的神经。因此在进入口中的东西和腺体的工作之间出现一种明显的联系。这个联系的细节被解释如下:来自物品起作用的数条口腔的神经,分别地接受酸、甜、粗糙、柔软、坚硬、热、冷等刺激;因此这些兴奋是沿着不同的神经纤维到达中枢神经系统。从那里这些兴奋又可以沿着不同的神经达到唾液腺。一种兴奋引起一种活动;其他的,就引起别种活动。所以,食物的不同特质刺激个别的神经,并且在中枢神经系统中又被转移到相应的神经来引起它自己特殊的机能。

因为目标是一个完全的研究,所以需要考虑到我上面所提到的条件以外所有可能的条件。物品进入嘴中便作用于唾液腺——但是当它们被放在动物的面前时,它们是否还同样地起作用呢? 就是说,当离开动物相当距离的时候,它们还会有效吗?

我们知道,当我们饿了要吃的时候,假若我们看到食物,唾液就流出。所以说"垂涎三尺"。研究也应该扩展到这个现象。这是什么意思呢? 须要知道,在这里并没有任何物体与口腔接触。关于这些事实,生理学曾经说过,除了通常的刺激之外,还有唾液腺的心理刺激作用。很好。但这是什么意思呢? 怎样了解它,我们生理学者应当怎样对它下手呢? 只要它在腺体活动上起了作用,我们就不能够忽略它。我们有什么理由去否定这个机能呢? 首先,让我们考虑心理刺激作用这个赤裸裸的事实。看来好像心理刺激作用,就是说,一种物品在一定距离的作用是与它在口中时绝对一样的。在各方面它都是一样的。依照哪一类的食物是被放在狗的面前,它是干燥的或是湿润的,可食的或是不可食的,唾液腺总是发生与这些物品在口中时相同的活动。在心理刺激作用中我们观察到完全同样的关系,虽然反应是小些。

但是这如何去研究呢? 一只正在吃得很快的狗,把东西咬到嘴里,咀嚼很久的时间,看来很清楚在这样的一个时辰这只动物很强烈地想要吃,因此它奔向食物,攫取它,于是大吃起来。它特别渴望着吃。在另一个时候，动作是慢些，少贪吃些，所以我们说这只狗并不很强烈地想要吃。当它吃的时候，你只能单独看到肌肉在工作，努力设法以各种方式把食物咬进口内，去咀嚼它而且把它吞下去。根据这一切我们可以说，它从这里得到了愉快。相反，当一个不可食的物品进入口中，狗把它吐出，用舌把它推吐出来，摇动它的头，那么我们不由自主地就要说，这对于动物是不愉快的。现在当我们进行解释和分析这件事的时候，我们很容易就采取这个陈腐的死板的观点。我们必须处理动物的情感、愿望、意象，等等。结果是惊人的：我和同事们发生了不可调和的意见。我们不能互相同意，不能够在相互间证明哪一个是正确的。在这以前几十年，也在这以后几十年，对于一切问题相互同意，我们能够以这样或那样的方法来解决，而在这里却争论得没有一个了结①。

在这以后我们只得深思熟虑一番。好像很可能我们不是在走着正确的道路。我们愈想这桩事，我们也就愈发相信，必须选择另一条出路。最初的步骤是很困难的，但是经过坚忍的、紧张的和集中的思考过程，我最后达到了纯粹客观的坚定立场。我们绝对禁止自己（在实验室中，甚至有罚金的规定）使用这类的心理学词句，例如狗猜想、想要、愿望，等等。最后我们以另外一种看法来看我们所涉及的所有现象。那么我的看法是什么呢？生理学家所谓对于唾液腺的心理刺激作用是什么呢？这是否就是生理学老早就建立起来的，而生理学家对于它已经习以为常的神经活动的一种形式呢？它不是一个反射吗？生理学家的反射是什么呢？有三个要素：第一是产生刺激作用的主要外在动因。然后就是某种神经通路，由于这个通路，外在冲动使它本身在执行器官中表现出来：这就是所谓反射弧，它是由一个感受器，一个向心神经，一个中央部分和一个离心或外导神经所组成的连锁。最后，还有反应的规律性；并不是偶然或反复无常的，而是遵守一定规律的。在某些一定的情况之下，反应总是无可避免地发生。自然，这不能以绝对的意义去理解，以为绝不会遇到动因不起作用的情况。很明显，可能有些情况会遮掩所起的作用。根据万有引力定律，一切物体必然向地面落下，但是如果它们被其他物体所支架着，则这种情况就不会发生。

现在让我们返回到我们所关心的事情。唾液腺的心理刺激作用是什么呢？当食物被放在动物面前，放在它的眼前，那么食物就对它起作用，对它的眼睛、耳朵、鼻子起作用。在这里与在口中所起的作用是没有主要区别的。它们是从眼睛以及从耳朵所来的反射。若是听到一个很大的声音，我们就反射地惊跳起来。一个强光的刺激作用反射地使瞳孔收缩。所以，这（从一定距离之外起作用）不足以成为理由，说我们不应当把心理刺激作用叫做一个反射。第二个元素，神经通路：在这里，相似性是很明显的；因为当狗看到食物，神经通路不从口中开始，而从眼睛开始，继续到中枢神经系统，于是由这里引起唾液腺活动。在这里又没有真正的区别；没有任何东西足以阻止我们把这个现象也当做一个反射。现在我们取第三个元素的规律性来看。关于这一点，必须作如下的说明：这里刺激对于唾液腺所起的作用，比起当物品在口中时的规律性要小些，经常性也要小些。然而，这个题目是可能研究的，而且可以精通它，以至于到最终，在一定距离的物体

---

① 关于这项工作开始时，巴甫洛夫所遇到的进退两难的详情，见俄文版第一版的序言。——英译者

所起的作用,其所依赖的一切条件都会在你的控制之下。做到了这一点(这就是现在的实际情况),我们就能够看到规律性了。但是心理刺激作用还有一个额外的特征。当我们更留心地检查这些现象,我们看到从一定距离起作用的动因是有这样一个区别——在其中可能有一些先前是没有效用的。这里是一个实例。譬如我们说工友走进狗所在的房间,他是第一次给它带食物来。当工友把食物给狗吃的时候,食物就开始起作用。如果工友已经有好几天把食物带给狗,那么最后工友只需把门柄一开,伸进他的头,作用就立刻开始了。这里出现了一个新的动因。若是这种情形持续得足够长久,那么仅仅工友的脚步声已足以引起唾液来了。这样就创造出从前所不存在的一个刺激。很明显,这里有一个很大而重要的差别:在生理刺激作用中刺激是固定的,但是在这里它们是可变的。然而,这个问题可以从下列的观点来考虑。假若能证明这个新动因是在严格确定的条件之下开始起作用的,而也是能被决定的,就是说,假如所有的现象都遵从着某些规律,那么,对于我们的看法就不会有任何异议了。虽然刺激是新的,它们却必定在确定条件之下发生。这里没有什么偶然性。所以这些现象又是有规律地联系起来的。我可以说在那里(在生理学中)反射的特征是如此的——我们有一个刺激,沿着某一个通路传布,并且我们的现象是依靠着某些条件而发生,但是这里现象也是在确定条件之下发生的。反射概念的本意,它的主要内容并没有改变。

已经证明,外在世界的无论什么东西,都可以被做成唾液腺的一种刺激。任何声音、气味等,都可能成为一个刺激,而且就如同在一定距离的食物,同样确定地可以引起唾液腺的活动。至于说这个事实的精确性,是与食物本身的反射丝毫没有差别的,只不过我们必须顾虑到事实存在的条件。那么,任何东西都可以成为唾液腺的一种刺激的条件是什么呢?基本的先决条件就是时间上的同时性。实验是这样进行的:譬如,我们用一个与唾液腺无关系的声音,不管是什么声音。这声音作用于狗,并且在同时喂饲它,或将酸放进它口中。这样一个程序经过几次重复之后,声音本身不附带食物或酸就能刺激唾液腺。一共有四个或五个,也许有六个条件,在这些条件之下,任何刺激,外在世界的任何动因,对于每一只狗,都必定成为唾液腺的一种刺激物。一旦是这种情形,一旦它在确定的一连串情况之下成为这样的一个刺激物,那么,它就总是如同食物或某种被拒绝的物品被放进口中时一样地发生作用。假若外在世界的任何动因,在某些特定条件之下,不可避免地成为唾液腺的一种刺激物,而且,既然成为这种刺激物,它就必然地起作用,那么,我们有什么理由说,这不是一种反射而是别的东西呢?这是机体对于外在动因所起的一种有规律的反应,借助神经系统某一部分而产生的。

像我所说过,通过的反射是照下列方式进行的:我们有一个确定的神经通路,沿着它,发源于边缘部分的冲动就被传送到这个通路,而达到工作器官,在现情况下就是唾液腺。这个传导通路,我们说,好像就是一根活的电线。在新的情况中发生了什么呢?这里我们只需补充,神经系统并不是像普通想象的,仅仅是一个传导器官,而也是一个联结器官。在这个假定中并没有什么矛盾之处。假若在日常生活中我们利用了这么许多的配合或联系器械,如在电灯、电话等系统中所见的那样,那么,由地球上物质所造成的前所未有的最理想的机器,反而没有联系的原则的应用,而只有传导的原则,这倒是的确奇怪了。所以这是很自然的,在神经系统中,与传导特质在一起,应当还具有一种联系器官。

分析已经指出，食物在一定距离对于唾液腺刺激作用的经常形式，在我们大家所熟悉的通常实例中，也是以建立联系而形成一种新的神经通路为特征的。齐托维志博士在瓦坦诺夫教授的实验室中做了下面有趣的实验。他养了一只新生的小狗，几个月以来一直只用牛乳喂它，因此这个动物从来没有经验过任何其他种类的食物。为了要观察腺体的工作，于是在做了一个唾液漏管以后，他不给狗牛奶而把普通的食物呈示给狗。没有任何种类的食物在一定距离之外①能够对于唾液腺起任何效用。这意思就是说，当不同的食物从一定距离对你起作用，其反应是一个反射，它是当你在儿童时期经验到这些食物时——看到它然后吃食它们——所初次形成的。事实是如此：当一块肉被放在一只几个月的小狗面前，它对于唾液腺没有任何作用——它的形状不起作用，其气味也不起作用。肉必须进入嘴中，在那里它才引起一种纯粹的、简单的传导反射。只有在这时候才会从肉的外形和气味形成起一种新反射来。

所以，你们看，需要承认有两种反射存在。有一组反射——从出生时起就具备的——是纯粹传导的反射；但是另一组——持续不断地在个体生活中形成，并且像第一组一样地有规律——是建立在神经系统的另一特质的基础之上的，就是，建立在它的造成联系的能力之上的。第一种反射可以称为先天的，另一种称为获得的；第一种是种族的，第二种是个体的。生来的、种族的、固定的、刻板式的一种，我们把它称做无条件的；另一种，因为它依赖着大批的条件，并且经常依随着许多情况而发生起伏变化，我们叫它是条件的；我们这样便按照实验室研究者的观点把它的特点在实际上表明出来了。条件反射也是被决定了的，因此也是必然的，所以它像无条件反射一样，是完全属于生理学范围之内。由于这种方案，生理学自然获得了大量的新材料，因为这些条件反射的数量是庞大的。我们的生命是由许多先天反射所构成的。很明显，把反射分成三种——自我保存的、食物的和性欲的，只是学派式的。它们的数目是如此之大，所以它们必须要分类、再分类。生来的反射已有这么多，条件反射的数目就无限了②。所以，建立了条件反射这个新定义之后，生理学就得到了一个巨大的研究领域。这是高级活动的一个领域，与神经系统的高级中枢有关，而先天反射则是与中枢神经系统的低级部分有关。假若你割除一个动物的大脑两半球，简单的反射还存在，但是新的联系的反射就消逝了。很明显，假若你考虑到这些条件反射的起源、存在、被掩盖、被暂时减弱等条件，那么无数的问题就会发生了。照现代生理学所理解的看起来，这是高级神经活动的一半。现在再看另外的一半。我们立刻可以明了，一个动物的神经系统代表着一套分析器，它们可以把大自然分解成它的个别元素。我们对于物理的分析器，是很熟悉的。三棱镜把白光折分为光带上不同的颜色。一个共鸣器把复杂的声音分为组成它的成分。神经系统是这些分析器的最完整的一套。例如网膜，它把光的振动分解开；试看耳朵的听觉部分，它分析空气的振动，等等。

---

① 在一定距离之外用食物所做实验的描写，见第一和第二章。——英译者

② 赫立克估计两个神经原在人脑中可能的联系数目是 $10^{2\,783\,000}$。这数目之大使得最远的星辰的距离比起来好像是小得不足道了。（C. 捷德逊·赫立克：《老鼠和人的脑》，1926 年，第一章）——英译者

这些分析器的每一个，在它的特殊部门中，无限量地继续着这种个别元素的划分工作。我们用耳分析器把乐音按照它们的波长、波的振幅、波形分出类别。由此我们有了神经系统的第二种机能——分析周围世界，把世界不同的复杂性分析成为它们的各别部分。这种分析甚至于也在中枢神经系统的低级部分内进行着。假如一个动物被去掉了头部，只有脊髓保留，分析还是照样进行的。让一个机械的、温度的，或化学的刺激作用于这样一个动物，则每一种都引起一个特殊的动作。但动物或人所能做到的最细微的分析，是在中枢神经系统的高级部分，在大脑两半球中发生的。而这个题目也是纯粹生理学的。我是一个生理学家，在研究这个题目时绝不需要任何生理学以外的定义或概念。

在研究位于大脑两半球的分析器时，揭露了很重要的事实。例如，这样一个：最初，当一个新反射是由某种声音形成了的时候，照例，新刺激就以一种普遍化的形式出现，就是说，假若你从某一个乐音，譬如说一个 1 000 振次的乐音，形成了一种条件反射，现在你试用其他的乐音，譬如试用 5 000 500 50 振次的乐音，在起初，你会从它们之中的每一种得到反射作用。在最初总是有较大部分的分析器参与这个反射。只有在后来，由于反射的重复，才发生特化作用。这是重要规律之一。很清楚，这个事实可以不借助于任何外来的概念而加以研究。关于分析能力限度的研究，也是同样的方便。例如，已经证明，狗的分析器能够分别 1/8 音。狗的听觉器官对于乐音的感受域比起我们人类的要大得多了；我们能够听见 50 000 振次的乐音，而狗的器官却还能听到 100 000 振次的乐音。我要提醒诸位下面有趣的事实。如果在大脑两半球中，相当于视觉、听觉等分析器终点的地方遭到损伤，自然其器官就有一种障碍。例如，眼分析器受损伤的狗，不能认识它的主人。但是它会避免和它的主人相撞，正如同它会避免和一把椅子相撞一样。关于这一点曾有人说过，这只狗看得见，可是不能理解。但是，必须承认，我们如果严格考虑这句话，它倒是很难理解的。

在这种情况下，我们说这只狗能看见，但是不能理解，其本质是这样的：分析器官已经破坏到这样一种程度，以至于分析能力被降低到最低的限度。眼睛只能由阴影分辨出光亮来，辨别出无物的空间与被一个物体所占据的空间，但是不能辨别物体的形状和颜色。

因此，我们承认高等动物有两种高级神经活动：第一，与外在世界形成新联系；第二，高级分析。

如果你仔细考虑这两种活动，你看到它们包括得很多，在它们之外要陈述什么剩余的东西是很困难的。只有仔细研究才可以决定这一层。一切训练、教育、习惯、在周围世界中自然界和在人们中间的方位确定——所有这一切若不是新联系的形成，则就是最细致的分析。无疑地，这两种活动中是包括很多东西的。在所有场合下，这里的工作是无限的，但是我们生理学者们不运用任何外来的概念。

在上面各种活动的研究中，已经证明了高级脑实质的第一重要特性就是神经过程在这个实质中的特殊运动。我将在以后详细地描写它。另一个极重要的特性就是，假若大脑两半球高级部分内，机能方面孤立的这一部分或那一部分，被从某一动因发出的某一刺激作用撞击，那么，迟早必产生无活动状态，即睡眠或催眠的状态。高级神经部分的基本特性就是这个极端的反应性，但是假若有暂时的孤立，假若兴奋作用不向外边流动，而集中一个时期,就是说,假若兴奋作用继续作用于一点,则这个部分就万无一失地进入睡眠状态。许多事情可以由高级神经细胞对于刺激所发生的这样一种关系得到解释。这种关系可以理解为大脑两半球中宝贵物质的珍惜和保存,即必须经常对于外在世界所有影响起反应的物质的珍惜和保存;或者从生物学意义来了解,就是,假若刺激随时都在变化,你必须对它用一种确定的活动去反应,但是它若变成单调的而不继续有重要的后果,那么你可以休息,复原,以备作下一次新的消耗。这个我不拟详细讨论了。

我现在到了终结。我要提到一个实验,它可以部分说明我所叙述的那些事实。我特别希望能听到诸位对于这些事实,对于这个实验的意见。首先,我提出下面的要求。可能我的描述仍是有些不够清楚的;那么请立刻问我,以便可以使大家就像在场亲自看到它一样地容易了解整个的实验。

这里你看到我们动物的一张图画。在它身上有两个黑点,一点在前腿,一点在后边的大腿上。这些就是我们安置仪器,进行皮肤机械刺激作用的地方。我们的进行程序如下:在我们已经开始用戳刺仪器,机械地刺激这些地方之后,就把酸液灌入狗口中。由酸液所产生的唾液分泌自然是一种简单的天生反射。这样重复许多次,今天、明天和后天……。经过许多次实验之后,结果就发生一种情况,我们只要开始刺激皮肤的那一点,就得到唾液的流出;就好像是我们已经灌入酸液到狗嘴里一样,虽然事实上没有给予酸液。

现在我来讨论我们的事实,我将从生理学方面来讨论它,然后尽我所能,再从心理学方面来讨论它,像一位动物心理学家所可能做的一样。我不能担保我会用正确的语句,因为我对于这些词句并不熟练,但是我将尽量使它们符合于我从别人那里所听来的那些。事实是这样的,我轻轻地试用皮肤的机械刺激,然后再给酸液。唾液是分泌的——简单的反射。当这样重复数次之后,仅仅机械地刺激皮肤就足以引起唾液流出。我们的解释是,一种新反射形成了,一个新神经通路在皮肤与唾液腺之间造成了。据探索狗的灵魂的动物心理学家说,狗支配它的注意力并且记得当它感觉到皮肤的某一点受到刺激时,它便会得到酸液,所以当仅仅有皮肤的刺激时,它想象到酸液将会到临,于是它就作相应的反应——唾液流出,等等。就让它这样吧。我们更深入地进行。我们再做一个实验。我们已经建立了一个反射,而且每一次它产生完全精确的结果。现在我开始机械地刺激,并且得到像从前一样的完全的动作和分泌反应,但是这一次我不给酸。过了一分或两分钟之后,我重复这个实验。现在作用已经减少了,动作反应并不怎样显著,并且唾液不多。还是不给酸液。我们让两分钟或三分钟过去,再重复机械的刺激作用。结果反应仍少。当我们这样做了四次或五次,反应就完全没有了;没有动作,也没有唾液分泌。这里你们看到一个清楚的、绝对精确的事实。

但是这里就有生理学家和动物心理学家之间的不同了。我说我们熟知的抑制作用在那里发生了。我是根据这个事实,假若现在我间断这个实验,而等候两小时,那么,机械的刺激对于唾液腺就又起作用了。我是一位生理学家,对于此点是完全清楚的。我们知道,在时间流过,而且当动因停止时,神经系统中所有的过程是会消灭的。动物心理学家也并不难找到一个解释,他说,狗留意到现在在机械的刺激作用之后,并没有给酸,所以在四次或五次这样的皮肤刺激之后,它就停止反应了。

直到此，在我们之间没有差别。你们可以同意这一位，也可以同意另一位。但是我们将要进入更复杂的实验。现在，如果动物心理学家和生理学家互相竞争，看谁的解释是正确的，以及较恰当的，那么我们必须把这种解释所应满足的条件提出来。如你所知道的，先决的条件就是这个解释应该能够说明实际发生的一切。必须不变更观点而把事实统统加以说明。这是首要的要求。第二个要求甚至于是更必要的。这就是利用在手中所给的解释，能够预测被说明的现象。因能够说出什么将要发生的人，比起不能给出任何预测的人来，是更正确的。后者在此处的失败是意味着他的破产。

我将这样把我的实验变复杂。我有一只狗，已经在好几处建立了我们的反射，譬如说三处吧。在这些地方的每一处受到机械刺激作用之后，便出现同样的酸反应，这是由于唾液的确定流量测量出来的。这是测量反应最简单的方法，因为动作组成部分的测量是更困难的。动作与唾液反应是一齐发生的，它们是平行的。它们是一个复杂反射的组成部分。现在我们有好几个皮肤反射形成了。它们都是相等的，它们以绝对的精确度起作用，它们在测量唾液分泌的量管上，给出同样的度数，例如，一次半分钟的刺激作用得到 30 度。我以我方才所说过的方法刺激前腿上的那个部位，就是说，我并不把它与酸的影响相组合，这样约经过五六次之后，机械的刺激便不表现出任何作用。对于生理学家而言，意思就是说，我已经获得了反射的一种完全抑制作用。当这发生于前腿的那个部位时，我可以刺激后腿的另一点。那么就展开了这样的现象。假若现在我在大腿上给予机械的刺激作用——正如我施于前腿而得到零那样——使得在那个刺激作用的终了和这个的开始之间并无间隔，那么，在新的地点我得到一个十足的作用，在我们的量管上是 30 度，而狗的行为就好像这是第一次地应用刺激。唾液自由地流出，动作反应发生，虽然并没有酸在口中，狗的动作就好像是在用舌头把酸液从嘴中吐出似的——简单地说，全部反应出现了。假若在下一个实验中，我试验刺激前腿的效果一直到分泌不再发生（由于重复机械的刺激作用而不给酸），然后不是经过零秒而是经过五秒之后，再刺激后腿的那个地方，则我从新的地点得到的不是 30 度而仅仅是 20 度。反射变弱了。下一次我用 15 秒钟的间隔，于是我从新的地点得到更小的作用——5 度。最后假若我在 20 秒之后再刺激，就没有丝毫作用了。假如我再进一步，采用一段很长的间隔，30 秒，那么我便又从这个地方得到作用。用大约 50 秒的间隔时，分泌是可观的，25 度，而用 60 秒的间隔时，我们就看到十足的反应。又在原来的同一地方，在肩膀上，在我们得到零的结果之后，如果刺激是在 5、10、15 分钟的间隔再被重复的，那么，我们就总是得到零（我不知道是否已经使大家对于这一点弄清楚了）。这是什么意思呢？

我请求动物心理学家提出他们对于这些材料的解释。关于这些同样的事实，我曾经不止一次地问过有知识的、受过科学教育的人士——医生，等等，并且要求他们对于这种现象给一个解释。大多数质朴的动物心理学家都给了些解释，但是每一个人都是提出他自己的解释，而与旁人的不相同。总括说来，结果是不幸的。他们尽可能地把事实考查了，但是没有方法可以使各种说明的意见一致。为什么在肩膀上，如果进行实验得到零时，仪器就不再发生作用了，而在另一地点上，会精密地依赖着刺激之间的不同时间间隔而有时得到十足的作用，有时毫无作用呢？

我来到这里为的是想要从动物心理学家的观点对于这个问题得到一个答案。

现在我要告诉你们，我们是怎样想的。我们的解释是纯粹生理的、纯粹客观的、纯粹空间的。很明显，在我们的情况中皮肤是大脑实质的投射。皮肤上的不同点就是大脑各点的投射。通过肩上相当的皮肤区域，在大脑的某一点上，我激起一定的神经过程，那时它并不保留在原处，而进行了一番可观的移动。它首先扩散到大脑实质中，然后返回，集中于它的起源点。这两种运动自然都需要时间。已经在大脑的相当于肩胛的地点产生了抑制作用之后，当我刺激另一个地点（大腿）时，我发现抑制作用还没有散布得这么远。过了 20 秒钟之后它达到了这个地方；于是经过 20 秒钟，而不是在这之前，在这地点就发生了完全的抑制作用。集中作用需要 40 秒钟，所以在肩胛上的刺激达到零之后再过 60 秒钟，我们已经在第二地点（大腿）有了反射的完全恢复。但是在第一个地方（肩胛上），反射竟致在 5 到 10 或 15 分钟之后尚未恢复。

这便是我的解释，一个生理学家的解释。我在解释这些事实中没有遇到困难。对于我，它与神经过程生理学中其他的事实是完全符合的。

现在，诸位先生，我们要考验这个解释的真实性。我有一个方法来证明它。假若在实际上我们有一个运动，那么，从这个运动向两个相反方向发生的事实来判断，在所有的中间各点上我们应当能够预测其效果。我只取一个中间的地点。在这个地点我们预料会发生什么呢？因为它距离我所引起抑制作用的区域较近，所以它将较早地被抑制掉。所以在这一点上，零的效果出现得早些，并且保持得长久些——经过抑制作用继续前进，然后再退回来。在这一地点，回复到正常兴奋性是发生得较迟的。这就是实际实验中所经过的情形。这里，在中间的一点上，经过零秒的间隔之后，不是 30 度而是 20 度。然后，当十足抑制作用到达了这里的时候，零度的效果在 10 秒钟之后便已出现了，并且当抑制作用正在继续散布，以及随后它正在收缩而依相反的方向退回的时候，这个效果保留了一个很长久的时间。很清楚，为什么在肩胛上正常反应性一分钟之后便回复，而这里则在两分钟之后才回复。

这是我在实验室中所见到的最惊奇的事实之一。在大脑实质的深处，发生有一种特殊的过程，它的运动可以像数学一样被预知。

诸位先生，这就是我们实验的复杂性，以及生理学家在这方面的立场。我不知道动物心理学家将如何答复我，他们会怎样考虑这些事实，但他们是必须回答的。假如他们拒绝给一个解释，那么我可以有充足的理由说，他们的观点一般说来是不科学的，并且不适宜于做精确的、有益的科学研究。

第二十七章　目　的　反　射

（在彼得格勒实验教育学会议上宣读，1916 年 1 月 2 日）

> 目的反射（本能）——搜集在广义说来是这个反射的一种形式——它对别的反射的关系（例如，生命本能、方向反射、食物反射），以及它的从抓握反射起源——工作、习惯和营养中节奏和周期性的价值——目的反射给生活以兴趣——它在盎格鲁·撒克逊人中的强度——它的压制——俄罗斯性格

　　许多年以前，我和我的合作者们，开始把狗的高级神经活动，做一番生理的（就是，严格客观的）分析。我们的任务之一就是去建立与系统化动物生来就有的、神经系统的那些最简单而又最基本的活动；并且基于它们，在个体生活中，由于特殊的过程，建造起更复杂的反应。天生的基本神经活动是机体对于确定的外在或内在刺激作用所发生的一组固定的、有规律的反应。这些反应叫做反射和本能。大多数生理学家，既然在所谓反射与本能之间不能找到任何主要区别，所以宁愿赞同采用"反射"这个一般名词，因为它的含义中具有较清楚的决定论观念，并且刺激与反应，因与果的关系是更明显的。我也宁愿用反射这个名词，如果别人愿意的话，待他们用本能[①]这个名词来代替。

----

　　① 赞成所谓本能不外乎是复杂的反射这个事实的生理学证据，见第二十五章，第九段，又见《大脑两半球机能讲义》，第一章。巴甫洛夫说：

　　我们需要在普通反射组之外，加入另外一组天生的反射。它们也发生于神经系统中，而且它们是对于完全确定的刺激，所发生的必然的反应。它们是机体整个的反应，而且构成动物的被称为本能的一般行为……在最简单的反射和一种本能之间，有许多过渡阶段，在这些阶段之间，却很难找到一个清楚的界限。例如，看新孵出来的雏鸡吧。它见到任何斑点，它的反应就是啄食，不论这是某种物体颗粒，或者仅仅是地上的一个点。但是这和当见到有东西闪过时就转头，或者关闭眼皮，有什么区别呢？后者我们叫做防御反射；第一种叫做喂饲本能，虽然啄食不过是头的倾低和嘴的运动而已。

　　本能据说是比反射较复杂些。但是有些很复杂的反射，绝不会错认为本能，例如呕吐。这是很复杂的，它牵涉到许多肌肉（骨骼的和内脏的都有）的协同作用，这些肌肉散布于一个大的区域，而且一般是在机体完全不同的机能方面应用到的。它也牵涉到某些腺的一种分泌反应，而它们的活动一般是为了要达到另一种目的。

　　某些本能起作用所需要的长时期，曾被假定是和反射相对比的一点，因为反射在它的构造方面，总被认为是简单的。让我们举鸟搭巢或兽造窝为例。事情就像一条链似的连接起来：采集材料，把它运输到选择的地方，把它布置和加强起来。如把这种事情看做是一种反射，就必需假设：一个反射引起下一个，就是说，它是一个连锁反射。但是这种活动的连接并不是本能单独所特有的。有许多反射也形成连锁。假若我们刺激某条内导神经，例如，坐骨神经，血压就有一种反射的增加；心脏左心房和总动脉第一部中的高血压，是第二个反射的有效刺激，一种减压反射，它倾向于中和第一个反射。还有麦格纳斯所描写的连锁反射。一只猫从高处跌下来，在大多数情况下脚先会落在地上，甚至于就是大脑两半球被除去之后也是如此。这是怎样造成的呢？耳应器官的空间关系一经改变，就引起一种确定的反射，颈子肌肉发生一种收缩，把动物的头恢复到正常位置。这是第一个反射。随着头的转正，于是引起另一个反射，把动物转到站立姿势。这是第二个反射。

　　然后，又有人辩护说还有这种差别：本能依靠动物的内在状况。譬如说，一只鸟只是在配偶时期搭巢；或者一个更简单的例子——一个饱食了的动物不再被食物所吸引，而停止进食。性冲动有一种类似的变化，要看机体的年龄和生殖腺的状况如何，而且在相当程度上还靠荷尔蒙——内分泌腺的产物的出现。但是这么一种依靠性并不单独是本能的一种特质。每一个反射的强度，甚至于它本身的出现，是随着中枢的激动性而变的，而中枢的激动性又依靠血液的物理和化学特质（自动刺激作用），以及别的反射的相互作用。（转下页）

动物和人类活动的分析，引导我得出的结论：在许多反射之中必定有一种特殊的反射存在——目的反射——一个获得激动作用的确定目的物的意图（"获得"和"目的物"这两个词的意义是广义的）。

我试把实验室中所得到的事实，与从人类生活中所摘出的事实，来做一番比较，提供给大家考虑；依我看来，这些事实的比较是与目的反射有关。

人类生活的组成是要获得每一种可能的目的，高的、低的、重要的、不重要的目的等，为了这种获得，人类不惜利用各种程度的精力。我们要注意这个事实，在这种获得中精力耗费的数量与所争取的物体的价值之间是没有固定关系存在的：有时为了完全琐屑的目的花费了很大量的精力，有时则恰恰相反。时常观察到某些个别的人用同样的热情来做大事和小事。结论是我们需要把意向动作本身从目的的意义和价值区分开来，而且要知道事情的本质是在于意图本身——而目的则是次要的。

所有各种形式的目的反射中，最单纯而又最典型的，因此也是特别便于分析的，同时还是最普遍的，就是搜集癖——收集一个通常不能达到的、巨大的整体或浩大事类中的各别部分或单位的一种热望。

大家知道，在动物中也观察到有搜集的现象。其次，它特别是人的幼年时期的特点，在这个时期基本神经活动表现得最清楚，因为它们尚未被生活的经历和习俗所掩盖。假若我们考虑到各式各样的搜集，我们就不能不注意到下列事实，就是由于这种癖好，许多完全琐屑而又毫无价值的东西时常被堆积起来，这些东西除了为满足搜集的癖好之外，无论从什么观点来看，都是绝对没有价值的。纵使目标是完全没有价值的，但是每一个人都能领会到搜集者为达到他的目的所付出的精力，和偶尔无限度的自我牺牲。他可能成为一个笑柄、一个嘲笑的对象、一个罪犯，他可能压制他的基本需要，这完全为了他的搜集。我们不是常常在报纸上看到关于吝啬鬼的记载吗？——他们，金钱的搜集者，身处于污秽中，受冷，挨饿，被他们的同伴与亲属所憎恨与遗弃，在金子中孤独地死去。比较所有这些事实，必定得到结论说：这是一种黑暗的、原始的、不能克服的倾向——一种本能或反射。每一位迷于他自己的癖好的搜集家，假若还没有失去观察自己的能力的话，会很清楚地了解：他会立刻被他要收藏的另一件物品所吸引，就如同他在吃过饭之后的一些时候为另一点食物所吸引一样。

这个反射是怎样兴起的呢，它和其他反射的关系是怎么样的呢？

这个问题是困难的，正如一般牵涉到起源的问题一样。关于这个问题我想提出几点见解，依我看来是具有重要性的。

所有生命不外是一个目的的实现，就是，生命本身的保存，而它的不知疲劳的活动可称为一般的生存本能。这种一般的生存本能或反射是由一些个别的本能或反射所构成的。大多数的这些反射是朝向有利于生活条件的积极运动反射，这些反射的目标是为这

（接上页）最后，有时认为，反射只决定组织或单个器官的活动，而本能就牵连到整个机体的活动。但是，从麦格纳斯和窦·克兰因最近的研究中，我们知道，站立、走路，以及保持平衡，不过是反射而已。

因此我们知道，反射与本能，都是机体对于内在和外在刺激的不可避免的反应，所以我们不需要替它们另起名称。反射在这两个名称中是比较好些，因为它从一开始就有一种纯粹科学的含义。

反射的总和是人类和动物神经活动的基础。——英译者

机体而把握和同化这类的条件，就是说，夺取和抓握反射。我预备讨论其中的两种，它们是最普通的而且也是最强烈的，附随着人类生活及每个动物的生活，从他出生第一天起一直到他最末的一天。这些就是食物和方向（探索）反射。

每一天我们都努力于获得某些我们所需要的物品，它们是完成我们生命化学过程的材料；我们把这些材料导入到我们的身体中，暂时安静下来，过几小时之后或到第二天我们又奋力于获得这种材料——食物——新的一部分。对于我们起作用的每一种新刺激，在我们这方面引起一种相应的运动，以便更好地而且更充实地把这个刺激报告给我们自己。我们留意到出现的每一个图形，倾听所有发生的声音，用力地嗅闻奇异的气味，并且如果一个新的物体接近我们，我们就设法去触摸它；一般说来，我们用适当的感受表面，即相应的感觉器官，尝试去抓握或占有每一种新的现象或物体。我们可以由店铺等展览品陈列处所需要设置的障碍物，恳请及禁止标语等，就可以明显看出我们想去摸一摸自己感到有兴趣物品的欲望是多么的强烈而不易控制，即或是有文化教养的群众，也难免想摸一下。

这些抓握反射以及许多其他类似的反射，经过逐日不倦地练习的结果，对于每一种物体，只要它一旦吸引人类显著的注意，与它有关的一种共同的、类化了的抓握反射就发生了，并且被遗传所固定。这种类化作用可能以各种方式发生。我们可以想象它的起源的两种机理。第一，由于扩散作用，即当兴奋作用的强度很大时，它从这一个或那一个抓握反射的散布。成人以及儿童都一样，在有强烈的食欲时，就是说，在一种强烈食物反射出现的时候，假如没有食物的话，他们时常把不可食的物品送入口中并且咀嚼它，并且幼儿在出生头几个月的时候，会把各种物品放进他的口中。随后，在许多情况下，由于时间一致的结果，应当发生许多物体与各种抓握反射之间的联合。

目的反射和它的典型形式——搜集反射——与主要的抓握反射——食物反射——有某一种关系，可以从它们的共同特质看出来。在两种情况中，以确定的现象伴随的最重要的特点就是奋力朝向一个物体。获得它以后，就开始有一种发展得很快的安静和漠然。另一个主要特点就是两种反射的周期性。每一个人都从他个人的经验中知道神经系统能够对于某种顺序、节奏和活动的时间适应到何种程度。如果要改变一个人的走步或谈话等的习惯节奏，是多么困难。在实验室中研究动物的复杂神经现象，我们若不小心地估计这种倾向，可能造成很多大的错误。所以，在搜集中所表现的目的反射的强大力量，可以确切地从搜集的必然的周期性与食物反射的周期性相符合的事实中看出来。

犹如在进食一些时候之后又会有要求获得更多食物的欲望，所以在获得某些东西之后，譬如，收集邮票之后，无疑地就会有想得到下一个东西的欲望。周期性是目的反射中重要的一点，这可以由下面的事实指明，人们通常把他们的巨大的、连续的任务分为许多部分、许多课题，等等，就是说，他们希望有周期性的情况。这对于精力的保藏是特别有益的，并且促进最后达到目的。

目的反射有巨大的生命意义，它是我们大家生命精力的基本形式。只要一个人在他的全部生存中奋向那个总在渴望着而永远不能达到的目标，或者一个人用同样的热情从一个目的转到另一个目的，那么生命才是美丽而强壮的。整个生命，它一切的改进和进步,所有它的文化,都是通过目的反射而促成的,只有那些努力在生活中树立一个目的的人才会实现它们。的确,凡是东西都可以被搜集,琐屑的以及重要的都是一样:生活中的舒适(重实际的人们的目标)、合理的法律(政治家的企图)、知识(受过教育的人们的目标),科学发现(科学家的目的)、美德(正直人们的理想),等等。

现在再反过来说——只要目的一旦消逝,生活就会乏味了。难道我们不是时常在自杀者的遗书中读到他们断绝生命是因为他们觉得生活没有目的吗? 人类生活的目的当然是无限制的和无穷尽的。自杀的悲剧,照我们生理学家的说法,是因为他的目的反射有了一种抑制作用——时常是一种临时的,只有在很少的情况之下才是一种持续的抑制作用。

目的反射并不是不变的,而是像机体中每一种其他的东西一样,它依着情况起伏和改变,若不是变得较强而发展着,就是变得较弱而几乎完全消逝。在这里与食物反射的类比又是很容易证实的。若是有一个有规律的食谱——适量的食物和周期性的进食——就总会保持好的食欲,正常的食物反射和正常的营养。相反,我们都能够回想到像下面的这些普通实例。关于食物的谈论很容易激动儿童,看见食物更是如此,结果是食物反射比规定的时期出现得早一些。这个儿童寻觅食物,要食物,甚至于哭着要它。假若母亲感情用事地而不是聪明地去满足这些冲动和愿望,结局是在进食时间以前儿童就不规则地和必然地得到他的食物,伤害了他的胃口,到正式吃饭时就不觉其滋味,整个说来吃的比他所应当吃的要少些,而且,如果这种无规律是时常重复的话,他的消化和营养便会受到损伤。最后,他的胃口,也就是,对于食物的奋向,即食物反射,会减弱或者完全消逝。

你看到如要使目的反射充分地、规律地而且成功地表现出来,它的某种紧张是必要的。盎格鲁·撒克逊人,这种反射的最高范型,对于这一点知道得很清楚,这就是为什么他对于这个问题"什么是达到一个目标的主要条件?"给予这样的回答——"障碍的存在"——这是俄罗斯人的耳朵和眼睛所料想不到和难以相信的。他好像在说:"让我的目的反射来受考验吧,让它在克服障碍中挫伤吧,然后我必会达到我的目标,无论它的获得是多么困难。"很值得注意,在这个回答中达到目标的不可能性是完全被否认了。这与我们是多么不同啊,对于我们,"情况"原谅一切,辩明一切,并且与一切相妥协。我们对于生活的这种最重要的因素,目的反射,缺乏一种实际的概念到了多么大的程度啊! 并且这个概念对于生活的所有领域,从教育这么重要的一种领域开始,都是非常需要的。

目的反射可以被一种相反的机理所减弱,而且甚至于被压制。让我们再回来与食物反射相比。大家知道,食欲只是在挨饥的头几天强烈而不能忍受;后来它就变弱多了。由于连续营养不良的结果会发生完全同样的情形——机体虚弱,它的力量减低,而且与此同时还有它的基本与正常意向的消失,正像我们从那些系统地绝食的人所看到的一样。长期地限制着基本意向的满足,经常减少主要反射的活动,竟至使生存的本能,就是对生命本身的爱惜也会消失。我们知道贫苦阶级对于死是如何地漠然。假若我没有错的话,在封建中国能够雇一个人来代替另一个人受死刑的情形是存在的。

当俄罗斯性格的消极特色——懒惰,缺乏进取心,甚至对每一件重大工作抱有很潦草的态度——引起忧郁心境时,我对自己说:不,这些并不是我们真正的品质,它们只是奴隶制度的可咒的遗产。它使主人成为一个寄生虫，通过别人无报酬地替他工作，他得到解脱，不必运用自然的正常的努力，而得到他和他家人每日的粮食。它使他没有必要在生活中赢得自己的位置；而且在生存的基本路线上使目的反射得不到运用。它把奴隶造成一个完全被动的生物，没有任何远景；因为在他最自然的企望的途径上，继续不断地发生不可克服的障碍，即主人的强烈自我主义和任性。但是我敢进一步说：一个败坏了的胃口和贫乏的营养，是可以由于小心地调理和特殊地卫生而被恢复起来的。对于在俄罗斯历史时期中受到了压制的目的反射，可能而且应当是同样的情形。假若我们每一个人都在他自己内心中抚爱这个反射，把它当做生命中最宝贵的部分，假若各阶层的父母和教师把在群众中加强和发展这个反射作为他们的主要问题，假若我们的社会和政府能够供给运用这个反射的充分机会，那么，我们将会成为我们所应当而且能够做到的那样，根据我们历史中的许多事件并且根据我们创造力[①]的某些表现来判断，我们是做得到的。

---

① 本章和下一章表明巴甫洛夫并不让科学抹杀他的企望和细致的情感，而认为它会被证明是人类的救星。关于意志的自由，他对译者说，真正的自由将会按照我们对于脑生理学的知识的比例而到来，而且到那时，我们会通过科学知识，对于我们的本性，就像我们对于自然一样地获得胜利。——英译者

第二十八章 自由反射

（在彼得格勒生物学会宣读，1917 年 5 月）

获得反射是由先天反射建立起来的——对反射需要加以分类——狗的自由反射（一种先天的反射）的发现——它被食物反射所压制——奴隶反射与其在俄罗斯的应用

在分析正常神经反应时我们有权利说，生理学终于证实了复杂的神经（心理的）活动，像低级活动一样，是反射动作所构成的。更进一层，除了从前科学证明的单纯基本形式的神经活动——先天的反射之外，它还成功地建立了另一种也是基本的，但是更为复杂的形式——获得的反射。这个课题的进一步研究，必须照下列路线进行。一方面，有必要先确立并系统化所有的先天反射，以作为基本而不变的基础。在它之上建筑获得反射的巨大结构。获得反射的系统化必须以先天反射的分类作为基础。可以说，这便形成了反射作用的形态学。在另一方面，必须将获得的以及先天的反射活动的规律和机理加以一番研究。后者的研究老早以前便已开始了，并且还在继续着；获得活动的研究是新的，而且刚刚开始。它必定会引起很多的注意；因为它预期着迅速而丰富的结果。

今天我们的报告是关于反射的系统化，特别是先天的反射。很明显，反射①的现有的死板分类，把它分为食物、自我保存、性等是太一般性而不精确。为准确起见，有必要谈及一种保存个体的和一种保存种族的反射，因为食物反射也是保存性质的。但是我们的分法也是部分有条件的，因为种族的保存也就必然先有一种个体的保存。所以，一种普遍的系统化是没有特别价值的。然而对于所有的反射，则非常需要做一番详细的系统化，仔细地描写，以及完整地列举。因为在每一种已知的普遍反射之中，都具有大量的个别反射。只有对于所有的个别反射有了知识，才会有可能逐渐把高级动物生活现象的混乱加以澄清，这是到现在才终于落入科学分析的支配下的。

虽然我们没有在这个领域做过特殊研究，但是对于其他研究中偶然出现的实例，如果它们是显著的话，我们仍没有忽略观察的机会。我们在自由反射中有过这样一种例子。

在我们的许多狗中，有一只在去年是用来研究获得或条件唾液反射的，它表现有特殊的性质。这个动物，当我们初次用它做实验，把它放到架子上的时候，它与所有别的狗不同，在整整一个月内都给出自发而不断的唾液分泌。这当然使它不适宜于为我们做实验。这种唾液分泌，像我们从过去观察所知道的，是有赖于动物的一种普遍的兴奋作用，并且通常伴以呼吸困难。狗的这种兴奋作用明显地与人的兴奋作用状态相类似，不过，

---

① 经过仔细的分析，反射和所谓本能，并无基本的区别。

在人方面，是以出汗，而不是以分泌唾液而表现的。我们有许多狗，在它们最初的实验中，都可以看到有短时期的这种兴奋作用，特别是它们之中那些不驯服和较野性的狗。但是，相反，我们所提到的狗是很驯服的，并且很快地就对于我们所有的人变得友善。这使得情形更为奇怪，因为一个月以来，在实验架子上兴奋作用没有任何程度的减少。于是我们便着手更仔细地去研究这只狗的特点。两个星期以来，我们把它放在一间分别的实验室中，而进行食物条件反射的形成，它的性情并没有改变。条件反射形成得很慢，保持得微弱，并且总是起伏变化着。自发地分泌唾液继续着，而且在每一次实验期间都逐渐增加。并且动物经常在动，在架子上以各种可能方式挣扎着，抓挠地板，并且拉扯与咬啃架框，等等。呼吸困难与此相伴随的，一直到实验终了始终在增加着。用第一个条件刺激做实验开始时，狗立刻吃所给的食物，但是后来，它或是在喂饲盒子打开之后，经过一段较长的间隔才吃食物，要不然，只是在把一部分食物初步强制放入口中后才开始吃它。

我们试先回答这个问题，究竟什么东西引起这种动作和分泌反应，周围环境中哪些事物激动了这只狗呢？

在桌子上直立，对于许多狗都起刺激的作用，把架子从桌子上移到地板上，就足以安静它们。但是这在我们的狗身上并没有产生变化。有些狗不能忍受孤独。只要实验者是在同一房间内坐着，狗就安静；但是如果他离开房间，狗就立即变得激动起来，挣扎和吠叫着。这样做也对我们的狗不发生影响。也许因为它是一只活泼的狗，需要运动；但是当它从架子上被解除时，时常会立刻躺在实验者的脚旁。可能由于绑带的压力或摩擦等等而激动了它吧？绑带每处都解松了，而动物的状态仍保持原状。但是一旦获得了自由，虽然绑绳还带在颈上，狗却安静了。我们用各种可能的方法把条件加以变化。一件事情是明显的——这狗不能忍受绑缚，不允许限制它的运动自由。在我们面前尖锐突出而又非常分明的是这只狗的生理反应——自由反射。我们之中有一位，仅再有一次在狗身上注意到这种反射的如此纯粹而固定的形式——虽然他面前经历过几百只甚至于千只狗——但是在那时，因为缺乏反射的概念，所以这个事实没有被领会到。很可能这种反射在这两只狗身上之保存，是由于一种稀有的机遇，在前几代中，在母方也在父方，从来没有受过绑束，是习惯于完全自由的。

自由反射当然是动物的一种共同特性，一种普遍的反应，而且也是最重要的先天反射之一。缺少这种反射，一个动物所面临的每一细微障碍，都会完全阻碍它的生活过程。这是我们很熟知的；因为一切动物，当剥夺了它们的通常自由，便奋力于解放自己，特别是野生动物在第一次被擒获时是如此的。这个事实，虽然是众所熟知的，但是并没有得到适当的名义，而且没有被包括在生来具有的反射分类之中。

为要更着重指出我们的反应的先天反射性质，我们把它的研究再推进一步。虽然在这只狗身上所建立的条件反射是食物反射，就是说，这只狗在实验之前，曾绝食约 24 小时，并于每一次给条件刺激时，在架子上喂饲，但即使这样还不足以压制与克服自由反射。这更为奇怪，因为我们在实验室中已经熟悉了对于破坏性刺激①都能产生条件食物

---

① "破坏性刺激"，巴甫洛夫教授指的是一些刺激因为力量大，所以在它们施用的地点起破坏作用。当然这种刺激总是伴随以痛觉，通常称为痛觉刺激。——英译者

反射,例如,皮肤的强烈电流破坏作用平常会引起一种显著的防御反应,然而当它总是伴随以喂饲,就可以没有特殊困难地建立起食物反应,而防御反应完全消逝。难道食物反射是比自由反射弱些吗?为什么食物反应现在不能征服自由反射呢?但是在我们的实验中,不可能不注意到,条件破坏性(痛觉)反射和目前这种反射之间的差别:在前者,食物反射和破坏性反射是差不多完全同时发生的;在后者,食物在口腔中所起的刺激作用是只有短时间并且是经过很久的间隔才发生的,而自由反射在实验的全部时间内都起作用,并且狗停留在架子上愈久,它就变得愈强。

因此,在进一步继续做条件反射实验的时候,我们决定只在桌子上给狗所有的每日食粮。当在台上喂饲时,头十天狗吃得很少,并且消瘦了;但是后来它开始吃得愈来愈多,到最后把所有给它的食物都吃了。三个月过去了,自由反射在条件反射实验中才不再表现。这个反射的个别部分逐渐地消逝。它的微小痕迹显然是由条件反射表现出来的,它很多其他理由,可以在这只狗身上是大而固定的,但是它仍保持着微弱和起伏变化,就好像部分被抑制了,这显然是为自由反射的残余所抑制。很有趣,在这个时期的终了,狗开始主动地跳上实验台。我们更进一步实验:我们再次撤销每日在架子上喂饲狗。经过一个半月条件反射的继续实验之后,自由反射开始再度出现,最后达到如开始时所有的同样力量。除掉这个反射的持久特性无可争辩地得到证实,指出了它的先天性质之外,我们还相信它的重现,打消了关于上述反应的所有其他解释。

只有把这只狗关在它的喂饲处所的一个单独笼中四个半月之后,自由反射才最后被压制掉。此时才可能像用别的狗一样容易地来用这只狗做工作。

最后,以便逐渐了解动物的全部行为,我们再来坚持对于基本的先天反射的描写和列举的必要。没有这样一种分类,我们只有平常的空洞概念和词语:"动物形成了习惯,戒除了习惯,它记得了,忘记了,等等。"我们永远也不会达到复杂生活活动的科学研究。毫无疑义,动物丰富的先天反应的系统研究,会大大地促进对于我们自己的了解,并且促进我们自我指导能力的发展。很清楚,与自由反射在一起的,还有一种先天的奴隶性屈服反射存在。大家所熟知的事实就是,幼犬及小狗在大狗的面前时常将脊背靠地卧倒。这是将自我降服于强者的愿望,犹如人之双膝跪下,或者俯首——奴隶反射。这自然在生活中有一种用处。弱者有意的被动姿态,会使强者的侵略行动自然地减少,而即使是一种无效的抗拒,也倾向于增加强者的破坏意图。在俄罗斯国土上,奴隶反射是如何常见而多种多样,并且认识它该多么有用处呀!让我们从文学中举出一个例子。在库蒲林的故事《生命之河》中,描写了一个学生,因为向警察出卖了他的朋友之后,受到了良心的责难而自杀,从自杀者的一封信中看来,很明显他是奴隶反射的一个牺牲者,这种奴隶反射是从他的母亲遗传来的,他的母亲是一位浦瑞几发勒卡[①]。如果他对于自己的情况已经有了领悟的话,他首先就会了解到他的缺陷,然后他可能以系统的方法发展对于这个反射的控制力,并且成功地压制它。

---

① 浦瑞几发勒卡(Prijivalka)(Прижиралка)是以前富有的俄罗斯家庭中所用的高等仆人的名称。他们生活得如寄生虫,责任就是无微不至地侍候女主人。——英译者

第二十九章 精神病学怎样可以帮助我们
了解大脑两半球的生理[①]

（在彼得格勒精神病学会宣读，并在《俄罗斯生理学》杂志上发表，1919 年）

巴甫洛夫从生理学的客观观点来研究两个疯狂病人——两人都是僵直病例，巴甫洛夫分析为脑运动区的抑制作用——慢性抑制作用在老年时期的消逝

我早年对血液循环和消化作用方面所做的研究，使我相信，生理学的思想可以从临床病例的研究方面，就是说，从人类机体机能无限数量的病理变化与其组合方面得到很大的帮助。由于这个缘故，在大脑两半球生理学的许多年工作中，我常想到利用精神病现象的领域作为这个研究的辅助。通常的生理学方法，作为分析的一种方式，在于毁坏脑的各部分，这种方法与所研究的机理的细致性相比较是很粗糙的。在脑疾病中我们可能料想到，在某些病例中会遇到参与脑全部活动的单元的一种更明显、永久而细致的分解，以及由于病理原因而造成的，有时会达到一种高度分化作用的个别机能之分离。

在 1918 年夏季，我终于有了一个机会来研究[②]几十个精神病人的病状。我从前的愿望实现了。在有些病例中，我找到了用生理学中或多或少已弄清楚了的各点能加以极好的说明的事实；在其他病例中，脑髓作用的一些新的方面出现了，发生了新问题，为实验室探讨树立了非凡的任务。

然而，我对于精神病资料的看法与专家们所采取的通常观点是大不相同的。由于过去多年在实验室中的经验，我是经常站在纯粹生理学基础上的，我总是试行用生理学概念和术语来对自己解释精神病人的心理活动。因为，我所集中注意的不是主观状态的细节，而是精神病患者病理状态的主要特点和现象，所以我并没有经历太大的困难。这是怎样做到的，可以部分地从下面的叙述中看出来。

我将在本章中把两个病例做一遍描写和分析。第一个病例是一位受过教育、有教养的女子，年龄大约 22 岁。我们看到她在医院花园里的床上，眼睛半闭着，丝毫不动地躺着。我们走近，她并不说话。伴陪着我的医生告诉我说，这是她通常的状态。如果没有帮助的话，她就拒绝进食。并且她是不整洁的。问及关于她的亲戚和家庭时，她好像是懂得，并且对于一切事情都记得很熟悉。她回答得很正确，但是极端费力气，并且答复得很慢。病人的僵直状态是显著的。许多年来，周而复始，她或是将近复原，或是就又病起来，并带有各种综合病征。她现在的状态代表着这些综合病征之一。

第二个病例是一位年龄 60 岁的男子。他已经在医院中度过了 22 年，躺着像一具活

[①] 在 1918 年夏，巴甫洛夫失去了可能照例在乡间去过两个月的假期，巴甫洛夫就用改变工作的办法以资休息。他到精神病院亲自去观察一些临床病例。这篇是关于他个人所观察的两个主要病例的讨论。——英译者

[②] 我很感谢乌德尔娜亚疯人收容所领导人 M. K. 傅斯克瑞森斯基博士准许我到该所去工作，并且感谢 B. Π. 哥罗维拿博士，他花费了大量的时间引导我观看病人。

的尸体,不做丝毫自主动作,不说出一句话;他是很不清洁的;需要通过一根管子喂食。在最近几年中,当他接近 60 岁时,他开始更多地做出自主动作。目前他无须协助便可以起床、上厕所、随意而很理智地谈话,并且不用帮助便能吃饭。提到他过去的状态,他说,他了解周围的一切,但是他经验到肌肉中一种极端而不可克服的沉重,以致他几乎不能呼吸。这就是他为什么不动、不吃、也不说的原因。他第一次遭受到这种疾病的袭击,是在 35 岁左右的时候。病历中记录着有紧张反射。

如何把这两个病例的上述情况从生理观点来描写呢?

为了要回答这个问题,让我们考虑在两个病例中都有的一个显著动作症候。我指的是第一个病人的僵直状态和第二个病人的紧张反射。这些症候何时在动物中才以最显著的方式表现出来呢?谢夫很久以前观察到,除去大脑两半球的兔子,会表现出僵直现象。谢灵顿所创始的大脑割除法是在猫身上得到显明的紧张反射的一个简单方法。被某些麻醉剂中毒,如氨基甲酸乙酯(Urethanum),也可以产生僵直现象。在所有这些例子中,大脑两半球的活动有了一种消除,而脑低级部分则没有受到压制。最后的这个现象在前两种情况下是由于这些动物脑组织的特性及刚作过手术的影响,也就是由于缺乏较晚出现的反应现象的结果;而在被氨基甲酸乙酯(Urethanum)中毒的情况中,是因为其中含有铵基,刺激了低级运动中枢的缘故。大脑两半球,即所谓的随意运动器官的这样一种孤立的消除,会引起管制动作的神经器官低级部分之正常活动的出现。这种活动首先是为了维持机体和它的部分在空间的平衡所设的,并且以平衡反射表现出来。它在正常条件之下总是活动着的,但同时总是被随意动作所掩盖。因此僵直状态本是一种正常而习惯存在的反射,它在上述条件之下,由于大脑两半球作用的抑制,清楚地表现它自身。紧张反射是这个复合反射的元素。

因之,在这两个病人中,我们可以假设有同类的机理存在,就是说,大脑两半球的活动被除去。但是,照我们所看到的,他们的特征只是大脑两半球的运动区的活动被除掉了。事实上,我们的病人不能做出任何的随意运动,或者至少他们在这种机能方面遭受到极端的损坏。这对于观察者是清楚的,并且甚至于病人们都能自己述说出来。但是,在同时,他们对于告诉他们的话是了解的,记忆每一件事情,并且能意识到他们所处的状态,就是说,他们大脑两半球的其他部分很圆满地进行着工作。

大脑两半球皮层运动区的一种严格有限制的压制是在人类或动物的其他的情况中也有的。一个人在某种催眠状态之中,非常了解一切告诉他的事情,记得它,并且情愿地执行命令,但是对于他的骨骼肌肉却没有随意控制能力,被迫维持所给他的姿势,虽然这是不舒适的而且也是他不愿要的。这种情况的主要特点,显然在于大脑两半球皮层的运动区受了一种孤立的压制,这种压制既不扩张到整个两半球,也不更深入到脑的实质中。当在实验室中进行条件反射工作时,我曾观察到狗有类似的状态。我和傅斯克瑞森斯基博士①合作,在我们的案例中之一,最精确地和系统地研究了这个关系。有几个星期,几个月,狗时常是被单独地留在房间很久,绑在一个木制的架子上不使它受实验中的各种影响。由于这样一种程序的结果,房间的全部环境对于狗已经成为一种催眠的动因,到

---

① 　见第二十四章。——英译者

如此的程度，以至于只需将它带入室内，就足够立刻改变它所有的行为了。由于变化这种动因作用的久暂，我们可以看到瞌睡和睡眠发展中的各别位相。我们获得了下面的一些结果。声音的食物条件反射（联合）被形成了，即是，当一个确定声音产生，狗就表现出进食反应：它分泌唾液并做出适当的动作，舔它的嘴唇，转过头朝向平时喂饲它的地方，并且一旦给它食物就立刻开始吃。

睡眠状态初到来时，对于声音的条件唾液反射就消逝了，但是对于看到食物的动作反射仍保持正常，就是说，狗毫不迟延地开始吃给它的食物。这个第一位相是被第二位相所跟随的，后者是很意外的，并且是很有趣的。对于声音的条件唾液反射又出现了，并且在自然条件反射加到食物本身的时候，它就变得更强了，但是动作反射欠缺了——狗不攫取食物，甚至于从它转离开，而且拒绝食物被强制放入口中。在下一个位相中深睡来临，当然所有的喂食反应都消逝了。当这个动物被有意地唤醒（利用某种强烈刺激），上述的各位相就随着睡眠状态的消逝，以相反的程序出现。第二个位相可以这样解释：睡眠抑制作用已经存在于皮质部运动区，但是两半球的剩余部分仍是正常地活动着，并且在完全不依从于运动区的器官上——唾液腺上，表现出它们自己的活动。这里有一个完善的类比，就好像一个刚醒的人了解（并且承认）你是受他本人的嘱托而叫醒他的，但是他不能克服睡眠的魔力，于是要求你不要去管他；或者，假若你坚持去完成他早先的嘱托，而继续打扰他的睡眠的话，他会发起怒来，甚至于以敌对的态度来对付你。

第一个位相以及在睡眠加深后它之被第二位相所代替的现象，可以按下列方法来解释。既然对于我们的狗，房间所有的内部设备，就是，所有进到眼睛、耳朵和鼻子的刺激都曾起着催眠的作用，所以大脑两半球的相应区域是受睡眠抑制作用所影响，这种睡眠抑制作用虽然很表面化，但是强度已经足够压制刺激的条件作用。同时这种催眠的影响并不足以抑制占优势的区域——运动区。但是，由于在架子中动作被限制所产生的单调的皮肤和动作刺激，当被加入到房间的催眠作用时，睡眠抑制作用就散布到脑的运动区。现在这个区域又是最强烈的，根据神经过程的集中作用规律，它把所有其他区域的睡眠抑制作用都吸引到这方面来，如此，就把它们从抑制作用中暂时解脱出来，直到别的催眠因素的作用发展起来时，抑制作用才以一种同等而足够的强度侵入到大脑两半球所有的部分。

在上面所描写的病人方面，我们有足够证据可以断言，大脑皮层运动区有一种集中而孤立的抑制作用存在着，这是产生疾病的原因所造成的。

从临床观点看来，关于我们对这两个病例中的症候所给予的解释，可以提出什么反对意见呢？这里我要提出它与临床推论显明的不一致性，这是当我向精神病学家报告我们所分析的这些结果时，他们指出来的。他们有些人在我们所提到的病例中，看到由情绪所造成的一种木僵状态，但是第一，这并不是关于症候的机理，而只是关于症候的原因。显然木僵性的病例，或者一种僵直状态的病例，是可能在由异常的声音、奇怪的景象等所引起的强烈的而不平常的扰动影响之下发生。两半球某些区域的一种强烈的刺激作用，可能引起运动皮层的抑制作用，因而创造出适宜于使平衡反射表现的条件。第二，在这些病人之中并没有这样一种机理的征兆——不平常刺激的存在并不能够被侦察出来，而同时有一个病人分明地仅提到随意动作有困难，及其事实上的不可能。

再者，有人指出在进行性瘫痪、大脑两半球受到破坏，甚至是在病理解剖学的基础上被证实了，但是并没有僵直状态存在。然而须要知道两半球的动作活动也并没有完全被排除。病人做出许多随意动作，不过调节得很坏；并且在另一方面，他们时常以痉挛的方式表现出皮层的一种变态动作兴奋的现象。所以，在进行性瘫痪方面，发现纯粹平衡反射的主要条件是缺乏的。

又被指出的是：大脑两半球的栓塞和脑溢血，是以麻痹相伴随，而不是以僵直状态相伴随。但是产生僵直状态所需要的条件是缺乏的。在这些病例中我们观察到甚至于脊髓反射也都消逝了。由破坏所产生的抑制作用，散布而且竟达到脊髓。那么，当然在脑中最接近大脑两半球的部位，抑制作用应当表现自己到更大的程度。

因此在大脑两半球的临床疾病方面，我们不会遇到与我们对于病人的病理状况所做的分析不一致的事实。所以，在某些病例中，我们必须承认，如这里所提议的，大脑两半球病理功能的机理是真实的。在上述的第二病例中，下列事实也说明这些症候是运动皮层的一种抑制作用。患病 20 余年以后，病人便开始回复到正常状态。意思是说，始终他的状况是机能性的，而不是器质性、病理解剖性的。

进一步分析两位病人的状态，有必要注意的还有另外一种情况。虽然在皮层上相当于不同运动的（例如，骨骼的、眼球的、语言器官的，等等）运动部分，根据生理学，是位于两半球不同的区域，并且可以说是分散开的，但是在这两个病人身上，这些部分全是被一个共同抑制性过程所联合起来的，与两半球中的其他部分形成强烈的对比，这些别的部分在同时是多少保持着自由的。这引到重要的结论：在构造方面或化学组成方面，或者，最可能，在两方面，所有的运动部分彼此都是相像的。这就是为什么运动部分对于产生疾病症候的原因，全都以相似的方式起反应，并因此与皮层其他的部分，像视觉的元素，听觉的元素，等等，有所差别的道理。皮层各部分间的这种性质上的差别，自然在催眠和睡眠的位相中也表现出来，此时有些部分是在一种状态之中，而另一些部分则是在另一种状态之中①，虽然影响它们的原因是相同的。

现在让我们回答这个问题，从效果上说，什么是这些讨论过的症候的决定性原因呢？我们可以想到好几件事。可能有一种确定的中毒作用，它的影响范围是受皮层各部的个别特点所限制的。我们还可以假设有皮层部分的疲竭存在，这或是由于机体一般状况的结果，要不然就是由于脑的过度紧张，即疲劳的结果。这种疲竭可能集中在大脑某些确定的部分上，或是由于这些部分主要参加于产生疲竭的工作中或是由于它们的特殊性质的结果。最后，还有直接或间接（后者是由于血液循环的局部变化，或者是由于普通营养改变的结果）有害的反射影响的可能性，这种影响是选择性地影响到皮层的不同部分。所以，在不同的病例中，虽然其症候群的机理是类似的，而产生它们的原因却可能不是相同的。

最后，再问一个问题是不至于完全无益处的：如何了解第二个病人的病例呢？ 这个

---

① 大脑皮层的细胞元素间有这种差别，应当被认为是无问题的，无可争论的。在周围神经的生理方面，我们常常遇到不同机能的神经纤维和它们的周围末梢的一种分明的个性（在感应性方面，在相对的力量方面等）。这种个性供给我们一种基本工具，以区分一根混合的神经干中的这些不同纤维，例如，分别收缩血管纤维和扩张血管纤维的方法。

病人的皮层运动区的抑制作用，经过 22 年保持着差不多同样无变化的程度，最后开始显著减弱了。这可能只是依靠于病人的年龄。他将近 60 岁时才回复到正常状况，在这个年龄，机体活动的锐减通常是显著的。这种关系如何说明呢？假如在这个病例中，有某种中毒动因曾在活动，那么，我们可以想到，产生这个情况的动因有一种数量上的减少，由于身体新陈代谢衰老变化的结果，它的效用因而减低。如果这个疾病的主要原因是神经组织的一种慢性疲竭，那么，年老时脑中发生变化，而这些变化表现于脑受限制的活动以及较少的机能扰乱（对于新近事情记忆力的锐减），则这种疲竭就会较为不显著。假若我们承认：睡眠和催眠是一种特殊的抑制作用，那么，第二个病人就会是长期的部分睡眠或催眠的一个例子。老年人好说话，古怪，以及在极端的情况下痴呆，我们在这些事例中可以看到抑制过程有一种更厉害的衰落。从这个观点看来，我想病人的复原，事实上是因为抑制性过程的年老衰退的缘故。

上述病例的生理分析，我想，暗示着在脑生理学面前摆有为实验室研究所能达到的许多新问题。

第三十章　论所谓动物的催眠

（1921 年 11 月 9 日在俄罗斯科学院宣读）

产生催眠的方式——一种分析指出它是由于惧怕所产生的动作抑制作用，一种自我保护的抑制反射

所谓动物的催眠（吉尔舍的 Experimentum mirabile），就是用压倒一切抵抗的强大力量作用于动物，例如，使其陷入一种非自然的状态（背朝下仰卧着），并保持这样的状态一些时候，等等。随后当约束被除去的时候，动物仍保持不动好几分钟或好几个钟头。不同的著作家注意到这个现象的这一个细节或另一个细节，于是给予了不同的解释。根据在我的实验室中所已进行的关于大脑正常活动的系统研究，我现在能够指出这个现象的生物学意义，并且能够精确地说明它的生理机理，因而把几位研究者所有的个别事实组合在一起了。

这个反应乃是一种具有抑制性质的自我保护反射。当动物遇到强大的力量来临的时候，挣扎或奔驰是不足以拯救自己的，而唯一的机会来救护它自己，就是保持不动，以便不被注意（因为动的东西吸引特别的注意），或者是为了不使自己慌乱的动作，激起强大力量的进攻反应。这种固定的位置是用下面的方式引出的：即特别的、极端强烈的（或非平常的）外在刺激很快地引起那首先是支配所谓随意运动的大脑运动区的一种反射抑制作用。这种抑制作用可以仅仅局限于运动区，不再到达大脑两半球的其他部分或不再到达中脑，但也可以扩散到所有的这些部分，这要看刺激的久暂和力量如何而定。在抑制作用局限于运动区的情形时，反射就从眼球肌肉发生出来（动物用眼睛追随实验者的动作），就从腺体发生出来（食物呈现时，动物开始流出唾液，虽然它并没有朝向食物而发生骨骼动作），并且在最后，从中脑发生出骨骼肌的紧张反射，以便保持动物已经被放置的那个位置（僵直状 Catalepsia）。在第二种情况中，抑制作用广泛地扩散，所有上述的反射渐渐地都消逝，而动物就进入于一种完全被动的状态，即睡眠的状态，其肌肉普遍地松弛下来。这样描写了的事实过程，证实了我在我过去实验室工作中所得到的结论，即所谓抑制作用不过是部分的和局限的睡眠而已。我们遇到很大的惧怕而发生的僵硬状态和木僵状态也不过是我刚才所描写的反射而已[①]。

---

① 我必须补充一句，在我不能得到生理学文献期间（直到 1922 年我才在赫尔新福斯得到了它），已有若干著作家对于动物催眠达到和我一样的结论了。

第三十一章　大脑两半球的正常活动与一般结构

（在赫尔新福斯，芬兰医师协会宣读，1922 年 4 月）

六种主要的神经现象——反射，本能，联想——条件反射在建立一种平衡的作用中——消退作用、延搁作用、条件抑制作用、分化作用，都是内抑制作用的形式——外抑制作用是类似于脊髓反射的抑制作用——梦——醒觉状态与睡眠——大脑皮层的运动区域也是一种感觉（感受器）区域——用外科手术和条件反射研究皮层的定位——每一个感官有一个中央皮层区域和一个散布区域——施行手术后的补偿作用——除去（甲）前叶（乙）后叶之后，动物行为的对比效果——睡眠抑制作用与疲劳

为要成功地分析任何一个器官的机能，我们必须首先知道它所有的正常活动。自然，这对于大脑皮质而言，也是正确的。在过去 20 年中，我和我的许多同事们主要是忙于这个问题的研究，并用狗作为实验动物。

高级动物所有的神经活动以及所有的行为，都可以包括在一个体系之内，其中包含六种主要神经现象：（1）兴奋；（2）抑制；（3）兴奋和抑制的移动或扩散；（4）相互诱导：兴奋转向抑制（负诱导）和抑制转向兴奋（正诱导）；（5）神经系统的各点间通路的开放与关闭；及（6）分析——机体把外在环境和它自己的内在世界（在它里面所进行的一切）剖析为它们的单元。这里我只能以多少有点武断的方式提出一个简要大纲，然后再扼要地讨论皮层的一般结构，同时描述我们的一些实验。

神经活动的主要资源是一些反射——内在的或外在的刺激与执行器官的某些活动发生固定的、先天的联系。本能，如精细的分析所揭露出来的那样，是和反射相同的，但是在它们的构成方面，它们是比较复杂的。所有这些复杂反射的完整记录、详细描写和自然的系统化，乃是中枢神经系统生理学的下一个重要工作。

神经活动的次一最高阶段乃是所谓联想或习惯。就是在个体的生活中，由于大脑皮层的结合或组合机能而形成起来的联系。联想的形成是照着信号作用的原则进行的。如果某种无关的刺激一次或几次伴随一种先天的确定的反射，那么，当这个无关的刺激后来单独发生作用的时候，它就有了引起与它同时发生的那个反射的力量。在确定的条件存在下，这种联想会有规律而必然地形成起来。因此，我们有权利来把这些联想看成纯粹的反射，虽然它们是获得的，并且有权利完全从生理学的观点来研究它们。我和我的同事们把这两种神经活动都叫做反射，并且那先天的反射叫做无条件反射，而把新近形成的反射叫做条件反射，并且把引起它们的相应的刺激也分别地叫做无条件刺激和条件刺激。

很显然，条件反射大大地有益于机体的安全和福利。由于有了这些暂时的联系，各

种不同的和复杂的刺激便成为条件刺激，这些刺激能引起条件反射。各个神经中枢在机能上变成互相关联的了，而且各种刺激的综合也发生了。这种结合、组合活动的位置也许要在一些联合的点，种种神经原接触处才能找到，特别是要在大脑皮层才能找到；因为除去大脑的这个部分之后，所有的条件反射就被毁坏，而新的条件反射也不能够被形成起来。

神经活动的再次一个阶段的特征就是条件反射的不断改正。假若一个条件反射和现实不相符合——假若在某些条件之下，条件刺激没有无条件刺激相伴而来，或虽有无条件反射跟随而来，却不是立刻地跟着来的——那么，条件反射就暂时地或经常地（假若情况是恒常不变的）被抑制起来。下面的例子可以说明这些关系。

我们依照以上描述过的手续，用一个无关的乐音建立一种条件反射，就是说，我们使这个乐音成为引起食物反射——一切无条件反射中最重要的一个——的条件刺激。这就是说，这个乐音能够唤起像食物本身所唤起的同样的反应。动物发生相应的运动和分泌（胃液和唾液腺的作用）。这个反应可以用唾液分泌的分量而最简单地和最精确地加以测量。现在，我施用条件刺激（乐音），而得到平常的唾液分泌，虽然我并没有让狗进食。经过几分钟的休息之后，如果我再度施予这个刺激，效果就减少，并且如果我再重复它，我最后就得到一种零的效果。这就是抑制作用。这种抑制作用在某一个时间之后就自行消灭，并不需要我们对这个动物再做任何事。我们把这个叫做条件反射的消退作用。

另一种情形就是，我们所谓同时条件反射形成了。无条件刺激（在我们的实验室中，平常是喂以食物）是在条件刺激开始后不久（三到五秒钟）施予的。在这些条件之下，当我们单独地施予条件刺激时，它很快地就开始发生作用。现在让我们改变实验的布置；让我们只是在我们的条件刺激已经开始发生作用三分钟之后而不是在三秒钟到五秒钟之后给狗以食物，那么，条件反射的效果不久就完全失去，但是它会重行出现，只是有一点不同，即：它的效果只是在条件刺激开始之后的第二分钟或第三分钟才显现出来。因此，只有条件刺激的末后部分才是有效的，而其最初部分却是无效的。这就是我们所称的条件反射的延搁作用，并且从各方面看来，这也是一种抑制作用。

在下一种情形中，我们把我们的条件刺激（乐音）和另一个刺激（皮肤的机械刺激）组合起来，而没有以食物系统地伴随这个组合。这样一来，条件刺激渐渐地就在这个组合之中失去了它的效力。这也是一种抑制作用，我们把它叫做条件抑制作用。

现在请看最后一种情形。我们曾使皮肤上某一点的机械刺激成为一种条件刺激。最初在这个条件反射建立之后，当皮肤上其他各点被刺激的时候，它们也表现同样的效果，并且它们的位置愈接近第一点，它们的效果也就愈大。刺激的这种自发的泛化作用具有一种特别的生物学意义，而且是皮肤中兴奋作用的扩散的表示。如果我们在皮肤上选择一点而反复地加以刺激，并且以食物伴随这种刺激而同时不以食物伴随其他各点的刺激，则后述这些点就变得无作用；现在它们已成为分化了的阴性的条件刺激。这种抑制作用，我们叫做分化抑制作用。

在这里我们遇到了神经活动的极为重要的一方面，即分析能力，建立着机体对于外在和内在世界各种因素的最细致的关系。这种分析的第一个基础是由各种向心神经的周围器官所给予的。这些就是一些变换机构，它们之中的每一种都可以把一种确定形式的能力改变为一种神经过程。神经过程通过一些隔离的神经纤维被传导到中枢神经系统的某些点上，并且从这里神经过程可以再度通过隔离的通路直接被传导到末梢器官，而在这个地方它唤起了机体的某种确定的活动（例如，用我们的术语说，探求、方向或集注反射）；或者，如我们已经指出的，如果神经过程是或多或少地扩散了的话，它就只渐渐地由于分化抑制作用而再度达到一种高度的隔离。

分化抑制作用还完成了一个更复杂的工作；它构成了一些复合刺激的分化作用，划界作用，或分离作用的基础，而这些复合刺激是从前由于大脑皮层的结合活动形成的。

所有上面各种抑制作用，我们都归为一组而把它叫做内抑制作用。这个内抑制过程首先散布到皮层，然后再渐渐地收缩，一如兴奋过程一样——扩散作用和集中作用。兴奋的集中以及抑制的集中都是由于相互诱导作用而产生并且特别为它所加强的。这种相互诱导作用把兴奋过程和抑制过程限制在时间和空间的严格范围之内。

现在，经过一个长时期的收集事实，怀疑并考验我们的假设之后，我们达到了如下的结论：内抑制和睡眠事实上是一个相同的过程[①]。在第一种情形，这个过程是严格地定位了的，而且好像是分隔了的；但是在睡眠，它是连续的，而且广泛散开的。抱歉的是：由于缺乏时间，我不能够讨论这个重要课题的细节。然而我要指出一个有重大意义的事实。一种落在大脑皮层某一点上的或多或少持久的刺激，不管它对于动物生活的重要意义如何，如果它没有被伴以皮层上其他各点的同时刺激的话，则它迟早不可避免地必会引起那一点的抑制作用，而且随后又会引起一种普遍的抑制作用——睡眠。

除了内抑制作用之外，还有另一种抑制作用，它并不像内抑制作用那样是渐渐地发展的，而是立刻作用于条件反射，减弱或者压抑它们。这就是外抑制作用。它是由能够产生一种血液的或反射的刺激作用的皮层的每一种新活动所引起的。它是完全类似于早为大家知道的中枢神经系统低级部分的抑制现象。我们现在正在研究内和外抑制作用间的关系。它们可能是一个相同的过程的两个部分[②]。

由此可见：大脑两半球乃是一个非常复杂的器官，它所有的细节是难于了解的。在清醒的状态之中，这个器官能够因强烈刺激或因建立新关系（相应于外在或内在境况的新组合）而唤起兴奋或抑制过程的广泛移动。同时，在这个器官中还经常有着一些或多或少巩固的界线，存在于密切交织着的兴奋与抑制点之间。这些界线遇到普遍而广泛的抑制作用（睡眠）时就会迅速地但只暂时地消逝。因此，在现实与梦之间就发生了显著的抵触，而梦就是过去各种刺激的痕迹，它们现在以最料想不到的方式组合起来。

醒觉状态是由落在大脑两半球的种种刺激来维持的，而这些刺激主要是从外在世界来的，是互相交织着的而且是或多或少迅速地互相更替着的。但是醒觉状态也是由脑的兴奋的移动来维持的，而这种兴奋的移动之所以发生，乃是早先无数刺激作用的痕迹间存在着联系的一种结果，同时也是现在的和旧的刺激作用间建立新联系的一种结果。正

---

① 关于这个问题的较详细的讨论，见下面各章。——英译者
② 所有各种抑制作用都是基于相同过程的这种暗示在这个地方还是第一次遇到，但是从此以后，巴甫洛夫曾举出许多事实来加强这个看法。——英译者

常的定期性的睡眠的发生，乃是大脑两半球中的一种愈来愈占优势的抑制状态的一种结果，这种抑制状态是和大脑整个器官在白天工作时所发生的一种与时俱增的疲乏有关系的。应当附加一句：正如吴尔汪在他的抑制作用即一种疲乏现象的理论中列举了许多事实来表示这两种状态的关系，我们也同样在我们的抑制作用即一种睡眠的结论中遇到了许多抑制作用是和疲乏同时发生的例子。

有了这么一种大脑皮质活动的公式，于是展开在生理研究者面前的，是一个无边的远景，并且也出现了无穷的一系列问题，能够用纯粹生理方法来加以解决。

现在我来讨论大脑两半球的一般结构。

首先，我们将怎样解释皮层的运动区？它有感受作用呢，还是执行作用呢？我们曾尝试用下列方式来决定这个问题。我们使动物由于腿某一关节的弯曲而形成条件反射，并且也使它由于相应区域的皮肤的机械刺激而形成条件反射。现在我们把一只狗的S状回（运动区）除去，又把另一只狗的冠状回与外斯氏回（依照我们的实验就是皮肤区域）除去。第一个动物保持了由皮肤刺激作用所引起的条件反射，却失去了由弯曲（动作活动）所引起的条件反射。相反，第二只狗失去了对皮肤刺激的反射，却保留了弯曲所引起的反射。因此，我们从这些实验及其他研究者们的实验就得到这样的结论：运动区，像眼和耳的区域一样，具有一种感受器机能，而从皮肤的刺激作用所得到的动作效果事实上是具有反射性质的。这样，脑的全部皮层区域的一致性可以说是建立起来了。从这个观点看来，皮层仅仅是一个感受器官，它用各种方法来分析和综合种种新来的刺激作用。这些刺激作用利用下降联结纤维而达到纯粹效应器官。

摆在我们面前的第二个重要问题是皮层的定位问题。根据孟克的实验，可以认为网膜的投射是位于皮层枕叶。不久以前，这一点已由闵可夫斯基在孟拿可夫的实验室中予以证实了。我们在许多狗中也看到这种情形。孟克指出：从耳所来的刺激对于皮层的颞叶区域有一种相应的关系，在另一方面，鲁乞阿尼学派一向主张这些中枢的位置应有一个较广阔的区域。

在目前，卡利歇尔运用条件反射法（或他所称的训练法），指出这些从眼和耳而来的反射在视觉区和听觉区被除去之后仍然可以发生。临床学家拥有大量的资料，也都不能和这种中极局限化的理论相调和。我们曾尝试过的如下的实验有说明这个不确定的情况的希望。我们所用的条件刺激有单纯的也有复杂的。为了耳的实验，我们有一次用四个相邻的上升的乐音，而另一次则用一个和谐合音，其中两个极端乐音相差三个八度，而第三个是一个中间乐音。正常的动物是很容易辨别第一次上升乐音的复合刺激和次序下降的同样的乐音的。对于和谐合音的条件反射形成之后，它的个别乐音能够唤起同样的反射，不过反应是较弱些。现在在动物对于和谐合音有了反射之后，我们把孟克听觉区域的一半除去。经过这个手术之后，和谐合音中极端乐音之一被单独地使用时，就失去它的效力，虽然新的条件反射可以用这个脱失的、个别的乐音重行形成起来。对于一系列乐音形成条件反射的狗，我们割除其大脑的后半部，即在与沟顶端相平处S状回之后以及在这个侧沟之后的一切部分。现在它就不可能辨别这一系列上升的乐音和同样一系列下降的乐音。但是，这一系列中的个别乐音，如果被用做条件刺激的时候，这个动物还是能够容易地加以辨别的。

在我们用视觉刺激所做的实验中，沿着上段所描写的那条线把两半球的后部除去之后，动物不但能够区别各种程度的一般照明，并且也能够区别同等明亮的各种图形，例如，方形与圆形的分别。然而对于各种复杂的图画之间的不同，动物却不能加以辨别。明显地，属于这一个范畴的是如下早被认识的事实：在两半球的颞叶和枕叶区域被割除之后，狗就永远失去它们对于物件和言语的条件反应以及对于复杂的听觉和视觉刺激的条件反应。

根据所有这些事实，我们得到结论如下：每一个末梢感受器官（"感觉"器官）在皮层中都有一个特殊的专门的中枢领域，作为它自己的终点，代表着它在脑中精确的投射。这里，由于有了这个区域的特殊构造（也许细胞的分布愈密集，它们之间的联系就愈多，并且缺乏具有别种机能的细胞），各种高度复杂的刺激作用（最高的综合）以及它们的分化作用（最高的分析）就能够发生出来。但是，某些感受器的成分越出这个中央区域，伸展到很远的地方，也许散布到整个的皮层，但是这些感受器的成分离开它们的中枢愈远，它们所处的情况就愈不顺利（就它们的机能而论）。由于这个缘故，各种刺激就变得较为简单，而分析也变成比较不精细了。为符合这种观点起见，运动区也必须视为一种感受器的区域，视为全部运动器官的一种投射；然而，这个系统的感受成分可以分布在距它们中央领域更远的地方。

呈现在生理学面前的就是如下无限量而有成效的工作，用切除离开投射区域核心不同距离部分的方法来系统地详细研究综合与分析的状态。这里所提出的关于皮层的概念，最自然地说明了脑的一些部分被割除之后所失去的机能在某种程度内的逐渐而缓慢恢复的机理。自然，对作为施行手术的直接或立刻的结果的那些扰乱，像压力变化、血液循环的混乱等，这个概念是不适用的。

总结起来说，我提请大家注意下列事实。我们有很多关于机体补偿能力的实例。它显然是机器的最高级的完善性。显明地，这种特性必须特别在那调节和控制整个机体的神经系统中发展起来。从外在世界来的最常见的威胁能量是以机械的形式而出现的。因此，神经系统对于这种危险就必须加以特别的适应。根据这个理由，我以为我们可以把神经系统中所有那些交叉现象，它的纤维的错综复杂的路线，它的成分的过度丰富等解释为安全的一种因素，为或多或少有效地中和所产生的破坏的一种手段。

末了，让我们来讨论关于皮层的一般机能构造的最后一个问题：除了我们已经讨论过的脑的感受器部分之外，还有具有一般执行机能的较高级的区域存在吗？

我们有两组动物，是按照脑的哪一部分被除去而分类的。我们在一组中割除脑的较小的半部，即前叶，而在另一组中割去它的较大的半部，即后叶。在这两组动物之间，有一个惊人的差别。没有脑的后叶的狗，初看起来好像是完全正常的。它们对于四周环境都有正确的朝向，这主要是由于从皮肤和鼻腔黏膜所来的刺激作用完成的。

对于被除去两半球前部的狗，情形就完全地不同了。它们完全没有办法自顾：没有人的照顾，就不能生活。它们要得到饲养，必须有别人把食物送进口中或直接送进胃中。它们必须有别人保护才能免于各种伤害。它们不能做有目的的动作。两半球的正常机能好像不复存在。但是情形并不真是如此。我们所观察到的唾液反射很好地在这里帮助了我们。让我提醒你们，我们观察动物的反应，并不是通过它们的肌肉运动，而是通过它们的唾液分泌的。在这个例子中,我们证实了如果从骨骼肌方面来判断,这些动物完全是残废的,但是从唾液腺的工作方面来判断,它们是能够发生一种复杂的神经活动的。它们能够如同正常动物一般形成种种条件反射,并且能够准确地矫正它们,像在本报告开始时所提到的一样。有一只这样被施行手术的狗,只有从口腔的感受器表面,即无条件刺激也作用于其上的感受器表面,才能够形成条件反射。另一只狗,其前叶已经被除去,但其嗅觉区域保持完全无损。这个动物的高级神经活动是可以用嗅觉刺激(气味)的影响来加以研究的。尸体检验指出:在我们施行手术的时候,脑的后叶的传导通路已经被损伤得很厉害;因为它们是显著地萎缩了。这就是为什么用眼和耳的刺激不能形成对于唾液腺的反射之故。但是从这些感受器官,条件抑制却容易形成起来;并且当这些刺激继续发生的时候,睡眠就发生了。

这个事实在部分破坏了皮层各区域的情形下是经常看到的。要从相应于被除去的区域的身体表面上形成积极的条件反射那是不可能的,但是我们却能够容易地得到条件抑制作用。如果应用了这些刺激,瞌睡和睡眠不久就发展起来。类如这样的现象构成了下列结论的基础之一:睡眠和抑制在性质上是相同的,并且它们是在某方面与可疲乏性有关系的。

从上面的实验看来,在两半球的前部被破坏并且它的后部也受了很大的损伤之后,皮层底残余部分还能够进行高级神经活动。就两半球一般机理而论,它的一切部分有均等作用的规律就在这个事实之上建立起来。Γ.孟克早已坚持了这一点。

结束这个报告的时候,我想谈一谈上述动物的骨骼肌肉活动,是有兴趣的。在两半球完全被除去的动物和上述只有两半球前叶被割除的动物之间有很大的差别。如大众所知道的,前者只要在施行手术之后稍过几天就能够站立和行走。但是我们的动物,只缺乏前叶,却一直到几个星期过去之后才能够站立,而且只有经过一个月或更久之后,才开始行走,并且就是在这个时候,它们还是保持着很罕见的姿势和常常摔倒。这种情形在它们的全部实验室生活中一直继续不变。特别显著的是这些动物同时发生一些和身体平衡不一致的运动。换句话说,它们缺乏了有效地组合各种运动的能力。

我们怎样能够了解这种情况呢?我想只有照下面的方式才能得到了解。我们曾经用我们的手术把动物的皮肤和运动器官的中央感受区域除去,而这个区域乃是动物赖以进行各种运动的有效和正常组合所必需的。在部分割除的狗的两半球的残余部分中,只有具有同样机能的较不连贯和较孤立的感受部分残留着——这些部分能够渐渐地、很慢地、并且有限度地发生综合作用。而在两半球全部被除去的那些动物中,低级行走中枢开始迅速地发生作用,不受高级中枢的不平衡的活动所阻碍。

这篇报告是以我实验室中 100 种以上的研究结果及 70 位合作者们的工作为根据的[1]。

---

① 这些大半已经分别用俄文发表了。——英译者

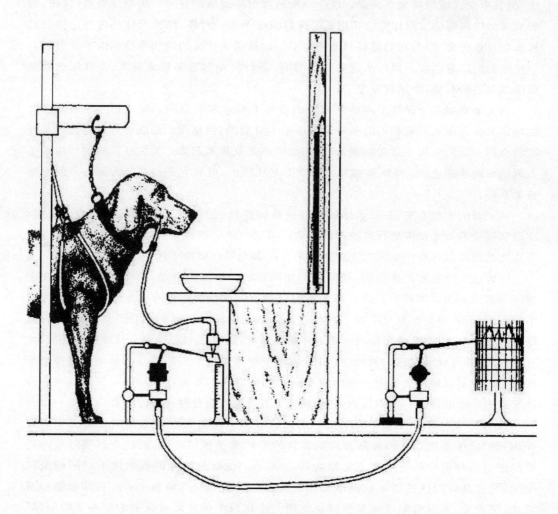

巴甫洛夫所做实验的装置

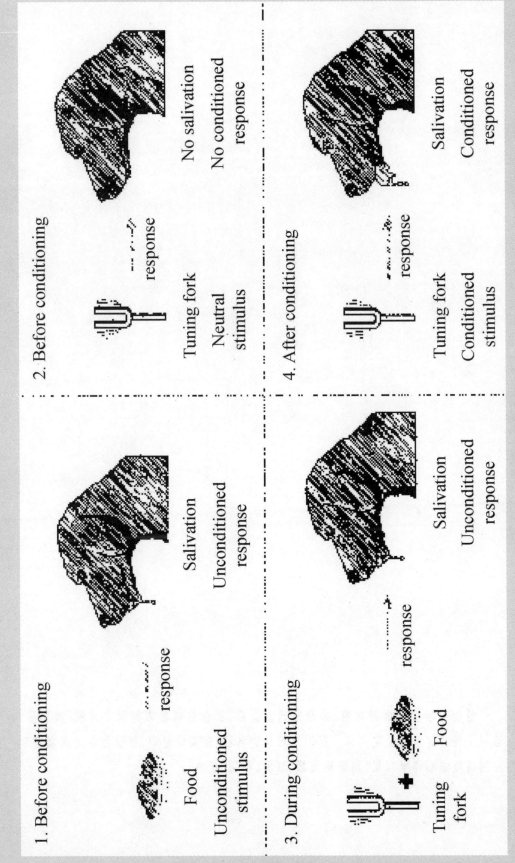

案件反射实验示意图

最初的步骤是很困难的,但是经过坚忍的、紧张的和集中的思考过程,我最后达到了纯粹客观的坚定立场。我们绝对禁止自己(在实验室中,甚至有罚金的规定)使用这类的心理学词句,例如狗猜想、想要、愿望,等等。

第三十二章　内抑制和睡眠——同一过程

（由纪念俄罗斯科学院院长 A. Π. 卡尔宾斯基周年纪念专刊转载，1922 年）

条件反射实验的一般描写——由特殊动因或由于迟延无条件刺激来产生睡眠；有赖于狗的类型——睡眠规律——方向反射——细胞疲竭与睡眠——睡眠与抑制的关系——表证实验示睡眠转变为抑制及相反——睡眠像抑制一样兴起并消灭——睡眠与抑制作用的综合——睡眠与抑制的区别（睡眠是扩散的抑制作用）——抑制受兴奋的限制；一个表证实验——睡眠抑制和普通抑制通过脑的运动之相似性——睡眠的防止——睡眠和内抑制同一性的证据——这种同一性解释许多事实——饥荒对于睡眠的效应——休息

在我们开始用条件反射方法，来客观地研究动物的高级神经活动（行为）时，我们在实验对象中遇到了一种不是所愿望的现象——瞌睡和睡眠。动物（狗）通常是被放在桌子上的架子上，它的腿被架子横木悬吊的绳索所绑缚，它的头被颈上环绕的绳带吊起。如此我们的动物的活动就被限制住了。架子和狗是被关闭在一间只有实验者在其中的特设的房屋里。到后来，在我们的实验室中，实验者移到实验间以外的一个处所，关着门，他用一种特别设置的仪器施用刺激并记录反应。在我们的实验过程中，应用了两种不同的无条件反射；或是由于喂饲某种多少较干的物品所引起的食物反射，或是由于注入酸（0.5％—1.0％）到狗的口中所引起的防御反射。这个反应不是用动作效果而是用颚下腺或耳下腺的唾液分泌来证实与测量的。由于一种确定的程序（时间的相合），借助于无条件反射，于是条件反射形成了；各种先前对于无条件反射没有关系的无关动因，现在唤起动物的相应的食物或防御反应，包括运动与分泌。

假若现在，在条件反射已经建立起来之后，使条件刺激在无条件刺激（喂饲或放酸到口中）之前单独起作用，即使时间不多（15 到 30 秒），这个程序经过一些重复之后，在条件刺激起作用的当时以及过后，瞌睡与睡眠就开始表现出来。睡眠可能很深，以至于必须摇动动物，它才可以攫取给它的食物。虽然这只狗可能 24 小时没有进食了，可能很贪食，或对于注入酸到口中起很强烈的反应，但是这种情形仍然发生。

在我们工作的早期阶段，有下列三种情况被注意到。第一，有某些特殊动因，可以做成特别易于引向睡眠的条件刺激。这些动因中，主要的是皮肤温度刺激，温的以及冷的，皮肤机械刺激，轻微的梳刷或戳刺，和一般的微弱刺激。第二个特别值得注意的情况便是条件刺激在无条件刺激之前起作用时间的长度。假设在某一只狗身上我们总是先施用条件刺激 10 秒钟，然后才加强它，就是，加入食物或酸。在这 10 秒钟的过程中，我们得到一种极端程度的动作和分泌反应。当情况看来仅有轻微变动时，其效果变化之快却是惊人的——假如无条件刺激不是在条件刺激开始之后 10 秒钟，而是在 30 或 60 秒钟之后施用。在条件刺激开始后不久瞌睡就发生，条件反应消逝；以前从未在架子上睡过觉的动物，现在当每次实验进行时，在第一次施用条件刺激后便入睡了。第三个情况：瞌睡和睡眠在上述情况下之兴起是严格地依靠于狗的个性，依靠它的神经系统的类型。很有趣的是，为了避免睡眠的障碍，在我们最初做条件反射实验时，我们陷入一个滑稽可笑的错误。我们竭力选择那些不至于入睡的狗，它们在实验室外边是很活泼而好动的，对所有刺激都起反应的；但是我们所得到的结果恰与我们的愿望相反。这些狗在上述的情况之下，经证明是特别易睡。相反，我们所认为是迟钝而不活动的动物，倒是在实验架子上特别适合于做我们的实验，甚至在对睡眠最有利的情况下很长的时期，它们都没有睡觉。

上面产生睡眠的情况，最后引起我们对于这种现象的科学研究。那么什么是睡眠，它与我们的带有自己特点和条件的实验有什么主要关系呢？

不仅在实际上，而且也在理论上，我的实验室关心这个问题已经十余年了。我们曾尝试和放弃过五六个不同的假设，现在最后终于达到了我认为是最后的结论，即是，在我们的条件反射工作中，作为我们所熟知的，常见的现象的那个内抑制作用，——这种内抑制作用和睡眠基本上是同一过程。这个结论符合于我们 20 年条件反射工作中所收集的大量事实，并且也符合于为澄清这个问题而故意设计的新实验。

一般的基本事实是这样的：一个或多或少持久的刺激作用落在两半球的某部，不管它是否有重大的意义（而且特别是假若它没有这种意义），并且甚至不论它是多么强烈——每一个这样的刺激作用，如果它不被其他各点的同时刺激作用所伴随，或者如果没有与别的刺激作用相轮换，必然迟早地引入瞌睡和睡眠。这个说法首先被下面的事实很好地证明了。在脑子某一点上起作用的条件刺激，虽然它可能与机体最重要的刺激物——食物——发生联系，如果它继续一个时期，或在某些情况之下被孤立起来，不继以组成进食动作的同时的大量刺激作用，虽然只继续几秒钟，它却仍引致睡眠。我们必须补充，这个事实并无例外，甚至以一种强烈的电流应用在狗皮肤上所组成的对于食物反应的条件刺激情况下。这个事实在其一般的形式下是很熟知的，虽然它还没有经过科学的研究。每一个单调而继续的刺激作用都会引致瞌睡和睡眠。这已无须举出这类日常习见的例子了。

一旦进行了这个问题的研究，我们就在条件反射之外的其他案例中探讨上述状态。假如在周围环境中有某种新刺激发生，就是说，如果情况有所改变，并且若刺激并不因其特点而唤起某些其他特殊动作，动物就以普遍反应来回答，把它的相应感受器表面转向刺激的方向（看、听等）。我们把这种一般反应称为方向或探求反射。假若我们以短期间隔重复这种刺激作用，或者让它继续一个长时期，探求反射就逐渐地变弱，并且最后完全消逝，而且以后，如果没有轮换的刺激作用影响这个动物，它便变得困倦而入睡。假若这被重复数次，那么，这种实验睡眠，就可以像一只饿狗对于一块肉所起的反应同样准确地再度产生（C. И. 冀丘林和 O. C. 罗逊塔尔的实验）。这个事实是如此的显明而恒定，以至对于它是无可怀疑了。大脑两半球某一确定地点的孤立与连续刺激作用,确然会引致瞌睡和睡眠。这是最合理的,认为这个现象的机理,符合我们对于活组织的已有的知识,作为一种疲劳的现象,并且更是如此,因为正常周期性的睡眠无疑是疲竭的结果。因此,由于某点的连续刺激作用,它变得疲劳了,并且"以某种方式"依靠这种疲竭,便发展一种不活动的状态,睡眠的状态。我说"以某种方式",因为如果对于某个细胞中所发生的一系列化学变化没有特别的体验,便不可能清楚地了解这个全部现象。这个现象的下列细节可为这个看法辩护。以睡眠形式出现的不活动性,是在某个细胞中发生的,它不仅仅保留在它的发源点,而且散布得越来越远,一直到它不仅包括两半球,而且也包括脑的低级部分,也就是,一个曾在进行工作并且已经消耗尽能量的某个细胞中所发展的状态,也会转移到没有在工作或未曾活动的这类细胞中去。这在现在是此现象的了解中模糊的一点。我们必须承认,细胞中的疲竭,产生了一种停止细胞活动的特殊过程或物质,停止细胞的活动,好像是要防止一种非常的、威胁的和毁灭性的过度劳累。并且这个特殊过程或物质,可以被传到未参与此项工作的周围细胞那里去。

现在我们要讨论到,睡眠与条件反射的内抑制作用之间所存在的关系。

内抑制作用是当条件刺激不被无条件刺激所伴随而单独出现时发展起来的,不论这是一次的或是恒常的,但如果是恒常的便只在某种情况之下。消退作用、延搁作用、条件抑制作用和分化抑制作用都是如此。我们由此可以看出,睡眠的发生需要与内抑制作用发展同样的条件。所以我们不可能不考虑这个具有重大意义的内抑制作用与睡眠关系的问题,尤其因为在我们所有的内抑制作用情况中,我们都遇到了瞌睡和睡眠的干涉。在延搁作用中,当我们在条件刺激开始之后一些时候,迟延无条件刺激的开始,那么,我们就得到如前面所提及的,一种与这个间隔的长度成正比的瞌睡和睡眠。在一只建立了条件反射的狗身上,假如我们重复与条件刺激邻近的刺激(它们由于刺激作用的扩散作用先前是活动的),而不以无条件刺激伴随,那么,与刺激丧失作用的同时,也有瞌睡和睡眠的来临。在用一个刺激建立条件抑制作用的过程中,也可以观察到完全同样的现象;但是仅限于瞌睡而很少转入完全睡眠。同样,在条件反射的消退方面,如果消退作用在同一实验中被重复数次,则瞌睡和睡眠便很清楚地表现出来。假若我们在几天内继续应用已经消退了的刺激,那么,先前没有睡眠倾向的动物,也变得那么欲睡,以致用它做进一步工作很是困难。还应当补充,在各种抑制作用之中,显然有某些特点影响睡眠发生的速度及睡眠的稳定性。

现在进一步的问题是:在各种情况下睡眠与抑制作用之间可以观察出什么特殊关系呢?我们在这里遇到很多种变化,它们有时是抑制作用转变为睡眠,或睡眠转变为抑制作用,有时是睡眠代替了抑制作用,还有时是睡眠与抑制作用综合起来。

我们有一只狗,在它身上无条件刺激是在条件刺激 30 秒钟之后加上去的。一个条件反射被建立起来:在条件刺激开始之后 5 到 10 秒钟,唾液分泌便开始流出。我们重复这个实验数星期或数月,依照个别动物而定,总是将无条件刺激伴随着条件刺激。现在我们可以看到,条件刺激的潜伏期逐渐增加;15 到 20 秒钟,后来是 20 到 25 秒钟,过去了,条件反射才开始;最后一直等到恰好在 30 秒钟之末尾,或许大约早一两秒钟,条件反射才会开始。这是内抑制作用,延搁作用,对于无条件刺激起作用时期的一种准确适应。

到后来，条件刺激的效力，在它起作用的头 30 秒钟内完全不存在，但是如果它被继续应用到比 30 秒钟更久时，它就表现出来了。但是随后有一个阶段，你不能从条件刺激得到任何效果，并且与此同时动物变得困倦，最后进入睡眠，或者变得没有动作（就是说，进入了一种僵直状态）。

一个相反的例子：我们建立起一个延搁反射，其中无条件刺激只在条件刺激开始三分钟之后跟随着。这里条件刺激的三分钟时间是分为两个时期——初期，不活动的；和第二期，活动的。并且我们时常在一个实验进程中观察到，第一次试验条件刺激时，动物立刻变得困倦，并且到达三分钟时期的末尾，当条件反射应当开始出现的时候，如果有任何效果的话，亦只有最小限度的效果。可是后来，条件刺激的活动效果，随着每一次重复而增加，充满了刺激作用时期的大部分时间，并且睡眠状态愈来愈消失了。最后，睡眠和瞌睡完全都没有了，并且应用条件刺激的全部时期被分成两个相等部分，或者分成具有 2：1 的关系的两部分，第一部分没有效果，第二部分有效果，并且当趋向末尾时逐渐增加。

所以，我们看到在第一个案例中，抑制作用转入睡眠，而在第二个案例中，睡眠转变为纯粹抑制作用。

在方向或探求反射中，可以观察到一种类似的、抑制作用转化为睡眠的情形。我们时常注意到，这个反射，在刺激起一段长时期的作用或经常被重复时便消逝了。如 Γ. Π. 崔力翁尼教授的实验所指明，很有趣，被一个声音所引起的这样的一个反射，在一只两半球被除掉的狗身上，虽然被重复许多次，还不会失掉。因此有理由认为两半球和脑髓低级部分的细胞，对于它们的刺激作用具有一种很不同的关系。在正常动物中探求反射的消失是怎样达到的呢？ H. A. 波波夫的实验证明了，压制探求反射的基本过程，在它的一切细节方面，都是与条件反射的消退作用相类似的，并且是抑制作用的一种表现。到后来，这种抑制作用就转变为睡眠。

例如，有时，在条件刺激开始之后，无条件刺激被迟延大约 30 秒钟的实验中，一个通常在架子上是很清醒的动物，在每一个分别的条件刺激开始时，便立刻开始堕入睡眠，进入一种被动的状态，悬下它的头，甚至发出鼾声；但是条件刺激已经继续了 25 秒钟之后，这只狗便醒过来，给出一种显著的阳性反射。这种情形可以继续一段相当长的时间。很明显，在这个实例中，睡眠代替了抑制作用，完全像纯粹抑制作用一样地兴起与消灭。

进一步还有睡眠与内抑制作用同时消失的经常事实。我们有一个建立得很好的延搁（三分钟）反射，它在动物醒觉状态中，只是在一分半到两分钟之后才变为有效。假若现在我们在动物已经堕入睡眠之后，再应用我们的条件刺激，刺激就惊醒它，驱除了睡眠，并且把内抑制作用与它一齐驱除了；条件刺激立刻发挥效力，并且不活动位相也消失了。

这里是睡眠和抑制综合作用的一个实例。我们又有一个建立得很好的延搁反射（三分钟）。它的效力只是在一分半钟之后才开始，并且在第三分钟的末尾，达到最高度。现在，与条件刺激同时，我们施用某种新的、较弱的、无关的刺激，如一种嘶嘶的声音。在它第一次施用时，它起抑制解除作用，让条件刺激在不活动的位相表现出它的效果，我们在这个新刺激开始时还看到方向反应；在第二次施用时，便没有方向反应，在整个三分钟之内条件刺激都没有表现出来，并且可以观察到瞌睡状态。而单独试用条件刺激时，仍继续给出一种纯粹的延搁反射（Д. С. 卓锡可夫的实验）。因此，两种抑制作用综合起来，产生了瞌睡状态。

在下列改变了的实验中，可以看到同样的现象。反射被延迟 30 秒钟。效果在条件刺激起始后 3 到 5 秒钟开始。我们又引用一种新的、另外的刺激，并且重复它，一直等到它停止产生方向反应，而唤起瞌睡现象。假若我们现在和条件刺激一同施用它，我们得到一种更延迟的反射，它的作用在 15 到 20 秒钟之后开始（С. И. 冀丘林的实验）。所以在上面一个案例中，两种抑制作用促成困倦现象。而在这第二个案例中，由于一个刺激作用发生的瞌睡状态增强了另一个刺激的抑制作用。

所有上述的事实增强了我们的信念，内抑制作用和睡眠是同一过程。但是这两种状态之间有什么差别呢？并且这种差别是怎样来的？初看起来，这两种状态好像差别很大。内抑制作用总是在动物的醒觉状态中发生，特别是在它对于它周围环境最精确的适应中发生，而睡眠是一种不活动的状态，是两半球的休息。问题可作如下的简单而又自然的解决：抑制作用是一种局部的、片段的、受狭隘限制的、有严格定位的睡眠，在相反过程——兴奋过程的影响下，被局限在确定的境界之内；睡眠正相反，是一种抑制作用，散布到大脑的一大部分，到整个两半球，甚至散布到下面的中脑。从这个观点来看，上述例子可以很容易了解：或是抑制作用散布，而睡眠来临，要不然就是抑制作用被限制，而睡眠就消失。譬如，让我们举例，在一个实验进行时，原先占优势的睡眠逐渐被纯粹抑制作用的出现所代替。这里，在重复无条件刺激的影响下，刺激作用就渐渐地限制了抑制作用过程，把它局限在更狭隘的境界之内，和一段更短的时间之内；与此同时，睡眠就消失，于是实际上发生了兴奋性和抑制性过程的平衡作用。

从这个观点来看，为了要限制抑制作用，与防止它变成睡眠，或者要使已开始发展的睡眠变成纯粹抑制作用，需要在两半球中形成兴奋地点，以抵抗抑制的散布。很久以来，我们应用了这样一种步骤，虽然只是凭经验的。当从一个或多或少迟延了的条件反射，发展出瞌睡状态而且睡眠来临时，我们从更强烈的动因形成了新的条件反射，并且把它们做成更严格同时发生的反射，也就是，把无条件刺激在更短的间隔之后加入到条件刺激一起。这时常是有帮助的。睡眠被除去，而原先的延搁反射恢复了。

最近，彼得罗娃博士做了继续很长时间的实验，情形如下。在两只狗身上条件反射被建立起来：第一只狗是很活泼的动物，第二只是黏液质的。在第一只狗身上，条件刺激是在无条件刺激 15 秒钟之前开始的，而在第二只狗，是在 3 分钟之前开始的。但是条件反射形成后不久，两只狗都在架子上瞌睡，并且在后来，睡意到了这样一种程度，以致不能进行进一步的实验了。在这时，程序做了下面的变更。无条件刺激是在条件刺激开始之后 2 到 3 秒就加到后者上面，并且除了先前的由一个节拍器的响声所建立起的反射之外，条件反射又从五种新动因形成起来——一个铃声，一个乐音，空气经过水的气泡声，闪耀在动物眼前的一个灯光和皮肤的机械刺激作用。反射很快地就形成，并且睡眠消失了；在实验进行中，每一个刺激仅应用过一次，但是在先前，节拍器曾被重复 6 次。以后由于从条件刺激的开始每天把无条件刺激向后移 5 秒钟，而使所有的同时反射都延迟了。与此相应，条件刺激作用的效果也就渐渐地迟延了。当这个条件与无条件刺激之间的间隔达到了 3 分钟的时候，便看到在这两只狗之间有一种显著的差别。用黏液质狗所做的实验进行得很顺利，曾由所有的刺激建立起很好的延搁反射，并且，虽然除开原先的节拍器之外，所有的刺激都中断了，而且节拍器的刺激与其无条件刺激食物之间的间隔加长到 5 分钟，而所建立的这些延搁反射仍保持原状。在活泼的狗的实验中就完全不同了。当无条件刺激被延迟到 5 分钟，狗的兴奋就达到很高的程度；在受刺激作用的时候，狗凶狂地吠叫，奋力地挣扎，发生了呼吸困难，并且唾液分泌不停止，在个别刺激作用之间的间隔中也不停止，正如通常狗在强烈兴奋作用状态下所表现的情形一样。然后，除开节拍器还保留为一个迟延刺激之外，把所有的刺激都中断。动物慢慢地安静下来，但是同时也瞌睡了，并且堕入睡眠——于是反射便消逝了。为着要使狗清醒，有必要重新应用所有的刺激，并且还要把它们做成同时性的，就是说，很快地以无条件刺激跟随条件刺激。我们这样做了。后来无条件刺激被迟延了。现在发展出延搁条件反射，而无兴奋作用，并且当再单独用节拍器的时候，对于它所起的反射就没有转入睡眠，而仍保留了它的迟延性质。

这个实验在许多方面是有兴趣的：这里我只注意到，在实验进行中，应用许多兴奋点，而不常重复同一点的刺激作用，就会造成睡眠的消逝，和抑制作用的限制及其被包括在确定境界之内。从阜锡可夫下面的实验，可得出同样的结论。从身体一端皮肤上的机械刺激作用建立起一个延搁条件反射，无条件刺激是被延迟了 3 分钟。然后瞌睡来临，反射消逝了。此后，从身体另一端皮肤上的机械刺激作用形成了一个同时的条件反射。原先的反射恢复了，并且它仍表现有延搁作用。因此，在两半球皮肤区域中的一个新地点上的刺激作用，使得从第一点所发出的抑制作用受到限制，同时睡眠就消逝了。

在每一个分化作用中也有同样的情形发生。假若那些与条件刺激很邻近的刺激被重复地应用，而不伴随以无条件刺激，那么，原来由于扩散作用而来的效力就逐渐减少；它们被抑制了，并且当应用这些分化了的（阴性的）条件刺激时，瞌睡甚至深睡就来临，而且超出刺激作用时期之外。但是由于这种（阴性的）刺激与建立得很好的条件（阳性的）刺激轮替着应用，后者总是伴随以无条件刺激，例如以食物相伴随，则结果睡眠就没有了，并且阴性条件刺激完全无效，被抑制了。所以，某一点的刺激作用就限制了由邻近各点所来的抑制性过程的散布，把它集中，并且这样就把睡眠驱走了。

假若抑制性的组合是经常与阳性刺激相轮换的，则在分化作用中所看到的同样现象，可以在条件抑制作用中看到。

最后在消退作用中也可以观察到一种相类似的过程。假若消退作用连续被重复许多天，或者在同一次实验中重复许多次，其结果就是瞌睡和睡眠。如果消退作用不是每天都有，并且也不常有，在一个单独实验中只有一次或两次，那么，它就很快地进展，而且没有瞌睡现象发生。很明显，时常重复被强化的（就是，继以无条件刺激的）刺激作用，不允许抑制作用散布：这便是抑制作用的集中作用。

前面的解释和结论所包含的观念是，抑制作用和睡眠是在大脑实质中运动的过程。它在事实上就是如此。在我的实验室中有许多实验曾说明，在某一期间所唤起的内抑制作用，当唤起动因停止之后，它在神经系统中还持续一些时候，并且只是后来才逐渐地在时间上集中，愈来愈接近所给的一定时间。在空间方面的集中作用也是同样的情形。在皮肤上我们可以精确地追踪抑制作用起初从它的起源点扩散，究竟多么远，并且用怎样的速度，然后又集中。

从平常对于睡眠的观察中，可以知道同样的事实。堕入睡眠以及清醒过来，即脑髓被睡眠所笼罩，和从睡眠中脱除出来，多少是渐渐进展的。我曾（和 Д. H. 傅斯克瑞森斯基[1]）在一只由于实验室的整个环境的作用而堕入睡眠的狗身上，注意到这个过程。我们能够很清楚地辨别出，脑髓各个部分中所表现的睡眠的某些连续阶段之间的差别。很有趣，抑制作用和睡眠的散布速率是属于同一层次的。堕入睡眠和醒过来能够按分钟计算，几分钟或许多分钟。而内抑制作用的扩散和集中也可以按同样的时间计算。相似性甚至还要更进一层。如大家所熟知，人类之堕入睡眠和清醒过来，在快慢方面差别是很大的；有些人很快地进入睡眠和醒过来，另外的人则很慢。抑制作用过程的运动也是同样情形。直到现在在所比较过的狗中（三只狗），两极端之间的差别是 1：10。有一只狗，抑制作用的来去运动（扩散和集中）发生于一分半钟内；在另一只狗，这需要 15 分钟。从抑制作用散布广度的观点看来，我们可以了解下面的差别，这种差别是在动物中很少见到的。在大多数狗中，抑制作用的广泛扩散作用表现在完全的睡眠和骨骼肌肉系统的弛缓；抑制作用到达了位于两半球之下的，管制动物在空间的平衡的脑髓部分。在很少情况下，抑制作用局限于两半球及其动作区域，而不向下深入；在这后一种情况，结果是动物变得僵直而且不动，但是仍保持它活动时的姿势。

如上述波得罗娃博士的实验所示，在她的狗中有一只由于逐渐限制抑制作用，使得抑制作用先前到达睡眠程度的扩散最后被防止了，仅有一种纯粹的抑制作用，一种狭窄定位的睡眠还保留着。在内抑制作用的有些情况中，也就是，在分化抑制作用和条件抑制作用中，瞌睡与睡眠虽然发生，但是比在其他种类的抑制作用中所占的时间要短（就是说，抑制作用的限制进展得更容易和更快）。所以，为了防止瞌睡的发展，我们通常在初步工作时期，不仅建立几个条件反射，而且也建立分化抑制作用或条件抑制作用。由于这种步骤通常便可以得到所期望的效果。

下面的事实是和前面的叙述相符合的。正像一个产生内抑制作用的动因，当重复时，所起的作用是更可靠而且更快，睡眠也是如此；因为任何无关的动因，或是我们用来产生它的条件刺激，在被重复应用时，也变得更有效于产生睡眠了。

这里是从一个实验中所得来的一个事实，它好像是值得提及的，虽然它还没有被证验过。在分化作用充分形成时开始所出现的睡眠，后来在动物的一般行为中就看不出来了，但是当我们用无条件刺激（食物）[2]伴随阴性条件刺激，去进行破坏分化作用时，它便又表现出来，好像睡眠暂时从它狭小的境界内被解放出来。但是这是不太容易想象的。

最后，睡眠和内抑制的同一性还有一个补充证明，它可以从我们以前常遇到的下列事实看到。这就是普遍兴奋作用在某些抑制作用情况中的发展。例如，我们正在建立一个条件抑制作用，当它开始表现自己的时候，我们看到我们的狗开始很激动，挣扎、吠叫，

---

① 见第二十四章。——英译者
② B. B. 斯特洛甘诺夫的实验。

而且喘息。在某些狗身上，这不过是一个短时的位相；在其他的狗身上，这是一种固执的状态，维持到很长的时间。这在谈到彼得罗娃博士的一只狗时，我们已经描述过了。在这只狗身上，从六个同时刺激所起的延搁作用发展的时候，有一种非常强烈而持久的兴奋状态，只有在除去这些刺激之中的五个之后才消逝。在可以引向睡眠的时常重复的无关刺激的影响下，在某些狗身上，我们观察到一种相似的兴奋状态。在实验室中没有被绑缚的狗，在躺下入睡之前做出许多动作，抓痒，吠叫，等等[①]。在具有一种延搁条件反射，并且在不活动位相中，以睡眠表现出抑制作用的狗身上，可以观察到下列特殊程序的现象：一旦条件刺激开始起作用，直到现在是安静的、醒着的狗，做出一些不规律的动作，并且只是到以后才重新安静下来，然而现在是被微睡所伴随着（我们的意思是，身体的被动位置，头的悬下，眼睛的关闭）。后来，在活动位相到来时，动物又做出不定的动作，并且只在此时，才开始对于食物有特殊的动作反应。

所以，兴奋作用被抑制作用所替换，以及清醒状态进入睡眠的转变，是被一种暂时的普遍激动所陪伴的。这很可能是诱导作用的正位相；即是，最初的抑制作用立刻唤起远离区域中的兴奋作用，然而，后者又被产生抑制或睡眠的动因所发生的继续不断的效力所压制了。

把睡眠和内抑制作用看做基本上同一过程的这种观点，搞清楚了许多先前模糊的事实。这里是其中主要的一些。割除某种感受器官的皮层投射区之后，几个星期或甚至几个月都不可能用该器官的刺激作用形成条件反射，虽然同样的刺激可以很便利地成为条件抑制物。在这些情况下，外抑制作用的可能性被特殊实验排除了。在施行手术之后过一些时候，可能形成一种条件刺激，但是必须无条件刺激差不多是同时的，就是，在条件刺激之后不能迟过 3 到 5 秒钟。条件刺激与无条件刺激之间的相隔再大一些，条件反射就消灭。当皮肤投射区域部分被割除时，这些事实是特别明显的。在皮肤某一部分延搁作用如果是 30 秒钟，狗便保持清醒，而且反射是保留着的，但是在别的皮肤区域中同样的延搁作用，狗便困倦而入睡，而且反射也失去了。在这个手术之后的第一期中，相当于脑髓中投射区域被割除部分（因此，这些部分就失去了它们先前所有的阳性条件作用）的皮肤部分的刺激作用，在一起初便抑制了相当于手术中脑子未受伤区域的其他皮肤部分同时受刺激所起的反射。还有一层，这些不活动地方的刺激作用并不能唤起方向反应。最后，只要这些地方受到刺激作用，虽然时间很短，就能产生瞌睡和睡眠，即使是在架子上从未睡过觉的狗也是如此。现在我们没有困难来了解所有这些事实。在手术之后，你刺激感受器官的相应各点，那么，所有剩下的细胞——由于手术而减弱的细胞，或者当除掉的细胞存在时，从未被刺激到的细胞，或只是与现在所除掉的细胞一齐被刺激过的细胞——很快地就疲劳了。它们即使在刺激作用的潜伏时期也会疲劳，所以从一开始它们就引起抑制作用，并且当抑制作用更广地扩展时，也会引起睡眠。

在困难的 1919 年和 1920 年，当我们用饥饿而疲乏的动物做工作时，在我们的实验室中观察到与这有关的一个事实。即使是稍微迟延了的反射也很快地消逝，唤起睡眠，

---

① И. С. 罗逊塔尔的实验。

使得进一步的工作不可能①。很明显，身体中普遍的疲竭在两半球的神经细胞中表现得特别突出。我们可以用相似的方式了解先前所提及的事实，即在我们的实验条件之下，活泼的狗特别容易睡眠。我们可以假设这些动物的活泼与不安稳是如此发生的：由于它们的易兴奋性，确定的受刺激各点便很快地疲竭；这结果变成抑制作用，并且更由于诱导作用而产生普遍兴奋。这迫使狗动来动去，因之又把其他细胞置于新的刺激作用之下。因此，在自由状态中，抑制作用更广泛地发展和散布（睡眠）就被阻止了。狗在架子上的时候，由于兴奋作用的这种散布的不可能性，并且由于外在和内在刺激作用不可避免的单调性，在具有弱型神经系统的这些动物中，睡眠就很快地发展出来。

当醒觉状态时，在催眠刺激影响之下所发生的暂时初期兴奋作用，或许可能被解释为在时间或空间不利条件下避免睡眠的一种方法。如果动物经常暴露于新的外在刺激作用之中，或者如果刺激作用部分地被自己身体的运动所产生，避免睡眠便可以成功。

我们已经看到，在一种发展得很好的延搁反射中，条件刺激作用于一个微睡或睡着了的动物时，与促使它醒来的同时，立刻产生了效果，而不带有一段不活动位相，那么，我们便自然得改变我们对于所谓条件反射的抑制解除作用的看法。当内抑制作用虽然可能是建立得很好的，在任何另外的刺激影响之下，忽然消失的时候，抑制解除作用的确是一种明显而重要的现象。如果与另外刺激（外抑制作用）所引起的条件刺激的抑制作用相类比，把抑制解除作用解释为一种可能的抑制作用的抑制作用，这会把一个已经很复杂的神经关系的了解弄得更混乱了。现在我们能够给出一个更简单的解释。如在上述的案例中，抑制作用是与睡眠同时消逝的，所以在所有其他的案例中，我们也可以假设，有一种新的、从内来的、扩散着的刺激作用铲除了抑制作用，就如同它驱逐睡眠一样；因为根据我们的分析，抑制作用就是一种部分的睡眠。

在我们所说过的一切之后，如果我们承认大脑两半球中睡眠的这种片断性质，并考虑到大脑两半球的分隔和复杂性，人类的催眠现象是可以理解的。

总结起来，我尝试从所叙说的事实及其比较做一个普遍的结论。如果大家同意我们认为睡眠与内抑制作用主要是同一过程，那么，我们就应当得到机体的经济原则的一个显著的例证，就是说，生命的最高表现，机体最精确的适应，它的暂时联系的经常修改，与周围世界一种动的平衡的不断建立，这些都是基于机体最珍贵的部分——大脑两半球神经细胞——的不活动状态。

---

① Н. А. 波得可沛叶夫，И. С. 罗逊塔尔和 Ю. П. 弗罗洛夫的实验。

第三十三章　从大脑皮层各点的兴奋性变化观点来看它的机能特点

（载于《瑞士神经学与精神病学丛刊》,8 卷,568—574 页,1923 年）

条件反射可以由任何无关动因形成——阳性与阴性条件刺激——外抑制作用；一个实验例子——诱导作用——相互诱导作用,达到稳定的一个方法——一个例子——还有许多需要解释的

解释大脑两半球皮层机能的巨大工作是落在生理学家的身上。在目前只有初步的实验可以进行,并且只能根据某些事实,做一种尝试去描述这种神经实质的一些机能。根据我多年的研究,我冒昧地把这些机能的一些特征叙述给大家。

从很早时候起,我们就从事于研究个体生活中在某些条件下所形成的反射——条件反射。这种反射的存在是依靠两半球的存在,意思是说,它们是脑髓这一部分的一种特殊机能。在这些反射的研究中,曾经收集的资料,可供我们指出大脑皮层的特性。

凡是能够被特殊接受器官转变为一种神经过程的外在世界的每一种动因,假若它刺激皮层的某一部分,便可以唤起一个或另一个器官的活动。这是通过到达某个器官的执行神经成分(细胞与神经纤维)的传导通路而实现的。形成这个新反射的主要条件就是这个动因(条件刺激)对于机体所发生的作用,与引起一种先天无条件反射(这里包括平常所谓本能)的那个刺激(无条件刺激)的作用,或者与引起建立得很好而稳定的条件反射的那个刺激的作用的同时性。例如,所有先前对于食物没有丝毫关系的动因如果与进食动作一次或数次同时发生,后来当它们单独起作用时,就能够唤起食物反应——唤起一系列确定的动作和相应的分泌。这样所建立起的条件刺激,是与皮层某些确定地点相联系的。这给予我们可能性来精确地追溯在脑髓进行各种活动时,这些地点所发生的变化。在这个报告中,我将把这些变化作为这些地点的兴奋性的变化来提及。

如已经在我们的实验中所示,每一个建立得很好的条件刺激,如果它暂时或经常地(如果是经常的则是在某些条件之下)被重复着,而不伴随以帮助它形成的无条件刺激,它就很快地失掉它的刺激作用,并且甚至可变成为一种抑制性动因。因此皮层被这个动因所刺激的地点就失去它先前的兴奋性,而获得了一种新的兴奋性。这个抑制性动因,如果产生它的条件保持一致,可以直接并且立刻表现出它的作用,即唤起抑制状态,就好像一个起阳性作用的刺激引起一种兴奋过程一样。还有,我们的抑制性动因也会按照它时间的久暂,而产生一种抑制作用过程的不同等级(这就是我们所谓的内抑制作用)。这样说来,我们可以有条件谈到阳性刺激(产生兴奋作用过程)和阴性刺激(产生抑制作用过程)。我们很久就找到了应用阳性反射和阴性反射这样的名词的根据(Г. B. 傅尔波兹的实验)。这样给事实下定义的优点,就是它能够使我们了解,神经成分的所有不同的状态,在任何情况之下,并且在任何刺激动因的影响之下,是一种持续的、不中断的过程的

连续；这与事实是相符合的。

唤起皮层中抑制作用各点的条件，如同那些产生兴奋作用的各点的条件一样频繁，所以，整个皮层表示着阳性和阴性兴奋区域，以棋盘格式相互交错着和分散着的一个巨大的综合。在这个多少是固定的点的系统中，依靠动物内在或外在环境的变化而发生兴奋性的变化。而这种变化是以各种方式发生的，下面就要描写到它们。

一个简单而经常发生的情形如下：只要一种新奇的外在或内在刺激引起了某种新的神经活动，表现在一个或另一个器官的工作中，我们的条件刺激在力量方面就会减少，或甚至变得无效：这就是说，在皮层新发生的刺激作用焦点的影响下，与我们的积极条件刺激相应的那个地点的兴奋性就降低或减少到零——外抑制作用①。这显然是与中枢神经系统低级部分中的同样关系相类似。

这样一种形式的抑制作用，只在有中等力量的刺激时才发生。假若新刺激是很强的，并且以动物的一种激烈反应相伴随，那么，我们的特殊刺激不但不失去它的效力，而且相反，它的作用加剧，就是说，刺激所落到的地点的阳性兴奋性强烈地增加了。这里是一个例子：一个条件食物反射被建立起来，它有一种确定的效力，而同时这只狗的防御反射表现得很强烈。在惯于在一个单独的房间内用它做实验的人的面前，狗在架子上很安静，无抗拒地允许一切必要的安排。然而，如果经常实验者被另一个人替代了，狗就表现出一种显著的攻击反应，并且如果在这时候，新来的人施用条件刺激，他就得到一种明显增大的效力。但只要新实验者不动地坐着，攻击性反应就消逝而狗还是不断地注视着他；然而如果在这个时候试验条件刺激，就产生一种远在正常之下的效力。这种结果可以重复地获得（М. Я. 贝斯波卡亚的实验）。

如果，在这种强烈新刺激影响之下条件性抑制点变为疲竭，它们失掉了抑制性作用，而转化成为起阳性作用的点了（我们称之为抑制解除作用）。当新刺激很微弱时，起阳性作用的各点没有受到任何影响，而只有抑制性各点遭受到变化：它们开始给予阳性效果（抑制解除）；也就是，它们的阴性兴奋性转变为某一程度的阳性兴奋性。上面所描写的兴奋性的变化用不着建立就自动地兴起。其次，还有慢慢发展的起伏变化，这我们现在就要讨论。

谈到这些现象时，我将主要描写条件的机械皮肤刺激的实验；因为皮肤是一种广泛而易于接近的感受表面，引起我们兴趣的一切现象都可以在这上面清楚地表现出来。如果我们用同种的机械刺激，在皮肤上许多地点形成相等力量的条件反射，那么，在皮层中我们就有一个兴奋性容易被控制的区域。现在如果在狗的身体上所安置的一系列机械皮肤刺激器之中，除了边缘的一个之外，我们把所有的都做成阳性条件刺激，而把边缘的这个刺激器做成一个阴性条件刺激（就是，由于不以喂饲伴随，它就被分化了），则每一次施用这个阴性刺激，抑制性过程就由它的发源点散布到起阳性作用的各点，然后收缩于原来地点的周围；即它先扩散然后集中。这个现象在很久以前就被我们观察到，而且被我们许多著作描写到了（克勒斯诺哥斯基、卡冈、安瑞布和其他的人）。

甚至在那时，这些著者之一（卡冈）就注意到下列的现象，虽然这只是在很少的情况

---

① 在前些章内，在由于外加刺激引起的外抑制名下，读者遇到了这个现象。参看第十一章。——英译者

中而并不显著；刚在抑制性刺激作用停止之后，的确在离抑制作用的起源点很远的各点，可以观察到一种增强了的兴奋性；换言之，条件刺激产生了一种比以前较大的效力。最近，我们的注意特别转向到这个现象，而我们的几位合作者们已经在内抑制作用，就是，逐渐建立起来的抑制作用的不同案例中作了探讨，它已经被证明是一种显著而经常重现的事实。让我们先考虑分化了的条件刺激的情况中所发展出来的那种抑制作用。若没有无条件刺激相伴随，分化了的（阴性的）动因被重复得愈多，它的抑制性效力就开始得愈快，并且更为强烈；最后，就得出纯粹的抑制作用。同时，这种抑制作用在先前是散布得很广的，但是在有阳性作用各点的刺激作用的影响之下，就是说，在阳性条件刺激的影响之下，它就愈来愈集中。但是现在一个新的现象出现了。在抑制性动因（阴性条件刺激）的作用停止之后，立刻而很快地，在几秒或甚至几分钟的过程之内，便观察到在邻近具有阳性作用的各点中，兴奋性显著增加。在最接近于抑制性动因作用地点的那些地点中，这个现象作为一个位相现象出现，接着就是兴奋性的降低，最后继以正常的恢复。在远处的各点，只有兴奋性增加的位相，其后，正常时期直接跟随着（贝可夫的实验）。在某些狗身上，在所有观察到的各点增强了的兴奋性，是被扩散着的抑制作用所代替的（阜锡可夫和克瑞甫斯的实验）。这些变化显然是决定于抑制作用过程的扩散作用以及集中作用的程度和速度，和起阳性作用的各点的力量。照谢灵顿的术语，我们把这些现象叫做诱导作用。在所描写的案例中，由抑制过程所产生的兴奋过程的诱导作用，不在抑制作用所发生的那些元素[1]中，而在邻近的元素中出现。这就是在一定距离所发生的诱导作用。

在抑制的刺激起作用的时候，来追踪邻近和远方各点的兴奋性状态是很有趣的。这已经在 H. A. 波德可沛叶夫的实验中，用另一种内抑制作用做到了。如果不伴随以无条件刺激阳性条件刺激，以几分钟的间隔，被接连地重复数次，它很快地就失去它的刺激效力。条件反射照我们的说法，就消退到零。这之所以发生是由于在受刺激的地点，有一种抑制作用过程发展起来了。如我们在分化抑制作用的过程中所见到的，在刺激停止后，这个过程也散布——它会扩散。如果通过消退抑制作用的发展，从皮肤上某一地点所起的刺激效力降低到零，并且这个零的效力是被继续的刺激作用（当然，不伴以无条件刺激）所维持的，波德可沛叶夫观察到，皮肤其他地点的刺激作用是以一种很独特的方式表现的。皮肤上邻近的以及远方的所有其他各点的刺激作用，都起阳性的作用，但是有某些特点。潜伏期很明显的是缩短了（一到三秒钟而不是四到五秒钟），但是普遍的效力比起正常时是少了。这个事实的最简单的解释是，潜伏期的锐减是受刺激各点的兴奋性增加的一种标志；但是既然抑制性以及阳性冲动二者都同时落于执行中枢，结果所得的作用便是它们的代数总合。

但是，我们有理由相信相反的情况也存在——兴奋作用过程可以诱导并强化抑制作用。当两种过程都建立得很好的时候，这也会产生的。我们从下列实验中达到这样一个结论。几年以前 K. H. 寇尔日史可夫斯基曾研究了我们称为条件的[2]那种抑制作用之消

---

① 但是，现在也可以说，诱导作用也在发生抑制作用的那些同一元素内存在。

② 条件抑制是由于一个条件刺激与一个无关的动因之组合而产生的，而这种无关的动因，从来没有无条件刺激相伴随；条件刺激在这个组合中因此被抑制了，而新动因变成了条件抑制物，同时条件刺激如果单独应用，就起它通常的作用。

灭的速度,这即是在抑制的组合之后,跟随以无条件刺激,这样就把它变成了一种阳性组合。这证明了,这种抑制性刺激作用的消灭是奇特的,而它的速度依靠着这个消灭(应用抑制的组合,继以无条件刺激)还是不中止地继续着呢,还是有规律地与伴随着无条件刺激的阳性条件刺激的施用相交替着。如果这种组合继以无条件刺激,就是条件抑制作用消灭的程序被单独试用,那么抑制作用效力的毁灭在第一次或第二次试验时就出现;如果它是与条件刺激相交替着试用的,则毁灭很久时间还不出现。这种现象可以解释为:阳性刺激诱导抑制性过程,因此就阻止了它的破坏。最近 B. B. 斯特洛甘诺夫重复了寇尔日史可夫斯基的实验,并且更详细地研究了分化抑制作用。某一频率的节拍器声被做成一种阳性条件刺激,而另外一个频率被做成一种分化了的(就是,先前是抑制的)刺激。然后由于与(先前的)阴性条件刺激同时给予食物,分化作用就被消灭了。当这个程序是与施用阳性刺激经常轮替时,分化了的抑制作用的消失,以及一种阳性刺激的形成(以节拍器的第二种频率)就很慢地进展着——在 20 次或更多次试验之后。但是在继续不中止的消灭情况之下,这种结果在第一次或第二次试验之后就得到了。

因此我们有诱导作用的反作用;一个抑制性过程被兴奋作用过程所唤起。

诱导作用的过程,在我们的例子中,是在相应的刺激起持久作用的影响之下发展起来的;它并不是从一开始就存在的。全部的事实可以这样总括起来——为要在皮质中形成刺激作用和抑制作用的孤立焦点,首先,必须要有相应的刺激出现;但是这些焦点一旦被形成,诱导作用就以它们的维持和稳定的一种附加机理的角色出现。

在我们现在的条件反射实验中,诱导作用差不多完全是在邻近的皮层区域中表现自己,而不在原来过程发生的各点表现。这后一种事实我们在以下的观察中看到,并且可以看出它是完全另一种形式的。我想,提及这一类最显著的情况不会是多余的。所用的狗表现出一种高度发展的奴隶反射(屈从或驯服);这是被 Ю. П. 弗罗洛夫所研究与描写的。为了研究胃液腺的活动,这个动物有一个隔离的小胃。当它被放到架子上时,它完全清醒着,并且也变得毫无动作,连脚的位置都不改变。然而,如果它已经在架子上站一些时候,我们现在把它从绑带中解下,以便把它从架子上移开,这只狗便陷入一种显著的兴奋状态;它狂怒地吠叫起来,并且想尽方法试行挣脱。现在绝对不可能使它再回到架子上去了,无论是呼唤它,鞭打它,都不能迫使它回到架子上,或令它先跳上椅子再站到架子上去,像平时它每次一进入实验室时它自己就会做的那样。然而,当把这只狗带到院里,休息片刻之后再带到这实验室,它就立刻跑进去,并且跳上它的架子。要解释这个机理并不是困难的。架子及其绑带在这个很驯服的动物身上,对于它的动作系统起有一种强烈抑制动因的作用,虽然它肢体的不舒适与疲劳需要运动。当现在从这个抑制动因中得到了解放,通过皮层被很长时间抑制了的那个部分的诱导作用就发生一种极端的兴奋。在许多狗身上这个现象能被观察到某种程度,但是在这一个例子中,它是特别突出的。

正的和负的诱导作用位相的存在,是有利于个体生活中皮层内所形成的那些可以兴奋和抑制的各点之间的细密而准确的规限。这主要是由于为使机体在它的环境中保存自己成为一个独立的系统,使动物与外在世界保持最细密联系的那个器官的一种固定而有效的活动所完成的——由于大脑两半球的活动所完成的。

关于实际的关系我们就谈这么多。至于它们的说明，它们的内在机理，除了说这些都是大脑两半球皮层的普遍和特殊的特质之外，没有什么确定的事实可以说了。我们甚至于连这牵涉到中枢神经系统的哪些元素这个问题都不能谈到。显然，需要有更多的事实。在目前，抑制作用过程的散布，以及交互诱导作用的现象，还有上述的许多别的现象，特别是一种阳性兴奋作用转变为相反的阴性过程的事实，以及相反的阴性过程转变为阳性兴奋作用的事实，这一切仍是处于黑暗之中。

第三十四章　大脑两半球生理学的另一个问题

（由莫斯科国立医学研究所报告卷一，第一部分转载，1923 年）

大脑两半球的双重性——皮肤对称地点的分化作用

在现在出现的大脑严格客观生理学中的一个新问题便是大脑两半球作为一对而存在的问题。这种双重性表明什么呢？两半球的同时活动应怎样了解和想象呢？在这里有什么样的补偿作用呢？两半球的联合活动的优点是什么呢？基于现有的科学知识，我们知道二者之间有某一种分工。但是从对于动物的割除实验也知道，一个半球的缺失，过一些时候之后，可以被余下的半球的活动，部分或全部地补偿起来。在条件反射的生理学中有一系列的实验，明白地把两半球的双重活动的问题提出来。在这篇简短报告中，请允许我讨论关于这个问题的几个实验。

在我们的实验室中曾经证实了，在身体一边的皮肤表面上建立起的阳性条件反射以及阴性条件反射，没有一点预先准备，就可以以完全同等的程度从刺激身体另一半的对称地点而获得。这起初是被 H. И. 克勒斯诺哥斯基在他的辉煌论文《论抑制过程，并论皮肤与运动分析器在大脑皮层中的定位》（圣彼得堡，1911 年）中发现的。它已经被证实是一种固定而精确发生的事情，并且被我们后来的合作者之一，Г. B. 安瑞布博士稍加补充而详细证实了。这位著者也是第一次建立了条件兴奋作用的所谓静止扩散作用，内容如下：如果我们在身体一端的皮肤某一点上利用机械刺激作用，建立了一个条件反射，那么在皮肤上另外各点，初次试验机械刺激作用时，我们也得到一种条件效应，其力量是与它距起源点的距离成正比的。身体另一边各个相对称的地点，虽然在从前从未被实验过，但也具有完全同样的关系。克勒斯诺哥斯基和安瑞布的实验，已经由我们的共同工作者 O. C. 罗逊塔尔和 Д. C. 卓锡可夫证明了。

K. M. 贝可夫对于这些实验做出了非常有趣而卓越的补充。虽然他坚持地尝试着，但到现在还没有能够成功地把两个相对称的皮肤点分化起来。在我们的实验室中，从前已经证明了，用机械和温度的动因当做阳性和阴性的条件刺激，在身体同一边上皮肤各点的分化作用很容易进行；然而，贝可夫发现在身体两边的两个相对称地点之间，是不可能得到丝毫分化作用的。在身体的一边，阳性的条件反射由皮肤上某些地点的机械刺激作用而建立起来，我们将用阿拉伯数目字 1、2、3、4、5 等来代表这些点。极端地点之一（地点 1）被分化了，就是说，它因扩散作用而获得的早期阳性效果，由于重复刺激它而不伴随以无条件刺激（食物），就转变为一种阴性的效果，转变为抑制作用。同样的关系在身体另一边的相应点之间自动产生出来了。我们将以罗马数目字 Ⅰ、Ⅱ、Ⅲ、Ⅳ、Ⅴ 等代表相当于 1、2 等地点的身体另一边的各点；因此，如果点 1 是在狗的右腿膝盖上，点 Ⅰ 就位于左腿上同样的地点。在这一边，情形是这样的：点 Ⅰ 正如它的另一边的对称点 1——

样，成为阴性的（受刺激时不流出唾液），而点Ⅱ，Ⅲ等仍保持为阳性的，正像它们的相应点 2、3 等一样。现在我们开始把身体新的一边的一个阳性点（例如，地点Ⅲ）分化开，就是，我们反复地刺激这一点而不伴随以喂饲。下面便是随后发生的情形。当这一点Ⅲ逐渐由阳性变为阴性，就是说，受刺激作用时所给出的唾液分泌不断地减少的时候，它在身体的另一边的对称地点也表现出一种平行的转变。现在假如又使点 3，由于把它的刺激作用与喂饲相组合，恢复它的正常阳性状况，则点Ⅲ的阳性作用也同样恢复起来。并且，虽然相对称的地点Ⅲ是不伴以喂饲而被重复地刺激了一白次，这种情况仍然存在；它继续给出一种阳性的效果，因为点 3 是在继续发生阳性效用。看不到它有变为阴性的象征，就是说，被分化的象征，并且很明显，进一步的试验也是无用的。点Ⅰ与它的身体另一边对称点Ⅰ之间，也有同样的关系，分化它们而保持一个阳性另一个为阴性是不可能的。怎样了解这个谜呢？要晓得，根据我们自己的经验以及根据对动物的观察，我们知道身体两边相对称的地点是可以多么容易而精确地被辨别出来。

我们有进一步实验的计划，我们希望借此能够解决这个问题。或许用破坏了脑子两半球之间的纤维联络后的动物做条件反射实验，会帮助我们获得一种解释。

第三十五章 高级神经活动客观研究的最近成就

（在雷斯拿夫特科学研究所周年纪念会宣读，彼得格勒，1923 年 12 月 12 日）

动物心理学是不需要的——脑生理学的起源——条件反射与大脑两半球——基于兴奋和抑制的综合作用与分析作用（行为）——扩散作用和集中作用——扩散的兴奋作用（情绪）和抑制作用（睡眠）的例子——由于相互诱导作用的限制——行为依靠着抑制作用和兴奋作用过程之间的平衡——冲突和失去平衡可能造成兴奋作用占优势（神经衰弱），或者抑制作用占优势（癔病）——衰老和甲状腺缺乏症的实验研究——记忆——条件反射的形成需要某种大脑激动性——衰老多语症和衰老痴呆症——联想和高级反射——脑生理学的前途

为什么说生理学是刚刚开始掌握动物机体的秘密呢？因为动物的最复杂而重要的部分，神经系统的最高段落——大脑两半球，它们虽然引起很大兴趣，却被视为超出生理学范围之外。

这是为什么呢？

答案是，生理学在这个领域中的地位被心理学所质疑——心理学是哲学的一支，它甚至于可能不属于自然科学类别中。自然，心理学，在它涉及人类的主观状态方面，是有权利存在的；因为我们的主观世界是我们所面临的第一个现实。但是假如说我们还不能否认人类心理学合法存在的话，那么我们有足够的理由否认动物心理学存在的权利。我们究竟有什么方法能窥探动物的内在世界呢？有什么事实给予我们根据来谈论一个动物感觉到什么，如何感觉的呢？依我看来，"动物心理学"这个名词，是一个错误，是误解的结果。这确是如此的，可以由下面的例子说明：在一位美国著者所写的讨论到各种动物的想象的内在世界与人的内在世界之间的类比的一本 300 页的书中，时常出现"如果它们有意识"这样的条件语句。但是这算一门什么科学呢?！假若动物没有意识，那么，所有这些只不过是空话，文字的玩弄而已。

但是虽然动物心理学作为一门科学应该否定，动物心理学家所收集的资料却是有价值的。这些材料是将外在世界对于动物的影响，及动物之回答反应加以研究而获得的。所获得的事实当然是有价值的，并且在将来会是有用的。只要我们对于动物的内在世界没有确定的知识，我重复一遍，动物心理学就没有存在的权利。而且所有这些材料都必须归并于神经系统高级段落的生理学中，如我所说过的这是一个刚刚开始发展的生理学。仅在 25 年以前，在欧洲及美洲的研究者们才对于这方面采取了一种真正科学的态度。

虽然脑生理学在 1870 年有了一个有力的开始，但是它并没有发展，而仍然保持着片段、零散的性质。所获得的事实对于动物高级神经活动（行为）的表现，几乎没有任何关

系。例如，可以看出各组肌肉的运动由大脑皮层相应区域的刺激而产生。但是这个事实对于动物高级神经活动，给予了什么解释，它怎样可以被应用到机体对于外在世界的反应呢？

只有在 25 年以前，大脑半球的一个真正的生理学才终于出现了，其中事实的处理，一方面是用严格自然科学的方式，而另一方面包括了动物行为的基本特征。这个生理学虽然存在还不久，但它的疆域却是如此的广阔，以至于它给予我们了解动物一般行为的机理的可能性。

这个生理学的中心概念便是所谓条件反射。除了条件这个词以外，别的形容词也是可以用的，如：暂时反射、个体反射，等等。条件反射的现象如下：高级神经活动的基础是建筑在动物与外在世界的先天联系之上。一种破坏性的刺激唤起一个防御反应；食物则唤起一个积极的反应——攫取食品而咀嚼它等。在动物的这一组先天联系中，包括了一切通常被称为反射的反应，和较复杂的，称为本能的反应。这些反射或反应是神经系统低级部分的机能。

在另一方面，大脑两半球管条件反射，暂时反射的形成；它们的机能是把某些先前孤立的外在动因与某种生理活动联结起来。所有这些新联合都是在先天反射的基础上形成的。假如某种由于遗传的联结，唤起一个确定反应的动因，作用于动物身上，并且与此同时，一个新动因也起作用，那么，经过数次这种共同发生之后，新动因开始唤起如同原来动因（就是，唤起先天反射的那个动因）所引起的同样反应。所以，譬如食物是狗的先天动因；狗奋力接近食物，攫取它，并且吃它。同时还有一种相伴随着的腺体反应——唾液以及其他的液体开始流出。于是，如果随同这个无条件动因——食物，有某种另外的刺激也影响动物——例如一幅图画、声音、气味，等等——则后面的刺激本身就变成食物反应的刺激物。同样的关系也适用于所有其他无条件联系——防御反射、性反射，等等。

由于高级神经活动的这种基本现象，我们便有了一种有利的，或者甚至无限量的机会，来研究大脑两半球的整个活动，来探讨动物对于外在以及内在世界两方面所做的分析与综合。然而，动物的全部行为都包括在这种综合与分析之中。为了要与周围环境保持一种平衡，在一方面，主要的是要分析与综合外在世界，因为不仅简单的个别动因在动物身上起作用，而且它们的组合也起作用；并且，在另一方面，要分析并综合机体相应的活动。

这种综合与分析所根据的基础过程，在一方面是兴奋性过程，而在另一方面则是抑制性过程，——这后者是兴奋过程的某种对立。我说"某种对立"，是因为我们不确实知道这两种过程任何一种的性质。我们只有关于它们的假设，还没有把它们引到确定的结果。条件反射的形成是基于兴奋作用过程，但是并不止于此。为了要求得机体对于周围环境的适当关系，不仅需要暂时联系的建立，而且还需要它们的经常而快速的改正。如果在某种情况之下它们不与现实相符合，则它们就该废除。而这种暂时联系的废除就是抑制性过程所造成的结果。

因此，兴奋作用和抑制作用两种过程都参与这种对周围环境的平衡的不断的维持。并且我们一旦熟悉了这两种过程的基本特征，动物的大量反应就会成为可理解的了。这两种过程是在确定刺激作用的影响之下兴起的，它们在两半球的实质中运动，其速度不但可以用秒来测量,而且可以用分来测量。在目前我们还没有这两个过程相互移动速率的精确知识。很可能抑制过程运动得较慢。

我们知道,这种运动是向两个方向进行的。兴奋作用和抑制作用首先都散布到两半球的皮层——它们扩散。在下一位相,它们聚集于一个确定的地点——它们集中。

兴奋作用和抑制作用的过程,以及它们的这些特性造成两半球所有的活动。其主要的机能——暂时联系的形成——是根据兴奋作用过程的集中能力。条件反射建立的机理,联合的机理,可以认为是如下进行的。如果一个强烈刺激作用,例如,来自食物的刺激作用发生,则所有同时落在脑的其他部分的刺激,都被吸引到这个强烈兴奋作用的地点(食物中枢),也就是,它们在这里集中。

抑制作用过程也以相似的方式集中,形成条件抑制性反射。

扩散作用可以在高级神经活动的一种很重要的表现中看到。让我们拿某种强烈刺激作用来说:所产生的兴奋作用在两半球中散布很远并且很广,并且这在机体许多机能的立即增加的活动中表现出来。在情绪状态中,我们有这样一种情形。我忆起一只狗的实例,它对于生人有一种发展得很强烈的攻击性反射。它只认识一个主人,就是实验者,并且只保护他一个人,对于每一位其他出现在实验室中的人都以凶猛的吠叫来反应。当我自己替代了平时的实验者,并且试用了条件食物反射,我获得的不是这些反应的减少,而是一种猛烈的加强。我所给的食物被极端贪婪地吞食了。所以,我们得出结论,攻击中枢的原来的兴奋作用扩散了,并且也充满了食物中枢。

在另一方面,我现在将要展示给大家看,一个抑制作用的扩散作用的显著例子。详细的研究已经证明了,总是与兴奋作用同时存在并且改正它的抑制作用,在本质上是同睡眠一样的过程。睡眠并非其他,只是抑制性过程的极端扩散作用。为了要防止睡眠,有必要用相反的刺激作用来限制抑制作用。如果抑制性过程不遇到阻力(来自兴奋性过程),它就扩散并泛滥于大脑两半球,甚至传到脑子的低级部分,产生一种完全被动的状态——动物的睡眠状态。

这样,两种过程的相互限制,就在大脑中产生了一种巨大的镶嵌,包括有被兴奋地点和被抑制的或经常睡眠的地点。并且由于这些紧密交错着的,有的是兴奋,有的是睡眠的地点,动物的全部行为就被决定了。对于某些刺激作用,动物以活动而反应,对于其他的则以抑制作用而反应。

这种划分是被另一个过程所大力支持,即相互诱导作用的过程。存在有这样的关系:某一个地方所兴起的兴奋作用在这个区域周围产生一种抑制性过程,因此,原来的兴奋作用的散布就被限制了。在另一方面,抑制性过程诱导出兴奋性过程,并且这种兴奋性过程又阻止抑制作用的散布。如此全部皮层区域就被分割成为兴奋了的和抑制了的地点。

以上是我们早期工作的草率叙述。现在转过来谈我们近期的研究,我不得不声明,这不是我个人的工作,而大部分却是我的合作者们的工作。我不仅利用了他人的手,并且我还把我们大家的想法融合在一起了。

从我所说的看来,很明显,动物的全部行为是依靠着兴奋性和抑制性过程的平衡,并且依靠着这两种过程对于外在世界的各种动因进行适应。[①] 然而，这种平衡对于动物来说并不是一件轻而易举的工作，时常要花费很大劳作和紧张的代价方能完成。这可以在我们实验室的动物身上清楚地看到。

如果我已经产生了一种兴奋作用的过程，而现在以一种抑制作用的过程来限制它，这对于动物来说是困难的；它开始哀鸣和吠叫，并且试图从架子上挣脱自己。唯一的理由是我造成了兴奋作用与抑制作用过程之间的一种困难的平衡。让我们之中的任何一位考虑到他自己的个人生活与经验，他便会找到许多相似的例子。譬如，假若我正在从事某项工作——就是说，我是在一种确定的兴奋过程影响之下——如果忽然有人要求我做另一件事，这对于我是不愉快的。因为这意味着我必须抑制我所处于其中的强烈兴奋性过程，只有在这之后，才能开始做一件新的工作。"任性"的儿童是这方面的典型例子。你命令这样的一个儿童做某件事情，就是说，你希望抑制现有的兴奋性过程而开始另一个兴奋过程。跟着来的常是这样一个场面，小孩躺到地上，踩着他的脚，等等。

并且更甚于此。这种紧张情况，两种过程之间的这种困难的冲突，像我们在许多狗身上所见到的，还可以产生病态的结果：也就是，正常神经活动的显著扰乱。很可能，这些例子能够解释，我们在实际生活中时常看到的、很强的兴奋作用和抑制作用过程所造成的疾病的发生。例如，像当你经验到一种强有力的刺激作用时，你的生活情况迫使你去压服它，去抑制它。这时就可能发生神经系统正常活动的破坏。

我们现在在对上述现象进行着更详细的研究。脱离正常的病理变态可以表现在两个方面，依狗的类型而定；在一些动物，兴奋作用的过程遭受损失，在另一些动物，抑制作用的过程遭受损失。如果是狗的后一种过程受影响，那么这表现得很清楚。平时安静的动物，变得极端神经质而且不安。在我们的实验中看到，似乎抑制过程已完全消失了一样，动物给人一种好像它已失去了抑制机能的印象。在这两种过程之间的斗争中，我们看到兴奋性过程占了上风。我回忆到有这样一个动物，它必得被解除实验工作三个月到四个月之后，才恢复正常。只有在这时我们特别小心，并且逐渐地进行，才可以重建抑制过程。

关于脱离正常活动，趋向兴奋性过程占优势的情形就谈这么多。但是，还有其他例子，干扰是以抑制作用过程占优势为特征的。在这些例子中我们可以看到狗的一般积极活动的降低，一种睡眠倾向和与当时情况完全不相符合的抑制作用的倾向。

如果我们现在转移注意到人类病理学，我们能在这里找到相类似的情况。在一方面，有神经衰弱者，即使是很弱的抑制作用也不能承受，而在另一方面，有各种的癔病患者，其抑制作用是以感觉消失、麻痹、暗示性增强等形式出现的。我现在相信，这些病理状况符合于在我们实验动物身上所观察到的脱离正常的变态。

在这里，关于这些脱离正常（其方向是抑制性过程占优势而兴奋性过程减弱）的研究中，我不得不提到我们的著名的已故生理学家，H. E. 维金斯基[②]的发现之一。维金斯基做了很多工作来推进神经系统的生理学，并且虽然他成功地把许多疑难事实搞清楚了，但是不知由于什么原因他在外国科学文献中并没有得到承认。在他的一本，叫做《兴奋，

---

① 见第二十八章。——英译者

② 比较第三十六章倒数第二段。这些病理状态在巴甫洛夫的《大脑两半球机能讲义》（1926 年）、《正常与病理状态》等章中被详细地讨论到。——英译者

抑制和麻醉》的书中，他描写了由于强烈刺激作用在神经纤维中所造成的变化，并且辨别出数个位相。现在看来好像如果兴奋作用和抑制作用过程之间有一种强烈的斗争，则这些特殊位相也完全能在神经细胞内再现出来。我毫不怀疑，维金斯基的研究，最后终会获得它们所应得的承认。

除开我刚才所描写的观察之外，我们最近曾能够研究在衰老时及在机体的新陈代谢受扰乱时，脑髓高级部分所起的机能变化。我们有两位合作者同时进行了实验：在一种情况中用了一只很老的狗，另一种情况中用了一只割去甲状腺的狗。我们知道，人的甲状腺全部割除，会引向大脑两半球的机能减弱，并且渐次造成矮呆症。

在我们的例子中发生了什么呢？为了要形成条件反应，我们通常应用食物反射。但是用这个反射，我们完全不能够形成一种确定的暂时联系。几个月过去了，仍没有获得暂时联系。在老的狗方面，丝毫没有条件食物反射的征兆。在除去甲状腺的动物方面，反射出现了，但是只是到每次实验的末尾时才出现，同时到次日我们必得再从头做起。这标示动物两半球的活动中有一个很大的缺陷。

这有什么意义呢？它是依靠脑的哪些变化呢？我们的结论是，在两种情况中，可能是两半球的兴奋性低落了。我们老年人很熟知这些；因为随着年纪增大，对于目前事件的记忆力锐减，为了要记住一件事情我们必须注意它较长时间，只有这样兴奋性过程才会保留住。因此我们认为在我们的狗的情况下，皮层的正常活动，可以用某种增强两半球兴奋性的方法来恢复。我们以一种较强的刺激替代原有食物刺激。照例，在实验时，我们只给少量的食物，主要的喂饲只是在工作终了而狗被带回狗舍时才给的。很显然在实验进行时的喂饲似乎是过少了，不足以产生足够的兴奋作用，于是我们把酸放入狗的口中，以狗的防御反射来替代食物反射。动物的运动反应告诉了我们这个反射是与脑中一种较强的兴奋作用相联系的。我们的假设经证明是属实的。我们如此增强了脑的兴奋性之后，就可能形成条件酸反射。一个重要的事实被搞清楚了；在兴奋性减低的状态中，两半球的活动有不足的情形，但是如欲恢复这个活动，只需增加兴奋性便可以办到。

我们更进一步。获得了对于酸所起的条件反射之后，我们决定要看一看抑制性过程是怎样被影响的。我们开始建立一个分化作用，而这种分化作用，如大家所知道，是依靠抑制作用的。

对于每分钟 100 拍的节拍器声形成了条件反射；对于 50 拍的节拍器声我们试来形成分化作用。在另外的一只狗，我们应用了相隔八度的两个乐音。结果发现两只狗都是不可能建立分化作用的。在没有甲状腺的狗，阴性动因被试用了 600 次，而仍没有分化作用。那只老的狗在实验过程中死去了，但是痴呆症的一只仍活下去。我们得到结论：这些动物不能做出分化作用，也就是不能有抑制作用。对于一个正常的动物，这样的分化作用是很容易做到的。

后来我们想，或者抑制性过程可能要依靠兴奋性过程，并且可能我们没有足够地增强两半球的激动性、紧张性。因此，我们用了一个强烈的破坏性刺激来代替酸刺激，即是在皮肤上应用感应电击。一种强烈的反应发生了，它在电流终止后继续了一些时候。动物反复地把受打击的脚抬起。现在我们曾用过的乐音，很快地就成为一个条件性破坏刺激。它只要刚刚被试用，动物就立即开始挣扎和哀鸣，等等。

现在分化作用很容易形成。如果我们应用较高的乐音而不伴以无条件刺激，狗就很容易把它从较低的乐音辨别出来；对于后者它以一种猛烈的防御反射起反应，而对较高的乐音没有反应。

因此，我们由于应用电击，增强了脑髓的兴奋性，并且，对于狗曾经是不可能的现在也变成可能了。很明显，在兴奋作用过程和抑制作用过程之间有某种关系；如果前者是被减少了，则后者就变弱，或者竟至完全消失。

从这个观点，我们可以了解衰老的多语症或痴呆症。这种多言多语是从哪里来的呢？平时，一个人只谈有意义和适当的话。如果他没有特殊理由就开始说许多话，他显然是没有能力约束自己的，不能抑制。痴呆症可以同样地被了解，只是思想与现实不相符合而已。在正常的人，所有这些与现实不符的心理过程都是被压制了或者被抛弃了。在抑制作用遭受到严重扰乱的情况中，所有一切都毫无辨别地混为一团而表现出来。

在这些实验之后，我在五年以前在精神病院里所看到的一个病例，现在对于我是清楚了。有一位老人，像死尸似的躺在那里有 20 年了。从 35 岁或 40 岁到 60 岁之间，他没有做过丝毫动作或者说过一句话。过了 60 岁之后，他逐渐地开始做出一般的动作，开始说话并且走路。与他进行谈话后，我们发现在全部时期中，他一直是完全有意识的，看见、听到，并且了解一切事物，但是他不能够起反应——运动或说话。因之，所有这段时期，他的神经系统，特别是皮层的运动区，是被抑制了。只有到老年期，当这些消极过程减弱时，抑制作用才开始退让或减少。

现在诸位可以看到，在人类的正常和病态行为中的某些事实，从神经系统的这种新的纯粹生理学观点看来，就变得清楚了。

我再补充一个有意义的例子。我们的智力活动主要是基于一长串兴奋作用，基于联想作用。在我们的实验中我们也要处理这个现象。看来是有趣的，我们是否能够不借一个无条件反射（普通食物反射）之助，而借另一个条件反射（已经建立得很好的）之助，来形成一个新的条件反射呢？例如，假如我们对一个每分钟 100 拍的节拍器形成了一个条件食物反射，那么，节拍器的声音会按时唤起食物反应。是否可能不直接对食物，而对不伴以喂饲的 100 拍的节拍器，形成次级或二级条件反射呢？现在发生的是，如果我们与先前用过的 100 拍的节拍器的同时施用了一个新刺激，例如，皮肤上的轻微机械刺激，那么，单独皮肤刺激作用最后便足以引起食物反应。再有就是下面的事情发生：很久我们不能利用食物反射形成一个三级条件反射；我们永不能越过二级反射。这是由于什么呢？好像是，你只需增强脑髓普遍的兴奋性，就可以形成三级条件反射。当我们用一个比无条件食物刺激较强的无条件刺激（电流，有害的刺激物）时，就很容易建立起一种三级条件反射了。

这篇关于我们最近实验结果的简短报告，我想，会说服大家：人类的行为，以及他对于外在世界所起的最复杂的反应，如何能够被生理学所包括、分析并解释。沿着这条研究途径，我相信伟大的成果和胜利是在等待着人类的智慧。就是在我这年龄，我还希望能看到一些这种成就与胜利，但是，毫无疑义，年轻的一代人将是这些特殊成就的目睹者。

这就是用客观与科学的方法，尝试探索最复杂的一个领域时的价值，而这领域直到现在，还只是从主观的观点来研究的。

第三十六章　兴奋与抑制间的关系及其局限作用;狗实验神经病

（为纪念我所敬佩的朋友,罗伯特·蒂格斯泰特教授,他不仅在探究上,而且在促进生理学知识和研究方面,对于生理学有如此多的贡献）

绪论——兴奋作用和抑制作用间关系的第一规律——第二规律（局限作用）——正常神经活动的冲突与破坏——两个实验例子（困难的分化作用）——由于兴奋性和抑制性过程的冲突而造成的神经失常——一个实验证实由于兴奋作用与抑制作用的冲突而起的,强和弱的刺激效力之间的变态关系的四个阶段——圣彼得堡水灾造成实验动物的神经失常——割除手术以后皮层的损伤——衰老——甲状腺缺乏症——皮层状态的分类——局部睡眠或孤立抑制作用的实例（睡游者,磨者和磨,等等,僵直状态,暗示性）——神经纤维的物理化学是需要的

所有下列事实都是与大脑两半球的机能有关的,并且是以条件反射的方法获得的,条件反射就是在动物个体生活中所形成的反射。因为在目前生理学家们还没有熟知并认识条件反射的意义,又为了避免重复,所以我请读者参看我最近关于这个问题的演讲（参看第三十一章和第三十二章）。

由于事实上有很大的差别,所以在大脑两半球的工作中,我们不得不假设有两种不同的抑制作用,我们称它们为外的[1]和内的[2]。前者在我们的条件反射中立刻出现;第二种是随着时间发展出来的,并且是逐渐地建立起来的。前者是在中枢神经系统低级部分的生理学中所多年熟知的抑制作用的一种精确的重复,当作用于各个神经中枢,并且引起各种神经活动的刺激会合时发生的;第二种可能只是大脑两半球的特点。然而很可能这两种抑制作用之间的差别仅仅是与它们起源的条件有关,而不一定与过程的本身有关。我们仍在研究着这个问题。在这里,我预备只谈及内抑制作用,因此不用它的形容词,只简单地作为抑制作用提及它。

有两个条件,或者更恰当地说只有一个条件,其存在或不存在决定从外边来到大脑两半球细胞中的冲动,在细胞中会激动起一种兴奋过程呢,还是激动起一种抑制过程;换言之,决定这个冲动是成为阳性的还是阴性的。这个基本条件如下:如果一个进入大脑细胞的刺激与两半球或脑的某些低级部分的某种其他广泛刺激作用同时发生,那么这个刺激就是一种阳性的刺激;在相反的情况之下（就是,当它单独起作用时）,它就迟早变为一种阴性的,一种抑制性的刺激。与这个无可争辩的事实有关便发生这个问题:为什么

---

[1]　特别参看第三十二章。——英译者
[2]　特别参看第三十二章,第七段及以下。——英译者

是如此呢？但是直到现在还没有答案①。所以我们在能分析它以前必须从这个事实开始。这就是兴奋作用和抑制作用间的第一个基本关系。

生理学家对于兴奋作用过程的散布已经熟悉许多年了。高级神经活动的研究，引导我们得出了一个结论：抑制性过程也从它最初的发源地点散布。结论所根据的事实是简单并且显而易见的②。现在，如果从一点一种兴奋性过程扩散，而从另一点一种抑制性过程扩散，那么，它们就相互限制，每一种过程把另一种过程限定在一个确定的空间，限定在确定的范围之内。这样，便可能得到大脑皮层中个别地点很细微的机能划界。如果我们所要处理的是皮层中在相当情况下受到刺激作用的这些分别的地点，那么它们可以很容易用细胞构造图式表象出来。当我们处理一种兴奋或抑制过程，相当于同一外在刺激动因的各种强度，或者其他相似的变化（例如，一个节拍器摆动的不同频率）时，我们的思想便遇到若干困难。为了还是要根据那简单的图式来解释这一层，必须先假设这个动因所应用到的一点，不是一个单独的细胞，而是一组细胞。但无论如何，这是事实：可能把兴奋过程与某一个单纯动因的某种强度联系起来，并且把抑制过程与同一动因的另一种强度联系起来。所以，皮层中刺激作用和抑制作用之间的第二个普遍关系就是它们在空间上的相互限制，即它们的局限作用。这一点最明显的表证可以在以机械刺激皮肤表面上各点的实验中得到。

因此，我们只能假设两种相对过程之间有某种斗争，其正常的结局是在它们之间有某种平衡，某种对称。这种斗争和这种对称对于神经系统并不是太容易的。从工作一开始，我们就看到这一点，并且直到现在，我们还是经常看到它的。动物时常以动作上的不安静，哀鸣和呼吸困难，表示这种困难。但是在大多数的情况中，平衡终于建立起来了，每一种过程都得到它适当地点和时间，动物完全安静，以兴奋或抑制过程来对于相当的刺激起反应。

只有在特殊情况之下，两种过程间的这种冲突，才引致正常神经活动的破坏，然后就发生一种病理的状态。这种状态可能持续几天、几星期、几月，或者甚至于几年。当实验被中断，而给予动物一个相当时期的休息，这种状态可能自己逐渐恢复到正常，但是冲突如果太剧烈，就只能用确定的方法才能将它除去，就是对动物必须给予治疗。

这些特殊情况，起初是偶然而出乎意料发生的，但是后来为了研究它们，我们有意地将其重现。它们的描写按时间次序排列如下。

这些情况的第一个，是我们在许多年以前遇到的（在 M. H. 叶罗费叶娃的实验中）。条件食物反射不是由一个无关的动因，而是由一个破坏性的动因建立起来的，它引起一种先天的防御反射。皮肤被一种电流所刺激，并且在同时狗被喂饲，虽然在起初必须强迫喂饲。开始应用了一个弱的电流，后来增加到最大限度。实验结果如下：用最强的电流，以及用皮肤的烧烫与机械破坏，都只能够引起食物反应（相应的动作反应和唾液分泌）并且没有任何被防御反应干扰的痕迹，没有这个后面的反应所特有的呼吸或心跳的变化。很清楚，这个结果是由于外在兴奋作用转移到食物中枢而得到的，并且与这同时，

① 关于这点的一些意见，见第三十九章，第十三段。——英译者
② 见第二十一章，第二十七段。——英译者

防御反应的中枢必定发生一种抑制作用。这个特殊的条件反射持续了几个月,并且假若我们不改变当时的条件或许可能继续保持,但是我们把它稍加改变了,把每一次电流刺激系统地转移到皮肤上另一个新地点,当这些地点的数目变得相当多的时候,我们的一只狗的情况便突然间改变了。各处,从皮肤刺激的第一个地位开始,甚至于用最弱的电流,也只有强烈的防御反应表现出来,并且没有丝毫食物反应的痕迹。

我们现在无论如何都不能重复产生先前的结果。在先前的实验中,曾经是很安静的狗,现在变得很激动了。在另一只狗身上也发生了这样的结果,但只是在下述的情况下:不但我们用很强电流只能引起食物反应的皮肤点已相当多,还在同一实验中把刺激作用时常并且很快地从一个地方移动到另一个地方。两只狗都得休息好几个月,其中只有一只还须我们慢慢而且小心地进行,才能使对于破坏动因的条件反射恢复起来。

属于同一类的第二个案例是稍后一些时候观察到的(H. P. 沈格-克勒斯陀夫尼科瓦的实验)。对于在狗面前投射到一幅银幕上的一个圆形的光建立了一种条件食物反射。后来试验圆形和一个同样大小及照度的椭圆形之间的分化作用,就是说,圆形总是伴随以喂饲;而椭圆形绝不伴随以喂饲。分化作用如此被建立起来。圆形唤起食物反应,但是椭圆形则保持无效,如我们所知道的,这是由于抑制作用发展的结果。第一次应用的椭圆形在形状上是和圆形有显著的不同(它的两轴的比例是 2:1)。到后来当椭圆形的形状渐渐接近于圆形的时候,我们还是颇快地就得到一个愈发精细的分化作用。但是当我们试用了一个两轴是 9:8 的椭圆形,就是说,一个近乎圆形的椭圆形的时候,情形完全改变了。我们获得了一种新的精细的但永远保持着不完善的分化作用,维持了两三星期,并且到后来不仅自己消逝了,而且还造成所有早先的分化作用的消逝,甚至于那些不精细的都包括在内。先前很安静地站在台架上的狗,现在不断地动与叫。所有分化作用都需要被重建起来,并且那些最不精细的现在也比在起初需要更多的时间。在试行最后获得的分化作用时,老故事又重复着,也就是,所有的分化作用都消逝了,并且狗又堕入兴奋状态之中。

经过这些观察与实验之后,我们最近更系统而仔细地从事于上述现象的研究(M. K. 彼得罗娃的实验)。因为我们可能从上列事实假设,正常关系的破坏是兴奋性和抑制性过程在某些困难情况之下相互冲碰的一种结果,所以我们在两种不同类型的狗身上——一只很活泼的,另一只不活泼而安静的——用各种抑制作用及其组合进行了特殊的实验。应用了被延迟了三分钟的条件反射,就是说,只是在条件刺激开始三分钟之后才继以无条件刺激,结果阳性效果只是在具有抑制作用的一两分钟的一段时间之后才出现。同时还应用了其他种类的抑制作用(分化作用等)。但是这些问题都被这两种不同的神经系统解决了,虽然遇到不同程度的困难,然而并不损坏正常的关系。然后我们开始用一种破坏性的动因来建立条件食物反射。形成了这个反射之后,只需把它在皮肤上同一地点重复数次,病理状态就会出现。常态的失去在两只狗身上是朝两个相反方向进行的。在活泼的狗身上所建立起的抑制作用遭受到相当程度的损害,或者竟至完全消逝,并变为阳性动因;相反,在安静的狗方面,阳性的条件唾液反射的力量极端减低,或者完全消逝了。并且在两种情况中这些改变都是很稳定的,它们维持了数月之久,如果没有特殊的处理,是不会变动的。在具有减弱了的抑制过程的活泼的狗方面,经过几天的过程，由于从肛门注入溴化钾，就永久恢复到常态。观察起来是有趣的，与正常抑制作用出现的同时，阳性条件作用的力量不但没有减低，而且甚至于有些增强。基于这些实验，所以我们一定得认为，在溴剂影响之下的，不是神经兴奋性的降低，而是神经活动的调节。在另一只狗方面，我们失败了，没有能够恢复一个永久而可测量的唾液反射，虽然我们为这个目的曾应用了各种方法。

然而，为了另一个目的而在第三只狗身上所做的下列实验，得到相似的结果，但是有更多有益处的细节（И. П. 拉村可夫的实验）。在动物身上从各种感受器，每种感受器用几个动因，和用同一动因的各种强度建立了许多阳性条件反射。

有一种反射是由于在皮肤上某一地点的确定频率的机械刺激而得到的。在这之后，我们开始从皮肤上同一地点，但是用另一频率的机械刺激作用建立分化作用。这种分化作用的获得也并没有太大的困难，而且在动物的一般神经活动方面并没有产生显明的改变。但是试用了完全被抑制了的机械皮肤刺激节奏之后，即刻毫不迟延地就试验一种阳性节奏的刺激作用，狗就表现出一种奇特的扰乱，延续了 5 个星期，并且只是逐渐地回复到正常，这由于我们的特殊方法的帮助，或者还加快了一些。在神经过程冲突的实验之后的头几天中，所有阳性条件反射都消逝了。这种状态持续了 10 天。后来，这些反射开始恢复，并以一种奇特的形式出现；与常态相反，强的刺激没有效力，或者起着最小限度的作用，而只有从弱的刺激才能得到相当大的效果。这种状态持续了 14 天。接着又是一个特殊位相：所有刺激现在都同样起作用，并且与在正常动物身上的强刺激有几乎同样的力量。这持续到 7 天之久。最后就是常态期之前的最后一段时期，其特征是中等力量的刺激比正常时强些，强的刺激比正常时弱些，而弱的刺激则完全失去了它们的作用。这也延续了 7 天，然后就回复到常态。当重复引起上面所描述的扰乱的手续时，也就是，从皮肤上起抑制作用的机械刺激立刻转变为起阳性作用的刺激，毫无时间间隔时，则发生了具有同样位相的同样扰乱，但是经过要短促得多。再进一步的重复，扰乱就愈来愈快了，直到最后同样重复应用并不引起扰乱。病理状态的减轻，不但可以由变态情况久暂的缩短中表现出来，而且也可以由各位相数目的减少中表现出来，亦即以与正常相远离的位相的消逝表现出来。

因之，当兴奋和抑制过程冲突时，所得到的或是兴奋过程占优势，破坏了抑制作用，这可以说，是兴奋作用紧张性的持久增加；或是抑制过程占优势，随带其初期位相，破坏了兴奋过程，就是说，抑制作用紧张度的一种增加。

但是我们在上述以外的其他情况之下也看到了同样的现象。在影响动物的极端不平常的直接抑制性刺激所起的作用之下，便发生抑制过程长期优势。1924 年 9 月 23 日列宁格勒发大水之后，我们实验的动物经过很大的困难才被拯救出来，它们遭遇到非常意外的情况。当时，我们在某些狗身上观察到这种情形表现到很高的程度[①]。条件反射消逝了一些时候，并且只是慢慢地才恢复。在这开始恢复之后一段相当长的时期，每一个或多或少强烈的刺激，甚至在先前是继以一个相当大的条件效果的那些，以及一个先前建立好了的，并且甚至是很集中的抑制作用的应用，都又引起这种慢性抑制状态；要不

---

① 这个案例详细的叙述，见第三十九章，第四段。——英译者

是一种完全抑制作用,就是像上面所说的它的初期位相(А. Д. 斯别兰斯基和 В. В. 栗克门的实验)。在更平常的情况下,例如把狗移到一个新环境里去,或者将它转交给一位新实验者,等等,也常可以见到同样情形,不过程度较低,时间较短。

在另一方面,一个建立得很好的阳性条件反射的应用如有轻微改变,即是,在条件刺激作用开始时,立刻继随以一个无条件刺激作用,因而增加了刺激作用的紧张度时,那么,如果现在试验已建立起来的抑制作用,可以看到它们不是完全消逝了,便是在固定性和规律性方面遭受到巨大的损失。而且此时阳性和阴性反射的时常交换,特别在活泼的狗身上,会引至一种高度的普遍兴奋(М. К. 彼得罗娃和 Е. М. 克瑞甫斯的实验)。

上面所列的事实并没有完全包括我们关于兴奋作用和抑制作用之间的关系的材料。在我们的工作过程中,我们曾遇到许多属于这同一种类的很奇特的案例。

在许多情形中我们注意到,常态的狗在某些瞌睡阶段中,发生条件刺激效力的一种歪曲。阳性刺激失去了它们的效力,而阴性刺激则变为阳性的了(А. А. 谢史罗的实验)。从这种关系的观点出发,我们可以了解这个常见的事实,即动物在瞌睡状态中,一种显然自发的唾液分泌产生出来,这在醒觉状态中是没有的。解释是这样——在一个动物条件反射开始建立的时候,许多无关的刺激,可以说,实验室的整个环境,都作为条件与食物中枢联系起来,但是后来由于我们把条件刺激加以适应化,所有这些附加的刺激都被抑制了。我们可以想象,在瞌睡状态中,这些被抑制了的动因,暂时恢复了它们的原有活动。

在施行手术后的瘢痕所产生的大脑皮层的病理状态中,特别是在痉挛发作之间的时候,也可以观察到建立了的抑制性刺激之暂时转变成为阳性刺激。很有趣,在这个时期,与这些建立了的抑制性刺激的作用一起,只有最弱的阳性刺激(即光)起作用,而所有其他中等或相当大力量的阳性条件刺激仍保持无效(И. П. 拉村可夫的实验)。在许久以前,时常被我们重复产生的那个事实,也应当属于这里的,即引起一个或另一个中等力量反射的新刺激,在它们起作用时,把条件抑制性反射变为一种积极反射(即我们所谓抑制的抑制作用——抑制解除作用)[1]。

反之,皮层被割除后,属于受损伤皮层的阳性条件刺激,便成为抑制性的。这我已经在前面关于睡眠的论文中提到了。这个现象在两半球的皮肤区域是特别显著的,它在这个区域曾被很好地研究过(Н. Н. 克勒斯诺哥斯基的早期实验和 И. П. 拉村可夫的近期实验)。如果损伤是微小的,原先阳性的条件机械皮肤刺激,就产生一种比常态较少的效果;并且如果在一次实验的过程中被重复,它就很快地变成抑制性的了,就是说,它若与其他有效刺激相结合就削弱它们的作用,并且单独应用时,在动物方面就产生睡眠状态。如果破坏是更严重些,它在平时情况之下是没有阳性作用的,因为它是纯粹抑制性的,并且在其应用之后,会造成脑其他部分所有阳性条件反射的完全消逝。

但是这个抑制性动因,现在固然是抑制性的,却能够在某些情况之下表现出一种阳性效力。如果动物瞌睡,那么这个刺激,就如同上面所提的被建立起来的抑制性动因一样,表现出很小的阳性效果。但是这个效果还可以用另一种程序在动物身上产生出来。如果这个刺激被重复数次,并且作用时间缩短即单独起作用 5 秒钟,而不是平常的 30 秒

---

① 在第十一章,第二十二段,和第二十二章中详细地讨论过。——英译者

（也就是，如果无条件刺激是在条件刺激开始之后 5 秒钟，而不是 30 秒钟之后加入的），那么，把它移到 30 秒钟之后，我们就可能得到一种阳性的效果，但它是一下就过去的。它在刺激作用开始之后出现得足够快，但在刺激作用继续的时候，开始降落得很快，到最后完全消逝（真正的兴奋性减弱）。这样一种暂时性的效果，也可能用预先注射咖啡因，或者用许多其他相似的方法而获得（И. П. 拉村可夫的实验）。

与这个题目略微不同但是仍然有关的，便是下面的许多事实。如在动物衰老时所观察到的（Л. A. 恩德瑞叶夫的实验），也如在除去了甲状腺的动物中所看到的（A. B. 瓦勒可夫的实验）①，或者在皮层经过手术后的瘢痕情形中痉挛发作所引起的某种状态中看到的（И. П. 拉村可夫的实验），皮层的普遍兴奋性大为减弱的情况下，抑制过程或是也减弱了很多，或是不可能产生。在这些情况中，只有应用较强的无条件刺激，把皮层的兴奋性增加，我们才可以有时候也引起抑制性过程。

相互诱导作用的现象是属于这里的，这我在前几章中已经提到了（Д. C. 阜锡可夫、B. B. 斯特洛甘诺夫、E. M. 克瑞甫斯、M. П. 卡密可夫等人的实验）。末了，最后的事实如下：如果以一个相应的程序，使皮层的各别点强化很长的时间，有些点总是作为兴奋作用点，有些点则总是作为抑制作用点，那么它们的效果逐渐会变为非常固定，并且顽强抗拒相反过程的影响。有时需要特殊方法才可以造成它们机能的改变（B. H. 比尔曼，Ю. П. 弗罗洛夫的实验）②。

我想，所有这些事实使我们能够把皮层所处的各种情况按照某种连续次序加以分类。在这个系统的一端是兴奋状态，就是激动性的一种特殊增加，此时抑制过程变成很困难或不可能存在。在这之后，就是正常的醒觉状态，即兴奋作用和抑制作用过程之间的正常平衡状态。然后继以一系列长而又连续的过渡到抑制作用的状态，其最富特色的状态如下：一种均等状态，当所有刺激，不问它们的强度如何，都起完全相等的作用，与醒觉状态成明显的对比；反常状态，只有弱的刺激起作用，强的刺激则不是完全没有作用，就只有一点点刚可以看到的效力；最后，超反常状态，这时只有先前建立了的抑制动因才有一种阳性效力。在这之后，随着就是一种完全抑制作用的状态。此外，那种兴奋性本身低到使抑制作用通常变得很困难或不可能，就如同在极端激动状态中一样的状态，应放在什么位置，还没有得到清楚的了解。

目前我们正在从事于许多事情，其中有一个就是以实验来解决下面这个问题：从活动状态到抑制状态的正常过渡的所有情况中（像在睡眠之前的状态中，或者像在阴性条件反射建立的过程中，等等），是否也可以找到在病态案例中所很清楚表现的过渡状态？我们已经有些关于这个问题的答案的线索了。如果这证明是如此的，那么，只有那些通常变化得很快或者几乎觉察不出改变的转换状态的某一种延长、孤立和固定，才可以被认为是病理的③。

上述事实打开了了解高级神经活动正常和病理两方面的许多现象的道路。我将举几个例子。

---

① 见第三十五章，第二十七段。——英译者
② 见第三十三章，第十二段。——英译者
③ 与这方面有关的最近工作的详细讨论，见第三十八章。——英译者

　　在前面的论文中,我已经说明了正常行为如何基于那个皮层中的伟大镶嵌,基于兴奋作用和抑制作用各点已建立了的局限作用,以及睡眠如何可认为是扩散了的抑制作用。现在我们可以补充一些细节来说明,要把正常睡眠的某些变化以及催眠状态的各种个别症候从抑制过程的不同广度与强度来了解是何等容易。

　　走着路或者骑在马背上睡着的例子,是众所熟知的。换句话说,抑制作用是被限制在大脑两半球的范围之内,而不向下扩散到麦格纳斯所建立的皮层下中枢。再者,我们也知道带有与特殊刺激有关系的局部清醒的睡眠,虽然这种刺激可能是很微弱的:磨粉者的睡眠,当磨盘的声音停止时他就醒过来;母亲的睡眠,她的生病的孩子所发出的极微的声音都能惊醒她,但是她的休息并不受别处所来的更强大的声音所扰乱,就是说,有容易兴奋的各点在警卫着的一种睡眠。

　　催眠中的僵直状态,明显地只是皮层运动区的一种孤立的抑制作用,不扩散到平衡中枢去,并且让皮层其余的部分也不受影响[①]。催眠中的暗示也可以被认为是抑制作用的这样一种位相,其中弱的条件刺激(言语)作用得比更强的直接现实的外界刺激更有效力。皮尔·让内所建立的多年睡眠中失掉现实感的症候,可以解释为只是短期间,特别在有微弱刺激存在的时候(通常是在夜间),中断的一种皮层慢性抑制作用。这种抑制作用特别与皮肤区和运动区有关,因为,就机体所受现实影响及机体对外在世界的作用而言,它们都是最重要的。衰老期的多言多语和痴呆,也得到一种简单的解释,便是由于皮层微弱的兴奋性而造成的抑制作用特别减弱。最后,我们在狗身上所做的实验给了我们权利,来认为我们所产生的那些变化——高级神经活动的慢性脱离常态——是真正的神经病,而且对于它们起源的机理也得到了一些了解。完全同样,一种非常强烈而不平常的刺激(例如 1924 年的水灾)对于抑制性过程占优势的弱型神经系统的狗所起的作用,换句话说,在抑制作用紧张性增强了的中枢神经系统上所起的作用,重现了一种特殊外伤性神经病的病源。

　　虽然已经提议出许多假设,其中每一种假设都有一定的道理,但是很明显,能有一个学说来解释所有提及的现象,并且指定给它们一个共同基础的时期还未来到。在目前的情况中,我们可以在这工作中应用各种的概念,只要它们能使材料系统化,并且能够提示出新而详细的问题。

　　所以在我们的实验中,我们想到:不同位相从极端的兴奋作用到最深的抑制作用,是依赖着相应刺激作用的强度和久暂,和这个刺激发生时的条件而产生的皮层上特殊神经细胞的状态。我们在皮层机能中所观察到的变化,和神经纤维在各种强烈影响下发生的变化之间的分明的类比,使我们倾向于这种看法。后者被 H. E. 维金斯基,在他知名的著作《兴奋,抑制和麻醉》中适当地描写过了。我们不同意他的理论,但是我们有根据,像维金斯基在神经纤维上所做的,把所有观察到的变化从兴奋作用到抑制作用,都归根到同一的元素,即神经细胞。

　　我们难于否认,只有把神经组织中发生的物理化学过程加以研究,才能使我们对于所有神经现象得出一个真正的理论,并且这个过程的各位相会提示给我们对于神经活动所有的外在表现,它们的次序与它们的联系的一个圆满的解释。

---

　　① 这段叙述的细节,见第二十九章。——英译者

第三十七章 实验中断对于狗条件反射的影响

（由查理士·雷雪纪念册转载，1926 年 5 月 22 日）

五个案例的描写

在用几只具有条件反射的狗所做的实验中，暑期两个月的中断，给予我们一个机会来观察它们行为上的特殊变化。

第一号狗——这个很活泼的动物，经过一段中断之后，再开始用它进行实验时，它表现出一种过度激动性，继续不断地摇摆着它的尾巴，并且对于实验者最轻微的动作都起很敏捷的反应。

然而，条件食物反射消逝了，并且动物不吃在条件刺激作用后所给它的面包混合物[1]。

经过数次无效的引起条件反应的尝试之后，我们决定采用一个建立得很好的分化作用[2]，它代表着一种强烈的抑制过程。在这之后，消逝了的反射又重现了，并且狗吃了给它的食物。

这些现象的解释是基于这只狗具有一种明显的自由反射[3]的事实。在实验过程未被中断之前，由于系统地应用对食物反射的条件和无条件刺激，自由反射已经被抑制了。在工作被中断的时候，由于不强化的结果，条件食物反射减弱了，所以先前存在着的自由反射，又增强了并占了优势。但是在我们的实验室中已经确证了由于诱导作用的关系，内抑制作用可以加强兴奋过程的事实。由于应用强的内在分化抑制作用，所有阳性条件食物反射的作用都被强化了；因之，自由反射就又被克服了。

第二号狗——这个动物是很易激动的，甚至是一只攻击性的狗。虽然有很大的困难，但已经建立了对于戳刺同一部分的皮肤（机械刺激）的两种频率的分化作用，一个频率是阳性的刺激，另一个频率是阴性的刺激。然后在数次实验中，阴性戳刺刺激之后立刻继以阳性戳刺刺激。这个变化经证明是对于我们动物的神经系统的太大的一种紧张。分化作用开始减弱，并且与我们保持它的努力相反地继续减弱。最后，不仅皮肤的机械刺激作用，连所有的周围环境也都变成动物神经系统的这种痛苦状态的条件刺激了。所有其他的条件反射都变得微弱或不稳定，或者甚至于完全消逝。狗拒绝一切食物，在实验时不安，并且奋力想从架上把自己挣脱出来。

---

[1] 这是包括一份肉粉和三份黑面包屑的混合物。肉粉是由磨细的烤牛肉（预先弄干）预备好的，在喂饲之前把混合物弄潮润。

[2] 为了这个，我们用两个刺激，一个永远伴以喂饲（阳性的），而另一个是从来不与食物相联系的（阴性的）。在后一种情形，唾液反应被抑制了。

[3] 见第二十八章。——英译者

中断之后，一切条件反射再度建立起来，并且变大了。但是皮肤的阳性戳刺，一次单独应用，便足以把动物陷入工作被中断前的状态中。

第三号狗——这个动物有一种很强的消极防御反射，按通常的话来说，它是极胆小的。

工作被中断之后，条件反射虽然是老的，并且是形成得很好的，但是消逝了，并且这个动物虽然是贪食的，却拒绝食物。我们可能设想，实验室的环境经过两个月的实验中断之后，对于这只狗不再是熟悉的，因此变成抑制性的了。实验的进程中，若有熟悉的实验者靠近狗（通常在实验时动物是和实验者分别开的——在两间屋子里），并且试用分化作用（像对第一号狗所做的），就使得条件反射重新建立起来；而且狗就逐渐地开始吃给它的食物。

所以，社会性的动因（实验者），和分化作用的内抑制作用所诱导出来的刺激作用，克制了由于周围环境所产生的外抑制作用。

第四号狗——这是一个迟钝的动物，它在应用弱的条件刺激时很快地就瞌睡。用适当的方法，我们成功地克服了欲睡的状态，于是条件反射成为完全正常的了。

实验中断之后，所有这些反射都完全消逝，并且这只狗拒绝了喂饲。

欲睡状态再出现了，很明确，这是由于实验室的抑制性的、催眠性的周围环境，和弱的条件刺激的应用。从许多实验看起来好像在实验中断之后，阳性条件反射比阴性条件反射更受影响。

当我们用适当的方法再度驱除了狗的瞌睡状态的时候，阳性反射很快地恢复，并且狗很贪吃地把所给它的食物吃了。

第五号狗——这只狗有大量的阳性和阴性的（抑制性的）、按规律起作用的条件反射。

中断之后，它们重新又被试验了。它们的力量一点也没有减少。但是第二天，在实验的时候，动物变得很不安并且呼吸困难，而且没有任何显然的外在理由，阳性反射就减弱了。

很明显，在实验中断之后，由于第一次实验是没有经过任何预期的训练而进行的，加诸于这只狗身上的巨大神经紧张，就引起它大脑半球的严重病理状态。这种情况继续了很长时间，这也证明了这一点。

以上这些观察表示，某些条件的或无条件的动因的存在或不存在，精确地并继续地决定着动物的行为。与这些情况相连，可以观察到神经系统一般紧张度的某种改变，一时朝兴奋的方向，一时朝抑制的方向，而且，与此相应，对于周围环境的特殊反应也变化起来。

这些事实为动物高级神经活动的严格而绝对的决定论作证明。

第三十八章　大脑两半球的正常和病理状态

（在巴黎索拜学堂，巴黎大学赠与巴甫洛夫教授名誉学位时宣读，1925 年 12 月）

　　无条件与条件反射间的区别——大脑皮质部的两种机能——阳性和阴性条件刺激——作为镶嵌的脑髓——醒觉与睡眠状态间的过渡位相——两个实验例子——反常相与催眠——睡眠与抑制作用在性质上相同的又一证明——两个实验表示抑制过程有一种改变（一种用电流作为条件刺激；另一种用困难的分化作用）——以休息和溴剂来复原——其他表明抑制性过程占优势的实验——困难的冲突是病理扰乱的原因——关于条件反射的形成地点及兴奋作用与抑制作用性质的假设——皮层细胞的机能敏感性；由俄罗斯饥荒证实——神经系统的两种类型

　　我有很大的荣誉来请诸位注意我实验室中最近的研究结果。这个研究报告，我确信，会引起大家相当的兴趣。实验是在动物身上进行的，即在从史前时期起即是人类朋友的狗身上做的。我们在这种动物身上做研究已经有 25 年了，为的是从纯粹生理学的观点来了解它机体的全部高级神经活动，一直都没有利用心理学的解释和名词。

　　这个高级神经活动的主要器官，当然就是大脑两半球。

　　所有我们的实验材料都是向它集中的，大脑半球活动中的重要现象，就是我所谓的条件反射。在生理学中，笛卡儿的天才贡献，反射的概念，是一种纯粹自然科学的理解。所谓本能[①]与反射是同样的现象，虽然它时常是属于更复杂的一种，我们可以说，现在也是被充分建立起来了。所以，为机体所有的这些固定而有规则的反应，应用"反射"这一个名词是更为合宜些，并且为了精确起见，我们在这个词上面加上"无条件"或"条件"这个形容词。

　　让我们举出这些无条件反射中最普通的一个，每天所发生的，即食物反射。当食物作为一种刺激，被放在狗的面前或者进入它的口中时，一种确定的动作和唾液反应就发生了。如果食物在被放进狗嘴之前几秒钟，譬如，有一个节拍器的声音对于它的耳朵起作用，并且如果这样地同时发生一次或多次，那么，节拍器便会唤起与食物一样的反应，就是说，会出现同样的动作和同样的唾液以及其他的消化腺分泌。这个新的食物反应可能成为好像食物实际在口中一样的准确，并且它可能存在无定限的长时间。

　　这些反应就是我所谓的条件反射。

　　为什么不把这个当做是一种反射呢？很显然，它们的机理是一样的——一定的外在动因，冲动沿着某个感觉神经的传导，和中央联结，通到肌肉和腺体的一定离心神经。这区别不是在反应的机理，而是在它的完成。从出生那天起，无条件反射机理的所有部分

---

　　① 关于本能和反射关系的讨论，见第 166 页，注①。——英译者

就已齐备了。条件反射是在个体生存过程中，在中枢神经系统的一个区域中建立起来的，即在大脑两半球中建立起来的；因为随着它们的除去，条件反射就从神经系统的活动中消逝。在正常动物中，反射机理的这种建立，于确定的生理情况之下是必然发生的，除了从生理学的基础来考虑它之外，绝对没有其他基础可言。条件反射机理的完成，很明显就是一种接通，即在兴奋过程移动着的通路中一种机能联合的形成。现在我们具有许多事实，允许我们把这种接通的动作认为是一种生理的过程，并且甚至于是一种单纯的过程。

对周围环境任何可以想象到的动因，都能形成条件反射，只要在一个动物身上存在着对于它们的一种感受器官，并且可以在任何无条件反射上形成起来。它们的生物学意义是巨大的，因为单只由于它们才有可能使复杂的机体和周围环境之间建立最微妙而精确的平衡。那些不可胜数的起条件作用的动因，对于一些很少而近的，直接对于机体有益或有害的动因起信号作用。甚至很细微而远的条件刺激作用于眼睛、耳朵及其他感受器官，都可能引起动物的动作——在一方面，趋向着食物，趋向着异性，等等，在另一方面，从所有有害的和破坏性的动因避开。

从这样一种观点看来，大脑皮层的生理任务是，（1）一种联系或接通的机能（依机理而言），（2）一种信号的机能（依它的意义而言）。而且信号作用是与外在动因准确相应地发生变化。

关于我们的方法，在这里只说几句话。为了形成条件反射，我们差不多只应用两种无条件反射：食物反射和防御反射（后者是不用食物，而用一些狗所拒绝的物品，像弱的酸溶液，并将它们放进动物口中时所看到的）。我们不记录条件反射的运动成分，而记录分泌的成分，就是唾液的分泌；因为这个反应是比较容易测量的。

上面所描写的反应是一种阳性条件反射；因为条件刺激在大脑两半球皮层内，唤起一种兴奋过程。但是，当条件地起作用的动因引起的不是一种兴奋过程，而是一种抑制过程，则产生的是一种阴性的，抑制性的条件反射。例如我们对于一个每秒钟振动100次的乐音建立起一个阳性条件反射。现在如果我们试用其他乐音，便发现它们也有一种阳性条件作用。但是，如果我们重复它们而不用无条件刺激（食物或酸）伴随它们，那么，它们逐渐地，不但失去它们的阳性效力，而且变成为抑制性动因了。它们的抑制性质可以很清楚地被表证出来：在应用它们之后很短的时间，在一分钟内，或者甚至在几分钟内，起阳性作用的乐音也减弱或完全不起作用。

目前，我们的条件反射研究已经特别扩大了，所以，我现在不能较全面地来叙述它。除了上述的必要介绍之外，在讨论我报告的特殊题材之前，我必须简单地提到两项或三项其他细节。

兴奋作用和抑制作用两种过程都在大脑皮层上进行运动，起初从发源点或多或少广泛地扩散着，然后围绕这一点集中。当这些过程集中时，它们的一种很精细确定的定位就发生，并且由于这个缘故，整个皮层就变成紧密错综着的兴奋作用点和抑制作用点的一种巨大镶嵌。

这种镶嵌的形成和强化，一部分是由于相应的外在动因物所直接唤起的兴奋作用和抑制作用的相反过程的相互聚集；而另一部分是由于内在关系，特别是由于相互诱导作用,一个过程引至另一个过程的加强。

在最近的一篇演讲中(第三十二章),我报告了一长系列的实验,我想毫无疑问,可以证明,睡眠与清醒状态中与兴奋作用过程同时并存的抑制作用是同样的,然而,并不像在清醒状态时那样被限制在分散的地位,而是连续不断的,并且不仅扩散到两半球,而且扩散到脑邻近的低级部分。

最近我们曾研究了醒觉状态和睡眠状态之间的过渡位相。在我们的实验中,狗是这样被放在架子上,它的动作被限制,并且它是单独留在实验室中,甚至于和实验者都隔离。在这些条件的影响之下,还由于所用的刺激的确定性质,在这动物的中枢神经系统中,便发展出一种特殊状态,这种状态可以说是趋向于睡眠。一部分由于不同的狗的神经系统的个别特点,一部分因为我们实验中的某种特殊手续,我们可以观察并研究从醒觉状态过渡到完全睡眠状态中的某种确像是固定的位相。这类的位相,我们可以清楚地分辨为好几种。这里我只谈及其中的两种。

当条件反射是用不同的外在动因借同样的无条件刺激的帮助而形成时,所得到的效果就表现出一种很大的量的变化,虽然所有的反射都是确定建立了的。对于普通的温度和机械的皮肤刺激,以及对于光的刺激,所起的条件反射通常是比那些对声音刺激所引起的条件反射要小些。如我们最近的实验告诉我们的那样,这是依靠着每一个刺激的绝对能量——刺激的能量越大,其效力也越大。在从醒觉状态转变到睡眠的一个特殊位相中,效果的这种正常关系就消逝了。若不是所有的效果都相等(均等相),就是这个关系变成相反的,以致从弱的刺激所得到的效果是大于从强的刺激所得到的那些效果,或者后一种甚至于可能没有任何效果(反常相)。

这里是一些例子。一只狗以前与不同力量的刺激相应表现出大小不同的条件反射,在时期延长的实验过程中,堕入一种几乎觉察不出的瞌睡状态,而条件反射的效力就都成为相等的了。为了使这动物完全清醒,只需要在皮下注射小量的咖啡因便可以做到,并且在这之后所有的反射,以它们效力的大小来测量,立刻又回复到正确的秩序。

在另一只狗,它在实验时总是保持完全清醒的,我们时常重复并继续应用抑制性刺激一个相当长的时期,因之就把它引入睡眠状态。现在试用一种弱的阳性条件刺激,我们发现它不起作用,在这之后我们给狗一点食物。这当然把睡眠状态减少到某种程度。在第二次重复条件刺激时,我们从它得到了一点轻微的作用。我们又喂饲这只狗。在第三次,对于那个刺激的条件反射达到了它平常的大小,或者甚至于超过了它。条件刺激现在是伴随以食物。随后应用一个强的条件刺激——它表现出比先前应用的弱刺激的效力更小。实验以此方式继续进行,我们最后成功地又建立了刺激之间与它们的力量相应的正常关系,像在前一个案例中一样。

很明显,由于反复地吃食动作所产生的兴奋作用逐渐克服了我们在实验开始时所引起的大脑的睡眠抑制性状态,并且从这种状态它又以同样的连续位相转到完全清醒的状态。

这里是另一个例子。一只对不同强度的动因很快地建立了很多反射的狗,现在又来建立一个新的反射(对于一个弱的刺激)。刺激在每次实验中是被数次连续应用的,并且继续好几天。这就使得动物的一般状况有显著的改变。它在架子上逐渐变得安静些,并且迟钝地保持着一个固定的姿势，就好像它是大理石所雕刻的一样，同时，在先前建立的刺激中，只有弱刺激的作用被保持住了。对于弱的刺激，在它们起作用的全部时间内，得到了十足的分泌效果，并且现在当食物呈现给这只狗时，它立即开始吃食物。对于强的刺激，只有在它们的作用一开始时，流出少量的唾液来，其后这种分泌也停止了，而且狗没有转向所给的食物。如果我们进入屋内，并以某种方法刺激狗，触摸它，唤它的名字等，那么，在此之后所有的条件反射就又建立起来，而且刺激，以它们的作用的力量来比较，就有了它们正常的效果。相反，当狗在架子上几天都不受到特别的刺激作用时，最后所有的条件反射都消逝了，这动物没吃给予它的食物。但是你只要把动物从架子上解脱下来，把它放在地板上，它就贪婪地吃起来。

未必能够怀疑，在所描写的实验中我们所遇到的是一种特殊的催眠位相。我想这个反常相，是实际类同于人类的一种特别有趣的催眠位相，暗示位相，其中，现实世界中强的刺激让步于弱的刺激，即催眠者所说的话。这个反常位相解释许多短期的或持续的变态睡眠的案例。有时它继续好几年。在这个时期中，睡眠者只短期间隙回复到醒觉状态，特别是在没有强刺激的时候。强烈刺激常在日间发生，因此醒觉时期在夜间是较常发生。皮尔·让内所观察过的 5 年之久的睡眠实例，和在圣彼得堡所看到的 20 年睡眠的案例是这种例子[①]。

因此，清醒状态到睡眠之间的过渡位相，看来就是抑制性过程在两半球中广度和强度的不同程度。所谓动物催眠（已经知道很久了）是一种真正的催眠，是醒觉状态到睡眠之间的过渡位相的一种，是一种抑制作用主要影响着皮层运动区（这是由于产生它的程序的特点所致）。催眠中所发生的僵直状态显然是由于麦格纳斯和克兰因所发现的脑的平衡中枢活动的表现而兴起的，这些中枢现在已不受皮层运动区的影响所遮盖了。我们的实验指出，各种过渡位相和睡眠，可以由弱的以及强的刺激产生出来，并且也能从不平常的刺激产生出来。所以醒觉状态一般是由一种中等力量的习惯刺激所建立的，某些类型的神经系统特别是这种情况。

特别有趣的事实是除了上面在狗方面所描写的状态之外，我们还可以在其他状态中观察到反常相。在每次单独使用抑制性条件刺激之后，特别是在反射已经建立之后的不久，我们曾看到一个长的连续时期的抑制作用布满到整个两半球中。并且在这个时期中，我们也可以侦察出明显的反常相。我们先前认为睡眠和抑制作用是同一过程的结论在这里获得了另一次的证实。

让我们转到另一系列的实验。在起初我们偶然遇到，但是后来我们在狗身上能够随意引起，类似人类神经病的神经系统的病理性机能变化。

在两只狗身上，条件反射不是从无关的刺激，而是以一种应用到皮肤上的很强的电流逐渐形成的。用这种电击并没有引起狗的任何咆哮，也没有显示出任何防御反射，这些动物相反地转向它们所惯于获得食物的地方，舔它们的嘴唇，等等，简言之，它们以一种活泼的食物反应来回答，并且有大量唾液的流出。电流可以被皮肤的烧灼和伤害所代替，但是效力仍是一样的。

---

①　参看第二十九章。——英译者

这个条件反射继续很久而不变。然后我们开始移动刺激作用的位置，就是说，每次将电流应用到皮肤上的一个新地点。很长时期效力保持不变。其后，在一只狗身上，当某些地点被试验过后，结果发生了突然而彻底的改变。对于电流所起的条件食物反射完全消逝了，现在一个更弱的电流即使应用在第一个已经建立好的地点也只会唤起最强烈的防御反应。在另一只狗，仅只转换到一个新的皮肤地点，没有引起同样的结果；但是当在同一实验中，我们连续地刺激了这些不同的地点，就得到像在第一只狗身上所见到的完全同样的效果。两只狗都变得很激动而不安。只得让它们三个月不做任何实验，但是，即使如此，也只在两只狗中的一只狗身上，并且很缓慢地用一个很弱的电流开始才有可能来重新形成那个老的反射。在另一只狗身上，我们没能成功地做到这一点。

在其次一只狗，用投射到靠近动物面前的一幅幕上的一个光亮的圆形，形成了一个条件反射。然后从圆形分化出一个椭圆形。在开始时，它也给予一种阳性的条件作用，但是经过重复而不以喂饲伴随，它就成为一种抑制性的动因了。这第一个分化了的椭圆形和圆形有相同的面积，相同的光亮程度，但是它的形状是很不相同的（狭长的）。后来，又有继续分化出来的椭圆形，每一个更趋近于圆形。这些新的分化作用是建立得很好而且稳定的。现在试用一个在形状上与原来的圆形最接近的椭圆形，就开始有一种相反的情形；分化作用在几次试验之后已变成有效果的了，但当反复再试验就不能保持它的抑制特性，也就是，虽然从未伴随以喂饲，这个最后的椭圆形又重新开始有一种阳性的作用，随着每次的应用而增加。同时，所有先前的不太精细可是更稳定的分化作用也是如此。现在我们必须完全重建这些椭圆形，并且要比第一次做得更仔细而且更慢些，从那个和圆形的形状差得最远的椭圆形开始。在应用第一次最近于圆形的那个椭圆形时，同样的事情又发生了。并且在这只狗身上，在实验之后，一般的行为也有显著的改变；它不再是温和而驯服的了，它变得很激动和急躁（神经质的）。

很明显，在两个案例中——在用电击所做的条件反射的实验中以及在用圆形和分化了的椭圆形的实验中——抑制过程是永远遭受到损伤的。在第一个案例中，为了使食物反应和电击有所联系，首先需要把对于电流所起的防御反射抑制住。在第二个案例中，如上面所示，分化作用也是基于抑制过程的。

这些观察在我们的工作中早就开始了，但是它们一直是未曾被应用过的事实。只是在最近几年中我们才能够较大规模地用它们做出特别的题旨，并且因之领会它们的关系。

我们曾用一些狗得到同样的结果。

在类似情况影响之下，它们的神经系统显著失掉了抑制性机能。在大量抑制作用不同的案例中，只有很少数最简单的保持完整，并且即使在这些之中也有缺陷。这种病理状态有时候持续几个月，并且时常是保持不变的。很有趣的是，在某些实例中由于几天每日注射溴剂很快地得到一种显著的进步。

但是在另一些狗，明显是属于另一种神经类型的（参看前一章），我们得到完全不同的结果。在它们身上我们的实验使得抑制过程占了优势。阳性条件反射若不是全部消逝，就表现出上面所描写的从醒觉到睡眠状态之间过渡位相的特殊性质。

这里是这样的一个实验。对于皮肤的有节奏的机械刺激（具有确定的频率）建立起了一个条件反射。从这个条件刺激分化出另一个差不多与它相同、只是节奏的频率不同的刺激。一个频率做成阳性条件刺激，另一个做成阴性条件刺激。当这两种反射都变得稳定的时候，立刻施用阳性条件刺激于条件抑制者，即分化了的刺激起作用之后，不加任何间隔；换言之，一种频率的皮肤机械刺激是被另一种所代替了。这就引起神经系统一种显著的病理状态，这种状态只有经过许多星期之后，然后或许借我们的某些特殊方法的帮助，才恢复到常态。我们毫无例外地每天观察这个动物。困难由所有的条件反射都消逝而开始。于是我们观察到它们渐渐地恢复，经过描写过的那些确定的位相；并且每一个特殊位相停留好几天，在有些情况中停留到 10 天。在这些位相之中，特别显著地出现了反常相和均等相。

因此，在病态的案例中所发生的神经现象是和我们在常态中所观察到的一样。不过在后者，它们只持续一个短时期，而在病态案例中它们是长期的。这是指阳性（兴奋性）过程占优势，也是指抑制过程占优势而言。

什么是所有这些病态实例的普遍特点呢？由于我们的程序所引起的持久而显著的失常是依靠着什么呢？我们有权利来回答，我相信，它是兴奋作用和抑制作用两种相反过程的一种困难的冲撞，一种不平常的对抗（不管它是在时间或强度关系上，或者竟在二者同时），它引起这两种过程间所存在的正常对称的长期破坏。

然而，我们有必要补充，我们引起病理状态所采用的某些方法并不是在所有的狗身上都有效。有些动物良好地经受我们的程序而无损害。我们不能把这种说法引申到施用电击作为条件刺激的情况，因为这类实验做得是太少了。我们可以根据下面的假设，描写所有上述的事实作为大脑两半球生理工作的特征；这个假设也给予我们一个指导进一步实验的方案。接通，新联合的建立（在两半球中神经过程的新通路），我们认为是属于细胞间薄膜的机能，如果这种薄膜是存在的话，或者简单地就是属于神经原之间的细微分支，个别神经细胞之间的细微分支的机能。兴奋性的起伏变化，及其转变为抑制作用可以说是由于细胞自己本身所致使的。当新联系建立得很好，它们就能保持到一段很长的时间，但是兴奋性的转换，改变成抑制作用，是一种变化不定的现象，照这样的事实看来，机能的这种分配好像是一种很可能的解释。兴奋作用和抑制作用的过程，依我们看来好像是大脑皮层细胞活动中的不同位相。我们不得不阐明这些细胞是具有一种高度的反应性，因此，也就有易破坏性。

这种迅速的机能易破坏性是细胞中一种特殊抑制过程出现的主要冲动———一种经济的过程，它不仅限制了进一步极端的机能破坏，而且也帮助消费了的兴奋物质的恢复。

这样我们就解释了在条件反射的工作中我们所要处理的最固定而显著的事实。事实的本身如下：如果条件刺激是被应用，即使是约 10 秒钟，不以无条件反射支援，就在所有案例中，而且在某些狗身上是以惊人的快速，会迟早无可避免地在细胞中发生一种抑制状态；并且在细胞之外，这种状态散布到皮层上，甚至于散布进入脑髓的某些低级中枢，直到完全睡眠的来临。接近条件刺激起作用的开始，及时加入无条件刺激，就会阻止这种情形发生，这与我们对于事实的解释并无矛盾。我们最近的实验指出，在无条件刺激起作用的时候，阳性条件刺激就失去它的效用，变成被抑制的了。最清醒的信号尽其职责———然后当它的任务完成之后，而它的工作不再需要的时候，它的休息就被充分地保障并且很留心地被保护着。

皮层细胞兴奋性物质的价值，以及它的储藏量是有限的，可由下列实验清楚地指出。几年以前，当我们遭受到一次很大的食物缺乏时，我们实验的动物当然也是处于饥饿状态中。在这样的情况之下，几乎不可能进行条件反射的研究。一个阳性条件刺激，虽然经过我们所有矫正的努力，但是很快地便转为一种抑制性刺激。所有的研究都聚集于一个主题——饥荒对于条件反射的影响。我们需要补充，就是刺激转到抑制状态的这种倾向，不仅是由条件食物反射表现出来，而且也由对于酸的条件反射以同样程度表现出来。这个事实又一次表明了在大脑两半球的生理研究中条件反射的方法之极端精细性。

从刚才所讨论的事实看来，我们可以很容易地了解，在我们的狗中遇到有不同类型的神经系统存在。很明显，我们自己的神经系统也是一样的。很容易找到这种神经系统，从出生那天起，或是由于在个人生活中遭遇到艰难的工作的结果，在皮层细胞中只储存有少量的兴奋性物质，因此很容易转入抑制状态，进入到抑制状态的某一个位相中。甚至能够经常坚持在这些位相中的某一个之内。

我已经讲完了，如果我极为敬仰的听众中有任何人来向我要求解释，或者向我提出反对的意见，我将会很高兴的。这般广泛而复杂的题目，用这么短的时间，是难以讨论得圆满的。

第三十九章　狗的抑制性类型神经系统

（在巴黎心理学会，在巴甫洛夫教授被选为名誉会员的典礼
上宣读，1925 年 12 月）

一只抑制类型的狗的描述——这只狗受圣彼得堡水灾影响的实验分析——被
动的防御反射（惧怕）出现——实验的说明——兴奋性物质与疲劳——被动防御反
射与抑制作用间的相似处——恐惧症——气质（多血质型，平衡型，忧郁型）与巴甫
洛夫的狗的类型的类比——社会反射的发现

对于大家给予我的巨大荣誉，给我这个演讲的机会，我愿意表示我诚恳的谢意。在
神经系统的研究中，生理学和心理学，我确信，迟早必定会紧密而友好地联合在一种工作
中。然而，现在让我们每一个人用他自己的方法来试行运用他特殊的才能吧。研究的数
量愈大，我们最终联合在一起共同进步、互相帮助的机会也就更多。

在研究高等动物的（特别是狗的）脑的活动中，我和我的同事们，如大家所知道的，站
在纯粹生理学的立场上，并且我们所用的名词和解释也完全是生理学的。

我们用我们的方法研究狗的高级神经活动愈多，我们就更常碰到，这些动物的神经
系统有显著的差别。这些差别，在一方面，增加了我们研究的困难，并且时常妨碍了在别
的狗身上结果的完全重现；在另一方面，它们是极有益处的，因为它们很着重地表现出神
经活动的某一方面。

最后，我们曾能够区别神经系统的几种确定的类型。我冒昧地请诸位注意这些类型
中的一种。这种类型的狗，从它的行为来判断（特别是在新的情况之下）每一个人都会称
它为一只胆小而怯懦的动物。它小心地行动，夹着尾巴，腿半弯曲着。当我们做出一个
突然的动作或者略微提高说话声音时，这只动物就把它的整个身体缩回，蹲伏在地上。
我们现在在实验室中就有这样类型的一个极端的例子。这只狗——一只雌狗——是在
实验室中诞生的，并且生活在那里有五年或六年了。我们从未使它遭遇到任何不愉快的
事情。唯一要求它做的事情就是这个：我们把它按时放在架子上，并且在某些信号出现
时，给它食物吃——我们的条件反射。但是甚至直到现在，它看见我们之中任何一个人，
虽然都是实验室中常见的人员，也会惊跳起来，而且潜逃，就好像躲避险恶的敌人一般。
这样的一只动物对条件反射的工作是很有用处的，但并不是立刻就有用处。在起初，形
成条件反射是非常困难的：动物拒绝被放在架子上，拒绝各个仪器的装置，特别是喂饲，
等等。但是当所有这些困难终于被克服后，这只狗就行动得像一部完美的机器。特别值
得注意的就是抑制性条件反射——就是条件动因不唤起兴奋过程而是抑制过程——的
稳定性。其他类型的狗，相反的，是抑制过程更为不稳定而更容易毁坏。当在这种类型
的一只狗身上，在普通的实验情况之下，某种不重要的新刺激起作用时，譬如，有一个陌

生人小心地出现在实验间的门外，则只有阴性条件反射仍完全保留；阳性的立刻减弱或消灭。

现在我要讨论这种类型的一只狗。我的同事斯别兰斯基博士做了这些实验。六个阳性条件反射形成了：对于一个铃，一个节拍器，一个固定的乐音，普遍照明的增强，对于一个白纸的圆圈，以及对于一个玩具兔子的出现。分化作用被形成，就是说，抑制性刺激是建立在另一个频率的节拍器声，照明的减弱，方形纸块的形状，和一个玩具马。阳性反射的大小变化如下：所有听觉反射大于视觉反射一倍半或两倍。在声音中，铃声占第一位，其次是节拍器，最弱的是乐音。视觉反射差不多都是同样大小。正像已经一般地说过了的（这只狗非常完美地做到了这一点），一切描写过的关系可以恒常定型地再度产生。

去年（1924 年）9 月，列宁格勒发生了一次大水灾。克服了很大困难，并且在非常情况之下才救出这些狗。5 到 10 天以后，当它们被送回到它们平时的窝里时，我们所讨论的那只狗，从各方面看来，是完全健康的。但是在实验室中它很使我们感到困惑，所有的阳性条件反射都完全毁灭了；一滴唾液也不流出来，并且狗拒绝吃以惯常的方式拿给它的食物。很长的时间里我们猜想不出是怎么一回事情。关于这个现象的原因，我们所有最初的假设都不能得到证实。最后，我们才想起来，是水灾场面的强大影响仍存留的缘故。

然后我们就采用下面的程序。我们的条件反射实验照例是这样进行的，使狗单独留在实验室，而实验者坐在门外另一个房间里。从这里，他把种种不同动因施用到狗身上，用某一种机械的方法把盛食物的盘子转动到它的鼻下，并且在这里记录实验的结果。我们对于这只狗改变了进行实验的方式。斯别兰斯基博士安静地和狗一起坐在屋子里，此外没有做任何其他的事，而我，代替他在外边屋子里进行了这个实验。使我们十分满意，条件反射又重新出现了，狗开始进食。我们重复这样的实验（起初较少，后来渐频繁些）一个时期，然后由于有时让这只狗单独留在屋子里，而把这种方式逐渐减弱。用这个方法，我们终于把这只动物在某一程度上恢复到它的正常状况。然后我们就把洪水小型地重演一遍，来试验洪水的某一组成部分的效力。在实验室的门底下，我们让一条流水发出声音。也许是这流水的声音，或者是它的反映作用，把这只狗又投入到先前的病理状态。条件反射像以前一样地消逝了，而且只有再用先前所用的方法才能把它们恢复起来。

还有，当这只狗恢复过来后，不可能从以前所有条件刺激中最强的一个，即铃声，引起一种效果。它自己先发生抑制作用，以后也抑制了所有其余的条件反射。水灾已经过了一年，在这时期中，我们很小心地保护这只狗使它不受到任何特别的刺激。最后，在秋天（1925 年），我们才能得到旧的反射，甚至于对铃声的反射。但是仅在第一次（使狗听到流水发出的声音）之后，这个反射就开始逐渐减弱，虽然它每天只被应用一次；到最后它完全消失。同时，所有留下的反射也都受到了影响，或暂时消逝，或转入各种从醒觉状态到睡眠状态之间的催眠位相，虽然这只狗从来没有完全达到瞌睡状态。在动物的这种状况之下，我们又试用两种方法，以便恢复正常的反射。这只狗的抑制性反射，像我们所说过的，异常稳定。但是抑制得很好的刺激，我们知道，是可以由于诱导作用而加强兴奋过程的。所以我们试用了那些上面所提到的分化了的刺激（即阴性的，抑制性的）。而我们实际上真看到许多次，在这之后，这些反射重又出现，狗吃食物，虽然在以前这些反射是不存在的，并且食物是被拒绝的；或者我们看到在诱导作用的影响下，催眠的各过渡位相被转移而趋向正常状态的一方面。

另一个方法不过是以上所描写的方法的一种变型。我们引入狗的房间内的不是实验者的全身，而只是他衣服的一部分。这足以使反射显著地增强。因为狗看不见这件衣服，所以很明显，起作用的是衣服的气味。

对于我有意地尚未加入任何假设的事实部分，有必要做下列的补充。当条件反射已经消逝，狗拒绝吃食时，如果我们把注意转向狗的动作，则我们所看见的不是食物反应，而照我们的术语说是被动防御反应，或者像平常所称的，惧怕的反应。当这只狗堕入催眠位相中的一个，即我们所称的反常相时，也就是，在只有弱的条件刺激起作用，而不是强的条件刺激起作用的时候，这是特别显著的。对于光的刺激（这些一般是弱的），有一种明显的运动——食物反应，而在听觉（强的）刺激之后，有一种显著的被动防御反射：动物不安地来回转动它的头，蹲伏着，头低垂，并且不向食物箱做丝毫的运动。然而，这动物在实验室外，却是很活泼而贪食的。

但是，所描写的动物，绝不是一个例外。我们曾有过几只属于这样类型的狗，像我以前所提到过的，水灾及其变动对于它们都具有类似的影响。

现在我要转到我们对于所有上述事实的解释。

这对于我们是很清楚的，这种类型必定是与所有其他类型相反的，其他类型是经常不可能建立完全的抑制性反射的，或者虽然可以建立得很好，但也很不稳定和很快就受毁坏。这意思是说，在所描述的类型中，抑制过程是占优势的，而在所有其余的类型中，兴奋过程若不是占上风，则就是或多或少与抑制过程保持平衡的。

我们怎样可以达到对这种类型及其更深奥的机理的了解呢？在条件反射的生理学中，我们所认识的最固定而普遍的事实就是，一个孤立的条件兴奋作用被传达到大脑细胞中，会迟早无可避免地，并且有时以惊人的快速，引起细胞的一种抑制状态，甚至于或许引到它的极端——睡眠状态。这个事实可以最好地被了解成这样：这些细胞既是非常敏感而且又反应得迅速，在刺激的影响下很快地就消耗掉它们的兴奋性物质，然后就发生另一种过程，在某种程度上是保护性而且经济的，就是抑制过程。这个过程阻止了更进一步的细胞机能破坏，因此就加速了消耗掉的物质的恢复。支持这一点的是我们在工作一天之后的疲劳感可以被睡眠消除，而睡眠，如我以前已经指出的，是一种广泛散布的抑制作用。很明显，同样的情形也可以由我们在实验室中所得到的下列显著事实来证明，即在两半球某些部分受损伤后，一个很长时期我们都不能由与这些部分有联系的感受器（感觉器官）得到阳性条件反射，它们受到刺激作用只产生一种抑制性效果。而以后当这些刺激的阳性效力出现时，它只持续一个很短的时期而很快地转入抑制作用。这是所谓兴奋衰弱的一种典型现象。这里应当提到在我祖国最近这几年的困苦岁月中我们所做的一个观察，与我们共同遭遇到疲竭状态的狗，在条件刺激的影响之下，很快地堕入各种不同位相的抑制作用，最后沉入睡眠，以致没有可能以阳性条件反射进行研究工作。

因此，我们可以下结论说，我们所描述的这种类型的狗的皮层细胞，只储备少量的兴奋性物质，要不然就是这些物质是特别容易被破坏的。

皮层细胞中的一种抑制状态可以由于很弱的或是很强的刺激而产生；只有用中等强度的刺激，细胞才可以在一种兴奋状态中继续很长的时期，而不转入各种不同程度的抑制作用。在弱刺激起作用时，兴奋作用过程仅是慢慢地才转入抑制作用，但是当强的刺激起作用时就很快地变化了。刺激的这些强弱程度当然是比较而言的，就是说，对于一种神经系统类型的强刺激可能对于另一种类型只是中等强度的。大水灾仅在所讨论的那种类型的狗身上产生了抑制作用，而在其他狗身上，就没有可以看到的影响。一个铃声在神经病出现以前（这神经病可以与人类的创伤神经病归为一类），并没有在我们所讨论的对象身上起一种强烈刺激的作用，但是在水灾造成了神经病之后，铃声确实作为一个强刺激而起作用——作为一种抑制性刺激而起作用。至于正常的催眠位相之一，就是反常相，只有弱刺激起阳性作用，而强刺激则起抑制作用的位相，我们可以说也有这样的情形。

其次，我们不可能不注意到，狗的被动防御反射和抑制过程之间的相似性。而我们观察到我们的狗具有这样一种神经系统，其中抑制过程是占优势的。被动防御反射的经常存在，是这种狗的一般行为的普通而经常的特征。以所有的条件刺激把神经病发展到高峰以后，在反常相中，当只有强刺激起作用时，被动防御反应才经常发生。多么非凡的一桩事情！甚至在照例不表现被动防御反射的狗身上，在反常相时，遇到强的条件刺激，这个反应仍明显地出现。

根据这些事实，我想我们可以假设，正常的惧怕（胆小或懦弱）和特别是病态的惧怕（恐惧症）的基础，是抑制作用生理过程的占优势，它是皮层细胞软弱的一种表现。在这方面我请大家回忆一下前面所提过的诱导作用的案例，就是当用一种纯粹生理的处置，暂时消除了抑制作用的时候，被动防御反射也随之一同消除了。

当我逐渐分析了各种狗的神经系统的类型时，我认为它们都很好地符合于气质的古典描写，特别是它们的两个极端类型，多血质型和忧郁型。第一种类型不断地需要变化着的刺激，并且这种类型不惜疲劳地寻求这种刺激，而自己本身在这些条件之下，是能够表现出很大力量的。然而，对于单调的刺激，它就很快地而且很容易地堕入瞌睡和睡眠状态中。忧郁型是我们所实验过的类型。诸位可以回想到，在我的这篇演讲开始时我所描述的这一类的极端代表。每行一步，每一刹那，四周环境在动物身上所引起的总是同样的被动防御反射，所以把这种情形认为是忧郁型而且就用这个名称不是很自然的吗？

在这些极端类型之间，有相称的或平衡类型的各种变型，其兴奋过程和抑制过程二者都是具有相等而合适的强度，而且它们及时而准确地相互调换着。

最后，我们在我们的狗中遇到一种确定的社会反射，它在社会环境的一个动因的影响之下发挥效力。狗和它们的野性祖先，狼，都是群居的动物，而人，由于从古以来在历史上就和它们结合在一起，所以对于它们也就代表着一个"社会中心"。斯别兰斯基博士，他常常把这只狗带进实验室里来，和它一起玩，喂饲它和抚摸它，这对于狗就代表着一种阳性条件刺激，增高了皮层的兴奋性紧张，后者便消除并压倒了抑制性紧张。斯别兰斯基博士只是作为一种外在的综合刺激在这只狗身上起作用,主要包括视觉的、听觉的,和嗅觉的成分,这曾被我们最近的实验证实了。在这次实验中只有斯别兰斯基博士的气味,就能在狗的神经系统上产生如同他本人所产生的同样的效力(不过,当然,较弱些)。

这个和别的相似的实验,最后引我们到社会反射的领域中去,而我们将把它包括在我们未来的实验计划中。现在几乎不可能怀疑,借条件反射的方法之助为大脑两半球活动的纯粹生理研究,开辟了一个无限广阔的领域。

巴甫洛夫在第十五届国际生理学会议上讲话

左上图为巴甫洛夫在与人交谈，右上图为巴甫洛夫和列宾在一起，下图为巴甫洛夫和库欣在一起。

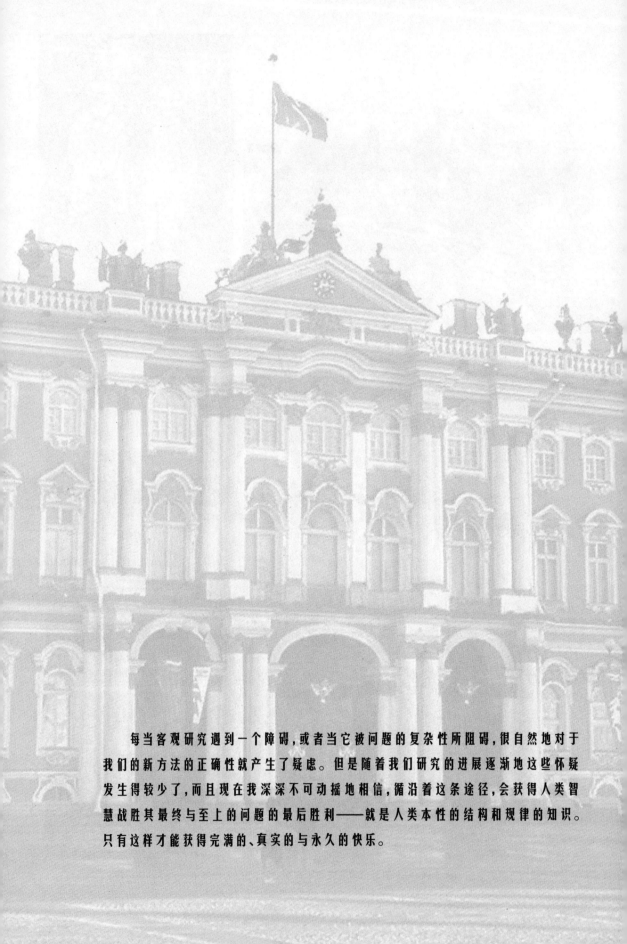

　　每当客观研究遇到一个障碍，或者当它被问题的复杂性所阻碍，很自然地对于我们的新方法的正确性就产生了疑虑。但是随着我们研究的进展逐渐地这些怀疑发生得较少了，而且现在我深深不可动摇地相信，循沿着这条途径，会获得人类智慧战胜其最终与至上的问题的最后胜利——就是人类本性的结构和规律的知识。只有这样才能获得完满的、真实的与永久的快乐。

第四十章　神经系统类型的生理学说,即气质的生理学说

（在皮罗果夫外科医学会的演讲,1927 年 12 月;

在 1928 年 2 月为此书重写）

气质的生理研究是从条件反射的方法产生的——适应性——条件反射法的叙述——条件与无条件反射——从前认为是心理的反应现在可以作生理研究了——信号反射——条件反射的形成及其在动物生活中的重要性——阳性与阴性条件反射,兴奋作用与抑制作用——对于狗的观察发现它们分为三种——第一种兴奋作用占优势,第二种抑制作用占优势,第三种中间或平衡类——兴奋作用和抑制作用怎样可以发生冲突而产生神经衰弱的例子——用休息治疗神经病的狗,用溴剂和钙治疗激动性的狗——中间类型在同样实验条件之下保持健康和平衡——中间,即正常类有两分类——上面的事实应用到人类,发现在气质中有一种类似性,类似于希波克拉底的胆汁质、忧郁质、多血质和黏液质的分类——这些人类类型的描述——人类神经衰弱和癔病的解释,以及它们在周期性精神病和精神分裂症形式中的类比——在癔病中皮层内病态点的孤立,在精神分裂症中更甚,这是一种极端程度的癔病——实验室在解决这个问题方面的贡献

值此纪念一位伟大的俄罗斯医生,尼古拉·伊凡诺维奇·皮罗果夫的佳节,为了表示敬仰他的天才,他对于科学的功绩和他的一生,我被允许来报告我和我的同事们所共同做的实验工作,这种工作虽然不是严格属于外科方面的,但是具有生理医学的意义。

气质是体质的一个重要部分,而体质在医学界的注意中占有明显重要的地位,所以我的报告将不会是不合时宜的。

气质的生理学说是研究高级神经活动所用的一种新方法的结果。但是因为这种研究尚未被包括在我们所取得的动物机体基本知识的生理学教科书之内,所以为了易于明了,我不得不在转入我的报告的特殊题目之前,先略微谈一谈这种研究的一般原理。

有生命物质的普遍特性包括这一点,它不仅以确定的特殊活动对于那些从出生起与它有现成联系的外在刺激起反应,并且也对于在个体生活过程中与它发展出联系的许多其他刺激起反应;或者换句话说,有生命物质有适应的能力。

为了更清楚起见,我将直接转到高等动物。它们的特殊反应就是大家知道的反射,并且由于这些反射,机体对于周围环境就建立了一种固定的相关作用。这种相关作用很明显是必需的,因为假若机体不特别符合于环境,它确然就要停止存在了。

反射永远有两种:固定反射和暂时反射。固定反射是由一种确定刺激所产生的,在每一个动物身上从出生那天起就存在;暂时反射,是对于机体在它的生活中所遭遇

到的各种最不同种类的刺激而形成的。关于高级动物，譬如关于我们所有的研究都涉及的狗，这两类反射可以适用于中枢神经系统的不同部分。固定反射向来就被认为是反射，是和中枢神经系统的所有部分，甚至于和大脑两半球，相关联的。但是两半球却特别是形成暂时联系的地点，是动物对于周围世界形成暂时关系的地点，就是条件反射的器官。

大家知道，直到最近，直到 19 世纪末，这些暂时关系，动物机体对于周围环境的暂时联系，就未被认为是生理学的，因而用"心理的关系"这个词来表明它们。然而，最近的工作指出，没有任何理由把它们排斥在生理研究范围之外。

从这些一般的叙述，我现在要转到一系列特殊的事实。

譬如：某种有损害的影响，某种有害的条件，如火，是动物立刻要躲避的，如果动物处于它的作用范围之内，或接触到它，就会把动物烧伤。这当然是一种通常的先天反射，是中枢神经系统低级部分的工作。但是如果说由一个红光，以及由于火的形象，而使动物避开在一个距离之外，因而被保护了的话，那么，在动物的生活中所形成的这个反应，就会是一种暂时的联系。这个不永久的、获得的反射，可能在一个动物身上存在，但是在另一个没有接触过火的动物身上，可能完全不存在。

让我们考虑另一种刺激作用，像食物反射，也就是攫取食物。首先，这是一种固定的反射，儿童和初生动物都会做特殊的动作，把食物取进口中。但是还可见到另一种反应，即动物在一定距离之外跑向食物，这是由于食物的某些特性，可能是听见了声音，譬如，其他作为食品的幼小动物所发出的声音。这也是一种食物反射，但这是一个在动物个体生活中借大脑两半球的帮助而形成的反射。它是一种暂时的反射，从实用观点看来它可以被称为信号反射。在这样一种情形下，刺激成了真正的物体，就是简单的先天反射的实际目的的信号。

在目前，这些反射的研究已经进展得很远了。这里是一个我们经常看到的普通例子：你把食物给狗，或给它看。对于这个食物的一种反应就开始：狗试图得到它，把它攫取到口中，唾液开始流出，等等。为了唤起这同样的动作和分泌反应，我们可以用我们所选择的任何偶然刺激来代替食物，只要它与食物有时间上的联系。假如你吹口哨，或摇一个铃，或举起手，或抓搔狗——任凭①你怎样做——而在此之后立刻给狗食物，并且这样重复好几次，那么刺激中的每一个都会引起同样的食物反应：动物会趋向刺激，舔它的嘴唇，分泌唾液，等等——会有像以前一样的反射。

很明显，在动物的生活情况之下，这样有距离而多变化地和它生存所必需的有利条件，或者和威胁它的有害影响通过生理方式联系起来，对于动物是非常重要的。例如，某种危险被一个声音从一个距离发出信号，那么动物就有时间来挽救自己，等等。很清楚，动物的最高适应能力，它对于周围环境所保持的最精细的平衡，一定与这种暂时形成的反射是有关系的。我们惯于用两个特殊的形容词来称呼这两种反射：先天的，固定的，我

---

① 关于这一点巴甫洛夫教授以前曾用下面的话加以限制：信号的动因必须在某种程度上是无关的，或者至少不引起某种其他太强的反应。——英译者

们称为无条件反射；但是那些在个体生活中发生，并建筑在先天反射之上的我们叫做条件反射。

我们每天多次把电灯和电话联结与中断。在联合着机体与周围无限世界的神经系统的无数纤维联结中，如果能不采用这种技术原理，如果这不是它的一般生理方法，则是不可想象的。这在理论上没有可以反对的理由；并且在生理方面，这个观点得到十足的证实。正如每一种其他神经现象一样，条件反射在确定的条件和规律下形成和存在。

关于条件反射，让我们再举另一个事实。例如，用平常的程序，把一个每秒钟振动1,000次的乐音作为一个条件食物刺激，就是说，把它和食物同时应用。这个反射，其条件刺激在皮层引起一种兴奋过程，我们把它叫做阳性条件反射。但是与阳性条件反射并列，我们还有阴性条件反射，它在中枢神经系统中，不引起兴奋过程，而引起抑制过程。

如果现在对于每秒钟振动1000次的乐音建立起反射之后，我试用另一个乐音，和原来的相差10到15音符的间隔，那么，新乐音也产生效力，但是效力是按照它和原来乐音不同的程度而变的，相差愈远，效力愈少。再进一步，如果和以前一样，我总是以喂饲伴随原来的乐音，而在使用别的乐音时永不给食物，那么，后者虽在先前曾是起作用的，但后来就渐渐完全失去了它们作为条件食物刺激的影响。

以后又怎样呢？它们变得没有关系了吗？绝不会，代替阳性效力，它们获得了一种抑制性作用。它们在中枢神经系统中，引起了一种抑制过程。这点的证明是很简单的。你试用一个每秒钟振动1000次的乐音。它和平常一样总是产生一种阳性反射，食物反应。现在再施用那些停止起作用的乐音中的一个。立刻在这次试用之后，这1000振动次数的乐音，也暂时失去了它的效力。所以这新的乐音在中枢神经系统中引起了抑制作用，而且需要一段时间，这抑制作用才能散失。所以你看见，这些暂时动因能够在中枢神经系统中产生兴奋过程，也可能产生抑制过程。你立刻可以看到，在我们的生活中，以及在动物的生活中，这是至关重要的；因为我们的生活归结到：在某种情况之下，在某些时候，某一种活动必须表现出来，而在另一种情况之下，在另一个时候，它就必须被抑制。

生命最高的定向就是建筑在这个原则之上的。由于这样，这两种过程的经常和适当的平衡奠定人类和动物正常生活的基础。有必要补充说明，这两种对立的过程在神经活动中是同时存在的，并且是同样重要的。

以上只是初步解释，现在我们转到本题。

在阳性和阴性条件反射的建立中，我们观察到，这些反射形成的速度，它们的稳定性，和它们所达到的绝对性程度，对于狗身上有很大的差异。对于某些动物，阳性反射容易产生，而且这些反射在变换的条件之下是很稳定的；但是在这些狗中，抑制性反射很难建立，而且其中有一些，根本不可能得到纯粹和精确形式的抑制性反射，因为反射总包含一种阳性活动的元素。这是一类狗的特征。

然而在另一极端，有些动物的阳性条件反射是经过很大困难才形成的，是非常不稳定的，并且在环境中如果有极轻微的改变它们就被抑制，就是说，失去它们的阳性作用。而在另一方面，抑制性反射形成得很快，并且保持稳定。

因此，某些动物好像对于兴奋作用是很专擅，但是对于抑制作用却是失败者，而另外一些动物对于抑制作用很专擅，但是对于兴奋作用是弱的。在这两种极端之间有一种中间类型，可以抑制得很好，并且同时很容易形成阳性条件反射，而且阳性与阴性反射二者都保持固定而准确。总之，所有的狗都可以分为三大类型：一种兴奋类型，一种抑制类型（以上二种是极端的类别），一种中间类型。在最后一类，兴奋作用和抑制作用的过程是平衡的。既然条件反射是起源于大脑两半球，那么所提到的类型的特点与大脑皮层的三种特性，及相应的活动是有关的。

但是我们还有一个更能说服的证据，证明有这三种类型的神经系统存在。

如果兴奋过程和抑制过程的相遇很困难，那么这三类中枢神经系统的这些完全不同的关系就会看得出来。我将要更详细地给大家描写我们所通常使用的方法，这是神经系统的适应性或力量的最高考验。我们应用一种仪器，以有节奏的触觉刺激机械地刺激皮肤，譬如说，每秒钟戳刺一次，并且我们把这做成一个条件刺激。这个刺激可以被分化，就是说，可以使神经系统对于机械刺激的别种频率起不同的反应。让我们假设，不像以前似的在半分钟内刺激 30 次，而是刺激 15 次，那么，结果就是当我施用第一个刺激时，一种阳性食物反应就会出现，但是用每半分钟 15 次的刺激，这个反应就会被抑制了。第一个刺激（30 次）当然总是伴随以食物的，而后者（15 次）是没有的。

这样一来，两个彼此之间只有轻微差别的刺激，在神经系统中产生两种相反的过程。而且如果使这两种过程，一个立刻紧随着另一个，犹如互相撞碰，那么就会发生很有趣的结果。譬如我们说，我开始用 15 次敲击的刺激，就没有食物反应。若是我现在把 15 次的频率换为 30 次，这会是神经系统的一种考验，可以清楚地辨别出所提到的三种类型。如果实验是用兴奋性类型的狗做的，它位在类别的极端，其兴奋作用占优势，而抑制作用总是弱的，那么以下的情形就发生：要不是立刻在这个程序之后，就是在重复数次之后，狗就病了。它只保留兴奋过程，而所有抑制过程几乎完全消逝了。这样一种情形，我们在我们的实验室中叫做神经衰弱症，它有时持续几个月之久。

若是在一只位于这种类型相反一端的狗身上，我施用同样的程序，相反地，兴奋过程减弱了，而抑制过程还存在。这种狗我们称之为癔病者。

在这两种情形下，兴奋作用和抑制作用间的正常关系消逝了。我们把这叫做破裂，神经系统中这些平衡的破坏我们认为是神经病。它们是真正的神经病，一种表现出兴奋作用占优势，另一种是抑制作用占优势。这是一种严重的病症，继续数月，并且是一种需要医治的病。

我们所用的主要治疗步骤是间断所有的实验，但是有时候我们也用外加的办法。对于抑制性类型的狗，我们发现没有别的治疗法，只有让它们休息五个月或六个月或甚至更久不再做实验。但是对于其他的神经病，我们发现溴剂和钙盐很有用处；经过一两个星期的时间，动物就恢复到正常。

因此，这很明显地表现出，不同的狗受到同样条件的影响，发展出相反性质的疾病。

但是在这些极端类型之外，还有一种中间类型。同样方法施用到这后一种类型的动物身上，没有任何效果；它们依然健壮。

现在很明显，这里存在着三种确定类型的神经系统；中间的或平衡的，和两种极端的类型，兴奋性的和抑制性的。这些极端的类型好像是应用了神经系统的不同方面，只应用了其功能的一半。我们可以把它们称做半类型。位于它们之间是完全类型，在其中两种过程都是经常活动的，而且是保持平衡的。

以下尤为有趣。中间类型有两种形式，从外表看来彼此很不同，但是以我们的基本标准来判断，差异是很小的。在一种形式，相反的神经过程的各种平衡很容易做到，但是在另一种就有些困难，仅仅病理的破裂不至于发生而已。现在如果我们把注意移到我们的狗的一般外表行为，我们就观察到下列情形：兴奋性类型最典型的大都是一些具有攻击本性的动物。例如，如果它们所听从而熟悉的主人虐待或者鞭打这种狗，它们可能失去控制而咬他。

那些极端抑制性类型的狗，只需恐吓它们——举起手来，高喊等——它们就会夹起尾巴，蹲伏，或甚至撒出尿来。这些就是我们所称的懦弱动物。

至于中间类型，有两种形式：一种是安静的、缄默的、镇静的动物，不理睬它们周围的一切；另一种则相反，动物在醒觉状态中活泼而活动，跑来跑去，鼻嗅所有的东西，等等。但是很矛盾，后一种动物很容易入睡。当它们被带到实验室内，放在架子上，周围环境恰不再刺激它们时，它们就开始瞌睡而终于睡着。这确实是活动和嗜眠的一种很惊奇的组合。

因此，我们所有的狗可以分为确定的四种类型。两极端类型是显著的兴奋性和抑制性动物；还有两中间类型，是很平衡的动物，但是其中也有不同的两种——一种是安静的，另一种是非常活泼的。我们可以认为这是一个精确的陈述。

现在，我们可以把这应用到人类吗？为什么不能呢？如果说人的神经系统和狗的有同样的共同特征，我想这对于人类并不是侮辱罢。我们的生物学教育已经进展到对于这种看法没有人会严重地抗议。我们有十足权利把从狗的神经系统所得到的事实应用到人类，并且其间有一种很紧密的平行性。这些类型的神经系统，当存在于人类时，就是我们所称的气质。气质是每个人最普通的特点，是他的神经系统最基础的本质，而且神经系统的类型在个体的一切活动上打上了烙印。

气质这个问题，是从天才的希波克拉底起始对于人类观察的经验主义，他似乎最接近于真理。他的古典气质分类，把气质分为胆汁质、忧郁质、多血质和黏液质。这种分类现在确实已经更精细了：有人说只存在有两种气质，另外有人说三种，还有人说六种，等等。然而在 2 000 年的过程中，大多数的人都倾向于承认有四种形式。我们认为这种古老的看法基本上是正确的。有些最近的著者，他们的意见发生了错误，我可以举出一位俄罗斯精神病学家的情形为例。他提议有六种气质——三种正常的及三种病理的。正常的又被分为活泼的、沉静的和黏液的；病理的分为胆汁的、忧郁的和多血的。这看来似乎很奇怪，例如只因为多血质的人有一种变化无常的性格，多血气质就被分类作为病理的。

若是我们接受这种老旧的四种气质的分类，那么，我们不会看不出它和我们用狗实验的结果的相似性。我们的兴奋性类型是胆汁质的；我们的抑制性类型是忧郁质的。中间类型的两种形式是相当于黏液质和多血质的气质。忧郁质的气质显然是神经系统的抑制性类型。对于忧郁质的人，生活中的每一件事都成为抑制性动因；他什么都不相信，什么也不希望，对每件事他只看到黑暗的一面，并且从每件事物中他只预期着悲忧。胆汁质的人是好斗的类型，热情，很容易并且很快地被激动。但是在黄金般的中间类别中是黏液质和多血质的气质，很平衡并且因而是健康的，稳定的，而且不管从外表看来这种类型的代表者是如何不同或对立，但却是真正活着的神经类型。

黏液质类型是缄默而沉静的——在生活中是一个坚持而稳健的辛苦工作者。多血质型是有精力而效率高的，但是这只当他工作有兴趣的时候，就是说，如果有经常刺激的时候。当他没有这样的工作时，他就变得厌倦和怠惰，恰如在我们所惯于称呼的多血质的狗身上所见到的一样。这种动物只要周围环境刺激它们，就是极活泼而爱活动的，但是当它们不被刺激便开始打盹而入睡。

我们可以略微进一步推测和考虑，来接触到神经和心理疾病的临床案例，虽然我们的知识并不超出教科书之外。这些临床案例我们相信主要是取材于极端而不稳定的类型或气质的人；两种中间类型的人都多少保持着不受人生之海的浪涛所侵犯。我们似乎可以正确地认为，兴奋性胆汁质类型是相当于所谓的神经衰弱的病理形式；而抑制性忧郁质是相当于癔病，因为这实在是一种抑制性疾病。而且再进一步，当这些疾病达到所谓的精神病的程度，我们是否可能认为体质内生性癫狂的两种主要类型——周期性精神病和精神分裂症——按其生理机理而言只不过是同样疾病的更显著的发展呢？

另一方面，神经衰弱者，能在生活中成就很大，做出一些伟大的工作。有许多卓越的人物就是神经衰弱者。但是同时，神经衰弱者也得度过很深的抑郁时期，他的能力在这期间是被削弱了。

但是周期性精神病是怎么样呢？它们有一种显著的相似性。在达到真正癫狂之前，他们若不是达到远超过兴奋作用正常限度的状态，就是跌入很深的抑郁时期之中。

在另一方面，我们实验室癔病的案例，我们的狗，明显地有很弱的皮层细胞，很容易转入各种程度的慢性抑制状态。但是人类癔病的基本特色也是皮层的一种软弱。装病、暗示性和情绪性（我举出这些癔病的心理特征是取材自 Л. B. 柏鲁门脑的短文"癔病及其病源"）就是这种软弱的表现。一个健康的人不会隐藏在疾病的外衣里面，以吸引人对他病症的同情和注意的。暗示性很明显地以皮层细胞易于转入到抑制作用为其基础。而情绪性是在皮层的控制力减弱时很复杂的无条件反射（皮层下中枢的攻击的，被动防御的，以及其他的机能）的泛滥和占优势。

所以我们有根据把精神分裂症认为是皮层的一种极端衰弱，是一种极高程度的癔病。暗示的基本机理是整个皮层活动正常统一性的破坏。所以无可避免的结论就是当缺乏来自皮层其他部分的影响时，暗示才发生。但是如果这是如此的话，那么精神分裂症就是这种机理的最高表现。我们怎样来考虑皮层极端的，普遍的衰弱，其变态的与病理的脆性呢？在我们的抑制性癔病的狗中，由于应用我们实验所造成的机能困难，我们可以在皮层做出完全孤立的病理点和焦点；在精神分裂症中，在人生的某些经验影响之下，也许是在器质疾患的基础上，就渐渐地并经常地出现越来越多数量的这种弱点和焦点，并且按程度就发生了大脑皮层的瓦解，分裂了它的正常联系的机能。

根据以上所提到的全部事实，依我看来，在这个千年之久的气质问题上，实验室由其实验对象的基本和单纯的性质，作出了重要而确定的贡献。

第四十一章　大脑两半球生理学的某些问题

（下面是 1928 年 5 月 10 日，在皇家学会宣读的克罗恩演讲，是由
G. V. 安瑞布译成英文的，得到皇家学会的允许在此印出）

中枢神经系统的机能——条件与无条件反射——综合——条件痕迹反射，信号——外抑制作用和负诱导作用是同样的——条件反射起源的解释——分析——失语症——两半球机能的代替作用——条件刺激的综合——神经系统的类型（兴奋型、抑制型和中间型，后者又分为迟钝的和活泼的）——这些类型符合于希波克拉底气质的分类——皮层作为进行分析与综合的一个孤立感觉区的概念；脊髓是向心的，也是离心的——皮层在解决困难问题时的可塑性——动物高级神经活动的实验会指出自我教育的道路

我很荣幸，借这个机会，来对皇家学会会员们在我祖国的困难年代中所给予我的援助致以衷心的感谢。我还想感谢学会所捐助给我的款项，使我最近的科学工作能用英文发表，以及邀请我来发表这次克罗恩演讲。

我相信生理学终于达到了一个阶段，可能把全部中枢神经系统的活动，包括两半球皮层的活动在内，做一个一般纲要；虽然在目前当然对于这种活动还没有深刻的分析或详尽的知识。神经系统的主要机能是明显的。它继续不断地要在机体的闭锁系统中各机能单位之间，以及机体的整体和它的环境之间，保持一种动力的平衡。中枢神经系统低级部分的主要机能是总和机体中各别部分的活动。它们在高级动物与它的环境保持平衡中所担任的职责只不过是次要的，这种平衡的最微妙的适应主要是两半球的机能。

这方面的清晰而确切的证据就是在大脑皮层被割除了的狗身上所做的老旧而多次的观察。这样的狗保持非常健壮，并且可能活得如正常动物一样长久，因为机体各种内在活动间的调节是这样的高超。然而，所以能发生这种情况，是因为动物在人的经常照料之下，人必须把食物送到它的嘴边，而且防护它不受到各种伤害；否则它必定会无可避免地灭亡。它对于环境的独立适应能力是很有限的。还保留着的神经系统部分是不足以把环境分解到它的单元，并且这些单元也不能和机体的各种活动建立暂时联系——例如，与骨骼肌肉系统的活动建立暂时联系。这后一种系统本身的活动，是对环境发生主要关系的，现在它也不能像有两半球时那样的程度被分析和被综合了。结果，没有两半球的狗就失掉把每一个个别动作与在它之外所发生的个别事件很精细而准确地维持相关的能力。

这些观察的结果就是，确实可以区分出高级神经活动与低级神经活动，前者是与两半球有关系的。研究高等动物这种高级神经活动的分析和综合，以及它们基本机理的一个无限的领域，展开在生理学家的面前了。这个神经分析和综合的事实已经占据了人类

的好奇心很久了。神经系统的分析活动构成神经系统的接受器官或感觉器官生理学的课题，这些器官显然由于它们的性质，同时也作为环境的分析器来服务于机体。综合的活动首先是由心理学家以联想定律的形式订立起来的。因此分析与综合首先是由于我们的主观现象而引起研究者的注意的。现在由于渐次有许多生物科学家的参加，才发展了严格客观地研究这些现象的一种方法——一种能够成功地应用到动物身上的方法。

由于其利用而使得这么一种研究成为可能的基本神经现象，就是我所称的条件反射。这个现象本身是很久以前便知道的。它是动物两半球所做的一种综合作用。假如任何外在刺激在时间上，和机体某种确定的活动同时发生，则那个刺激就有引起这个活动的可能。我和我的许多同事们——对同事们我在这里致热烈而诚恳的敬意——以这个事实为基础系统地研究了两半球在常态和病态情况下的活动。

我们把我们自己的注意主要放在机体的两种活动上，它对于食物的反应，它对于被放入口中而遭拒绝的物品的反应——也就是食物反应和一种防御反应——并且我们把我们所能想到的各种刺激都和这些相联系起来。食物，作为一个从出生起本身就有能力起作用的刺激，引起动物的确定的反应。动物接近食物把它吃进口中，并分泌出唾液。这个反应我们称为无条件反射。如果，在每次吃食时，某种视觉、听觉或触觉刺激影响动物，则我们发现这些刺激就成为食物的信号，引起同样的动作和同样的唾液分泌。在我们的实验中，我们只测量了分泌的反应。

在过去27年中，我们收集了大量的观察材料，这些观察材料就是用最简短的形式来描写也都是不可能的；并且也不必需，因为这不过是我最近的书中所谈过的东西的重复而已。所以我将把自己限制在那些自从该书出版之后在两半球生理学中，所发生的新问题上。

至于两半球活动的基础，我们承认有兴奋作用和抑制作用的过程，它们以扩散作用和集中作用为形式的运动，以及它们的相互诱导作用。在目前，我们仅能把两半球活动的特殊案例归结到这些项目中的这一个或那一个，但是无疑地这种分类还需要修改，并且或许被简化。

在讨论本演讲的实际问题之前，我愿强调一个重要的论点。愈来愈多的观察正在累积起来，都表示新神经联系的建立完全是在两半球中发生的。这个意思是说，不仅中性刺激点——就是，不与机体的任何活动发生联系的刺激点——存在这里，而且与无条件刺激相当的代表无条件反射的活动点，也存在这里，并在其间建立起新的联系。我现在不能讨论这种说法的证据，而必须转入那些与我们直接要谈的问题。

我们现在知道得很清楚，建立条件反射所需要的一切条件。因此，它的建立是遵循生理规律的，这些规律就像神经系统中调节别的现象的那些规律一样地确定。当一个要成为条件刺激的动因，略微在与它相连接的那种活动（无条件反射）之前出现，一个十足而稳定的条件反射就会发展起来。刺激也可以在活动开始之前很短时间就结束，而无坏效果（条件痕迹反射）；但是如果这个刺激是在活动开始之后加入的，那么，虽然像我们现在的实验所表示的，一个条件反射也可以发展出来，但它是不明显的而且是容易消逝的；继续进行这种程序，则我们称为中性动因的刺激就变成抑制性的了。在目前我们正在仔细研究的这个事实，有时候很显著地表现出来。如果在一次实验中，我们只重复短时间的喂饲动物,而不把它们与任何外在刺激相组合,则对于动物的一般状况或先前建立了的条件反射都不产生影响。这是由于在喂饲之间的间隔时期所进行的试验看出来的。如果在实际进食的时候,予以某种外加刺激,并且这样重复许多次,那么,在不同动物经过不同的时间之后,就有普遍抑制作用发展起来:条件反射显著地减弱,到最后完全消逝,狗甚至拒绝食物——也就是说,一种催眠状态来临。这个外加刺激本身,当与一个阳性的条件刺激相组合,在喂饲时间之外被试验,则发现它已经成为强烈抑制性的了。无论阳性刺激是与外加刺激同时施用,还是在它的后效时期内施用的,这种抑制作用都可以被观察到。

如果用建立条件反射的平常方法,在中性刺激之前所给的条件刺激,与它一起继续下去,这绝不减弱反射;反而常常加强它,如在我们的实验一开始时就已经观察到的那样。

怎样了解这些事实呢? 从机体极完善的机器式反应的生物观点看来,说明所有这些关系好像并不困难。因为条件反射承担信号的职责,所以,只当它们在时间上先于它们作为信号的那个生理活动出现,它们才能获得作用;并且既然它们对于皮层非常善于反应的细胞起作用,那么我们自然可以料想到,这些细胞不会被刺激得比所需要的时间更久,以致使它们的能量被消耗掉,而应当让它们恢复起来,以作另一时期的活动(这个意见已经在我的书《条件反射》中提到了)。但是这些事实如何从它们的内部机理的观点来解释呢? 如何以皮层组织的一般特性来解释呢? 假设中性刺激首先开始起作用,那么,在时间上的重叠,怎样就会使这个动因成为一个兴奋性刺激,而当无条件反射在中性动因之前出现时,一个类似的重叠,怎样就会使后者成为一个抑制性的刺激呢? 下面的解释是可能的。

负诱导作用或外抑制作用(已经得到愈来愈多的观察证明它们是同一种作用)是这样的,皮层上一点的兴奋作用,引起皮层其余部分的抑制作用。这可以解释,细胞如何在受到中性刺激影响时,即在皮层某种确定的活动已经开始之后,转向抑制作用:所以中性刺激不能在这些条件之下成为兴奋性的刺激。在普通条件之下发展条件反射的机理可以描绘如下:被中性动因(当这个动因首先开始起作用时)作用的皮层细胞的兴奋状态抗拒了无条件刺激的抑制性影响,并且只有在这些条件之下,刺激的效力才会融合,因而引起两点之间联系的建立。换言之,这种机理是以两点兴奋作用扩散的汇合为基础的。但是这种事实的解释还余下许多问题没有解答。为什么当中性刺激首先起作用时,它不引起属于无条件刺激各点的抑制作用呢? 当无条件刺激首先活动时,为什么中性刺激不产生像无条件刺激所产生的同样的效果呢?

虽然很难解答这些问题,但是,如果我们记得这些刺激的相对力量,便大致可以了解这种情形:一个无条件刺激通常比中性刺激在效力上更为强烈,更为广泛。有许多证据说明,刺激的相对力量是皮层活动中极重要的一个因素。况且,如我所已提到的,即使无条件刺激是在中性动因之前,一种不成熟的条件反射也可能出现。那么,为什么在这种情况中,属于中性刺激的细胞,已经是在走向变成阳性条件刺激的途中,会不变地转入抑制作用状态呢? 一个特别有趣的事实就是:一切在无条件反射活动的时候加入的中性刺激,迟早会成为强烈抑制性的,然而当时没有遭到刺激皮层的其他各点,却不会变成一种强烈而延长的抑制作用中心。同时，如我所说的，当一个已经建立了的而很弱的条件刺激与无条件刺激相重叠时，它的效力，如果有的话，就变得更强些。当一个中性动因是在无条件反射（在我们的实验中是进食反射）进行时期加入的，它就获得了强有力的抑制特性，这个事实从普通生物学观点看来是很不容易明了的。它的意义是什么？是否需要认为它是人为的病理因素，正常机理的夸大呢？但是刚才所描写过的，刺激的时间上的组合，也常常在正常的生活条件之下发生。对于提出的问题要求得满意的解答，若没有进一步的实验是不能得到的。

我所要建议请诸位注意的第二个问题是关于两半球的分析机能。很明显，这种分析最初的基础是各种感觉神经的周围末端。这些周围器官是一批特殊变换器，它们把不同形式的能量改变为神经过程。每一根单独的感觉神经纤维，自周围感受器官的某种确定元素伸入，必须被认为是各种形式的能量的确定元素通至皮层的传导器。在皮层中，一种特殊的细胞，必定与这根纤维保持联系，而这个细胞的活动，是与一种或另一种确定形式的能量的某种确定元素有关。皮层结构的这种说明，是有确定的实验证明的：研究皮层细胞机能扰乱所得到的结果揭露了皮层机能这种分断的情形，是我们不能梦想以任何手术程序得到的。我在最近发表的演讲中，曾提到一个事实，说明可能把属于一个别的条件刺激的地点，例如，一个节拍器声的地点，加以紊乱，而相当于别的听觉刺激的各点，会依然不受损害。相继的实验曾证实，同样可能创立一种相当于皮肤机械刺激分析器中的一个确定地点的皮层局部扰乱，而不损害其他各点的正常机能。皮层的镶嵌构造变得愈来愈确实了。然而进一步的问题立刻发生：这个空间的配置，譬如说，不同的听觉刺激的配置，展开得多远呢？我们已经开始了，并且正在继续进行着下面这一系列的实验。

在与一个节拍器声有关的皮层点的位置产生了损坏之后，我们在与一个确定乐音有关的地点产生了相似的损坏：被选择的乐音于是也停止产生正常的效力。很有趣，在这个例子中，机能的损坏，在某种程度上，牵连到音阶上的其余部分，以致对于在实验中没有用过的别的乐音所起的反射，也失去了它们的正常稳定性——就是说，它们很容易转向抑制作用。对于其他听觉刺激，如铃声、咝咝声、或气泡声所起的反射仍保持正常。除非我们认为这些结果指明不同的听觉刺激在皮层细胞网中，有一种精确的定位，此外又怎样可以说明这些结果呢？我所提到的这些事实，在某种程度上是和在人类失语症中所观察到的某些现象相类似的。

皮层元素活动的局部扰乱可以由两种方式达到。我们应用一种确定的刺激，我们有理由相信，它是与一个确定的皮层元素有关的，是兴奋性的，也是抑制性的——就是说，我们以刺激作用的频率或以它的强度，发展出一种分化作用，然后由于施用一种频率或强度之后立刻再施用另一种，使这些相反的反射尖锐地冲突：结果在某些神经系统中，相应的皮层地点就发生病理状态。如果我们做一番尝试，把一种建立得很久的兴奋性刺激转化为一种抑制性刺激，则同样的情形就会发生；反过来，亦如此。在这两种情形之下，扰乱是相反过程之间困难撞碰的结果，这种方法是我的书中已提到过的。而且，由于仅仅重复一种条件刺激到很长的时期，就可能使皮层地点或多或少地永远被抑制。譬如说，在每次实验中一天又一天地重复一个听觉条件刺激多次，它最后就变得无效了，这种情形持续一段时期。但是，其他只是很少用得到或暂时不用的听觉条件刺激，就保持完全不受影响。

我现在要提到另一点，是关于分析器在皮层末端的结构，就是，关于机能的代替作用。我们割除一个大脑半球的某一确定脑回：一种普遍化的皮肤条件反射遭受到一定的损坏，皮肤上某些地点的条件反射就失去它们的阳性效力；而且刺激这些地方，现在就产生所有别的条件反射的抑制作用，如果这些反射是同时或者在一段很短间隔之后引起的。这些地方的刺激作用，甚至于可以引起一个动物的深睡，虽然它在实验中直到现在并未睡过——这就是说，它引起抑制作用的扩散，不仅散布到皮层，而且散布到神经系统的低级部分。在割除之后的几个星期或几个月之内，刺激作用在这些地方的阳性效力回复过来，但是极端容易地就转变为抑制作用。在同一实验中，刺激经过几次重复就可能引起完全抑制作用。在这些部分，根据受刺激的部位是不能获得分化作用的。某些其他分化作用却相当快地获得，但是阳性效力不久变得很弱，然后就消灭了。

在目前正在一只差不多三年以前动过手术的狗身上观察割除的同样结果。这个实例是特别有意义的，因为这个手术之后，并没有随之发生任何痉挛方式的立时的或后来的复杂变化的征兆。我先前曾提出这种概念，就是在皮层中，除去代表不同分析器的特殊区域之外，还有某些好像是在那里储备着的成分，散布在皮层的整个实质中。我还提到，这些分散的成分并不参与任何高级综合和分析，这些机能是特殊区域所特有的。根据刚才描写的实验结果，我们现在能够补充说，这些分散的成分，甚至不能够达到那些特殊区域所赋有的机能的完善状态。

我们已经收集了的新材料的下一个问题是皮层细胞兴奋作用的起伏变化，它们之转入抑制性状态，以及条件刺激的综合作用的问题。各种条件刺激的阳性效力，在力量上常常经历相当大的起伏变化，甚至当条件显然保持固定的时候也是如此。当我们把研究更向前推进时，决定每一次起伏变化之精确原因的必要性，就愈来愈迫切了。下面是一个典型的实例，它的意义仅是最近才被认识的。很久以来，我们不能找到在这一系列实验中所引起的不同条件反射起伏变化的原因。我们已经认识到的起伏变化的可能原因没有一个可以解释这种情形。最后，注意就集中于，有一种刺激是反射力量所存在的混乱的根源。我们开始注意到这个刺激，在一个实验中首先施用时，与别的刺激所引起的反应相比较，引起一种很显著的大的反应。但是，如果它在这个实验中被重复第二次，它的效力就显著地变小。然后我们留意到，恰好在施用这个刺激之后，别的条件反射的力量，就出现了不规则的起伏变化，而且，此外，动物变得激动起来。

所有这些使我们倾向于认为，这个刺激对于该动物的皮层细胞是很强烈的：要证实这个假设是不困难的。只需减弱刺激的强度，便足以使情况突然改变。这个刺激的阳性效力略微有些减少，但是现在经过重复，它的力量变得相当一律了，有时经过全部实验竟一点都没有变化。其他反射的力量也停止起伏变化，并且动物安静下来。为了要收集进一步的证据，某些其他刺激的力量于是被略微增强，而结果就观察到，像原来强的刺激所产生的同样的起伏变化。表示刺激力量增加和减少所产生的效果的实验，可以在同一动物身上被重复多次。我们既然获得了这种知识，在开始用一个新动物工作的时候，我们时常试验各种条件刺激的力量。在每一个个别实验中，我们把同一刺激重复许多次。平常的情形是，在同一实验中，一个条件刺激经过数次重复之后，到实验终了时它的效力就略微减少一些。在实验中这种减少的程度和起伏变化的大小，显明地指出哪些刺激是过于强烈的，所以它们不适合于做进一步实验（当然，除非实验的目的就是要研究过强力量的刺激）。在过强的刺激被重复的情况下，到实验末了时，它们的效力逐渐减少得很可观，并且在实验进行时，起伏变化是非常大的。

对于不同动物，作为非常强烈刺激的动因，在它们的物质力量方面彼此可以大不相同。所以，每个动物的所谓正常兴奋性都有某种限度，因为每个刺激都有一种确定的适宜力量。一旦达到正常兴奋性的个别限度之后，相应的皮层细胞就变得愈来愈被抑制了，而且这种状态还反映在被其他刺激所刺激的别种细胞中，结果由于扩散作用或诱导作用，反射的力量就向一个方向或另一个方向变化。所以很明显，我们必须经常地保证我们的条件刺激应保持在它们最优限度之内。

与正常兴奋性限度这个问题紧密发生联系的就是条件刺激综合作用的问题，这个问题使我们发生兴趣已经很久了，但是直到现在还没有得到解答或被实验过。像我演讲中所提到的，如果其他情形一律相等，条件反射的大小是由刺激传达到皮层能量的数值所决定。在某种限度之内，能量愈大条件反应也就愈大。如果两个弱的条件刺激同时施用，它们总和的效力差不多等于一个强烈刺激的效力。弱条件刺激，在某些强度，就可以观察到效力的精确算术总和。如果一个弱的刺激是和一个强的相组合，它们的总和效力几乎总是相等于那一个强的刺激的单独效力。最后，两个强刺激的综合，通常产生比其中任何一个单独应用时稍微小些的效力，只有很少时候有大些的效力。在已经描写的实验的变化中，就是在一次实验过程中，当一个单独的条件刺激被重复许多次，就观察到下列综合的结果：首先，我们得到几种曲线，表示对于一个弱的，一个中等的，和一个过强的刺激的条件反射力量的起伏变化。然后我们把弱的和中等的刺激的作用组合起来，而把这个相加的刺激，重复到与个别刺激同样的次数：这样所获得的曲线与最强刺激的曲线在类型上是相同的，表现出在实验中有很可观的变化，并且在最后几次施用时，末尾有很大的减少。

在总和作用中还关系到别的现象。第一，它有某种后效。在一次单独施用总和刺激的情况中，其后效牵涉同一实验中相继发生的反射——不仅那些对于综合中的组成刺激的反射，而且还对于所有其他刺激的反射。这种后效几天内都是明显的。最显著的就是强的刺激总和所遗留下来的抑制性后效。皮层细胞正常兴奋性限度的概念，很可以说明总和作用这个事实的细节，但是总和作用所发生的地点，这个进一步而且很困难的问题又发生了。弱的条件刺激总和作用的结果，自然可以被算为两种弱刺激的效力的一种混合，这种混合在所有这些实验中发生于皮层条件刺激发生关系的地点，在我们的实验中就是皮层的化学分析器。但是，在另一方面，弱条件刺激与强条件刺激的总和作用，以及两种强的条件刺激在一起的总和作用，确实指明是在于条件刺激本身所属的细胞。我们有十足理由来认为，总和作用中过程间的相互关系，发生在上述各组细胞中某个地方；但是化学分析器的任务是什么，以及条件刺激所属细胞的任务又是什么，这两个问题必需由我们现在所从事的研究来解答。

当在同一实验中，把食物条件反射与酸液反射联合施用时，其相互关系就变得格外复杂了,因为它们是被化学分析器本身的不同区域的互相作用而复杂化。这样发生的一些问题也正被研究着。

我们最后的问题是关于神经系统的类型。我们从用来做观察的狗身上所收集的实验材料是很多的,以致我们有某些根据,至少可以把神经系统的主要类型界说出来。我们的动物在兴奋性和抑制性条件反射的形成上有很显著的差别。有一类狗,在它们身上阳性条件反射很容易发展,很快地达到并持久保留在它们最强的力量上,虽然时常受到各种抑制性影响,就是说受到外加反射的干扰。在这些动物的情况中,我们曾尝试过以不断重复的方法,来减少强的或弱的条件刺激的效力,为达到这个目的,这是通常很有效的一种方法,但是反射依然保持得很稳定。在另一方面,抑制性反射在这些动物身上很难发展,并且看来好像动物的神经系统对于它们的建立树立着一种障碍。假若是可能的话,通常要花费许多时间才能把它们稳定地建立起来。有一些狗不能够完全发展抑制性反射,譬如像建立刺激绝对分化作用。在其他的狗,完全抑制性反射能够建立起来,但是它们在一次单独实验中不能被重复,或者甚至于不能一天重复一次,否则,它们就又会失去完整性,而且它们很容易被外加刺激释放其抑制。这种类型的动物可以称为兴奋类型。

在另一极端的类型,是阳性反射在我们的实验情况之下发展得很慢,慢慢地达到它们的最大力量,并且在遇到很不重要的外加刺激时,极易减少并且消灭相当长的时期。时常重复兴奋性反射也引起它们的减少和消逝。在另一方面,抑制性反射是发展得非常快的,并且很好地保持它们的力量。这种类型的动物可以被称为抑制型的。至于这两类动物的皮层细胞,我们可以假设兴奋类型的细胞是强有力的,并且丰富地储备着"兴奋性物质",而在抑制类型,细胞是软弱的,并且缺乏这种物质。对于这些软弱的细胞,刺激的通常力量是超极限的,因此就引起抑制作用。

在这两种极端类型之间,是中间类型。这种类型很容易获得阳性和阴性两种条件反射,并且发展之后,是稳定的。既然正常神经活动是在于两种相对神经过程的永恒的平衡,而且既然在后一种类型,这种平衡是比较容易成立的,我们可以把这种类型叫做"平衡"的动物。我们在手边有几种标准来比较不同动物的条件活动,并且我刚才所指出的动物分组得到经常的证实。自然,在这些主要类型之间,还有许多等级。这种分类也得到下面事实的支持,即由于过强刺激作用的结果,或者由于两种神经过程之间不可解除的冲突的结果,而发展出各种延长时期的神经扰乱(实验的神经病),在这些扰乱的影响下,所有类型的差别都变得扩大了。平衡类型克服这些困难多少是快些,而且无论如何,没有留下长久的扰乱;两组极端类型表现出不同的确定的神经病理症候。兴奋类型不论是在我们实验室环境条件之下,还是在广泛的条件之下,完全失去了所有抑制作用能力,并且进入一种强烈而继续的兴奋作用状态;相反,抑制类型几乎完全失去阳性条件反射,并且在此时就进入催眠状态的各种位相。为了要把这些动物恢复常态,是需要治疗的——长期的休息和把实验中断,或者用药品治疗,或两种方法都用。

很有趣,照我们的试验判断,平衡类型分为一般行为方面差别很大的两组动物——一组是迟钝和安静的,对于外在事物特别漠不关心,但是总是机警的;另一组,在平常情况下,是非常活泼和好动的,并且对于围绕着它们所发生的任何事物表现出不断的兴趣,但是在单调的情况下——譬如,当被单独地留在实验室中——它们会令人惊奇地很快堕入睡眠。像安静的狗一样，这些狗能够克服它们所遇到的困难，不过并非同样地容易而已。

很明显，这些神经系统类型，就是平常名为"气质"的。气质是一个个体，不论人或动物的最一般的特征。它是神经系统的最基本特征，渲染和弥漫到每一个体所有的活动。这既然是如此，我们不难看到，我们所提出的类型是非常符合于气质的古老分类的：胆汁质和忧郁质是我们的两种极端——兴奋型和抑制型；而黏液质和多血质很符合于两种形式的平衡类型——安静的与活泼的。依我看来，我们对于气质的分类，是以中枢神经系统最普遍的特性为基础的，即是，基于神经活动的抑制作用和兴奋作用两方面之间的关系，这是尽可能最简单而又最基本的分类。

既然我们在条件反射实验中所研究的是两半球的特性，我们就可以再进一步说，气质主要是由两半球的特性所决定的。气质的事实不是从属于无条件反射，就是平常所谓的本能或倾向的，这可以由下面的事实表现出来，在极端能抑制的动物身上，无条件食物反射可以是很强烈的。无条件反射，例如，食物反射，主动式和被动式的防御反射，以及其他反射的复杂与特殊的表现，当然有赖于皮层下中枢的活动，这些活动是单纯情绪的基础。然而，生命活力表现的总和，主要是有赖于皮层活动的类型，可能是兴奋性占优势，或是抑制性占优势，或者两种各占不同的比例，并且依此规限出皮层下中枢的活动。

皮层基本特性在决定气质方面的重大意义的概念，我们应当承认也可以应用到人类。

完成了我们最近的实验以及一般在两半球和脑生理学中发生的一系列新问题的叙述，我将要尝试推论两个普遍的总结——一个是纯粹生理学的，第二个是比较实际些而可以做某种普遍应用的。

如果中枢神经系统只被分为两部分，向心的和离心的，那么我便认为两半球的皮层是一种孤立的向心部分。在这个区域中，只有流入兴奋作用的高级分析与综合发生，并且只有从这里兴奋作用和抑制作用的已形成的组合才能流入离心的部分。换言之，只有向心部分才是主动的，或者可以说，才是创造性的部分，而离心的部分是服从的执行部分。在脊髓中，向心和离心部分是密切联系的：研究者总得到两部分一致活动的印象，并且我相信不能对于向心部分的特点做出独立的描写。例如，神经过程向前传导的规律，是被实验所证实的，这些实验证实了脊髓反射动作从头到尾毫无间断地进展。但是对于一个纯粹向心部分这个规律也有效吗？在两半球皮层中，我们继续地观察到兴奋性和抑制性过程向这一方向或反对方向移动。这是不是沿着同一通路的两个方向传导的结果呢？或者，为了保存向前传导规律的原则起见，我们是否必须了解有特殊复杂构造性的机理参与了呢？

至于对我所建议的两个结论中较实际的一个，我之所以得到这个结论是因为受到了持久印象的影响，这种印象是多年来在这方面工作中形成的。这些关于两半球活动的大量实验揭露了这个活动有惊人的可塑性。许多有赖于神经机能的问题，起头对于脑髓好像是完全不可能得到解决的，然而，由于渐进和谨慎，到最后就可以足够圆满地解决，而且如果它们要被解决的话，则个别动物神经系统的类型是绝不容忽略的。

我相信，假如我表示一个信念，认为动物高级神经活动的实验，对于人类的教育及自我教育会提供出不少指导性的方针，这不会被认为是轻率的吧。无论如何，回顾到这些实验时，我可以说，它们使我澄清了关于我自己以及关于旁人的许多事情。

第四十二章　一个生理学家在精神病学 领域中的尝试探讨

（转载自《国际药物动力学及治疗学》专刊 1930 年纪念格雷和赫曼斯专号）

巴甫洛夫研究精神病学的缘由———在精神病人，特别是精神分裂症病人，以及酒精麻醉症病人身上所看到的睡眠和催眠的表现———对病人的态度

在目前我们的材料不只是和正常活动有关，而且也和病理学与治疗有关。我们在动物（狗）身上已经明确地发现了实验神经病并予以治疗，并且就是在这些动物身上产生和人类精神病相类似的症状，我们也认为是可能的。这就是我要更彻底地熟悉精神病学的缘由，而我做医科学生时所有的关于这门科学的知识，事实上早已经忘得干干净净了。我现在能有机会去看不同类型的心理疾病，是要感谢我的医务界同事们的。我首先观察和研究的是精神分裂症。我的注意力，特别是放在木然无情、迟钝、不能动作与刻板动作等症候上面，以及放在其他方面的症候如嬉戏、违反习俗和对患这类疾病（青春期精神分裂症和紧张性精神分裂症）的人的不相称的一般童稚行为上面。

从生理学观点看来，这是怎么回事呢？生理学家能不能把这些现象组合起来，从里面找出一个一般的机理呢？且让我们先回过来看一看从条件反射研究中所得到的事实。这个研究给了我们许多关于抑制过程及其生理和病理学意义的材料。

一方面，兴奋过程是经常参与在动物清醒状态中的各种活动的；另一方面，抑制作用，永远以有机体最易反应的细胞的监护者的身份出现，也就是以大脑两半球皮质细胞的监护者的身份出现，来保护它们，使它们的活动在遇到很强的兴奋时，也不至于过分紧张，并保证它们在日常工作之后能采取睡眠的方式以获得必要的休息。

我们已经无可置疑地确定了睡眠是抑制作用扩张到全部大脑两半球的事实。此外我们也已经能够研究介于清醒状态和完全睡眠之间的中间位相———催眠位相。依我们看来，这种状态一方面是不同范围的抑制，也就是抑制作用在大脑两半球本身各区以及在脑的不同部分或多或少的蔓延；另一方面是不同强度的抑制，其存在的形式就是抑制作用在一个地方不同深浅的表现。当然，由于人脑比较复杂，催眠现象在人类身上是要比在动物身上繁复得多。但是由于这种或那种原因，某些催眠现象在动物身上可能会表现得更为显著；尤其是因为人类的催眠会依各个人和各种催眠方法的不同而表现出相当大的差异。考虑着催眠的全部症状群，在下面我将要同样引用从人身上以及从动物身上所观察到的催眠现象。

研究上述精神分裂症的症状时，我得出的结论是：这些症状是慢性催眠状态的表现。木然无情、迟钝、不能动作，以及其他症状，自然不一定是催眠状态的证据，但它们也决不是与这个结论相矛盾的，如果我的主张会由更特殊的征候的对照获得肯定。

　　我首先要提一提下述的事实。木然无情和迟钝通常是表现在病人对问话不作任何反应上，好像他们是完全没有感受能力一样。可是如果这些问话是在很安静的场合下很温和地对他提出来，他就会回答了。这是一个有特征性的催眠现象。很可惜这一个很重要的症状在临床上没有一个像其他症状一样的专门的名称。在我们的动物身上，这个症状是催眠状态开始时最常见的信号之一。在所谓反常相中就遇到了这个症状，动物处在这个位相里时对强刺激不起反应，但对弱刺激却正常地产生反应。在让内所记述的一个长眠五年的著名病例中（质言之，即催眠），只有在这个基础上才建立了和病人的相互交往。的确，病人只有在通常的刺激都停止的夜间，才脱出催眠状态。

　　其后，抗拒症在我们所分析的病人身上也表现出来。在我们所实验的动物身上，这种抗拒症在催眠开始时也是常常看到的。在食饵条件反射实验中，给予条件刺激的同时，我们喂狗，狗却固执地躲避开食盘。也在此反常位相中，又显露出另一个有趣的事实：当你把食物从狗面前拿开时，狗倒想要就食了。这种现象是可以一次又一次被重复试验的。但是当催眠状态消失的时候，狗就贪馋地吃起东西来。

　　对这个催眠症状和另外一些症状的机理的分析，到后面再讲，现在先来谈一谈催眠状态的显著事实。

　　具有某些变型的精神分裂症，其最特出的症状之一是刻板症候——固执地继续重复同一动作。在我们的几条狗身上这种刻板症候也明显地看到过。在条件食物反射的试验中，当狗是完全清醒的时候，饲食以后它总是习以为常地舔一会儿身子的前部，如胸的前部和前爪。在催眠初期，这种舔的动作就特别延长，往往一直延续到下一次喂食的时候。只要狗由于某一种原因发生过任何动作，那么，这些动作也是会重复的。

　　精神分裂症患者的又一个常见的现象是所谓语言模仿和动作模仿，就是病人照说和他交谈的人的言辞以及照做他所注意的人的一切动作。这是人所共知的一个被催眠的正常人所表现的现象。据我看来，这种现象在用所谓按摩所引起的催眠中也是特别容易和特别经常地出现的。

　　精神分裂症患者还有一个通常的表现是木僵症候——患者对身体任何姿势的继续维持（这种姿势可以由别人很容易地给他做成而不会遇到病人肌肉的反抗），或者是对由这个或那个暂时发生作用的刺激影响而他自己所采取的姿势的继续维持。这又是一种在正常催眠中容易产生的症状。

　　有些精神分裂症患者呈现一种甚至以该症特殊类型的形式出现的固执症状，这就是紧张症，也就是骨骼肌的一种紧张状态，这种紧张状态顽强地反抗着身体某一部分已采取的位置的任何改变。这一种紧张症候只不过是强直反射的作用，由于这种作用，一个被催眠了的正常人可以弄得像木板一样的僵硬。

　　最后，也是属于这些各式各样中枢抑制这一个范畴里面的，在这里还必须提到在青春期精神分裂症病人身上所特别看到的嬉戏和傻相两种症状，也需要提到在其他种精神分裂症病人身上与上述症状相伴随的一种反复无常而具有挑衅性的兴奋。所有这些现象促使我们想起喝酒渐醉时的通常情况，以及婴孩和幼小动物如小狗之类在睡眠初醒时，特别是行将入睡时所表现出来的特殊状态。在这些事实中，我们有理由设想它们是大脑两半球开始普遍性抑制作用所引起的结果，由于这种抑制，邻近的皮层下中枢不单只从它平常的控制之下解放出来，也就是说不单只从在清醒时来自大脑两半球的经常抑制作用之下解放出来，而且还由于正诱导这一个基本机理，在所有各中枢部分中产生了一种兴奋混乱的情况。因此在酒醉的时候，会毫无意义地表现出一时非常欢乐和愉快，一时又伤感和流泪，一时又发起怒来的情形；在婴孩将要入睡的时候，也会表现出各种可能的奇怪变化。还有一个非常特别的情形，就是昏昏欲睡的半岁左右的婴孩，从它的脸上我们可以看到千变万化的各种表情——这表示婴孩的原始皮层下中枢是缺乏组织的。所以一个精神分裂症病人在其疾病的某些位相和某些病的变型中，会时长时短地出现这种现象。

看了所有上述各事例以后，一个人很难怀疑精神分裂症在某些位相和病的变型上确实是代表慢性催眠的。这些变型和位相可以持续若干年的事实，并不能反驳这个结论。假使一个人可以谈到五年的长眠（皮尔·让内）甚至于 20 年的长眠（圣彼得堡病例），为什么却不能有这种持续的催眠呢？尤其是因为把这些例子称为催眠比称为睡眠更为正确，为什么却不能有这种持续若干年的催眠呢？

是什么引起精神分裂症患者的慢性催眠呢？这种慢性催眠的生理和病理学的基础是什么呢？它的发展过程和结果又是什么呢？

这种催眠的主要基础，自然是纤弱的神经系统，特别是大脑皮层细胞的纤弱性。这种纤弱性可以由于不同的原因而产生——遗传的和获得的。我们现在不拟讨论这些原因。但是很自然的，这样一种神经系统在遇到困难的时候——最常见的是在生理上和社会生活过程中的紧要关头——在受到一个压倒一切的强烈刺激以后，不可避免地会进入一种疲乏的状态。然而疲乏是作为产生保护作用的抑制过程的主要生理冲动之一。于是就有了慢性催眠，它表示不同范围和不同强度的抑制。因此这种状态，一方面是病理学的，因为它剥夺了病人的正常活动；在另一方面它在机理上又是生理学的，即是一种生理学的手段，因为它保持脑皮层细胞，使不致由于力不胜任负担的结果而受到毁灭的威胁。在实验室里我们现在有一个令人惊奇的持续抑制的例子，这种持续抑制使纤弱的脑皮层细胞恢复了一个时间的正常活动。我们有充分的理由来设想：当抑制过程进行着活动时，脑皮层细胞是会保持完整无损的；因为它们可以回复到一种完全正常的状态，它们可以从极端疲乏中恢复过来。按照现代的术语来说，这只是一种机能的疾患。下面的事实证明这种说法是确实的：某些类型的精神分裂症，特别是青春期精神分裂症和紧张性精神分裂症，依照最伟大的精神病学权威之一克雷匹林的说法，也就是具有催眠性质的一些类型，结果有相当高的百分数完全恢复正常（紧张性精神分裂症达到 15%），这样的百分数在其他类型的精神分裂症，尤其是偏执性精神分裂症，是达不到的。

最后，请允许我做一个有关治疗的建议，这个建议绝不是全凭情感的，但也不是专门性的。不管从远古直到现代，在精神疾病患者的待遇方面已经有了多大的改善，我想我们还是有些地方可以作进一步要求的。还保持着某种程度意识的大多数病人和另一些不负法律责任的病人在一起，忍受他们的叫声和非常举动之类的强烈刺激，乃至忍受直接的强暴——这样一种情况，必须认为是对于纤弱的大脑皮层细胞给以多余的和更进一步弱化它们的负担。此外，被病人意识为对他人权的侵犯，即自由的限制，和作为不能负法律责任的人的待遇，对于这些纤弱的细胞又不能不是严重的打击。因此，我们应当尽速地像看待其他疾病患者一样地去看待精神疾病的患者，其他疾病的患者对于人类尊严的感觉，没有像精神疾病患者一样受到如此严重的挫折。

第四十三章　高级神经活动概说

（论文发表于《一九三〇年心理学》，麻省，吴色斯特，克拉克大学出版，1930 年）

机体行为的分析——解剖的基础——分析和综合——高级神经活动的研究计划——条件反射的起源——抑制作用——扩散和集中——诱导——疲乏的结果——狗的类型——大脑皮层部分和皮层下部分的相互关系——均等相和反常相——催眠现象——增强性的兴奋对大脑皮层反应的影响——防御反应和食物兴奋的关系

现在这个时候，根据我自己和我许多同事们将近 30 年中所做过的试验，我觉得有理由来断言像狗之类高等动物的全部外在和内在活动，都能够从纯粹生理学的角度来研究而得到完全成功；也就是说能够用生理学的方法研究成功，并能用神经系统生理学的术语来加以解释。下面所举出的一般事实材料可作为我这个主张的证据。

神经系统的活动，一方面是要达到统一化，即把机体各部分的工作整合起来。另一方面是要达到机体和周围环境的联系，达到机体系统和外界环境之间的平衡。前一部分神经活动可以叫做低级神经活动；反之，后一部分，通常被叫做动物或人类的行为的部分，由于其复杂性和细致性的关系，可以很合理地称之为高级神经活动。

高等动物行为的主要表现，也就是说，高等动物对外在世界明显的反应是运动——这是骨骼肌肉活动的结果，这种活动多少伴有由腺体活动所产生的分泌作用。骨骼肌肉的动作，从较低级的各个肌肉活动和少数肌群活动起，达到一种比较高度的整合，形成移位动作，以保持各个部分或整个运动着的机体与地心引力间的平衡。除此以外，机体在周围环境中（包括环境中的一切事物和影响）还进行特殊的活动以保存机体本身和它的种族。这就构成了食物、防御、性欲的反应，以及其他的肌肉运动反应和一部分分泌反应。这些运动和分泌的特殊活动，一方面是以机体内部活动的完善综合来完成的，也就是以一种相应的内部器官的活动来实现某种外部肌肉活动；在另一方面，它们又是由一定的为数不多的外在和内在刺激以一种固定的方式所引起的。我们把这些活动叫做非条件的、特殊而复杂的反射。别的人也给这些活动定了各种不同的名称：如本能、倾向、趋向，等等。引起这些活动的刺激，我们相应地把它们叫做非条件刺激。

这些活动的解剖基础位于最靠近大脑两半球的皮层下中枢，即在基础神经节里面。这些非条件的、特殊的反射构成动物外在行为最主要的基础。可是高等动物仅有这些反应，而没有任何附加的活动，是不足以保存个体和种族的。一只切除了大脑两半球的狗也能够表现所有这些反应，但是如果把它弃置不管，这狗就不可避免地会在很短时间内死亡。为了使个体和种族得以保存，就必须在基础神经节之上加上一个补充器官——大脑半球。这个器官对外界环境作广泛、深入的分析和综合，也就是说，它把环境的各别元素或者区别开来，或者结合起来，以便把这些元素或元素的结合，造成外在环境中基本和必要条件的无数信号，而皮层下中枢的活动就是为这些条件所引起和针对着这些条件而发的。这样一来，那些神经节就有可能使它们的活动非常精确地适应外界的条件——到能够获得食物的地方去求食，有把握地避免危险，等等。除此以外，要考虑到的一个更为重要的事实就是：这些时而分离时而结合的无数外界动因，并不是皮层下神经节的永久性刺激，而只是暂时性的刺激，这是依环境的不断变化为转移的；也就是说，只有当这些动因正确地标志着动物生存的基本和必要条件时才会发生刺激作用。

然而由两半球所产生的精细的分析和综合作用不仅限于对待外在世界。机体的内在世界和其内部的有机变化，也是同样经受分析和综合作用的。骨骼肌肉系统中所产生的现象，如个别肌肉和无数肌肉群的肌紧张状态等现象，特别受着这种分析和综合作用的支配——并且受着很高程度的支配。同时骨骼肌肉活动的极精细的元素和动势也会变成刺激，犹如由外部感受器传来的刺激一样；就是说这些元素和动势可以和骨骼肌肉系统本身的活动以及机体的任何其他活动暂时联系起来。这样一来，骨骼肌肉的活动通过特殊的非条件反射，对于不断变化着的环境条件实现了多样而精巧的适应。就是由于这样的机理，我们才实现了我们由实践中获得的极为精细的动作。手的动作就是例子，说话的动作也是这样。

大脑两半球由于它们特别的反应性和可塑性，通过我们还没有了解的一种机理，使虽然本性迟钝却强健有力的皮层下中枢有可能对环境中非常微弱的变化产生适当的反应。

所以对于动物的高级神经活动，对于动物的行为，有三个基本课题必须加以研究：(1) 作为机体外在行为的基础的、非条件的、复杂的特殊反射，亦即基础神经节的活动；(2) 皮层的活动；(3) 这些神经节和皮层之间的联系方法和相互关系。

就是对这第二个课题，现在我们正进行着最彻底和最精细的研究，因为这个理由，这里我们所要谈到的材料大多是关于这方面的；然后我们再加上一些对第三个课题进行着的研究的初步尝试。

大部分非条件的、复杂的特殊反射多少是已经了解了（我所指的是狗的行为）。在这些反射当中，首先是个体反射，例如关于食物、好斗、主动和被动防御、自由、探究和游戏等的反射；其次是种族反射，如性反射及育嗣反射。但这是不是反射的全部呢？更进一步，关于直接兴奋和抑制这些反射的方法，关于这些反射的相对强度和相互关系，我们还知道得很少，或竟毫无所知。很显然，高级神经活动生理学的重要问题之一，就是要获得这样一些高等动物（如狗），它们被切除了大脑两半球，却保持着基础神经节的完整无损，健康状况良好，并有足够长的寿命，以使我们能够解答上述诸问题。

至于这些反射和大脑两半球的联系问题，我们只知道了这个事实，但没有圆满地看出它的机理。让我们拿普通的特殊食物反射来做一个例子。这个反射包括向着作为动物食品的外界目的物移动，把这食物纳入消化道的入口，并用消化液加以浸润。我们没有确切知道引起这个反射的最初刺激是什么。我们所知道的全部知识，就是一个切除了大脑两半球的动物（如狗），在饲食后经过几个钟头，就从昏睡中苏醒过来，开始动作和走来走去，一直到下次喂饲为止。其后，它又睡过去。很显然，我们在这里看到和食物有关的动作,但这种动作是不明确的,并不能达到任何目的。此外,当这动物动作的时候还有些唾液分泌出来。在外在环境中是没有什么确定的东西引起这种求食的动作和这种分泌的。这是一种内在的兴奋。

在大脑两半球完好无损的动物身上,情形就完全不同了。有许多外界刺激可以确实引起一个食物反应,并指引动物去准确地求得食物。这是怎么产生的呢?很显然,自然现象形成了食物的信号。这是很容易证明的。让我们拿任何一个从来没有和吃食动作或食物分泌发生过任何关系的自然现象来做例子。如果这个现象在吃食动作以前出现,经过一次或几次之后,这现象就会引起食物反应来;我们这样说吧,这个现象就会变成食物的代表者了——动物走向这代表者,如果它是一个实物的话,甚至还会把它衔到嘴里面去。所以,当皮层下的食物反射中枢兴奋的时候,所有在同一时间内达到大脑半球最精密的感受器上的其他刺激,都会直接或间接地趋向那一个中枢,并且所有在那个时间内落到大脑两半球最精致的感受器上的刺激,都可以和那个中枢牢固地结合起来。于是就产生了一个我们所称的条件反射,也就是说,机体以一种一定的复杂活动,来回答一个以前它所不反应的外来兴奋了。这一个兴奋,无疑是起始于大脑半球的,因为动物被切除大脑两半球以后,就再也不会产生刚才所说过的事实。关于这个事实,我们还有什么可说的呢?由于这样一种暂时联系在同样情形之下在最邻近的皮层下神经节的每一个特殊中枢上都可以形成,所以我们必须承认,每一个被强烈兴奋着的中枢以某种方式把同时达到中央神经系统的其他每一个较弱的兴奋吸引到自己这方面来,这是中央神经系统较高级部分的一种普遍现象。照这种方式,较弱的兴奋所作用的地方,在一定的时间内和一定的条件下,和那个中枢多少是较牢固地结合起来了(神经通路接通规律——联想或联合规律)。这个过程的一个主要环节就是:要造成这种结合,较弱的刺激在时间上必需比强的刺激要早一点才行。如果当一条狗正被饲食着的时候,加上一个毫不相干的刺激,是不会形成任何显著而稳定的食物条件反射的。

条件反射可以作为一个很好的对象,用以研究单个大脑皮层细胞的性质以及大脑皮层的整个细胞组织部分中所产生的过程,因为大脑皮层细胞的兴奋就是作为条件反射的最初刺激的。这种研究使我们熟悉了相当多的关于大脑两半球活动的规律。

如果在条件反射试验中,我们一律从一个一定强度的食物刺激开始(在通常程度的饱食以后18—22小时),那么,条件刺激的效果和条件刺激的物理强度之间的一定关系,就明显了。假若别的情形相等的话,条件刺激愈强,同时进入两半球的能量愈大,条件反射效果也就愈强,这就是说,食物动作反应愈为有力,唾液流出愈多;我们通常就是用这种唾液流量来测量效果的。我们可以从某些实验判断出来,这效果和强度之间的关系是很为精确的(效果大小依赖于刺激强度的规律)。不过往往有一个极限,超过了这个极限时,一个较强的刺激不但不会使效果增加,反而使效果减小。

同样,在条件反射的总和现象中,我们也遇到了同样的极限。把一些弱的条件刺激结合起来,我们常可看到它们准确的算术的总和。把一个弱刺激和一个强刺激联合起来,我们看到所引起的效果在一定限度内有某种程度的增加;而当两个强刺激联合起来时,效果若超过了极限,就反而比组成这联合刺激的任何一个强刺激的效果都要小了(条件刺激的总和规律)。

除了刺激过程以外，同一个外界的条件刺激可以在皮层细胞中引起一个相反的过程——抑制过程。如果一个阳性条件刺激，也就是产生一个相应的条件反射的刺激，单独地连续使用相当长的时间（若干分钟），不再伴以它的非条件刺激，那么，与这刺激相应的皮层细胞就必然会转入一种抑制状态。这个刺激一经被有系统地单独使用过以后，它在大脑皮层中所引起的情况，就不是一个刺激的过程，而是一个抑制的过程；它已成为一个条件的抑制性阴性刺激了（大脑皮层细胞转入抑制状态的规律）。

从细胞的这种性质我们引申出了关于皮层生理作用的一些极重要的推论。由于这种作用，在条件刺激和相应的非条件刺激之间就建立了一种工作关系，在这种关系中前者就作为后者的信号。一旦条件刺激不再被无条件刺激伴随时，也就是说条件刺激发了错误的信号时，它就会失去它的刺激效果，不过这只是暂时的失去，过一些时候还会自然地重现出来。还有，在其他例子中，当这个条件刺激或者在经常的确定的情况下，或者在它开始作用以后一个相当长的时间内，没有伴随以一个非条件刺激时，那么，这样一个条件刺激在前一种情形中经常是抑制性的，而在后一种情形中，在它发出刺激作用的前一段时间内是抑制性的。这样一来，由于有在发展着的抑制作用作为一种信号的条件刺激的作用，就会适合这刺激的生理作用的精微情况，不至于引起不必要的活动。此外，在这发展着的抑制作用的基础上，大脑皮层中产生了对外来兴奋作用加以精微分析的极重要的过程。每一个条件刺激最初是有一种普遍性质的。例如把一个一定的音调造成了条件刺激，几个邻近的音调没有经过任何事先的训练也会引起同样的效果来。所有其他条件刺激的情形，也是如此，但是如果原来的刺激一律是由其相应的非条件刺激伴随，而与原来的刺激有关的一些刺激则只单独地重复，那么在后面的情况下就产生了一种抑制过程。它们就变成抑制性的刺激了。

用这方法，我们可以达到某一动物所能够进行分析的极限，也就是说最精细的自然现象可能成为机体一定活动的特殊刺激[①]。我们可以推想：通过大脑皮层细胞和皮层下中枢间建立联系的同样过程，大脑皮层各细胞本身之间也可形成联系。外在世界中同时发生的现象所引起的兴奋是很复杂的。这些复杂的兴奋在适当的场合可以成为条件刺激，并可以通过抑制过程把它们从其他密切关联着的复杂刺激中区分出来。

在大脑皮层某一点上由于相应刺激的影响而发生的兴奋和抑制过程，一定在大脑皮层一个或大或小的面积上扩散开来，然后再行集中到一个有限的区域里（神经过程的扩散和集中规律）。

在上面，我们刚才谈到所有条件刺激的初期泛化现象——就是达到大脑两半球的兴奋作用扩散的结果。在抑制过程方面，同样的事实在最初也会发生。当一个抑制性刺激施用后并已停止的时候，在皮层的其他而且常常是很远的中枢中也可以看到一些时间的抑制现象。这个扩散了的抑制作用，和兴奋作用一样，会越来越集中起来；在受到一个相反的过程与之并列的影响时，尤为如此。这就是说，被施用的过程彼此相互限制。甚至于还有一种迹象，表示在相反的过程中间的空隙上有一个中性点存在着。在做得很精确

---

① 这句话的意思，是说明极限的意义就是可能成为机体一定活动的特殊刺激的、最精细的自然现象。——中译者

的抑制性刺激的情况下,我们从许多狗身上可以看到抑制作用在刺激点上的一种严格的集中现象;由于与抑制性刺激同时,所施用的阳性刺激产生了一个充分的、甚至往往是更大的效果,而抑制的扩散,只有在刺激停止以后才开始。

与兴奋和抑制的扩散和集中现象相平行,并交织于这些现象之间的,还有相反过程的相互诱导现象,也就是说,在同一点上相继产生或者在相邻的两点上同时产生的两个过程,其中一个被另一个所强化的现象(神经过程的相互诱导规律)。这一个也许是暂时性的事实,表现得极为复杂。当一个阳性刺激或者抑制性刺激(尤其是后者)破坏大脑皮层上某一种已有的均衡状态时,在皮层上似乎有一种像波浪似的东西通过,阳性的过程就是一个波峰,抑制过程就是一个波谷,这种波浪渐渐平息下去;也就是说,所发生的是这些过程的一种扩散作用和必然参与着这些过程的相互诱导作用。

自然,要说明刚才所说过的现象的生理作用,并不是时时都可能的。举例来说,每一个新条件刺激的初期扩散作用都可以被这样来解释:每一个成了条件刺激的外界动因,事实上在环境不断变化的情形之下,不止在强度方面而且在性质方面都是会发生变化的。相互诱导作用,必然会引起每一个单刺激的生理作用的强化和固定化,不管这刺激是阳性的也好,是阴性的也好;这在我们的实验中是已经确证过的。但是,抑制作用当其由一定动因在一定地点上引起来的时候,于相当长的时间内在整个大脑两半球上的散布现象,仍旧是不能了解的。这是由于这机理的缺陷或惰性呢?还是一种我们尚不知其生物学意义的某种现象呢(这当然是很可能的)?

由于上述工作的结果,大脑皮层表现成为一种宏大的镶嵌细工;在某一瞬间内,这上面散布着无数小点以接受外来的刺激作用,时而兴奋,时而抑制机体的各种活动。可是因为这些小点在机能上是处于一定的相互关系之中,所以大脑两半球在任何瞬间都是一个处在动力平衡状态中的系统,我们可以把它叫做一种定型。在这个系统的固定范围之内,变动是一件比较容易的事情。但是去接受新的刺激,特别是一下子接受大量的新刺激,或者只是去更替大量旧刺激的位置,就是一个颇为沉重的神经过程,是一个超出许多神经系统的力量的工作了;最后的结果是这系统的崩溃,这系统本身在相当长的时间内会拒绝完成正常工作。

每一个活的工作着的系统以及其个别的部分,都需要休息和恢复。而且像皮层细胞这样易反应的部分的休息期是应当予以仔细注意的。事实上在大脑皮层上工作和休息的调节已达到了最高的程度。每一个部分的工作,在强度和延续时间方面都是受到调节的。我们从前已经看到,同一个细胞中的兴奋只要延续了几分钟,就会在这细胞中引到抑制过程的发展,以降低细胞的工作,最后完全停止它的工作。还有另一种保存细胞的明显情形,这就是强的外来刺激所引起的情形。对于我们的每一个动物(狗)的皮层细胞,都有一个最高限度的刺激,亦即不致引起伤害的机能紧张的一个极限;超过了这个极限,抑制的干涉活动就开始了(刺激强度的极限规律)。一个强度超过了极限的刺激,立刻就会引起抑制,因此就破坏了效果大小和兴奋强度之间的关系的通常规律:一个强的刺激可能产生一个和弱刺激相等的,甚至是更小的效果(所谓均等相和反常相)。

我们已经说过,抑制作用除了在某种环境情况下遇到相反作用以外,总是有扩散倾向的。这种情形在部分睡眠或完全睡眠的现象中表现出来。很明显,部分睡眠也就是所谓催眠。我们因此有可能在狗身上去研究催眠的各种不同程度的广度和强度,这种催眠在刺激影响不够大的时候,最后就会过渡到完全睡眠。

如我们所想象的一样,我们发现大脑两半球这个精致的器官在同一种属(我们的狗)的各个试验对象中是很不相同的。我们有充分的理由把大脑两半球划分为四种不同的类型:两种极端的类型,兴奋性的和抑制性的;两种中间的平衡的类型,安静的和活泼的。在前两种类型中,一种兴奋过程占优势,另一种则抑制过程占优势。在后两种类型中,这两种过程多少是维持平衡的。此外,我们在这里还要考虑细胞工作能力和强度。兴奋类型的细胞是很强健有力的,不必太费力就可以对很强的刺激形成条件反射。对于抑制类型这是不可能的。中间的类型可能是赋有中等强度的细胞(这还待证实)。我们必得认为这种差别决定了下述事实:兴奋类型没有赋予相应的足够的抑制过程,而抑制类型则缺乏足够的刺激过程。在两种中间的类型,这两个过程差不多是同样强的。

这就是大脑两半球在正常健康状况下的工作。可是由于两半球的工作是极端细致的,它们可以很容易地转入不健康的病理状态,对于极不平衡的类型尤其如此。转入不健康状态的情形是很明确的。其中有两种是大家所熟知的。这两种情形就是:很强烈的外界刺激和兴奋过程与抑制过程的冲突。

强烈刺激对于弱的抑制类型特别容易形成有害的动因,在强烈刺激的影响下,这种类型就转入完全抑制的状态。另一方面,相反的过程相冲突的结果,在强弱两种类型中都会引起各种各样的疾病。强的类型完全丧失抑制的能力,而在弱的类型,则兴奋过程大大减弱。在病理现象中特别有趣的一个现象就是疾病可以被限制在大脑两半球的单独的很小的一点上,这无疑地证明了大脑两半球的镶嵌结构。最近,在某种程度内已有可能在实验室中模造出和通常的战争精神病相类似的情形:当病人在入睡或处于催眠状态中时,就带着作战式的叫喊和动作,重温战争情景中的恐怖生活。

在我们已经熟悉了大脑两半球皮层的活动以后,让我们转到皮层下中枢,来看一看它们反过来对于皮层又有什么意义。

皮层下中枢是迟钝到了很高的程度的。这是一个众所周知的事实:对于许多使正常的狗坚定而迅速地起反应的外来刺激,一只切除了两半球的狗都不会产生反应。这是兼指外来刺激的性质和强度而言的。换句话说,对于去掉了大脑两半球的狗,外在和内在世界都受着极端的限制,缩小了。同样,皮层下中枢也没有灵敏而易变的抑制作用。当两半球在活动着的时候,抑制作用经常而迅速地发生;但是很强而很有阻力的皮层下中枢则不会表现这种趋向。这儿有几个例子。一只正常的狗,由于抑制作用的关系,对于微弱和中等强度的外来刺激所起的探求(定向)反射,经过三次到五次重复以后就会消失,有时还会消失得更早一些。在切除了两半球的狗身上,够强的刺激重复时也不会有抑制作用发生。起自两半球的条件食物反射,在一只饿了的狗身上几分钟内就可消退,甚至于消退到拒绝就食的程度;一只同样饿了的狗,非条件食物反射(狗在其食道和胃被隔离以后进食,也就是说,这时食物并不进入胃里去)却继续了三个到五个钟头,可能因为咀嚼肌肉和吞咽肌肉已经疲竭时才告停止。这对于自由反射也是一样,就是说,对于动物的活动受限制时所产生的斗争反应,也是一样。一只正常的狗能够很容易而且几乎坚定地约束这样的反射,但对于一只切除了两半球的狗,这种约束是不可能的。后者在从笼子里放出来就食的时候，在几个月乃至于几年当中，每天都表现出狂暴的挑衅性反应。

　　大脑两半球要依着某种方式来克服上述的皮层下中枢在兴奋和抑制两方面的惰性，因此在许多情形下，两半球必须通过皮层下中枢的媒介去刺激机体以产生或停止机体的这种或那种活动。微弱的外在和内在刺激，还不足以直接引起皮层下中枢兴奋，以什么方式通过两半球的调节而使这些中枢兴奋呢？对于这一点，生理学没有作确定的答案。是在大脑皮层中产生了一个新刺激和一个旧刺激的痕迹的总和，亦即兴奋的一种累积呢；还是在皮层组织上兴奋的通常扩散也发挥了某种作用呢；或者又是其他的情形呢？当两半球受着微弱刺激时，由两半球所引起的皮层下中枢的迅速抑制，也是一样的不清楚的。自然，最简单的情形就是两半球逐渐把抑制累积起来，使其强到足以克服皮层下中枢的直接的强烈的兴奋。的确，我们在实验中不止一次看到两半球上作用时间长的和强的抑制可以有力地把非条件刺激的效果阻挡回去。在这种情况下，已经在嘴里的食物可以在一个长时间内不引起唾液分泌；同样也常常看到在施过一次手术以后，皮层的长期性手术后兴奋在相当长的时间内完全抑制了皮层下中枢的活动：动物变成全瞎或全聋，而完全去掉两半球的动物，虽然只在一定范围以内，对一个强的视觉刺激，特别明显的是对一个听觉刺激，却是产生反应的。我们也可以容易地想象到：大脑两半球在很多加在它们上面的兴奋作用影响之下而全部都兴奋到了某一种紧张状态，依照负诱导规律，两半球就以一种抑制活动施诸皮层下中枢，并因此为两半球自己减轻了对这些皮层下中枢的每一个特殊附加的抑制作用。这样一来，大脑两半球不只是极精细地分析和综合动物的外在和内在世界，而且不断矫正皮层下中枢的惰性。只有这样，对于机体如此重要的皮层下中枢活动才会和动物的环境保持适当的关系。

　　然而，皮层下中枢对于皮层的影响，绝不小于皮层对皮层下中枢的影响。两半球的活动状态是由来自皮层下中枢的兴奋作用来经常保持着的。这一点现在正在我所指导的实验室中仔细地研究着；并且应该认为 B. B. 栗克门博士所进行的实验是具有特殊意义的，现在我就想把这实验详细叙述一下。

　　假定我们从把狗喂到习惯上够饱的程度做起，这时效果大小和兴奋强度间的相关规律本身会是表现出来的；假定我们减少日常口粮，或拉长从最后一次饲食到开始实验的时间间隔，或者仅仅把食物做得更为可口一些，以提高动物对于食物的兴奋性，我们一定会看到条件反射大小的很有趣的改变。效果大小以兴奋强度为转移的规律突然地改变了；这时强刺激和弱刺激在效果上是差不多的，或者，更为常见的，就是强刺激比弱刺激产生更小的效果（均等相和反常相），这是由强刺激减少它们的效果而弱刺激则增加它们的效果（高级的均等相和反常相）而产生的。具有强的皮层细胞兴奋性的狗，在上述情形下表现对强刺激的反应有所增加，但是对弱刺激反应的增加显然更大，由此我们最后就得到了均等相（比较常见）和反常相。

　　现在让我们看一个与此相反的情形。我们把食物的兴奋性降低。一般说来，结果好像是一样的，也就是说，同样地出现均等相和反常相；强刺激的效果和弱刺激的相等或者还要更小。但是，此时表现出一个主要的差别。这一次，弱刺激的效果或者维持不变，或者只在将近实验结束的时候在施用了强刺激以后才减小（低级的均等相和反常相）。所得到的结果可达到这样的程度：狗在强的刺激之下拒绝就食，只有在弱的刺激之下才肯进食。除此以外，在兴奋的狗身上，还可以看到一种不安的情形：狗发出哀鸣声，在架子上前后移动。总而言之，这种情形和接近催眠状态是相像的（兴奋和抑制之间的一种斗争）。

我们将怎样来理解上述事实呢？因为在两种情形下抑制作用都波及强的刺激，同时因为所引起的抑制作用扩散开来并可能第二次影响到弱的刺激——这在实验中可以看到，特别是在降低对食物的兴奋性的实验中——我们决定进行同样的实验而不用强的刺激。由此发现了一条严格的规律：弱刺激的效果和对食物的兴奋性的提高或降低相并而行，也就是说，这种兴奋性提高时效果就跟着增高，降低时就跟着下降。这样一来，整个现象可以简单地解释为食物兴奋性由皮层下向皮层的散布。

但是在我们用强刺激的时候发生了什么情况呢？让我们从第一种情形谈起。当食物的兴奋性被提高了的时候，强刺激的效果，和弱刺激效果的增加比较起来，或者稍微有点增加，或者，更常见的，是减少了；在实验中重复施用强刺激时，这种减少是来得非常突然的。已经非常明显，随着皮层细胞兴奋性的提高——这由弱刺激效果的提高表现出来——以前的强刺激，假若还不是极大限度的，就变成了极大限度的刺激，而原来的极大刺激就变成超极大限度的刺激了。依照兴奋强度的极限规律，这时就发生了一个抑制作用以抵抗后者，后者在细胞过度机能紧张的场合是具有危险性的。这和普通实验中所发生的情形恰巧相似，那时过分强的刺激和在强度极限以下的强刺激比起来，不是产生较大的效果，而是产生较小的效果。在后一种情形中成为刺激的绝对强度的东西，在前一种情形中徒然引起细胞不稳定性（易变性）的增加。下面的事实也可证明所有这些解释是正确的：随着食物的兴奋性进一步的提高，即使原来是弱的刺激也达到了极限，并成为超极限刺激，于是引起抑制作用。

可是当食物兴奋性被降低时强刺激的抑制作用的情形，我们将如何去理解呢？抑制作用从什么地方产生，又为什么产生的呢？很显然，这里我们是谈到一个更为复杂的事实了。但是依我看来，如果我们把它和下述的众所周知的事实联系起来，还是能够圆满地理解的。

一般说来，不管生活是如何的变化多端，可是我们每一个人，以及动物，一定会有非常多的刺激永远是相同的，也就是说，有永远落在皮质的同一些点上的刺激。于是这些点迟早一定会达到一种抑制状态，侵袭两半球的全部并引向一种催眠和睡眠的状态。在我们自己的生活中，以及在我们用狗所做的实验中，我们经常看到这种事实。就因为这个理由，我们常常不得不和在发展着的催眠现象所产生的困难作斗争。对这种催眠作用的主要抵抗自然是来自我们在实验中所用的非条件刺激，大多是来自周期性的部分喂食。因此由于降低了食物兴奋性，我们就让起催眠作用的刺激作用占了上风，就应该会造成一种催眠状态；如上面所说，事实上也是产生了催眠的状态的。

这还没有说完。我们一定还要解释在催眠的时候为什么强的刺激首先受到抑制作用，以及为什么会产生均等相和反常相。在这种情形下，我们可以利用下面的观察，以上谈的现象的机理在这些观察中多少是清楚的。在我们的实验中，我们老早就熟悉了下述的事实：催眠开始时，食物反射的分泌部分和动作部分之间有一种分歧。在人工的条件刺激之下,和在自然的兴奋(看到食物和闻到食物的气味)之下一样,唾液大量流出,可是狗并不攫取食物;也就是说,正在两半球中发展起来的抑制作用以某种方式支配了整个运动区。为什么呢? 我们以为是由于两半球的这一部分在实验时工作得最多,因为狗必须保持一种警觉状态的。这种假设,从进一步的观察中得到颇多的支持。当催眠作用的征候一出现的时候,狗在条件刺激之下就把头转到食物的方向来。把食物容器呈现出来的时候,狗在食物容器上下左右移动时总是用头部的动作来跟随着它,但不能够去取任何食物,只是把口略微张开一点,而舌头则常常从口里悬垂出来,一动也不动,好像是瘫痪了一样。只有经过所呈现的食物的继续兴奋作用以后,口才张得大一些,随后取一点食物到它的口里,但甚至于在这个时候咀嚼活动还被奇怪的肌肉抽动阻断了好几秒钟,直到最后有气力的、贪婪的吃食活动方才开始。

当催眠作用有了进一步发展的时候,动物就只用头的动作来追随食物,甚至连嘴也不张开。再过一会,它就只把整个身子转向食物,到最后就任何其他的动作都没有了。

皮层运动区各个部分所产生的抑制,有一种显明的顺序,和这些部分在实验中所担负的工作相符合。在用食物反射的实验中,大部分工作是由咀嚼肌和舌来担任的,其次是颈部肌肉,最后才是躯干。它们受抑制过程的侵袭就是顺着这个次序。所以,工作得最多的部分是头一个受到散布开来的抑制的影响的。一个皮质细胞的疲乏必然会在这细胞中引起一个抑制过程出现,这是确定不移的。因此,从被实验情景所继续兴奋的细胞扩散开来的抑制作用和在工作着的细胞所原有的抑制作用综合起来,在这里抑制作用就达到了它的极大强度。

对于现象的这一种解释,可以恰当地引用到我们所分析过的对食物兴奋性降低的情形上来。对食物的兴奋性降低时,环境的催眠效用变得更为重要,首先感受到的自然是在较强的刺激影响之下工作得最有力的条件刺激的细胞。

所以,皮层下中枢或多或少决定两半球的活动状态,并且由此用各种各样的方式改变机体对环境的关系。

我们的实验中有几个实验(最近的一个在形式上确实是有些人工化了)也证明皮层下中枢在皮层活动中的重要意义。

下面所举的是 Д. И. 索罗威忌克所做的关于扎结输精管并把年幼动物的一小块雄性生殖腺移植上去(同时做的)对于条件反射活动的影响的实验。

这些实验首先是在一只老早(五六年前)就知道是具有很弱的皮层细胞的狗身上做的。在兴奋过程和抑制过程冲突以后,这狗表现出延续了五个星期的神经病症状。最初,所有的条件反射都消失了;然后又慢慢地重行出现,但是在兴奋强度和相应的效果之间表现了一种错乱的关系;皮层的正常活动,只有一点一点地,经过一系列的位相,才重新建立起来。这以后,这只狗的条件反射行为变得很弱。条件刺激的效果越来越小,必得用各种各样方法来提高对食物的兴奋性。以前是最强的刺激,从其所产生的效果的大小看来,现在是居于最低的位置了。所有的刺激只要一次重复,效果就骤然降低。条件刺激的通常次序一变,所有条件反射跟着就消逝了好几天。

施过手术两三个星期以后,情况就根本改变了。所有反射的大小都大大增加。刺激强度和反应强度之间的正常关系又重新建立起来了。经过重复,反射也不再减低;刺激次序的变更也不会有任何有害的效果了。甚至于兴奋过程和抑制过程间的冲突重复到两次以上，在这个时候也仍然不会对皮层活动有丝毫影响。狗的这一种情形维持了两三个月，然后很快地回复到施行手术以前的状态。在这只狗的另一个输精管上施行同样的手术，也得到了相同的结果。在另外一只狗身上也产生过同样的现象。

这样，在雄性生殖腺中产生的神经的和化学的过程，就都在皮层活动中很生动地表现出来了。然而对下面这一类的问题，如：用什么样的方式呢？直接的呢，还是通过皮层下中枢的媒介？通过一条神经道路呢，还是一种化学方法呢，抑或是通过一种综合的方法呢？——除非有了进一步的分析，还是不能做确定答复的。自然，像关于食物的兴奋性在皮层上的影响，这一类的问题也是一样可以提出的。然而，考虑到外界和内在两方面来的非条件刺激对皮层下中枢的影响，皮层下中枢显然就是针对着这些刺激起作用的，根据这种作用的相当长的时间（这是皮层细胞所不可能有的），再注意到皮层下中枢在两半球对它们控制减弱或消除时所有的超乎寻常的活动强度，我们想到：很可能上述皮层活动的变化是从生的，至少大部分是从生的，而不是本生的，也就是说，这些变化是在皮层下中枢兴奋性的变化影响之下产生的。

最后，我也想把 Г. П. 康拉第所做的有关的实验叙述一下。用同一乐器的三个音，在狗身上造成了三种条件反射，以反应三种非条件刺激：对酸用低音，对食物用中等音，对一个加于胫部皮肤的强电流则用高音。当这些条件反射完全建立起来了的时候，就可以看到下述的有趣现象。首先，利用低音和中等音时，在它们的刺激作用开始的当儿，可看到一种防御反应，只有在兴奋继续作用以后这反应才变成对酸的反射或食物反射。其次，一些中间的音也经过试验，而这也是和防御反射关系最大。泛化了的"酸"音和"食物"音的区域是很有限的。在我们所用的两个极端音限度以外的所有乐音，以及在低音和中音之间的所有乐音，都引起防御反应。因为这些起条件作用的音的相对物理强度不能决定它们彼此之间的这种差别，这些差别就一定是由于对皮层下中枢的刺激作用强度的差别所致。

总结起来，我们不能不说，上面所提到的一些实验，自然不过是对最重要的生理问题之一，亦即皮层和最邻近的皮层下中枢间的相互作用的生理问题，所做的初步试探性的实验研究。

第四十四章　对高级神经活动生理学及病理学的贡献

（1930 年 1 月 12 日在医师进修研究所宣读）

逐步截断中央神经系统所产生的影响——条件反射的目的——镶嵌式的皮层的诱导作用和活动——与癔病和神经衰弱症的相似性——病理的情形——木僵症状——皮层下神经节的机能——精神分裂症——生理学和心理学

敬爱的同志们！在医师面前，我应当主要地谈一下我们那些直接和医学有关的研究。但在谈这些有医学趣味的问题以前，我想对基本的生理学先做一些说明，因为要提到在教科书中还没有的事实。

你们知道，我和我的同事们在研究高等动物的行为。什么是人或动物的行为呢？人或动物的行为就是机体和周围世界的最细致的相互关系，自然这里所谈的周围世界是要用最广义的意义来理解的。到 19 世纪末，机体和环境的这些相互关系还被称为机体的心理活动，而一直没有从生理学的角度去触及过。根据我和我的同事们将近 30 年来所做的实验，我现在完全有理由来说，像狗之类的高等动物的外在活动，和它的内在活动一样，都是可以很成功地用生理学方法来进行研究，用神经系统生理学的方法和术语来进行研究的。

你们都是医师，所以很清楚地知道神经系统的活动一方面是要达到机体所有各部分工作的统一与整合，而在另一方面则要达到机体和外在世界的联系。关于机体内在世界的活动可以叫做低级神经活动，以别于我们所称为高级神经活动的、机体对外在世界的其他适应。因此，行为和高级神经活动两个名词是一致的。被理解为高级神经活动的行为，现在可以予以纯粹自然科学的分析，我就准备和你们简要地谈谈这些分析的结果。

高级神经活动包括些什么呢？你们知道神经系统活动的基本形式就是反射——外在或内在世界某一动因通过感受神经器官、神经纤维、神经细胞和终末，以与机体这个或那个活动建立一种有规律的联系。这些反射从下到上其复杂程度逐步增加，从神经系统的下部起，到大脑两半球就达到了极高度的复杂性。一个活动的主要外在表现就是运动——是有一些腺体分泌参与的骨骼肌肉系统活动的结果。利用最简单的生理实验，我们可以造成骨骼肌肉反射运动的现象，而这些现象的繁复程度是和其接近神经系统高级部分的程度成正比的。

单把脊髓切开一段，只能得到少数几个反射活动——在骨骼肌肉的活动方面，就是一些单个肌肉和不大的肌群的活动。如果在视丘的下面切断脑干，使切除的部分包括大脑两半球和视丘，动物仍能表现出很复杂的生理活动，例如站立和步行，这是需要骨骼肌肉活动的高度整合作用的。

切得更高一点，只把大脑两半球切除，就有一些很复杂的反射，以完成特殊运动来保存整个机体及其种类。这样的狗对其内在活动调整得很好，因为这样，它仍能保持健康，并且生活得很像一只正常的狗。它试寻食物，防护自己使自己不受任何伤害，不容忍对于它的运动的限制；定向反射也显然是存在的。我们把这些复杂活动叫做非条件反射。它们的特点是，被一定的和不多的外在与内在刺激所引起的动作的显著的刻板性。但是这种没有两半球的狗，虽则对延续生命和繁殖所必需的全部机理和功能都完全保存，但仍然不能独自生存下去——你必需要帮助它，否则就会死掉。它纵使努力找寻食物，但不能找到食物；它不能准确地避开危险；性反射虽仍保存，但是它不能发现异性；等等。

这些保存下来的机能的解剖基础，是靠近大脑两半球的神经核，即基部神经节。在施手术后保存这些解剖基础，你就保留了非条件的特殊反射，即保留了动物高级神经活动的基础。然而只有这个基础而没有上层建筑，是不足以保存个体和种族的。必需联上一个附加器官，大脑两半球，以保证动物在周围世界中的定向作用。只有大脑两半球才使动物有可能掌握机会——来发现食物，找到异性，适当地防护自己，等等。

现在我们能够对于大脑两半球的功用，对它们给基本的非条件反射所加上去的东西的意义，提出一个生理学的解释。我们集中来谈一个反射，一个很重要又很普通的反射，这就是食物反射。把两只狗比较一下，一只已经切除了大脑两半球而另一只则是正常的，第一只狗，一旦它肚子里的食物消耗完了的时候就醒了过来，走来走去，并且找寻食物，但总不能找到食物；正常的狗的行为是你们所熟悉的，它很容易能找到食物并满足它的食欲。这是怎么回事呢？除了引起没有大脑两半球的狗走来走去和找寻食物的那些内在刺激以外，对于正常的狗，还有从周围环境中来的特殊刺激以信号形式通知它，指导它，使其走向食物。在这儿这些信号就是食物的外形和气味。狗是在生命一开始就学习用嗅觉和视觉去发现食物的，如果狗在吃食时从来也未看过或闻过食物，那么它是不可能利用食物的外形和气味去找到食物的。这确实是真的，证明也很简单。齐托维奇博士在瓦尔坦诺夫教授的实验室里单用牛奶饲养一只小狗，养了七八个月，从来也没有给过它面包。到后来狗对于面包就视若无睹了。你们知道，这狗以后还必须学习去找寻面包。这是什么意思呢？

（这一章的后面一部分，因为其中包含以前已谈过的材料，已经被英译者缩短了，使其只简略地包括那些事实与本文的关系，以及包括新的材料。）

一个食物条件反射可以用外界的任何一个刺激来形成，以引起非条件反射；这些刺激就是具有生理目的的信号。动物的行为表明"目的"的信号和目标或目的本身是这样被动物混淆起来，以致它对这些信号产生反应，就像它们就是目标一样。例如用电灯作为食物的信号，动物就舔电灯，好像它就是食物一样。所有这些神经活动是由于有了大脑两半球的关系。大脑半球信号活动的反射性质是很明显的——外界的刺激兴奋神经系统的某一定点时，就引起食物反应。你们看：非条件反射，可以说，本来是盲目的，由于以前和它无关的一大堆外在刺激的信号作用而变成有辨察能力了。我们所谈的是一种神经综合作用，大脑两半球的联络机能。这个机能领导着整个机体的工作。这许多时而分离、时而联合的外在动因，并不是皮层下中枢的经常的兴奋者，而只是暂时的兴奋者，只有当它们正确地起信号作用时才引起兴奋作用；注意一下这点是很重要的。称为条件刺激作用的兴奋作用无疑是起于大脑两半球的，因为切除大脑两半球以后这些作用就不在动物身上存在了[①]。

关于这一个事实有什么可以讲的呢？因为在皮层下中枢的每一个特殊中枢上,这样一种暂时性联系都可以形成起来,我们就必须认为：每一个受到很强的刺激的中枢,把同时存在于中央神经系统的其他较弱的兴奋吸引到自己这方面来（神经接通规律,联想或联合）,这是中央神经系统的一个普遍现象。要造成这种联系,弱的刺激在时间上必先于强的刺激;如果一个毫不相干的刺激是正在进食的时候而不是在进食以前联系上去的话,在狗身上除了极不稳定和极短暂的条件反射以外,是不可能建立起任何其他条件反射的。

条件刺激愈强,到达大脑两半球的能量就愈多,而条件反射也就愈大。把两个弱条件刺激合并起来,我们得到一个准确的数学总和;把一个弱刺激同一个强的合并起来,只在某种限度以内有少许的增加;把两个强刺激合并起来时,效果就比其中任何一个的效果还要小（条件刺激的综合定律）。

利用分化作用形成条件抑制以后,我们可以看到,这样一种刺激是有抑制作用的,而不是无关的;因为在抑制性刺激之后立即施用的阳性刺激是没有效果的,这就表示有一种抑制状态存在——这种状态可以是长久的,也可以（如在延搁反射的情形下）是暂时的——以免皮层去做无用的工作。抑制可以扩展（扩散）或集中起来,或者引起相反的过程——兴奋（相互诱导）。当阳性刺激或抑制性刺激打破皮层中一种已有的平衡状态时,以兴奋为波峰、以抑制为波谷的波浪就跟随而起——带有相互诱导作用的扩散现象。

从事建立机体对环境的精密关系的大脑半球细胞,是很灵敏的,必须予以保护,以免过分紧张。抑制过程就具有这种保护作用;条件刺激经过长久使用而没有非条件刺激伴随时,这种抑制过程就会跟着产生。强条件刺激和其效果之间的相当性只在一定限度以内才是有效的;一个太强的刺激会引起抑制和反常相（这时强刺激的效果比弱刺激的还小）,皮层在工作后的疲乏状态也会引起同样的位相。除非有强的兴奋的焦点存在,否则抑制作用是会引起睡眠的。我们在狗身上造成过催眠的各种不同程度的范围和强度,最后,当没有足够的兴奋时,就造成了睡眠。因此抑制有两个主要的功用：终止他种活动以使新的活动有发生的可能,来使机体适应它的环境;其次是引起睡眠。

由于扩散作用的结果,每一个新的条件刺激不单是按照其强度而发生作用,并按照其所处情况而发生作用。以前我们是不了解抑制在狗的两半球上的长期散布的,但傅斯克瑞森斯基用猴子所做的实验,已证明了这是狗的神经系统的一种特殊性质（惰性）。

整个皮层是由影响机体活动的兴奋点和抑制点所构成的一种镶嵌细工;由于这些小点有一种相互的作用,大脑两半球就表现一种可动的平衡,即一种定型。

从我们 30 年的工作中,我们发现我们的狗一般是属于希波克拉底的四个古典类型或气质的：极端兴奋和极端抑制的类型以及安静的和活泼的两个中间类型。

这些就是我们主要的生理学的结果,现在我想来谈一些病理学的问题。你们知道,不能保持兴奋与抑制间的平衡的两个极端类型,感到紧张的机会要比两个中间类型多

---

① 虽然这个一般的说法还是对的,但最近的研究（崔力翁尼、巴尔德、卡勒,以及其他人）说明某些普遍化的条件反射是没有大脑皮层也可以形成的。——英译者

些——这是由实验所证实的结论。因此一只兴奋型的狗是不能忍受阳性刺激和阴性刺激的不间断的连续的，这样它就变得更容易兴奋了。这些动物我们称为神经衰弱症患者。

这些情形与临床上的神经衰弱症的相同点，还是我们的能力所不能解决的一个问题。但在我们的实验室里，已经有了几个这一类的神经衰弱症患者；我们已经学会了在动物身上造成这种状态，更重要的是学会了把它治愈。服用一两个星期的溴剂常会使动物恢复它的解决困难问题的能力。

现在来看一看在同样的情形下，就是说在强的兴奋作用之下或者在兴奋过程与抑制过程间的"冲突"之下，抑制类型所表现的行为；这时产生了与兴奋类型所发生的相反的现象，换句话说，就是对兴奋性的刺激不能产生反应。当1924年列宁格勒大水的时候，狗所受的灾难都是依其所属的类型而不同的。很强的兴奋性的类型没有受到扰动，但抑制性的类型却失去了它们的全部条件食物反射，有一些还病到了这样一种程度。以致我们没法子去把它们治好。有一只狗病得特别严重，在任何强的刺激呈现时都拒绝进食，要是在同一天内加给它许多刺激，就进入抑制状态。这样一种在强刺激影响下神经活动表现抑制作用占优势的情况，我们称为癔病，以符合临床上所用的名词。一个有趣的差别是在临床上的癔病是有兴奋作用和抑制作用渗混着的，但这和我们的实验事实并不矛盾；因为抑制类型的狗在神经细胞弱化以后，兴奋作用常常是显著的。在我们的狗中有一只是属于抑制类型的，当它也被用来做消化实验时，它在架子上待了许多个钟头；它在架子上是极为胆怯的，但在自由的时候却非常活泼了。往后你们将会看到一些事实，使我们能从生理学观点来理解这种矛盾。

在我们的材料中还有另外一个对于病理学重要的事实。我已经告诉过你们大脑两半球在活动时期如何表现出一种相互作用。虽然两半球的某些部分已被造成病态，整个两半球是仍然可以正常地活动的。我们可以说：大脑两半球上每一个建立起来的小点都对皮质的一个个别部分发生作用。事实上我们能够把这些部分中的任何一个造成病态，而不侵扰到同一分析器的其他部分，例如：假定我们说，在造成对于M100（每分钟100次的节拍器音——中译者）的一个阳性条件反射和对于M95（每分钟95次的节拍器音——中译者）的一个阴性条件反射以后，你把它们颠倒过来，强化阴性的而不强化阳性的。结果，听觉分析器的节拍器音部分就变成了病态。在这一部分，条件反射大小和刺激强度的关系规律被打破了；较弱的节拍器音比强的节拍器音产生更大的效果。这一部分的细胞现在已经疲乏，不能再忍受以前的强刺激了。如果在听觉分析器的这一点上的伤害范围更广一点，使用弱刺激就不会产生效果，或者会在这儿引起抑制，使动物的整个行为都发生改变。听觉分析器的其余部分是保持完全正常的，在它们对其他听觉刺激的反应中并未表现出什么误差。但是如果你再应用病理性的节拍器音，反常相或均等相就会出现，抑制作用接踵而来，对我们的全部条件刺激的反应全都归于消失；这样一种情形可以延续到好几天之久。

现在我们开始来谈我们的动物的催眠，这种催眠解释了某些心理疾病的症状。我们看到，睡眠和清醒状态是神经系统两个极端状态的循环性的位相。出现在皮层某一部分上的抑制，会逐步遍及于整个大脑两半球，引起一些部分活动停止，而另一些部分则活动起来,亦即改变抑制作用的部位和强度。例如,狗的食物反射是以两种形式表现出来的,即分泌的形式和动作的形式。有一种有趣的分裂现象在大脑两半球的工作中出现——唾液流出来,但狗并不去取食物;这真是一个奇怪的现象,动物正确地区分信号,但直到催眠状态消散以前不能进食。这现象的解释是:随意动作是在皮层的运动区产生的,而当皮层其他部分在进行活动时,例如进行引起唾液分泌的活动时,运动部分则是被抑制着的。

这是大脑活动分裂的一个例子;运动区被抑制住了,但其他区是活动着的。运动的部分并不是马上就被抑制住的;当你喂狗的时候,有一连串的活动产生,如前一章所描写的一样。抑制作用和兴奋作用一样,是遵循着一定进程的;在催眠的最初,狗首先丧失了舌头和咀嚼肌肉的作用,但没有丧失躯干的作用,因此在给以条件刺激时,唾液外流,狗转向食物,低下头来,但不能取食,舌头像瘫痪了似的伸了出来,口开着,但不能使下颌骨活动。这和我们某一些别的事实是符合的——抑制作用或病理过程最先侵袭工作做得最多的那些部分。

僵直位相可能跟随而来——狗的身体也不能转动了,待着像大理石像一样。抑制作用已扩展到了皮层下中枢,然而还没有到保持空间平衡的中枢上去。到后来完全睡眠就可能跟着出现。因此抑制作用在强度和部位两方面都是有不同的;活动的分裂不仅可以在大脑两半球上存在,也可以在好几个皮层下中枢上存在。我们很容易想象到,由于大脑两半球的比较巨大及其活动的复杂性而不同于所有其他动物的人类,会有种种的分裂出现。但是高级神经活动后面的基本规律在人类和高等动物都是一样的。要感谢奥斯坦可夫教授,我已经能够在临床上,在精神分裂症患者身上,看到一些事实,这些事实证实了我自己的实验观察的结果——与我们的催眠状态相似。为了说明这一点,我现在准备讨论皮层和皮层下中枢的相互关系。

高级神经活动代表大脑两半球以及位于其下的皮层下神经节的活动,亦即代表中央神经系统这两个最重要部分的联合活动。我已经讲过,皮层下神经节是最重要的非条件反射或本能的中枢——食物反射、防御反射、性反射等的中枢,它代表着动物机体的重要趋势,主要倾向。有大量最基本的外在生活的活动是位于皮层下中枢的。从生理学的观点看来,皮层下中枢是以兴奋和抑制两方面的惰性为其特点的。一只没有大脑两半球的狗对于外界加于它的许多刺激不起反应,外在世界对它说来,可以说是缩小了。这样的狗是不能够消灭反射的,例如对定向反射的抑制要许多次的重复以后才会发生,而正常的狗经过三次到五次的重复以后这反射就消灭了。就其对于皮层下中枢的关系来说,大脑两半球的功能是有关所有外在和内在刺激的更精密和深入的分析与综合的,这是为了皮层下中枢,同时,这样说吧,也是为了校正皮层下中枢的惰性。在皮层下一般粗糙机能的底子上,皮层绣饰了一个更精细的动作的图样,更密切符合于生活的条件。另一方面,皮层下中枢对于皮层也是有一种积极影响的。

这里有一些事实说明这一点。一只多天没有饲食的饿狗比一只刚刚喂过的狗会表现出强得多的条件反射。B. B. 栗克门最近在这个实验室里所做的工作给了我们一些重要的详细材料。我已经和你们谈到过在正常情形下反射强弱和刺激强度之间的关系。但是如果你用限制动物口粮的方法来提高它的食物兴奋性,这条规律就失效了;强刺激和弱刺激在效果上是相等的，或者，更常見的是弱刺激產生更大的效果（均等相和反常相）。反過來，如果你在實驗之前餵狗，你也會使強刺激和弱刺激產生相等的效果。但是在這兩種情形之間有一種很大的差別：在第一種情形，等效的水平較高，在第二種情形則是較低的。在後一種情形，可以達到這樣的程度：狗在強刺激之下不會進食，只有在弱刺激之下才去進食。在兩種情形下受到影響的都是強的刺激；餓了的狗和吃飽的狗，強的條件反射都比正常的時候要低。食物興奮性提高，皮層下中樞的緊張就有力地改變皮層，增加細胞的易變性，那麼強刺激就變成了超閾限刺激，極大刺激，結果產生抑制。反過來，食物興奮性降低，來自皮層下的衝動即行減少，皮層細胞的易變性減小，特別是被運用得最多的那些細胞，自然也就是接受強刺激的那些細胞，易變性會減小。

皮層下中樞對皮層的這樣一種影響在試驗弱的刺激時也可以明顯地看到；這種影響合於下一條準確的規律：弱刺激的效果和食物興奮性的升高與降低是相平行的。

皮層下中樞對皮層的影響在我們的其他實驗中也看到過。在大腦細胞疲乏，反射變弱或消失了的狗身上，把輸精管結紮起來，並從其他的狗身上把精液腺移植過來，擬借此以增加血液中的性腺激素。這種手術是有好處的，所有的反射都回復過來了，神經細胞也能夠解決困難問題了。但這種影響是短暫的，過了兩三個月以後，動物又回退到其原來的狀態去了（Д. И. 索羅威忌克所做的實驗）。把實驗反過來做（除去具有正常高級神經活動的一隻狗的性腺），大腦兩半球的機能就有一種顯然的損傷，結果產生和癔病相似的現象，或者使我們聯想到精神分裂症的第一階段。

我們可以斷定，皮層下中樞是全部高級神經活動的能量的來源，而皮層則擔負這個盲目力量的調節者的任務，精密地指導和控制著這個力量。俄羅斯生理學家謝契諾夫所首先發現的皮層的抑制性作用，在我們的一個實驗中突出地表現出來，在我看來，這種抑制性作用是具有臨床上的重要性的。我的一位同事曾看到過一個退伍軍官的戰爭精神病的病例，這位軍官在入睡時就開始哭泣，手足搖動，發命令，總而言之，重新表演戰爭的情景。但並沒有其他的變態症狀。這個病例和在狗身上所發生的情形是相似的。在 Г. П. 康拉第所做的實驗中，用同一樂器的不同音和不同的非條件反射聯繫起來，建立了幾個條件反射。一個音和酸結合，另一個和食物結合，第三個則和加在腳上的電刺激相結合。電刺激是這樣的強，以致狗表現一種顯著的防禦反應，咬架子，叫嗥，並且有一次從桌子上摔了下來。這種防禦反射的極端強度由下述事實表現出來：酸反射和食物反射也變成了防禦反射。酸反射和防禦反射沒有繼續實驗下去，單用食物反射繼續實驗（由栗克門做的）。到第二個月的末尾，食物反射向防禦反射轉移的現象就慢慢消失掉了。但過了一些時候，又看到狗轉入催眠狀態，均等相和反常相接踵而來，而且在餵食以後防禦反射又出來了。這是一種和臨床現象完全類似的東西；兩者都有一種強烈的過去經驗，兩者在催眠時這些強烈經驗的痕跡都表現了出來。很顯然，下述事實就是這個現象的說明：皮層下中樞保留著過去嚴重刺激的痕跡，而一到皮層對皮層下的抑制作用弱化時，甚至在正誘導作用由皮層進展到皮層下中樞時，這些痕跡就變成為無組織狀態。

現在我們既已熟悉了皮層活動在其與皮層下中樞的交互作用中所具的特性，你們會了解何以精神分裂症在某一時期中就是大腦兩半球抑制作用的一種表現。我對臨床上的注意力被吸引到下面那些不幸還沒有專門名詞的症狀上面：就是病人不和你交談，不回答问题,但是如果把这些问题在安静的环境中温和地提出来,你可以得到回答。毫无疑问,这个症状和催眠状态的反常相是相似的东西,那时动物是对弱刺激起反应但不对强刺激起反应的。像语言模仿、动作模仿和刻板症候等症状,从我们的观点看来,可以很容易地解释为时而集中在这一部分,时而集中在那一部分的各种不同程度的催眠。由于许多的原因,我们有理由把精神分裂症的某些症状认为是皮层的一种抑制状态,以保护其细胞使不致进一步疲乏。青春期精神分裂症所表现的嬉戏症状,一种对病人是反乎常情的症状,也是可以理解为皮层下中枢自皮层的抑制作用中获得解放。

　　我已经使你们注意我们的动物的不同催眠现象,注意大脑两半球活动的分裂现象,在这时皮层的某些点是被抑制住了,而其他点则是被兴奋起来了。可以很容易想到这种变化和分裂在人类将是多么巨大。要完全解决这些问题是需要许多有能力的学者的,使我们满意的是我们不只增加了一些从实验动物身上所得到的事实,而且这些事实和其他事实结合起来作为一个草案,就给人类大脑两半球工作的顺利研究和完全理解开辟了一条直接的道路。

　　最后,来谈一点关于流行的脑的生理学(我已经向你们说明过了)和近代心理学的关系问题。心理学家之间的争论,依我看来,就证实了我们对高级神经活动的研究是采取了正确的道路的。今年在美国召开的心理学会议上,我和不同的心理学派的代表们谈过话。今天的心理学尖锐地分成了两大派——老的联想派心理学家和格式塔派(全形心理学)心理学家相对立。根据前者的看法,大脑两半球的机能就在于把原先是分离的元素联合起来,因此他们的主要问题就是对于这种联络的分析;依照后一部分人的看法,高级神经活动总是以一个整体出现,是不能容许分成因子来看的,而他们的讨论就是对动物与人类行为的这种机理的描写和解释。以严格的事实材料为基础的大脑两半球生理学在其现在的发展中,可把这两种观点联合起来。大脑两半球显示着各个部分的机能的镶嵌,每一个点都具有阳性的或抑制性的一定生理作用,这对于我们是很明显的。在所有元素都有相互关系的这个体系里面,这些元素在每一瞬间都是联合起来的。这是我们实验中的一些最简单的事实。你利用不同的条件刺激造成许多条件反射,这些刺激是以相等的时间间隔,按固定的次序来呈现的;于是你就得到了一定的结果。这种次序或时间间隔也可以产生其他的效果。从我们的狗的一个例子中就看出这个建立起来的系统在大脑两半球工作中发挥了何种程度的功能,在这一例子中,这个系统的改变就使条件反射都归消灭。因此就生理学家的立场来看,大脑半球皮层是同时而经常地进行分析与综合两种工作的,对于这两种机能的任何分割,或者偏于两者中的一种的研究而不是两者一起研究,要想说明大脑两半球的活动,是不会成功的。正像化学家所掌握的分析与综合是研究未知化合物的结构和解释未知化合物的性质的有力武器一样,神经过程的分析和综合为生理学对大脑两半球的错杂机能结构的理解照亮了一条笔直的道路。

第四十五章　论主观与客观融合的可能性

当生理学家有系统地开始用客观的条件反射方法来研究大脑皮层和邻近的皮层下中枢整个机体与环境联络的特殊机构——的正常活动以建立这些活动的基本规律时,也就是当他开始像他在消化腺与循环系统等的研究中一样进行思考时,高级神经活动的生理学就在我们的眼前出现了①。

从这个时候起,就逐渐有可能把我们的主观世界的现象和生理的神经的关系关联起来,换句话说就是把它们彼此混合起来。假若生理学家仅仅有对皮层各点加以人工刺激或者切除脑的不同部分的实验时,我们是不可能作这样想法的②。那时多么奇怪啊! 研讨动物和人类机体同一个器官活动的人类知识的两部门(现在有谁能否认这一点?)多少总是彼此孤立地进行工作,有时甚至还在原则上互相对立起来。由于这种反常状态的结果,脑髓高级部分的生理学就在一个长时间内停滞不前,而在心理学方面纵然有人再三企图把许多的心理学名词归成一个系统,甚至于要造成任何一种普遍的语言来描写心理现象都是不可能的③。现在情况是完全改变了,对于生理学家来说尤其如此。在我们面前展开了一个广大无边的观察和实验的、无限量的实验的远景。心理学家们最后终于获得了一个普遍的稳定基础,一个自然的体系。有了这个体系他们就比较容易去整理人类体验的无限混乱的现象。前进,不断地前进,心理学和生理学之间,主观和客观之间,自然的、不可避免的接近和融合终于达到了——长时间惊扰人类思想的问题④获得了依据于事实的解决。而且,对于这种联合的每一个进步方法都是未来科学上的一个大课题。

在心理疾病中显然就有这种融合的一个最普通的例子。这时人类主观世界的歪曲显然是和脑髓高级部分的解剖上与生理上的损坏有着密切联系的。

---

① 巴甫洛夫说过:"条件反射的研究是真正的、确实的大脑两半球生理学,就像血液循环研究是心脏与血管的生理学,消化(机体内食物的机械与化学的加工)研究是消化道的生理学等等一样。"(赠给菲普士精神病院巴甫洛夫实验室的一张巴甫洛夫照片上的题词)——英译者

② 这句话是有趣的,表示着巴甫洛夫的过去的企图:他想在人类行为研究的精密实验中,用条件反射的方法,把比较接近于正常的动物来代替病态的部分动物,就像他在消化研究中利用慢性瘘管所作的一样。——英译者

③ 在福利契和赫齐葛 1870 年的生理学著作以后的心理学的状况。——英译者

④ 在这里巴甫洛夫是描写目前的情况,这时生理学和心理学是这样的混合了起来,以致一个研究人员自称为生理学家或心理学家常常只是一个个人嗜好或偏见的问题。——英译者

第四十六章　实验神经病

（在伯尔尼第一届国际神经学会议上的德文讲词,1931 年 9 月 3 日）

不同类型者的神经症——阉割的影响——与人类神经症的相似性

　　我们把高级神经活动的一种持续到几星期,几个月,乃至于几年的慢性失常理解为神经病。对我们来说,高级神经活动主要是表现在对于任何刺激的阳性和阴性条件反射系统中,也部分地表现在我们的动物（狗）的一般行为中,但这里表现的程度是要比较低一些的。迄今引起我们的动物发生神经病的因素是:第一,过于强烈或过于复杂的刺激;第二,抑制过程的过度紧张;第三,两种对立的神经过程的冲突（直接追随而生的）;第四,也是最后一个,就是阉割。

　　神经病表现在两种过程分别削弱或同时削弱中,表现在混乱的神经活动中,也表现在催眠状态的各种不同位相中。这些征候的不同的组合,就产生了各种完全不同的症状。疾病是否发生,如果发生,以何种形式表现出来,是随神经系统的类型为转移的。

　　根据我们的研究,我们发现了三种主要的类型。中间的一种类型是理想的正常类型,在这种类型中,两种相对的神经过程是处于平衡状态中的。这种类型又有两种变型:安静稳定的动物,和与之相反的,活泼好动的动物。还有另外两种极端的类型:一种是强的类型,甚至是太强而不是完全正常的,因为其抑制过程是比较弱的;另一种是弱的类型,在这种类型,两种过程都是弱的,特别是抑制过程。我觉得我们类型的划分是与希波克拉底的古典气质分类最相符合的。

　　为了简单起见,我只谈几个我们最近用阉割动物所做的实验。中间类型的动物在阉割以后,明显的疾病一般只继续一个月;以后这动物就正常地活动起来了。只有在兴奋性提高的情形下,才可能看出皮层细胞工作能力的低下。在做食物条件反射实验时,兴奋性很容易由于不同饥饿程度的影响而发生改变。

　　在较强类型的动物,阉割后的明显病理状态继续到数月、数年,或者更久,而且改善也仅是渐进的。对这一类动物,中止我们的实验或饲以溴剂就会引起显著而暂时的恢复正常。在平日进行实验的时候,条件反射总是混乱的。实验中止三天就能使反射恢复到正常的情形。因此可见,我们的每一个实验都是神经系统的一种沉重的工作。在日常进行的实验中,正常的活动就是用溴剂治疗来恢复和保持的。

　　此时发生了意想不到而且十分奇特的下列情况。通常或多或少强的类型在阉割以后立即表现出神经系统机能低下,阳性条件反射减弱。在弱的类型中出现与此相反的结果。阉割后几个星期以内,条件反射变得强了一些。只有到了后来才表现出皮层细胞的显著减弱;在这种情形下,溴剂不但没有帮助,反而会使情况变得更坏。这种奇特的现象也是可以满意地给以解释的,但是我现在不能够停下来作详细的说明。

　　现在我必须结束了。认真地比较我们狗的神经病状态和人类各种不同的神经病，对于我们这些不十分熟习人类神经病理学的生理学家来说是一个难于做到的课题。但是我确信：解决人类神经病的病源、自然分类、机理以及治疗等许多重要问题，或者是利于作决定的条件，是掌握在动物实验者的手里的①。

　　所以我参加这次会议的主要目的，是诚恳地把正常的和病理的条件反射实验工作介绍给诸位神经病理学家。

---

　　① 我想，这里面有好几点现在已从临床方面获得证实。在我们的狗身上用人工造成高级神经活动的变异时，我们看到：在神经系统类型不同的狗身上，用同样的方法——神经的困难问题——产生了神经疾病的两种不同的形式，两种神经病。

　　在兴奋的(强的)类型的狗身上，神经病表现为抑制反射的几乎完全消失，也就是说，抑制过程的显著削弱，几乎减低到零。在另一种抑制的(弱的)类型的狗身上，所有的阳性反射都归消灭，狗变得极为困倦欲睡。前一种狗的神经病，服了溴剂很快就可恢复。第二种狗服了同量的溴剂就很快地变得更坏，而且恢复是极慢的，只有把实验中断，长期休息，恢复才有可能。

　　由于不熟悉临床的神经病的缘故，虽然有一些看法作为指导，但我们最初却错误地把头一种狗的神经病叫做神经衰弱，而把后一种狗叫做癔病。后来我们发现头一种狗的神经病称为亢奋过度症更为恰当，又把后一种狗的神经病叫做神经衰弱，而保留癔病这个名词以用于现在在我们实验中发现的、由其他原因所引起的神经系统疾病，这可能更好一些。

　　在刚开过的神经病学会议上，崇地博士作结论说目前神经衰弱的临床形式应当分为两种神经病，并与两种相反的体质具有关系；在我看来，他所说的两种神经症是和我们上述的两种神经病相应的。

第四十七章　对狗的催眠状态生理的贡献

（转载自巴甫洛夫生理实验室报告，4 卷，1932 年，

与 M.K.彼得罗娃合作）

催眠的说明——运动反应和分泌反应的关系——和人的催眠的相似性——抗拒症候——理论的解释

除了用刻板的历史上的方法来做的动物催眠（把狗翻过身来仰卧着并保持它们这种不自然的姿势）即诱致僵直症候的催眠以外，在我们的实验室里，在脑的高级部分的正常活动研究中，我们获得了可能更精细地去研究催眠状态的各式各样的细微表现。这种催眠可以被连续施用全然相同的一个刺激来引起，最后产生相应的皮层细胞的一种抑制状态，这一方面表现于不同程度的紧张，另一方面又表现于在大脑两半球上和深入脑下部的不同程度的散布，就像前面有一章所说过的一样。

进一步的观察揭露了催眠状态许多新的症状，一些常难与清醒状态区分开来的更精细的等级，催眠状态的一种随环境中细微变化而转移的巨大可变性。

在本文中我们想描写一下在两只狗（我们中间的一位——M.K.彼得罗娃——在研究各种条件反射时所用的）身上所看到的现象；这两只狗现在一来到惯常的实验场合中就经常进入了催眠状态。

许久以来，在我们的实验室工作中时常报告了：在条件食物反射的实验中，当狗打瞌睡的时候唾液分泌和食物动作反应常分别出现。在遇到我们的人工条件刺激时，或者更常见的是遇到如食物气味（我们已经说过食物气味也是经过条件化的）之类的自然刺激时，唾液大量流出来，但动物并不吃食。在这个时候，我们看到了食物动作反应的显著而有趣的变化——这些变化是催眠的各种不同强度的表现，有的在这只狗身上最易看到，有的在另一只狗身上最易看到。一只被轻度催眠的狗，表现了在精神病学上称为抗拒症候的现象。在条件刺激继续一段时间以后，我们把食物给狗，狗却躲开食物；我们把食物拿开，狗却又努力地接近食物。我们再把食物拿来，它又躲开；我们又把食物拿走，它就竭力去取食。我们把避开食物的反应叫做抗拒症候的负位相或第一位相，把接近食物的动作叫做正位相或第二位相。这种抗拒症候可以重复许多次，大多数狗都不会进食。催眠的程度就用这种手续可能重复的次数来测量。催眠开始时，食物在第二次呈现的时候就被取去吃了；催眠再深一点，抗拒症候的两个位相就都可以重复到很多次；到了更深入的催眠时，不管我们把食物呈现多少次狗都不会取食了。但是我们如果用某种方法把催眠消去——取去连在狗身上的唾液杯，解开把狗拴在架子上的皮带，或者用其他任何方法——狗就贪馋地开始吞食起原来给它的食物来。

另一只狗的食物动作反应表现得更为繁杂……当条件刺激起作用的时候（通常是在

条件刺激单独作用的末尾），狗如果是坐着的，就站了起来；如果是站着的，就把整个身子转向给食物的那个方向；但是把食物给它时，它却把头向旁边或向上躲开，即表现出抗拒症候的第一位相。现在如果把食物容器拿开，狗又把头朝向食物容器，追随食物容器，表现第二位相。这样重复几次以后，狗最后把嘴摆在食物上面，但是不攫取食物，不能够攫取食物。它好像是费了很大气力才渐次开始张嘴闭嘴，但仍然没有攫取食物（无效动作）。然后它的上下颚开始自如地活动起来。这时狗就一小点一小点地攫取食物，到了最后就大张开嘴，迅速而重复地吃起食物来了。因此，在这个催眠位相中，我们能够从有关吃食动作的骨骼肌肉系统的三个部分看到三种不同的状态：强烈的抑制，即有关吃食动作的肌肉（咀嚼肌肉和舌头）的僵硬化；显著的可变性，但这是以周期性活动的形式表现出来的，以颈部肌肉的抗拒症候表现出来的；最后是其他躯干肌肉的正常的机能。催眠愈深，邻近的肌肉僵硬也就愈甚，即愈受抑制：舌头像瘫痪了似的从嘴里悬挂出来，而上下颚则完全不能动。颈部肌肉的抗拒症候，则只有负的第一位相。到了后来，头部的动作完全都没有了，在条件刺激作用时狗只能转动躯干。催眠更深一些时，甚至最后这些条件刺激和食物所引起的动作都失掉了。所有这些表现，都可以利用那些用于第一只狗的方法予以立即消除。

关于食物动作反应，还必须补充下述的一点：食物的惯常形状的极细微改变，甚至于给予食物的方法的极细微改变，结果都会使负的动作反应变成正的，也就是说狗攫取了它刚才所拒绝的食物。我们在常用的容器中均匀地盛一点浸湿了的乳酪和肉粉来喂狗，狗没有就食。但是假若把这同一个容器中的食物的一部分堆成一堆，狗就狼吞虎咽地大吃起来，后来并把所剩下来的都一起吃掉。只是把食物放在碟子上或纸上来喂饲，也可以得到正的反应。狗从手中取食，却不从容器中取食，而且有时在条件刺激以后，狗拒绝摄取盛在容器中的肉粉，却去舔食泼洒在台子上的同样的肉粉。

除了上述动作方面的现象以外，在催眠中还有一些其他值得我们注意的动作反应。许多在清醒状态下的狗，吃了一部分实验用的食物以后，就舔前爪和胸的前部。在催眠中这种舔的动作就大大延长，有一只狗还表现了特殊的形式。舔了并浸湿了脚爪，特别是前爪的蹠部以后，它就用脚爪在连在瘘管上的杯子上面摩擦；如果不去打扰它，它会这样做很多次。这只狗在清醒状态中是从来没有这样做过的；虽则也有一些狗在唾液杯初装上去的时候要去抓它，到后来完全不去理会。我们可以有理由去推想，这是被催眠的狗的一种特殊防御反射的表现。一只狗有皮肤擦伤的时候，通常总是用唾液来洗净伤处，舔舔伤口（治疗反射）。上述的这一只狗，显然是固定唾液杯的蜡的刺激引起了这种反射；由于舌头舔不到这个地方，所以它就用脚爪。我们所说过的食物动作的变型反射，有许多通常是在同一个实验中看到的，并且一个很快地被另一个所代替。催眠状态的这种流动性、易变性除在上述现象中表现出来以外，在其他现象中也表现了出来，这是我们在前面已经说过了的。

催眠作用在狗进入实验室时就开始产生，有时甚至在它站到台子上以前就开始产生，以后随着实验的进行而增加。

食物分泌反射和食物动作反射常常好像是颉颃的。有时在刺激时有唾液分泌出现，而没有动作反应，也就是说狗不攫取食物；有时情形正相反，狗贪馋地吃食物，而条件分泌却不出现。

说明这几点的实验如下：

1930 年 4 月 17 日,狗名"比卡"

条件刺激	条件分泌 以 30 秒钟内的滴数计算	运动食物反射
嘎嘎声	15	抗拒症候,然后进食
铃声	15	无效动作,很久不进食

1930 年 4 月 18 日

嘎嘎声	1	立刻攫取食物,但慢慢地吃
铃声	0	立刻攫取食物,并贪馋地吃

有时这些在分泌和动作反应间的显然颉颃关系在一个实验中很快地发生变化。

1930 年 4 月 12 日,狗名"约翰"

嘎嘎声	5	抗拒症候
铃声	0	立即攫取食物

在我们以前的实验室工作中,有许多次看到建立得很好的、通常是分化了的抑制刺激,可以在两个相反的方向上改变已有的催眠状态,时而把它加强,时而把它减弱。我们在上述的催眠动物身上也常常看到这种情形。

最后,应该提及：在我们通常的强条件刺激中,过分强的条件刺激会消灭或减弱催眠状态,而一般强度的条件刺激则使催眠状态保持不变,甚至会使之加强。

用"比卡"所做的实验就是这方面的一个例子,这实验的前段是上面已介绍过的。在实验继续进行中以及在进行分化作用以后,中等强度的条件刺激——嘎嘎声、水泡声与铃声——不引起分泌作用,呈现食物时狗只有一些无效的咀嚼动作,很久不攫取食物。嘈杂声——极强的条件刺激——则引起了分泌作用,狗在短时间的抗拒症候之后就攫取了食物。

1930 年 4 月 17 日

条件刺激	30 秒钟内的唾液分泌滴数	食物运动反射
嘎嘎声	0	长时间不吃食物
水泡声	0	长时间不吃食物
嘈杂声	5	短时间的抗拒症候
铃声	0	长时间不吃食物

怎样来理解和设想上述事实的生理机理呢？当然,就我们关于大脑高级部分生理学知识的现有情况来说,要对于这时所发生的全部问题作一个完全有根据而又明确的回答,是一种太高的、不符合于事实情况的要求。但是我们应当经常企图去把个别现象归纳成为这些大脑部分的活动的较一般的轮廓,就是进行一些新型的实验,希望对于这些

情况下的现实的极复杂关系作更进一步的理解。

要想在描写催眠现象时，说明所枚举的事实的机理，主要的困难是当刺激作用无疑是落在两半球的细胞上时，我们常不知道在产生出的神经活动中什么应当归之于大脑半球，什么应当归之于脑髓的低级机关或低级部分，甚至归之于脊髓。依照中央神经系统的种族发展程度，以一定的复杂化的所谓反射中枢为其形式的神经联络系统，是越来越集中于头部一端的。由于机体复杂性的增加以及机体各方面对环境关系的增多，它表现出对各种刺激动因，更加多的分析与综合。这样一来，与多少是定了型的神经活动一道，与脑的由为数不多的基本刺激作用所引起的复杂生理机能一道，高级神经活动就发展起来；它对于大量的条件，大量的已经很复杂，并且更是变化不定的刺激作用都完全照顾到了。这时就给研究工作带了一个极为复杂的，关于这些不同阶段的联系与联系形式的问题。

回到我们最初的关于食物条件反射中分泌反应和动作反应相分离的问题，必须决定在这个反射中什么是可以用皮层来说明，什么是可以用皮层下中枢来说明的；或者用通常的话来说，就是什么是随意的，什么是反射性的。食物条件反射的分泌部分和动作部分都是一样依靠着皮层的吗；是不是动作部分和皮层有关，而分泌部分和皮层下中枢有关呢？

让我们回过来看一看事实吧。根据人类催眠的事实，我们必须承认在大脑皮层里面，和通过传入纤维而来的外在世界的庞大代表者（高级调节机能的一个必要条件）一起，还有一个机体内在世界的广大代表者，即许多器官和组织的工作和无数有机过程的代表者。在这儿特别使人信服的是在假想的自我暗示的妊娠中重复出现的具体事实。这时产生了许多和脂肪组织之类的不活动组织的活动有关的过程，而这些过程又是在大脑两半球的影响下发生和增强的。这两种代表者是很不相同的。虽然骨骼肌肉器官的代表者能够与外界能量（如听觉的能量和视觉的能量）的代表者一样做精细的适应，其他内在过程的代表者则很显然是落后了的。这也许是由于后面这种代表者很少实际应用到的关系。但是无论如何，这都是一种经常的生理事实。在这个基础上面，机体的随意机能和不随意机能就区别开了，骨骼肌肉的活动就算做是随意的。随意的意思是说骨骼肌肉的工作第一步是由其皮质上的代表者，亦即皮质的运动区（用我们的术语来说就叫做运动分析器）所决定的。这运动区直接与一切外在的分析器相联络，经常受指挥于这些分析器的分析与综合工作。

从这些事实出发，我们可以认定建立条件食物反射的机理如下：一方面，这是条件刺激所作用的皮层点和带有一切特殊机能的皮层下食物反射中枢间的一种联络；另一方面，又是这些皮层点和运动分析器的相应部分间的一种联络，亦即与运动分析器参与进食动作的部分的一种联络。由此我们便可以了解当催眠时在进食活动中分泌部分和动作部分的分裂。因为有了催眠状态，运动分析器被抑制了，但皮层的其余部分是自由的。反射就可以由这些自由部分以达具有其全部机能的皮层下食物中枢，而运动分析器的抑制作用，通过它的直接通路，把这个反射的动作部分排除了出去；在其动作的最后阶段内（亦即前角细胞中）造成不活动的条件；因此在吃食动作中就只剩下分泌反应还可以看得见了。

现在看一看与此相反的情形：给予人工的条件刺激，唾液不流出来，但动作反应是有的，狗立刻就吃食。这个解释是简单的：由整个皮层所产生的一种普遍的轻微抑制意味着一个人工刺激作用是不足以克服正存在的抑制的；只有当给予食物时，人工条件刺激和自然刺激（食物的外形和气味）综合起来，才产生包含两个组成部分的全部反射。

除了在催眠术中所看到的以外，在这里还可以分析一下在其他实验中所遇到的另外一种情形。狗吃食物，但唾液过10秒或20秒钟才流出来。这无疑的是和皮层中由人工条件刺激所引起的特殊抑制在一定时间内的发展相联系的。如何了解这种情形呢？它的机理是什么呢？我们可以设想，从人工条件刺激所作用的各点，有一个强的抑制进展到整个皮层下食物中枢，包括它的两个主要组成部分（分泌部分和运动部分）；这种抑制作用也蔓延到相应的皮层运动分析器。当呈现食物的时候，较强的自然条件刺激所作用的各点，即还没有参与于抑制作用的发展中的部分，很快就引起运动分析器食物部分的一种兴奋，因为这个分析器比皮层下中枢是容易变动一些的。而在这皮层下中枢中，只有当更有力的非条件刺激起作用以后抑制作用方会消除。这也许和没有食欲的时候把食物强行纳入口中，将它咀嚼和吞咽时的情形有一部分相似。

其次一个催眠的现象就是抗拒症候，它的生理机理就是我们目前所要谈的。这种现象当然是抑制作用的一种表现，因为它是代表一种渐次过渡到睡眠的位相的。没有疑问，这是一种皮层的局部抑制，因为同时发生的唾液反应已经表明是条件化了的，亦即是一种皮层的活动。于是就自然地得出结论：这是与皮层的运动区相关联，亦即与运动分析器相关联的一种运动抑制作用。但是怎样去理解这种抑制作用的形式呢？为什么它起初存在动作活动的负位相，后来又存在正位相呢？这是什么一种变化呢？依我们看来，这似乎是可以很容易和我们以前所知道的一种事实联系起来的。当催眠开始的时候，也就是说，当产生抑制作用的时候，皮层细胞进入到一种比较弱的，工作能力较低的状态。这就是所谓反常相。这时平常的强刺激变为超限，不引起兴奋作用，而引起抑制作用。此外，我们可以想象，从运动分析器发生的运动包含两种相反的神经分布——正的和负的神经分布，即朝向食物的运动和避开食物的运动，这是和四肢的屈肌和伸肌间的关系相类似的。

现在抗拒症候可以按下述的方式来理解：从皮层部分来的多少没有受到抑制的条件刺激作用向运动区的具有正的神经分布的相应部分发放兴奋，而运动区由于其催眠状态的关系，是处于反常位相中的。所以刺激作用没有引起这一部分的兴奋，反而引起了更深的抑制。于是这种不寻常的局部的抑制，依照相互诱导规律，引起了负点的兴奋，产生抗拒症候的负位相。把刺激取消时，借着内部的相互诱导作用，受着过分抑制的正的部分就过渡到兴奋状态，而被诱导出来的负的部分的兴奋则变成了抑制性的，它本身又对正的部分起正诱导的作用。因此正的部分在受过起先的过分抑制以后，就加倍地被兴奋起来。结果，假使催眠作用没有加深，在一次或几次的给予食物再拿开食物以后，正的位相就占了优势，狗就开始吃食。这是细胞活动的一种非常易变的状态。事实的进一步发展就证明了这是真实的情形。如果催眠状态被加强了，就只有单纯的负的位相保留下来，相反的诱导作用是不可能再产生了；再进一步则动作机理的任何兴奋都没有了。

在条件食物动作反射的这个催眠阶段，我们可以看到抑制作用在皮层上局部分布的因素之一。本文的事实部分曾经提到，我们的狗中有一只在运动区的相邻近部分，出现了一定顺序的抑制作用。这个顺序可以这样解释：即在催眠尚未完成之前活动得最多的也最先受到抑制。在进食动作重复进行时，颚部肌肉和舌头活动得最多，其次是颈部肌肉，最后才是躯干，而抑制作用就是循着同一顺序进行的。

在催眠时变更食物形状与饲食方法，而得到阳性刺激作用，这个有趣的事实也是以皮层的一般性质为基础的。很多年以前，傅尔波兹在我们的实验室里就证明了有一种第二级条件抑制作用，恰巧和一种第二级条件刺激作用一样。如果一种抑制过程的建立是和一个不相干的刺激同时发生的，后者很快就会变成抑制性的动因。因此很容易理解，为什么在催眠（某种程度的抑制）时落在大脑两半球上的每一事物，也变成了抑制性的。这也就是为什么有时仅把狗带进实验室来就足以引起催眠的道理。同时每一个新的刺激作用不管其怎样轻微，虽不会马上把抑制作用消除，到后来总是会引起皮层的阳性兴奋作用的。

本文所提到的治疗反射，只是在催眠时经过短暂的饲食过程以后所产生的皮层下中枢反射的一种。具有刺激成分的进食活动，对于多少被催眠了的皮层而言，是一种强烈的刺激，因而就加深了皮层的抑制。从皮层跟着就发生了一种对皮层下中枢的正诱导作用，以致在这一瞬间在皮层下中枢内有一些阈下的现存刺激作用，或者有一些过去强烈刺激作用的痕迹。动物就开始打喷嚏，搔痒，等等；动物在清醒时是从来也不做这些的。这儿是一个和本书另一讲中所描写的战争精神病相类似的实验事例。

至于分化作用即条件的抑制性刺激作用，关于它们对扩散着的抑制作用的影响，我们老早就知道，它具有一种双重的、直接相反的作用。如果催眠现象有一种轻度的紧张，那么建立得很好的抑制性刺激作用，把广泛的抑制作用在某种程度内集中了起来，就把催眠或者完全驱散，或者减轻。反过来，如果皮层有一种强烈的抑制性紧张，它就会和现存的抑制作用综合起来，而加深抑制作用。因此，结果是由各种力量间的关系来决定的。

最后，在本文事实部分的最后一个实验中，很强的刺激和中等强度的刺激及弱刺激相反，常常不是引起抑制，而是引起兴奋。这是可以用非常强烈的刺激对于皮层下中枢的直接作用来解释的；皮层下中枢的强烈兴奋蔓延到了皮层，就消除或减弱皮层的抑制过程。这样一种解释很有助于我们的实验：当一个不变的实验场合开始使我们的某些动物发生催眠作用时，我们就减少狗的日常口粮以提高其食物兴奋性，来抵抗这种作用。这种提高了的食物兴奋性可能就位于皮层下的食物中枢。

科尔图什科学村的大楼

这个研究是我和数十位合作者所共同做的,他们经常用了他们的头脑,也用了他们的手来参与这个工作。假若没有他们,恐怕连现在十分之一的结果都不会达到。当我用"我"字的时候,你们必须了解它不是指狭义的一位著作,而可以这样说,它的意思是一位指导者。我主要是指导了这个工作,并且把它全都确证了。

第四十八章　论人类和动物的神经病

（对谢耳德的批评的答复——神经病与生理的分析）

一个实验事例中一些相似性的讨论

在《神经病与精神病杂志》第七十卷中，刊出了 Д. 谢耳德博士所作的一篇论文，题为"神经病的身体基础"。作者在文中承认我和我的同事们所称的实验动物（狗）的神经病，"是由神经病的现象所构成的"，这种承认对我们自然是很有价值的。但是对作者下边所说的关于人类与动物神经病的比较研究的话，我要非常郑重地反对。他说："巴甫洛夫及其学派关于神经病的重要实验，只有根据我们在神经病方面的实验来看，才能理解。我们不能用条件反射来解释神经病，但是用我们在神经病方面所研究的精神机理，却能够很好地解释条件反射中所出现的东西。"

对现象的"解释"或"理解"这一名词的意义是什么呢？是把比较复杂的归结为比较初级、比较单纯的现象。因此人类神经病应当借助于自然比较单纯的动物神经病来说明，来理解，也就是说，来进行分析；而不是与此相反。

在人类方面，首先必须明确决定是在什么地方脱离了常态。但即正常人的行为也是因不同的人而极不相同的。因此我们应当和病人一道或不和病人一道，甚至要在遭遇病人抗拒的情形下，来在生活关系的混乱现象中找出那些渐次或立即发生过作用的，有理由认为是产生病变，产生神经病的条件与情况。更进一步，我们必须知道为什么这些情况和条件在我们的病人身上产生了这样一种结果，而对于其他的人却没有影响。同时，为什么这在一个病人身上引起一种症候群，而在另一个病人身上则又引起完全不同的一种。我只是提出了最重要的一些问题，把细节都略去不谈了。对于所有这些问题，是不是常有完全令人满意的答案呢？

但是如果我们想要作一个完全的最后的分析，这还只是问题的一部分。我们的病人的行为失常，自然是起自他的神经系统的一种变化。现在谁能否认这一点呢？所以必须要回答下面这些问题：在某一个病例中，神经系统的正常过程是怎样发生变化的，发生了什么样的变化，为什么发生变化？这难道不是真正的先决条件吗？而它们又在什么地方得到完全圆满的解决呢？

而我们在狗身上所研究的是什么东西呢？

首先，我们看到：只要我们有了一个动物，在它的神经活动的基本现象（还没有作进一步的生理分析的现象）之间没有一种适当的平衡，也就是说，兴奋过程和抑制过程之间没有一种适当的平衡，神经病就可能产生，而且这是没有什么困难的。

更进一步，关于这样的一种实验动物，我们确切地知道：这种不充分的平衡，个别动物所特有的这种不充分的平衡，在某种基本情况之下，是终于要崩溃的。这主要是发生在三种情况之下，即三种条件之下。或者是用具有条件刺激性质的极强烈刺激，以代替那些只是弱的或中等强度的，而且通常决定动物活动的刺激；也就是说，使动物的兴奋过程紧张过度。或者就是要求动物尽力作一种很强的或者很持久的抑制；也就是说，使动物的抑制过程紧张过度。最后，或者就是让这两种过程之间产生一种冲突；也就是说，条件的阳性刺激和阴性刺激，一个紧接着一个轮流施用。在所有这些情况下，对于适当的动物，就产生了一种高级神经活动的慢性障碍，一种神经病。兴奋的类型几乎完全失去它的任何抑制能力，而且一般都变得异常兴奋；抑制的类型，虽然是饥饿了，但是在条件刺激作用之下甚至也拒绝就食，而且只要它的周围环境中稍有变化，一般就变到极为局促不安，而且极为被动。

我们可以大致不错地设想：假若这些生了病的狗能够追忆和报告它们在那种场合下的体验，它们也不会对我们关于它们的情况所能猜想到的更增添丝毫材料的。它们都会宣称：在上述的每一种场合下，它们都是经历了一种艰难的情况，一种困难的情况。有的会报告说它们常常感到控制不住要去做那些被禁止的事情，然后它们又因为这样或那样地做了那件事情而受了处罚；而别的又会说它们全然不能，或者只是消极地不能去做它们通常应当做的事情。

这样看来，我的同事和我利用我们的动物所发现的，是基本的生理现象——生理分析的前沿（就现在的知识情况来说）。同时，这是人类神经病的最切近和最基本的根据，并可作为对神经病的正确解释和理解。

所以在人类方面，由于他的生存环境的复杂，而他对生存环境又有许多不同的反应，所以在谈到分析和治疗时，我们就常常不得不面对这个最困难的问题：在他的生活中什么情况对于他的神经系统是过分强烈的，在什么地方和什么时候使他活动的要求和使他约束自己的要求之间，发生了他所不能忍受的冲突。

如果按照谢耳德博士的意见来看，在人类高级神经活动比起狗来是极端复杂的情形之下，神经病患者的无数主观经验，作为狗身上的神经病的同一种生理过程的不同变化，怎么能够对于动物单纯的神经病的解释工作提供任何帮助呢？

自然，要对神经病和精神病的课题作最后的生理分析，还存在着许多尚未解决的问题。在很平衡的神经系统上是不是可能产生神经病呢？ 神经系统最初的不平衡性是一种第一性的现象，也就是说，神经组织本身的一种先天性质呢，抑或是一种第二性的现象，依赖于神经系统以外的其他机体系统的某种先天特性呢？ 是不是除了神经系统的先天性质以外，也存在有其他机体情况决定着神经系统某种程度的正常机能呢？

我目前正为这当中的几个问题而忙着，并且已经有了解决这几个问题的材料。

当然，除开这些特殊问题（有关正常神经活动之疾病的普通课题的）以外，在生理学家面前还有关于下列最基本的神经过程的理化机制的问题：即兴奋和抑制，它们的相互关系，以及加诸于它们的过度紧张的理化机理问题。

第四十九章　高级神经活动的生理

（1932 年 9 月 2 日在罗马第十四届国际生理学会议上宣读）

巴甫洛夫大脑机能生理学研究的开始——兴奋和抑制间的冲突——抑制的不同形式——超界限的抑制——睡眠中枢——神经活动的四条规律——镶嵌式的皮层——动力定型——用溴剂治疗神经病——额叶的机能

现在我想我是最后一次在我的同道们的大会上出现，所以我容许自己来提请大家注意我和我的同事们新近研究的多少是系统化了的梗要，这包括了我的生理学方面活动的整整一半。里面有许多是已经发表过的。

我热切地憧憬着在我们科学前面日益展开的远景，以及科学对人类本性和命运的日益增加的影响，来贡献出这个总结。

对于解剖学家和组织学家而言，大脑两半球常恰如任何其他器官或组织一样可以研究的，也就是说，它们是被用同一方法来进行研究的；但自然地，这些方法要适合它们的特殊性质和结构。大脑半球的生理学家却处在完全不同的地位。身体的每一种器官，它在机体中的一般任务一旦被知道了以后，它的实际工作、工作的条件和工作的机理就成了一个研究的对象。大脑两半球的任务是比较清楚了——一个器官司理整个机体对环境的最繁杂联系的任务——但是对于它们的机能活动，生理学在以前是没有做过什么进一步工作的。对于生理学家而言，大脑两半球的研究并不是从具体地重新造成这种机能开始，然后一步一步地接着机能的条件与机理的分析。生理学家拥有许多关于两半球的材料，但是这些材料与两半球每日的正常活动，并没有明显的或密切的关系。

现在，我和我的许多同事们做了 30 年专心致志毫不间断的工作以后，我有足够的勇气来说：事实的情况是根本改变了；在目前，我们这些保持着生理学家身份的人，也就是说，进行着和在生理学其他部分内所进行的相同的客观观察的人，是在研究着大脑两半球的正常工作。我们也经常地，而且越来越多地运用分析，这是真正科学活动的标准；对于现象的精确的预见和控制，证明了这样一种研究的无可置辩的严肃性。这个研究无可抗拒地向前迈进，没有遇到丝毫阻碍；在我们面前展开着越来越长的一系列关系——构成高等动物机体最繁杂的外在活动的一系列关系。

大脑两半球正常工作的中心生理现象就是我们所称的条件反射[①]。

现在发生了一个问题：高级神经工作是运用什么内在过程，依照什么规律来完成的，和直到现在还被认为是生理学研究对象的低级的神经工作比较起来，其中共同的是什么，特殊的是什么？

[①]　讨论关于条件反射与非条件反射的旧材料的几段删去了。——英译者

　　整个中央神经系统的基本过程显然是同一的：即兴奋与抑制。我们有充分的理由可以相信，这些过程的主要规律是扩散作用与集中作用，以及它们的相互诱导作用。

　　就大脑两半球而论：在相应的刺激作用影响之下，兴奋过程或抑制过程具有一种轻微的紧张时，扩散作用就把这些过程从原来的一点传播开来；在具有一种中等的紧张时，就会集中在原来的一点上；而在具有显著的紧张时，就又有扩散作用了。

　　在整个中央神经系统中，以扩散开了的兴奋作用为基础，跟着就产生了一个综合起来的反射，一些蔓延开的兴奋作用波和局部的显露或潜伏的兴奋作用综合起来；潜伏的兴奋作用显示一种隐伏的紧张状态———一种大家都知道的现象。在大脑两半球里面，从不同各点扩散开的波的会合，很快就引起一种暂时联系的形成，引起这些点的联络，而在中央神经系统的其余部分，这种会合则是一种短暂的、一忽即逝的现象。也许是由于两半球已发展成的反应性和牢记性的缘故而在大脑两半球中产生这种联系，它是中央神经系统这一部分一种固定和特有的性质。除此以外，在大脑两半球里面，兴奋过程的扩散，也会暂时和在短时间内消除与洗去被抑制着的阴性各点上的抑制，在当时就给这些点以阳性的作用。我们称这种现象为抑制释放作用。

　　正在抑制过程扩散开的时候，可看到阳性各点的作用有一种减弱和完全消除的现象，而阴性各点则有一种强化现象。

　　当兴奋和抑制过程集中时，它们会诱导出相反的过程（在起作用时，都是在四周，在作用终末，则是在所作用的地方）———相互诱导定律。

　　在兴奋作用集中时，我们在整个中央神经系统上面发现抑制现象。兴奋作用集中的地点，被或广或狭的抑制过程包围起来———负诱导现象。这种现象在所有的反射中都表现出来，它是立刻发生并且完全发生的；它在兴奋作用停止后，还会持续一些时候，它存在于各小点之间，同样也存在于脑的各主要部分之间。我们把它叫做外在的、被动的、非条件的抑制。这也是很早就知道了的现象，有些时候把它称为各中枢间的冲突。

　　在大脑两半球中，除此以外，还有抑制作用的其他方式或例子，这也许是具有同样理化基础的。首先是校正条件反射的抑制，这产生在条件反射不与其非条件刺激相伴随的时候。这种抑制渐次增长，受到强化，并且可以训练，可以使之完善；这都是由于皮层细胞具有非常的反应性，结果就使其中的抑制作用有易变性的缘故。我们把这种抑制称做内在的、主动的、条件化的。这样转化成为大脑两半球各点抑制状态的固定刺激物的刺激，我们称为抑制性的、阴性的刺激。如果不相干的刺激在大脑两半球处于抑制状态之际被重复使用，这些刺激就会获得这种抑制性刺激的性质（傅尔波兹的实验）。大家已经知道，原始的抑制性反射在脑的低级部分也发生，在脊髓中也发生；抑制在这些地方即刻产生，早已形成，或是成了定型的；而两半球的抑制反射，常见到的是在形成的过程中，渐次地产生的。

　　大脑两半球中还有另外一种抑制作用。在所有其他相等的情况之下，条件刺激的效果是和刺激的物理力量的强度相平行的，可以一直向上（或许是一直向下）达到某一限度。超过了上方的限度时，效果就不会增加，而且保持不变或者减弱。我们有理由设想，在超过这个限度时，刺激和兴奋过程一道，还引起了抑制作用。因为在皮层细胞里面，有一个工作能力的界限（防止疲乏），超过这个界限，就会产生抑制。这个界限并不是固定的，而是表现急性和慢性变化的——在疲劳时，在催眠时，在疾病时，以及在老年人，都有变化。这种可以称为超出了界限的抑制作用，有时立即产生，有时则只有在重复超上限刺激[1]时才产生。我们可以认为：在中央神经系统低级部分中也有一种和这种抑制相同的东西。

可以设想，个别的内抑制，也是一种超限的抑制，并且刺激作用的强度仿佛能由刺激的持续时间来代替。

每一种抑制作用都像兴奋作用一样会扩散开来，但是在大脑两半球上，内抑制的变动在其各种程度与形式上表现得特别明显，并且很容易观察到。

抑制作用展开和加深着，结果就产生各种程度的催眠，或者当它向脑的下部深入到了一个极大的范围时，就产生正常的睡眠。

按抑制的范围的大小，在脑的低级部分与皮层之间，也和在皮层本身一样可以看到一种机能的分裂。运动区与皮层其他部分孤立开来的机会是特别多的，而且在这个区域内部还会发生机能上的分离[2]。

不幸临床工作者与若干实验工作者们所称的"睡眠中枢"妨碍这些事实被一般公认并在了解许多生理和病理现象上加以利用。然而把这两方面的事实调和起来并不是困难的。睡眠有两种产生的方式：抑制作用从皮层向外扩展，以及限制由机体内外落到脑的高级部分上来的刺激作用。斯区沛耳在很久以前就用对外在刺激加以一定限制的方法造成了一个睡眠的实例。最近 А. Д. 斯别兰斯基与高耳金破坏狗的嗅觉、听觉和视觉的感受器，产生了一种延续了几星期或几个月的深沉而长期性的睡眠。就是这样，经常进入脑髓高级部分的刺激作用受到病理或实验的隔绝时，由于机体有植物性活动的缘故，就会产生长久而深沉的睡眠了。在这些事例的好几个例子中，睡眠的产生，显然是由于限制刺激作用引起了抑制作用之故。

恰巧与兴奋过程的集中一样，当抑制过程集中时，相互诱导规律就开始发生作用。抑制集中的一点是由或广或狭地提高了的兴奋过程所包围的——正诱导现象。升高了的兴奋性或者立即产生，或者渐次产生，甚至于在抑制作用之后还持续一些时候。正诱导作用不仅在皮层的各点间当有了分散的抑制作用时表现出来，而且在脑的较大部分之间当遇到扩展的抑制作用时也表现出来。

利用这些规律，我们可以弄清楚许多在最初好像是不能解释的现象。我在这里只想举出一个例子——无关刺激对于延搁条件反射复杂影响的例子（我们的同事 И. В. 查瓦茨基的实验）。

先让条件刺激连续作用三分钟，然后才以非条件刺激去强化它，这样就造成了一个延搁条件反射。在第一分钟内没有条件刺激作用的迹象，直到第二分钟的中间或末尾，才开始有作用，在第三分钟内有了最大的效果。这么一种反射包括两个外在的位相，即不活动的位相和活动的位相。然而特殊的实验证明第一个位相不是不活动的，而是抑制

---

[1]　我把俄文形容词"超出了疆界的"译成"超限的"或"超极大的"，来表示那些因为它们的强度关系而产生与正常刺激作用相反的效果的刺激作用。——英译者

[2]　参阅关于催眠的几章。——英译者

性的。

现在，假使和条件反射同时，又使用不同强度的、单只会引起方向反射的外在刺激，我们就看到延搁反射的一连串变化。用一个弱的刺激时，不活动的位相就被转变成为活动的，表现出条件刺激的特殊效果；第二个位相的活动保持不变，或者略有加强。用一个比较强的刺激时，第一个位相仍是上面这种改变，但是活动位相的效果则显著减弱。如用一个很强的刺激时，第一个位相重行保持为不活动的，第二个位相的效果则完全消失掉了。目前根据我们的同事 B. B. 栗克门最近的尚未发表的实验，我们知道这些现象是由于四条规律起作用的结果：(1) 兴奋过程的扩散，(2) 负诱导，(3) 综合作用，(4) 极限。在用一个弱的方向反射时，蔓延开的兴奋作用的波，驱除了第一位相的抑制作用；这个反射在兴奋作用还继续着的时候就几乎已消失掉了，它或者使第二个位相完全不受影响，或者由于少许综合作用而使其略微加强。在用一个较显著的方向反射时，它的影响就比较长久，因为与第一位相的解除抑制作用同时，由于条件反射的活动位相和扩散开的方向反射的兴奋波有一种相当大的综合，就在延搁反射的第三分钟内产生了越界的抑制作用。最后，在用一个强烈的方向反射的情形下，由于强的负诱导作用而发生了兴奋作用的完全集中，这种负诱导就和第一位相的抑制作用综合起来，并取消了活动位相。

虽然我们已经对兴奋和抑制间的特殊关系作了许多研究，这两个过程的关系的普遍规律还是不能够精确地规定出来。关于这两个过程的基本机理方面，我们的实验材料中有许多是支持下面这种看法的：抑制作用也许是和同化作用同时发生，而兴奋作用则不辩自明，是和异化作用同时发生的。

我们有一些关于随意动作的资料。我们和以前的研究者一致，证明了皮层运动区主要是感受器官，和视觉区、听觉区及其他区域一样；因为利用对运动区的运动觉刺激作用，我们可以制造出条件反射来，正和利用其他外在刺激一样。于是就有日常习见的事实在我们的实验室中模造出来——即建立任何外在刺激和被动作间的一种暂时联系，由此获得动物对于某些信号的一定的主动动作。但是运动觉刺激作用怎样和与它相应的动作活动联系起来，是完全没有作解释的：它是非条件化的，还是条件化的呢？除了这最后的一点以外，随意动作的整个机理都是一种条件化的、联络的过程，服从于所有上述的高级神经活动定律的。

从外在世界和机体本身的内在环境中，有许多刺激不断地落到大脑两半球上来。它们是沿着特殊的、无数的通路从周围传导进来的，结果它们在脑髓中就落到一定的地点和区域上。因此在我们面前，首先有一种复杂的结构，镶嵌细工。沿着传导通路，有种种朝着皮层走的阳性过程，在皮层中又有抑制过程与这些阳性过程相联系。而从皮层细胞的每一个别状态（这些状态因此也是无数量的）都可以建立起一种特殊条件刺激来，就像我们在条件反射研究中所经常看到的一样。所有这些材料是应当予以分类和系统化的。因此在我们面前又有一个宏大的动力系统。在正常动物的条件反射中，我们就观察和研究这过程的此种经常系统化的作用，这种好像是不断朝着动力定型进展的作用。以下是一个值得注意、值得说明的事实。如果我们已经用一些不同强度的刺激在动物身上形成了一连串阳性条件反射以及抑制性反射，然后天天把这些刺激施用一些时候，各刺激之间总是有一定的和相等的时间距离，并且总是依着同一种次序出现，那么我们就在两半球上建立起一种过程的定型。这是容易证明的。现在如果在整个实验过程中我们依照同一时间距离重复阳性条件刺激中的一个（最好是弱的当中的一个），于是单独这个刺激也会依照正确的次序来引起一种效果大小方面的变化，就和用各个刺激所组成的全部系统时所表现出来的一样。

不仅建立动力的定型是一种沉重的神经劳动，即便或多或少地继续维持动力的定型也是一种沉重的神经劳动，这是随这种定型的复杂性和动物的个性为转移的。自然有一些关于神经的问题是如此的困难，以致神经系统强的动物只有经过痛苦的奋斗才能够解决它们，另外一些动物遇到了条件反射系统的每一个简单变化，如新刺激的出现，或者只是旧刺激的某种变化，就以失去整个条件活动作为反应，有时失去的时间还相当的长。还有一些动物则只有在实验中有间断时，也就是说，经过许多休息期间时，才能保持正常的系统。最后，其他的动物则只在用一个极简单的反射系统时，例如，只包括两个刺激，都是阳性的而具有相等强度时，才会有规律地进行工作。

我们必须这样想象，两半球建立和维持动力定型的神经过程，构成通常所谓情感，有积极的也有消极的，包括无数等级的强度。定型的建立过程，建立的完成过程，定型的维持和它的破坏，在主观上就构成我们各种积极和消极的情感，这些情感在动物的运动反应中常是很明显的。

所有我们的工作都渐次迫使我们承认我们的动物的神经系统，有不同的类型。大脑两半球是中央神经系统最易反应和最高级的部分，因此它们所独有的特征应当是主要地决定任何动物一般活动的基本特性的。我们的系统化的类型和古代对于所谓气质的分类是相符合的。

我们对于高级神经活动的研究是循着正当的途径进行的，我们精确地描写现象，我们又正确地分析它们的机理：对这些的最好证明是现在我们在许多实例中能够从机能方面准确地造出慢性病理状态，然后又按照我们的意愿把它恢复到正常。我们知道用什么方法和什么类型的动物我们能够造成神经病者，以及造成何种病变。事实表明：我们的实验神经病是在强而不平衡的兴奋性类型和弱的抑制性类型中发生的。假使把需要强的抑制作用的问题坚持向兴奋型的动物提出，它就会差不多完全失去抑制，因而丧失了校正条件反射的能力，也就是说，它停止分析，停止辨别它所遇到的刺激。但是最强烈的动因也不会在它身上产生有害的病理作用。而弱的抑制性的类型在受到抑制作用的一种轻度紧张时，以及受到过分强烈的刺激作用时，也容易发生病变：不是在我们的实验布置中完全不能作任何的条件反射活动，就是堕入一种混乱状态中。对属于平衡类型的动物，我们甚至用了相反过程间的冲突——一种特别难以忍受的折磨，还不能造成神经上的紊乱。

和临床上所发现的一样，对神经病的最好治疗是给以溴剂；依照我们许多有益的实验看来，这药对抑制过程有一种特殊关系，显著地加强这一过程。但是剂量应该精确地予以调配——对强的类型要比对弱的类型大五倍到八倍。把实验中断来给予一段休息时间，也常常会是有帮助的。

在弱的类型的动物中，我们常遇到天然的神经病。

我们已经有了并且还可以制造出在人类精神病患者身上所看到的明显症状：刻板症

候、抗拒症候和周期性的表现。

癔病这种病被认为完全是、或者至少主要地是一种心理上的疾病，一种心理性的对环境的反应。这一年以来，由于我已经熟悉了临床上的人类的癔病，我相信对它的症状可以做毫不牵强的生理学的理解，从高级神经活动生理学的观点去理解。这一点我已经发表过了[①]。这个症候学中只有很少几点还需要用假设来补充，以便使其与人类的高级神经活动相符合。这个补充就是关于言语的机能，大脑两半球活动的最后一条新的原则。如果我们关于周围世界的感觉和表象，对于我们是现实的第一级信号，具体的信号的话——那么，言语，主要是从言语器官传入到皮层的动觉刺激作用，就是第二级信号，信号的信号。它们是对现实的抽象作用，并使概括作用成为可能；这就构成了附加上去的、人所特有的高级思维，首先创造了普遍的人类经验，最后创造了科学——人类在周围环境中和在他自己中的高级方向作用的工具。癔病病人的奇怪幻想和朦胧状态，和每一个人的梦，都是一种第一级信号的发动，连同他们的形象性与具体性以及情绪的活动；而初期催眠状态主要是把第二信号系统的器官排除，这器官是脑的最灵敏的部分，经常主要是在清醒状态中进行工作，并在一定程度内调节和抑制第一级信号和情绪活动的。

也许额叶就是这种外加的纯粹人类心理机能的器官，然而我们可以想象，高级神经活动的一般规律对于这个器官必然还是一样的。

上述的事实和想法显然会引起生理学和心理学最密切的联合，这是许多美国心理学家们已经特别注意到的。美国心理学会会长瓦尔特·亨特1931年的演讲中，虽则作为行为主义学派心理学家，他极力要把生理学和这学派的心理学分开，但是仍然没有寻求出它们之间的差异来。

但是甚至非行为主义派的心理学家也承认我们关于条件反射的实验是一种重大的支持，例如，对联想派心理学家的工作就是有重大帮助的。还有别的相似的例子可举。我相信人类思想的一个重要阶段就会达到，那时生理的和心理的，客观的和主观的，将实际地联合起来，那时在我的意识和我的身体之间的痛苦的矛盾或对立，实际上将会被解决了，或者自然消灭了。事实上如果对于高等动物（即狗）的客观研究到达了那样一个阶段——这工作正在完成中——在那时生理学家在所有情形之下对于这动物的行为都有一种精确的预见，那么，主观状态的独立分离的存在中还保留着什么东西呢？自然这种主观状态之对于动物和我们的主观状态之对于我们是一样的。依我们想来，那时每一个活着的动物（其中包括人类）不是已经变成一个不可分割的整体了吗？

---

① 参阅第五十二章。——英译者

第五十章　在弱的神经系统类型中用实验方法
产生神经病并予以治疗的一个实例

（在哥本哈根第六届斯堪的纳维亚神经学
会议上宣读，1932 年 8 月 25 日）

去年在伯尔尼的国际神经学会议上，我只报告了我们实验神经病的最一般的特征。在这儿我将继续举一个神经病的实例，这实例是我最老的和最尊敬的同事之一，M. K. 彼得罗娃，刚刚彻底研究过的。

讨论到纯粹实验神经病时，我们就必得从动物（狗）神经系统类型的问题开始。我们划分出三种基本的类型：强的，甚至是很强的，但是不平衡的即抑制比兴奋过程弱的；强而平衡的，也就是具有同等程度的两种相反过程的；以及弱的，也就是两种过程都弱的，有时是一种过程特别弱的。这些类型，特别是弱的类型，自然会有着不同的程度或变化。我们有一大批的实验，由于这些实验，我们已经逐渐划定了这些类型和它们的等级。在某些情况下，为了给类型作一个正确的诊断，就必需重复这些实验。

用加诸神经活动的困难问题所引起的纯粹实验神经病，迄今只出现在极端类型的动物身上。可以用好几种方法很容易地使这些动物产生这种病变。这儿我想叙述一个弱类型的狗多次患神经病的实例。

这狗是野狗和猎狐犬的混合种，体重约 12 公斤。依照外表行为、条件食物反射的工作来看，以及依照我们为了判定类型所做的某几个实验来看，这个动物在开头好像是一个强而平衡的动物；但是进一步的两个实验使我们相信它是属于弱的类型的：第一，有一种增高的食物兴奋性（在实验的前一天狗没有吃东西）；第二，大剂量溴剂的服用，使它归入了弱的一种。强的类型的动物，有了一种增高的食物兴奋性时，通常要不是所有阳性条件刺激的效果都有增强（假使强刺激的效果没有超越界限的话），就是与此相反，只有弱刺激的效果接近于强的刺激。

好几个星期或者好几个月以内，每天给予大剂量的溴剂，在我们这里都是证明没有任何的害处的；而对于强而不平衡的类型，甚至还有一种好的作用，提高它们的抑制机能，因而使它们能够调节它们的神经活动。

在我们的狗身上，所有这两种方法都引起了条件反射的减弱，引起了条件反射的破坏：阳性刺激的效果没有了，而阴性刺激停止产生充分的抑制作用。在这个实例中弄明白了：如果逐渐减少溴剂的剂量，我们甚至还可以使神经活动改善。以前我们在这儿作过一个错误的结论：我们没有依照类型来调节溴剂的剂量，就认为用溴剂于弱型的动物是决不会有帮助的，而且用大的剂量就只会有害。

因此我们的狗是属于弱的类型的，但是是属于中等的程度。在通常的情况下它工作得令人满意，一个包含六个不同种类与强度的阳性刺激和一个阴性刺激的系统，每天按同样的次序和相等的时间间隔来施用，就会在狗身上引起规则而正确的反应。在实验时这动物的行为多少是活泼和平衡的。简言之，它是条件反射研究的一个适宜的对象。这么一种情况表现了5个月之久。

现在我们就来制造神经病。在此以前抑制性刺激只作用30秒钟。在下一次实验中我们就把它延长到整整5分钟。另外一天我们又重复这5分钟的抑制作用，这就足够根本改变整个的狗，把它弄成剧烈的病者了。

条件反射的规律性，连一点痕迹也没有了。每一天都表现出一种特别的情景。所有阳性条件反射都显著减弱，有几个还完全消失了。抑制性的反射则被解除了抑制作用。有时还产生了超反常相，也就是说，阳性刺激不发生作用了，而同它分化开了的抑制性刺激却引起了一种正的效果。这只狗在实验中忽而极易兴奋，有时候伴有用力的呼吸，很不安静；忽而深深入睡，甚至发出鼾声；忽而表现显著的兴奋性的衰弱，对环境中最轻微的变化也起反应。它时常拒绝在每一次阳性条件刺激之后的惯常喂饲。总而言之，关于条件反射的工作方面，无疑是有了神经活动的一种极端的混乱的情形。这在动物的一般行为方面也同样表现出来。把这只狗放到台子上，给它做实验的准备，以及把它放开，都是不容易的；因为这个动物是没有耐心的和不能控制的。在自由的时候，它自己也做出很奇怪的行为：躺在地上时，它会歪倒一边并向着一个人爬行，它在以前是从来也没有这样做过的。带它进出狗舍的工友报告说，它已经变疯了。

把实验中断（休息）或者用阳性刺激代替抑制刺激，对于动物的状态都没有什么好的影响。这只狗的情形不但没有进步，反而越来越坏，继续了两个月之久。

于是我们就开始医疗。在每次实验前30到40分钟，我们给以0.5瓦溴化钠。第二天就有了显著的进步，到第三天这只狗就在所有的关系上都正常了。服过12剂以后便停止了溴剂。在后来10天内，这个动物还是保持完全健康的。

现在我们再讲另外一个实验。

和这只狗原有的阳性条件反射同时，我们不用中等强度的噪音，而把一种甚至我们的耳朵不能够忍受的极强噪音，像所有其他阳性条件反射一样去施用30秒钟，然后给予食物。这动物作了一种显著的恐惧反应，想从台子上挣扎开去，甚至到刺激终了时还不就食。然而对后来的两个通常的刺激它是正常地作出反应并且吃食物的。这个特殊刺激的施用只限于这一次，但是在另外一天，狗的上述的疾病又完全回来了，而且虽则经过10天到15天的停止实验，又经过两天的例行休息，它的情况一个多月后还是没有改变。

现在我们又给予和第一次所用的剂量一样的溴剂，到第三天进步就显著了，到了第六天至第八天，这个动物又整个儿正常了。服过10剂以后就停止溴剂。到这儿因为放假，实验没有继续下去。

依我看来，要说这些实验有一种机械式的性质也是没有夸张的。很显然的，它们代表神经活动的两个病理的因素：抑制过程的过度紧张和极强烈的外界刺激。其次在这两种情形中有一种有疗效的因素，就是抑制过程的产生和加强，因为我们根据许多别的实验已证明了溴剂对抑制过程有一种直接关系，它引起和强化抑制过程。最后，治疗的一个最重要问题是按照神经系统的确实类型和它的程度来恰当地决定药的剂量。

第五十一章 脑髓高级部分的动力定型

（在哥本哈根第十届国际心理学会议上宣读，1932 年 8 月 24 日）

动力定型是刺激作用的结果——在不同类型中的结果——定型间的冲突——各种位相——和情感的相似性——人类病案举例

从外在世界和机体本身的内在环境中，有无穷在质量和数量上都在变化着的刺激作用，不断地进入到大脑半球。其中有一些（方向反射）是我们所研究的——其他则已经知道是具有一种非条件化和条件化的作用的。所有这些刺激作用都会发生、会冲突、会相互反应，最后必然会系统化、均衡化，好像是归结到一种动力的定型。

一种多么巨大的工作！

然而，细密而精确的研究首先要依靠一种较简易化的布置。我们用了一个条件反射的系统，主要是用狗的食物反射来研究这种活动。这个系统包括对各种感受器的、不同强度的一连串阳性刺激，也包括阴性刺激。

因为这些刺激作用都遗留下一些或多或少的痕迹，所以把刺激间的时间间隔必须加以固定，依照严格确定的次序施用这些刺激，也就是说，用一种外在的定型，才可以很容易而迅速地获致这系统中的刺激的确切而不变的效果。最后的结果就是一种动力的定型。动力定型的造成是一种不同紧张程度的神经工作，这紧张程度自然一方面是依照刺激系统的复杂性为转移，另一方面又是依照动物的个性和状态为转移的。

我想举一个极端的例子（C. H. 屋尔日可夫斯基的实验）。对于一个具有强的神经系统的动物，在一些不同强度的阳性条件刺激和一些阴性条件刺激的定型系统已很好地建立起来以后，就依照下述的特点加入一个新的刺激——这新刺激总是在不同的条件刺激之后施用，在实验的进程中施用四次，只有最后一次有无条件刺激伴随。虽然反射是很快地建立起来了，但动物也变得相当地兴奋起来，在架子上挣扎，撕掉所有的仪器，吠叫；以前的阳性条件刺激失去了作用，结果给予食物也遭到拒绝；这动物很难被带到实验的房间里来。这种扰乱状态继续了整整两三个月，在这期间内狗是不能够解决这问题的；这以后一种定型就表现出来了，前三次施用新的刺激不起阳性作用，而起阴性作用，只有第四次施用才有一种阳性效果，这时动物是完全安静的。

新的动力定型的建立，表示一种巨大的神经负担，只有强的神经系统类型才能够承担得住。

我们的实验继续下去。第一个问题被解决了以后，又给动物提出了另一个问题。现在新刺激的前三次也都用食物予以强化，也就是说，动物必得把它们从阴性的改成阳性的。在最初几次实验时，动物又兴奋了，但没有那么紧张，时间也比较短，同时新刺激的所有各次施用并不产生同等的阳性效果。这意思是说改造定型还是有一些困难的。因为是现在给予食物的，所以困难不在对于食物兴奋作用的抑制，像可能在第一个问题当中那样，虽然在那里也只是部分的，困难是在大脑两半球上新动力定型的建立当中。组织作用现在所以进行得比较顺利和容易，是第二个问题远较简单的缘故。自然较简单的条件反射系统，在同一个动物身上是比较容易建立起来的，至少在动物方面没有任何明显的费力的征象。

如果因为心理学家说狗只有联想活动，就不把这个神经工作当做一种心理活动看待，在我看来是奇怪的。

这些只是在强而平衡的神经系统中的情形。在强而不平衡的、在多少是弱的、有病的、疲乏了的、老了的神经系统中，则是另外一回事了。有些狗虽则在有利的情况下，要建立一种动力定型，但从开头就是不可能的：从一个实验到另一个实验，条件刺激的效果都是混乱地发生波动。在这样一种动物身上，只能用两个，而且都是阳性的刺激，来形成一种稳定的反射系统。在实验中要改变旧刺激的次序也不是一件容易的工作，有时甚至会引起条件反射暂时的完全停止。但是连维持一种已经建立起来的系统也是一种工作，某些狗只是在实验每隔两天或三天中断一次时，也就是说，只在有规律的休息时，才能够担负这种工作；如果实验每天进行，条件反射就会依各种可能的不规则的方式发生变化。

在皮层建立起来的过程的定型，在没有实际的刺激时可以明显地看出来（寇尔日希可夫斯基、顾巴洛夫、阿斯拉强、斯基平、甘替和其他等人）。下面是一个有趣的实验。如果我们有了一连串建立好了的条件反射，其中有不同强度的阳性的以及阴性的，它们之间的时间间隔不同，但每天都是不变的，又总是按固定的次序施用的，那么如果我们只应用阳性的当中的一个（最好是一个弱的），就得到下述的结果：这个刺激在实验过程中引起一种与各个刺激的整个系统相应的起伏变化的效果。在新的定型建立之前，旧的定型会坚持一些时候，最后由于单独一个刺激的重复而达到一种单独的效果。但是旧定型的作用一经固定以后，并不会在这里就终止。如果单独一个刺激在几天没有施用之后又重新试验一下，我们就得到旧的定型，而不是新的定型。所以定型有几个分层，并在其间存在着竞争。

还看到过另外一个有趣的事实。如果当在实验中产生了催眠状态的时候（有些狗在单独使用一个刺激时，尤其是这个刺激是弱的时，就时常发生这种情形），那么，用以代替整个原来的系统的、单独施用的一个刺激，会重新引起这个系统的效应来，但却和原来的系统相反：在原来是强刺激的地方，有一种弱的效果，而原来是弱刺激的地方，则有一种强的效果——反常位相。我们以前在催眠状况下使用各种强度的刺激，老早就看到过这种位相了。因此，在上述的实例中，催眠状态和动力定型是结合起来的。

我们有理由设想：大脑两半球中的上述生理过程，相当于我们所主观地称呼的我们自己的情感，这具有正的和负的一般形式，并依其各种组合和不同的紧张度而有着无数的色泽和变化。这儿有困难和容易、清爽和疲劳、喜悦和烦恼、快乐、胜利和绝望等情感。我时常这样认为：在习惯的生活方式发生改变时，例如失业或亲爱的人死亡时，不用说还有当心理恐慌和信仰粉碎时，所经验到的沮丧的情感，其生理基础大半就是在于旧的动力定型受到改变、受到破坏，而新的定型又难以建立起来。

这种情形若是以高度的紧张延续下去，甚至可以造成忧郁症的后果。我记起了在我学生时代的一个生动的事例。进大学时我和三个中学的同学在我们早年的文学方面的鼓舞者的影响之下选了自然科学系——化学、植物学，等等——这些学科在那个时候主要还是在于把各别的事实贯通起来。我们当中有两位是安于这样做了，第三位呢，他在中学时特别喜欢研究历史，尤其喜欢做关于各种历史事件的原因和结果的书面练习，就逐渐变得愁闷起来，最后变为深度的忧郁，想要自杀。唯有当我们这些同学开始把他弄到法学院去听讲的时候，他的情况才好转起来；最初我们是费了大力气把他弄去的，几乎是强迫着的。这样做过几次以后，他的心情显著地改变了，最后完全正常。于是他转入了法律系，成功地完成学业，在整个一生中都维持正常。他病前和病后的谈话使我们想到我们这个同学在学校工作中已经习惯于很自由地把各别事实联系起来，在自然科学中他也想试着这样去做。但是这些没有贯通起来的事实不断地违反他的意向，不允许他做像他对文学上的材料所能够做的事情。这些重复失败的结果，就引起了一种沮丧的心情和一种忧郁症的病理形式。

我们的狗遇到困难问题时，也就是说，需要建立一种新的动力定型时，不但有一种在报告开始时所述的扰乱状态发生，而且产生了一种慢性的神经病变——一种以后我们能用适当的治疗方法来解除的神经病。

第五十二章　从生理学来理解癔病症状的一个尝试

（1932 年于列宁格勒，苏联科学院。献给我敬爱的阿列克赛·瓦锡列维奇·马退
诺夫同志，以纪念他的科学、教学和实际活动 40 周年——作者敬祝）

条件反射的生理学——超界限的刺激——主动和被动的睡眠——从生理学来看癔病——实验实例——临床上的癔病——皮层的衰弱——暗示——负诱导作用——老年期心神分散——战争精神病的一个实例——痛觉丧失和麻痹——自我暗示——艺术家与思想家——额叶——言语系统——癔病性幼稚症——癔病的生理治疗

虽然所有的临床工作者在分类时都把癔病看成完全是或主要是一种精神疾病，一种对环境的心理性反应，但是用条件反射方法所做的高级神经活动客观研究，已经进展、扩充和深入到了如此程度，使我认为企图从生理学上去理解、去分析出现于癔病的一切表现中的那种错杂的病理状态，并不是很冒险的事情。

因此，这就是所谓心灵现象的一种生理解释——条件反射研究的一种企求。

很可惜，在这里还必须作一些生理学的介绍。甚至在我的祖国，条件反射还不是大家都知道的，同时这研究又发展得如此迅速，以致最重要的事实当中有许多还没有发表，在这儿还是初次露面。

I

本文的前三分之一将讨论条件反射的起源，条件反射作为信号的价值，兴奋和抑制两种过程，以及它们的扩散和集中作用[①]。当兴奋和抑制过程集中的时候，它们就诱导出相反的过程；它们正在起作用时，被诱导出来的相反过程出现在它们周围，作用停止以后，则出现在它们的活动所在的地点。由于有兴奋过程的扩散，就出现了反射的综合。一个自新的兴奋蔓延开来的波，和局部存在的明显兴奋或潜在的兴奋综合起来；如果这局部的兴奋是潜在的，就把一个潜在的兴奋中心显露出来了。在大脑两半球中因为有复杂的结构，巨大的反应性和铭记性，扩散开的过程就引起一种暂时的条件联络，条件反射，联合的形成。综合反射是暂时的而不恒定的现象，而条件反射则是渐次强化的一种长期现象，是皮层的一种特有的过程。

在整个中央神经系统中有了兴奋过程的集中时，抑制作用就会出现——诱导定律。

---

① 虽然这些问题以前已经讨论过，但这里增加了一些新的材料。我已作了某些缩减和删节。——英译者

兴奋过程集中的地点是由抑制过程包围起来的——负诱导的现象,在非条件反射和条件反射中都可看到。抑制立刻充分地发生,而且经常地出现,不仅与引起它的刺激同时存在,就是在这以后也持续若干时间。兴奋作用越强,并且周围神经组织的阳性紧张程度越小时,抑制也就越深、越广和越为持久。负诱导在脑的各小点之间发生作用,也在脑的各大区域之间发生作用。我们称这抑制为外在的、被动的和非条件的。在以前则认为是神经中枢的一种冲突。

在大脑两半球中除了上面的抑制形式而外,还有另外一些;不过我们有理由设想它们都是以同一种理化过程作基础的。内抑制的种类主要是消退抑制和分化抑制。这是一种主动的抑制。必须注意:强度超过了某一限度时,一个兴奋性的刺激会引起抑制,这种抑制可称为超限的或超极大的抑制。

皮层细胞能量的限度是不固定的,表现急性和慢性的变化:当疲竭时,被催眠时,疾病和衰老时,限度经常就会下降,这时环境就越来越容易成为"超限的"而引起抑制作用。同样,如果兴奋性、灵活性正常地提高了,或者用人工方法,例如用化学方法,来提高了,也就是较迅速出现皮层细胞的机能损伤,那么,原来是下阈以下的兴奋或极大的兴奋,就有更多的机会转变成为超大的,引起抑制作用和条件反射活动的普遍降低。但这里还有未解决的问题,抑制的最后两种情形怎么和第一种的负诱导的普遍情形关联起来呢?如果它们只是一个变种,这种抑制又如何由于皮层的特性而有改变,并有哪些改变呢?也许超限的抑制,就是超大的抑制,比较近于与生俱来的、外来的、被动的抑制,而不是内在的、主动的抑制,因为它是立即产生,没有经过制造和训练就产生的。

这两种抑制都在神经组织上移动和扩散,按照它们的不同程度而引起催眠,或者,在扩张到了极大程度时,就引起正常的睡眠。轻度催眠,均等相,反常相和超反常相,在开始时是很难与清醒状态区分开的。

很不幸,我们的实验结果的印象,至今还被与临床工作者和某些生理学家所谓睡眠中枢之间的矛盾所减弱。但睡眠有两种机理是无法怀疑的,我们必得把主动的睡眠和被动的睡眠区别开来。前者是从大脑两半球发出并以主动抑制为其基础的,从它的发源处蔓延到脑的下面各部分去。被动睡眠的发生,是由于落到脑的最高级部分的兴奋性冲动减少的结果,这不但是由于减少落到大脑两半球的冲动,而且也是由于减少落到最接近的皮层下中枢的冲动的结果。

兴奋性冲动可以是外在的刺激,通过外部感受器官达到脑部;或者是内在的刺激,是由内脏工作所引起的,从调节植物性活动的中央神经系统部分传到脑的高级部分。被动睡眠的第一个例子早已从斯区沛耳的临床报告中知道了;这与斯别兰斯基和高耳金的新近一个实验事实是相似的,当他们把狗的三个感受器(听觉、视觉和嗅觉)的周围部分破坏以后,狗就堕入一种深沉和长期的睡眠,持续了几个星期甚至几个月之久。被动睡眠第二个例子,即是曾引起临床工作者和某些实验工作者承认睡眠中枢的临床病例。在肌肉组织的生理学中,我们也有与睡眠这一方面相类似的例子。由于特殊生理结构的关系,骨骼肌肉在所有运动神经的影响之下,只是主动地收缩,被动地松弛;而平滑肌肉则在两种特殊神经的影响之下,即在兴奋神经与抑制神经的影响之下,既主动地收缩,也主动地松弛。

当兴奋过程和抑制过程正在集中的时候，都会出现相反的过程（相互诱导定律）。正诱导已知道是条件反射和非条件反射都有的，是立时发生或者在抑制作用后经过一些时间发生的。

现在我想提到某些对癔病症状的生理分析有意义的事实。大脑两半球对于与环境的极端复杂性和不断的变化相适应的信号愈进行分析与综合，机体对环境通过条件信号的联系就愈为完善。综合作用是由条件联系的过程来完成的。把正条件信号从负条件信号中区分出来的分析作用和分化作用是建筑在相互诱导过程的基础之上的；而各种正动因的分开，也就是和各种非条件反射的联结的分开，则是由于集中过程而产生的（B. B. 栗克门的新近实验）。因此，精确的分析，既需要抑制过程相当强的紧张，也需要兴奋过程相当强的紧张。

对癔病的生理学研究有特别意义的是我们关于神经系统类型的事实。首先我们有虽则不平衡，却是很强的动物，这种动物抑制过程比兴奋过程要弱得多。面临着需要巨大抑制作用的困难问题时，这些动物差不多就完全失去了抑制机能（一种特殊的神经病）并变得极端不安静和激动，有时还有周期性的瞌睡和抑郁状态。在一般的行为上它们是挑衅性的、活泼的和不受管束的。我们称这种动物为兴奋性的或胆汁质的动物。

其次是强的但是平衡的类型，两种过程都是处于同一个水平上的。这就是为什么给予困难的工作也不可能在这种狗身上引起神经疾病的理由。这一类型有两种形式：安静的（黏液质的）和活泼的（多血质的）。

最后是弱的抑制性的类型，两种过程都不够，特别是抑制过程不够——这是很容易用实验方法造成神经病的一种类型。它们总是处于经常的恐惧和焦虑之中。它们受不了以正条件刺激形式出现的强烈的外在刺激，也受不了多量的正常兴奋（如食物兴奋、性兴奋及其他），也受不了抑制过程的长时间延续，特别是受不了神经过程的相互冲突，受不了条件反射的一种复杂系统，最后，受不了条件反射活动定型的变动。在这类情况下条件反射就会变得软弱，变得混乱，许多这类的动物就会堕入各种位相的催眠状态。此外在它们大脑两半球上可以很容易地造成一些分离的病态点，并且以适当的刺激接触到这些点时，就迅速地引起普遍条件反射活动的显著退化。如果从外表的行为来做判断，把这些动物称为忧郁的动物并不常常是恰当的，然而它们可以摆在忧郁质的一类中，也就是说，可以和那些似乎是经常抑制着的动物摆在一起。若从兴奋和内抑制间的平衡来解释这些类型，我们觉得弱的类型是因为内抑制的微弱，但是在另一方面外抑制（负诱导）却占了优势，它决定整个外在行为，因此就有了这个类型的名称——弱型，抑制类型。

在结束生理学的部分时，我应当提请大家注意下述的情况，这对于理解癔病的一些异常症状是特别重要的。有充分根据认为，不但从骨骼——运动器官有向心的冲动传入（由运动的每一个元素把向心冲动传到皮层运动区，使皮层对运动的精确控制成为可能），就是从其他器官乃至个别组织也有冲动传入，因此皮层才能对这些器官和组织进行管理。目前，既然证明白血球增多、免疫和其他有机过程都能够条件化，那么，这种条件性（这一定是和中央神经系统高级部分联系起来的）就获得一种广泛的生物学意义；虽然我们还没有确切知道以直接方式或以某种间接方式参与这里面的神经联系[1]。不过皮层作用的后面这种可能,在特殊的、人工的或变态的情况下,我们也有很少几次有意地运用和揭露过[2]。这里面的原因,一方面是因为骨骼肌肉器官以外的器官和组织的活动,主要是由中央神经系统低级部分所自动管理的,而另一方面,又是由大脑两半球主管对外在环境的极复杂关系的主要机能所掩盖着的。

$$II$$

让我们回过来谈癔病吧。谈到临床学家们关于癔病的一般概念,就可以看到在一些概念中描写这种状态的基本特点,而在另一些中则描写特殊显著的症状。有一些临床工作者谈到这是退回到本能生活,亦即退回到情绪生活甚至于反射生活;另一些人把这种疾病描写成暗示性和自我暗示性的结果,因而有所谓癔病的烙印(知觉丧失、瘫痪等);有些人把这病看成基本上是随意性的,是向疾病中退避;有些人把幻想,亦即对于生活的现实态度的缺乏,归之于这种疾病;另外一些人则认为癔病是慢性的催眠;最后还有一些人的意见以为是心理综合机能的减低,或者"自我"的统一性的破坏,我们可以设想:这些症状摆在一起就包括了癔病的整个症候群。

首先我们必得承认癔病是弱的神经系统的产物。皮尔·让内直率地说:癔病是属于由脑的衰弱和疲竭所引起的许多疾病中的一种精神疾病。如果这是真实的话,那么,上述的癔病的特性,是中央神经系统高级部分的一种衰弱,特别是作为中央神经系统最易反应的部分的大脑半球的一种衰弱,从中央神经系统生理学及其高级部分的生理学的角度来看,是可以理解的。这个生理学已见于条件反射的学说。

一般说来,作为联系机体与周围环境的最高器官,因而又作为机体执行机能的经常控制者的大脑半球,经常约束脑的其他部分与其本能的和反射的活动。因此大脑的活动消失和衰弱时,皮层下中枢的机能就多少发生了混乱,失去了它与环境的相应关系。这是一个众所周知的生理事实,在切除了大脑半球的动物身上,在受到各种麻醉剂影响的成年人身上,在由清醒状态过渡到睡眠的小孩身上,都可看到。因此,用前面已建立起来的生理学术语来说,对外在刺激,亦即对发生作用的环境,不断地进行着分析综合的大脑两半球的清醒积极状态,引起皮层下中枢的负诱导作用,也就是说,普遍约束皮层下中枢的机能,只是有选择地释放它的那些为空间与时间条件所要求的工作。反过来说,大脑半球的约束亦即其抑制状态,就会引起皮层下中枢的正诱导作用,也就是说,加强它的一般活动。因此(这是一个合理的生理根据),癔病病人由于难以忍受的强刺激的影响而使皮层受到急性的约束时——当皮层衰弱时,这种强刺激是很多的——结果就产生各种的情感分裂和痉挛发作;这些病状有时采取多少一定的、本能的与反射活动的方式,有时则完全混乱,由皮层与皮层下中枢的邻近部分或较远部分中抑制作用的存在与移动而相应

---

[1] 这一点的讨论,参看甘替、卡寸纳耳波庚与路克斯:《约翰霍布金斯医院通报》,1937 年 6 月。——英译者

[2] 像癔病妊娠与癔病烙印等现象,也可以划归此类。——英译者

地决定的。

但这是该疾病的极端而积极的表现。当抑制作用较深地蔓延到脑的内部时，就有另外一种极端的但是消极的癔病的状态发生，其表现形式是深入的催眠，而最后则是不仅延续好些钟头，而且延续许多天的完全睡眠（嗜睡症）。这两种极端状态间的差异，可能不仅决定于皮层上兴奋与抑制过程的不同衰弱程度，也决定于皮层与皮层下中枢之间已建立的力量关系，这个关系一方面在同一个体上发生急性和慢性的变化，另一方面因个体的不同而不同。

皮层的各种长期性衰弱，是上述的机体极端反常状态表现的基础；除此以外，这种衰弱还不可避免地为癔病经常不断的特殊状态创造了条件。这就是情绪易激动性。

虽然动物的生活和我们自己的生活一样，都是为着机体的基本倾向——如求食、求偶、攻击、探究等倾向（最邻近的皮层下中枢的机能）——然而为了使所有这些倾向与一般生活条件联系起来能够实现，并且完全一致，就有了中央神经系统的一个特殊部分，来权衡每一个不同的倾向，把它们关联起来，并保证它们在与环境的联系中有利地实现出来。这个特殊部分自然就是大脑半球。所以行动是有两种方式的。这样说吧，经过大脑两半球的初步审查的（这种审查有时差不多是立刻产生的）某一个倾向，以及这倾向借助于皮层运动区而在适当时间适当程度内转变成为相应的肌肉动作或行为——这就是理性的行动；而还有仅由于这倾向的影响，并没有受那种初步控制的行动（或许直接通过皮层下中枢的联络）——这就是情感的、情绪的行动。癔病患者第二种行动占着优势，并且是遵循着一种已经理解的神经机理的。倾向是由一种外在或内在刺激产生的。大脑两半球有一个已知点或已知区域的活动与之相应。这一个点由于情绪的影响，由于从皮层下中枢发出的扩散作用，就担负了沉重的负荷；而在皮质衰弱的情况下，这就足以产生一种强烈的、广泛的负诱导作用，排除大脑两半球其他部分的控制与影响。但是在这些部分中，有其他倾向的代表，有周围环境的代表，有过去刺激和体验的痕迹，也有累积起来的经验。这里就联系着另外一种机理。情绪的强烈刺激提高了皮层的兴奋性，很快就使它的刺激达到或超过了它的工作能力的极限。所以负诱导作用就和超限抑制综合起来。因此癔病患者多少过着一种非理性的、情绪化的生活，受皮层下中枢机能的指挥，而不是受皮层机能的指挥。

暗示与自我暗示和上述的癔病患者的机理有直接的关系。什么是暗示与自我暗示呢？暗示与自我暗示，是大脑两半球一定点或一定区域的集中兴奋作用，表现为一定刺激、感觉或其痕迹（即表象），有时由情绪，即皮层下中枢的刺激所激起，有时由于外界动因所造成，有时则借助于内部联系，即联想而造成——这是具有优势的、不规律的与不可克服的性质的兴奋作用。这种兴奋作用是存在的，而且是发生作用的，也就是说，它转变为一种运动，某一种肌肉动作；这不是因为它被所有的联系所支持，亦即被许多现在和过去的刺激、感觉与表象所支持（这在正常的、健全的皮层，是一种稳定的与合理的活动）；而是因为当皮层衰弱、紧张程度降低之际，它在集中起来的时候就伴随有强烈的负诱导作用把它割开，使它和所有外界必要的影响隔绝开了。这就是催眠暗示和催眠后暗示的机理。在催眠以及在正常的皮层中，由于扩散抑制的结果，我们发现有一种阳性紧张的减低①。在这样一种皮层上面，如果催眠者所说出的话或命令是加于某一定点时，这个刺激就把兴奋过程集中到这个相应的点上，而且立刻就有负诱导作用伴随而来，这种诱导由于阻力很小就扩展到整个皮层；这说明了为什么这句话或命令与所有的影响完全隔绝开来，而成为一个绝对的、不可克制的、有决定作用的刺激，甚至在受试者已回复到清醒状态以后，仍然如此。

年老的人由于皮层兴奋过程自然地降低而产生的机理也完全是一样的，不过程度上有些不同而已。在还强健的脑子里，外在与内在刺激作用会在一定的皮层点或皮层区域上集中到某种程度（只在例外的情况下才极端地集中），当然伴随有负诱导作用，但是由于皮质力量的关系，这种负诱导不是完全而分布得很广的抑制作用。所以和主要兴奋作用一起，另一个兴奋作用也发生某种程度以内的作用，引起其相应的反射，尤其是引起老早就建立起来的所谓自动化的反射。在通常的行为中，我们不是单纯地反应，而是复杂地反应以适合于我们环境中经常存在的内容的。老年的人，情形就完全不同了。集中于一个刺激时，我们以负诱导作用把其他并存的、同时的刺激排除去，因此我们常常不与环境相符合，也就是说，不能对所有的情况作共同的反应。

让我来举一个关于这方面的小事情吧。我注视着某一个我所需要的东西，去把它拿起来，而没有看到或者很少看到和它接触或靠近的任何东西——这就是我不必要地碰到了其他东西的道理②。这种情形被误称为老年期心神分散，实际上与此相反，它是一种集中作用，不过是一种不随意的、被动的、有缺点的集中作用。因此老年人在一面穿衣，又一面想一些事情或和别人谈话时，就不戴帽子走了出去，拿错了东西，衣服不扣扣子，等等。

因为有外来的和偶然的暗示，又有自我暗示，癔病病人的生活就充满了各种可能的、稀有的和奇怪的现象。

让我们从世界大战以来就很普遍的战争精神病谈起。对于生命是一种持续的严重威胁的战争，自然会造成恐惧的冲动。恐惧是一定的生理症状，对于有强的精神系统的人，要就是干脆不会出现，被压制住了，要就是很快就消除掉了，但是对于弱的人们，这症状就会保持一些时候，使他们不适于继续参加军队，因而使他们免除继续冒生命危险的义务。这些症状经过一些时候是可以自行消失的，但是对于纤弱的神经系统而言，正是因为这种纤弱的缘故，这些症状的机理就更被加强。因为这样，原来遗留下来的恐惧症状和暂时的生命安全就同时产生，当然会依照条件反射定律而联结起来、联系起来。由此，这些症状的感觉和症状的表象就获得了积极的情绪色彩，而且自然地重复发生了。于是依照从皮层发出扩散作用和综合作用的规律，这些症候一方面加强和加剧恐惧反射症状的低级中枢，另一方面，由于它们有着情绪色彩，在弱的皮层中伴随有强的负诱导作用，因而其他表象的影响，可能阻挡这些症候的条件化的快乐和顺意性的表象的影响，都

---

①　虽然中央神经系统的一般生理学与条件反射的特殊研究两方面，都有大量的适当材料，但是兴奋作用与抑制作用间的关系还是一个没有解决的问题。兴奋作用与抑制作用是什么？它们是同一个东西，在一定场合下从一个转变为另一个呢，抑或是紧密联合着的两个东西，在某种情况下相互转换，而其中的某一个时而部分地、时而完全地表现出来呢？

②　巴甫洛夫常常注意到他的这些衰老倾向，并叫别人注意他这些倾向。他是在 83 岁时写这篇文章的。虽然他自己可能已经能够看到某些症候，认为记忆衰退，但在别的人看起来，他仍然是富有精力而且机敏的。——英译者

被它们排除去了。所以我们再没有理由来说在上述的情况下这些症状是一种故意的假装。这是有决定意义的生理关系的一个例子。

在癔病患者中和普通生活中像这样的事例是很多的。不只是战争的威胁，还有其他许多生活上的危险（火灾、火车事故等），命运上的无数打击，如亲人死亡，恋爱失意与生活中的其他沧桑变化，经济逆转，个人信仰与信心的破灭等，以及处在一般困难生活条件中；如不愉快的婚姻，在贫穷中的挣扎，自尊感的破坏等，都会在弱的人们身上立即引起，或最后终于引起极强烈的反应，具有各种变态，就是所谓身体上的症状。这些症状中有许多是在强烈兴奋作用的瞬间产生的，长久地或永远地印在皮层上面，像正常人的许多剧烈刺激作用一样（和所有其他刺激作用一样也有运动觉的）。另外还有一些在正常人可能过一些时候就会消灭掉的症候，不管是由于怕它们的变态性、它们的不好受、直接危害，甚或就只是怕它们的有损体面，抑或与此相反，为了想得到它们对生活的某种利益或单纯为了兴趣，就通过和上述在危险的战争情况下完全相同的机理，受着情绪作用的支持，而变得越来越为强烈，越为蔓延（由于扩散作用的缘故），越为固定。很显然，一个孱弱的人，他已是一个活着的残废，不能用积极的方式来获得注意、尊敬和善意，要求获得这些东西的动机就会使病理症状延续和加剧。因此逃避、希望得病，就是癔病的突出特点。

在这些症状之中，除了积极的症状以外，还有一些消极的症状，这就是在中央神经系统中不是由兴奋过程所引起而是由抑制过程所引起的症状，例如痛觉丧失与瘫痪。这些症状引起了特别的注意。有好些临床工作者，认为某些癔病症状是绝对不可理解的，例如霍赫在新近一篇文章里就是这样的看法。但这是不合逻辑的，因为这些症状和积极症状并没有什么不同。我们正常的人是不是常常约束我们的一定运动和言辞呢，也就是说，是不是常把抑制性冲动送达大脑两半球的适当区域呢？我在生理学的介绍里已经指出，我们在实验室里，和制造正条件刺激一样，曾不断地造出抑制性条件刺激来。在催眠中，我们利用言辞刺激造成触觉丧失、痛觉丧失，使全身某些部分不能动作，亦即造成机能瘫痪。而癔病病人在通常的生活条件下往往是可以认为，并且应当认为就是处于某种程度的慢性催眠之下的；因为对于他的纤弱的皮层而言，普通的刺激就是超极大的刺激，并伴随有扩布的超限抑制，正像我们在被催眠的动物身上所看到的反常相一样。因此，除了已建立的抑制性症状之外，和在严重的神经创伤时所发生的积极症状一样，这些抑制性症状也可以在"癔病性催眠"的人身上用暗示和自我暗示的方法形成起来。抑制性效果的任何表象，不管是由于恐惧、兴趣，或是由于要获得一种利益而产生的，由于癔病患者的情绪作用（正如催眠状态中催眠者的词句一样）的关系而重复地集中与加强时，就会在很长时间内引起与固定这些症状，直到后来，在某种情形下产生的更剧烈的兴奋波把这些抑制点抹掉。

由于同样的机理，自我暗示也引起癔病患者许多别的症状，有颇为普遍的与局部的，也有非常与极度奇特的。

在癔病患者，某一种机体机能有任何轻度不适感觉或某种轻度不正常的困难，都会伴随有情绪上的害怕严重疾病的恐惧；又由于上述的机理，就不但足以支持这些感觉，而且足以使它们加剧与发展到极端的程度，以致使患者病倒。不过在这时使它经常发生并在皮质中起优势作用的原因,不是如战争的例子那样是一种情绪的积极色彩,反而是一种消极的色彩。自然,这在生理过程的实质上是没有什么不同的。癔病自我暗示的特殊例子之一就是无可置疑的假想妊娠的例子,带有相应的乳房变化和腹壁脂肪的增加等。这又一次证明本文第一部分所谈的不但所有器官的活动,甚至个别组织的活动都在皮质中呈现的说法,同时也证明癔病患者极端的情绪性。在前述的例子中,诚然,强烈的抚育本能本身以自我暗示的方式引起机体中像妊娠这样复杂而特殊的情况,至少是它的某些方面。各种宗教狂热者的状态和烙印应当也是属于这一个范畴的。基督教殉难者不但忍受苦痛,而且愉快地面临苦痛,并且一面赞扬着他们为其而牺牲的基督,一面赴死:这是一个历史事实。这个事实在我们面前明显地证明了自我暗示的力量,也就是说,证明了皮层一定区域的集中兴奋作用的力量,这种兴奋作用伴随有皮层其余部分的强烈抑制作用,这些其余部分,这样说吧,是代表着整个机体的基本利益,它的完整性,它的存在的。如果暗示与自我暗示的力量强烈到甚至消灭机体而不会遇到机体的任何生理阻挡的话,那么,根据上面所举的皮层影响机体过程的可能性,从生理学的观点来看,是容易理解为什么暗示与自我暗示能够通过已知的营养神经分布而破坏机体的完整性的。

因此,巴宾斯基的极端的见解,认为我们应当只把那些由暗示所引起或消除的症状看成癔病症状,难道不是错误的吗(虽然一般说来,他对癔病基本机理的估量是对的)?在这个结论中,忽视了情绪发动作用的异常力量与不断作用,这种情绪发动作用是不能故意用暗示作用来全部引起来的,特别是因为它的真正根源与性质还不能够弄清楚。

最后还必须讨论一下幻想,癔病患者所表现的脱离现实生活,时常迷迷糊糊的情形。我们有理由相信这些症状是彼此相联系着的。依照伯恩海姆和其他人在被催眠的正常人身上的观察所得,以及我们在狗身上所作的生理学方面的观察,我们必得承认催眠状态有许多层次,从难以与清醒状态区分开来的层次起,直到完全睡眠为止。

为了充分掌握与理解人所特有的这些层次,我认为必须谈一谈下述的问题,这些问题在科学上不但没有充分研究过,而且也没有如所应有的那样予以提及。只是现在才注意到这些问题。

生活清楚地把人分为两类——艺术家与思想家。艺术家们,包括作家、音乐家、画家等在内,是整个地、连续地、全面地抓住现实,他们抓住活生生的现实,没有任何截割,没有任何分裂。另一部分的人,思想家们,则是截割现实,好像是这样去把它杀死,用它造出某种暂时的骨架来,然后才好像是逐步地去收集它的各个部分,努力借此使它们复活——这是他们始终不能全部完成的一件工作。这种差别在儿童的所谓遗觉中特别显著。在这儿我记起了一个在其发生以后四五十年还使我觉得惊奇的例子。一个有艺术气氛的家庭中有一个两三岁的小孩,他的父亲随便地让他翻看一本贴有他们的亲戚、作家、演员等的二三十张照片的册子,同时告诉他其中各个人的名字,以作小孩和他们自己的消遣。平时的结果是他能把他们全部都叫对。使大家奇怪的是偶然发现了这样的事情:他把册子拿在手中从反面看过去,也一样都把他们叫对了。很显然,在这个例子中,大脑两半球接受视觉刺激,完全就像照相底片接受光线强度的明暗一样,像留声机片记录声音一样。必须认为这是任何一种艺术的最重要的特点。一般地对思想家来说,这种对于现实的整个复呈是不可能的。这就是为什么在人类中间以一人而兼为伟大的艺术家与伟大的思想家的情况非常稀少的道理。在绝大多数的情况下，二者是出现在不同的个人身上的。大多数的人们自然是处在一种中间的地位。

依我看来，我们有一些虽则目下还未使人完全信服却强而有力的生理学根据，来对这个问题作如下的理解。在艺术家方面，两半球的活动流动于整个两半球上时，涉及其额叶部分的非常少，主要是集中在其余的部分上面；而思想家则与此相反，是前面一部分占着优势。

对于整个高级神经活动我要作如下的叙述，有些地方为了系统化起见也重述了以前已经谈过的材料。在高等动物方面（连人也包括在内），机体与周围环境的复杂交互关系的第一个阶段是最靠近着两半球的皮层下中枢，及其复杂的非条件反射（我们所用的名词），本能、欲求、情感、情绪（各种普常的名词）。这些反射是由为数相当少的非条件的、亦即从出生时就开始起作用的、外在的动因来引起的。因此在环境中的方向作用是有限的，同时适应作用也是弱的。第二个阶段是大脑两半球，但不包括额叶。这时由于条件联系（亦即联想或联合）的帮助，产生了一个新的活动原则；无数其他动因起着对于少数非条件外在动因的信号作用，同时这些其他动因经常被分析与综合着，使在同一环境中很繁复的方向作用和大得多的适应作用成为可能。这就组成了动物有机体的唯一的信号系统与人的第一信号系统。在人类方面，可以认为，特别是在其比动物的要大一些的额叶之中，由于语言，由于它的基础或基本组成部分（即语言器官的动觉刺激）而增加了另外一个信号作用，即第一系统的信号作用的系统。

这就引来了神经活动的新的原理：对前一个系统的无数信号的抽象化与概括化，进而对于这些新的概括的信号进行分析与综合；这一原理为我们在周围世界中无限的方向作用建立条件，并创造了人类的高级适应作用——科学，包括表现为全人类所共有的经验以及表现为经验的特殊形式的科学。这种在进化过程中最后产生的第二信号系统及其器官，应该是特别脆弱的，只要是在最初步的催眠状态中大脑两半球内一产生了广泛的抑制作用，就会首先受到这种抑制作用。这时从第二信号系统调节作用之下解放出来的第一信号系统的活动就代替了在清醒状态下通常占着优势的第二信号系统的工作，首先而比较坚定地表现为白日梦与幻想，后来则比较明显地表现为恍惚状态或基本上是轻度睡眠的状态（相当于半睡眠或者睡眠状态）。因此这种活动就有混乱的性质，不大注意或很少注意到现实，而主要是服从于皮层下中枢的情绪作用。

谈过了这些以后，就可以从生理学的观点来充分理解临床工作者们所谈的癔病的心理综合的破坏（皮尔·让内的说法）或"自我"分裂（瑞曼德的说法）了。在癔病中，上述三个系统的统一而相互平衡的活动没有了，代之以这些系统的恒久分裂，它们间的自然而有规律的协调性的显著瓦解；而健康人格的基础，亦即我们的"自我"的完整性，是存在于这些系统的工作的相互联系与彼此间应有的依存关系上的。

最后的结果是在癔病患者大脑半球衰弱的主要基础上，有三种生理现象以不同的联合方式表现出来：因为甚至日常生活刺激都是超极大的刺激，伴随有泛滥开的超限抑制（反常相），所以容易产生各种程度的催眠状态；由于皮层下中枢的优势，而神经过程极度固定与集中于皮层的一些个别点上；最后，由于皮质其他部分阳性紧张度的纤弱，而负诱导作用，亦即抑制作用，非常强烈与广泛。

最后我想简单谈一下癔病性精神病,说一个我所看到过的病例。这是一个癔病性幼稚病的病例。一个四十多岁的妇女,由于在家庭生活中遇到打击而患了病。起初她突然被丈夫遗弃,接着,过了一些时候,她的丈夫又从她那里把孩子夺了去。她经过一阵痉挛和全身长期瘫痪之后,就变成幼稚状态了。她现在表现得就像一个小孩,不过在心理方面、伦理方面、社会方面,没有什么一般与明显的缺陷。观察仔细一点,就可以看出她所缺少的只是我们行为中那些细小的、经常出现的部分,亦即只缺少那些使成人与小孩有所区别的个别运动、词,以及抑制性思维。在教育的影响之下,在宗教的、公共的、社会与政府的要求影响之下,我们渐次抑制与约束我们不去作上述各方面所不允许与所禁止的事情——难道我们的成长不就是这样的吗? 在家庭间、在朋友之间,难道我们所处的各种关系不是和在别的生活情况下不同吗? 有许多生活上的普遍的实验无可置疑地证明了这一点。难道我们不是常常看到一个人,在情绪的影响之下,克服高级的抑制作用说出与做出他在平静时不会让自己去说去干,而在情绪过去之后又要痛悔的事情吗? 俄罗斯俗语说得很好:醉人视海,其深及膝——在这样的醉人面前,在制动器被显著削除了的情况下,上述这一点难道不是表现得更尖锐吗?

这种状况是不是会恢复正常呢? 可能会,也可能不会。像精神病学家们所声称的,这种状况在青年期可能持续好几小时,好几天,但也可能拖延到长久的时间。在上述的病例中,这种状况是一种相当安详与满意的状况;前面所谈的神经机理可能在这儿起着作用,表现为向疾病中逃避生活的重担,而最后则形成了不可根绝的习惯。可是在另一方面,激动的、紧张过度的抑制作用可能不可挽回地趋于衰弱,趋于消灭。

从生理学的观点看来,癔病一般是不是能治愈呢? 这完全是由神经系统类型来决定的。说老实话,从我们在狗身上用条件反射所做的工作中,所得到的是有利的、令人兴奋的印象——这就是训练大脑两半球的巨大可能性,不过这当然还是有一个限度。只要我们现在有一只极弱类型的动物置于特殊的,如我们所说的那种"温室中"的实验场合之下,要改善与调节动物的一般条件反射活动是可能的——但也就只此而已。自然没有什么永久固定地划分了的类型。但因为在极强的刺激之下,在生活中遇到过度打击时,作为一般生理反应的那些个别癔病反应,在多少是强类型的动物也会遇到,那么,在这儿完全恢复正常自然是可能的。 不过这也只是在那些一连串的打击与过度的紧张没有超过其限度时才有可能。

我们不能不抱着浓厚的兴趣来说克瑞其麦关于癔病的天才的小册子,这本小册子表现了作者强烈地,几乎是坚定不移地倾向于对癔病症状作生理学的理解;而霍赫最近在《德国医学周报》今年一月号上所发表的论文,则引起一种奇怪的印象。现代生理学的资料难道真正对于癔病的机理没有弄出一点眉目,临床工作与生理学难道真的"对于癔病完全无能为力"吗? 奇怪的是霍赫的论文中下面的一些看法。在假定癔病性痛觉丧失与瘫痪是此病的基本特点时,他质问那些主张癔病中动机的病态力量论的人们道:为什么他的一些听众和读者对于他现在所谈的关于这个理论的见解所抱的强烈反感,没有使他们像受他的电疗一样地失去痛觉呢? 接着又提出了其他一些类似的问题:比如说,为什么人们不用强烈要求免除疾病的方式来医治自己的神经痛呢? 不过这儿我记起了下面这个以前使我和许多其他的人惊奇过的事实,这还是在学生时代所看到的。一个青年妇女，因为她的鼻子由于某种关系而变得奇形怪状，就进行鼻部整容手术。使大家奇怪的是在手术进行当中，病人安静地说出了施手术的教授所说的话的某些尾语。可见她是几乎完全没有被麻醉倒的（全身麻醉）。也就是这一个妇女，在给手术部分换药时感觉极度疼痛。很显然，那种可能受着性欲情绪支配的要求免于畸形的强烈欲望，使她在对手术的完全成功抱着希望与信心时，对于手术的创痛没有感觉。在手术以后，特别是在最初，粗糙的、滑稽的人工鼻子使她感到痛苦与难忍的失望，这同一种情绪现在就反过来使她对于给她的鼻子的细心操作都非常敏感了。

这种例子在一般生活中与历史上都有不少。遇到这种例子时，应当时常考虑到或者是强而健康的人们的调和的强烈复合情绪，以及在皮层所有其余部分有强烈负诱导作用时皮层上的优势作用的联络，或者是属于弱神经类型的人的上述癔病机理。

第五十三章　一个生理学家对心理学家的答复

（转载自《心理学评论》39 卷，2 期，1932 年 3 月）

生理学家与心理学家的相对立场——对于条件反射的心理学看法的讨论——延搁反射的消除——心理学批评所忽略的具体事实——拉什里的批评——反射的概念——决定论与结构——切除——皮层的兴奋作用与抑制作用，分析与综合——拉什里对反射论的批评——迷津问题的解答，神经机构的复杂性——定位与拉什里的观点——假设的必要——巴甫洛夫关于理论的立场——全形观点与条件反射的概念——自由意志

I

依我看来，艾德温·R. 葛斯里所作的《条件作用是一个学习原理》一文[①]，在其基本的、我认为完全正确的意向方面表现了特殊兴趣；这意向就是把所谓心理活动的现象归结到生理的事实，也就是说，它把生理的与心理的、主观的与客观的融合起来、统一起来，而我相信这就是现今最重要的科学任务。作者一般地论述了学习的原理，列举学习过程的基本特点以说明它的特征，同时他彼此不加分别地利用心理学家的材料，或我们在动物身上用条件反射方法所得出来的生理事实。到此为止，心理学家与生理学家是相辅而行的。但是除了这一点以外，我们之间就发生尖锐的分歧了。心理学家把条件作用当成学习的原理；并且接受这个原理，以为不必作进一步的分析，不需要彻底的研究；他力图应用这原理于每一件事情，并把学习的所有个别特点都当做同一个过程来加以解释。为了这个目的，他拿一个简单的生理事实，用决断的方式予以一个特殊意义，以便说明学习过程的某些具体事实，而并不给那个意义找出实际的证明。从这一点出发，生理学家就很容易认为新近从哲学家中分离出来的心理学家，还没有完全根除对于由纯粹逻辑工作来进行演绎的哲学方法的偏爱，并不以与实际事实的一致性来验证思想的每一个步骤。生理学家则采取刚刚与此相反的方法。他在他的研究的每一个步骤，都是致力于个别地、联系事实地分析现象，由现象存在的条件可能作出多少决定就做多少决定，并不相信单纯的结论或单纯的假设。关于这一点我将在好几个方面予以证明，而在这几个方面作者的意见是和我相反的。

条件作用，即由时间的接近所造成的联系，或条件反射，虽则是我们的研究的出发点，但绝对是要作进一步分析的。在我们面前有一个重要的问题：脑髓有什么本质的特

---

① 《心理学评论》，第三十七卷，第五期，1930 年。

性形成这些事实的基础呢？对这个问题我们还没有得到最后的解答，但是下述的实验提供了重要的资料。对我们的实验动物（狗）而言，如果我们准备用做条件刺激的外在动因是在非条件刺激作用开始之后给予，条件反射虽会发生（依照 H. B. 恽诺格勒多夫最近的最精密的实验来看），但都是不显著的、暂时性的，假使实验手续继续下去，就无论如何都会归于消失。我们老早已经知道，只有外在动因老是出现于非条件刺激之前，方能造成巩固而持久的条件反射。因此，第一种实验手续具有双重的效果：首先，它暂时帮助条件反射的形成；接着又予以破坏。非条件刺激的后面这种作用，在下述这种实验中可以看得很清楚。一个用第二种通常的实验手续建立得很好的条件刺激——如果以后有系统地老是在非条件刺激开始之后施用（依照我们实验室的通常术语来说，就是被非条件刺激所掩盖了），特别是如果这条件刺激是属于弱条件刺激的一类时——渐渐就失去了所有的阳性作用，最后甚至于变成了抑制性刺激。很显然，在这种情形下负诱导的机理（在我们的旧术语中称之为外抑制的机理）渐渐得势；也就是说，由条件刺激所兴奋的细胞被抑制住了，或者到了一种抑制状态，同时在非条件刺激方面则有重复的集中作用——而条件刺激由此在其细胞中遇到了一种永久抑制状态。但这就使条件动因成为抑制性动因了，也就是当单独施用时，它在其本身的皮层细胞中不是引起兴奋过程，而是引起抑制过程。因此，在建立稳定条件反射的过程中，兴奋波从相应的皮层细胞向非条件刺激所集中的中枢过渡，这正是确定从一点到另一点的通路的基本条件——多少也是这两个中枢间永久联系的基本条件。

现在让我们再来讨论条件反射的其他各点；在这里作者不是像我们一样对事实作多方面的分析，而是拿出他个人特有的见解来解释所发生的现象。依照我们的实验来看，延搁或迟延的条件效果是以条件刺激早期的特殊抑制作用为基础的，因为条件刺激与非条件刺激出现的时间没有紧密配合。

作者为了某种理由，就断言我们把这件事归之于神经系统中的"神秘的潜伏"，并且提出他自己对这一事实的解释来。他假定说：比如当铃声作为一个条件刺激出现时，动物是以"准备去听"的反应来反应的，这是一种复杂的肌肉动作，严格说来，这动作的向心冲动才是条件效果的真正刺激物——在我们的条件食物反射的例子中，就是唾液分泌。

依作者看来，"唾液腺开始分泌时，伴随着的刺激不是由铃声所供给的，而是由对铃声的这些反应所供给的。对铃声的反应可能在多少分之一秒内就已经过去了"。他接着又说："条件刺激与其反应间明显的时间间隔很可能是一种错觉。"作者甚至还说我"在对于延搁作解释时，有意遗忘"上述来自动作器官的向心冲动的存在。在我的《大脑两半球机能讲义》①一书第 360 页上，大家可以看到我不但考虑到了来自骨骼肌肉机构的向心冲动，而且认为它们很可能存在于所有的组织中，更不用说存在于个别的器官中了。依我看来，整个机体及其所有组织部分，都能够使大脑半球知道它自己。这表示我并没有忽略这一点，而实际情况却没有丝毫根据让我们按作者所解释的那样去了解事实。

首先，如果我们同意作者所说的，条件效果的真正刺激不是铃声，而是由听的动作所产生的向心冲动的话，为什么在延搁反射的情况下，这种效果仍然不是立即发生，而是过

---

① 英译本，牛津大学出版社出版，伦敦，1927 年。

一些时间才发生呢？——而且这时间为什么又和从刺激出现到非条件反射出现的时间间隔相符合呢？因为非条件刺激在条件刺激出现后经过一个很短时间（只有几秒钟）就出现时，依作者看来是由听的动作的向心冲动所产生的效果，过两秒或三秒钟就出现了。那么，这种延搁的时间长度的解释在什么地方呢？同时在条件刺激先于非条件刺激好几分钟时，作者所说的动作的向心冲动的刺激，又怎么在过了几分钟后才发生作用呢？

但是事实上是绝对没有根据来承认作者所说的刺激的连续作用的。作为一般的朝向反射或探究反射（我已经这样称呼它了）的听的反应，每遇到通常的环绕着动物的环境有新的变动时就会出现的，一般只保持在新的重复刺激第一次施用的短时间内；而在条件刺激与非条件刺激间多少只留一个短的时间间隔以形成条件反射时，它很快就被该非条件刺激所特有的特殊动作反射所代替了。而且从此以后，只有条件的动作效果是永久存在的，丝毫也没有方向反射的痕迹。所以条件刺激现在成了非条件刺激的纯粹的代替者。在条件食物反射时，动物可能舐电灯泡，或者好像把空气衔到嘴里，把声音吃下去——这就是说，舐着它的嘴唇，用牙齿作着咀嚼的声音，就好像吃着食物本身一样。在建立起来的延搁反射中，也发生同样的事情，在条件刺激作用的第一阶段，动物是保持完全冷淡与安静的；甚至于（这并不是稀罕的事情）条件刺激一开始，它马上就堕入一种瞌睡状态，有时还突然堕入睡眠状态，肌肉系统都松弛下来，并发出鼾声。在进入条件刺激的第二阶段时，就正在非条件刺激加上去之前一点点的时候，这种情形就被一种显然是适当的条件动作反应所代替了（有时是突然惊起）。在这两种情形之下，只有动物在实验进程中昏昏欲睡时，偶尔在刺激作用的最初一刹那出现方向反应。

最后分析起来，延搁反应实际上显然是一种特殊抑制作用干涉的结果，这种抑制作用是我们所熟知的，并在它出现的许多场合下进行过精细的研究；——但这并不是一种"神秘的潜伏"。这事情的意义是清楚的。虽则持续了一个相当长的时期，但外在条件刺激仍然是同一个；然而对中央神经系统而言（尤其需要考虑大脑两半球），这条件刺激在其进程的不同阶段中是显然不同的。这在嗅觉刺激方面显得特别清楚：纵然这刺激在客观上保持不变，但我们却是在最初很敏锐地感觉到它，后来很快就觉得它越来越弱了。很显然，在外在刺激影响下受到刺激作用的皮层细胞的状态，是不断地进行变化的，而在延搁反射的情形下，只有在时间上和非条件反射加入时相接近的细胞的状态才是信号式的条件刺激。这正是像下列事实的情形：利用同一个外在刺激的不同强度，我们可以造成不同的条件刺激——有时是阳性的，有时是阴性的，有时又与不同的非条件刺激联结起来。所分析的延搁的事实，是特殊适应的一个显然有趣的实例，其目的在使条件反射不致发生过早，以免超出必需限度以外的能量白白浪费。事实证明这种解释是和实际相符合的。首先，从形成延搁反射的程序来看，这就是清楚的。如果在条件刺激与非条件刺激间只间隔几秒钟，以造成了条件反射，然后又把这间隔突然延长到好几分钟，那么，早先很快就会产生的条件效果，就渐次地迅速地完全消失了。实验继续做下去，于是就出现一个所有条件效果都消失了的时期，只有到了后来条件效果才重新出现，最先是恰恰在非条件刺激加上去前的一刹那出现，再到后来它就渐次发展，在时间上向前提早一些。

一连串的事实证明延搁反射的第一个时期确实是一个抑制的时期。第一，延搁反射的抑制作用可以很容易就综合起来。其次，我们可以从延搁反射看到后发的抑制作用。最后，某些动物在延搁反射第一阶段所表现的瞌睡状态与睡眠状态，是抑制状态的一种突出表现。

其次一个现象，即条件反射的消退，作者也予以讨论，但丝毫也没有注意到我们所研究的事实的详情，心目中还是存着他们所揣测的那一个因素，但也并不比以前解说得精确一些，而且这时除了前述的"有意遗忘"而外，又说我"让自己不去考虑"某些事情。

作者首先反对我们说，使未强化的条件反射消退的，不是这反射重复时相隔时间的短暂，而是其重复的次数。但这是绝对不正确的。一个未予强化的条件刺激没有任何重复，只是延长到三至六分钟，结果无论如何都会消退，消退到绝对的零——依我们的说法，就称之为无间歇的消退，以别于间歇的消退。再者，作者任意假定说消退不是一个固定的事实，而是频率规则的一个例外。这又是一句极不正确的话。消退是条件反射生理学的固定事实之一。不顾现实地假定了上述两点以后，作者可以说就为自己的活动扫清了道路，并假想除基本非条件刺激以外，有其他某种解说得也并不清楚些的动因参与条件反射的形成。大概这儿也假定了动物的动作，因为动物在实验时连续的与不同的动作是被提到了，因此，依作者看来，决定条件反射的动因的总和是不断变动的，有时显得大些，有时显得小些。当这些动因少了一些而条件反射消失或消灭了时，其余的动因（也是未知的）同样会变成抑制性的，或者（实际上是同样的说法）变成为别的反应的刺激物。

作者解释用额外刺激来打破消退作用时说：这些刺激"破坏了姿势与方向作用"，而二者在消退作用的这一阶段似乎就是条件反射的抑制者，因此，就暂时地把正在被消灭中的反射恢复过来。

作者并不以为有必要告诉我们，甚至作为一种假设，究竟是怎样一种刺激和非条件刺激一道支持着条件反射，这里又有另外一种什么刺激作为条件效果的抑制者。当作者依自己的意思来解释用额外刺激以打破消退作用时，为什么不说明，扫除抑制条件效果的动因的作用的额外刺激，因何不能把助长条件反应的动因的作用也除掉呢？就是因为它们是其他的刺激，而不是后者吧！

就是这样，作者引来了许许多多未知的刺激动因，完全没有用一种较精确的方法予以确定，其实际意义也没有任何事实的证明。

我们只好推断，作者所意想的那些动因正就是这些同样的动觉刺激，不过是产生于不同的肌肉罢了。自然，有许多的骨骼肌肉，在活动的时候它们间就产生无数的组合，而且经常有特殊的向心冲动从所有这些肌肉送达中央神经系统。然而：第一，这些冲动中最重要的部分是进到脑的低级部分去的；第二，在通常的情形下，它们绝对不会让自己为大脑半球所知，只不过使运动可以自我调节及使得其更为精确而已，例如经常进行的心脏运动与呼吸运动就是如此。

在我们的实验情况下，只有这样的运动才算作是对我们的条件反射发生影响的——只有那些形成特殊动作反射的运动，其中主要的而且几乎是唯一的一个，就是对于直接环境中的震动所起的方向反射，有时也有当动物在实验架子上运动时，由某种偶然的有害刺激所引起的防御反射——如受了什么东西的敲打，某种夹痛等。

如果作者所假想的，起自我们所作的运动的向心冲动，在某种巨大限度以内真正进入到大脑半球的话,那么,仅由于这个数目,就会成为对皮层与外在世界关系的一个巨大障碍,差不多会使皮层不能执行它的主要任务。当我们谈话、阅读、写字,以及思考时,我们的不可避免地要发生的运动,会不会扰乱我们到这种程度呢?是不是只有当我们绝对不动时,所有这些才能理想地做出来呢?

消退作用这一固定事实,并不是由于动物的偶然运动反映到大脑半球工作中的结果,而是当皮层细胞(机体所有细胞中最易反应的细胞)继续工作了一个或长或短的时间——甚至于一般都是一个短的时间——而没有基本的先天反射与之伴随时,它们的最重要特性的按规律的表现;因为这些细胞的兴奋作用,其主要生理任务就是供作信号,以代替后面这种反射的特殊刺激。既然皮层细胞是最易反应的细胞,它们在工作后很快就会变得疲乏,并且入于抑制,而不是入于不活动状态;大概抑制作用不仅对它们的休息有所帮助,还会加速它们的恢复。但是当它们被非条件刺激所伴随时,那么,这些刺激——如我们在本文开头部分所看到的一样——立即会(可以说是利用保护的方式)抑制它们,并借此而对它们的恢复有所裨益。

消退作用事实上就是抑制作用,这由其对别的阳性条件反射的后发性抑制效用可以证明,由其向瞌睡状态与睡眠状态的转变也可以证明——这种瞌睡与睡眠状态就是抑制作用,是不容置疑的。

至于另外两点,作者仅提出他自己的看法来代替我们的观点,我可以谈得简短一点。关于在形成过程中条件反射渐次加强的事实,我们必得说明:在这种情形下,事情是要除掉那些对形成条件反射有扰乱的额外刺激,而不是去干与此相反的事;也就是说,不是如作者所想的,去使额外刺激大量参与于条件效果之中。最初做实验时,我们常需要把手续重复 50—100 次,或者更多,以发展一个完全的条件反射;但是现在只重复 10—20 次就够了,而且时常还比这数目更少一些。用我们现在的实验技术,当一个新的无关动因(未来的条件刺激)第一次施用时,结果只产生一个方向反射,其动作部分的表现在大多数情形下随每次的施用就很快地减低到完全消灭的程度——所以这儿绝对不是如作者所说的那样有任何东西组成了条件效果决定因素的不断增长的总和。很显然,全部过程就是刺激越来越趋于集中,然后,大概就是在中央神经系统中渐次在联系起来的各点间开辟出了一条道路。

最后,关于从与特别形成条件反射的刺激相邻的或靠近的刺激,单独获得条件效果方面,作者又是和我们的想法不同的。依我们看来,这是刺激作用蔓延于皮层一定区域的一种扩散作用。但是作者在默认了条件刺激不是一个特殊的刺激动因,而是伴随它而来的方向反射时,就解释这件事情说:由于这同一个方向反射,所有的邻近动因都有了它们自己的活动。但这是与事实完全矛盾的,邻近动因大多数都是直接发生条件效果,绝没有任何方向反射的迹象。但当有方向反射同时存在时,正是这个时候(与上述相反)条件效果或者完全没有,或者表现很弱:它只是按方向反射的消失情况而出现、成长。

就是这样,作者在他整篇文章中对于他自己,对于他的演绎的习惯,是保持忠实的。错误地应用着一个生理学的原理——条件化的事实——他就由此直接而不断地引申出他用于其论学习的论文中的条件神经活动的全部细节来,而整个具体事实他丝毫也没有注意到。

Ⅱ

依我看来，我现在要讨论的第二篇文章，《行为的基本神经机理》①在其论题的发挥上，在相当程度内也与第一篇具有同样的性质。这篇文章是拉什里 1929 年在上一届在美国召开的国际心理学会上宣读的论文。虽则它的材料差不多完全都是生理学的，但作者处理这些材料的方法却与上一篇完全一样。这些材料为了下述基本的偏向而牺牲了。这偏向表明：反射论在大脑机能的研究中，"现在与其说是帮助进步，毋宁说是成了进步的障碍"；同时还要表明：比反射论更有力量，更有意义的是，例如：斯皮尔曼所说的"智慧是某种未经分化的神经能力的一种机能"，或与海绵或水螅的组织的类比，它们被弄碎，过筛以后，经过澄清或以离心机分离开来，会重新自行形成一个成熟的个体，具有特征的结构。

首先，我暂不作详细讨论，却必须一般而概括地指出：对反射论的这样一种无情的判断是绝对与实际事实相违背的。这种判断坚决地，甚至可以说有些奇怪地不想叫人注意实际事实。作者是不是可能冒险地说：我同我的同事们，在反射概念的指导性影响之下进行了 30 年，现在仍然在顺利地进行着的工作，只是大脑机能的解释的一个累赘呢？不会的，没有人是有说这话的权利的。我们已经奠定了脑的高级部分正常活动的一连串重要原则，解释清楚了其清醒状态及睡眠状态的一连串的情况；我们已经弄清楚了正常睡眠与催眠的机理；我们已经用实验方法造成了神经系统这一部分的病理状态，并找出了把它恢复到常态的方法。我们已经知道，这一部分的活动，以前和现在都发现有不少与我们主观世界现象的类似点，就像神经病理学家、教育家、实验心理学家所经常说的一样，也像学院派心理学家所说的一样。

现在，在神经的这一部分生理学面前摆着一个广阔的远景，有着突出问题，即可做进一步实验的绝对确定的问题；这代替了那条几十年来这种生理学无疑处于其中的绝路。所有这些都是由于抱着反射的概念，把实验应用于脑的这一部分的结果。

反射的概念包括些什么呢？

反射活动的理论受到精密科学研究的三个基本原则的支持：第一是决定论的原则，也即每一个动作或效果必有它的冲动、理由，或者原因；其次是分析与综合原则，也即最初把整体分解成为它的部分或单位，然后又渐次从这些单位或单元把这个整体重建起来；第三就是结构原则，也即力量的活动在空间上的分配，机能对于结构的适应。所以对反射论所宣布的死刑，不能不认为是误解与偏见。

在我们面前是活的机体（人也在内），产生着一系列的活动，亦即一系列力量的表现。因而就有一个难以克服的直接印象，认为动作有某种主动的自由，有某种自发性。就作为一个机体的人来说，这种印象使得每一个人都觉得是不言而喻的，相反的说法就好像

---

① K.S. 拉什里：《心理学评论》，第三十七卷，一至二十四期，1930 年。

是荒谬的。虽然米列特的刘基卜①曾说过没有原因的动作是没有的,每一件事情都是因需要而产生的,但直到现在,难道就没有人说在机体中,甚至于在人以外的动物机体中,有自发地活动着的力量存在了吗？说到人时,我们不是甚至到现在还听到说意志的自由吗,知识分子群中不是还深深相信我们有某种不受决定论所支配的东西吗?！过去和现在我经常遇到不少受过教育而又聪明的人,再也不能理解怎么可能用纯客观的方法来研究狗(举例来说)的全部行为——也就是说,仅仅将作用于动物的刺激和对这些刺激的反应来做比较,因而不去考虑它们的被认为和我们相似的主观世界。当然,我们这儿不是指实验中的暂时困难,尽管是巨大的困难,而是指完全的决定论作为一条原则的绝对不可能性。不消说,谈到人类时也保持这同一种观点,只是信念还要大得多。在一部分心理学家间,在心理现象的独有特色这个说法的掩蔽之下,也是坚持着这种信念;在这个说法的背后,用各种科学上体面的同义语伪装起来的,就是许多有思想的人(更不用说还有醉心于宗教的人)所共有的这种二元论与泛灵论。——我想我如果这样说也是不会犯很大的错误的。

反射论从它一出现的时候起直到现在,都长期不断地增加机体现象的数目,这些现象都是与决定它们的条件相联结的;也就是说,这个理论使机体中整合起来的活动愈来愈清楚了。它怎么会可能对于机体的一般研究,特别是对于大脑机能研究的进展,是一种障碍呢?！

还有一层,有机体包含许多许多的个别部分与数以亿计的细胞元素,它们具有数量与之相当的个别现象,但又彼此密切交织起来,以实现机体的整合起来的工作。反射论把机体这种一般活动分成个别活动,把每一个别活动都与外在影响联结起来,也与内在影响联结起来,然后又重新把它们一个一个地联合在一起,这就使我们越来越清楚地理解机体的整个活动,以及机体与周围情境的交互关系。当对于机体各个别部分间的联结还没有足够的知识,对于机体与周围情境间的全部关系也没有较完全的理解时,怎么能够认为反射论在过去和现在都是多余与不恰当的呢？但是高级有机体的全部内在关系以及外在关系,首先是由神经系统来完成的。

最后,如果说一个进行分析与综合以求彻底了解分子活动的化学家,不得不利用自己关于不可见的分子结构的想象;如果说一个进行同样的分析与综合以求弄清楚原子活动的物理学家,也自己冥想出原子的结构来,那么怎能去否认可见的物体的结构,而假定结构与机能之间的某种矛盾呢？在机体内在以及外在关系方面,联结的机能都是由神经系统来实现的,神经系统就是一个可见的器官。这个器官中自然会产生动力学的现象,这种现象一定是与这器官的构造的最精密的细节相适合的。

反射论从确定其特殊机能(自然是其较简单粗糙的部分)来着手研究这个器官的活动,并确定了这个器官中所产生的动力学现象的一般趋势。一个反射的普通与基本的公式是这样的:感受器,传入神经,中枢站(中枢),以及传出神经与反射赖以发生作用的组织。由此,就来了对这些部分的精细工作,过去是这样,现在仍是这样。自然,有一件最复杂、最巨大的工作过去在等待去做,现在仍然在等待去做,这就是要研究中枢神经站;

---

① 我是从堪纳必志教授的《精神病学史》一书中得到这些知识的。

而在中枢站方面，则是要研究灰质；在灰质中，则是要研究大脑半球皮层。这一工作是关系于可见的结构本身和发生于结构中的动力学的现象两方面的，同时对于结构与机能间的必要联系，自然也始终不会遗漏。由于研究结构与机能的方法的不同，这种研究工作自然大部分要由组织学家与生理学家分担。自然没有一位研究组织学的神经学家敢说我们关于神经系统结构和中央神经系统特殊高级部分的结构的知识已经达到了尽头；与此相反，他会承认这些部分的结构仍然停留在一种高度混沌状态与黑暗状态之中。大脑半球皮层的细胞构造，虽然很容易精密检查，不是到近来才证明是极端复杂与各个不同的吗？皮层各部分的组织中这种多样的变化，不是一直还没有过确定的动力学的意义吗？假使组织学家还只可能在微小的范围内分析结构，生理学家怎么能够希望在这个不可思议的结构中，全部探索出机能现象的作用呢？坚持反射公式的生理学家，从来也不曾想象中枢站的一个研究，即使是这些中枢的最简结构方面，是弄到了某种精细的程度了；但他却坚决相信关于传导事实的概念，亦即相信动力过程从传入通路走到传出通路的概念，并受这种概念所指导。至于高级中枢方面，除了机能适应于细微结构的可能性以外，他目前单纯为了需要而主要地把注意力与工作集中在动力学上面，即集中在脑的一般的机能特性上面。这在中央神经系统低级部分是已经做到了，而且最近还在做着，主要是由谢灵顿、魏尔汪、麦格纳斯等各学派以及其他个别作者做的；但是关于神经系统最高级部分，绝大部分现在正由我和我的同事们用最有系统的方法，在一般反射理论的条件反射这一形式的指导之下做的。

至于两半球皮层方面，在 19 世纪 70 年代这个值得注意的时期的初期，就得到了关于它的机能与结构间的精细联结的初步材料。虽然皮层中特殊运动区的存在已被后来的研究者所一再证实，但最初所说的感觉器官在皮层中很精确而界限分明的定位，却很快就遭遇到生理学家以及神经病学家方面的反对。这多少动摇了皮层的定位学说。这种不确定状态继续了一个长时期，因为生理学家们没有对皮层正常活动的特性作纯粹生理学的描写，而在心理学还没有做到把心理现象作自然而普遍公认的系统化的时期，用心理学概念来进行处理当然也不能有助于定位问题的进一步研究。由于条件反射理论的缘故，生理学家最后接受了用自己的眼睛去看两半球的特殊（虽然纯粹是生理学的）工作的方法，因而能够用条件反射与非条件反射的方式把皮层的生理活动，从相邻的皮层下部分的活动以及一般地从脑的低级部分的活动，明显地划分出来——到这个时候，情况就根本改变了。到那时，所有零散的事实，都可以整理成一个明确而严格的条理，而两半球结构的基本原则也清楚地显现出来了。从 19 世纪 70 年代起，皮层中的，已被认为是主要外在感受器官的中枢的特殊区域，仍然算作相应刺激的高级综合与分析的所在；但是除了这些区域以外，还承认这些感受器官的代表者肯定是分散于皮层的大部分，也许还分散于整个皮层，不过只能作较简单与很初级的综合与分析罢了。一只没有枕叶的狗不能辨别一个物体和另一个物体，却能辨别照明程度和简单的图形。一只没有颞叶的狗不能辨别如它的名字之类的复杂声音，却能精确辨别个别的声音，例如能把一个乐音和另一个乐音辨别出来。这是特殊化结构的重大意义的多么明显的证明！

下述的 М. И. 艾利亚生的实验，对特殊区域结构特点在机能上的意义，作为一个比较详细的说明，是很有趣味的，这个实验曾发表在我的《大脑两半球机能讲义》一书中。

在风琴的三个半八度以上的范围内,选出三个音调,两个是两极端的,一个是当中的;把三个音同时并奏以作为一个复杂的条件食物刺激,引起一定量的唾液来做食物反射强度的指标。进一步实验下去时,组成这个复杂刺激的各个乐音也分别引起唾液反应来,但比这整个复杂刺激所引起的要弱一些;而这三个乐音之间的中间乐音也引起唾液反应,不过程度上更要小一些罢了。这时把两侧的颞叶前部(雪尔维地氏回与外雪尔维地氏回)与后复合回均行切除。于是就发生下述的结果。在手术后,当别种分析器对于刺激所起的条件反射,乃至对和弦的条件反射(这甚至于比某些别的反射还恢复得早些)都已恢复过来了的时候,又重新实验对于组成和弦的乐音的反射,高音以及与之接近的中间音都失去了它的作用。但中音和低音以及介乎其间的音仍保持其作用;低音的作用甚至还大了一些,和整个和弦的效果相等了。但是高音单独用食物来伴随时,那么,它很快(从第四次起)就重新变成一个条件食物刺激,并有了显著的效果,比其以前的不会更小,只会更大。我们由这个实验可以得出某些精确的结论:第一,在皮层的特殊听觉区的各不同点上呈现了听觉感受器官的个别元素;第二,复杂刺激正是利用了这一个区域;第三,在这些复杂刺激中,分布于大部分脑髓上的听觉器官的同一些元素的代表,是丝毫也没有积极影响的。

从所做的条件反射来看,我们可以看到下面的事实:把两边的大脑半球后面较大部分都切除了的狗,还能使自己以高度的准确性对皮肤与嗅觉感受器官作定向活动,只是失去了对它的环境的视觉与听觉关系,也就是说,不能分辨复杂的视觉和听觉刺激。切除了两边大脑半球上半部的狗,完全保存着对于其环境的复杂听觉关系,只失去(显然是孤立地失去的)对环境中所遇到的实物的定向能力。最后,一只狗切除了两边大脑半球的(较小的)前半部,似乎完全变成残废了,也就是说,主要的失去了适当的行动,失去了它的骨骼运动的正确运用,然而从另外一种标志,即唾液腺,还可以看出有复杂的神经活动。——看到所有这些的时候,还能够不想到在机体对环境的适当定向作用(与环境维持平衡)的基本问题中,正是大脑半球的结构具有首要意义吗?那么,我们怎么能够怀疑这种结构的更精细的特点有更深的意义呢?

如果一个人采取了我们的作者的观点(在下面还要仔细谈到的),他将会嘱咐研究脑的组织学家把他们的工作当成不必要和无用的而予以抛弃。有谁不会在这样一种结论面前停滞不前呢?要不然,所有已发现的结构的精细部分,迟早一定会获得它们自己在机能上的意义的。所以,除了要做皮层的进一步的,甚至于更透彻的组织学研究而外,还必须对大脑半球的活动,及与之相连的脑的其他部分的活动,做纯粹的、严格的生理学研究,使结构和机能可以渐次地彼此联结起来。

这也就是条件反射学说在实现的工作。

很早以前,生理学就坚定地宣称:一定的内在与外在刺激,和机体以反射方式表现出来的一定活动,有一种经常的联络。条件反射学说在生理学中无可置辩地证明了:所有各种可能的刺激(不只是一定的一部分刺激),不论其是外在的抑或内在的,都和机体活动的一定单位有暂时的联系;也就是说,除了说明神经过程向高级中枢传导以外,条件反射理论也说明了这些中枢间的联结和分离。自然,增加了这一点,反射的概念中也不会发生什么主要的改变。一定刺激和机体活动一个单位的联结仍然存在,但是必然在一定的条件之下存在。这就是为什么我们把这一范畴的反射称为"条件的"，以区别于生来就存在的反射；而这些比较老的反射就叫做"非条件的"。由于这一点，条件反射的研究也是建立在同样三条反射论原则之上的：决定论的原则，渐次的、连续的分析与综合的原则和结构的原则。依我们看来：效果经常是与原因联结起来的；整体是一步又一步地分成部分然后又重新综合起来的；同时机能则与结构保持着联络，这自然是在现代解剖学研究资料的许可范围以内的联络。因此可以说，给研究脑的高级部分的活动，也就是说，研究大脑半球和与之邻近的皮层下中枢的机能，以及后者的最复杂的基本的非条件反射，已经开辟了无限的可能性。

我们在继续地研究皮层的基本性质，确定大脑半球的主要活动，并弄清两半球和与之邻近的皮层下中枢的联络和相互依赖关系。

皮层活动的基本过程是兴奋作用与抑制作用，它们以扩散与集中的方式在皮层上的移动，以及它们的相互诱导。两半球的特殊活动在于对从外界进来（大多数）以及从机体内部传来的刺激，不断地进行分析与综合；在这以后，这些冲动就被引向低级中枢，从邻近的皮层下中枢起，到脊髓前角的细胞为止。

因此机体的所有活动，是在皮层影响之下与环境维持最准确最精密的关联或平衡的。另一方面，邻近的皮层下中枢，又把有力的冲动流从它的中枢送到皮层，因而使后者的紧张得以保持。最后的结果，脑的高级部分的研究重心，现在就转移到两半球和邻近的皮层下中枢的机能现象上去了。

如上所说，皮层的基本工作就在于分析与综合传入到皮层中的冲动。这些刺激的种类和数目是不胜枚举的，甚至于在如狗一样的动物身上也是这样。对于刺激的这种数目与种类最适当的说明就是：个别皮层细胞的状态和细胞间所有可能的联合的状态，其各个阶段都是个别的刺激。利用皮层，就有可能从兴奋过程以及抑制过程的所有各阶段与种类，在个别细胞中以及在细胞的各种联合中制造出特殊的刺激来。同一刺激的不同强度所产生的刺激作用，刺激间的关系所产生的刺激作用等，可以作为第一种情形（兴奋）的例子；第二种情形（抑制）的例子，就是各种引起催眠的条件刺激。

细胞的无数种状态不仅在正在进行中的刺激的影响之下形成，不仅在外在刺激发生作用的时间内存在，而且在没有这些刺激的时候，也仍然保存下来，表现为不同的、起变化的、但比较稳定的兴奋程度和抑制程度的一个系统。可以举一个例子来说明这种现象：我们每天用一系列不同强度的阳性条件刺激和一系列阴性刺激，按照一定的次序，保持其间同一时间的间隔，来刺激一些时候，于是就得到了相应效果所形成的一个系统。这时，如果在做实验时我们在每一段时间间隔之后只是重复这些阳性刺激中的一个，那么，它所引起的效果的起伏变化，正和以前的实验中那些连续的刺激所共同引起的一模一样，这就是说，皮层的兴奋状态或抑制状态所表现的同一个系统会重新表现出来。

当然，要马上弄出动力现象和结构的细节间任何一种透彻的关联来还是过苛的要求；但是这种关联无论如何是可能的，因为皮层结构在其整个范围内是如此的各样不同，而且，还有了一个我们所确切知道的事实，这就是对于刺激的综合与分析的某一阶段可以在皮层的一个部分进行，而不能在其他部分进行。我们的另一个发现也肯定地证实了这一个论点。在存有已成了条件刺激的一连串不同听觉刺激（一个乐音、噪音、节拍器声、水泡声等)或者对皮肤不同部分的触觉刺激时,我们可以使其中一个单独刺激的作用点引起变态的或病态的效果,同时其他刺激点则保持完全正常。我们得到了这种结果,不是用的机械办法,而是用机能过程的:把某一个刺激点弄到困难的境地,或者使刺激作用过分强烈,或者在那一点上造成兴奋过程与抑制过程间的严重冲突。我们在结构的某一精细部分所引起的过分机能活动,已经使这部分发生破坏,就像粗暴地处置一个细微的器具,把这器具伤害了或毁坏了一样,除了这样说以外,还有什么能解释这个事实呢?如果别的听觉刺激或机械刺激能完全保持原状、不受影响,那么结构的精细部分一定是多么的细微、多么高度地特殊化了呢!这种隔离的破坏在任何时候都是很难用机械方法或化学方法来造成的。从此以后,我们无法怀疑下面这个事实,如果目前我们有时在动物的皮层受到机械的破坏以后,还看不到动物行为的变化,这不辩自明,只是由于我们还没有把动物的行为分析为它的一切元素,而这些元素的数量一定又非常巨大。所以它们之中有某一些失掉了,自然也没有引起我们的注意。

我把我们的资料谈了这么久,其目的首先是要进一步利用这些资料,以批评拉什里所做的实验及其从实验中得出来的结论;其次是又一次表明由整个反射论及其全部原则所支持的大脑半球的研究,在目前是多么的富有成果。

但是拉什里拿出什么来反驳反射论呢?他用什么来打倒反射论呢?[①]首先,很明显的,他是用一种奇怪的看法来看反射论。他任意地把生理学置之不顾,随便地把反射论完全看成仅仅是结构的问题,而对它的其他原则一字不提。反射的概念普遍都公认是由笛卡儿创始的。但是在笛卡儿的时代,关于中央神经系统的精细结构,尤其是关于中央神经系统的活动,知道了些什么呢?须要知道感受神经与运动神经间的生理解剖上的区别,是直到19世纪初叶才发现的。很显然,对于笛卡儿来说,就是拿决定论的观念来构成反射概念的本质;笛卡儿把动物机体看成机械的看法就是由此而来的。所有后来的生理学家在把机体的个别动作和个别刺激联在一起时,同时在阐明中央神经系统表现为各种向心与离心神经、特殊通道与特殊点(中枢)的这些神经结构元素时,最后,在这项工作中搜集中央神经系统动力的特点时,都是用这种意义来了解反射的。

拉什里鼓吹他关于反射论在目前是有害处的结论,提出对于脑髓活动的新看法,其主要的、实际的根据,是作者从他自己的实验材料中得出来的。这材料主要就是要白鼠在多少有一点复杂性的迷津中找寻达到食物箱的最近道路的实验。作者的实验证明:两半球的破坏愈大,训练的困难也就愈大,而且困难的增加量差不多是与破坏的增大量相符的;除此以外,大脑半球被破坏的到底是哪一部分,是没有什么关系的,这就是说,结果完全是由两半球保持无损的体积来决定的。作过另外一些补充实验之后,作者作了如下结论:"皮层的特殊区域、联络或投射神经通路,对于完成那些毋宁说是决定于正常组织总量的机能,似乎是并不重要的。"由此就作出了一种独创的、但事实上完全不可想象的主张——器官的较复杂的活动的完成,是没有它的特殊部分和重要联系参与的,换句话

---

① 和上述在心理学会议上宣读的论文同时,还出现了由拉什里所写的名叫《脑的机理和智慧》的单行本,更详细地报告了作者自己的实验材料。所以我在下面的讨论中兼指这篇讲演和这个单行本,从中摘引事实、结论和讨论,并没有把二者区别开来。

说，就是整个器官不知道怎么的总是离开其组成部分而进行工作的。

这样一来，主要的问题是：为什么解决迷津问题的速度减慢，只是决定于两半球被破坏的范围，而被破坏的是什么部位是毫不相干的呢？在这儿很可惜的是作者没有记住反射论及其第一个原则——决定论原则。假使他记住了的话，他讨论他的实验方法时首先要提出来的将是下面的问题：一只老鼠能用什么方法来解决一般的迷津问题呢？如果没有某种指示性的刺激，没有某种记号，它一定不能够解决的。因为要是我们承认与此相反的看法（且不去管这是一件难以做到的事情）的话，那么，我们就一定得证明这个工作确实是不需要任何刺激就能够做成的，也就是说，必须把老鼠的所有感受器官一下子全部毁掉。但是谁会办到这一件事，又怎么能够办到呢？如果（自然是假设的说法）解决这个问题时，信号（某些刺激）是主要的，那么破坏一些个别感受器官或破坏它们的某些联系显然是不够的。也许全部感受器官或者差不多全部感受器官都在这个反射中起了作用，以个别方式或以某种联合方式一个代替着另一个。就老鼠来说，在大家都知道的它的生活条件之下，确实是这一种情形。不难想象，在解决迷津问题时，老鼠是能够利用嗅觉的、听觉的、触觉的、动觉的刺激的。因为这些感受器官的特殊中枢是在两半球的不同地方，它们的单个元素的代表又很可能分散于两半球的全部，所以虽然两半球有大部分被切除掉了，但仍然时常存在有解决迷津问题的可能性，但是很自然的，未受伤的皮层组织留得愈少，这种解决自然就愈为困难。但是一个人如果要假定在上述的例子中老鼠只是应用了一个单纯的感受器官，或者只应用了少数几个器官，那么，首先必须拿毫无疑义的特殊实验来证明这一点，这就是说，要使每一个感受器官单独发生作用或以某种联合方式发生作用，而排除其他的器官。然而就我所知，这样的实验作者没有做过，任何其他的人也是没有做过的。

确实有一点奇怪，作者丝毫也不注意所有这些可能性，又不拿下面的问题来问一问自己：什么是老鼠克服机械障碍的动作的基础呢？是什么刺激、什么记号引起了相应的运动呢？他只是把自己限制在分别破坏与分组破坏个别感受器官而没有毁掉习惯的一些实验之中，而总结他关于习惯的事实的分析说："现有的证据似乎证明这种结论：迷津习惯最重要的特点是从迷津的特别转弯处得来的方向概括作用，和某种中央组织的发展；由于有这种组织，不管跑迷津的姿势与特殊方向有多大变化，普通方向的知觉仍然得以保持。"我们可以说，这真是一种无形的反应呀！

在别的一些关于迷津反应的实验中，作者在两半球和脊髓上做了许多割切手术：向里面切，从下面来切，横切，想统统切掉两半球中的联络神经束与投射神经束，以及连到脊髓去的神经通路。但是我们必须指出：生理学家们很清楚，所有这些都只是粗糙的、近似的方法，绝不是决定性的方法——结构愈复杂，就愈为如此。这在粗略的、简单的周围神经系统方面，是要可靠得多的。生理学家们知道得很清楚，要把一个器官与全身的神经联系完全隔绝开来是多么困难，常常只有把一个器官完全从身体里面切割开来，在这方面才算有绝对把握，生理学家们也十分熟悉周围神经系统中各种交叉、环路等。作为一个例子，我们可以想一想脊根中逆行感觉纤维和由不同脊根发出的纤维分布于一条单肌肉的情形。那么，在存在有巨量精细联系的中央神经系统中，这一种"机械免疫性"（用这种说法）一定会更复杂、更微妙到多少倍！依我看来，直到现在，尤其是在神经系统生理学方面,这个极为重要的原则还没有受到足够的承认,甚至于还没有清楚地、经常地陈述出来。要知道,机体系统是在所有周围的条件当中发展起来的,——例如温度条件、电的条件、细菌的条件等,机械的条件也包括在内;同时它必须对所有这些条件保持平衡,适应它们,当它们的作用对它有害时,就尽可能去预防或限制它们的作用。在神经系统中,尤其是在其管理整个机体、把机体特殊活动统一起来的最复杂的中央部分中,这种机械的自我防御原则,亦即机械免疫原则,一定是达到绝对完善的程度的,事实上在大多数情况下已经显现出来确是这样的。因为我们目前还不能要求关于中央神经系统中所有联络的完全知识,所以我们所有切开、割断等实验,事实上在许多例子中都是否定性的;这就是说,我们并没有达到切断中枢神经系统联络的最终目的,因为其机理比我们以前所想象的要更为繁复,要更能高度地自动调节。因此,可以说,根据这样的实验来做决定性的、彻底的结论,常常是危险的。

　　和我们第一个问题有关的,我想来谈一谈习惯的比较复杂性,这也是作者所研究的。我谈这个主要是要评估他所用的方法。作者发现跑迷津的习惯比辨别不同的照明强度的习惯要复杂些。但这是怎样证明的呢?事实上所证明的是与此相反的,在复杂的迷津中一个习惯试 19 次即已形成,而明度的习惯则试验 135 次才形成的,也就是说难了 7 倍。如果拿作者所用的三个迷津中最简单的一个来做比较的话,那么,难易的差别就差不多到了 30 倍。作者不顾这一点就作出了迷津习惯比较复杂的结论。这是用各种解释作出的结论,但是为要使人相信起见,他无论如何也必得用数量来精确地决定他的解释中所提出的几个因素的意义,说明为什么它们摆在一起时不仅掩蔽了实际上的差别,甚至于还把结果变成了它的反面。

　　在这样一种情况之下,我不敢说什么是复杂的,什么是简单的。且让我们言归正传吧。关于动物在迷津中和在不同照明的箱子中的行动,我们只考虑到向右或向左的转弯,并没有考虑到行动的每一个动作。在这两个问题中,都是需要记号或特殊刺激来引起转弯的。这记号或刺激在这两个情形中都是有的。但是超过了这一点以后,就有所不同了。在迷津中有好几个转弯,在箱子中只有一个。所以在这方面迷津是比较复杂的。可是还有另外一种差别。在迷津中转弯的信号差不多纯然是由其质量来区别的。举例来说,转弯时与间隔开口处的接触,有时出现在身体的右边,有时出现在身体的左边;在转弯时,是左边的肌肉或右边的肌肉在工作的。在听觉和视觉的信号方面也是这样。在箱子中,那就是数量差别的关系了。这些差别无论如何是必得予以估计的。当然,老鼠的生活习惯一定也有些影响,也就是说,对于这个或那个问题多少是早就已经熟悉了——如作者所正确指出的一样。但也不能忽视用一定的节律,用一时向右、一时向左的有规律交换着的转弯,可以使一个很复杂的迷津中的问题变得简单得多。另一方面,关于辨别照明强度的习惯,我们一定要认真地注意这一种习惯是在两种冲动的影响下形成的:食物刺激和有害刺激(痛觉刺激),而在迷津中则只是由食物来养成习惯。这当然是使训练的条件复杂化了。还有另外一个问题,用两个冲动是帮助还是妨碍了习惯的形成呢?此外我们在上面还指出了,在神经活动中形成效果的系统是容易而持久的事情。因此,在迷津中和箱子内两种方法方面,存在着一些不同的条件,因而要作问题难易程度的比较几乎是不可能的。所有这些,连同我们上述的迷津中记号的不确定性,就使作者的全部方法大有问题了。

与这些实验有关的，还有下面两个研究可以表明我们的作者比较倾向于理论（作结论），而不喜欢改进他自己的许多实验（这种改进在生物的实验中是基本的要求）。[①] 在他这两篇论文中，有一篇是研究对某种照明强度所养成的视觉习惯。把两半球后面 1/3（枕叶部）破坏之后，他发现视觉习惯养成的速度比起正常的动物来并不慢些。但是假使让正常动物养成这种习惯，然后切除它两半球的视觉区，那么，这习惯就消灭了，必得重新去予以培养。他就由此下了够大胆的、也够难想象的结论：他说训练过程一般是和伤害的部位没有关系的，而记忆的痕迹或遗迹则有一定的定位。但事实是比这个要简单得多。我们知道，在枕叶中有特别视觉区，从眼睛传来的刺激首先到达这里，彼此在这里构成机能的联络以形成复杂的视觉兴奋作用，又立即与身体各种活动构成条件的联络。

可是因为视觉神经纤维散布得远超出于枕叶的范围以外，也许还散布到了两半球的全部，所以在枕叶以外它们发生着与身体各种活动形成条件联络的作用，不过只是表现为多少是原始的视觉刺激而已。假使拉什里不用光的强度而用一个个别的实物来形成一种习惯的话，那么，切除枕叶以后，这习惯就会消失，并且不会重新养成了。因此，养成习惯的地方和记忆通道的地方之间的差别就没有了。

在另一个研究中，拉什里作了猴子大脑皮层运动区的实验。除掉这个区域以后动作习惯并不消失。他就由此作结论说，这一区域和这个特殊习惯是没有关系的。但是，首先他在其所做的三个实验中并没有把这个区域完全除掉；也许被留下来的那一部分还足以维持一个具有这样复杂性的习惯。他不是用实验，而是单用辩论来把这一种可能性丢在一边。其次，除了用电刺激来确定了的高度特殊化的运动区以外，也许还有一个没有这样特殊化，而是比较广泛的区域。由于有这两种根据，机械的问题必然就有更为可观的复杂性。最后，为什么作者不曾把他的动物弄瞎呢？要知道，毫无疑义，在表现这一种习惯时视觉是起了作用的，对于低级运动器官的刺激可能通过视觉的皮层神经纤维而同样发生效果。我们在因脊髓退化（脊髓痨）而患运动失调的病人身上看到了这一方面的显著例子。运动失调病人可以睁开眼睛用一条腿站立，如果把眼睛闭起来就会倒下来。所以在前面这种情形下他是用视觉的神经通路来代替了动觉的神经通路的。

必要的进一步的实验，又是停留在作者所喜好的，对特殊定位的否定态度的影响之下了。

现在让我们来谈一谈作者的目的在于直接反对反射论的另外一些实验和辩论。关于不同的适当刺激的分析方面，作者说：并非一定限于一些特殊感受细胞，才能够参与一种习惯的养成和复现的，这在实物视觉上是最清楚的。但是，第一，我们看到物体，也就是说，接受一定的组合起来的视觉刺激是由于网膜的每一部分的帮助，而不是由全部网膜整个儿来作用。网膜在皮层上的投射也是如此。这就是为什么某些感受细胞和一个一定的反应之间，没有确定的联络的道理。只有在仔细研究一个物体时我们才用到中央窝；在平常时网膜的每一部分是对一定的物体起着相似的反应的。这个原理也可适用于

---

① 拉什里，"大脑体积，学习，和保持间的关系"，《比较神经病学杂志》，1926年第四十一卷，第一期。"破坏灵长类的所谓运动区后动作习惯的保持"，《神经病学与精神病学专刊》，第十二期，249—276页，1924年。

网膜在皮层上的投射。其次，是涉及下列情形中反应的同一性问题的。这种情形就是黑底上的白几何图形，可以用反过来的明度关系来代替，还可以以相当的轮廓线条代替几何形式的实物，甚至于只是用一部分轮廓——那么，一方面，刚才上面所谈到的就是属于同一性方面的，另一方面，这种情况是在老早以前就彻底研究过的，它的意思是说最初仅是刺激的最一般特点发生作用，只有到后来渐次在特殊条件的影响之下才有了进一步的分析，刺激的比较特殊的成分才开始发生起作用来。在上述的例子中，最初只是那些没有精确交互关系与特殊分布的黑白点起了刺激的作用。下述的事实就可以证明这一点：利用进一步计划好的实验，黑底上的白图形和白底上的黑图形就可以正确地辨别开来，也就是说，黑与白的相互关系就成了一定的刺激了。用轮廓线条来代替几何图形，等等，也都是这样的。所有这些都只是分析的渐进阶段，就是说，刺激的比较细微的元素，只能一步一步地本身成为刺激。

在反应部分，亦即在运动器官方面，作者指出：虽则老鼠有时快跑，有时慢慢地走，有时甚至于像在小脑受了伤的情形下一样兜圈子，但它在迷津中是走得很正确的。在他看来，这好像对于刺激与一定反应之间有一定联系的说法是一个反证。然而老鼠总利用刚才所说的情形所用的同一些肌肉不停地向前面走，时而向左转，时而向右转，其他的每一件事情都是一种额外的动作，由其他的额外刺激所决定的。其次，患瘫痪症时肌肉没有参与习惯的形成，在瘫痪症治愈时它们却得以被利用——在这种情形下，应当注意瘫痪是在什么地方，为什么发生瘫痪。因为我们有一长列的协调中枢，从脊髓末端一直延伸到两半球，而来自两半球的冲动是可以传到每一个中枢去的。更进一步，我们知道，每当我们一想到运动时，事实上我们就暗暗地作了那种运动。因此，一种神经发动过程是可以产生的，虽则它并不采取看得见的形式。还有，如果兴奋作用不能通过最近的神经通路的话，按照综合与扩散的原则，它就会转移到最近的中枢上去。一只去掉头的青蛙，在用一边的脚来抹掉放在同边大腿上的酸时，如果是因为那一只脚被割去了而不能够做到这一点的话，那么经过几次用残废的那条腿的末端去尝试而失败以后，就会用另一边的脚来抹了——我们不是早就知道这种情形了吗？

至于说某些活动，例如鸟筑巢，没有定型的运动，也是基于一种误解。个体适应在整个动物界都是存在的。而这适应就是条件反射，条件反应，是按照同时作用原则而形成的。最后，作者所说的文法形式的单调，和我们前面所引的，在活动着的两半球的神经过程中造成系统这个实事，是完全符合的。这就是结构与机能的联合或融合。虽说我们现在不能清楚地想象这是如何产生的；但这确实只是因为我对于结构，对于动力学过程的机理，都还没有彻底了解的缘故。

我认为对于作者反对结构在中央神经系统中的意义的辩论，再谈下去是多余的。所有这些共同特点就是他完全没有考虑到这个结构的已知的、尤其是它的可能的复杂性，而经常怀着偏见去把它简化成生理学教本上的最简单的图解，这图解的目的没有别的，只是表明刺激与效果的必然联系而已。

那么，我们的作者贡献出了什么来代替他所反对的反射论呢？除了更为不着边际又完全未经证实的一些推论而外，是一无所有的。高等动物，人也在内，其脑的高级部分，已达到了活的物质的分化的顶点；在这个时候，我们寻求高级的脑的机理问题的解答时，还能是指海绵或水螅类的组织，或者胚胎组织吗？无论如何，由于承认了假设有绝对的自由，我们就有权利要求作者至少对于一些确定问题有一个简单初步的计划，以便对这个题目进行直接而有成果的实验——要一个能胜过反射论的计划，一个必定能在大脑机能问题方面促成大步前进的计划。但是作者实际上是没有这种计划的。一个真正的、有用的科学理论，不但一定要包括所有的现有材料，而且还要给进一步的研究和我们可以说无止境的实验开辟巨大的可能性。

这就是反射论在目前的地位。有谁会否认以人类大脑为其高级代表的中央神经系统结构的极端的、任何人都难以想象的复杂性，以及用进步方法来更深入地研究这复杂性的必要呢？另一方面，就是人类智慧仍然继续被自己的特殊活动的哑谜所笼罩着。反射论就尽力去在这方面与其他方面提供可能的答案，并由此去解释这个最奇怪器官的惊人的、这样难以想象的功用。利用反射论及其必要条件，如经常的决定论和对基本现象的不断分析与综合，对脑尤其是对其高级部分进行实验的可能性是没有止境的。在过去 30 年中，我经常感觉到了这一点，也看到了这一点；而且我越往前走，信心也就越高。

Ⅲ

我既已第一次在心理学文献中露面，我觉得这是一个适当的机会，一方面来谈一下心理学的几个我认为不符合顺利研究的目的倾向，另一方面，来更明白地强调一下我关于我们工作的这一共同园地的看法。

我是一个心理学实验家，我只是从几本重要的心理学教本中，从我所读过的与已有的材料比起来数目完全不够的心理学论文中，来知道心理学的知识。但是从我真正意识到人生的时候起，我就是，现在还是，一个经常的观察者和分析者，在我所接触到的生活范围以内去观察和分析我自己和别人，把最好的文学和写实画也算在内。我对于任何理论，自命为完全包括了组成我们主观世界的一切的理论，都直截反对，并且非常讨厌，但是我不能够不去分析主观世界，在它的个别点上去简单地解释主观世界。而且这种解释的结果，一定要使这些个别现象和我们近代自然科学上的积极知识相一致。为了这一点，就必须经常努力以最精密的方式把这些资料应用到每一个个别现象上去。现在我确信对许多过去称为心理活动的东西作纯粹生理学的解释，是有稳固的基础的；而且在分析高等动物直至人类的行为时，根据已经奠定了的生理过程，尽可能地努力用纯粹生理学的方式去解释现象，也是对的。同时我也知道有许多心理学家可以说是怀着嫉妒的心情来防止对动物与人的行为作生理学的解释，经常忽视生理学的解释，不想在任何程度以内客观地应用这些解释的。

为了证实刚才所说的话，我要举两个很简单的例子，一个是我的，一个是苛勒教授的。我们还能够举出许多其他例子来，有一些还要复杂得多。

当我们研究一种在实验中从一个距离外来喂动物的方法时，我们试过许多不同的方法。下面的就是其中的一个。在狗的前面总是有一个空的盘子、一根金属管从上方的一个盒子通到盘子上来,盒子里面则盛着平时作为动物在实验时的食物的干肉粉。盒子和管子的接口处有一个活瓣,在适当的时候可以用通气的方法打开,使一部分肉粉通过管子漏到盘子里来,给狗吃掉。这个活瓣做得并不很好,当管子受到摇动时就有一些肉粉从盒子里落到盘子里来。狗很快就学会了利用这一点,自动地摇出肉粉来。当狗在吃给予它的那一部分食物又一面因此而碰到管子时,管子的摇动几乎是连接不断的。当然,这正和训练一只狗把脚伸出来给一个人时所发生的情形是一样的。在我们的实验工作中,一般已经由生活的条件作了训练工作,但是在这里则人也成了条件的一部分。在后面这种情况下,"脚"、"伸出来"等词,由接触正在举起来的脚而产生的皮肤刺激,与把脚举起来的动作相伴随的动觉刺激,最后,与看到训练者的视觉刺激,都是由食物所伴随的,也就是说,都是和食物的非条件刺激联系起来的。在上面所举的例子中也绝对是同样的情形:管子摇动的噪音,和管子接触所产生的皮肤刺激,碰管子的动觉刺激,最后,还有对管子的视觉——所有这些都同样和吃食动作联结起来,和吃食中枢的兴奋作用联结起来。这自然是由于同时联系的原则而产生的,因此,就是一种条件反射。此外,这里还发生了两个额外的、显然是生理学的实事。第一,在这种情形下,一定的动觉刺激可能有条件地(在中央神经系统的低级部分则是无条件地)和那些动作的实现或把它——这个动觉刺激——引起来的那种活动联结起来。其次,当中央神经系统中两个中枢联络或连接起来了时,神经冲动就流动起来,在它们之间向两个方向运行。如果我们承认在神经系统所有各点上神经冲动只单向传导这个绝对定律的话,那么,在上述的例子中,我们就必得假定在这两个中枢间另外还有一个方向相反的联络,也就是说,我们必得承认还有另外一个把它们联络起来的神经原存在。当举起脚来就给予食物时,无疑有一个刺激从动觉中枢跑到吃食中枢。但当联络已经建立了时,狗在食物的推动之下也自行举起它的脚来。很显然,刺激作用是向相反的方向走的。我不能用别的方法来解释这个实事。为什么如心理学家通常所假定的,这只是简单的联想,绝不是智慧的动作,创造性的动作(即便是简单的也不会是),我还是不清楚。

另一个例子是我从苛勒的《人猿的智力测验》一书中摘下来的,所指的也是狗。把一只狗放在空场上的一个大笼子里。笼子的相对的两面墙壁是实体的,不能透过它们来看到什么东西。在其他的两面中,一面是一个栅栏,可以透过它看到空场,另一面(对面)有一扇开着的门。狗站在笼中,在栅栏的后面,而在栅栏前面一段距离以外放着一块肉。狗一看到肉就转身从门出来,绕过笼子来把肉吃掉。可是如果把肉靠近栅栏前面放着,那么,狗就白白地向栅栏上挤,想穿过它来取到肉而不走那个门。这是什么意思呢?苛勒并没有想去解决这个问题。利用我们所掌握的条件反射,我们就很容易了解这件事情。摆在眼前的肉强烈地刺激嗅觉中枢,而这个中枢依照负诱导定律,又抑制其余的分析器,抑制两半球别的部分,因而门和迂回道路的痕迹也在抑制作用之下,也就是说,狗在主观上表现出来的就是把它们暂时都忘掉了。在第一种情形下,亦即在没有强烈嗅觉刺激作用时,这个痕迹受到很少的抑制作用,或者一点没有受到抑制作用,就把狗比较正确地引到了它的目的物。无论如何,对这件事情的这一种解释,是完全应当而且值得作进一步的、精确的、实验的验证的。在它得到证实的情况下,它的实验就也把我们的冥想的机理,把思想强力集中于某件事情的机理在大体上模造出来了。这时我们是看不到和听不到我们周围所正在进行的事情的。或者，和这个有点相似的，是它也在大体上模造出来了所谓由激情影响而致盲目的机理。

我相信，坚持地实验下去，动物与人的行为中许多其他更为复杂的例子，也将会证明是可以用许多已建立的高级神经活动规律的观点来解释的。

第二点我要提到的，是关于心理学研究中目标与目的的意义这个问题。依我看来，在这一点上经常地混淆了不同的事物。摆在我们面前的是自然界进化的宏壮事实，从空际星云的原始状态起一直到地球上的人类为止，大概说来，可以分为一些阶段：太阳系统，行星系统，地球上自然界的无生命的与有生命的两个部分。在生物方面，我们特别明显地看到进化的阶段，表现为种族发生与个体发生。我们还不知道，也许在一个长远的将来也不会知道进化的普遍规律，或者进化的连续阶段。但是在看到了它的表现时，我们在一般情况及特殊情况下，都是以拟人论的看法，主观的看法，用"目标"、"目的"等词来代替关于定律的知识，也就是说，我们仅仅重述事实，对我们关于事实的现有知识一点也没有增加什么。在追求关于自然界所包含的各个系统（一直到人类也包括在内）的真理时，总归一句话，不过是要对这些系统所存在的内在和外在条件作一个说明，换句话说，就是要去研究它们的机理，把目的这个观念拉到实验里面来，一般结果只会把不同的事情弄得一团糟，而对于我们可以走、而又会立即获得成果的研究路线，则成为一个障碍。在研究每一个系统时，可能的"目标"这个观念，只能作为对科学想象的一种帮助，一种方法，以发现新的问题和各种新的实验方法；就好像我们要用人类双手的细工去熟悉我们还不懂的机器时一样；但是这观念绝不是作为最后的目标。

和这自然地联结起来的就是下面一个问题——自由意志的问题。

这个问题自然是具有最大的、实际的重要性的一个问题。但是依我看来，对这个问题进行讨论要既合科学（以现代精确的自然科学为根据），同时又不与人所共有的关于这个问题的感觉相矛盾，不在生活中带来混乱，这还是可能的。

人自然就是一个系统——粗鲁地说，就是一个机器——和自然界其他的每一个系统一样，都受着全部自然界无可逃避的、普遍一律的规律的支配；但是从我们近代的科学观点的眼光看来，人类系统是以其最高度的自我调节而独树一帜的。在人类双手的产品之中，我们已经熟悉了能以各种方法来调节自己的一些机器。从这一点来看，研究人类系统的方法，和研究任何其他系统的方法正好是一样的：分成许多部分，研究每一个部分的意义，研究各部分间的联系，研究与环境的关系，最后，如果是人的能力所及的话，就以此为基础来说明它的一般工作与管理。但是我们的系统是自我调节到了最高程度的——自己维持、自己修理、自己恢复，甚至于还自己改进。用我们的方法来研究高级神经活动，所得到的主要的、最强烈的、不可磨灭的印象，就是这种活动的极端易变性，它的巨大的可能性：没有什么是保持静止的，不可变的；只要具备了适当的条件，常常是一切都可以办到，一切都可以改善的。

一个系统或机器，以及具有他的一大堆理想、企望与成就的人——初看起来，好像是一种多么惊人的、不调和的对照。但是，难道真正是这样的吗？因为就进化的观点看来，难道人不是自然的顶点，不是自然界无尽资源的最高级化身，不是自然的强有力的、但还是未知的规律的体现吗？难道这还不足以维持人类尊严，使他得到最大的满足吗？而且在生活中,一切还是和有意志自由这个观念,以及它的私人的、社会的、公民的责任完全一样的;对我来说,我还是有可能性,因此也有义务来了解我自己,并经常利用这种知识来使我自己举止适当,发挥我的能力到最大限度。社会的、公民的责任与要求,不就是我的系统所遇到的、一定会引起促进这系统的完整和完善化的适当反应的情境吗?①。

---

① 我很感激 R.S. 雷门博士,他好意地承担了这个困难的翻译工作;不论是关于论文的题材方面,或是关于俄文原本的特殊风格方面,他都是搞得特别精心的。

第五十四章　着魔情操和超反常相

（致皮尔·让内教授的公开信，载于《心理学杂志》[法文]，30 卷，9—10 期，1933 年）

关于让内对迫害的解释的讨论——巴甫洛夫的解释

你觉得在你的杂志上发表这一封信，同时对我由于仔细研究了你去年题为"迫害妄想中的情感"一文而引起的一切看法，表示出你的意见，是不是合乎时宜呢？

我是一个生理学家，近些年来我和我的同事们，一直专门研究着高等动物（在我们的工作中，用的是狗）中央神经系统高级部分的生理的和病理的机能，亦即相当于我们的、通常称为心理活动的高级神经活动的机能。你是一个神经学家、精神病学家、心理学家。因此我认为我们应当互相了解并且共同努力，因为我们是研究同一器官的机能的。

你的论文第三部分是解释着魔情操（Les Sentiments D'emprise）的一种尝试。这种情感的基本现象在于病人把他们自己的缺点看做是外在的，而把它们转移到别人身上。他们希望独立，但却无法克服地觉得别人在把他们作为奴隶，要他们执行命令；他们想要被尊重，但却觉得受到了侮辱；他们要保守秘密，但却觉得这些秘密总是被发觉了；他们像所有人一样，有自己内心的思想，但却总是认为别人从他们那里偷走了；他们有某种难堪的习惯或者病的发作，但却觉得这些习惯和发作都是属于别人的。

你对事情的这种状态是如下面这样解释的：这些病人，在最普通的生活情况中，也觉得有许多困难的、不能忍受的、悲哀的事情。例如在你所举的例子中，病人不能在他所熟知的两个女人面前吃饭，而对这两个人他直到现在为止从来未表示过敌对的情感。这种经常的困难，自然地还加上再三的失败，就使这些病人充满了焦虑、严重的恐惧和一种想要逃避所有这些处境的愿望。就像小孩们和野蛮人一样，他们把这一切都归咎于别人的罪行，这就是你所谓有意的委诸客观。关于这一点，你又提出要注意下述事实。在所引的例子中，照你的话说，他是为种种双重的社会行动所扰乱着，做主人还是做奴隶呢？施与还是偷窃呢？耽于孤独还是要和人交际呢？等等。这些病人在他们的抑郁状态时，就被这些相反的观念弄得混乱，而把这种不愉快的冲突归于外在、归于别人。例如这种病人极愿一个人留在他的锁着的房间里，事实上他也是单独一个人在那里，但是他却为一种想法所苦恼，以为有一个坏人已经想法进到这个房间里而且在看着他。

对于所有刚才所说的解释，我们不能不予以同意，这是一个极有趣味的心理学的分析。但是我请求你允许我不同意这最后一点的解释：你重复几次说，相反的观念不能像通常所认为的那样容易区别开来。你写道："说和别人对你说形成了一个整体，不可能像我们所想象的那样容易分开"，又继续写道："伤害的行动和被伤害是结合在整个伤害程序中的；疾病昭示给我们，它们能够混淆起来，或把一个当做另一个"。你用一种甚为错杂的情感的组合来解释这种混淆。

　　利用你所建立并系统化了的事实，我将采取另一条道路：我想尝试作一种生理的解释。

　　我们的关于对立的一般概念（范畴），是基本与不可缺少的一般概念之一；与其他的一般概念一道，它促进、调整我们的健康思维，甚至是使健康思维成为可能。如果经常地把对立性混淆起来，即把我与非我、我的与你的、我同时是孤独的又是在人群中的、我触犯人或人触犯我等混淆起来的话，那么我们对周围世界的关系，包括对社会环境的关系，以及对我们自己的关系，不可避免地一定会受到高度的歪曲。因此，这个一般概念的消失或减弱，一定是有深刻的原因的；依我看来，这个原因是能够，而且必须在神经活动的基本规律中去寻求。我想，在今天生理学中已具有一些这方面的指示。

　　用条件反射的方法来研究高级神经活动时，我们从我们的实验动物身上看到了并研究了下述的精确事实：在不同忧郁与抑制状态中（最常见的是在催眠的不同状态中）有均等相、反常相和超反常相出现。这表示皮层细胞不是像在正常情况下一样（在一定范围内），给予和刺激动因强度相符的效果，而是在不同的抑制情况下，或者表现均等的效果，或者表现与刺激力量成反比例的效果，或者甚至表现与刺激性质相反的效果；最后一种情形的意思是抑制性动因有了阳性效果，而兴奋性动因却有了阴性效果。

　　我有勇气来这样设想，这种超反常相，正是我们病人的对立观念减弱的基础。

　　使我们的病人的皮层细胞产生超反常状态的一切必要条件是存在的，并已由你明白地证明了。这些病人在遇到许多日常生活情况时，就像羸弱的人们一样，自然地容易堕入忧郁、不安与恐怖的状态。但是他们仍然盼望或不盼望着某种东西，并且对于这个所盼望或不盼望的东西（我是主人，而不是奴隶；我要孤独，而不是要在人群中；我要保守秘密等。）有一些在情绪上加强了和集中了的观念，这对于他们多少是可能的。这就足够，在这些条件下，以不可抗拒的方式发生了相反的观念（我是奴隶；总是有人在我旁边；我的一切秘密全都泄露了等）。

　　这里是这些现象的生理的解释。假设我们有节拍器的某一个频率是阳性的条件食物性刺激，它的施用总是以食物伴随，它引起食物反应；另一个频率则是阴性的刺激，它的施用总不以食物相伴随，它引起阴性的反应，当我们施用它时，动物就转过一边去。这两种频率是彼此相反，但相联系着，同时又相互诱导着的一对，也就是说一个频率会引起并加强另一个的活动。这是一个精确的生理事实。现在再进一步。如果阳性的频率作用于因某种缘故（以及在催眠状态中遇到的）变弱了的细胞，那么，依照极限定律（这也是精确的事实），它就使这细胞进入抑制状态，而这种抑制状态依照相互诱导规律，就在相联合的一对的另一半中，造成兴奋状态，而不是抑制状态，因此，与之相联系的刺激现在不是引起抑制作用，而是相反地引起兴奋作用了。

　　这就是抗拒症候或违拗症候的机理。

　　你把食物给予在抑制状态下（催眠状态下）的狗，也就是说，让它产生阳性的活动——进食，它就躲避开去，不攫取食物。当你拿开食物时，也就是说，给它阴性的刺激——使它不要活动，停止进食时，它却转向食物了。

　　显然地，这种对立作用的相互诱导规律也应该应用于对立的观念，这观念自然是与一定的细胞（词的细胞）相联系着并同样组成相联合的一对的。在忧郁、阻滞状态的背景下（高级神经活动的任何障碍一般在我们的实验中都表现为抑制作用），一个观念的某种强度的兴奋作用引起它的阻滞来，通过这种阻滞就诱导出相反的观念来。

不难看出，这种解释可以自然地推广应用于在超反常状态高度散布与深入时所遇到的全部特殊的现象，精神分裂症症状——矛盾情绪。

许多人，甚至是有科学思想的人，对于把心理现象作生理解释的企图，感到愤慨，因此，这些解释被怒骂为"机械的"，他们简略尖刻地强调说：使主观体验与机械接近起来显然是矛盾与不合理的。但是在我看来，这是一种明显的误解。

在目前，我们当然不能设想把我们的心理现象机械地（依照严格的字面意义）表示出来，就像差不多全部生理现象还远不能做到这一点一样。至于化学现象，在一较小的程度上也是如此；而即使是物理的现象，也还是不能完全做到。真正的机械的解释还只是自然科学研究的理想，全部现实（包括我们在内）的研究，只有慢慢地去接近这个理想，并且长期地去接近这个理想。全部近代自然科学还只是逐步接近机械解释的一条长的锁链，这种接近在其整个过程中都被统一于最高的因果原则，即决定论原则：没有无因之果。

当把所谓心理现象归结为生理现象的可能性被揭露出来的时候，这仅是走向机械解释的某些接近，还很遥远很遥远的接近。依我看来，这正是现在在不少情况中已经发生的事情。

你在心理学阶段解释着魔情操，确立了它们发生的条件，把它们归结为它们所由构成的基本现象，而且这样一来你了解了它们的一般结构，就是说，也了解了它们的机械学，但却仅是你自己的一种。

我在生理学阶段，愿意把我们的共同问题，向真正的一般机械学方面，更少许推进一步；我认为你所提出的对立观念颠倒的事实，是基本的生理现象，即神经的兴奋与抑制的一种特殊的交互作用。而这些现象，它们的机械学，在越来越接近于最后的任务时，又将被化学，最后是物理学，所揭露出来。

第五十五章　从生理学来解释强迫观念性
神经病和妄想狂的一个尝试

（1934 年）

> 溴剂施用于一个实验性神经病——兴奋和抑制的各种强度——病理惰性和刻板症候，坚持症候和强迫观念——临床病例——妄想狂的幻觉——强迫观念症和妄想狂的比较——生活中的例子——一个临床病案的解释——自动化

用狗做条件反射研究所获得的一些新的实验事实，是我对上述疾病的生理学理解的起点。

当条件刺激从各种外界动因建立起来时（例如研究条件食物反射），这个建立了的条件刺激所引起的第一个反应就是趋向刺激的动作，也就是说，动物转向刺激所在的地方。如果刺激是在动物所能达到的范围之内的话，它甚至试着用嘴去接触它。例如，假若条件刺激是开一盏电灯，狗就舔这电灯；假若条件刺激是一个声音，这狗甚至会用嘴咬空气（在很高的食物兴奋性的情况下）。这样一来，在实际上条件刺激就完全代替了食物。要是好几个条件刺激从周围不同的方向来到，自然动物就转向每一个方向。

我们的一只狗，除了其他的条件反射之外，还形成了一种对特别微弱噪音的条件反射，这噪音是从动物所站的桌子下面右方发出的（И. И. 费拉瑞脱夫的实验）。狗走到桌子的边上，努力去捕捉这个噪音，有时甚至把这个或那个脚伸出桌子边缘而且把它的头向声音来的方向尽量伸长出去。其他的条件刺激是放在不同的其他地方的，但是当这些条件刺激都被施用时，这只狗仍然宁愿转向这个发出噪音的地方。

这个事实是非常奇怪的。在用其他噪音刺激的实验中这个噪音早已未再施用，但趋向这个噪音原来发出的地方的那个动作反应却不变地保留着，而且一直到现在——那就是，这个刺激已经废止了一年半以后还是存在。施用任何一个从完全不同的地方发出的刺激时，这只狗的动作总是朝向听到噪音的那个地方；这个动作继续到食物拿出为止，然后，动物才转向食物盒子。

在条件刺激间的通常的时间间隔快终了时，也就是，下一个刺激开始之前，许多狗常常进入一种食物兴奋状态（时间反射），并且把头转向食物盒子，或者是转向某一个条件刺激的地方。而上述的动物却仅仅趋向那个很久以前听到过噪音的地方。

显然地这个反应应当认为是一种病理的反应，因为它是无意义的而且是笨拙的，显然与现实的关系相抵触。我们的看法既然是如此，我们就决定来治疗这个动物。如果得到一个正面的结果，自然就是这个反应的无可置辩的病理性质的进一步的证明。为此目的我们选用了适当剂量的溴剂来做治疗用，因为我们已经有了大批实例，证明了溴剂对我们的实验神经病有决定性的帮助，而且一般说来，甚至对某些神经系统天生缺陷方面

也是如此。

在这种治疗之下，这个反应显著地减弱了。当施用其他刺激时这个反应完全消失，而代以趋向这些不同刺激所在地的一种适当而合适的动作反应。后来在其他一些狗身上，我们也看到这种同样的现象，其中有一只狗的相似的变态反应也是用溴剂完全除去的。

这是清楚的，上述的事实表明神经细胞的活动有了一种病理的扰乱，神经细胞活动的两方面（兴奋过程和抑制过程）之间的正常对比关系起了一种改变——兴奋过程有了一种变态的优势。这由使用溴剂所得到的正面结果而获得证实，因溴剂这种药品我们知道是加强细胞的抑制性机能的。

极端微弱的外界刺激不仅引起一般运动定向器官的一种不寻常的紧张，而且也引起这刺激感受器的特殊调节器官的一种不寻常的紧张，所以兴奋过程的过度紧张应当认为是上述实验中的病理现象的最近原因。

随即我们还能够在这以外，增加另一个类似的事实。在弱的类型的狗中（但为较强的变型）和在不同类型的几只被阉割了的狗中，我们进行了一种解决困难问题的研究。这个问题就是具有不同频率和相反的条件意义的一对节拍器音的条件作用的转换——把在大脑皮层上引起兴奋过程的刺激转换为一种阴性的，同时把原来引起抑制过程的刺激转换为一种阳性的（M. K. 彼得罗娃的实验）。为此目的，已经建立得很好的有阳性效果的节拍器音在施用时就不再以食物相伴随，而对那个抑制性刺激，反而经常地总是以饲食伴随着。在一只属于特别强的类型的阉割了的狗身上，这个实验得到完全成功。其他的被置于同样考验下的动物，表面上转换是产生了，但是发生了一种特殊的事实情况。在某些动物身上甚至好像是已经完全达到了目的；接连着好几次节拍器音都给予符合实验新条件的结果。但是，到后来，原来的关系又渐次地或立刻地回来了，虽然在事实上转换的手续已经重复了很多很多次而且还在继续着。

这个现象有什么意义呢？虽然在实验进程中，节拍器音的作用和它们以前的作用外表相似，但如果说细胞中所有有关兴奋和抑制过程的性质的东西，都仍保持没有改变，这是可能的吗？

这必须用特别的研究来解决。所进行的实验证明了神经细胞中的正常关系有了严重的扰乱。兴奋过程现在是和它以前不同了。它已变得更为固定而且较少对抑制过程让步。这或者可以理解为抑制过程的一种弱化，因此而引起兴奋过程相对的优势。这个实验有如下述：当引起这个改变了的兴奋过程的节拍器音在同一实验进程中被重复施用而不以食物加强时，亦即被消退时，比起在同样条件下的其他阳性刺激来，这节拍器音的下降少得多也慢得多。而且还有另外一个特别情形。在这转换了的刺激被消退以后，很经常地，我们差不多看不到跟随其后的其他条件刺激通常效果的减少（第二级消退作用）。这使我们想到在这个刺激的消退进程中，抑制过程参与得不够。在另一方面，紧接着其他一些刺激消退之后（直到反应为零），上述的刺激经常几乎没有任何变化，或许有一点极为轻微的减弱。而在同时，其他的一些阳性刺激却大大减少，并且甚至到第二天还表现出效果减低。在这里细胞刺激过程有一种明显的固定性，同时抑制过程有一种弱化。其后我们觉察到在其他听觉条件刺激的刺激过程的固定性方面有显著的不同。它们的声音的性质和节拍器音相距愈远的刺激,即如乐音,还保持正常。近似一种敲击声音的刺激,在固定性方面,就接近于节拍器音的病理作用。

因此在转换节拍器音作用的这些实验里,我们得到了像前面所叙述的同样的反常现象:前次存在于运动分析器细胞中,这次存在于音响细胞中,第一种情形是由于兴奋作用过度紧张的一种结果,后一种情形则是由于兴奋过程与抑制过程之间的一种冲突的结果。这两种情形,在服用溴剂之后,正常关系就都恢复了。这对于我们把细胞抑制机能的弱化认为是这个新的病理状态的机理之一的看法,又多增加了一个理由,而且也使我们能够理解,为什么这个事实在强类型的阉割了的动物身上见到。我们早已知道阉割的重要结果之一就是细胞抑制机能的降低。

上面所谈的病理现象,可以用很多名字来描写——如停滞、非常的惰性、加强的集中作用和特别的紧张性等。以后我们将选用"病理惰性"这个名词。

这些新的材料证实而且扩大了我们以前的较一般的事实,即用机能的方法(即没有机械的作用),我们能够在大脑皮层上用实验方法获得一个范围极为局限的病理点。在我们以前的实验中,这样一个地点是由反常状态和超反常状态表现出来的。那就是说,某种刺激虽然强度减小了,却产生较大的效果(和正常情形相反),或者甚至于产生一种阴性的以代替阳性的效果。这个一定地点或者保持原来情况不再影响两半球其他各地点,或者进入病理状态下一阶段,即当刺激由这个地点的相应动因所引起时,就招致整个大脑皮层活动的扰乱,这由皮层活动的一种普遍阻滞作用表现出来。现在在我们最后的实例中,也有了大脑皮层的孤立的病理地点,但它们的病理状态表现一种奇特的位相,这是以它们的兴奋过程的反常的惰性表明出来的。

上面说的已足够证明这个假定:在机能性的各种致病因素影响之下,显然孤立的病理点或区域是可能在大脑皮层上发生的。这个实验所得到的事实无疑地在人类高级神经活动病理学中将有很大意义。

我觉得可以认为:在刻板症候、重复症候、坚持症候,以及强迫观念性神经病和妄想狂的症状中,其基本的病理生理现象是同一个东西,就是在我们实验里所观察到的并称之为"病理惰性"的那个现象。刻板症候、重复症候、坚持症候是皮层运动区存在有病理惰性(一般骨骼肌肉的以及特殊言语运动的),而在强迫观念性神经病和妄想狂中,我们发现在有关我们感觉、感情和观念的皮层细胞中有相似的惰性存在。这后面的说法,自然,并不应当排斥这同样的病理状态在中央神经系统低级部分出现的可能性。

现在让我们把注意转到临床方面,转到这种病理现象作为其表现之一的、作为其神经细胞病理状态的一个位相的各种神经病和精神病的临床方面。例如,刻板症候和坚持症候在癔病中,就是很常见的症候之一。一个癔病女病人诉说当她一开始梳头时,就不能停止下来,不能在应有的时间内结束这个工作。另一个男病人,在一次短时期紧张性发作之后,如果没有屡次的重复,就不能说出一个字的音,也不能接着说出一句话的下一个字。这些现象在精神分裂症中更常发生,这些症候甚至形成这种疾病的独有特色,特别是在紧张型中。病理惰性在运动区或者侵袭各别的点或者散布到整个骨骼肌肉系统,正像我们在某些紧张症患者身上所看到的,这些病人的一组肌肉一旦被动地动起来,就会继续重复这个动作很多次。

进一步我们将集中注意到作为单独的、独立的疾病的强迫观念性神经病和妄想狂上面，在这里我们所感兴趣的现象构成疾病的基本性质的症候，甚或构成病的几乎是全部的症候。

如果病理惰性在动作现象方面能够见到并应该承认为事实，那就实在几乎不可能反对，在关于所有感觉、感情和观念方面，同样事实完全合法而且可以承认。现在这些现象，在正常范围之内，无疑是神经细胞活动的表现。因此，强迫观念性神经病和妄想狂就是大脑皮层上相应细胞的一种病理状态——在此情形是一种病理惰性的状态。在这些病态扰乱的形式中，我们发现有过分的不合理的固定的观念、感情，而且到后来还有行动，它们既不符合于人的一般自然的正常关系，又不符合于他的正常的、特殊化了的社会关系，因此这些观念、感情和行动就把他带到与自然，与别的人，而且最重要的是与他自己之间的一种困难的、难堪的、有害的冲突中。但是，所有这些，仅只适用于这些病态的观念与感觉方面；在其他方面，这些病人的思想和行动和健康的人是完全一样的，而且有人甚至可能具有超过常人的水平。

强迫观念性神经病和妄想狂在临床上通常是截然被分成两种病的形式的（一个属于神经病，另一个属于精神病）。然而，并非所有的神经病学家和精神病学家都是以同样程度来承认这个差别的。有些人假定从一个形式到另一个形式之间，有许多过渡，把它们之间的不同，归之于病理状态的不同程度或不同位相，和其他附加因素的关系。

下面是我们引用一些著者说的话：皮尔·让内说："迫害妄想和强迫观念彼此是很相接近的，而我奇怪为什么它们竟这样完全被分开来。"E. 克瑞其麦说："关于妄想的观念和强迫的观念之间，是否存在有任何重要差异的这个老的争论问题，我们能够达到一个明确的反面的结论。"R. 马勒说："这样一来妄想可以与强迫观念趋于一致……机体创伤可能是同一类的。"

这两种疾病形式在两个基本特性方面有所不同。在强迫观念性神经病中，病人是意识到他的病理状态的疾病性质的，而且尽他的可能与它作斗争，虽然是全然白费的。在妄想狂中，病人对于他的状态就没有这种批判能力；他已为这种疾病的势力所支配，为这种坚持的感觉、感情和观念所统治。第二个差别就是妄想狂的慢性过程和它的不可治性。

但是这两种形式的这些差异，并不排斥它们的基本症状的重要相同性。许多临床学家在急性以及慢性的强迫观念症中看到从有批判能力的强迫观念症到没有批判能力的强迫观念症的显然的过渡，这个问题就更加是如此。这两种形式间的差别，作为它们在临床上分开来的根据的差别，可能是由它们的一般主要症候，是在怎么样的基础上发生；以及在每一个别情况下这个症候本身是被什么所引起而决定的。

首先，我们要注意到，在我们实验室材料中所研究的疾病的基础和原因。我们早已知道，全然相同的一个致病动因在我们动物中产生出不同的实验神经病，要看神经系统的天然类型来决定。只有弱的类型的代表和强而不平衡类型的代表才容易得病。当然，这也可以用加强致病动因的办法来使一个甚至是强的、很平衡的类型败退下来，崩溃下来，尤其是如果这个动物先前曾经有过某种机体破坏（例如阉割）的话。

尤其是在转换相反的条件反射的情况下（一种产生上述较高病理惰性的方法），无论在正常范围内以及病理变态中,我们都得到非常多种多样的结果,依动物个性的不同而不同。在强而且完全正常的类型中,这种转换是按着需要正规地进行的,不过在速度和转换的细节方面对不同的变型有很大的不同。有一只神经力量极为巨大的狗(甚至在阉割之后),在我三十年条件反射工作中还没有见过第二只,这种转换在一起头就开始了,并且毫无起伏变化,到第五次实验就完成了。在其他的狗,这个过程虽然经过许多次重复,但仍不能得到完全成功;不是新的阳性刺激达不到以前阳性刺激的效果,就是新的抑制性刺激,与前者相反,不能达到零度分泌。有些狗的阳性刺激转换较早,另一些狗,则阴性的转换早些。所有这些都是在转换成功的情形下发生的。

在病理变态的情形下,关于解决这个问题,也同样地看到有极为不同的结果。就像在本文开始时所提到的,不是这一种就是那一种变态情况发生。而病理惰性,作为转换位相病态结果之一,或则很快地变成其他形式的病态,或则多少保持固定不变。在弱的类型,病理惰性通常不久就转变成某种其他的病理状态。慢性的病理惰性,在被阉割的强的类型的动物中,是特别常见的。

现在我故意详述我们实验室的材料,为了表明:有着不同神经系统的人们在解决同样的生活问题时,所用的方法该是如何的多种多样;而变态类型的人们在无能力克服这个困难时,其病理的结果又该是如何的各不相同。

关于基础的重要性的讨论到此为止。至于我们所研究的扰乱的最近似的原因,从我们现在的实验来看(还不算很多),扰乱可由两个因素所引起。有的时候,是由于一种强烈而持续的兴奋作用,也就是兴奋过程的一种过度紧张;有的时候,则是由于相反过程的一种冲突。

当我们转到人类方面的问题时,在这儿我们必须自然而然地考虑到,甚至于就是一个同样的基本病态扰乱,也有不同的原因以及不同的基础,由此而决定扰乱的不同程度和不同进程。

我们在动物方面已经研究出来的第一个原因,对于研究人类方面的扰乱的可能原因,打开了宽广的领域。不正常的发展,某一种我们的情绪(本能)偶然的特别紧张,某种内部器官或一个整个系统的疾病,这些都可以使得相应的皮层细胞,暂时地或永久地受到不断的或非常的刺激。这样最后就产生了皮层细胞的病理惰性——有一种不能抗拒的观念与感觉,在其真正原因已经移去很久之后,仍旧继续存在。强烈的和极大压力的生活影响也可以产生同样的结果。由于我们的第二个原因所产生的病理惰性的情形,应当不是较少些,或许还是更多些,因为我们的生活整个就是一种不断的斗争,就是我们内心的意向、愿望和嗜好与一般自然的和特殊社会的情况之间的一种冲突。

上述的原因可能集中兴奋过程的病理惰性在大脑皮层的不同机构中。它或者可能发生在直接接受外在及内在动因的刺激的细胞中(现实的第一信号系统),或者发生在词的系统(第二信号系统)的不同细胞中(动觉的、听觉的和视觉的)。在这两种情况下,病理惰性都可能达到不同程度的强度,在这一个时候,还是表象的程度,另一个时候,则力量增加到真的感觉的程度(幻觉)。

在我们的狗身上,我们有时看到,因为病理惰性的缘故,相应刺激的效果急剧上升在其他刺激的正常效果之上。

　　至于说到基础，有一个对强迫观念性神经病和妄想狂是共同的基础，那就是一种神经系统的疾病倾向，就像在我们实验材料中所见到的一样。但是，这可能是弱型神经系统，也可能是强而不平衡的一种。我们的实验室经验已经告诉了我们，这种差别对于疾病的最切近的性质该会有多么重要。在这方面，对把动物方面的结论转移到人类方面的合理性，未必有可能来提出反对。自然，除了天生的易病倾向以外，由于生活中的不幸事件如创伤性损害、感染、中毒和强烈的生命攸关的激动所产生的不坚定的、脆弱的神经系统的情况也是不可避免的。

　　由此可见，我们的两种疾病形式在长期性和不可治性方面的差异，是决定于疾病的最近刺激和神经系统类型的差异的。疾病的最近刺激，一方面，可能是暂时的，一现即过去的，另一方面，也可能是直到生命的终结都持续不断的，固定不变的。从而兴奋过程可能或则在性质上一般地比较弱，不稳定，很容易就让位给抑制过程（在弱的类型方面），或则一开始就很强，一般地统治了抑制过程。很清楚地，在后一种情况下，该动物的病理惰性是很少或没有机会完全被移去或减少到最低的比较正常的程度的。从我们实验室资料中可以引出下列事实来做证明：一只或多或少是强的类型的有强迫动作的狗，服用溴剂后仅大大减轻了，限制了这种强迫性，同时另外一只显然是弱型的狗，同样的治疗完全除去了强迫观念。除此以外，我们已经提到过，有一种较慢性的病理惰性最常常发生在一种强的类型的阉割了的狗身上。因为这个缘故，E. 布劳勒在他的教科书最近一版中所说的话是有趣的：在他已经彻底研究过的病案中，他不愿把妄想狂和性欲缺乏的同时发生视做是偶然的。

　　至于这两种形式之间差异的其他特点（如妄想狂患者失去了对他的病态症候批判的能力，而在强迫观念性神经病患者则此批判能力仍存在），这自然必须归之于病理惰性的强度的差异。从前面已经说过的看来，在一只强的类型的狗身上，其兴奋过程的病理惰性，应当是很大的。而且这自然就可以说明这种惰性有较大的独立性，并且甚至不可能受到皮层其他健康区域的影响，因此在生理上就决定了批判能力的丧失。此外，惰性的兴奋过程既然有很大的力量，按照负诱导规律，就可能会在它的周围引起强烈而散布开的抑制作用。这又必然引至同样的结果，那就是，排斥了皮层其余的部分对上述过程的影响。

　　让我们用个人的生活上的例子来说明一般的见解。假想有一个兴奋型的人，那就是说，他的兴奋过程压倒了抑制过程。我们可以设想，在他的情绪蕴蓄（本能）中，有一种颇为普通的要求优越地位的倾向占着优势。从他的童年起，他就热烈地要显耀他自己，要名列前茅，要做领袖，要引人赞扬等。但是在同时，自然或者是没有赋予他以卓越的才能，或者是他不幸而没有在适当的时候发现这种才能，或者就是他的生活条件不允许他的才能得到实际应用。结果这个人就集中他的能力于不适合于他本性的一种活动上面。铁面无私的现实把他所企望的一切都否定了：没有权势、没有荣誉，相反地，所得到的只有反击和磕碰，那就是，不断的错误。所剩下的只有屈服、容忍于作一个平凡的劳动者的角色——那就是说，要抑制他的企望。但是那些必要的抑制作用是缺乏的，而情绪却纠缠不断地、威风凛凛地召唤他。

　　因此，开始是在他的不顺利的职业中的持续的、非常的但却徒劳无功的努力，或者是换了另一种职业而又得到同样的结果。后来,依照其类型(强的)于是退避到一种内心满足中,退避到关于他的真正的或假想的才能,生活的权利和特权的一种经常的和光辉的观念中,同时加入了一种辅助的观念,以为周围的人有意地阻碍他并且迫害他。因此在皮层相应地点,自然就有一种充分条件化了的病理惰性位相发生,同时除去了那里的抑制作用的最后残余。于是现在这个观念的绝对力量就出现了。这种力量不是建筑在现实的其他联想,信号和证据上的一种主动抑制作用,而是一种被动抑制作用或负诱导过程,把和它不一致的一切都排斥出去,同时变成一种虚构的伟大和成功的观念。因为情绪一直继续到病人的生命末日,这种病态的观念也与之同时存在着,但是到最后仍保持着孤立,丝毫不扰及与这个观念没有接触的东西。摆在我们面前的是,克雷匹林意义上的真正的妄想狂。

现在我要来分析克瑞其麦写的《敏感的关系妄想》一书中的两个具体的病案。这两个病案谈到两个多少是弱型的女孩子,但是认真的和谦逊的,仅只要求在宗教、道德和社会关系方面是忠实的,而对其生活的权利和特权没有要求;后面这一种要求总是长久,几乎经常地,和一个强的兴奋型结合在一起。

到了成熟时期,这个女孩子对一个青年男子体验到一种正常的性的意向,但是个人的、伦理的和社会的要求没有允许,阻止了并且经常阻止着这个意向的实现,那就是说,神经过程之间有一种冲突发生了。神经活动于是有了一种困难状态,在那些与斗争着的情感和观念有关的皮层部分,于是有病理惰性表现出来。这个女孩子于是有了无法克服的、强迫的观念,认为她的性的意向以粗鲁的敏感的形式在她脸上反映出来了。在病房里甚至在医生面前也把脸埋在枕头里。在那阶段以前,她避免上街,她觉得好像人们都在瞧着她的脸,谈论关于她脸上的表情并且嘲笑她。虽然这些观念都是想象出来的,但直到当时为止,一切都还在现实的可能的范围以内。然后来了一个突变,甚至就是用有病理联系的思想的工作也不能加以理解。在和一个朋友一次谈话的影响下,这个朋友断言夏娃在天堂和蛇谈话,不是作为一个智者,而是像一个性的诱惑者;病人立刻有了一种料想不到、无法抗拒的观念和感觉,认为有一条蛇在她身体里面。这条蛇不断在动,而且有时它的头好像在向上升,一直到了咽喉。这里我们见到了一个新的惰性观念。但是这个新的惰性观念是怎样发生的,又是由于什么过程而发生的呢?克瑞其麦把这个现象称为"逆转现象",而且相信这是一种反射性质的逆转(reflektorische Umschlag)。

关于另一个临床病案中的一种相同的现象,克瑞其麦说:"这是以一种反射的方式出现的,没有逻辑联系,甚至直接与逻辑对立。"那么,这是一种什么样的反射呢?它从何处发生又是怎样终止的呢?我们在实验室中已经遇到过并且知道这种过程,而且能够理解它的生理机理。同时我认为必须提出并强调一点,即在这个病例中生理的和心理的重叠最为明显;它们是密切地相融合,而且,我们可以说,成为一体了。

让我们再记起那一对起相反作用的节拍器音:一个是兴奋性的,另一个是抑制性的。如果在皮层中有一种普遍抑制作用发生,例如以催眠的方式出现,或者位于节拍器音作用区域以内,那么,阳性的节拍器音就变成阴性的而阴性的则变成阳性的。这就是我们所谓超反常相。

在我们病人的上述突变情况中,我们发现有这个生理的事实。这女孩具有一种强烈的固定不变的关于她的性的纯洁性和不可侵犯性的观念。认为有性的意向在一定条件下就是一种道德和社会的羞辱，甚至即使是被压制了下去而丝毫没有实现，也是如此。这个观念，由于普遍抑制作用（病人是处于这普遍抑制作用之中，而在弱型神经系统中，这种普遍抑制作用通常是有一种困难情况伴随着），不可抗拒地在生理上变成与之相反的一个观念（略微有一点被掩盖），而这个相反的观念甚至达到这样一种感觉的程度，使得病人觉得性的诱惑者就出现在她自己身体里面。在迫害妄想中发生的情形，完全是相同的。病人要求受到尊重，却在一种相反的和假想的不断受到侮辱的观念下苦恼着；他要保有秘密，却为一种强迫思想而苦恼，一种相反的观念在苦恼，觉得所有他的秘密都被别人知道了，等等。这样一种生理的解释，在我致皮尔·让内教授的关于"着魔情操"的一封公开信中，已经提出过了①。

由此可见，妄想状态是以两种生理现象为基础的，即病理惰性和超反常相，或者分开存在，或者并列发生，或者彼此更替。

克瑞其麦所描写的另一个女孩的情形几乎是完全相同的：同样的冲突存在于一种自然的性的意向与一种世俗的而又固执的观念之间，即在关于年龄的不相称差别方面，即这个女孩爱的对象是年青得多：结果也是相同的，包括逆转作用在内，而且病人为一种像是受孕了的荒谬观念所苦恼，虽然在事实上，那个被爱的对象甚至还未觉察出她对他的倾慕，因为她的情感的表现，是被她约束了的。

为克瑞其麦研究了许多年的这个病案，很清楚地表现出来：强迫的观念和感觉有时是怎样达到了据病人看来是符合于现实的观念和感觉的程度，而不被病人认为是病态的；这种强迫性观念和感觉又如何在这个阶段保持一段时间，然后再被病人客观地认为是疾病的表现。在这个病例中之所以发生这种变化，是和生活情况的重复发生的复杂化相联系的，因此也就是和神经系统状态的变化，或者恢复或者再压抑而变弱，相联系的。最后，经过若干年，一切都自然而然地过去了。

当细读一些神经病学和精神病学的书籍时，我很高兴地看到法国精神病学家达·克雷兰鲍所创始的一个学说。这个学说认为"妄想狂的主要现象就是他所谓'心智的'自动化"，"依附性的词和观念"的表现，围绕着这些表现，后来妄想就有系统地发展起来。心智的自动化这个名词，只能被理解为一定病理惰性的兴奋过程的地点，靠近这地点集中了（根据泛化规律）所有附近的、相似的、有关联的过程，而排开了、阻滞了（依照负诱导规律）所有与之对立的过程——除此以外，还能被理解为别的什么呢？

我不是临床学家（我已经是并且还要是一个生理学家），而且，自然，在现在（年纪这么大）是既来不及也没有可能再成为一个临床学家了。因为这个缘故，在我目前的以及以前的涉及神经病学和精神病学方面的见解中，当讨论到有关的材料时，我不能展望从临床的观点看来十分正确的权力。但是我现在如果这样说，的确也不会有什么错误的——临床学家、神经病学家和精神病学家们，在他们各自的领域中，将不可避免地要考虑到下面的基本病理生理事实：即考虑皮层机能病理地点的完全孤立（在病源方面），同样也考虑兴奋过程的病理惰性和超反常相。

----

① 见本书第五十四章。

巴甫洛夫用过的物品

只要一个人在他的全部生存中奋向那个总在渴望着而永远不能达到的目标，或者一个人用同样的热情从一个目的转到另一个目的，那么生命才是美丽而强壮的。整个生命，它一切的改进和进步，所有它的文化，都是通过目的反射而促成的，只有那些努力在生活中树立一个目的的人才会实现它们。

第五十六章　论高级神经活动的类型和神经病与精神病的关系以及神经病与精神病症状的生理机理

（在伦敦第二届国际神经学会议上宣读，1935 年 7 月 30 日）

人类病理障碍与言语有关——和动物疾病的相似性——兴奋作用纤弱所引起的嗜睡症，等等——神经衰弱就是抑制作用的纤弱——迫害妄想与抑制作用

从我们以条件反射方法研究狗的高级神经活动所得的巨量材料中，我想特别提出与这个活动的病理障碍有关的三点来。这三点就是：兴奋与抑制作用两个基本神经过程的强度；它们之间在强度上的相互关系，亦即它们的平衡；最后，这些过程的灵活性。这三点一方面构成了高级神经活动分别类型的基础，而这些类型对于神经疾病及所谓精神疾病的发生是有很大作用的；另一方面，它们高级神经活动发生病理状态时显出特征性变化。

为了要完全与清楚地了解人类的正常与病理行为，除我们以前所描写过的关于狗的类型以外，还必须补充人类特有的类型。

直到人类出现以前，动物是这样和周围世界联系起来的：外界各种动因的直接印象作用于不同的感受器官，并被传达到中央神经系统的相应细胞。这些印象就是外在物体的唯一信号。在后来的人类又出现了、发展了、并高度地改善了第二级的信号，第一级信号的信号，也就是——说出来的、听到的与看到的词。最后，这些新的信号就开始标示人类从环境中以及从他的内在世界中所直接感知的一切，并且在他和别人的交往中、以及当他独在时为他所利用。虽则词只是、也只会是现实的第二信号，但词的巨大的重要性必然就造成了这些新信号的优势。我们知道有许多人，他们只利用词来做工作，就想不与现实接触，就从词里面引申出一切，认识一切，并在这种基础上去指导自己和公众的生活。对于这一个重要而很广泛的问题不必再谈下去了，但是我们必得肯定：由于有这两种信号系统，以及过去长期发生作用的不同生活方式，所有人类都可以分成几个类型：艺术型、思想型和中间型。最后这种类型把两个系统的工作按适当的方式统一起来。这种区分在各个人之间，在各民族之间，都是可以看出来的。

现在我们来谈病理学吧。

在我们的实验动物身上，我们经常证实：在致病因素影响之下以轻度神经病的形式表现出来的高级神经活动病理变化，特别在无拘束型与弱型容易产生。无拘束型的狗差不多完全失掉了抑制作用；而弱型的狗的条件反射活动或者完全失去，或者变得极为混乱。只局限于两种类型（和我们的无拘束型与弱型相当）的克瑞其麦，依我所能判断的看来，是正确地把第一种类型与狂躁忧郁性精神病相连，把第二种类型与精神分裂症相连起来的。

由于我有一点很有限的临床经验（最近三四年我有规律地去访问神经病与精神病院），我想把我所想到的下述关于人类神经病的假定提出来。神经衰弱是人类一般衰弱型的和中间型的疾病形式。癔病患者是一般衰弱型与艺术型结合的结果；而精神衰弱症患者（依皮尔·让内所用的名词）则是一般衰弱型与思想型结合的产物。癔病患者的一般衰弱性自然是在第二信号系统上表现得特别显著，原来在艺术型这个系统就是次于第一信号系统的，而发展得很正常的人的第二信号系统则是人类行为的最高调节者。因此，第一信号系统的活动和情绪蕴蓄的活动就发生混乱状态，在一般神经平衡有重大障碍时（时而瘫痪，时而抽搐，时而痉挛，时而昏睡），特别是人格的综合作用有重大障碍时，表现为带有漫无节制的激动性的病态幻想。精神衰弱症患者的一般衰弱性，自然也是落在机体与周围环境关系的根本基础上面，亦即落在第一信号系统和情绪蕴蓄上面。因此就缺乏现实感；经常感到生活不充实；生活完全没有意义，同时有毫无用处的、歪曲的思虑，表现为强迫观念与恐惧症。人类高级神经活动一般与个别类型和神经病与精神病的发生的关系，依我看来，大体就是这样。

对于动物神经活动基本过程的病理变化所做的实验研究，使我们有可能从生理学方面来理解许多神经病与精神病的个别症状和一定疾病形式的组成症状的机理。

兴奋过程力量衰弱就引向一般抑制过程，或各个部分抑制过程的优势，表现为睡眠和带有许多位相的催眠，在这些催眠位相中，反常相和超反常相尤其是特征性的。我想，我们必须把许多病理现象归之于这种机理：例如麻醉样昏睡，猝倒，木僵症候，皮尔·让内所说的"着魔情操"，或克瑞其麦的所谓"逆转作用"，紧张症候，等等。兴奋过程的衰弱是由于它的过度紧张或是由于它与抑制过程的冲突所引起的。

在还没有完全弄清楚的条件下，实验室中还得到过兴奋过程的灵活性表现为病理的易变性的变化。这是在临床上早已为大家所熟知的、称之为兴奋衰弱的一种现象，即兴奋过程的一种迅即疲乏的、过分的反应性或敏感性。我们的阳性条件刺激产生一个迅速而超乎寻常的效果，但是它在刺激发生作用的正常时间以内就消失掉了；阳性作用降低为零，即转入于抑制状态。我们有时把这种现象称之为爆发性。

但是在我们的材料中，也有兴奋过程的灵活性的一种相反的病理变化——病理的惰性。兴奋过程虽则继续面临着在正常时一般会使其转变成抑制过程的情况，还是坚持地继续存在。先前出现的抑制性刺激的后遗抑制作用，只能对阳性刺激作用发生极轻微的影响，或者毫无影响。这一种病理状态在一些情况下是由于兴奋过程的不太强的、但继续增加的紧张所引起，在另一些情况下则是由于兴奋过程与抑制过程相冲突所引起。像刻板症候、强迫观念、妄想狂等类的现象，很自然是可以归结到兴奋过程的这种病理惰性的。

抑制过程或者由于过度紧张，或者由于和兴奋过程冲突，也同样可以弱化。它的弱化引向兴奋过程不正常的优势，表现为分化能力和延迟作用受到破坏，以及其他有抑制作用参与的正常现象受到破坏；这种弱化也在动物的一般行为中表现为慌乱、不耐烦、不守规矩，最后，表现为病态现象，例如神经衰弱症的易激动性；在人类则表现为轻躁狂和躁狂状态等。

我的老同事,曾以重要事实来大大丰富了高级神经活动的实验病理学与治疗学的彼得罗娃教授,在过去一年中曾用狗来证实抑制过程的病理的易变性现象。有一只狗,过去是没有任何迟疑、很自如地去取放在阶梯边沿的食物的,现在再也不能这样做了。它畏缩后退,离开边沿相当远。这个现象的意义是十分明显的。一只正常的狗接近边缘时,就不动了,不再向前进了,也就是说,它会自己停下来,但是很合适地在维持身体不致掉下去的程度内停下来。现在这种停滞作用对于深度的反应来讲是太过分、太强烈了,它使狗停滞在远离边缘到不必要的程度的地方,并损害了它的利益。在主观方面,这无疑是一种惧怕、恐怖的情形。我们所看到的显然就是一种对深度的恐惧症。这种恐惧症是可以造成,也可以除去的,也就是说,是掌握在实验者的手里的。这种恐惧症产生的条件,就是可以对抑制作用发生折磨的条件。这一事实过几天之后,将由作者在圣彼得堡国际生理学会议上表演。我想迫害妄想在许多病案中也是因抑制作用的病理易变性的缘故而造成的。

我们早就已经看到过抑制过程的病理惰性了。

我们面前还有一个艰巨的任务——就是要精确地全面地确定在什么时候,在什么样固定的特殊情况下,会产生基本神经过程的哪一种特定的病理变化。

第五十七章 条件反射

（1935 年）

心理和生理研究的历史——条件反射的概念——神经系统的复杂性——综合与分析——皮层抑制作用——兴奋与抑制的扩散作用——矛盾位相——相互诱导作用——超界限抑制作用——动物的类型——表型——根据条件反射来解释人的行为和情绪——词的信号系统——神经崩溃随神经系统的类型而变化——实验室的例子——溴剂——神经衰弱的类比——强迫观念和逆转作用——临床病例——紧张症——治疗——抑制与兴奋间平衡的紊乱——刻板症候与固执症候——狗的周期性表现

条件反射现在已经成了一个独立的用以表示一定神经现象的生理学名词。对这种神经现象精密研究的结果，已经使动物生理学发展了新的一支，也就是说，已经形成了高级神经活动的生理学，以作为中央神经系统高级部分生理学的第一章。

经验上与科学上的发现都老早就表明了大脑的机械创伤或疾患，尤其是大脑两半球的机械创伤或疾患，会使动物与人的一般称为"心理活动"的复杂行为发生紊乱。现在很少可能去设想有任何受过医学教育的人还会怀疑这一个问题：我们的神经病与精神病是和大脑正常生理机能减弱或消失有关，或是和大脑的或多或少的破坏有关的。这就引起来下面一些不可避免的基本问题：那么，大脑和动物与我们的高级神经活动间的联系是什么样的呢？应当如何研究这种活动？这个研究的出发点又应当是什么呢？

因为心理活动是大脑一定部分的生理活动的结果，心理活动的研究就应当沿着生理学的道路来进行（按照现在成功地研究着动物机体所有其他部分的活动的同一原则来进行），这似乎是合理的。然而，这并不是发生了很久的事情。

心理活动不止一千年以来就是科学的一个特殊分支的研究对象，亦即心理学的研究对象；而生理学利用其普通的人工刺激方法得到了关于大脑半球某种生理机能的初步准确材料，亦即关于大脑半球运动机能的初步准确材料，是相当晚的，是从 19 世纪 70 年代才开始的。另外一个同样普通的局部破坏方法，对于两半球其他部分和机体主要感受器官如眼、耳等之间所存在的联系方面，也提供了一些补充资料。这就引起了生理学家与心理学家们在生理学与心理学间建立密切联系的希望。一方面，心理学家在他们的心理学教科书中照例总是一开头就初步叙述一些中央神经系统方面的知识，尤其是一些大脑两半球（感觉器官）方面的知识。另一方面，生理学家在截除两半球的不同部分来做实验时，就用心理学的观点来解释从动物身上所得到的结果，用我们内在世界中可能会发生的来做比拟（例如孟克的观察："看到了，但没有理解"）。但是很快两方面就都感到失望。大脑生理学似乎停在这些初步实验上面，没有什么重大的进展；而在心理学家中则和过去一样,还有不少固执的人相信心理学研究应当完全和生理学所做的研究分开。

与此同时,还作了另外一些尝试,想应用数量的测量方法到心理现象上去,把胜利的自然科学和心理学联结起来。有一个时期,由于韦伯与费希纳法则的幸运发现(以他们的名字来命名的)——外在刺激强度和感觉强度之间有一个一定的数量的相关——所刺激,曾有一个在生理学中建立一个特殊的心理物理学部门的计划。但是这一个法则建立了之后,这一个部门并没有什么进一步的发展。

最初是生理学家,后来成了心理学家与哲学家的冯特,在以所谓实验心理学的形式把数量测量应用于心理现象方面是比较成功的。利用这种方式,相当多的材料被搜集起来,而且还在被搜集着。依照费希纳的先例,这种对于实验心理学的数量资料的数学处理,到现在还被某些人称为心理物理学。但是现在从心理学家中,尤其是从精神病学家中,已不难发现许多对于实验心理学的积极帮助伤心地感到失望的人。

这样一来,怎么办呢?不过人们还感觉到了,想象到了,拟定了另外一种解决这个基本问题的方法。先去找出一种同时可以完全地而且正当地看成是生理现象的初级心理现象;由此出发——严格而客观地(如在生理学中所常做到的那样)研究使这种现象发生,多方复杂化以及消失的条件——开始去得出对动物全部高级活动的客观的、生理学的图景,亦即得出大脑高级部分的正常工作,以代替以前所做的对大脑施以人工刺激与破坏的各种实验;这是不是不可能的呢?

很幸运,这样一种现象很久以来就被许多人所看到了,就引起了许多人的注意,而且有些人已开始进行研究(在这些人中,首先应该提到桑戴克),但是不知为什么,他们把他们的研究停止在原来的起点上,没有把关于这现象的知识精工造成为对动物机体高级神经活动做系统的生理研究的主要的、基本的方法。

这个现象就是现在称为"条件反射"的现象,其彻底的研究已完全证明了上述的希望是正确的。

让我们来举两个总是会成功的简单实验吧。把任何酸的一点稀薄溶液注入狗的口中。这溶液会使动物发生普通的防御反应:狗利用口的积极动作把溶液吐出来,同时唾液大量地流入口腔(后来还流到外面来),由此把放进去了的酸液冲淡,把它洗掉。现在来看另一个实验,让我们重复地在还要把这酸液注入狗口中之前对狗施用任何一个外在动因,例如一定的声音。这时,发生什么事情呢?——只要重复这个声音就足以引起同样的反应,口的同样动作,唾液的同样外流。这两种事实都是同样的准确而固定的,都应该用"反射"这个生理学名词来称呼。如果把口的肌肉的运动神经和唾液腺的分泌神经(也就是外传神经)切断,或者把从口腔黏膜和耳出发的内传神经割断,最后,或者把那些将神经流(亦即移动着的神经兴奋过程)从传入神经传导到传出神经的中枢站予以破坏:这两种事实就都会消失。在第一种反射的情形下,要破坏的中枢站是延脑,而在第二种反射的情形下,则是大脑半球。

看到了这些事实,就是批评最严厉的人也找不出一个论点来反对这个生理学的结论。但是,与此同时,这两个反射间的差别同样也是很显明的。第一,如刚才所说,它们有不同的中枢站,第二,从上述实验可以看得清楚,第一种反射没有任何预备,没有任何条件就产生了,而第二种则是用一种特别的手续才得到的。这件事情的意义是什么呢?

在第一种情形，神经流是从一组传导神经直接传到另一组的，没有任何特殊程序。第二种情形呢——就必须作某种预备才能使传导实现。最自然的就是把事情看成如下的情形：在第一种反射中，已经有一条传导神经流的直接通路存在，而在第二种反射，则必须首先去形成一条神经流可以通过的道路，这个观念在神经生理学中老早就产生了，并且用了德文的"Babnung"（开辟道路——中译者）一词来表示，这么一来，就发现了神经系统具有两个不同的中枢器官：一个是直接传导神经流的器官，其次一个是管理开关神经流的器官。

面对着这个结论而感到惊异，那就是奇怪的，在我们这个行星上，神经系统实在就是一个不可言喻的复杂而细致的工具，使活的机体的无数部分之间，使机体这最复杂的系统和可能对它发生影响的无数外在因素之间，发生关系，发生联络。如果现在开关一个电流已经成了我们日常习惯中最普通的技术设备的话，那就确实没有理由来反驳在我们现在正讨论的、最令人惊奇的工具中，也实现了同样的原理。

根据上述的事实，我们可以正确地把一个外在动因和用来对这动因作反应的机体活动之间的永久联系叫做"非条件反射"，而把一个暂时联系叫做"条件反射"。

动物机体这一个系统所以能够在周围的自然界中存在，只是由于这个系统与它的环境间有一种不断的平衡，也就是说，只是由于活的系统对外界加诸它的刺激有一定的反应，这在高等动物主要是在神经系统的帮助之下以反射的方式来实现的。要保证这种平衡，也就是保证个别机体以及其种族的完整，其主要方法就是最简单的非条件反射（例如有外物进入气管就发生咳嗽）和一般称为本能的复杂非条件反射——求食本能、防御本能、性欲本能等，这些反射是由起源于机体本身以内的内在动因和外在的动因两方面所引起的，由于这个事实，才保证了平衡的完善。但是由这些反射而得来的平衡，只有假定环境是绝对不变时才会是十全十美的。可是因为环境除了有极端的差异性以外，还经常发生起伏变化，具有一种永久性质的非条件反射就显得不够，而必须由条件反射来补充，亦即由暂时联系来补充了。例如，一个动物只是把放在面前的食物纳入口中是不够的，因为这样一来它就会常常挨饿，并且会由于缺食而致死；一个动物必须能够根据各种偶然与暂时的指标而找到食物，这指标就是条件刺激（信号），使动物向食物的方向移动，最后把食物取入口中，亦即引起条件食物反射的结果的刺激。对于那些为个体和种族的福利所必需的一切，不论其就积极的抑或消极的意义而言，都是可以这样看的；也就是说，对于应当从周围环境中取得的东西和应当避开的东西，都是可以这样看的。

不需要作多大的想象就可以立刻看出有多多少少条件反射是经常被人这个最复杂的系统所利用的，这系统是摆在一种常常有很大不同的一般自然环境中，同时又是摆在一种特殊社会环境中的一个系统，这个社会环境就其极大限度来看就意味着整个人类。让我们来讨论同一个食物反射。要保证食物的充分供应，需要有多少种各方面的，既有一般自然的，也有特殊社会的条件暂时联系——而所有这些根本上就都是条件反射。这是决不需要作进一步解释的。

现在让我们来讨论作为一种特殊社会现象的所谓生活的机智。我们这里所指的是在社会中获得一个有利地位的能力。这不是别的，只是这样一种特点，即在任何环境中，用可以使别人常对我们采取有利态度的方法，来对待每一个人和所有的人；这意思是说我们必得依照别人的气质、心境、环境来改变我们对他们的态度,亦即根据过去与他们接触所得到的积极与消极结果来对他们反应。自然,还有尊严的机智和不尊严的机智这回事——不伤害个人尊严感与别人尊严感的机智,和与此相反的一种机智——但是在其生理本质方面,两者都是暂时联系,都是条件反射。

所以,在动物界和人类,暂时神经联系是一种普遍的生理现象。同时,它同样也是一种心理现象,心理学家把它称为联想,不管它是各种动作或印象的联系也好,是字母、词、思想的联系也好。有什么理由要在生理学家所谓暂时联系和心理学家所谓联想之间,划出任何一条界限来呢?在这儿我们所见到的是一种完善的结合,这一个被那一个完全吸收,一种完全的同一。心理学家好像也同样地承认了这一点,因为他们(至少是他们中有一些人)曾经说条件反射实验为联想心理学提供了稳固的基础,也就是说为相信联想是心理活动的基础的心理学提供了稳固的基础。特别是利用一个已经建立好的条件刺激可能形成新的条件刺激;而最近在一个动物(一只狗)身上又令人信服地证明了甚至两个不相干的刺激作用,一个跟着一个地重复,就会相互联结起来,其中一个可以唤起另一个——这更加证明了上述的说法。

在生理学中,条件反射已成了一个中心现象,利用这个现象,可以使大脑半球正常活动与病理活动的研究,愈来愈为完全,愈为精确。在本文中,对于这个到现在已供给了我们巨量事实的研究,自然只能就其主要特点来描写一下。

形成一个条件反射所必需的主要条件,一般说来就是一个不相干的刺激和一个非条件刺激在时间上同时发生(一次或者几次)。假使前者直接先于后者,这种形成就可以最快地得到成功,而且困难也最少,就像上面听觉酸液反射的例子所已经表示的一样。

条件反射是以所有非条件反射为基础,从所有可能的内在与外在动因来形成的,这些动因有其最单纯的形式,也有其最复杂的复合体,只是受着一个限制:大脑半球必须具备有相应的感受部分。摆在我们面前的有由大脑这一部分所实现的最广泛的综合作用。但事情还不止此。条件的暂时联系同时也是特殊化到了条件刺激和某些机体活动(尤其是骨骼动作与口语动作活动)的最大复杂性与最小可分性的程度。摆在我们面前的是最精细的分析,是同一大脑两半球的一种产物。由此就有了机体对环境适应与平衡的很大的广度与深度。

综合作用显然就是神经接通的现象。那么,如果当做神经现象来看,分析作用又是什么呢?这儿有好几种不同的生理现象。为分析作用准备最初基础的是机体的内传神经的周围末梢,其中每一个都特别适于把一种确定的能量——有从机体外进来的,也有从机体之内来的——转换为神经兴奋过程,这个过程既传到中央神经系统低级部分的为数较少的特殊细胞,也传到大脑半球的为数特多的特殊细胞。然而在达到了大脑半球细胞后,神经兴奋过程照例就分布开来,扩散到不同的细胞上去,或者较近,或者较远。

这就是为什么当我们一旦加工造成(我们这样来说)一个对一定乐音的条件反射时,不仅其他乐音,而且许多其他声音都可以引起同一个条件反射来的道理。在高级神经活动生理学中,这就叫做条件反射的泛化。因此,在这种情况下,神经接通和扩散两种现象是同时产生的。但是扩散作用渐次地越来越受到限制,兴奋过程被集中到两半球最小的神经点上,显然是集中在一组相应的特殊细胞上。这种限制作用借着另外一种主要神经过程——抑制作用而最快地产生。它的发展有如下述。我们最初有一个对于一定乐音泛化的条件反射。于是我们继续把它试验下去，经常用它的非条件刺激来和它伴随，借以使它强化。接着我们应用一些其他乐音，但并不予以强化。这样一来，后者就会渐次失去它们的作用，最后最靠近用以形成条件反射的乐音的那个乐音，也会这样，例如，500振次的乐音会引起预期的效果，而498振次的乐音不会，换句话说，在二者之间，已经达成了一种分化作用。现在不能产生以前的效果的那些乐音，是被抑制住了。这可作如下的证明：如果我们在施用了被抑制的乐音以后，立即试验经常被强化的条件音调，它或者就不产生任何效果，或者它的效果就会比平常的要弱得多。这意思是说，废除了邻近乐音的效果的抑制作用，同时也使条件乐音的效果受到它的影响。不过这只是一种短暂的影响，假使在被废除了的乐音施用过后停一段比较长的时间，就会看不到了。由此可以说抑制过程也是以和兴奋过程扩散同样的方式扩散开来。但是未予强化的乐音重复次数愈多，抑制性扩散作用就愈受限制，抑制过程在时间上和空间上就都越来越趋于集中了。因此，分析作用是从内传神经的周围器官开始，而在大脑两半球内由抑制过程来完成的。上面所述的抑制作用的情形，叫做分化抑制。我们现在还要讨论抑制作用的其他的情形。一般说来，为了要得到一个确定的、其大小多少是固定的条件反射，就把条件刺激的作用延续一段一定的时间，然后再加上非条件刺激，以强化前者。在这种情形下，刺激作用的最初几秒钟或几分钟（依条件刺激单独起作用的时间久暂而定）是没有效果的，因为它们是对非条件刺激的过早的信号而被抑制住了。这是对刺激的延续作用的各不同时间的分析。它的抑制作用就叫做延搁反射的抑制作用。但是作为信号的条件刺激也是由抑制作用来校正的，如果让它作用而经过一段时间未予以强化，就会渐次接近于零。后面这种现象就叫做消退作用。它会维持一些时候，然后又自行消失。一个刺激的消退了的条件效用的恢复，可以用强化的方法来加速，这样一来，我们就有阳性的，即在大脑半球中引起兴奋过程的条件刺激，和阴性的引起抑制过程的条件刺激。

在上面所举的例子中，我们有着大脑半球的特殊抑制作用，亦即皮层抑制作用。它在一定的条件下在它以前所不存在的地点上产生，它在强度方面起伏变化，它在条件改变了时就归于消失。在所有这些方面，它是和中央神经系统低级部分的比较经常存在而稳定的抑制作用有所不同的，所以它被称为内抑制作用，用以区别于后者（外抑制作用）。然而把它称为"形成的、条件的抑制作用"或许还要正确一些。

在大脑两半球的工作中，抑制作用和兴奋过程一样地担负着永久、复杂与细致的任务。正如从外界传到两半球的刺激作用在某些场合下会在那儿和处于兴奋状态的一定点发生联系一样，某些刺激作用同样以时间上同时出现为基础，也可以在别的场合下和皮层的抑制状态建立起暂时联系来——要是皮层是处于抑制状态的话。这可以由下述事实中明白地看出来：这些刺激有抑制性的效用，本身就可以在皮层上引起抑制过程，表现为条件的阴性刺激。在这种情形中，就像以前所述的那些情形中一样，兴奋过程在某种条件下被转化为抑制过程。如果我们考虑到在内传神经的周围器官中经常有各种形式的能量在转化为兴奋过程的话，这似乎就多少可以理解了。为什么在一定的条件下兴奋过程的能量不能转化为抑制过程的能量，或是抑制过程的能量不能转化为兴奋过程的能量呢？

如我们刚才所看到的一样，兴奋过程与抑制过程在两半球上发生以后，都是首先在其上散布、扩散开来,然后又可以集中,回到原来的起点。这是整个中央神经系统的基本规律之一,不过在大脑两半球这里,它是依大脑两半球所特有的灵活性与复杂性而发挥作用的。在决定这些过程的扩散与集中的开始和进行的许多条件中,这两种过程的力量应该被认为是最重要的条件。根据目前已搜集的材料可以作如下的结论:弱的兴奋过程倾向于扩散,中等的兴奋作用倾向于集中,而极强的兴奋作用又倾向于扩散。抑制过程可以说也完全是一样的。强烈过程的扩散情形比较少见,所以就研究得比较少,抑制作用方面尤其如此。

紧张度低的兴奋过程的扩散作用这个暂时现象,揭露了兴奋作用的潜伏状态;这种状态的引起,是由于另外一个现存的刺激(但因为太弱而不能自己表现出来),或由于一个新近才出现的刺激,最后,或是由于一个经屡次重复,并在其后使一定点上遗留有紧张度的刺激。另一方面,这种扩散作用消去了别的皮层点的抑制状态。后一种现象就叫做"抑制解除作用",就是一个弱的外来刺激的扩散波,把正发生作用的一定阴性条件刺激的效果转变为相反的、阳性的效果。一个紧张程度中等的兴奋过程,会集中起来,聚合到一定范围内的有限点上,并在一定的工作中表现出来。在兴奋作用极强烈的情形下,所产生的扩散作用造成皮层的极大紧张,这时在这种兴奋作用的背景上,所有其他正在替代的兴奋作用也同样产生一种极大的效果。

紧张度低的抑制过程的扩散作用,就是称为催眠的情形,由条件食物反射的分泌与动作两个组成部分都可以表现出来。当抑制作用(分化抑制作用或他种抑制作用)在上述的情况下发生时,最常见的就是它在大脑两半球上引起奇特的情形。首先,条件食物反射中唾液效果的大小,与刺激强度多少是平行地,按比率地变化这条规则被违反了,所有刺激在效果方面都变得一样(均等相)。其次,弱刺激比强刺激引起更多的唾液(反常相)。最后,发生了效果的颠倒现象:阳性条件刺激不引起任何效果,而阴性条件刺激却引起唾液分泌来(超反常相)。在动作反应方面也看到同样的情形;因此,当给予狗食物时(亦即使自然条件刺激起作用时),它就避开食物,而当食物被推开或拿走时,它又尝试去取得食物。除此以外,在催眠中有时还可能直接看到(在条件食物反射的情形下)抑制作用在皮层运动区上的移动。首先,瘫痪的是舌头和咀嚼肌肉,接着发生颈部肌肉的抑制作用,最后是全部躯干肌肉。抑制作用进一步沿着脑部向下蔓延,有时就表现出一种木僵症候的情形,最后则出现深沉的睡眠。作为抑制状态的催眠状态,很容易和同时发生的许多外在动因发生暂时的、条件的联系。

抑制作用在增强时就会集中起来。这就使处于兴奋状态的皮层点和处于抑制状态的皮层点间划出一条界限;同时因为皮层包含着许多极为不同的小点,有兴奋着的,也有抑制着的,既有关于外在世界的(视觉的、听觉的,等等),又有关于内在世界的(动作的,等等),所以它表现为一个巨大的镶嵌细工,具有处于不同性质不同紧张程度的兴奋与抑制状态下的不连续点。

这样看来,动物与人的清醒和活动状态就是皮层的兴奋与抑制状态的灵活的、同时又是有定位的、有时分得很细、有时分得较粗的一种分散的小块;这和睡眠状态是相反的,那时抑制作用在强度和范围方面都达到了高峰,均匀地分布到了两半球的全部,并深入内部到一定的程度。可是甚至于在这个时候,皮层里面有时还可能存留着一些个别的兴奋点，即警戒点或值班点。所以，在清醒状态中两个过程都处于经常的、但灵活的平衡状态中，仿佛是处于斗争中似的。如果大量的外在或内在刺激突然停止对皮层发生作用，抑制作用马上就超过兴奋作用。我们知道有些周围感受器官（视觉的、听觉的和嗅觉的器官）被破坏的狗，在 24 小时中就睡眠了 23 小时。

除了神经过程的扩散与集中规律以外，另一个发生作用的基本规律就是相互诱导规律——如果一个阳性条件刺激的施用是紧接着或稍后于一个集中了的抑制刺激，那么它的效果就会增大；反过来，一个抑制刺激跟在一个集中了的阳性刺激后面，它的效果也会更为精确，更为深刻。相互诱导作用当兴奋点或抑制点正发生作用时，就发现在这些点的周围；当这些过程停止时，就发现在这些点本身之上。

很显然，扩散与集中规律和相互诱导规律是彼此紧密联系起来的，彼此互相限制、互相对抗、又互相加强，因而使机体活动和其环境条件之间有一种精确的相关。上述两条规律在中央神经系统所有各部分都可以看到，但它们在大脑半球上面则表现于正在从新形成中的兴奋或抑制点上，而在中央神经系统低级部分则是见于多少是固定的点上的。

负诱导作用，亦即抑制作用在兴奋点周围出现或增强，在以前对于条件反射的解释中是称为"外抑制作用"的；当时我们发现某一定条件反射由于有一个偶然的外来刺激对动物发生作用（大多会引起它的方向反射），就趋于减弱，趋于消失。这使我们把上面所述的抑制作用的情形（消退作用等）统一在内抑制这个名词下面，当做一种没有任何外来刺激作用的干扰而发生的抑制作用。除了发生在大脑两半球上的抑制作用的这两种不同情形以外，还有一个第三种情形。当条件刺激在物理性质上是非常强烈的时候，条件刺激的生理强度和它们所引起的效果的大小间有直接关系这条规律就打破了；它们的效果不再是比中等强度的刺激所引起的更强，而是更弱——这就是所谓超界限抑制作用的情形。在一个单独的强烈刺激的情形下，在几个本身并不很强的刺激的效果综合起来的情形下，超界限抑制作用都会出现。把超界限抑制作用看成反射性的抑制作用，当然是比较自然的。如果要把抑制作用的情形作较精确的分类的话，它们或归入固定的非条件抑制（负诱导抑制与超限抑制）或归入暂时的、条件抑制（消退、分化和延搁抑制），然而，我们有理由把抑制作用的所有这些类型看成在理化基础上完全是同一个过程，只不过在不同的情况下发生罢了。

由于外在与内在刺激的影响，大脑两半球上兴奋与抑制作用的造成与划分，在某一定时间，在单调重复的情形下，就会越来越固定，越来越容易而且自动化。这样一来，在皮层上就出现了一个动力学定型（一种机能的系统），把它维持下来所需的神经工作越来越减少。这种定型也会变得带有惰性，常常难于改变，以致很难被一种新环境或新刺激所克服。每要新造成一个定型，都需要用相当多的能量，有时还需要极大量的能量，这是依刺激系统的复杂性为转移的。

在许多狗身上做的条件反射研究，使关于不同个体的各种神经类型的问题渐次显露出来，最后，所得到的资料使我们有了充分的根据去把神经系统按其所独具的某些基本特征来分门别类。这些特征有三个：主要神经过程（兴奋作用与抑制作用）的力量，它们相互平衡的程度和它们的灵活性。事实上四种多少是很为明显的神经系统类型都表现出这三个特征的联合。依神经过程的强度把动物分成了强的或者弱的；强的动物又分为两组，即神经过程很平衡的一组，神经过程不平衡的一组；强而很平衡的动物再又分为两组——灵活的动物与迟钝的动物。这大体是和气质的古典分类法相符合的。强而不平衡的动物，其兴奋与抑制过程都强，但前者比后者占有优势。这些动物形成一种易兴奋的、缺乏约束的类型，依照希波克拉底的说法，就是胆汁质的类型。其次有强而很平衡的、迟钝的动物——这是恬静的、不易扰乱的类型，或者依照希波克拉底，就叫做黏液质的类型。又次，还有很平衡而灵活的动物——是一种很积极的、活泼的类型，或者依照希波克拉底称为多血质的类型。最后，还有一种弱的类型，和希波克拉底所谓忧郁型气质最相似；它们的常见的普遍的特点就是容易发生抑制作用——由于有经常是弱的又易于扩散的内抑制作用，尤其是由于有各种外来的、本身可能不大显著的刺激作用所引起的外抑制作用。在其他方面看来，这又是没有其他类型那么一致的一个类型。这种类型，有时是兴奋与抑制过程都是一样弱的动物，有时又发现是抑制过程比较特别衰弱；这种动物要就是不安、不停地东张西望，要就是呆着、动也不动，好像在那个地点上生了根一样。这种不一致性的基础，自然就是因为弱类型的动物也是和强类型动物一样，可以依照其神经过程能量以外的其他特点来彼此划分的。但是，单是抑制作用的普遍而过度的纤弱，或者两种过程的普遍而过度的纤弱，就使得按照其他特点而作分类没有生活上的重大意义了。永久而强烈的易抑制性使所有这些动物都像残废一样。因此，类型是一只动物的一种先天的、体质性的神经活动方式——遗传性型。但是因为一只动物从出生的时候起就受着它的环境的各种影响，对这种环境影响它必得用一定的活动来做反应，这些活动又常常会固定在它后来的生活之中；所以一只动物所表现的最后的神经活动是这个类型所独具的特点和环境所造成的改变的混合物——遗传表型，或者性格。

所有上述事实显然都是无可置辩的生理材料，也就是说，是用客观方法产生出来的中央神经系统高级部分的正常生理活动；的确，对动物机体任何部分的生理研究都是应该从对它所作的正常工作的研究开始的，实际上照例也是从这种研究开始的。但是到目前为止，这并没有阻止某些生理学家去否认上面所报告的事实与生理学的关系。这在科学上是一个并不稀罕的传统例子。

要在上述动物大脑高级部分的生理工作和我们主观世界的现象之间，在许多地方建立起自然而直接的联系来，是没有什么困难的。如我们在前面所已经提到的一样，条件联系显然就是我们自己所称为同时性联想的东西。条件联系的泛化则和被称为相似性联想的东西相当。条件反射（或联想）的分析与综合基本上就是和我们的脑力工作过程相同的基本过程。当思想集中的时候，当专一于某种工作的时候，我们就再听不到或看不到在我们身边所发生的事情了——这就是负诱导作用的一种明显现象。在分析最复杂的非条件反射（本能）时，有谁能在生理—身体现象和心理现象之间画出一条分界线来呢？也就是说，这时有谁能把对饥饿、性引诱、愤怒等强烈情绪的经验和个别的生理现象分开来呢？我们的愉快与不愉快之感，安与不安之感，喜悦、愁苦、胜利、失望之感等，有时联系于极强本能及其刺激，向着相应的反应动作的转变，有时联系于对这些本能的抑制作用，联系于大脑两半球中神经过程的顺利或受阻的经过的所有可能变化，就像在解决着或不能解决各种复杂程度的神经问题的狗身上所可看到的一样。

我们的对比体验，当然就是相互诱导的现象。在兴奋作用扩散的情形下，我们说些与做些我们在平静时从来不会认为是可以容许的事情。很显然，兴奋波已经把某些点上的抑制作用转变成为一种阳性的过程了。显著地丧失对于目前事情的记忆——正常的老年人常有的现象——主要就是兴奋过程的灵活性减低了的缘故，亦即因年老而这灵活性变迟钝了的缘故，等等。

发展着的动物界在达到人类阶段时，就获得了一个对于神经活动机理的额外补充。对于动物来说，差不多完全只有传到了视觉、听觉与机体其他感受器官的特殊细胞的刺激作用，和它们在大脑两半球上遗留下来的痕迹，起着关于现实的信号作用。这就是我们自己也具有的对于一般自然环境和我们的特殊社会环境的印象、感觉和表象，只有看见与听到的词是例外。这是现实的第一信号系统，是我们与动物所共有的。但是词已经组成了我们所特有的、现实的第二信号系统，这是第一信号的信号。词所产生的许许多多刺激作用，一方面使我们超脱了现实，因此，我们应当经常记住这一事实，以免歪曲了我们与现实的关系；另一方面，也是词使我们变成了人，但是关于这一点不能在这里作更详细的说明。然而，管理第一信号系统的工作的基本规律一定也同样地调节第二信号系统是毫无疑义的，因为这也是同一种神经组织所做的工作。

条件反射研究已指引着我们在研究大脑高级部分方面沿着正确的途径进行，同时大脑机能也因此而和我们自己的主观世界现象最后互相联合与一致起来：这事实已从用动物做的进一步条件反射实验得到了最明显的证据。这些实验已成功地造出了人类神经系统所患的某些病理状态——如神经病和某些精神病症状；而且在许多病例上达到了合理的和如意的恢复正常，即治愈，也就是说，达到了对问题的真正科学的掌握。

神经活动正常的标准，就是所有上述的参与这活动中的过程都处于平衡状态。这种平衡的破坏，就是病理状态或者疾病，而且也常常见于所谓最正常者之中；因此，说得更精确一点，就是在比较正常的状态中，也已经有一点缺乏平衡。因此，神经疾病的可能性显然是和神经系统类型有关系的。在狗当中，因困难的实验情景而发展神经疾病最迅速、最容易的是属于两种极端类型的动物：即易兴奋的类型与弱的类型。当然，极端强烈和特殊的方法，甚至也可能扰乱属于强而平衡类型的动物的平衡。长期扰乱神经平衡的困难情况就是兴奋过程的过分紧张，抑制过程的过分紧张，和这两种相反过程的直接冲突，换句话说，就是这些过程的灵活性的过分紧张。

让我们来考虑一只已建立了一个条件反射系统的狗，这系统是对于一些物理强度不同的刺激的条件反射系统，是依已成定型的次序，按固定时间间隔而发生的阳性和阴性反射的系统。如果首先施用过分强烈的条件刺激，其次大大延长抑制刺激，或者造成极精细的分化作用，或者增加反射系统中抑制刺激的数目；而且，最后是使两个相反的过程一个紧跟着一个，甚或使两个相反的条件刺激同时作用，或者突然改变动力定型，亦即突然把已建立的条件刺激系统改换为相反的一系列刺激：我们就有机会看到在所有上述各情形下，首先发展慢性病理状态的是前面所提到的极端类型，在这两个类型中又表现得各有不同。易兴奋的类型，有了下面这样一种神经病：动物的抑制过程，经常在正常的情况下就是要比兴奋过程弱一些的，这时就很显著地降低或者差不多消失了；虽不是绝对的，但是已建立好的分化作用完全都解除了抑制，消退过程大大延长，延搁反射也变成一个只延滞很短时期的反射，等等。一般说来，动物在实验时站在架子上面，变得高度地不受约束,高度地神经质:它要就是变得恐慌,要就是(看到的次数要少得多)堕入一种以前从来没有过的睡眠状态。弱类型的狗所表现的神经病则差不多一律是具有忧郁性质的。条件反射活动变得非常混乱,最常见的是完全归于消失;当站在架子上时,动物几乎毫无例外地处于催眠状态,表现出催眠状态的不同位相(看不到什么条件反射,动物甚至于连给它的食物也不摄取)。

实验神经病大多是慢性的,持续到好几个月乃至好几年。某些已有的治疗方法已经被成功地应用于这些慢性神经病的处理。在条件反射研究中,老早以前就已经应用溴剂来治疗不能负担抑制作用工作的狗。我们发现溴剂对它们有很大的帮助,长期而多样化的一系列的动物条件反射实验,已无可置疑地证明了溴剂不是与兴奋过程有特别关系,减低兴奋过程,如一般所想的那样,而是与抑制过程特别有关,加强它、提高它的紧张程度。溴剂已被证实是对于被扰乱的神经活动的一个强有力的调节者与恢复者,只是要注意一个基本的条件,就是要使剂量适当而恰巧符合于神经系统的一定类型与情况。对于一直还是在相当强的状况下的强类型的狗,要给予大的剂量——每天二至五克;而弱的类型,剂量就应当降低到几厘克或几毫克。某些慢性的实验神经病,这样服用溴剂两个星期,结果就从根本上治愈了。

最近还有一些实验还在进行,这些实验已证明利用溴剂和咖啡因的联合效用,可以得到更好的结果,对于严重的病例尤其如此;但是也要注意,剂量要最为恰当(在这儿是指的相对剂量)。只停止一般的实验工作,或只去掉条件反射系统中比较困难的工作,以使动物继续地或暂时地但是有规律地休息一个时期,有时也可以使病了的动物痊愈,虽然没有这么迅速,没有这么完全。

上述狗的神经病,得最自然地拿来和人类的神经衰弱作比较;尤其是因为某些神经病理学家坚持神经衰弱有两种形式,一种兴奋性神经衰弱与一种忧郁性神经衰弱。除此以外,对某些创伤性神经病和另外一些反应性病态情况,这也适合。

承认人类有两种现实的信号系统,很自然地会引起我们对于两种人类神经病的机理,即对于人类癔病与精神衰弱的机理,来做一种特殊的理解,如果依照其一个系统比另一个系统占优势的情形可以把人类分成偏于思想家的一类与偏于艺术家的一类的话,那么,在神经平衡受到普遍扰乱时的病理情况中,显然前者会发展为精神衰弱,后者会发展为癔病。

除了建立神经病的机理以外,高级神经活动的生理研究还提供了了解精神病现象的某些方面的线索。首先,我们要谈谈妄想的某些形式,亦即被皮尔·让内称为"着魔情操"和被克瑞其麦称为"逆转作用"的迫害性妄想变型。患者正是被他所最渴望逃避开的事情所跟踪着;他渴望把他的思想保持秘密,又永远在受着思想被别人揭露与发现这个妄想所困扰;他希望独在,又被有另一个人在房子里这个想法所苦恼,虽则他确是一个人呆在那儿,等等,这就是让内所说的着魔情操。克瑞其麦曾看到两个病案,都是已达青春期,并各对某一男人发生性的情感的女子,却由于某种动机而压抑了这种情感。结果这两个女子都发展了一种固定观念:首先,她们被一种想法所苦恼着,以为她们的性兴奋可以从脸上看出来,并且大家都注意着这点,而她们是非常特别需要保持她们的贞操的。后来其中一个突然被一个经常的妄想所迷,甚至是被一种感觉所迷,以为有一个性的诱惑者——曾在天堂中诱惑过夏娃的蛇,就存在于她的体内,在那儿移动着,一直移动到了嘴里；而另外一位则突然想象她受了孕。克瑞其麦称后面这种现象为"逆转作用"。很显然，在它的机理上这是与强迫情感（着魔情操）相同的。

说这种主观的病态经验可以解释为超反常相的现象，并不会是一个想入非非的结论。在两个女子所处的抑制与忧郁情况的背景上，表现为一个特别强烈的阳性刺激作用的性的不可侵犯性的观念，转变成相反的观念，也同样的强烈，达到一个实际感觉的程度：在一个病例中这是有一个性的诱惑者存在于她身子里面的观念；在另一个病例中，则是因性关系而产生受孕的观念。我们也可以同样解释被强迫情感所困扰的病者的情形——一个强烈的正观念，"我是孤独的"，在同样情况下转变成了一个相似的，但相反的观念："常常有一个人靠近着我。"

在条件反射实验中常常看到：神经系统有各种困难的、病理的情况时，暂时抑制作用常使这些情况暂时减轻。一只狗发生过两次明显的紧张症状，这就使一种未经治疗的慢性神经疾病得到显著的进步，有一种差不多完全恢复了正常的状态保持了几天之久。

一般说来，我们应当说明神经系统的实验性疾病几乎不可避免地都是以催眠症状为其特点的，这就使我们有理由来认为这是一种抵抗致病动因的生理方法。所以，完全由催眠症状所组成的紧张性情神分裂症或精神分裂症位相，也可以解释为一种生理的保护性抑制作用，它对由于某种未知的有害动因的作用，而受严重扰乱或最后毁灭性危险威胁的、已有疾病的脑子的工作，予以限制，或者予以完全制止。医学已清楚了解对绝大多数疾病的第一个治疗方法，就是使患病的器官获得休息。这样来理解紧张性精神分裂症的机理是符合实际的，可以由下述事实来证明：那就是只有这一类型的精神分裂症，虽则紧张状态已经延续了很久，某些病例且已有了许多年（20年之久），还是表现有相当高的百分比恢复了正常状态。从这种观点看来，任何想用有刺激性的方法来处理患紧张性精神分裂症病人的企图，似乎都是直接有害的。反过来说，如果能够为病人准备有意的、外在的安静，以与利用抑制作用所获得的休息结合起来，应当能希望治愈百分比大为提高。把他们放在其他多少不安静的病人当中，处于从环境中有经常的、强烈的刺激作用传给他们的情况之下，是绝对不应该的。

条件反射的研究，除了发现皮层的一般疾病以外，曾屡次发现了一些极端有趣的情形，即用实验方法，从机能上发展皮层的个别极小点的疾病。举一个例子来说：有一只具有一个各种反射所组成的系统的狗，在这些反射中有对于各种声音如乐音、噪音、节拍器、铃声等的条件反射。我们已发现有可能只把这些条件反射所作用的一个地点造成病态，而所有其他各点维持正常。皮层上一个孤立点的病态状况，就是用上面已经描写为可以致病的那些方法来造成的。这疾病可以表现出各种形式，各种强烈程度。这点最轻微的变化，表现在这点的慢性催眠状态中；均等相和反常相在这点上发展起来，代替了刺激作用所引起的效果的大小和刺激的物理强度间的正常关系。根据前面所说的理由，这同样可以解释为在某一定点遇到了困难情况时的一种生理的保护方法。病态进一步发展，就会使刺激不能产生任何阳性的效果，而且常常只能引起抑制作用。在某些例子中就是这样的，在另一些例子中则完全与此相反。正的反射变得非常稳定：它消退得比正常反射要慢得多；它受其他条件抑制刺激所产生的相继抑制作用的影响较少；在所有其他条件反射中，它在其大小方面常表现突出，这在病没有发展以前是从来也没有看到过的。这意思是说,这一定点的兴奋过程已变得长期地、病理地不灵活了。病理点的兴奋作用,要就是和皮层的所有其他各点毫不相干,要就是不可能刺激这一点而不给整个反射系统以某种扰乱。我们有理由相信,在以两个过程中的一个(兴奋过程,或者抑制过程)占优势为其特点的孤立病理点上,病理状况的机理正好就是两个相反过程间的平衡受到扰乱——这两个过程中的一个或者另一个大大地弱化了。兴奋过程有病理惰性时,我们常常发现可以用溴剂(增强抑制过程的)使其复原。

下面的结论很难被认为是空想的。很显然,如果刻板症候、重语症候、固执症候都是在不同运动细胞的兴奋过程的病理惰性上有自然的根据的话,那么,强迫性神经病和妄想狂的机理一定也是同样的。唯一区别就是在后面这两种情形中,所包含的是别的、与我们的感觉或表象有关的细胞或细胞群。这样一来,就只有和有病的细胞相关联的一系列感觉或表象变得反常地稳定,同时许多其他因为其细胞是在正常状态中而较能符合现实的感觉与表象,都不能给它们以抑制性的影响。

另外一个常在病理条件反射研究中看到的、显然和人类神经病与精神病有关的事实,是神经活动所表现的循环性。被扰乱的神经活动是多少有规律地起伏变化着的。首先是一个活动极端弱化的时期(条件反射是混乱的,常常完全归于消失或减低到了最小的程度);过了几个星期,甚或是过了几个月以后,好像没有明显理由而是自发地一样,就大部分回复到了正常状态,甚或有时完全回复到了正常状态;不过其后又跟着另外一个病理活动时期。在别的例子中,这种周期性则表现于活动弱化了的时期和活动变态地增强了的时期的轮流往复。我们不可能不看到这种起伏变化和周期性精神病与狂躁忧郁性精神病之间的相似性。最自然的想法是把这种病理的周期性归之于兴奋与抑制过程间正常关系的扰乱(就二者的相互关系而言)。由于这两种相反的过程不能在适当时候以适当方式互相限制,它们就彼此孤立地过分地活动,结果它们的工作达到了一个极端——只有这时才由一个起来代替了另一个。这样一来,就发展了另外一种周期性,亦即发展了一种加剧了的,以星期计或以月计的周期性,代替了短期的,因而是十分轻的日常周期性。

最后,不能不谈一下一个直到现在的确还只在一只狗身上以异常严重的方式表现出来的事实:这就是兴奋过程的不同于寻常的爆裂性。某些条件刺激或所有的条件刺激都引起迅速而过分的效果(动作方面和分泌方面都是如此),但在刺激还在继续作用时就会停止,同时狗在强化其食物反射时也不肯攫取食物。很显然,这是因为兴奋过程有巨大的、病理的不稳定性,一种相当于在人类临床上所看到的兴奋性纤弱的现象。较轻微的情况,在若干条件下,在狗身上是常见的。

所有上述的病理神经症状,在适当的情况下,可以在正常的狗身上,亦即在没有施过手术的狗身上表现出来;也可以在阉割过的狗身上(特别是某些病理状态如循环性,更可以表现),亦即在一个机体方面的病理基础上表现出来。许多实验表明了阉割过的动物的神经活动,主要的特点大多就是抑制过程大大弱化,但是在强的类型,这是可以经过一些时候就多少恢复过来的。

最后,还必须再来强调一次:当我们一方面把超反常位相来和着魔情操与逆转作用作比较,另一方面又把兴奋过程的病理惰性来和强迫性神经病与妄想狂作比较时,生理现象和我们主观世界的那些经验,是互相重叠与互相混合到了何等程度。

附录一　给青年的一封信

巴甫洛夫在 1936 年逝世前不久写给青年科学家们的一封信，这被认为是他的"最后遗嘱"。

对于我们祖国献身于科学的青年，我希望些什么呢？

首先，循序性。我从来也不能够不带着感情来提起这个对有成果的科学工作的最重要的条件。循序性，循序性，更大的循序性。从你们一开头工作起，就训练你自己在累积知识时要有严格的系统性。

想去攀登科学高峰以前，先去学习科学的 ABC。没有掌握了前一步时，决不要去跨第二步。

决不要用些甚至是很大胆的臆说和假设来填补你知识的空隙。不管这个水泡的色彩可以使你多么悦目，它不可避免地总会爆裂，除了使你惶惑以外，不会有别的什么。

训练你自己要谨慎和耐心。学习作科学中的手工劳动。研究、比较和累积事实。

不管鸟翼是多么完美，如果不藉空气的支持，就不能使鸟体飞起来。事实是科学家的空气，没有事实，你再也不能翱翔。没有事实，你的"理论"就是徒劳。

然而，在研究、实验、观察时，要力求不只停留于事实的表面。不要成为事实的保存者。要深入窥探事实起源的奥秘。坚持地追寻支配事实的规律。

其次，虚心。绝不要以为你已经知道了一切。不论你是受到多大的尊重，要常有勇气对自己说："我无知。"

不要让你自己被骄傲所制约。因为骄傲，在需要调和的地方你也会固执；你会拒绝有用的忠告和友谊的帮助；你会丧失你对事实看法的客观性。

在要我领导的一群人中，风气就是一切。我们全体都为一个共同事业而努力，每一个人都尽其全部力量和能力来推进这个事业。我们常常不能区分什么是我的，什么是你的，但通过这种风气，我们的共同事业就只会胜利。

最后，热情。要记住，科学需要你整个的生命。纵使你再有两个生命贡献出来，仍然是不够用的。科学要求人的努力与至高的热情。

要热情于你的工作，热情于你的钻研。

我们的祖国给科学开辟了广阔的远景，我们必须公正地说，科学正被广泛地介绍到我们国家的生活中去。广泛到极度广泛的程度。

关于我国一个青年科学家的地位还有什么可说的呢？那是非常清楚的。给予他的很多，但要求于他的也很多。不辜负我们的祖国所寄托于科学的那些伟大的希望，是青年们的光荣，也是我们大家的光荣。

附录二　巴甫洛夫在克里姆林宫

　　1935 年第十五届国际生理学会议在列宁格勒开会时，代表们旅行到莫斯科去开了一天的会。8 月 20 日苏维埃政府在克里姆林宫招待代表们。巴甫洛夫向外国的代表们致辞说：

　　"在我的祖国，科学的地位多么良好！我只要举一个例子来说明在我们国家里政府和科学所发生的关系。我们这些科学机关的领导者们，确实为一个问题感到惶恐和不安，这就是我们是不是够资格去承担政府交给我们自由处理的那些资财与经费！你们都知道，我是一个彻头彻尾的实验者。"

　　"我整个的一生都从事于实验。"

　　"我们的政府也是一个实验者，不过是无可比拟地更高了一层。我热切希望能活下去，以便看到这个历史性社会实验的胜利完成。"

附录三 巴甫洛夫在瑞亚村

1935 年 8 月 21 日，社会、文化、职业、工人各界的团体的代表在巴甫洛夫诞生地瑞亚村举行了一次宴会，这是巴甫洛夫在会上的致辞：

"我愿意说，科学的代表们以前也是被招待过的，但是那些庆祝是局限于一个同行的狭小圈子里面，也就是说，局限于从事科学的人。现在我所看到的是和那些局限的庆祝绝不相同了。在我国，全体人民都尊重科学。今天早晨我就在火车站的集会上，在集体农场上，以及在我到这儿来的路上，看到了这种情形。我想，要是我说这是领导着我们国家的政府的功绩，是不会有什么错误的。"

"以前科学是和生活脱节的，和人民隔离的，但是现在我看到是与此相反了——我看到整个国家都尊敬和欣赏科学。我举起我的杯子，为世界上唯一能够有这样成就的，对科学估价这样高又这样热诚支持科学的政府——为我们国家的政府干杯。"

附录四 巴甫洛夫简传

W. 霍斯利·甘特

张 航 译 傅小兰 校

I

79 年前,也就是 1849 年的 9 月 26 日,在俄罗斯中部梁赞,一个贫困的牧师家庭迎来了长子。这个男孩取名为伊万·彼得洛维奇·巴甫洛夫。这个孩子在虔诚但友爱的家庭氛围中成长起来,学会了认真地审视他所面临的问题。

从巴甫洛夫的幼儿时期就能看到他成年后的一些影子。一旦这个叫伊万或者被称为"万尼亚"的男孩要做一件事情,无论是游戏还是运动,体育或学校的功课,他都会全身心地投入其中,不达目的绝不罢休。后来,在报告厅和实验室的讨论和争辩中,他表现出了同样的热情。他做事的时候,并不太在意是否会胜出他的竞争对手,而总是尽可能地要把事情做好。

感谢 V. V. 萨维茨(Savitch)教授,是他提供了以下有关巴甫洛夫的家世和儿童时代的描述。萨维茨教授是巴甫洛夫最早和最可敬的合作者和学生之一,他栩栩如生地向我们描绘了他的恩师的早年生活[①]。我们征得萨维茨教授的同意,可以自由使用他撰写的传记中的内容,而不必一一指明出处。

巴甫洛夫的父亲彼得·季米特里耶维奇·巴甫洛夫(Peter Dimitrievitch Pavlov)是位乡村牧师,他的祖父则只是乡村教堂的一名司事。那时候乡村神职人员的生活很艰辛,级别低者更是如此。他们不得不为日常生计奔波,生活方式跟农民相差无几,农业是家庭的主要收入来源。辛苦的体力劳动与一定程度的智力发展相结合,造就了强壮、健康而精力充沛的一代人。长期的劳作需要磨砺出了坚强的品质,而一定程度的智力发展则帮助他们与当时艰难的生活环境相抗争。

彼得·季米特里耶维奇的文化程度在那个郊区的牧师中鹤立鸡群。他一直热爱阅读,甚至在那个蛮荒的年代也迷醉于买书。由于书的来源有限,每次买书都是家庭的一大盛事。巴甫洛夫教授常常感念父亲的教诲:要完全理解一本书,读书需要读两次。彼得·季米特里耶维奇在同侪中享有盛誉,除了因为文化水平高之外,还因为他有一些其他的杰出品质。他知人也知己。他百折不挠,意志坚定,身强体壮。他从父母那儿继承了对土地的热爱,而生活在乡村迫使他必须自己照看瓜果菜园。在他的众多孩子当中,只有伊万·彼得洛维奇也是如此。

当解决生计问题不再那么迫切时,多余的精力就要寻找出路。巴甫洛夫教授的叔父

---

① 伊万·彼得洛维奇·巴甫洛夫简传,载于《巴甫洛夫诞辰 75 周年卷》,莫斯科,1924(俄文)。

因而参加了梁赞盛极一时的拳击比赛。这些战斗和与此有关的对话使得这个家庭斗志高昂。精力的展示使巴甫洛夫大家族拥有鲜见的活力。这位叔叔的喜悦、欢快和幽默有着不可抗拒的感染力。他无疑是一个伟大的戏剧家，但他身为牧师，却受到上级的压制，甚至被降职为教堂司事。他的孩子们继承了他的那些品质，并因而广受社会各界的欢迎。

伊万·彼得洛维奇的母亲瓦尔瓦拉·伊万诺大娜（lvanovna Varvara）出自牧师家庭。她没有受过学校教育，因为那时候人们认为牧师的女儿没必要受教育。瓦尔瓦拉·伊万诺夫娜年轻时身体很好，而她的三个孩子伊万、季米特里（Dimitry）和彼得（Peter）都继承了她的身体素质。所有的孩子都上完了神学院和大学，都在大学或科学院供职，其中一个后来还成了门捷列夫的助手。在生育了三个儿子后，瓦尔瓦拉·伊万诺夫娜患过一次重病，之后生的六个孩子因传染病而夭折，最小的两个存活的孩子泽格（Serge）和莉迪娅（Lydia）也没有最大的三个孩子那么有天分。泽格·彼得洛维奇只读完了神学院，后来在梁赞当牧师，在革命期间死于斑疹伤寒。

就这样，伊万·彼得洛维奇跟他的弟弟们一起长大，一起嬉戏，而他们的父母都忙于日常事务。母亲爱孩子们，不过因为平日里一直很忙，她给予了他们极大的自由，任凭他们自由自在地成长发展。他们很快与邻居家的孩子交上了朋友，很多时间都一起在街上参加村里的体育运动，主要是击棒游戏（gorodkee，一种类似于九柱戏的俄罗斯乡村游戏）——直到今天巴甫洛夫还在玩这个游戏。

伊万·彼得洛维奇用他的左手玩游戏。他父亲也是左撇子。做儿子的经过长期的训练后开始使用右手，所以现在他可以左右开弓，甚至在做手术的时候也是这样。不过，他的左手更有力，当需要特别的技巧和力量时他还是会使用左手。他用右手写字，但用左手也能写得一样好，用左手还能写镜像字。

他七岁开始接受教育，跟从一位老婆婆学习读写。那些课程对这个不安分的男孩没什么吸引力，而在花园里与父亲一起挖地反倒更合他的胃口，直至今日他仍然喜欢这项劳动。建房子的时候，他还学了一点木工和车床技术。就此而言，伊万·彼得洛维奇从小就热爱锻炼身体。这后来变成了对运动的热爱，他是医师运动协会的核心成员。巴甫洛夫教授常说，成功的肌肉锻炼带来的满足感远胜于解决一些重要的脑力问题后的喜悦。他称之为"肌肉的快乐"。

10 岁时他曾经从砖砌的人行道的围墙上摔落下来。在此之前他一直很健康，而此后却常常生病，他的父母一度担心他得了肺病。这个事故延缓了他的受教育进程。他 11 岁时才跟弟弟季米特里一起去上学，在梁赞教会学校上二年级。

打架是当地的传统，伊万·彼得洛维奇因为身体不好，在打架中常常处于劣势。这促使他去强身健体。他的父亲制定了花园劳动的值日表。可以看出，伊万·彼得洛维奇坚持得最好，而他的弟弟们却很快就厌倦了，另寻乐趣。"当男孩们被送到果园采桑葚时，伊万·彼得洛维奇努力地尽快装满他的篮子，而他的弟弟季米特里（像其他男孩一样）努力地在填满自己的嘴"。就这样，伊万·彼得洛维奇打小就表现为总是很有毅力地去完成设定的任务，无论是什么任务。

从教会学校毕业后，巴甫洛夫兄弟进入了梁赞的神学院。课程主要是古代语言。要学逻辑和修辞，不但要学哲学入门，还要学好几个哲学体系，以作为日常辩论的材料。在这里,巴甫洛夫受到了充分的逻辑推理和应用的训练。自那时起,他对科学产生了兴趣。据他说,他最初是被路易斯的实用生理学的俄文版所吸引,直至今日,他仍然珍藏着那本他从 15 岁起就开始读的已快翻破了的书。

在亚历山大二世的统治下,受废除农奴制和区域获得一定程度自治的影响,启蒙运动的浪潮横扫俄罗斯,也波及了神学院。师生们联合起来,老一代尽心地教授年轻人,而年轻人则尽可能地利用好这些资源。

在图书馆门前,人们等待着一拥而入,获取最新的文献。巴甫洛夫兄弟也曾挤在人群中,尽管率先进入图书馆的几率很低,因为竞争者众多。在读完新书之后会有无穷无尽的讨论。在宁静的梁赞,常常有成群的学生在大街上大声辩论。在这些辩论者中,伊万·彼得洛维奇很有名,因为他的辩论生动,手势富有活力。这些讨论使他学会了在批评别人时一定要小心,因为若有明显错误的话就会遭人嘲笑。

巴甫洛夫感念学校的自由氛围,特别是,如果一个学生在某个主题上取得了很大进步,他就可以较少地关注其他不太感兴趣的研究,进而可以沿着他感兴趣的路线不断前进。

1870 年,巴甫洛夫断绝了当牧师的念头,从神学院退学,进入圣彼得堡大学。

他与弟弟一块儿生活,慢慢地,日常生活的琐事都落到了季米特里身上。以至于巴甫洛夫的衣物都习惯于要季米特里来打理。在伊万·彼得洛维奇结婚后,则变成了由他的妻子为他购买衣服和鞋子。“有时,年轻的巴甫洛夫出其不意地穿上一套衣服,他对颜色的选择让他的朋友发笑,令他的家人愤怒。”

两兄弟曾经在梁赞与父亲共度夏天。伊万·彼得洛维奇通常待在家,从不像别人都爱做的那样去打猎。许多朋友来拜访他们,他们常常玩击棒游戏来打发时间,数小时里,都可以听到球棒的击打声,间有大笑和热烈的加油声。甚至在这个时候,伊万·彼得洛维奇的个性也表现得很明显。他生性容易激动,却能保持镇定,有力而精确地挥动球棒。他对参与的所有活动都充满热情,而这种热情又很有分寸。很明显,其强烈的情绪被必要的抑制所调控和约束,正像本书的一些章节所描述的那样。

II

上大学时,他聆听到了像门捷列夫(Drmitri Ivanvich Mendeleev,1834—1907)和布特列洛夫(Buttlerov)这样的有才华的教授的教诲。但是,巴甫洛夫觉得受益最多的还是才华横溢的生理学家伊法·齐昂。我们曾听他说,他对这位研究者刺激狗的脊神经前根和后根的实验印象极为深刻,而且齐昂的工作干净利落,他常常穿着工作服戴着白手套做手术,这样不用回家换衣服就能去参加教员会议。

1874 年,在大学三年级时,巴甫洛夫成为齐昂的积极合作者,并最终主修生理学。

他的第一项科学研究与阿法纳希耶夫一起完成,研究胰腺神经,并因此获得了科学院金奖。“他对临床没兴趣,甚至没通过其中的一门考试(内科)。但是那时候外科手术的进步对他影响巨大。他对化学不怎么感兴趣,将大部分注意力都投注到了组织的神经控制和神经连接之中"（萨维茨）。

他平静地度过了大学生活，部分时间用于工作，包括实验室工作，同时他对应用科学文献也很有兴趣，部分时间用于娱乐。娱乐时间主要用于运动、文学，或与弟弟和小范围的朋友一起度过。

1875 年，巴甫洛夫从大学转到医学院，给齐昂当助手。这时候发生了一件具有代表性的事件，齐昂窠然间去了巴黎。尽管其继任者邀请巴甫洛夫留下来，巴甫洛夫也需要一份工作来维持生活，但他还是坚决地拒绝了，因为新来的教授曾"因为自己位高权重而侵犯别人，完全不顾及真理"。在后来的岁月中，巴甫洛夫不曾为了物质而牺牲信仰，即便那些物质是他所急需的。

1879 年 12 月，在修完军事医学科学院的课程以后，他通过了州里的考试，成为有执照的医师。他因为表现出色而获得了奖学金，进而可以在科学院多做两年研究。1883 年，他完成了医学博士论文。

大部分研究生在从业之初规划自己的职业生涯时，都会问自己：去哪里？为什么？

但这样的问题从未困扰过巴甫洛夫。在科学研究中，他找到了拨开笼罩在真理面前的浓雾的乐趣，以无比的热情从事着自己的科研工作。在这一点上，他与威廉·奥斯勒（William Osler）爵士类似。后者曾说，他的一个原则是，今日事今日毕。巴甫洛夫的整个一生都奉献给了发现新事实的工作，他的全部精力都奉献给了科学。谋求职位和经济困难等现实问题，他从未放在心上。

他和他的弟弟继续一起住在一个破旧的房子里，虽然穷，但是很快乐，身边有为数不多的几个朋友。

1880 年，他邂逅了年轻迷人的学习教育学的学生谢拉菲玛·卡尔切夫卡娅，一年后与她在叶卡特里诺结婚。当时发生了一件戏剧性的事件。萨维茨告诉我们，巴甫洛夫没有钱，新娘的姐姐不得不资助他们，否则的话他们甚至都无法离开那个镇。这再一次证明年轻的巴甫洛夫是多么地不关注日常生活事务。

在圣彼得堡，他们继续跟巴甫洛夫的弟弟一起生活在一个小公寓里。他们都得为生活而奔波。巴甫洛夫能找到一位如此可爱、如此善良、如此般配、可以给他一个幸福家庭的女人，真是科学的幸事。也许正是因为她的存在，他才能整个晚上都待在家中，远离尘嚣、祥和、平静而充实。他习惯于将生活的琐事都委托给他人，甚至很少单独旅行。巴甫洛夫不料理日常事务，至少从 1927 年他妻子的一番话中可以得到佐证：他从未自己买过鞋，只有在战争和革命刚过的那些艰难岁月中巴甫洛夫才做过一点家务。

获得威利奖学金后，巴甫洛夫在 1884 年到 1886 年与两位当时最伟大的生理学家——莱比锡的路德维希和布雷斯劳的海登海因一起工作。他生活穷困，但他自己从未意识到这一点。

回到圣彼得堡后，他充当过几次助手，其中之一是给知名的临床医生 S. P. 波特金当助手，波特金将实验药理学用于控制疗效。在这个实验室中，巴甫洛夫完成了有名的心脏神经的实验和对消化腺进行的第一个伟大研究。

1888 年，他发现了胰腺的分泌神经。不过，因为这些实验很难重复，直到 20 年后这个发现才被广为认可。次年，他与西马诺夫斯基（Simanovsky）一起发表了关于假饲的著名实验。

在科学方面取得如此大进展的同时,他的职业发展道路却极不平坦。他常常遭遇失败,其经济状况更为凄惨。"他的注意力都放在了研究蛹化蝶上,以至于忘却了自己的不幸"(萨维茨)。

有孩子以后,需要找到一份收入更丰厚的工作,巴甫洛夫因而申请了托木斯克的药理学主席一职。不过他从未接受过这个职务,因为 1890 年他以 17 票同意 5 票反对被选为圣彼得堡军事医学科学院的药理学教授。

巴甫洛夫在成为药理学教授之后,与"大部分教授都对之俯首帖耳的专制"院长帕什奥丁(Pashootin)发生了公开的冲突。巴甫洛夫曾以最坚决的方式反对他,而大部分教授都站在院长一边。巴甫洛夫因为桀骜不驯而受罚,1895 年他未能继任生理学教授,1897 年才又担任这一职位。从 1895 年开始,他成为生理学教授的主席,一直干到 1924 年他退休时为止。

1891 年,在奥登堡(Oldenburg)王子是年新创立的实验医学研究所里,巴甫洛夫教授规划了世界上第一个生理学实验室的外科部。正是在这里,巴甫洛夫首次有计划地进行了所谓的长期实验(见本传记的第 IV 部分),而在此之前,没有人规范过动物的饲养。

1904 年,巴甫洛夫因消化腺研究而获得诺贝尔奖;1906 年,他当选为俄罗斯科学院院士。他那时的工作是在前面所述的三个实验室中完成的。

像通常那样,他在国外的名声为他在国内招来了嫉妒,树敌众多。在他获得诺贝尔奖之后,对他的消化腺研究的攻击停止了。但是,他的条件反射研究受到了更多的攻击。有人说:"这不是科学,每个训狗的人早就知道了"。对他的愤恨甚至达到了这样一个程度,军事医学科学院不认可他的实验室的论文。随后,他的敌人愈加嚣张,他们阻碍他由俄罗斯医师协会的副主席升任为主席。这主要是因为他的实验室产出的论文比其他人的实验室都要多。

III

现在,我们来看看巴甫洛夫作为研究者的一些特性。

主导他的一生的最显著的特性是,获得知识的热望,寻求科学真理的精力和单纯的动机。正如著名生理学家罗伯特·蒂格斯泰特(Tigerstedt Robert,1853—1923)1904 年所言:"巴甫洛夫的生活可以归纳为:对真理的孜孜不倦的追求让他获得了一流的科学事实"。为个人的利益做事情与他的天性格格不入。

这并不是因为他足够富有,无须考虑日常所需。相反,他出生后就一直与贫穷和困苦相伴。但是他的科学研究从未受过影响,他把心思都放在了工作上。

在最初的那些实验室研究中,他没有合适的途径来养狗,在手术后只好把狗带回家喂养。那时候,因为没有钱,他住不起单间,而是与离开家庭的朋友 N. P. 西马诺夫斯基一起住。

巴甫洛夫不仅勤奋地寻求真理,问题也是他的生命中激情的来源。这不是像第欧根尼（Diogenes，约公元前412—公元前323）那样大白天提着灯笼在街道上晃悠那样的含混的哲学方式，而是坚定而热情地关注实验室研究的每个细节。抱着只有真理和科学是人生中有价值的目标的坚定信念，巴甫洛夫总是会快速地拒绝所有他认为不名誉的妥协和考虑，他一心站在真理和正确的一边。

除了精神的天赋、对真理的热爱和为工作忘掉一切的能力，我们还在巴甫洛夫身上发现了使他成为一个合格研究者的其他素质。

最不同寻常的是他罕见的记忆力。即便实验是10年前做的，实验次序或结果的最细微之处，巴甫洛夫在需要的时候都随时可以回忆起来。前任助手或学生，在回实验室访问的时候，常常惊奇地发现，老师在讨论生理学问题时竟然能准确而详细地提到他们自己在若干年前做的但早已忘却的实验的所有数据，或者能叫出他们研究过的狗的名字，尽管在此期间他已见过成百上千的动物。一旦见过某个合作者的草案，他就不会再忘记。在战前他曾一度指导过30位研究者的工作，而最近的数目更多。

在活了四分之三个世纪以后，巴甫洛夫开始时而使用笔记本，他说他的记忆力不如以前好了。即便是这样，他的记忆力也好得让任何一个只有他一半岁数的人羡慕。几乎可以用一句谚语来形容："只要见了一个数字，他就再也不会忘掉。"

一个生动的例子发生在1925年。巴甫洛夫想知道他的一位合作者戴着的奖牌有多重要。当得知它来自于一场田径比赛后，对所有体育运动都感兴趣的巴甫洛夫仔细地审视了它。数月之后，当又提到田径比赛和那块奖牌的时候，有人问起跑那段距离用了多长时间。奖牌的主人自己也忘掉了确切的时间，尽管他已经戴了15年。巴甫洛夫虽然只见过它一次，马上就报出了这个数字，且精确到1/5秒："10分11又4/5秒"。

我们从伦敦大学的托马斯·R.埃利奥特（Thomas R. Elliott）博士的叙述中（写于1928年5月14日）看到："在克鲁尼安讲座和皇家科学院的晚宴上见过巴甫洛夫教授。他外表雍容，他的活力和富有魅力的人格让每个人都很愉快。让我惊讶的是，他记得我，还记得20年前在英格兰遇到我时是怎样的场合。"

巴甫洛夫的记忆力很可能与他集中注意力和选择的能力有关。而他的另一个典型特征是，他从不关注琐事，像报纸和流行杂志中登载的那些事。因为巴甫洛夫几乎从不阅读或关注这些，他具有将与他的直接兴趣无关的事情和数据排除在意识之外的突出能力，他甚至从不就他不熟悉或没有掌握充足事实的主题发表意见。这种只注重最原始的事实、只基于事实做判断和快速辨识出事实间关系的能力，是巴甫洛夫最重要的特征。

这让我们看到了他拥有的另一种高超能力——分析、快速透过现象看本质的能力以及将看似无序的事件组织起来的能力。借此，他常常大胆设计新的实验，也许其形式各不相同，但并不花费精力去实施它们。巴甫洛夫说，研究者最困难的工作是向合作者分配问题。

在娱乐和运动中，巴甫洛夫拥有高度的身体敏捷性和柔韧性。在他的手术技术中也可以看出同样的能力。在这个方面他非常灵巧（因为需要做其他工作和随着年龄的增长而视力下降，他在过去的5年没有经常做手术，尽管直到1928年3月他还做了一个胰腺的新手术）。他的左右手都一样熟练。已故的蒂格斯泰特曾说："巴甫洛夫做一个简单的手术非常快，手术完成的时候，旁观者以为手术才刚刚开始"（《生物科学档案馆》，第六卷,1904)。可以说他的动作和闪电一样快,快到要仔细看才能分辨它们。巴甫洛夫在 30 秒内就能取出狗的脑脊髓,在切开皮肤后只要 3 到 5 秒就可以找到、系上和分开迷走神经或坐骨神经。为了让不了解手术的人有个对比,可以看看他的助手们的速度,他们最快在 90 秒内能完成,而这样的速度已经不慢了。

巴甫洛夫并不会因为自己的实验结果而骄傲自大,相反,他非但不高估他的结果,反而会公平地看待它们,甚至敌视它们。与新事实不相符的理论会被无情地抛弃,他会依据新的发现来规划新的结构,因为事实是巴甫洛夫构筑每个新理论的基础,是为他指出新的法则和概念的路标。如果有不符合的地方,他从不会强求使事实与理论相符合。在这点上他与已故的威廉·贝利斯(William Bayliss)爵士看法一致。后者曾说:

一旦发现某个观点不可靠,就要毫不犹豫地放弃。可以说,一个科学研究者伟大与否,不在于他有没有犯过错误,而在于当反面证据足够充分的时候,他是不是会承认他犯了错误。

萨维茨叙述的事件表明了这一点:

伊万·彼得洛维奇曾让我检验贝利斯(Bayliss)和斯塔林(Starling)用分泌素获得的结果。我们当着他的面进行了实验,结果完全证实了他们的观点。伊万·彼得洛维奇默默地伫立了一会儿,然后回去进行他的研究,半个小时后又返回来说:"他们是对的。我们垄断不了新发现。"那个问题最后解决了。事实和结果总是决定着他的新问题。他认为理论的用处只是在于发现新的途径和积累数据。但是,分泌神经对于胰腺的作用一直到伊万·彼得洛维奇在英格兰的一个合作者(安列普,Anrep)用实验证实后才得到承认。

另一个让人印象深刻的例子是大鼠的条件反射遗传。1923 年,根据初步的实验,巴甫洛夫说,他相信他已经发现这些动物的条件反射可以遗传,而日常生活中的许多事实都与这种观点相符。1925 年,采取更精纯的方法未能证实早期的结果,于是巴甫洛夫没有捍卫从前已经发表的假说和实验,而是立刻否定了它们,并不再坚持由此引申出的观点,除非这些事实有一天能被确切无疑地证实。

因为不赞同帕什奥丁,直到 20 世纪初巴甫洛夫才有了长期的合作者,而与他合作的人被剥夺了出国的权利。他的早期合作者是没有受过生理学研究训练的全科医生。

在回顾巴甫洛夫的实验室工作时,萨维茨告诉我们:

他是实验室的灵魂,他在哪里,哪里的工作就进展得最快。他关注最细微的细节,常常计算他的合作者的梅特试管(Mett tubes)的毫米数。他非常准时,总是守约;他在其他事情上没有那么精确;他回信很慢,甚至可能不回。

作为实验室的老师,他的个人特质很突出。他在社交中很活跃,用强烈的研究兴趣鼓舞着合作者们。用奥斯特瓦尔德(Ostwald)的话说,他很浪漫。他对琐事很容易厌烦;他身上深深地蕴藏着运动和搏击的元素。

在生命的不同时期,巴甫洛夫不断调整着掌控实验室的方法。最初,他的全部注意力都放在一两个研究上,几乎全部的时间都花在那些研究者身上。然后,当他们的工作有进展时,更多的时间就会放到其他人身上。我们可以称之为集中注意原则。1919 年,在对实验室工作进行革新后,巴甫洛夫开始用另一种方式指导实验:我们可以将他比做一个棋手,用一个和谐的计划去移动许多棋子;一个合作者的研究获得的事实推动了另一个合作者的研究。条件反射刚刚在他的实验室中，特别是在年轻的合作者中，吸引了很多关注。这种教学正在为人类心灵生活创造一种新理念，总有一天会衍生出一种新哲学。

"巴甫洛夫用直觉抓住了一个实验中所有的关系。当有新事实被观察到时，它会被重复；然后开始怀疑、批判和检验，许许多多的理论被审视和拒绝"（萨维茨）。

IV

现在我们可以转到叙述工作本身。

生理学的三个领域相继受到巴甫洛夫的注意。他最初的独立研究是对循环系统的实验研究，主要是在 1878 到 1888 年之间进行的。而当巴甫洛夫成为药理学教授时，他的兴趣逐渐转到了消化腺上，最终他的整个实验室都投入到这个主题上。但是，从 1902 年开始，巴甫洛夫的精力又放到了另一个方向上，对消化腺的研究则渐渐淡化。现在他的全部注意都放在了用条件反射的方法研究中央神经系统的过程上。

巴甫洛夫对血液循环的研究工作分为两类。一类与血压的调控有关。在这些实验中，巴甫洛夫尽量使实验条件与正常的情境类似。通常的程序是，切开皮肤，找到血管，插入玻璃管，在此期间需要把狗捆住。不过，巴甫洛夫非常有技巧地让动物习惯了手术，以至于它会自己跳上桌子，不需要被捆住就可以进行实验。巴甫洛夫的手术快而精准，以至于基本没有痛苦。巴甫洛夫就这样在这只狗身上获得了与血压和日常波动有关的新且准确的事实。通过使用药物和切断各种神经，他进一步获得了血压调控的定律。

对循环系统的另一系列研究与心脏活动有关。这些实验需要非凡的毅力。要让实验动物不动，又不能使用麻醉剂；通过取出脊髓消除掉疼痛反射，进而让动物不动。打开胸腔，将神经丝与切开的心脏的心脏丛分开。要做好这项工作，困难重重，而且因为神经的解剖路线有许多变式，处于相同位置上的神经又有着非常不同的活动过程，情况就变得更为复杂。在每个案例中，每根神经的活动都必须测试。通过辛勤地做了许多实验，巴甫洛夫将解剖位置与功能关联了起来。

通过这项完备的工作，巴甫洛夫有了一个重要发现，加斯克尔（Gaskell）也独立地得出了这个发现。巴甫洛夫发现，某些神经纤维对心脏肌肉有着特殊的效应，会增加或减少心跳的强度，但并不影响节律。在疲惫的心脏中刺激这些神经，心跳会变强，心脏的工作量会增大。

完成这些工作以后，巴甫洛夫将精力又转到了消化腺的研究中。他的研究沿着两条线进行：第一条线是分析消化腺受神经支配和调控的机制；第二条线是这些腺体在日常生活中所发挥的作用。

巴甫洛夫曾表明，给动物动手术的过程对某些腺体的活动产生了明显的抑制作用。因为这种抑制，急性实验常常得出负性结果。巴甫洛夫以这种新观点做了所有的手术。他尝试排除每一种中央或边缘的抑制过程，一方面通过使用各种实验组合，另一方面借助快速而准确地完成实验。就这样，在那些他之前的研究者没有发现活动的神经上，他发现了分泌效应。

胃和胰的分泌神经的实验证据是当时的一个重大发现，这使得巴甫洛夫进入了顶尖的实验研究者的行列。为了证明解决有关胰腺活动这个问题的高难度，我们引用了伟大的布雷斯劳实验研究者海登海因的一段话："在三年之中，我经历了有关胰腺的无数错综复杂的问题，比消化系统的任何一种别的腺体带给研究者的都要多。有多少次，我看到结局都不是一个确定的答案，而是一系列新的问题！"

但是巴甫洛夫找到了答案。他证明了，用旧的实验方法研究循环系统和消化腺不合适。因此，他抛弃了急性实验，决定在正常的生活情境下观察腺体的活动。那时候根本没有现成的方法可供参考，巴甫洛夫必须自己去寻找方法。

所有的生理学过程在某种程度上都被手术干扰扭曲了。如前所述，这是巴甫洛夫的一个基本观点。他说：

> 我们不能平静地同意去粗暴地打断这个机制，其背后的秘密让我们朝思暮想许多年，甚至是一生。如果机械师常常因为不愿破坏一个机制而拒绝改变或干扰某个精巧的机器，如果画家虔诚地害怕用自己的画笔触碰某位伟大的大师的作品，那么，生理学家在与最精巧的机制、大自然的杰作打交道时，也会怀有同样的感情！

上述与血压有关的实验是在正常情境下进行的，实验被试对整个程序完全习惯了。即使是在这些最初的实验中，也能看出巴甫洛夫后期工作所要遵循的方向。

在对猫和狗等高等动物进行术后护理时，巴甫洛夫采用了人的手术中所用的那些预防措施，如麻醉和无菌等。在手术之后，狗被放入干净而温暖的房间，像人一样被仔细护理。他总是强调要使用健康和受到良好照料的动物。他为此建立了特殊的手术室和狗的诊所[①]。这种巴甫洛夫在30多年前建立的新型实验室，现在对每个良好的生理学研究机构都很关键。

巴甫洛夫非常人道地对待他的动物，从下面这段他对活体解剖的讨论中也可以看出：

> 众所周知，活体解剖一开始就在许多欧洲国家遭到激烈的反对。这些反对有时严重干扰了生物学研究的进展（例如在英国）。但是这样做的基础是什么？同情心……但是研究者总会有同情心的。俄国生理学之父 I. M. 谢切诺夫从未用温血动物做过实验。
>
> 尽管我们的测量出自于同情和慈悲，总会有动物痛苦地突然死去。应该这样做吗？除了实验和观察活着的动物，没有其他获得器官的规律的方式……如果我们继续容许猎杀动物，即为了取乐造成动物的痛苦和死亡；如果我们都能同意在战争中折磨和杀死成千上万的同胞，我们怎能反对为了获得真理而在人类求知的祭坛上牺牲少量的动物！[②]

巴甫洛夫在消化腺研究中所采用的一般原则如下：对要研究的器官动手术，让本来

---

① 参见 I. P. 巴甫洛夫：《消化腺的工作》，第一章，格里芬公司。

② 活体解剖，《医学百科全书》，圣彼得堡，1893（俄罗斯）。

要流入胃肠的体液流到体外，用纯净的方式收集起来。必须特别注意不损伤到神经。手术中，器官的分离部分或腺体的管道被刺穿并永久性地附着到皮肤上，以至于在伤口愈合之后，除了要防止体液流失到皮肤和切口处，不再需要额外的程序。当为了实验需要收集体液时，只要在刺穿的管道上插入一根管子，连接到一个量化接收器。动物对这套程序如此习惯，以至于能在支撑装置中站上七八个小时都不会抱怨。

这种让肠管长期敞开的方法被命名为"慢性管瘘法"。不过，由于这种程序除可以用于研究消化系统外，也可以用于在动物正常的生活情境下研究其他器官的生理功能，因而一般也被称为"慢性实验"。它在很大程度上已经取代了活体解剖原有的"急性实验"。慢性实验的手术方法、术后的动物照料和观察原则主要都是由巴甫洛夫确定的。消化系统腺体的神经分布的许多信息就是通过用这种方法切断特定的神经获得的。我们甚至可以说，在巴甫洛夫的手中，这种方法产出了一些很基本的结果，我们有关消化器官正常机能的大部分知识都以此为基础。

然而慢性实验还有一些结果影响更为深远。实验观察到，消化腺的活动不仅会发生在食物在嘴里或经过消化管时，也会发生在远距离的诱因如食物的视觉或气味存在时。在慢性实验期间，除了食物本身的属性（视觉、气味等）以外，通常与开始喂食一起发生的偶然的刺激，例如装食物的盘子、喂食的人的脚步声，也能像食物一样诱发反应。

这些违背实验正常过程的事实引起了巴甫洛夫的特别关注，让他开始研究后来所谓的心理反应。如第一、二、三章所述，用唾液腺研究远距离诱因的作用（"心理反应"）有特定的优势。

在研究这些复杂的反应时要避免使用心理学概念很困难，直至今日这些反应仍被看成是心理活动。在本书最初的那些章节，巴甫洛夫常常用"心理"活动来指代，尽管他在心理前加上了"所谓的"几个字。为了在生理学研究中回避心理学术语，巴甫洛夫代之以"反射的消失"、"反射的恢复"等。而且，在考虑和测量分泌成分时，所有的拟人和心理的概念都被代以动物的运动反应。

一旦巴甫洛夫决定从这个新的视角来看待这些反应，就像是组织中客观的生理事件，按照生理学计划去研究它们就毫无困难。唾液腺对口中食物的反应长期以来被当成生理反射。现在看来，这种新反应不是自发产生的，而是由于刺激了特定的接收器官，例如眼睛、耳朵、鼻子等而产生的。

在第四章的第一部分，巴甫洛夫解释了为什么这些新反应必须被当成反射。为了将它们与生理学中的反射分开，这些新反应被称为条件（习得）反射，旧反应被称为非条件（遗传）反射，因为二者的主要差异表现为在许多情境下条件反射是主观的。（对比巴甫洛夫在第四章的陈述。）

巴甫洛夫对新现象的解释可以简要概括如下。旧的反射概念指的是对某个刺激的应答反应，是一种内在的联系，受给定的神经系统结构的机能的影响，这个概念被巴甫洛夫扩充为"心理"反应。他提出，在中央神经系统的最高层，存在着一种特殊的功能属性，可以在某些诱因和组织的应答活动间形成新的联结。因此，可以纯粹用生理学来解释这样的事实：一个声音刺激最初没有在某个动物身上造成特殊的反应，在与其他引发特殊反应的刺激一同出现后，最终与原始有效诱因一样能引发特殊的反应。

当脑的过程主要被看成是形成新的功能反射路径的能力时,这些路径是在接收体表面和运动活动之间形成,还是在接收体表面和实验对象的分泌反应之间形成,就变得无关紧要了。两种情况下形成的过程都是一样的。本书的很多地方提到了巴甫洛夫为什么要选择后一种反应。

在分析了整个程序之后,巴甫洛夫相信,食物的某个属性(视觉、气味等)之所以会刺激唾液的分泌,是因为自出生以来它们就恒定地与唾液腺的活动(由食物对口内的刺激引起)一同出现。(参见第二章和第三章。)

为了证明这种假设,要进行实验,让外部世界的各种诱因与能使口内分泌唾液的刺激一起出现。这些实验的结果在第三章结尾、第四章和第五章都有清楚的解释。

中央神经系统的哪个部分参与了条件反射的形成和功能这样的更深入的生理学问题,在第十五章和第十七章进行了阐述。在这方面第五章、第六章和第九章也有一些补充。

随后的实验显示,脑中神经过程的兴奋和抑制都有特殊的扩散或变动,由这得到了分化律和泛化律。

睡眠过程在早期研究中常常干扰实验过程,后来发现,睡眠过程有许多属性都与抑制过程有共同之处,实际上是由抑制造成的脑充血(参见第三十二章。)

中央神经系统的低层已知的诱导,被发现在高级脑过程中也扮演了角色。

现在看来,大脑皮层是一种神经组织,它在兴奋和抑制过程之间有精巧的平衡,而这种平衡构成了中央神经系统高层条件反应的基础。(第二十一章)本书的最末三章提供了一些材料,展示了这种正常的活动如何被紧张或皮层某个部分的功能损毁所改变,也讨论到了神经系统的各种类型、气质和神经症。

就这样,在观察到因看到食物而"流口水"这样一个简单事实的时候,巴甫洛夫的脑中诞生了关于中央神经系统高级功能的全新学说,这个学说直至今日也能大致地或部分地解释许多人类活动之谜(参见第二十七章,第二十八章,第二十九章,第三十五章,第十一章。)这难道不意味着生理学的重要发展和科学的一大进步吗?

在第十二章结束时,巴甫洛夫的工作并未结束。它不断前进,每一步都揭示出高级神经活动的新的重要事实,使生理学更为严谨。

条件反射的早期工作受到了众多的怀疑、劝阻和批评,它们不仅来自于巴甫洛夫的敌人,也来自于他的朋友。伟大的英国生理学家查尔斯·谢灵顿爵士在 1912 年对巴甫洛夫说,条件反射学说在英格兰不会得到欢迎,因为它太唯物了;而他已故的好朋友罗伯特·蒂格斯泰特则建议他"抛弃那种奇想,回到真正的生理学中来"。

条件反射会有怎样的前途? 巴甫洛夫说,它已经对于了解睡眠、神经症和气质的性质起到了重要的作用。他坚信,这种方法会让个体理解自己,从而给人类带来无尽的幸福;当我们知道了高级神经活动的规律时,我们会有意志自由,可以控制我们的行动,就像我们通过掌握自然的秘密获得控制自然的力量一样。他说:"研究狗帮助我不仅了解了我自己,也了解了他人。"

但是,他认为,高级神经现象的规律只能首先在更简单的动物神经系统中得出,应用到人类身上则应缓慢且小心。

巴甫洛夫是否是一个唯物主义者，众说纷纭。许多人说是。俄罗斯的政界领袖从他的学说中吸取了唯物主义观点。但是他本人说他不是。他解释说，条件反射的学说是科学，与唯物主义无关。只要二元论还被人接受，心理和物质还被看做分离的存在，就很难将新的事实与这种信念调和在一起；不过，巴甫洛夫说，"我们现在开始认为心理、灵魂和物质都是一体的，根据这种观点，没有必要在它们之间做出选择。"（私人通信，1928 年 4 月。）他的观念中的二元论让生理学家不涉足高级神经现象。

V

讲稿的读者们现在一定想知道，如此成功的一个研究者有什么个人爱好。

巴甫洛夫最突出的特点之一是，在所有的生活细节上都很有规律。他上下班像军人一样准时，晚一分钟到或晚一分钟离开都非常罕见。

下面的事件是巴甫洛夫的一个助手叙述的：

在革命期间，要去实验室很困难，因为不说别的，街上就常常会有枪击和战斗。但是，巴甫洛夫通常都在实验室，即便没有其他人在。有一天，我做实验晚到了 10 分钟，发现巴甫洛夫已经准时地在那儿了，尽管没有其他人在。看到我没有准时到，他马上像往常一样开始了调侃。"您怎么晚了，先生！"我问他知不知道外面正在发生一场革命。"一场革命跟你在实验室里工作又有什么关系呢！"

以往，他上午 9 点上班，下午 6 点下班，半个小时吃午饭；不过，70 岁之后，他将工作时间缩短了两个小时，变为从上午 10 点到下午 5 点。在革命前，他假期也待在实验室里，新年和圣诞节也不例外。他说，从 9 月 1 日到 6 月 1 日，他从未虚度过一天。"星期天我只待到 3 点，之后就去散散步。那时很安静，我能够不受干扰地工作和观察动物。"但是，他不鼓励其他人也每天工作，从不要求他的助手在星期天或节假日来上班。

但是他的休息也很规律。他从不在通常的下班时间之后还待在实验室；他听到钟声就像工人听到工厂的汽笛声一样。晚饭后他会玩一两局单人牌戏，然后就不再玩，从 7 点到 9 点躺下休息。这段时间他不见任何人，也不接电话。晚上从 9 点到 10 点或 11 点，他与家人或来访的客人一起喝茶、聊天。再以后，他会阅读、研究或写作，一直到夜里 1 点或 2 点。晚上的一部分时间会用于体育锻炼。

在夏天，他总会有整整两三个月的时间用于休息。一直到战前，他在爱沙尼亚都有一个乡村别墅，但是自从那里失守后，他就去改去芬兰或别处。假期来临的时候，他不读任何生理学杂志或医学书籍，虔诚地避免日常脑力劳动，不过，他阅读诗歌，主要读的三个诗人是莎士比亚、歌德和普希金。他的大部分假期时间都在锻炼，从事园艺、骑自行车或玩击棒游戏。直到几年前他还坚持骑车。我们最后一次看到他玩击棒游戏，是在 1926 年夏天他 76 岁时（1927 年疾病阻止了他玩这种游戏）。他对这项游戏的热衷，类似于年轻人对棒球或曲棍球的热衷。他的肌肉力量很好，在 76 岁时不但能胜过年龄比他小一半的人，在连续三天每天玩八个小时这种费力的游戏之后，他在第四天还会想继续玩。

巴甫洛夫认为体力劳动和锻炼是脑力活动后最佳的放松，并相信日常的农活跟运动一样能达到这个目的。

　　在夏天,他花了许多时间来养花,他最喜欢的花是紫罗兰。他曾经在 5 月份到田间为花儿准备花坛,辛苦到因为过度疲劳而睡不着。巴甫洛夫总是对周围的事物有着浓厚的兴趣,在任何事情中都能找到乐趣:一本好书,一朵花,一只蝴蝶,一场击棒游戏。因此,他的心理和生理年龄总是要比实际的更年轻。相形之下,达尔文因为受到家庭的精心照料而早衰。

　　每个夏天,在实验室之外的乡村里休息时,巴甫洛夫就开始了收藏,起初是蝴蝶,后来是邮票,最后是绘画。最初,他曾说,他为儿子收集蝴蝶,这实际上只是一个借口。他在实验室里收集事实收集惯了,必须要找点什么来收集,尽管在夏天里这会以不同的形式出现。他也总是充满热情地去做这件事。当悄悄地接近一只很想抓住的蝴蝶时,他会低声恳求它不要飞走。

　　他意志坚定,以身体力行的方式带领他的合作者们一起工作,也一起运动。医师运动协会能存在那么久,多亏了他身体力行的领导力。一直到 1914 年,战争夺去了大部分成员,协会才不复存在。伊万·彼得洛维奇是那么地有生机和活力,他能让最冷漠的人受到感染,对工作充满干劲和兴趣(萨维茨)。

巴甫洛夫说,他长久的健康生活主要得益于三件事:遗传,生活规律(适量的工作、休息和运动等),还有节制(不吸烟、不喝酒等)。

巴甫洛夫高度的时间感,即周期性的反射,也许是他的自我控制的基础。而正因为他能控制自己,所以他才能领导别人。他几乎从不让他的兴趣或精力破坏周期性的法则。他约会从不迟到,无论他对一件事多么感兴趣,也不会让他的日程受到干扰。

巴甫洛夫另一些突出的特点是:热烈,无比的诚实,坦率,过人的精力。他的所有生活几乎都是在家和实验室之间度过的。在夏天,如果不出国参加医学会议,他很可能不会去比玩击棒游戏更远的地方(他甚至从未去瞻仰过俄罗斯的圣地伏尔加河),以至于我们也许会以为这个人即便不算是单调乏味,至少也是古板拘谨的。但是,上述那些属性是如此强烈,它们罕见的组合造就了一个无比鲜活有趣的人。很难想象出还有谁会如此敏感、如此感情丰富、如此容易激动,同时又维持着良好的自控能力,使所有的感情都屈从于他的意志,就像凶猛的孟加拉虎屈从于它们的训练者一样。审视巴甫洛夫的面容本身也是一种研究,很迷人,就像是对尼亚加拉瀑布的惊鸿一瞥。人们会为他的生机、活力和丰富的表情而惊叹,也为之吸引。有时,他温和地微笑着,就像和蔼可亲的圣诞老人;在另一些场合,当讨论那些他已经态度明确的主题时,他会强硬而严肃,让人望而生畏。没有演员能将情绪演绎得比他还生动。巴甫洛夫的情绪基本上是正面的积极的,几乎没有消极的沮丧的。我们从未听说,巴甫洛夫的旺盛精力和强烈感情给他造成了后来才意识到的灾难性的错误,恰恰相反,有很多次,他在小事方面的急躁让他比不激动时做得更好。

被惹恼时,他会激动地诅咒,不过他最强烈的用词也不过是“见鬼了”和“去死吧”。这是他的惯常用语,无论是在演讲还是在会议时,是在实验室还是在家里,他都不时会来这么一句。有一次,在做手术的时候,巴甫洛夫语带嘲讽地大声嚷嚷了好几遍这些话,结果一名助手感到有些泄气和不快，巴甫洛夫发现后对他说，别往心里去，就当是外面的狗叫好了。巴布金叙述说，巴甫洛夫有一次在试验中用毛巾打了一条不听话的狗，之后不久他就后悔地来告诫巴布金绝不要打动物，因为这样做会破坏实验。

他时常说另一名助手"不比补鞋匠好多少"，有时又称他为"亲爱的合作者"。上面也说过，巴甫洛夫曾经与某些同事水火不容。不过，在这些事情中，巴甫洛夫的行为并不像是源自个人偏见，而是出于诚实的原则，在许多情况下，这样的不合不久就被淡忘了。

认识巴甫洛夫越久，就越发感到他很单纯。不仅他的习惯爱好如此，他的思维也如此。他的头脑是一根筋，没有折中，没有拐弯抹角；他的所有想法都是直来直去。巴甫洛夫的行为就像他的想法一样；他的攻击常常很尖锐，但从不用不正当手段；他的攻击直截了当，有时来势汹汹，但绝不粗暴。他与阴谋和背后中伤从无干系；他的诚实为人所共见。这样的例子很多，下面就有一个，貌似小事但其实不小。不久前，有人托巴甫洛夫把一封信带到国外，以避开邮件审查。但是，他拒绝了，因为事情虽小，却违反了法律。我们没见过其他人像巴甫洛夫这么谨慎。

尽管他这么伟大，但他没有一点架子，从不炫耀，从不骄傲，行事极为民主。他曾严厉地训斥一位实验室助手，因为后者在要求加薪时尊称他为"Barin"[①]（与巴布金的私人通信），尽管巴甫洛夫本人总是更愿意用"绅士们"或"先生们"（戈斯波达，Gospoda）而不是"市民们"或"同志们"这样的更现代的称谓来称呼他的学生和合作者们。

见到对他的工作感兴趣的陌生人，他诚挚而友好；但是，如果有人明显地是对他本人而不是对他的工作更感兴趣，那无论此人有多高的头衔或地位，他都只会草率地对待他。事实上，我们常常看到，他对那些常人会去奉承的官员不理不睬。对于纯粹的赞颂或夸奖，他通常会责备或忽略，尽管有时也会容忍。

讲稿的读者们可以看出，巴甫洛夫是一位热诚的研究者，其超人的精力都贡献给了客观事实。尽管他的主要价值都在于此，但他并不会因此而不欣赏艺术、音乐和宗教。我们曾听他满怀热情半开玩笑地说，他愿意用他的成就来交换夏里亚宾（Chaliapin）的嗓音。他对绘画的热爱则可以从曾环布他左右的稀有绘画中看出来。

大战后，俄罗斯的生活被破坏殆尽，在此期间，巴甫洛夫和其同胞们一样忍受着"无情的命运的矢石的折磨"。除了失去了两个儿子，他还一度陷入物质匮乏的境地，靠一份黑面包和半份发霉的土豆的配给来生活，屋子冷到有时必须捂在被子里取暖。他自己在花园里种菜吃。比这些不适更难以忍受的是，因为饥饿或是缺乏光和热，动物都死了，在实验室无法进行成功的研究。"俄国革命让他非常沮丧，特别是，他认为，经济生活的破坏会长时间地损害科学，而他相信只有科学才能带给人类一个没有战争没有革命没有灾难的光明前景"（萨维茨）。但是，这些压倒性的事件并没有压垮巴甫洛夫，也未损及他的灵魂。1927 年，他带着不屈不挠和几分傲然的神色对我们说，他活下来了，而且他能够俯视这些不幸，而不是像他的大部分同胞那样去仰视这些不幸。

有件事尽管有些争议，但不能刻意回避。那就是巴甫洛夫的政治立场，特别是在革

---

① *Barin* 在俄罗斯是从前仆人用来称呼主人的尊称，有点类似于南方的农奴所用的"主人"。跟"男爵"的头衔不一样。

命之后的立场。巴甫洛夫不支持原先的沙皇政府,但他那时并没有像现在这样发泄他的不满。不过,据记载,他曾说过,或许无政府也不比沙皇好。巴甫洛夫是俄罗斯的爱国者。就像他在一篇演讲中所说,"先生们,我不知道你们成了什么,但是我,以前是,现在是,将来还是俄罗斯公民,我的祖国的儿子!"现在,巴甫洛夫更为强烈地指出、谴责、抗议政治和政治错误。在这方面,就像他对有意见的任何事一样,他会大胆甚至激烈地说出来。我们曾听到他在实验室里义愤填膺地大声斥责政府,不仅是俄国政府,还有其他国家的政府,特别是革命中的政府,言辞之激烈几乎可以将其视为叛国罪来镇压。他最近的公开发言中的许多用词,连西奥多·罗斯福(Theodore Roosevelt, 1858—1919)都不会用在政敌身上。然而,所有这些抨击都是基于巴甫洛夫眼见的事实,他是有原则的,并不只是在表示怨恨。当中没有任何个人因素。有些年他穷得什么都没有,现在他可以得到工作所需的一切,但是他的意见跟从前一样多。他永远支持他觉得对的。当宗教被攻击时,他站出来说,宗教是所有条件反射中最高级的,让人区别于动物;当奥登堡王子的肖像在他建立的研究所里被摘下来时,巴甫洛夫把肖像挂在了自己的办公室;当某些学生包括一些牧师子弟被赶出医学院时,巴甫洛夫辞去了军事医学科学院主席一职以示抗议,并说,他也是牧师的儿子。

我们试图无可争议地说明巴甫洛夫的观点,同时应该指出,苏联政府非常迫切地推进巴甫洛夫的工作。巴甫洛夫的生活和技艺让他超越了政治形态。苏联政府明智地意识到了这一点,给予了他完全的言论和行动自由,甚至当他批评政府的时候,当别人都不可能拥有这样的许可的时候。没有什么比这更能表现出苏联政府对科学的兴趣了。

巴甫洛夫不但受到苏联政府和知识分子们的敬重,而且在整个俄罗斯也都备受推崇。革命后,巴甫洛夫曾考虑过要去国外,是列宁设法改善了他的工作和生活条件,让他可以留在国内继续做研究;1921年1月24日,苏维埃政府(人民委员会)通过了一项法令,要求彼得格勒苏维埃尽最大努力支持巴甫洛夫的科学研究。不过,值得注意的一点是,巴甫洛夫在1917年和1918年内战期间就曾有大胆而激烈的言论,这样做其实很危险,因为那时候还不知道新政府会怎样对待他。

在才能方面,巴甫洛夫是地道的俄罗斯人,富有洞见,不能接受定论,标新立异,创新,等等,但是,跟大部分俄罗斯人不一样而跟盎格鲁-撒克逊人更像的是,他让感受从属于行动,幻想从属于事实。从某种意义上说,他堪与他的同胞托尔斯泰(Tolstoi, 1817—1875)比拟,尽管他们的哲学和天性如此不同,一个积极,一个消极;尽管精神世界对巴甫洛夫而言,比物质世界对托尔斯泰而言更重要。但是,今天他在俄罗斯所占据的位置恰如25年前的托尔斯泰。

很符合巴甫洛夫性格的一件事是,在1927年的春天,他决定为了去除胆结石动一个难度较大的手术,而这样的手术许多年轻人都害怕做。他在高龄时却不畏惧痛苦和风险。政府提议请国外最好的外科医生来做这个手术(俄罗斯外科医生自然愿意有别人去做这个手术),他拒绝了,出于爱国之心坚持只要俄罗斯医生给他做手术。他之前想得最多的是,难道没有什么办法能治愈他的病,可以让他继续做科学研究吗?在不得以离开实验室几个月之后,在坚持尝试了所有的治疗之后,黄疸在加重,体重在减轻,人变得更为虚弱,他毅然决定,手术是他唯一的希望。在病中,他抱怨得最多的是不能工作,而不是阵痛。尽管并发了肺炎，手术还是完成了，是他百折不回的毅力和精力还有他对科学的热情挽救了他。

从已经提到的那些特性基本上可以推测出，巴甫洛夫的所有演讲都充满了热情和活力。在学生们看来，解释都简单清晰，每个新学者理解起来都很容易。他的演讲总是最受欢迎的。有时，特别是他在讨论时兴的主题时，报告厅的拥挤程度，就如同两个势均力敌的大学之间的感恩节足球赛的大看台。不过，遗憾的是，在俄罗斯以外很少有人听到他激情四射的演讲；因为他只有一种语言（俄语）很流利，而很少有外国人懂这种语言。他在国外的很多场合也做过演讲，1923年去了美国，1925年去了巴黎索拜学堂；今年他78岁，还去英国做了克鲁尼安讲座。他说，参加科学会议总是让他很激动。

不仅巴甫洛夫本人孜孜不倦地工作，他的精神和灵魂也感染着他的实验室。他对同事的影响从1922年他的助手书写的下面这段话中可以得到证实。尽管在不认识巴甫洛夫的人看来，这像是溢美之词，但在接触过巴甫洛夫的人眼里，这全是事实：

> 与这幅画面（战后实验室的条件）形成对照的是，我们看到了巴甫洛夫教授的个性，活生生地不屈不挠献身科学的典范，这让我们坚信，带来真正知识的科学研究本身就能成为人类拥有更美好未来的希望。如果说，前述的情境渐渐地消磨了实验室的研究人员的体力和精力，有时让人不想工作，而巴甫洛夫个人总是尽全力燃起科学的圣火，把精力用于研究，完全不计辛劳，给我们树立了一个追寻科学真理的典范。没有困难或障碍能够迫使巴甫洛夫教授离开一项已经开始的研究；在严寒的日子里，他甚至会穿着棉衣、皮帽、雪靴在实验室里工作。在冬日短暂的白昼过去，整个城市因为没有电而沉入黑暗，也没有蜡烛或油灯时，巴甫洛夫教授曾经点着木制的火炬在实验室里继续他的实验。只有亲眼见过这场为了延续科学研究而进行的艰苦而激动人心的战斗，才能理解，为了获得中央神经系统的那些真理，人类可以怎样地坚忍不拔，而这些研究的作者坚信那些真理必将成为当代生理学的骄傲。

他的过人精力跃然纸上：

> I. P. 巴甫洛夫的个人品质本身就能解释这样的事实：无论生活条件如何恶劣，在近乎不可能进行科学研究的情况下，这个演讲和在军事医学科学院作的其他演讲都毫无中断地进行了。如果没有电灯，200人的报告厅里的演示会在一盏煤油灯前进行，我们必须尽快进行这个活体解剖实验，因为在低温下被解剖的动物很快就被冻僵了。然而，不仅是学生用于练习的研究，而且连巴甫洛夫教授的演讲所需的全部实验都完成了。

那些有幸见到他进行创造性工作的人都留下了难忘的记忆。1922年，H. G. 威尔斯（Wells）在他的实验室见过他后，写道："巴甫洛夫是一颗照亮世界的明星，照亮了未来的路。"（《纽约时报》，1927年11月13日）萨维茨提供的下面的例子很具代表性：

> 一个有趣的例子显示了巴甫洛夫的实验室是如何影响着他的合作者们的：在军队从满洲里溃败撤军期间，我在沈阳见到了一个那时很典型的军医。他们都忘记了医学研究，变成了纯粹的官员。但当他见到我的时候，他冲向我，开始热情地说起巴

甫洛夫的实验室和他的狗,特别是那条叫"赫克托耳"的为实验提供了很好的结果的狗。战争和日本人全给忘了!

今天见到这位科学大师的人不仅会被他言行的单纯所吸引,还会被他在谈到非常感兴趣的话题时的热忱所吸引。一位同龄的老人 1926 年回到实验室时曾喜悦地说,虽然巴甫洛夫已经老了,但当他开口说话的时候,却还是 30 年前的那个伊万·彼得洛维奇。

叶克斯(Yerkes)很好地描述了巴甫洛夫的人格:

> 他如此鲜明的人格特点是我所始料不及的。去见巴甫洛夫教授,即使是在 60 岁的年纪,也让人激动不已,如沐春风。他对什么都感兴趣,清醒,不吝赞美,但也有建设性的批评,有同情心,是一个大公无私的人,一个真理的追寻者。
>
> 听到他亲身描述他的研究的进展、他的计划、预期和希望是一件多么愉悦的事情。当他说话的时候,他充满了见解和力量,看不出岁月的痕迹。(《巴甫洛夫诞辰 75 周年卷》,莫斯科,1924)

他的一生都奉献给了发现和对事实的分析。但巴甫洛夫不仅仅是一个成功的实验室研究者,而且他是一位伟大的科学家,一位预言家,他的声音超越了世界的嘈杂和混乱,引领我们去寻找和面对事实,在事实面前放下我们的傲慢和偏见,到达事实指向的地方。这是他的能量所流向的目标。如果巴甫洛夫的兴趣不在事实而在政治或财富上,他又有什么目标达不到呢!

他的墓志铭也许可以用上他自己的话,那句话是他在一次演讲中回应不受欢迎的言辞时所说的,是他整个一生的写照,如此有力以至于让现场陷入沉默:"我说的只有科学真理,无论你愿不愿意,你都得听!"

声　明

　　虽经多方努力，但仍未能与本书的其中一位译者李美格先生取得联系，在此，我们深表歉意。请李先生或其家人尽快与北京大学出版社教育出版中心联系，我们将支付稿酬并寄送样书。同时，也恳请广大读者提供线索，谢谢！

科学元典丛书

即将出版

科学元典丛书（彩图珍藏版）

扫描二维码，收看科学元典丛书微课。